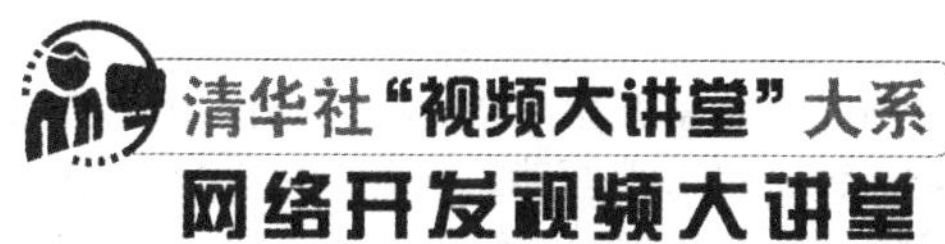

Dreamweaver CC 网页设计从入门到精通（微课精编版）

前端科技　编著

清华大学出版社

北　京

内容简介

《Dreamweaver CC 网页设计从入门到精通（微课精编版）》从网站基础讲解开始，结合大量案例，由浅入深、循序渐进地介绍了网页制作、网站开发的相关知识，引导读者从零开始，一步步掌握静态网页、动态网页制作和动态网站设计的全过程。全书共 18 章，包括 Dreamweaver CC 快速入门、新建网页、编辑网页文本、使用超链接、使用网页图像、使用网页多媒体、使用表格、使用表单、CSS3 基础、设计 HTML5 文档结构、设计 CSS3 版式、设计 CSS3 动画、使用行为、定义站点、管理站点、使用服务器行为、开发实战等内容。本书在编写过程中，注意理论与实践相结合，通过大量的实例配合讲解各知识要点。各章节注重实例间的联系和各功能间的难易层次，内容讲解以文字描述和图例并重，力求生动易懂，并对软件应用过程中的难点、重点和可能出现的问题给予详细讲解和提示。

除纸质内容外，本书还配备了多样化、全方位的学习资源，主要内容如下：

☑ 264 节同步教学微视频　　☑ 15000 项设计素材资源
☑ 8 项拓展知识微阅读　　☑ 4800 个前端开发案例
☑ 190 个实例案例分析　　☑ 48 本权威参考学习手册
☑ 231 个在线微练习　　☑ 1036 道企业面试真题

本书语言通俗易懂，案例丰富，结构清晰，可以作为网页设计与制作人员、商业网站建设与开发人员、网页制作培训班学员、大中专院校相关专业师生的参考用书。

图书在版编目（CIP）数据

Dreamweaver CC 网页设计从入门到精通：微课精编版/前端科技编著. —北京：清华大学出版社，2019
（清华社“视频大讲堂”大系　网络开发视频大讲堂）
ISBN 978-7-302-52247-8

Ⅰ. ①D…　Ⅱ. ①前…　Ⅲ. ①网页制作工具　Ⅳ. ①TP393.092.2

中国版本图书馆 CIP 数据核字（2019）第 017152 号

责任编辑： 贾小红
封面设计： 李志伟
版式设计： 魏　远
责任校对： 马子杰
责任印制： 杨　艳

出版发行： 清华大学出版社
　网　　址： http://www.tup.com.cn，http://www.wqbook.com
　地　　址： 北京清华大学学研大厦 A 座　　**邮　　编：** 100084
　社 总 机： 010-62770175　　**邮　　购：** 010-62786544
　投稿与读者服务： 010-62776969，c-service@tup.tsinghua.edu.cn
　质量反馈： 010-62772015，zhiliang@tup.tsinghua.edu.cn
印 刷 者： 清华大学印刷厂
装 订 者： 北京市密云县京文制本装订厂
经　　销： 全国新华书店
开　　本： 203mm×260mm　　**印　　张：** 28　　**字　　数：** 848 千字
版　　次： 2019 年 4 月第 1 版　　**印　　次：** 2019 年 4 月第 1 次印刷
定　　价： 89.80 元

产品编号：079156-01

如何使用本书 

本书提供了多样化、全方位的学习资源，帮助读者轻松掌握网页设计技术，从小白快速成长为前端开发高手。

纸质书

视频讲解

拓展学习

在线练习

前端开发百问百答

电子书

手机端+PC 端，线上线下同步学习

1. 获取学习权限

学习本书前，请先刮开图书封底的二维码涂层，使用手机扫描，即可获取本书资源的学习权限。再扫描正文章节对应的 4 类二维码，可以观看视频讲解，阅读线上资源，查阅权威参考资料和在线练习提升，全程易懂、好学、速查、高效、实用。

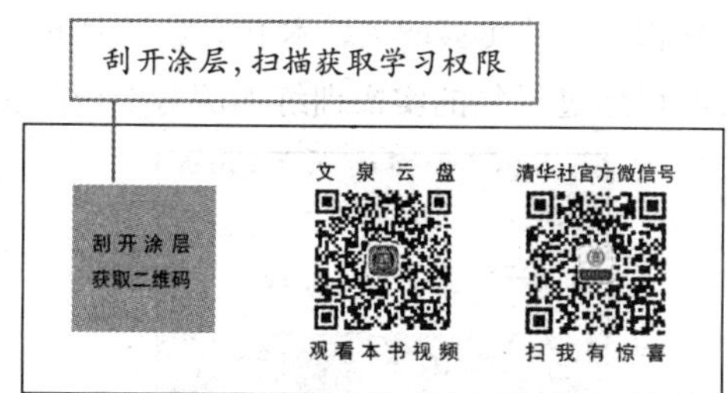

2. 观看视频讲解

对于初学者来说，精彩的知识讲解和透彻的实例解析能够引导其快速入门，轻松理解和掌握知识要点。本书中几乎所有案例都录制了视频，可以使用手机在线观看，也可以离线观看，还可以推送到计算机上大屏幕观看。

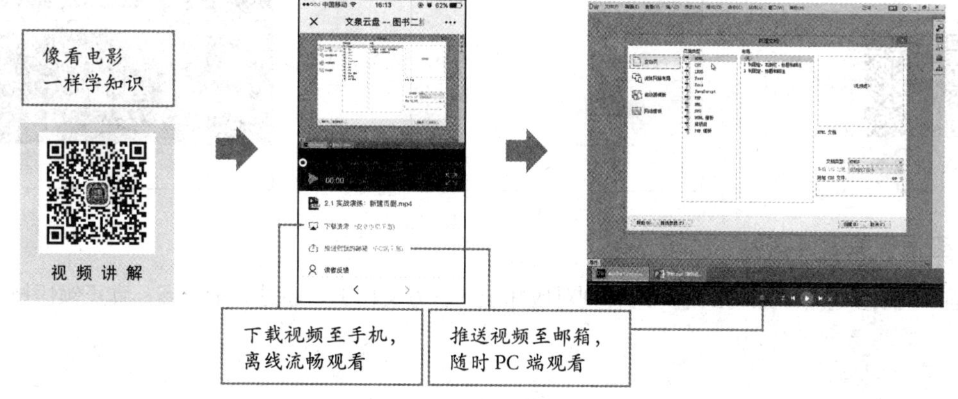

3．拓展线上阅读

一本书的厚度有限，但掌握一门技术却需要大量的知识积累。本书选择了那些与学习、就业关系紧密的核心知识点印在书中，而将大量的拓展性知识放在云盘上，读者扫描“线上阅读”二维码，即可免费阅读数百页的前端开发学习资料，获取大量的额外知识。

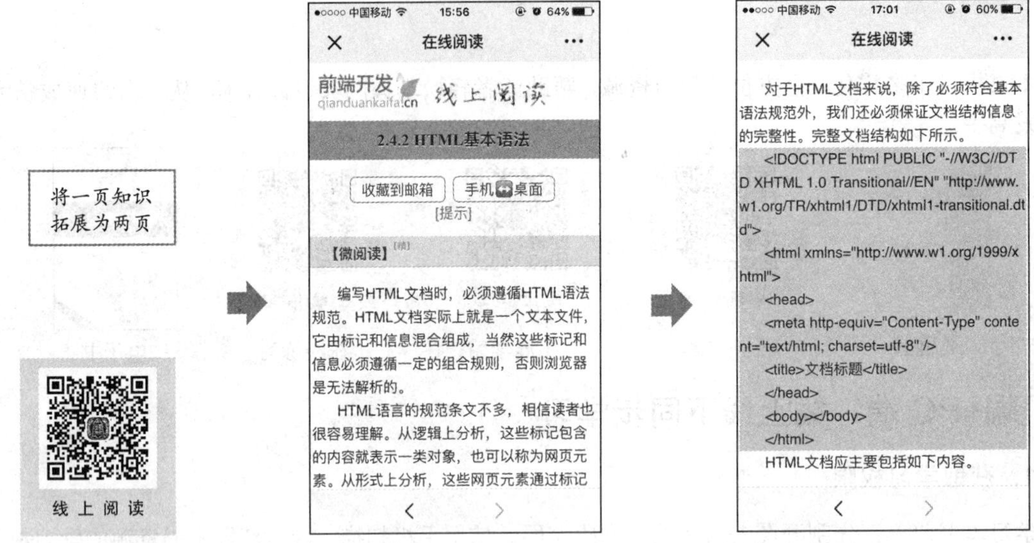

4．进行线上练习

为方便读者巩固基础知识，提升实战能力，本书附赠了大量的前端练习题目。读者扫描最后一节的“在线练习”二维码，即可通过反复的实操训练加深对知识的领悟程度。

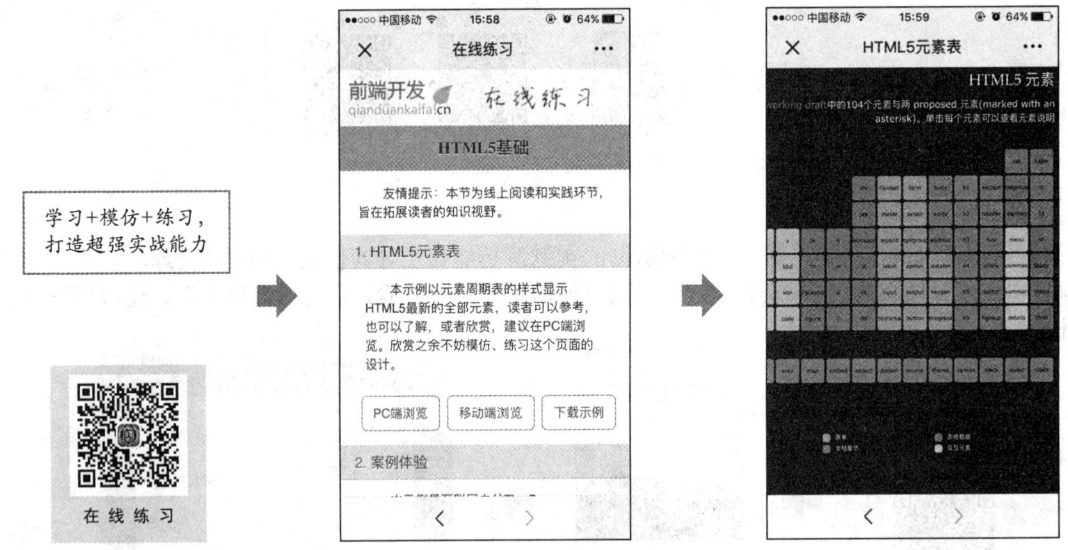

5．查阅权威参考资料

扫描“权威参考”二维码，即可跳转到对应知识的官方文档上。通过大量查阅，真正领悟技术内涵。

Note

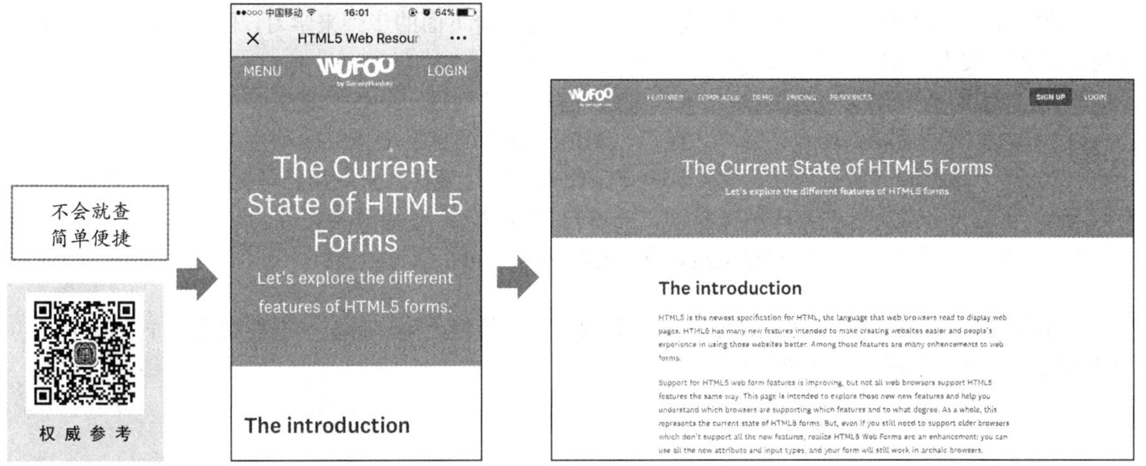

6. 其他 PC 端资源下载方式

除了前面介绍过的可以直接将视频、拓展阅读等资源推送到邮箱之外，还提供了如下几种 PC 端资源获取方式。

☑ 登录清华大学出版社官方网站（www.tup.com.cn），在对应图书页面下查找资源的下载方式。

☑ 申请加入 QQ 群、微信群，获得资源的下载方式。

☑ 扫描图书封底“文泉云盘”二维码，获得资源的下载方式。

小白学习电子书

为方便读者全面提升，本书赠送了“前端开发百问百答”小白学习电子书。这些内容精挑细选，希望成为您学习路上的好帮手，关键时刻解您所需。

扫描小白手册封面的二维码，可在手机、平板上学习小白手册内容。

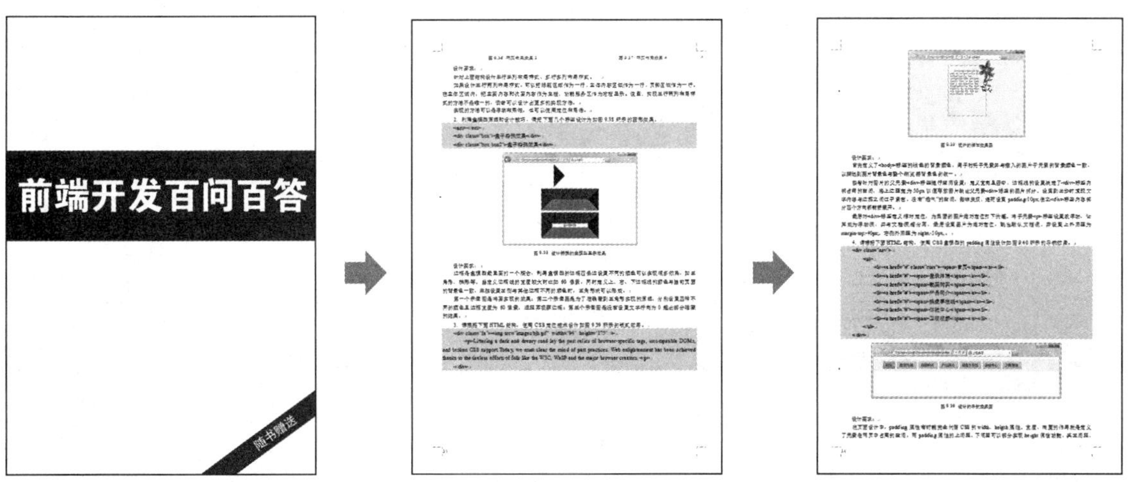

从小白到高手的蜕变

谷歌的创始人拉里 • 佩奇说过，如果你刻意练习某件事超过 10000 个小时，那么你就可以达到世界级。

Note

因此，不管您现在是怎样的前端开发小白，只要您按着下面的步骤来学习，假以时日，您会成为令自己惊讶的技术大咖。

（1）扎实的基础知识+大量的中小实例训练+有针对性地做一些综合案例。

（2）大量的项目案例观摩、学习、操练，塑造一定的项目思维。

（3）善于借用他山之石，对一些成熟的开源代码、设计素材拿来就用，学会站在巨人的肩膀上。

（4）有工夫多参阅一些官方权威指南，拓展自己对技术的理解和应用能力。

（5）最为重要的是，多与同行交流，在切磋中不断进步。

书本厚度有限，学习空间无限。纸张价格有限，知识价值无限。希望本书能帮您真正收获学习的乐趣和知识。最后，祝您阅读快乐！

前 言

Preface

“网络开发视频大讲堂”系列丛书于 2013 年 5 月出版，因其编写细腻、讲解透彻、实用易学、配备全程视频等，备受读者欢迎。丛书累计销售近 20 万册，其中，《HTML5+CSS3 从入门到精通》累计销售 10 万册。同时，系列书被上百所高校选为教学参考用书。

本次改版，在继承前版优点的基础上，进一步对图书内容进行了优化，选择面试、就业最急需的内容，重新录制了视频，同时增加了许多当前流行的前端技术，提供了“入门学习→实例应用→项目开发→能力测试→面试”等各个阶段的海量开发资源库，实战容量更大，以帮助读者快速掌握前端开发所需要的核心精髓内容。

Dreamweaver 是一款对网站、网页和 Web 应用程序进行设计、编码和开发的专业编辑软件。随着互联网的快速普及和应用，人们对网页技术的要求也越来越高。由于静态页面在站点中只能起到宣传作用，而不能动态显示最新信息，原有的静态网页已不能满足人们的要求，具有实效性、交互性和丰富性的动态网页技术才是人们所追求的目标。Dreamweaver CC 整合了最常见的服务器端数据库操作能力，能够快速生成专业的动态页面。无论是 Web 设计师、数据库开发者，还是 Web 程序员，都可以在 Dreamweaver CC 的强大操作环境下设计出功能完善的动态网页。

本书内容

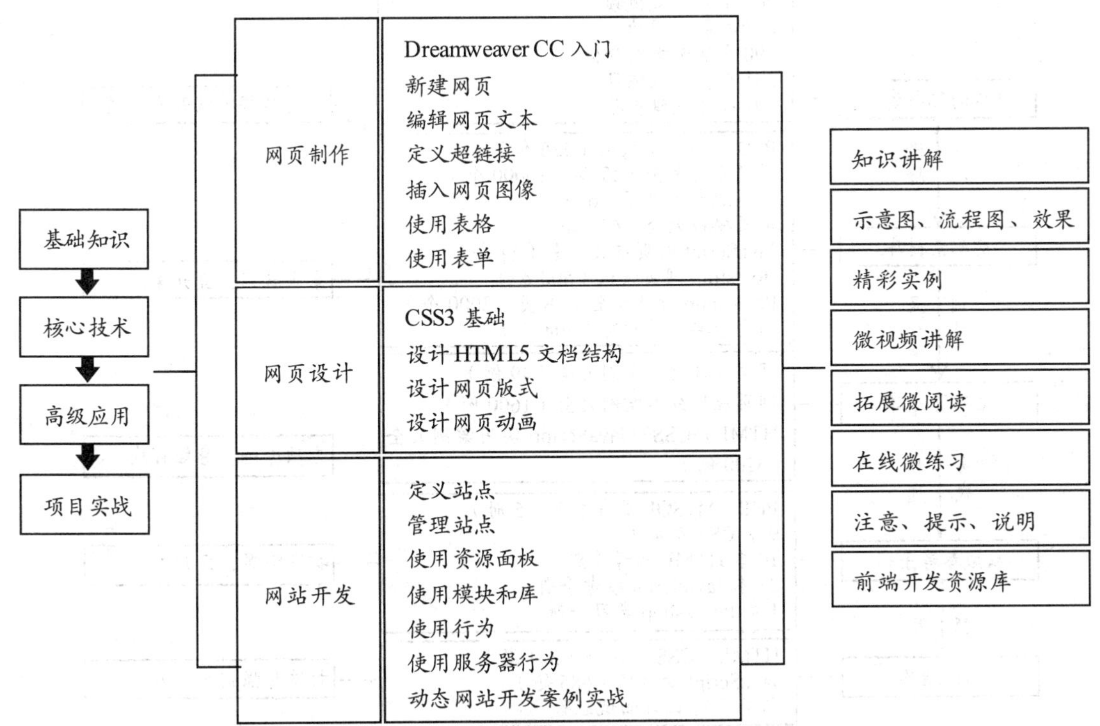

本书特点

Note

1．由浅入深，编排合理，实用易学

本书系统地讲解了Dreamweaver工具在网页设计中各个方面的应用，从Dreamweaver界面开始讲解，循序渐进，配合大量实例，帮助读者奠定坚实的操作基础，做到快速、可视化设计各种网页效果。同时，本书还讲解了在未来Web时代中备受欢迎的Dreamweaver对HTML5和CSS3支持的新知识，让读者能够真正学习到HTML5最实用、最流行的技术。

2．跟着案例和视频学，入门更容易

跟着例子学习，通过训练提升，是初学者最好的学习方式。本书案例丰富详尽，且都附有详尽的代码注释及清晰的视频讲解。跟着这些案例边做边学，可以避免学到的知识流于表面、限于理论，尽情感受编程带来的快乐和成就感。

3．4 大类线上资源，多元化学习体验

为了传递更多知识，本书力求突破传统纸质书的厚度限制。本书提供了4大类线上微资源，通过手机扫码，读者可随时观看讲解视频，拓展阅读相关知识，在线练习强化提升，还可以查阅官方权威资料，全程便捷、高效，感受不一样的学习体验。

4．精彩栏目，易错点、重点、难点贴心提醒

本书根据初学者特点，在一些易错点、重点、难点位置精心设置了“注意”“提示”等小栏目。通过这些小栏目，读者会更留心相关的知识点和概念，绕过陷阱，掌握很多应用技巧。

本书资源

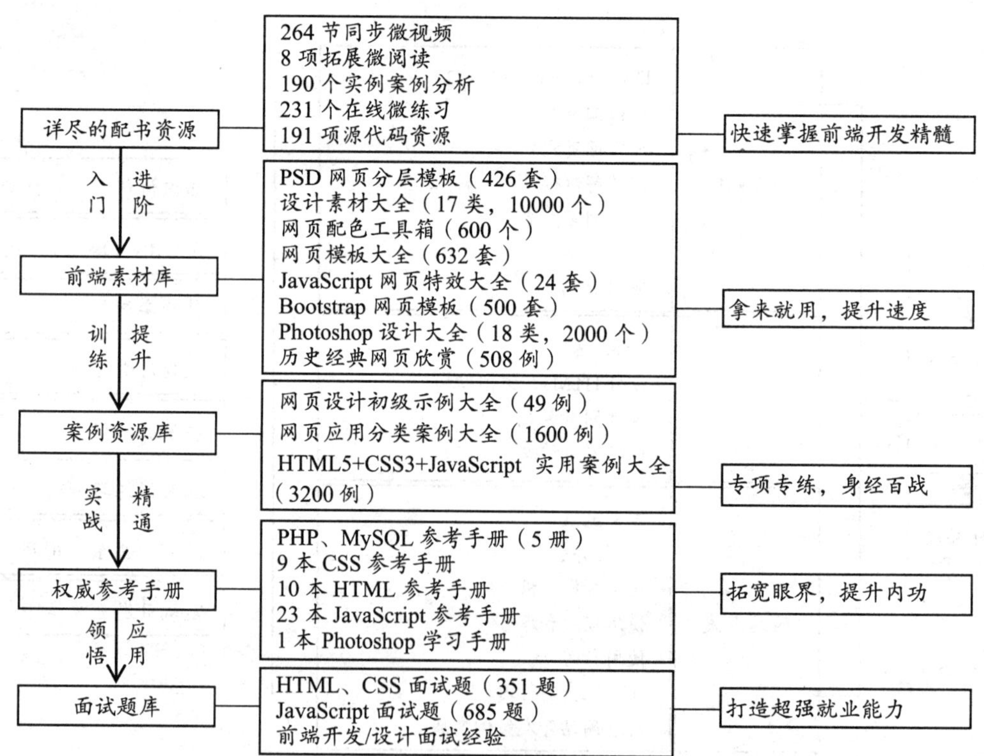

Note

读者对象

☑ 具备一定计算机操作基础的初学者。
☑ 具有一定网站开发经验的初、中级用户。
☑ 立志从事网站开发工作的从业人员。
☑ 自学网页设计或网站开发的大中专学生。
☑ 各类网站站长。
☑ 本书也可以作为各大中专院校相关专业的教学辅导和参考用书，或作为相关培训机构的培训教材。

读前须知

本书从初学者的角度出发，通过大量的案例使学习不再枯燥、教条。因此要求读者边学习边操作，避免学习的知识流于表面、限于理论。

作为入门书籍，本书知识点比较庞杂，所以不可能面面俱到。技术学习的关键是方法，本书在很多实例中体现了方法的重要性，读者只要掌握各种技术的运用方法，在学习更深入的知识时可大大提高自学的效率。

本书提供了大量示例，需要用到 IE、Firefox、Chrome 等主流浏览器进行测试和预览，同时还要用到 IIS 测试环境。因此，为了测试示例和代码，读者需要安装最新版本浏览器，各种浏览器在 CSS3 的表现上可能会稍有差异，要根据书中详细介绍安装 IIS 测试环境。

限于篇幅，本书没有提供示例完整的 HTML 代码，读者应该补充完整的 HTML 结构，然后进行测试练习，或者直接参考本书提供的下载源代码，边学边练。

为了使读者有更多的学习资源，本书提供了很多参考链接，许多本书无法详细介绍的问题都可以通过这些链接找到答案。由于链接地址会因时间而有所变动或调整，所以在此说明，这些链接地址仅供参考，本书无法保证所有地址是长期有效的。

读者服务

学习本书时，请先扫描封底的权限二维码（需要刮开涂层）获取学习权限，然后即可免费学习书中的所有线上线下资源。

本书所附赠的超值资源库内容，读者可登录清华大学出版社网站（www.tup.com.cn），在对应图书页面下获取其下载方式。也可扫描图书封底的“文泉云盘”二维码，获取其下载方式。

本书提供 QQ 群（668118468、697651657）、微信公众号（qianduankaifa_cn）、服务网站（www.qianduankaifa.cn）等互动渠道，提供在线技术交流、学习答疑、技术资讯、视频课堂、在线勘误等功能。在这里，您可以结识大量志同道合的朋友，在交流和切磋中不断成长。

读者对本书有什么好的意见和建议，也可以通过邮箱（qianduanjiaoshi@163.com）发邮件给我们。

关于作者

前端科技是由一群热爱 Web 开发的青年骨干教师和一线资深开发人员组成的一个团队，主要从事 Web 开发、教学和培训。参与本书编写的人员包括咸建勋、奚晶、文菁、李静、钟世礼、袁江、

甘桂萍、刘燕、杨凡、朱砚、余乐、邹仲、余洪平、谭贞军、谢党华、何子夜、赵美青、牛金鑫、孙玉静、左超红、蒋学军、邓才兵、陈文广、李东博、林友赛、苏震巍、崔鹏飞、李斌、郑伟、邓艳超、胡晓霞、朱印宏、刘望、杨艳、顾克明、郭靖、朱育贵、刘金、吴云、赵德志、张卫其、李德光、刘坤、彭方强、雷海兰、王鑫铭、马林、班琦、蔡霞英、曾德剑等。

尽管已竭尽全力，但由于水平有限，书中疏漏和不足之处在所难免，欢迎各位读者朋友批评、指正。

编　者

2019 年 1 月

目　录

Contents

Note

Note

Note

Note

Note

Dreamweaver CC 快速入门

Dreamweaver 是网页设计、网站开发和管理的专业工具，它提供了代码编辑和可视化编辑等多种操作视图，是目前公认的网页设计最强大的软件。灵活驾驭 Dreamweaver，就能成为网页制作高手。本章主要介绍 Dreamweaver 概况和操作环境，为设计网页奠定扎实的基础。

【学习重点】

- 熟悉 Dreamweaver CC 主界面。
- 能够使用辅助设计工具。
- 熟悉编码环境。
- 能够使用编码工具。

1.1　Dreamweaver 概述

Note

Dreamweaver 是 Adobe 推出的一款“所见即所得”的可视化网页设计和开发工具。它提供了可视化布局、应用程序开发和代码编辑的强大组合，使不同技术级别的开发者和设计人员都能够快速创建符合标准的网页和网站。

视频讲解

1.1.1　Dreamweaver 历史

Dreamweaver 于 1997 年由 Macromedia 公司开发，版本经历多次升级，目前为 CC 版本。

2000 年推出的 Dreamweaver UltraDev 版本是第一个专为商业用户设计的开发工具。成为当时最受欢迎的网页设计工具，Dreamweaver 也一举成为专业网站外观设计的先驱。

2002 年 5 月 Macromedia 推出 Dreamweaver MX（Dreamweaver 6.0），功能强大，不需要编写任何代码，即可设计动态的网页，能提供智能代码提示，使 Dreamweaver 一跃成为专业级别的开发工具。

2003 年 9 月 Macromedia 推出 Dreamweaver MX 2004（Dreamweaver 7.0），新增对 CSS 的可视化支持，将网页设计提升到新的层次，促进了 CSS 的普及。

2005 年年末，Adobe 公司收购 Macromedia，从此 Dreamweaver 就归 Adobe 公司所有。

Dreamweaver 主要版本以及它们的发布时间如表 1.1 所示。

表 1.1　Dreamweaver 主要版本列表

发布年份	版　本	发布年份	版　本
1997	Dreamweaver 1.0	2008	Dreamweaver CS4
1998	Dreamweaver 1.0	2010	Dreamweaver CS5
1999	Dreamweaver 3.0 Dreamweaver UltraDev 1.0	2012	Dreamweaver CS6
2000	Dreamweaver 4.0 Dreamweaver UltraDev 4.0	2013 年 6 月 17	Dreamweaver CC
2002	Dreamweaver MX	2015 年 6 月 15	Dreamweaver CC 2015
2003	Dreamweaver MX 2004	2016 年 11 月 2 日	Dreamweaver CC 2017
2005	Dreamweaver 8	2017 年 10 月 18 日	Dreamweaver CC 2018
2007	Dreamweaver CS3		

视频讲解

1.1.2　熟悉 Dreamweaver 主界面

启动 Dreamweaver CC 之后，会显示欢迎界面，并要求用户从中选择新建、打开或以其他方式创建文档，然后就可以打开编辑窗口。如果不希望每次启动软件或者关闭所有文档时，总显示欢迎界面，在欢迎界面中选中【不再显示】复选框即可，如图 1.1 所示。

打开编辑窗口，Dreamweaver CC 主窗口工作界面分成了标题栏、菜单栏、状态栏、【属性】面板、浮动面板等，如图 1.2 所示。

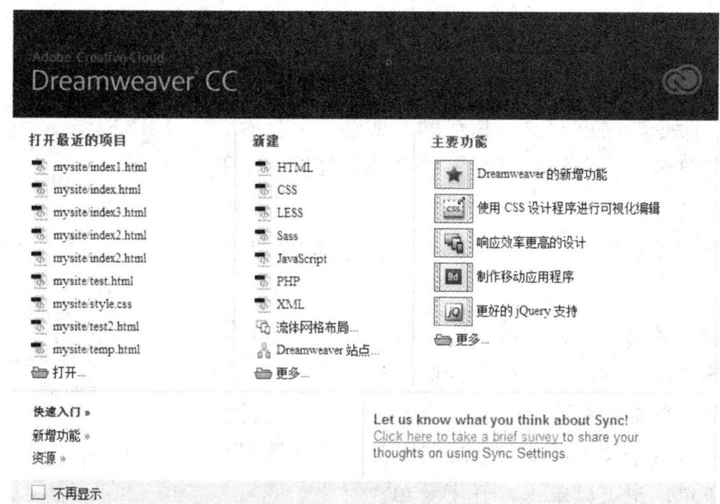

图 1.1　欢迎界面

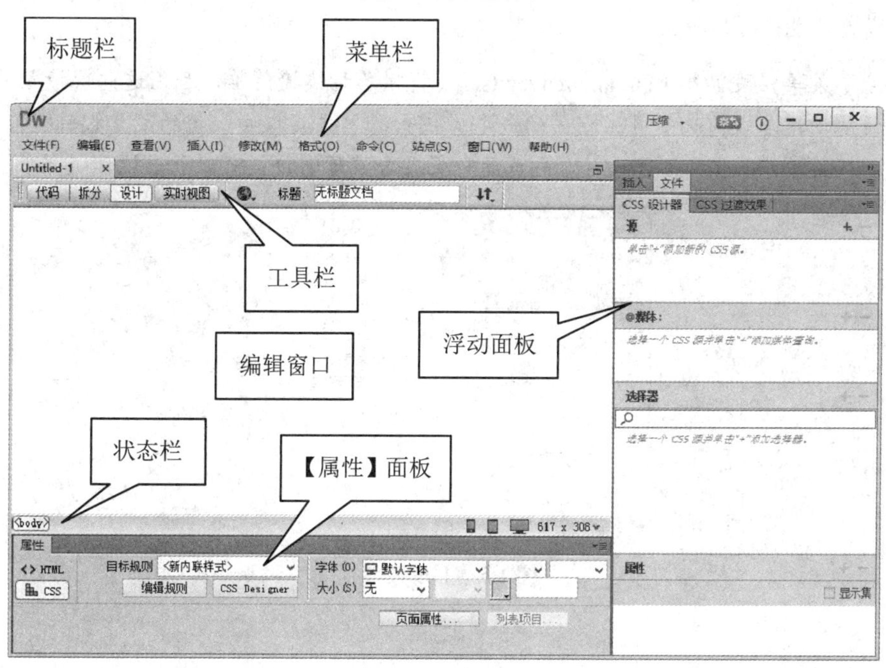

图 1.2　Dreamweaver CC 主窗口操作界面

1．标题栏

在 Dreamweaver CC 主窗口的顶部是标题栏，当窗口变宽时，标题栏和菜单栏会并行显示，如图 1.3 所示。

图 1.3　标题栏和菜单栏并行显示

标题栏左侧是 Dreamweaver 图标，右侧提供 3 个常用工具按钮：工作区布局压缩、同步设置和帮助，最右侧显示有 3 个按钮，分别对应主窗口的【最小化】【最大化】【关闭】命令。

Note

2．菜单栏

Dreamweaver CC 菜单栏共分 10 种，包括文件、编辑、查看、插入、修改、格式、命令、站点、窗口和帮助，如图 1.3 所示。单击其中任意一个菜单名，就会打开一个下拉菜单，如图 1.4 所示打开【修改】下拉菜单。

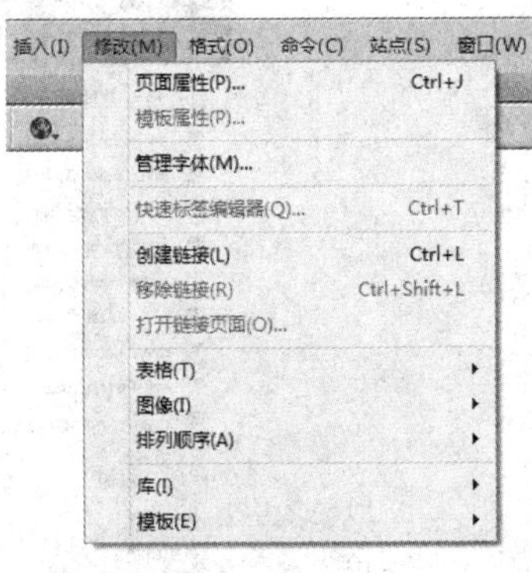

图 1.4 【修改】菜单

- ☑ 如果菜单选项显示为浅灰色，则表示在当前的状态下不能执行。
- ☑ 如果菜单项右侧显示有键盘的代码，则表示该命令的快捷键，熟练使用快捷键可有助于提高工作效率。
- ☑ 如果菜单项右侧显示有一个小黑三角的符号▸，则表示该命令还包含有子菜单，鼠标停留在该菜单项上片刻即可显示子菜单，也可以单击打开子菜单。
- ☑ 如果命令的右边显示有省略号的符号…，则表示该命令能打开一个对话框，需要用户进一步设置才能执行命令。

提示：除了菜单栏菜单外，Dreamweaver CC 还提供各种快捷菜单，利用这些快捷菜单可以很方便地使用与当前选择区域相关的命令。例如，单击面板右上角的菜单按钮，可以打开面板菜单，如图 1.5 所示。右击页面对象或者编辑窗口，可以打开快捷菜单等。

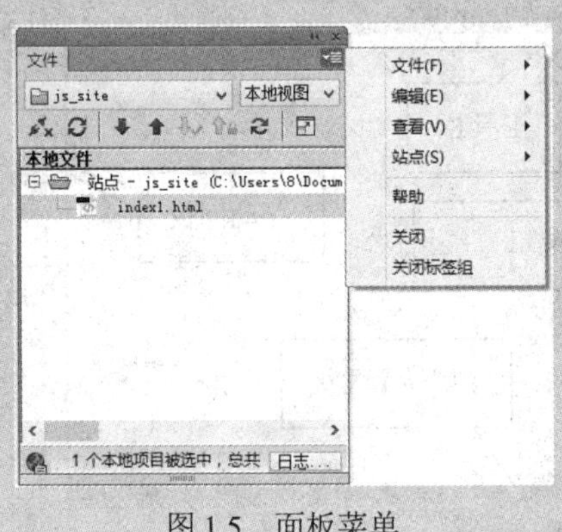

图 1.5 面板菜单

3．工具栏

工具栏提供了一种快捷操作的方式。选择【查看】|【工具栏】命令，在打开的子菜单中可以选择【文档】【标准】【编码】3 种类型工具栏。其中，【编码】工具栏只能够在【代码】视图下可以看见和使用。

【插入】工具栏在 CC 版本中设计为【插入】面板。选择【窗口】|【插入】命令，可以打开或关闭【插入】面板，如图 1.6 所示。

提示：【插入】面板中包含 8 类对象的快捷控制按钮，如常用、结构、媒体、表单、jQuery Mobile、jQuery UI、模板和收藏夹。系统默认显示为常用具栏，如果单击【插入】面板顶部的向下箭头，可以进行切换。

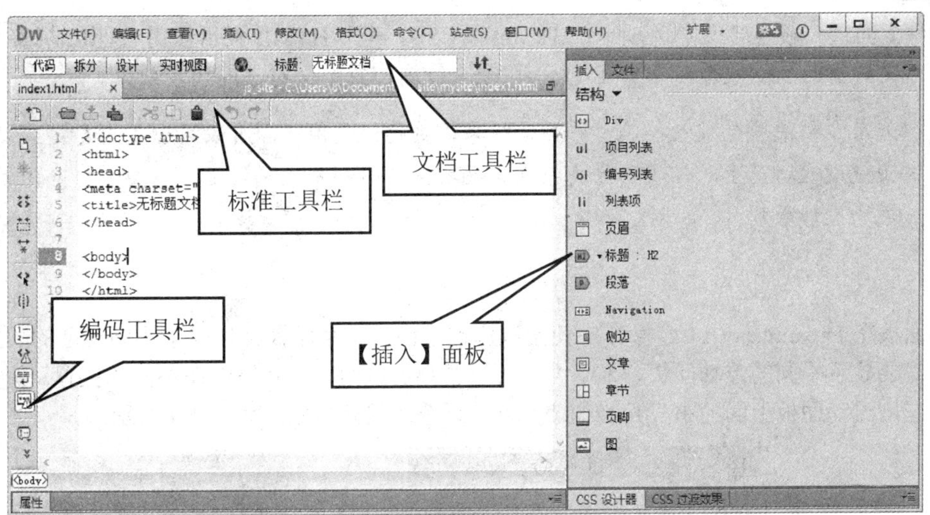

图 1.6　工具栏和【插入】面板

4．状态栏

状态栏位于文档编辑窗口的底部，如图 1.7 所示。在状态栏最左侧是【标签选择器】，显示当前选定内容标签的层次结构。单击该层次结构中的任何标签可以选择该标签及其全部内容。例如，单击<body>可以选择整个文档。

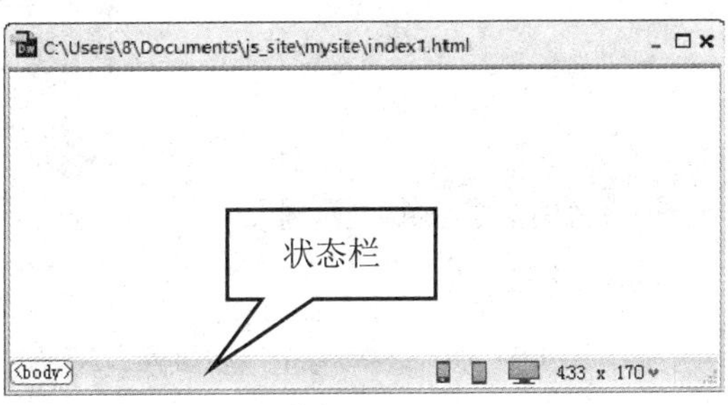

图 1.7　文档编辑窗口及其状态栏

状态栏右侧为设备类型，用以选择不同设备类型窗口，或者自定义窗口显示大小，以便设计在不同尺寸的屏幕下的网页显示效果。

5．【属性】面板

当在文档编辑窗口中选中特定网页对象，如文字、图像、表格等，就可以在【属性】面板中设置对象的属性。【属性】面板的设置项目会根据对象的不同而不同。

选择【窗口】|【属性】命令，可以打开或关闭【属性】面板，【属性】面板上的大部分内容都可以在【修改】菜单项中找到。如图 1.8 所示是选中文字之后的【属性】面板效果。

图 1.8　【属性】面板

【属性】面板一般包含两个选项卡：HTML 和 CSS。其中 HTML 表示使用 HTML 标签或 HTML 标签属性定义对象的显示效果，而 CSS 则使用 CSS 行内样式定义对象的显示效果。

提示： 如果希望使用样式表控制对象显示效果，则建议使用【CSS 设计器】进行定义，【属性】面板设置所产生的代码都会夹杂在标签之中，不利于代码优化，不便于 HTML 和 CSS 分离的设计原则。

6．浮动面板

浮动面板在 Dreamweaver CC 操作中使用频率比较高，每个面板都集成了不同类型的功能。用户可以根据需要显示不同的浮动面板，拖动面板可以脱离面板组，使其停留在不同的位置。例如，使用鼠标单击左侧浮动面板上面的小三角按钮，可以折叠或展开面板，如图 1.9 所示。

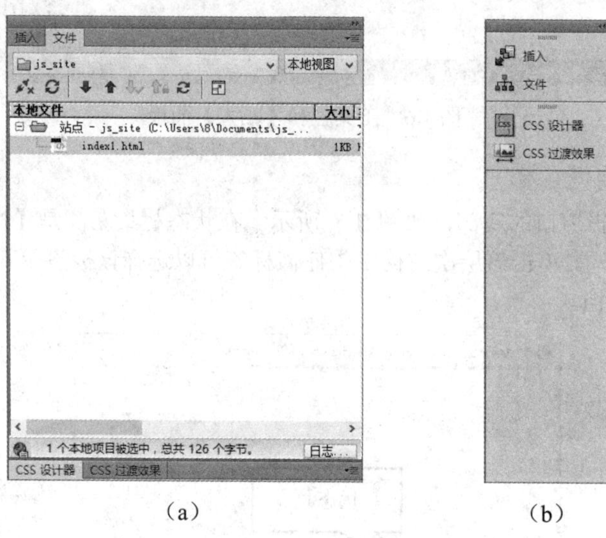

（a）　　　　　　　　（b）

图 1.9　展开/收缩整个浮动面板

双击浮动面板标题栏区域，可以展开或收缩当前面板组，如图 1.10 所示。

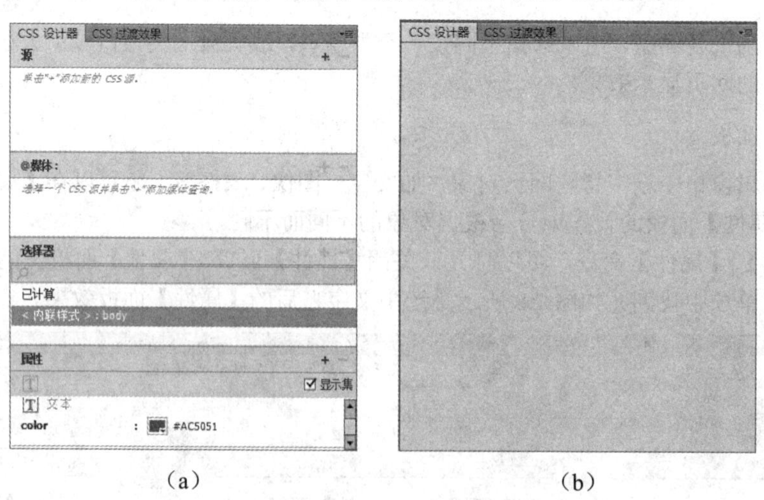

（a）　　　　　　　　（b）

图 1.10　展开/收缩当前浮动面板组

使用鼠标拖动面板标题栏，可以把面板从面板组中拖出来，作为单独的窗口放置在 Dreamweaver 工作界面的任意位置上。同样，用相同的方法可以将单独面板拖回默认状态。

Note

1.2 使用辅助工具

熟练使用 Dreamweaver CC 提供的各种辅助工具，能大大提高网页制作效率。辅助工具主要包括标尺、网格和辅助线。

1.2.1 标尺

视频讲解

使用标尺可以精确地计算所编辑网页的宽度和高度，同时可以比较页面中各个对象元素的大小。选择【查看】|【标尺】|【显示】命令，可以在编辑窗口中显示标尺，如图 1.11 所示。

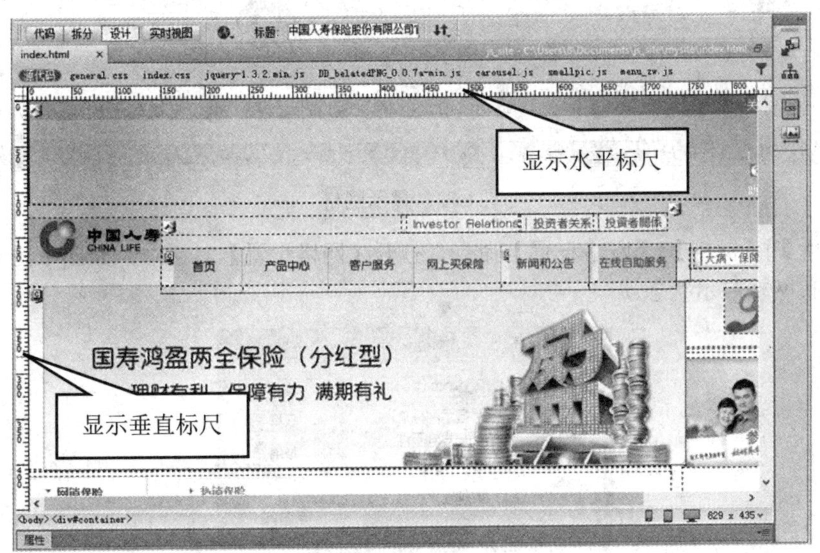

图 1.11 显示标尺

标尺原点的默认位置位于 Dreamweaver CC 编辑窗口的左上角。用鼠标拖动该点，可以设置标尺原点到编辑窗口任意点。若要将原点恢复到默认左上角顶点位置，选择【查看】|【标尺】|【重设原点】命令即可，或者双击左上角顶点默认位置。

提示：标尺的单位可以是像素、英寸或厘米，默认为像素。选择【查看】|【标尺】命令，可以在子菜单上选择。若要隐藏标尺，再次选择【查看】|【标尺】|【显示】命令即可。

1.2.2 网格

视频讲解

网格在 Dreamweaver CC【设计】视图中主要是对绝对定位元素进行绘制、定位或大小调整的可视化操作工具。通过对网格的操作，可以使页面元素在被移动后自动靠齐到网格，并通过指定网格设置来更改网格或控制靠齐行为。

选择【查看】|【网格】|【显示网格】命令，将在编辑窗口中显示网格，如图 1.12 所示。若想使

Note

网页中的绝对定位元素自动靠齐到网格，方便绝对定位元素的定位，就应选择【查看】|【网格】|【靠齐到网格】命令。

图 1.12　显示网格

选择【查看】|【网格】|【网格设置】命令，打开【网格设置】对话框，如图 1.13 所示。利用该对话框可以设置网格显示状态。

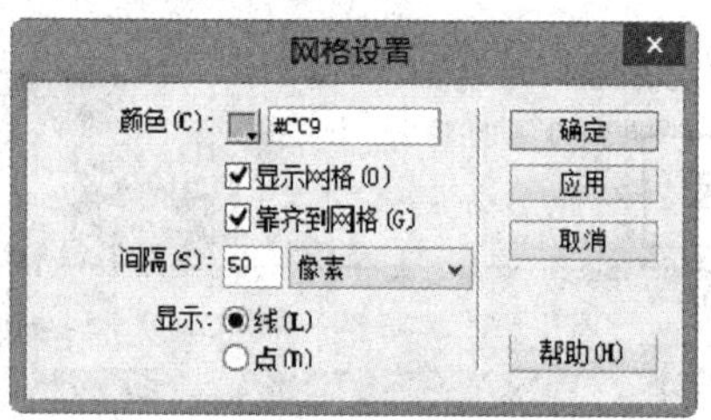

图 1.13　【网格设置】对话框

（1）【颜色】选项：设置网格线的颜色。Dreamweaver CC 默认网格线颜色为#CC9。

（2）【显示网格】复选框：选中该复选框在编辑窗口中将会显示网格。

（3）【靠齐到网格】复选框：选中该复选框将设置网页中的绝对定位元素自动靠齐到网格。

（4）【间隔】文本框：设置网格线的间距，在后面的下拉列表框中可以设置间距度量单位，包括像素、英寸和厘米。Dreamweaver CC 默认的网格间距为 50 像素。

（5）【显示】选项：设置指定网格线是显示为线条还是显示为点。

设置完毕后，单击【应用】按钮可应用更改而不关闭对话框，而单击【确定】按钮可应用更改并关闭对话框。

视频讲解

1.2.3　辅助线

辅助线与网格功能相同，也是用来对齐绝对定位元素，不过使用辅助线比网格更加灵活方便。要绘制辅助线，首先应显示标尺，然后在编辑窗口左边或上顶部的标尺栏中拖出一条辅助线到窗口中即

可，如图 1.14 所示。

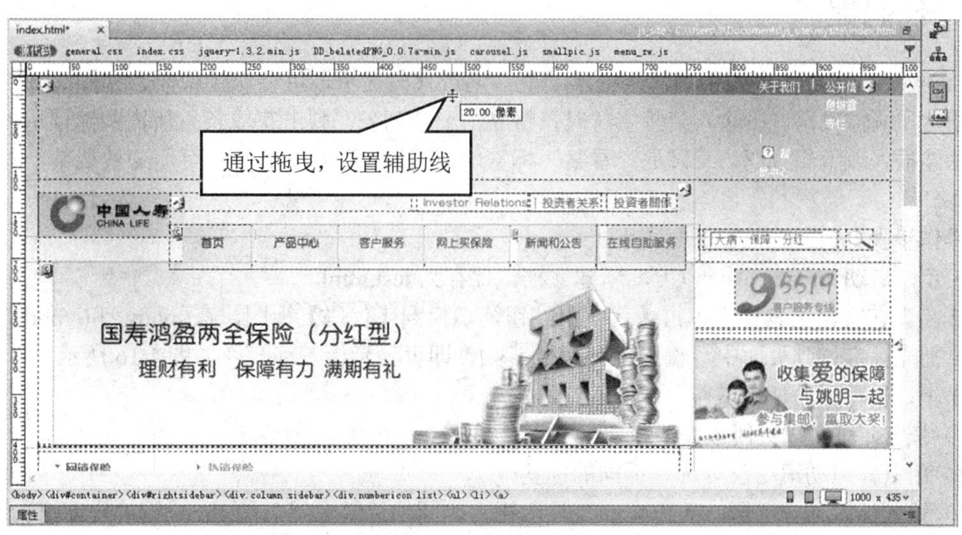

图 1.14　绘制辅助线

（1）选择【查看】|【辅助线】|【显示辅助线】命令，可以显示或隐藏已绘制好的辅助线。

（2）选择【查看】|【辅助线】|【锁定辅助线】命令，可以锁定已绘制好的辅助线，禁止任何人拖动。

（3）选择【查看】|【辅助线】|【对齐辅助线】命令，可以拖动对齐绝对定位元素到辅助线。

（4）选择【查看】|【辅助线】|【清除辅助线】命令，可以清除编辑窗口中所有的辅助线。

（5）选择【查看】|【辅助线】|【编辑辅助线】命令，打开【辅助线】对话框，如图 1.15 所示。利用该对话框可以设置辅助线的显示状态。

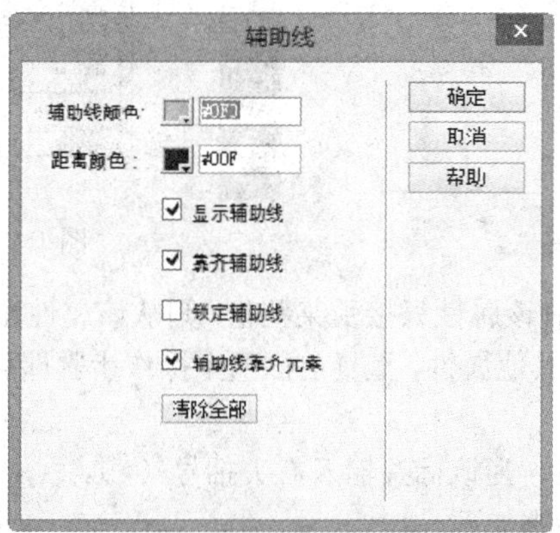

图 1.15　设置辅助线

1.3　操作编码环境

Dreamweaver CC 在编码环境和可视化环境中均能生成有效的、简洁的代码，支持不同视图环境的快速切换，提升网页设计的用户体验，加快网页开发的速度。

视频讲解

Note

1.3.1 代码提示

Dreamweaver CC 具有强大的代码提示功能，通过代码提示，可以在【代码】视图（或代码检查器）中插入和编辑代码。在输入某些字符时，将显示一个列表，列出完成条目所需的建议选项。可以使用该功能插入或编辑代码，或只是查看某一标签的可用属性、某一函数的可用参数或某一对象的可用方法。

【操作步骤】

第 1 步，启动 Dreamweaver CC，新建文档，保存为 test.html。

第 2 步，在文档工具栏中单击【代码】按钮，切换到【代码】视图，在<body>和</body>标签之间单击，把光标定位到页面中，输入左尖括号（<），即可显示标签列表，如图 1.16 所示。

第 3 步，执行下面任一操作。

（1）按 Esc 键可以关闭该列表框。

（2）用鼠标拖动滚动条可选择不同的标签。

（3）输入标签部分字母，系统会高亮显示拼写相同的标签，然后按 Enter 键确定即可。

（4）按上下方向键，可以查找合适的标签，然后按 Enter 键确定即可。

第 4 步，选择并插入一个标签。

第 5 步，如果所插入的标签支持属性，则按空格键可以显示该标签允许属性的列表。选择属性并按 Enter 键，如图 1.17 所示。

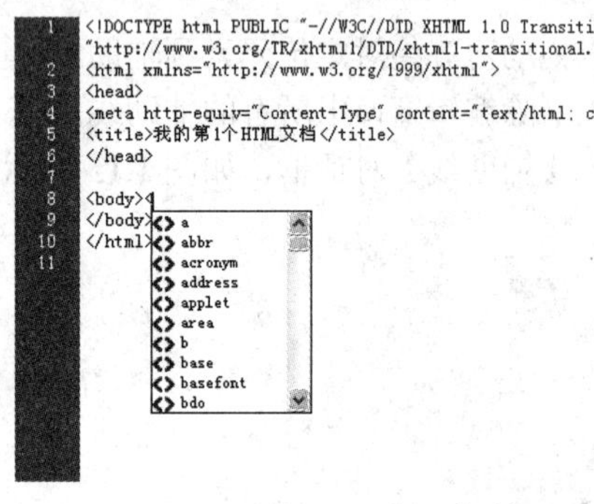

图 1.16　插入标签

```
<!DOCTYPE html PUBLIC "-//W3C//DTD XHTML 1.0 Transitional//EN"
"http://www.w3.org/TR/xhtml1/DTD/xhtml1-transitional.dtd">
<html xmlns="http://www.w3.org/1999/xhtml">
<head>
<meta http-equiv="Content-Type" content="text/html; charset=gb2312" />
<title>我的第1个HTML文档</title>
</head>

<body><p
</body>
</html>
  align
  class
  dir
  id
  lang
  onclick
  ondblclick
  onkeydown
  onkeypress
  onkeyup
```

图 1.17　插入标签的属性

第 6 步，输入属性的值，或者该属性只接受某些值，则从该属性允许值的下拉列表中选择一个值。

第 7 步，想要为该标签添加其他属性，重复前面两个操作步骤即可，确保在一个值及其后引号（"）之间没有空格键。

第 8 步，在最后的属性值后，为该标签输入右尖括号（>）。

如果要编辑标签，则具体步骤如下。

第 1 步，若要添加一个属性，将插入点置于标签右尖括号（>）的左侧，并且按空格键以显示该标签所有支持属性的列表。按照前面的说明插入属性及其值。

第 2 步，若要更改属性、删除属性或添加属性，请按照前面的说明进行操作。

第 3 步，若要更改属性值、删除属性值或添加属性值，请按照前面的说明进行操作。

【拓展】

选择【编辑】|【首选项】命令，打开【首选项】对话框，在左侧【分类】列表中选择【代码提示】选项，则【首选项】对话框如图 1.18 所示。

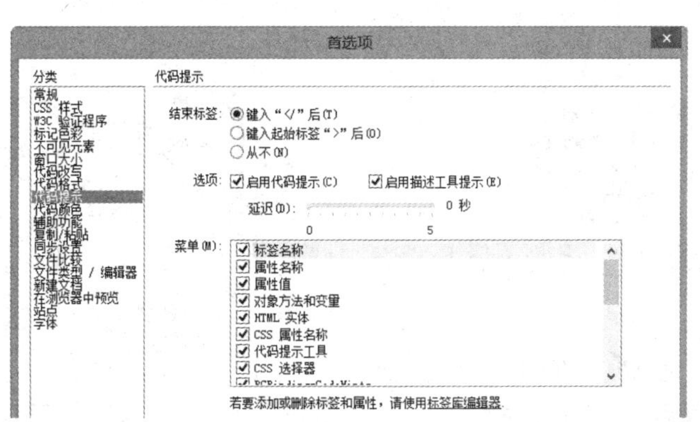

图 1.18　【首选项】对话框中的【代码提示】选项

在该对话框中可以设置是否显示代码提示、代码提示响应速度、提示内容以及在什么条件下自动输入结束标签。

（1）【结束标签】选项组：该选项组中有 3 个单选按钮。【键入“</”后】表示只有当用户输入结束标签的“</”符号时，系统才会自动补齐与前面相对应的结束标签。在 Dreamweaver CC 中被设置为默认选项，它的优点是避免输入一个起始标签，系统自动补齐结束标签，避免重代码的出现；【键入起始标签“>”后】表示只要用户输入一个起始标签，系统自动加上一个结束标签，这样会加快输入速度，避免遗忘结束标签输入；【从不】表示不需要系统自动补加结束标签。

（2）【启动代码提示】复选框：选中该复选框，在【代码】视图中输入代码时系统会弹出一个下拉菜单即时提示。选中该复选框后，后面的【延迟】滑块有效，可以设置提示的速度。

（3）【菜单】列表框：在该列表框中可以选择要提示的种类，一般保持默认全选。

（4）单击【标签库编辑器】超链接，可以打开【标签库编辑器】对话框，以便增加或删除标签（也称标签）和属性。

1.3.2　代码格式化

在 Dreamweaver CC 中，用户可以根据个人习惯设置代码显示格式。选择【编辑】|【首选项】命令，打开【首选项】对话框，在左侧【分类】列表中选择【代码格式】选项，则【首选项】对话框如图 1.19 所示。在该对话框中可以详细设置代码显示格式，如缩进大小、制表符大小、换行符类型、标签和属性大小写等。

单击【CSS】按钮，还可以打开【CSS 源格式选项】对话框，设置 CSS 代码的格式标准。

切换到【代码】视图，Dreamweaver 默认在窗口的左侧显示一条【编码】工具栏。如果没有显示，可以选择【查看】|【工具栏】|【编码】命令，显示【编码】工具栏。

然后单击【格式化源代码】按钮，从弹出的下拉菜单中选择【应用源格式】命令，如图 1.20 所示。

执行上述命令之后，Dreamweaver 可以快速整理已打开的文档源代码，使其按着一定的代码格式进行显示，当用户编辑或更新一个代码显示混乱的网页文档时，先单击该按钮整理代码格式，会方便代码阅读，整理效果如图 1.21 所示。

> **提示：** 如果选择【将源格式应用于选定内容】命令，则可以对选定代码进行格式化编排整理；选择【代码格式设置】命令，可以打开【首选项】对话框，定义代码格式的显示效果；选择【编辑标签库】命令，会打开【标签库编辑器】对话框，编辑标签格式。

Note

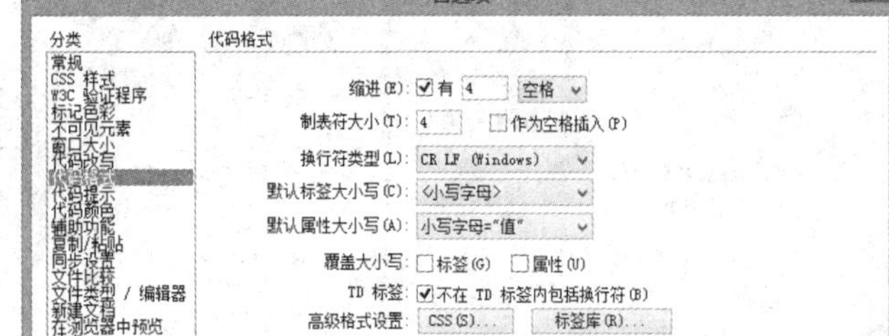

图 1.19 【首选项】对话框中的【代码格式】选项

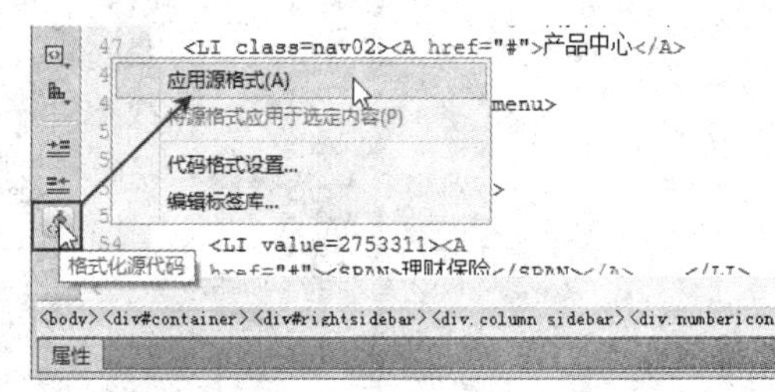

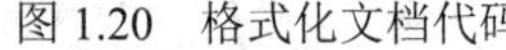

图 1.20 格式化文档代码

整理前

整理后

图 1.21 格式化文档代码前后效果比较

视频讲解

1.3.3 编码工具栏

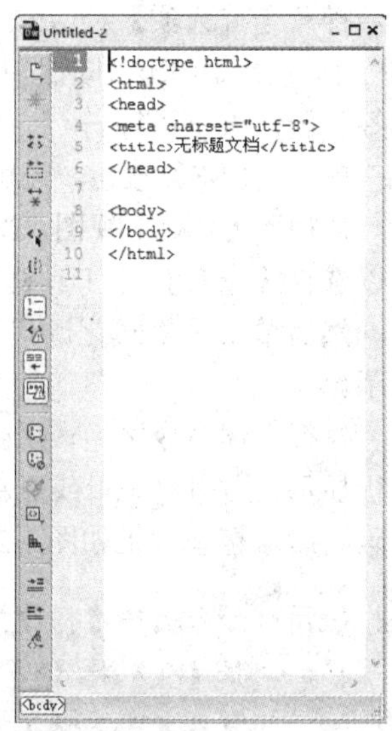

图 1.22 【编码】工具栏

切换到【代码】视图，Dreamweaver 默认在窗口的左侧显示一条【编码】工具栏，如图 1.22 所示。如果不希望显示【编码】工具栏，可以选择【查看】|【工具栏】|【编码】命令，隐藏或者显示【编码】工具栏。

（1）【打开文档】按钮：利用该按钮可以快速在多个文档之间进行切换，这对于 Dreamweaver 同时打开很多文档时特别有用。有时用户为了在多个已打开的文档中找到某个文件特别麻烦，不过使用【打开文档】按钮就方便、快速多了，如图 1.23 所示。

（2）【折叠整个标签】按钮：当输入的代码比较多时，为了方便查看代码，可以把一些不需要的标签折叠起来。方法是，把光标置于标签内任何位置（但不要置于内嵌标签内，否则只折叠内嵌标签内容），单击【折叠整个标签】按钮，即可以把该标签折叠起来，折叠时包含其内部的嵌套标签。如果单击该按钮时按住 Alt 键，则会折叠外部所有标签，如图 1.24 所示。

（3）【折叠所选】按钮：在【代码】视图中，选择一段代码，

然后单击该按钮可以折叠所选代码。如果单击该按钮时，按住 Alt 键，则会折叠所有未选择的标签。

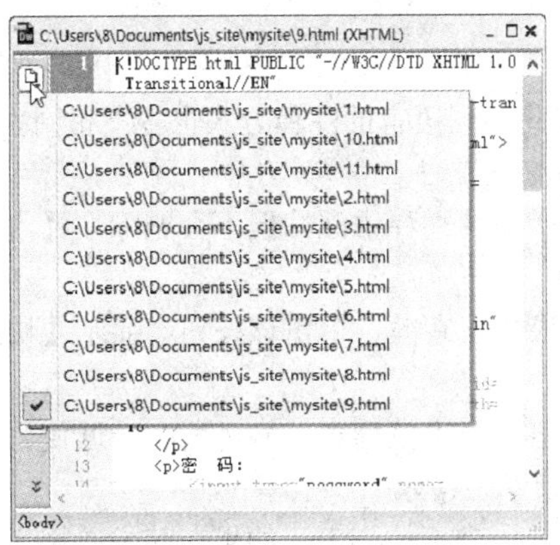

图 1.23　快速切换打开的文档

图 1.24　折叠外部标签

（4）【展开全部】按钮：单击该按钮可以展开所有折叠的代码，快捷键为 Ctrl+Alt+E。实际用户也可以选择【编辑】|【代码折叠】命令，在打开的子菜单中选择代码折叠和展开的相关命令。

（5）【选择父标签】按钮：把光标置于一个标签内，单击该按钮会选择该标签。这对于标签相互嵌套比较复杂时，选择标签比较有用。选择父标签的快捷键为 Ctrl+[。用户也可以选择【编辑】|【选择父标签】命令，执行相同的操作。

当用户把光标置于标签内部和标签的标签中，单击【选择父标签】按钮时会选择不同的内容，如图 1.25 所示。

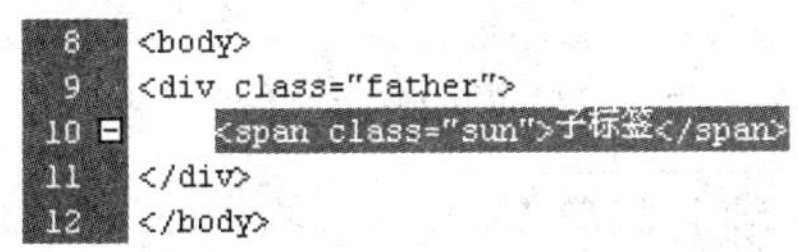

光标置于<span>和</span>标签之间选择父标签

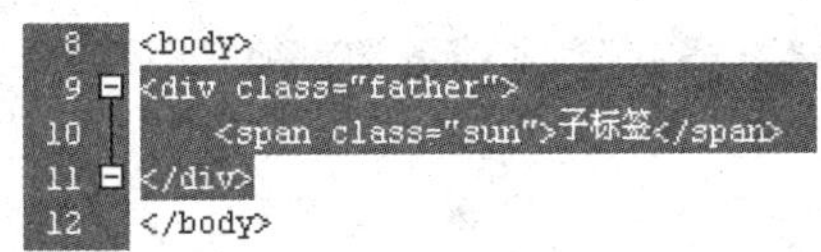

光标置于<span>标签内部选择父标签

图 1.25　选择父标签

（6）【选择当前代码段】按钮：单击该按钮可以选择网页中的脚本代码段或者 CSS 代码段等，但不能选择 HTML 源代码中的标签。

（7）【行号】按钮：单击该按钮可以显示或隐藏【代码】视图左侧的行号。行号能够帮助用户快速查找代码，但它会占用一定的空间，用户可以根据需要随时隐藏或显示行号。

（8）【高亮显示无效代码】按钮：单击该按钮会显示或隐藏当前文档中的无效代码。

（9）【应用注释】按钮：单击该按钮，会弹出一个下拉列表，从中选择一种语言的注释方法。常用注释语法如下：

```
<!--
HTML 注释
-->
<style type=text/css>
/*CSS 注释*/
</style>
<script type="text/jscript">
//JavaScript 注释
</script>
```

```
<%
'VBScript 注释
%>
```

Note

由于服务器会用到不同的语言作为编程语言工具，因此不同语言的注释方式也各不相同。所以在不同服务器环境中才可以使用【应用注释】选项。

（10）【删除注释】按钮：单击该按钮会删除光标所在的注释语法，但不会删除注释内容。此时注释文本会作为普通文本显示出来，所以使用时要慎重。

（11）【环绕标签】按钮：当选择标签或内容时，该按钮有效。单击该按钮会显示【快速标签编辑器】的环绕模式，允许用户输入嵌套标签。

（12）【最近的代码片段】按钮：单击该按钮会弹出一个下拉列表，显示所有最近使用的代码片段，也可以选择【代码片段】面板，允许用户快速插入代码片段。

（13）【移动或转换 CSS】按钮：单击该按钮会弹出一个下拉列表。如果在其中选择【将内联 CSS 转换为规则】选项（如图 1.26 所示），则会打开【转换内联 CSS】对话框（如图 1.27 所示），然后设置将<body>标签中的内联样式转换为一个规则放在本文档头部区域的<style>标签中，最后转换结果如图 1.28 所示。此时如果用户选择【移动 CSS 规则】选项，则会打开【移至外部样式表】对话框，可以将当前规则移至外部样式表文件中。

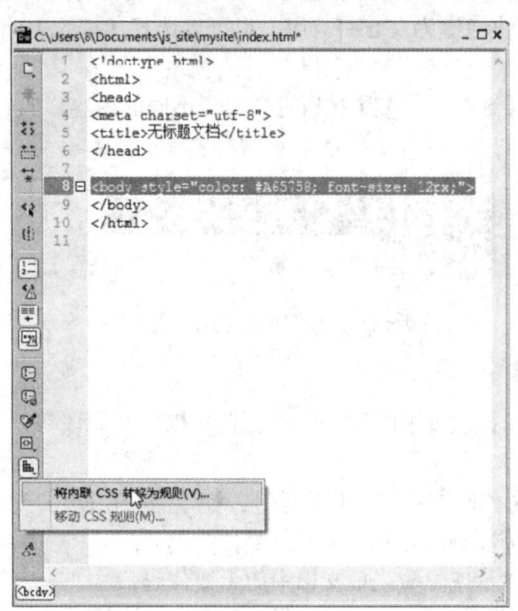

图 1.26　将内联 CSS 转换为规则

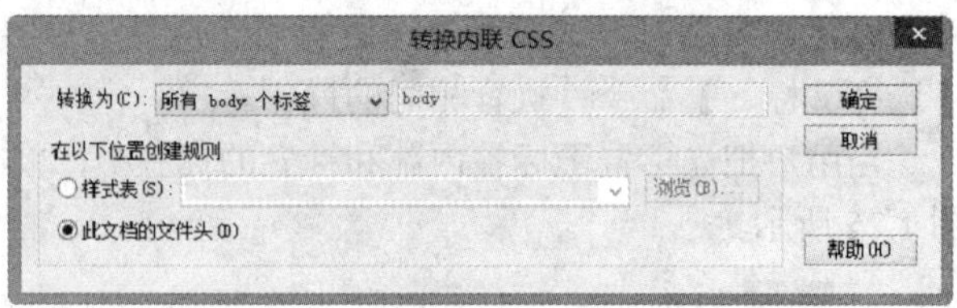

图 1.27　【转换内联 CSS】对话框

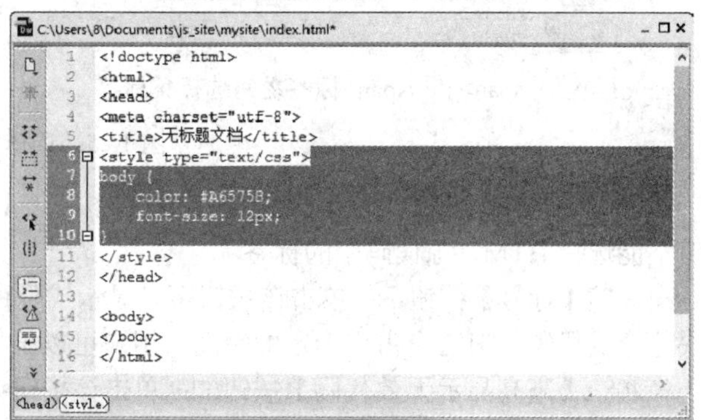

图 1.28　把行列样式转换为内部样式表

（14）【缩进代码】按钮和【凸出代码】按钮：单击这两个按钮可以缩进和凸出代码显示，以便实现对代码格式进行版式美化，增强代码的可读性。

1.4　使用编码工具

HTML 语言主要包括各种标签和属性，结构比较简洁，但要全面掌握这么多标签和属性比较费时，不过使用 Dreamweaver CC 强大的编码工具，只要用户熟悉并掌握代码编写的方法，然后借助

Dreamweaver CC 辅助工具完全能够掌握 HTML 语言及网页编程。

1.4.1 快速标签编辑器

【快速标签编辑器】就是让用户在【设计】视图窗口中直接对 HTML 标签进行编写，不需切换到 HTML【代码】视图编辑单独的 HTML 标签。

打开【快速标签编辑器】的方法非常简单。首先，切换到【设计】视图下，将光标定位在编辑区中，选择【修改】|【快速标签编辑器】命令，或者按 Ctrl+T 快捷键即可，如图 1.29 所示，即可在光标位置显示【编辑标签】文本框，然后可以在其中修改选定的标签内容，如图 1.30 所示。

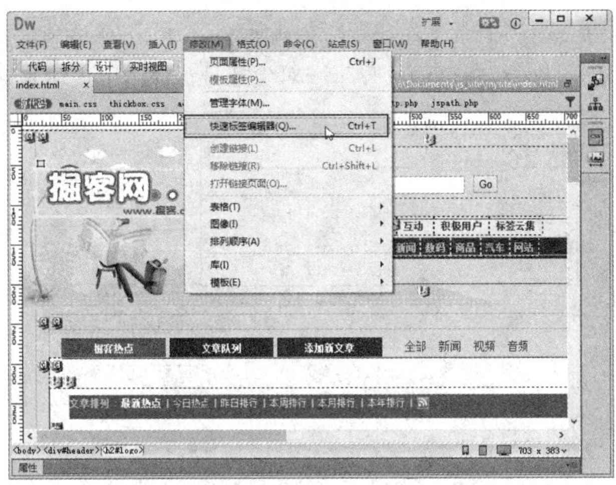

图 1.29 选择【快速标签编辑器】命令

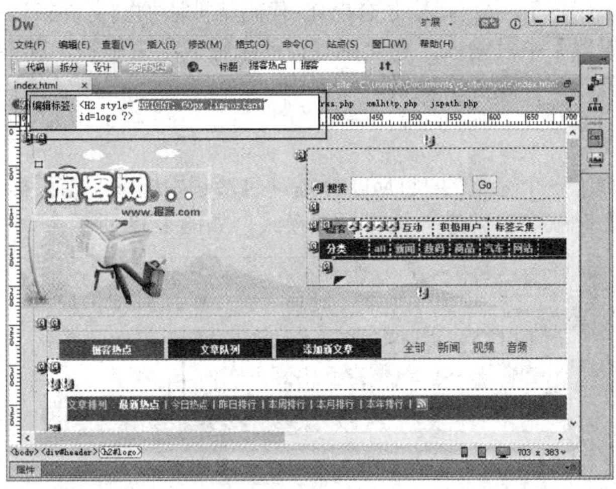

图 1.30 快速标签编辑器

【快速标签编辑器】有【插入 HTML】【编辑标签和】【绕标签】3 种状态，打开编辑器后可按 Ctrl+T 快捷键进行状态切换，如图 1.31 所示。在编辑区不同的选择状态下，会打开另外两种不同状态的【快速标签编辑器】。

无论是哪种状态的标签编辑器，用户都可以拖拉编辑器左侧的灰色区域来改变标签编辑器在文档编辑区中的位置。【快速标签编辑器】的使用方法和在【代码】视图中输入代码的方法相同，这里就

Note

不再重复。

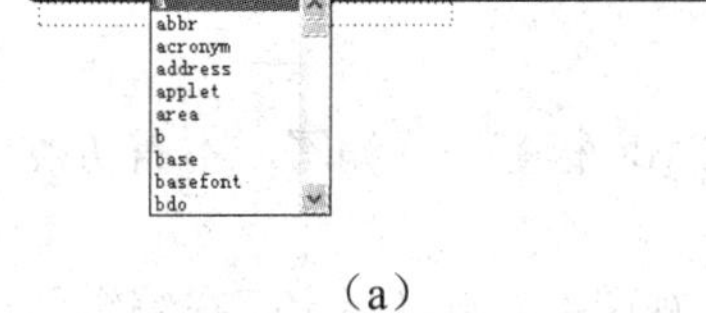

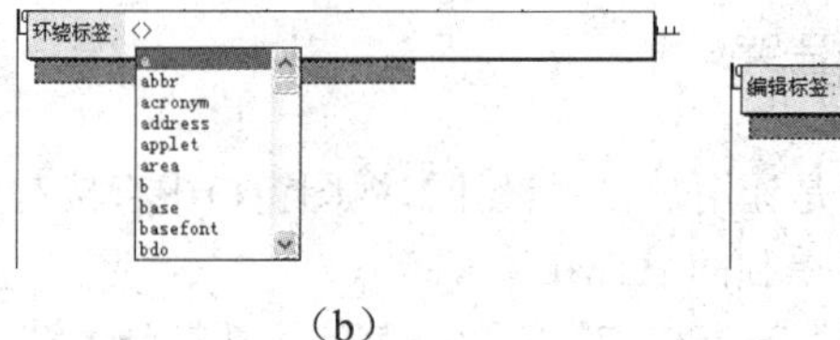

（a）　　（b）　　（c）

图 1.31　不同状态下的【快速标签编辑器】

1．插入 HTML 模式

如果用户没有选择任何对象，打开【快速标签编辑器】时，【快速标签编辑器】就会以插入 HTML 模式启动，如图 1.32 所示。此时编辑器中只显示一对尖括号，提示用户输入标签以及标签属性。

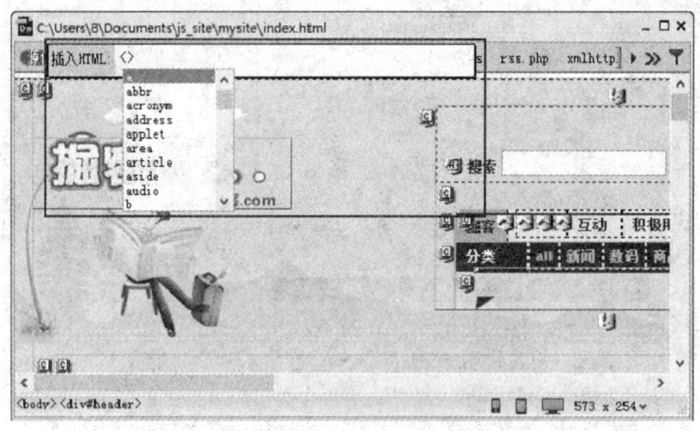

图 1.32　【快速标签编辑器】的插入模式

当关闭【快速标签编辑器】后，输入的 HTML 代码就被添加到文件窗口中插入点所在位置。如果用户在【快速标签编辑器】中只输入了起始标签，而未输入结束标签，则 Dreamweaver CC 会自动补上结束标签，进行标签封闭，避免出现错误。

2．编辑标签模式

当用户在窗口中选择了一个完整的 HTML 标签，包括起始标签、结束标签、标签包含的内容，启动【快速标签编辑器】时就会自动进入编辑标签模式，如图 1.33 所示。

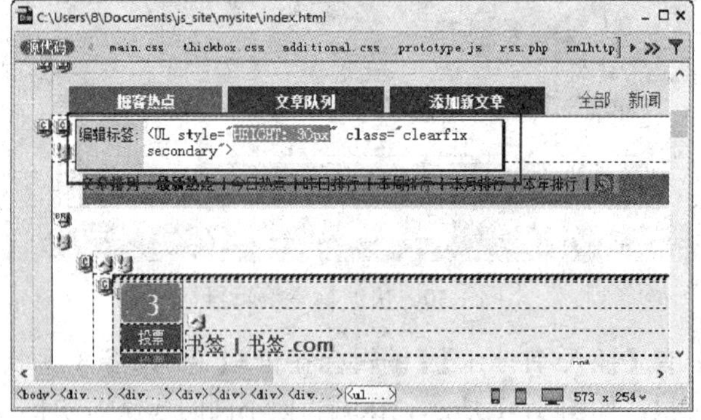

图 1.33　【快速标签编辑器】的编辑标签模式

选择完整的标签内容，最有效的方法是利用文件窗口左下角的快速标签选择器。标签选择器上所对应的标签，则可以在文件窗口中选中该标签及其标签间的内容。

3．环绕标签模式

当用户在窗口中只选择了标签内的内容，而未选择任何标签，那么打开【快速标签编辑器】时会自动进入环绕标签模式，如图 1.34 所示。环绕标签模式与插入 HTML 模式有着明显的区别，它只能输入单个标签，并且在关闭编辑器后，Dreamweaver 会自动在所选择内容的前后加上起始标签和结束标签。

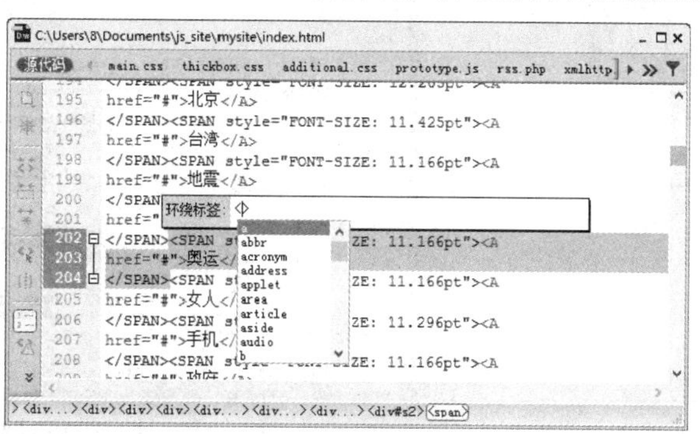

图 1.34 【快速标签编辑器】的环绕标签模式

1.4.2 代码片断

在【代码片断】面板中存储着大量的 HTML、JavaScript、ASP 和 JSP 等类型的代码片断，利用这些代码片断可以减小代码编写的工作量。

选择【窗口】|【代码片断】命令，打开【代码片断】面板，在【名称】列表框中选择要插入的代码片断，然后单击【插入】按钮，即可将选择的代码片断插入页面中，如图 1.35 所示。用户也可以快速从【代码片断】面板的代码列表中拖曳代码片段到编辑窗口。

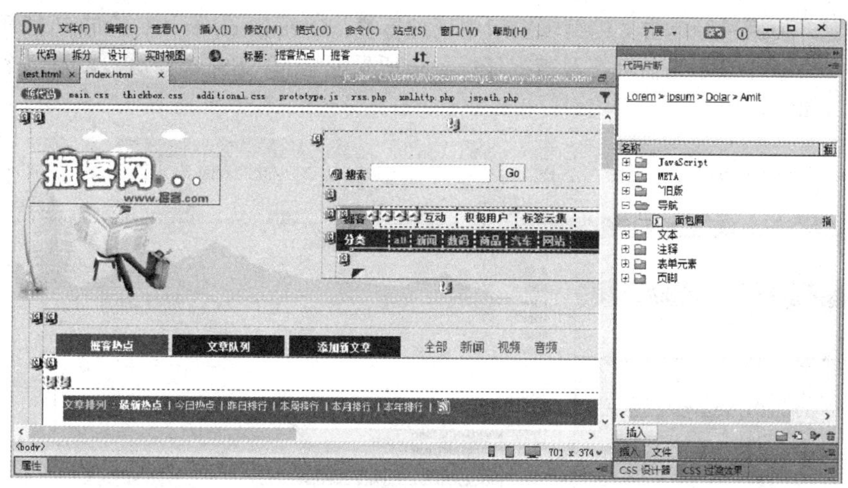

图 1.35 插入代码片断

【拓展】

在编写代码中，如果觉得一段代码经常使用，不妨使用【代码片断】面板创建一个自己的代码片断，以便重复使用。

【操作步骤】

第 1 步，启动 Dreamweaver CC，新建文档，保存为 test.html。

第 2 步，在【代码片断】面板中单击【新建代码片断文件夹】按钮，新建一个文件夹，如图 1.36

Note

所示。

第 3 步，单击【新建代码片断】按钮，打开【代码片断】对话框，如图 1.37 所示。

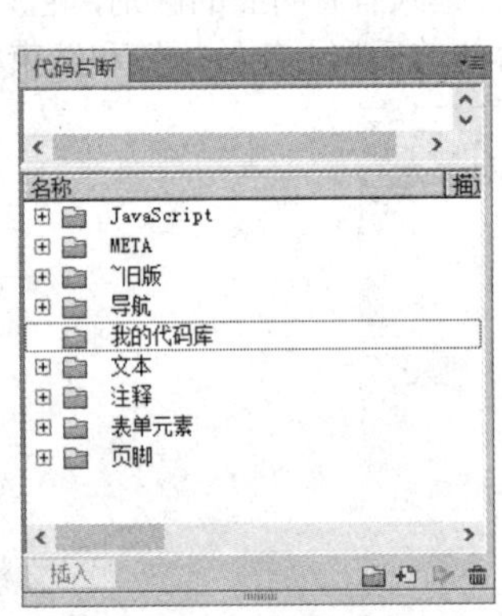

图 1.36　新建文件夹

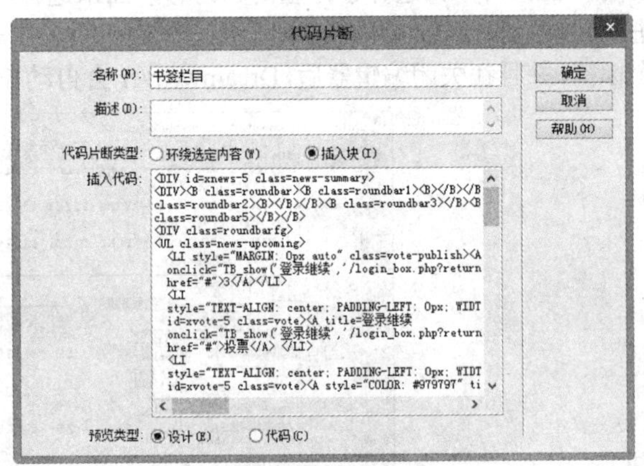

图 1.37　【代码片断】对话框

第 4 步，在【代码片断】对话框中输入片断代码，并设置好名称和描述信息，单击【确定】按钮即可。也可以在打开的网页中选中重复使用的代码片段，然后单击【新建代码片断】按钮，打开【代码片断】对话框，此时所选代码会自动填写在【插入代码】文本框中。

第 5 步，如果要编辑或删除某个代码片断，单击【代码片断】面板底部的【编辑代码片断】按钮或【删除】按钮即可。

视频讲解

1.4.3　代码浏览器

按住 Alt 键，使用鼠标单击文档编辑窗口中任意标签，Dreamweaver CC 会自动打开【代码浏览器】面板，在该面板中显示当前标签及其上级标签中所受影响的 CSS 选择器，以及每个选择器所在样式表，如图 1.38 所示。

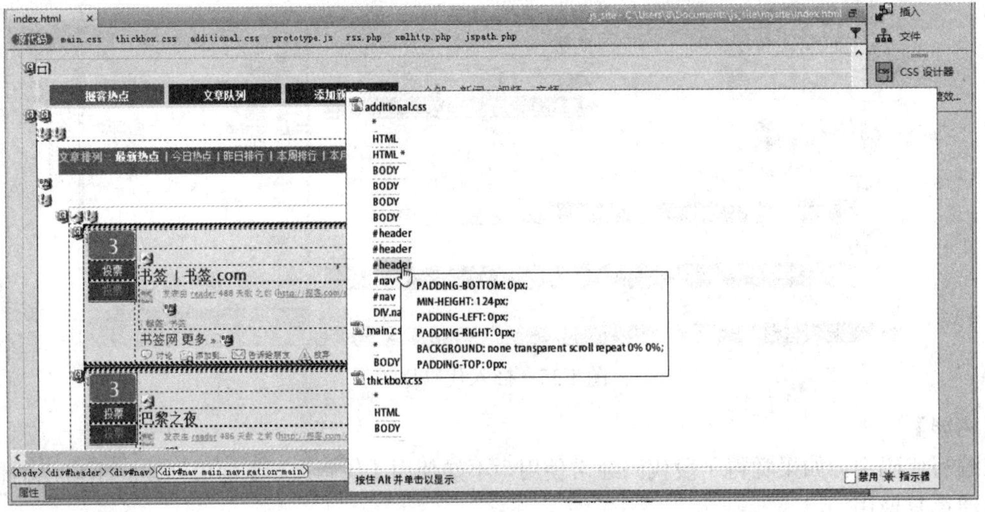

图 1.38　代码浏览器

通过这种方式，用户可以快速了解每个标签的 CSS 样式代码及其位置。如果右击文档中某个标签，从弹出的快捷菜单中选择【代码浏览器】命令，也可以打开【代码浏览器】面板。

第2章

新建网页

网页是网站中的一个页面，是构成网站的基本单元，是承载各种网站应用的平台，一般需要使用网页浏览器进行浏览。实际上，网页只是一个纯文本文件，它通过各种标记对页面上的文字、图片、视频、声音等元素进行描述，而浏览器则对这些标记进行解释并生成页面，通常是HTML格式，文件扩展名可以为.html、.htm、.asp、.php等。

【学习重点】

- 使用Dreamweaver CC新建网页。
- 设置网页的基本属性。
- 定义网页元信息。
- 编写基本的HTML标记。

视频讲解

Note

2.1 实战演练：新建页面

Dreamweaver CC 提供了多种创建页面的方法。除了直接在【文件】面板中新建各种类型的网页文件外，使用【新建】菜单命令创建网页是最常用的方法。

【操作步骤】

第 1 步，启动 Dreamweaver CC，选择【文件】|【新建】命令，打开【新建文档】对话框，如图 2.1 所示。

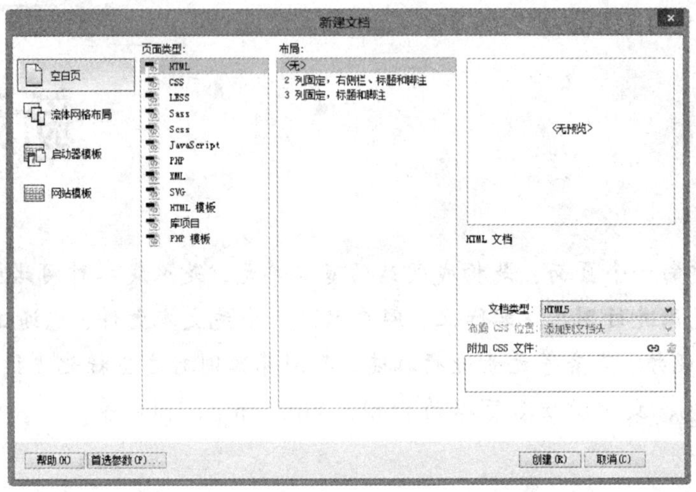

图 2.1 【新建文档】对话框

第 2 步，【新建文档】对话框由【空白页】【流体网格布局】【启动器模板】【网站模板】4 个分类选项卡组成（模板是依照已有的文档结构新建一个文档）。

第 3 步，在左侧选项卡中选择一种类型，如【启动器模板】，然后在【示例文件夹】列表框中选择子类项，如【Mobile 起始页】选项，则右侧列表框将显示【示例页】类别的所有选项，如图 2.2 所示。

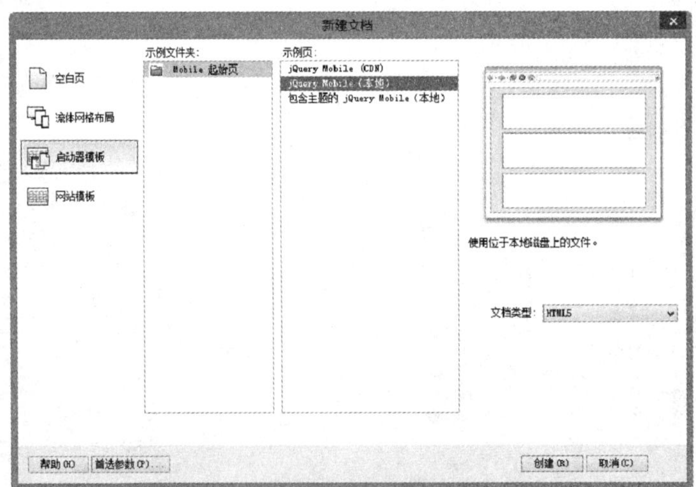

图 2.2 新建启动器模板

第 4 步，在示例列表框中选择一种类型的页面，在右侧的预览区域和描述区域中可以观看效果，并察看该页面的描述文字。

例如，选择【jQuery Mobile（本地)】选项，对话框的预览区域自动生成预览图，描述区域自动显示该主题的描述说明。

如果在分类选项卡中选择【流体网格布局】分类选项，则可以在右侧设置流体布局配置参数，如图 2.3 所示。

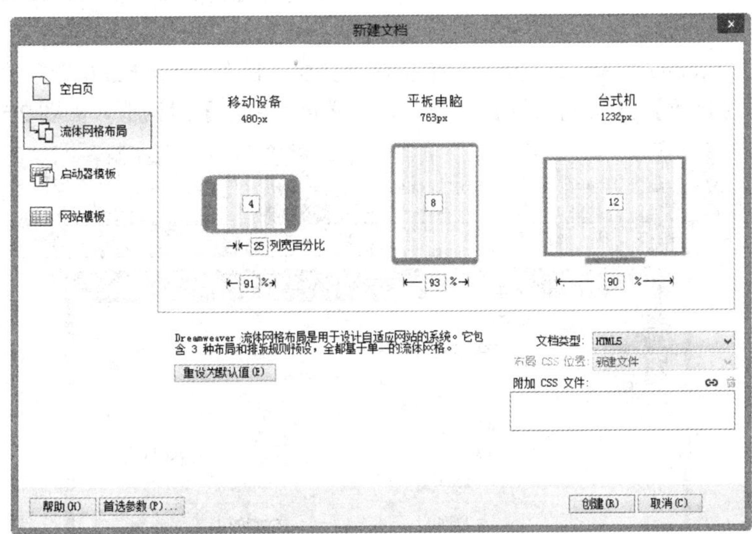

图 2.3　新建流体网格布局

第 5 步，单击【新建文档】对话框中的【创建】按钮，Dreamweaver CC 会自动在当前窗口创建一个移动互联网网页，如图 2.4 所示。

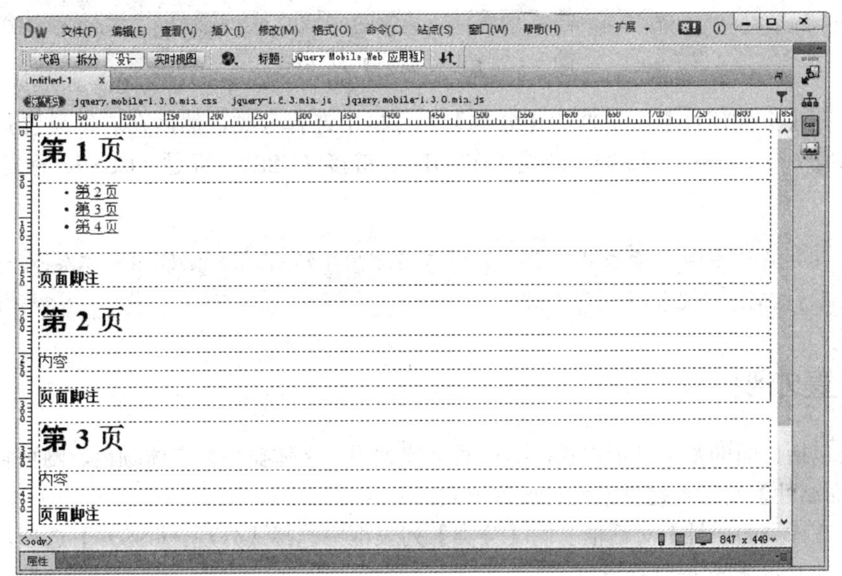

图 2.4　新建的 jQuery Mobile 移动页面模板

可以根据上面介绍的方法创建不同类型的页面或者创建一个空白页，具体步骤不再重复。

2.2 初始化页面样式

Note

新建网页之后，应设置页面的基本显示属性，如页面背景效果、页面字体大小、颜色和页面超链接属性等。在 Dreamweaver CC 中设置页面显示属性可以通过【页面属性】对话框来实现。

【操作步骤】

第 1 步，启动 Dreamweaver CC，新建一个空白页文档，保存为 test.html。

第 2 步，选择【修改】|【页面属性】命令，打开【页面属性】对话框，如图 2.5 所示。

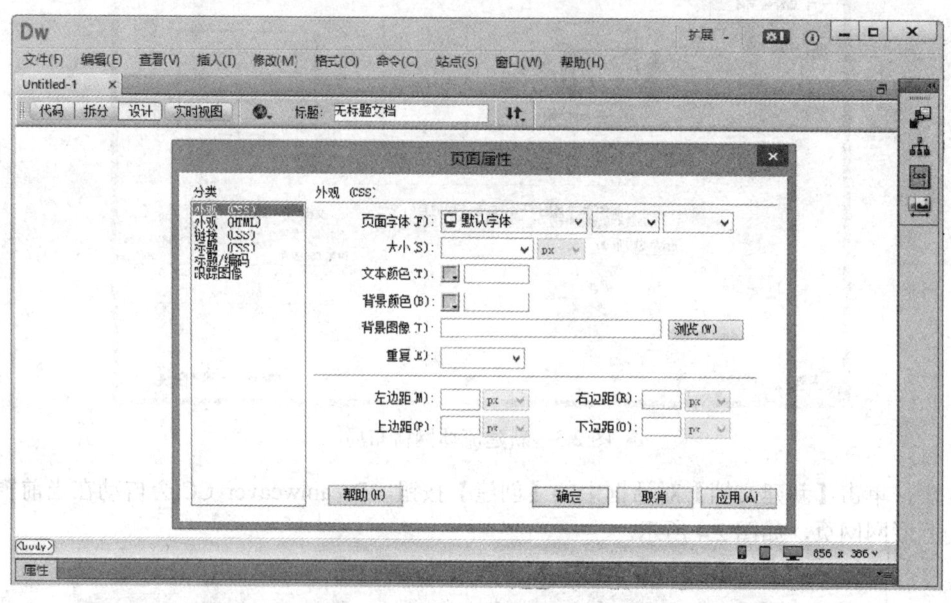

图 2.5 【页面属性】对话框

第 3 步，在【页面属性】对话框的【分类】列表框中选择分类，然后在右侧设置具体属性。页面基本属性共有 6 类：外观（CSS）、外观（HTML）、链接（CSS）、标题（CSS）、标题/编码和跟踪图像。

> 提示：在分类名称后面小括号中，CSS 表示该类选项中所有设置由 CSS 样式定义，HTML 表示使用 HTML 标记属性进行定义。

2.2.1 设置外观

视频讲解

外观主要包括页面的基本显示样式，如页面字体大小、字体类型、字体颜色、网页背景样式、页边距等。【页面属性】对话框提供了两种设置方式。

☑ 如果在【页面属性】对话框左侧【分类】列表框中选择【外观（CSS）】选项，则可以使用标准的 CSS 样式来进行设置。

☑ 如果在【页面属性】对话框左侧【分类】列表框中选择【外观（HTML）】选项，则可以使用传统方式（非标准）的 HTML 标记属性来进行设置。

Note

【示例】

如果使用标准方式设置页面背景色为白色，则 Dreamweaver CC 会生成如下样式来控制页面字体的大小：

```
<style type="text/css">
body { background-color: rgba(255,255,255,1); }
</style>
```

反之，如果使用非标准方式设置页面背景色为白色，则 Dreamweaver CC 会在<body>标记中插入如下属性：

```
<body bgcolor="#FFFFFF">
```

下面详细讲解页面外观属性设置。

1．页面字体

在【页面字体】下拉列表框中选择一种字体。如果字体列表中没有显示用户要使用的字体，可以选择列表最下面的【管理字体】选项，如图 2.6 所示。

在打开的【管理字体】对话框中，切换到【自定义字体堆栈】选项卡，在【可用字体】列表框中选择一种字体，单击 << 按钮将该字体加入左侧【选择的字体】列表框中，如图 2.7 所示，这样就可以在 Dreamweaver 中使用。

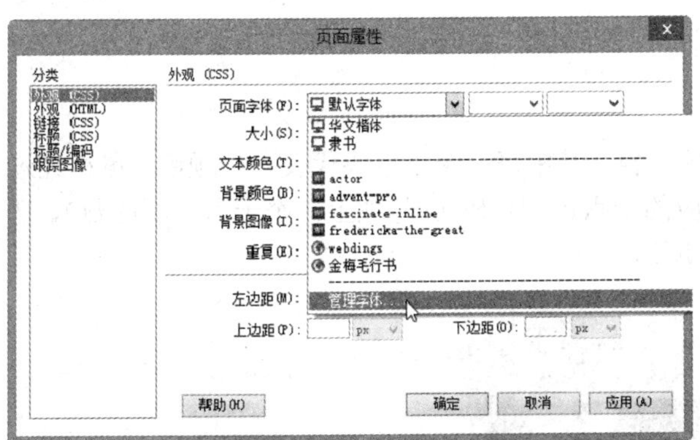

图 2.6　【页面属性】对话框中的【外观】选项

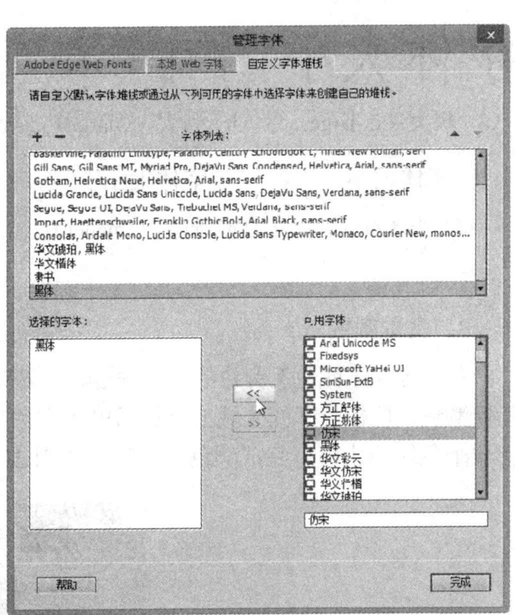

图 2.7　【管理字体】对话框

在【页面属性】对话框的【页面字体】右侧的下拉列表框中，分别可以设置斜体（italic）和粗体（bold）样式。

提示： 建议使用系统默认字体（如宋体），不要使用非常用的艺术字体。如果要使用某些艺术字体，可以先在 Photoshop 中把艺术字体生成图片，然后以背景样式的形式显示，或者插入网页中。

2．大小

Note

在【大小】下拉列表框中可以设置页面字体大小，也可以输入数字定义字体大小。输入数字后，右侧下拉列表框变为可编辑状态，在这里可以选择数字单位，如像素（px）、点数（pt）、英寸（in）、厘米（cm）和毫米（mm）等。在【大小】下拉列表框中还有一些特殊的字号，如图 2.8 所示。

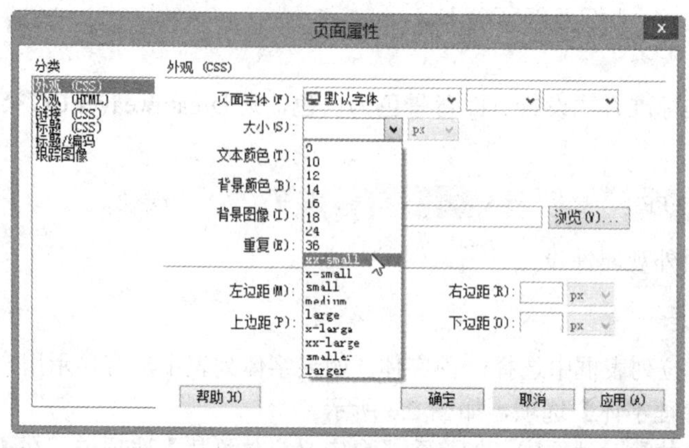

图 2.8　选择特殊字号

图 2.9 列出了这些特定字号所设置的字体大小，可直观进行比较。

字体大小	字体大小	字体大小	字体大小	字体大小
（a）极大（xx-large）	（b）特大（x-large）	（c）较大（larger）	（d）大（large）	（e）中（medium）
字体大小	字体大小	字体大小	字体大小	字体大小
（f）小（small）	（g）较小（smaller）	（h）特小（x-small）	（i）极小（xx-small）	（j）12px

图 2.9　特殊字号效果比较

3．文本颜色

单击【文本颜色】旁边的矩形框，打开颜色面板，其中每一个小色块代表一种颜色，鼠标经过任何颜色，色板的下面区域都会显示出该颜色相应的十六进制代码（#号加上 6 个十六进制的数），选择一个色块单击即可完成颜色的选取，如图 2.10 所示。

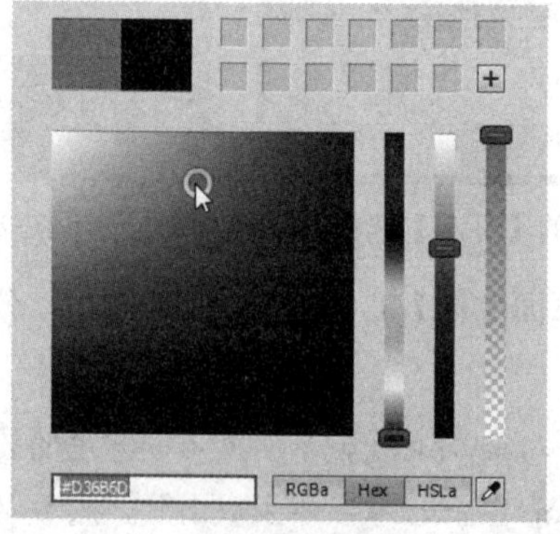

图 2.10　颜色面板

提示：在颜色面板底部单击![吸管]按钮，鼠标指针会变成吸管形状，此时可以在编辑窗口快速选择一种颜色，如图 2.11 所示。此外，单击颜色面板底部的 RGBa、Hex、HSLa 按钮，可以切换选择颜色的表示方式，如 rgba(229,222,168,1.00)、#E5DEA8、hsla(53,54%,78%,1.00)。

图 2.11　快速取色

返回【页面属性】对话框，在【文本颜色】右侧的文本框中也可以直接输入颜色值。HTML 预设了一些颜色名称，也可以在【文本颜色】右侧的文本框中直接输入这个颜色名称。例如，在文本框中输入红色的名称“red”，可设置红颜色；输入蓝色的名称“blue”，可设置蓝颜色，如图 2.12 所示。

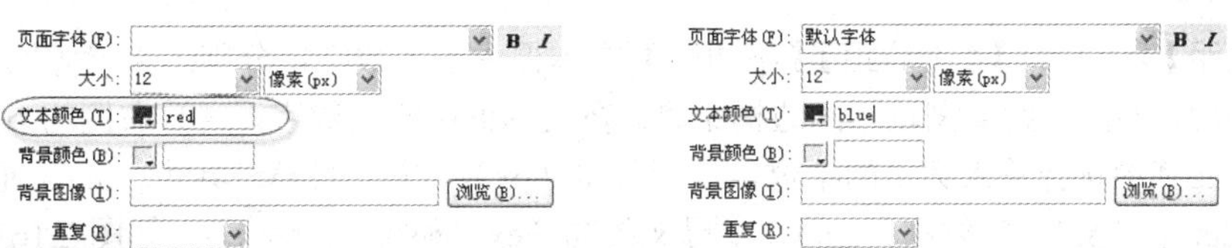

图 2.12　输入 HTML 预设颜色名称

提示：常用的预设颜色名称有 black（黑色）、olive（橄榄色）、teal（凫蓝色）、red（红色）、blue（蓝色）、maroon（栗色）、navy（藏青色）、gray（灰色）、lime（柠檬色）、fuchsia（紫红色）、white（白色）、green（绿色）、purple（紫色）、yellow（黄色）和 aqua（浅绿色）。

4．背景颜色

背景颜色的设置方法与设置文本颜色的方法基本相同。背景色默认为白色，也可以在该文本框中输入“#FFFFFF”显式定义网页背景颜色为白色，如果在这里不设置颜色，浏览器会把白色默认为网页背景颜色。

5．背景图像

在【背景图像】文本框中可以直接输入图像的路径，或者单击后面的【浏览】按钮，在打开的对话框中选择想用作背景的图像文件，如果图像文件不在网站本地目录下，会弹出如图 2.13 所示的提示对话框，单击【确定】按钮，把图像文件复制到网站根目录中。

在【背景图像】选项下面有一个【重复】下拉列表框，如图 2.14 所示，该选项用来设置背景图像在页面上的显示方式，主要包括 no-repeat（不重复）、repeat（重复）、repeat-x（横向重复）和 repeat-y（纵向重复），效果如图 2.15 所示。选择的背景图像，要避免用中文命名图像，否则会无法显示。

Note

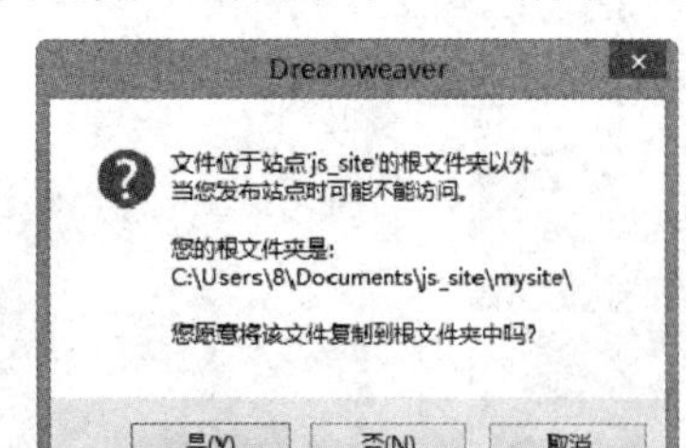

图 2.13　提示对话框

图 2.14　【重复】下拉列表框

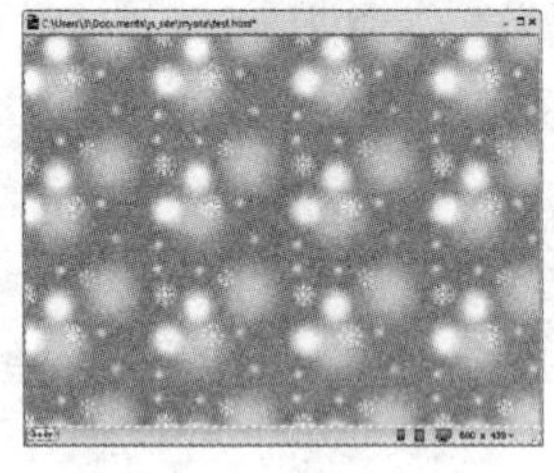

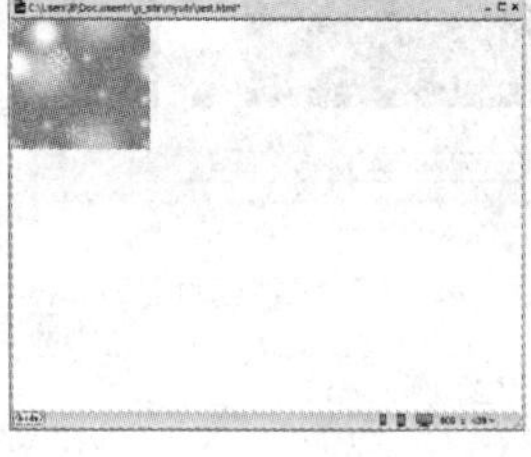

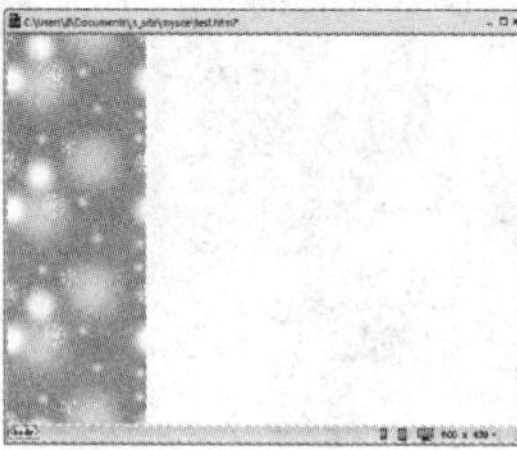

（a）重复　　（b）不重复　　（c）横向重复　　（d）纵向重复

图 2.15　不同背景图像显示方式

6．设置页边距

在【左边距】【右边距】【上边距】【下边距】文本框中输入数字，分别用来设置网页四周空白区域的宽度或高度，即网页距离浏览器的边框距离。在文本框中输入数字，这时右侧的下拉列表框为可选状态，然后在其中选择输入数字的单位，包括像素（px）、点数（pt）、英寸（in）、厘米（cm）、毫米（mm）、12pt 字（pc）、字体高（em）、字母 x 的高（ex）和%（百分比），如图 2.16 所示。如果不输入单位，系统默认单位为像素（px）。

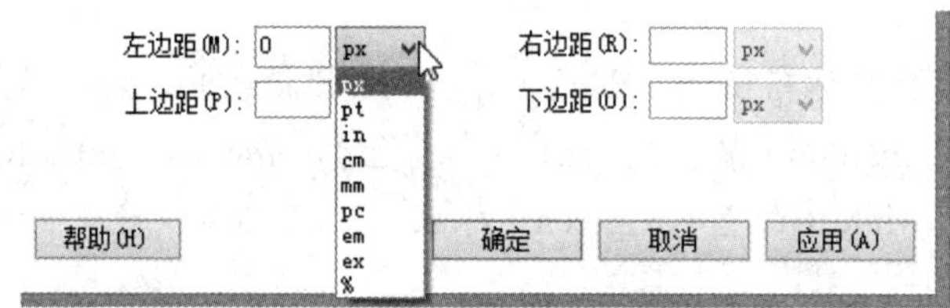

图 2.16　设置页边距

视频讲解

2.2.2　设置链接

在【页面属性】对话框左侧的【分类】列表框中选择【链接（CSS）】选项，在右侧显示相关链接设置属性，如图 2.17 所示。这些内容主要是针对链接文字字体、大小、颜色和样式属性进行设置，而且只能对链接文字产生作用。

【链接字体】用来设置页面中超链接字体类型。

【大小】用于设置链接字体的大小。

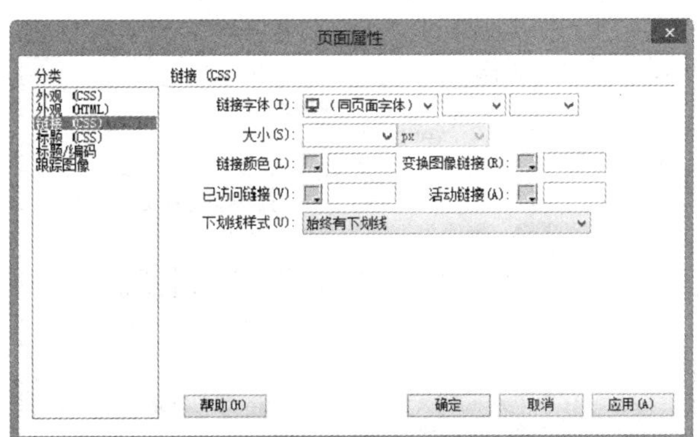

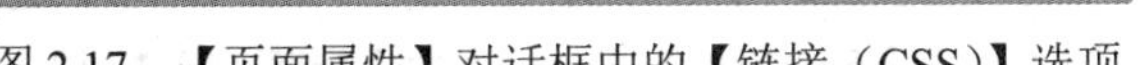
图 2.17　【页面属性】对话框中的【链接（CSS）】选项

【链接颜色】【变换图像链接】【已访问链接】【活动链接】这 4 个颜色项可以为文字设置 4 种不同链接状态时的颜色，它们分别对应链接字体在正常时的颜色、鼠标指针经过时的颜色、鼠标单击过的颜色和鼠标单击时的颜色。Dreamweaver CC 默认链接文字颜色为蓝色，已访问过的链接文字颜色为紫色。

【下画线[①]样式】下拉列表框主要设置链接字体的显示样式，共有 4 种下画线样式，即【始终有下画线】【始终无下画线】【仅在变换图像时显示下画线】和【变换图像时隐藏下画线】。根据字面意思就可以知道每个选项的样式效果。

2.2.3　设置标题

视频讲解

在【页面属性】对话框左侧的【分类】列表框中选择【标题（CSS）】选项，在右侧则显示相关标题设置属性，如图 2.18 所示。

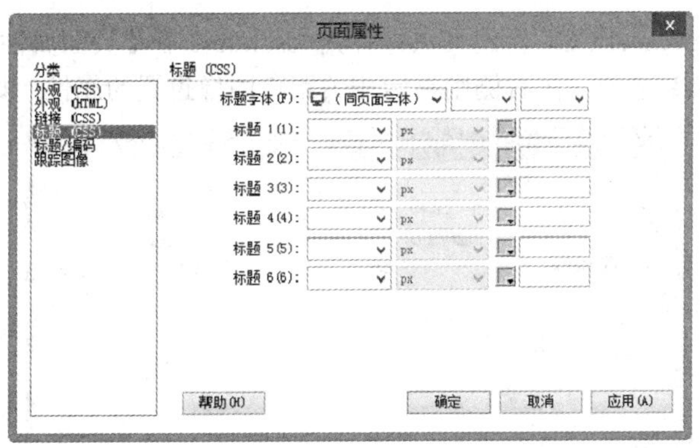

图 2.18　【页面属性】对话框中的【标题（CSS）】选项

这里的标题主要针对页面内各级不同标题样式，包括字体、粗体、斜体和大小。可以定义标题字体及 6 种预定义的标题字体样式。

2.2.4　设置标题/编码

视频讲解

在【页面属性】对话框左侧的【分类】列表框中选择【标题/编码】选项，在右侧则显示相关标题/编码设置属性，如图 2.19 所示。

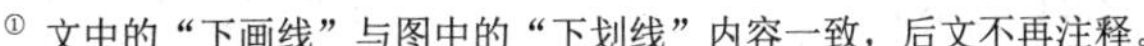

① 文中的“下画线”与图中的“下划线”内容一致，后文不再注释。

Note

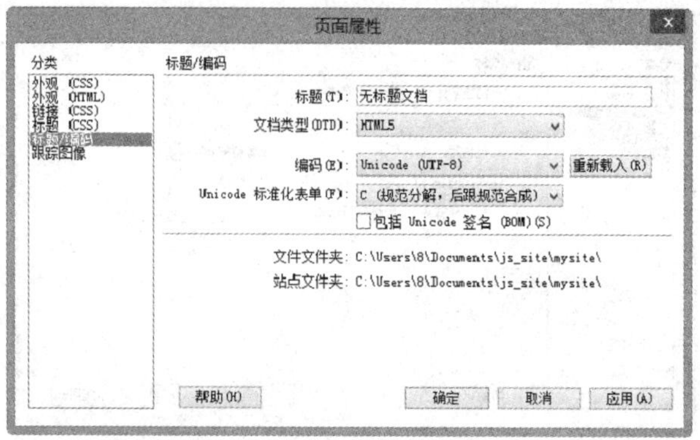

图 2.19 【页面属性】对话框中的【标题/编码】选项

这里主要设置网页标题，该标题将显示在浏览器的标题栏中。同时还可以设置 HTML 源代码中字符编码，网页默认设置 Unicode（UTF-8）即可。

视频讲解

2.2.5 设置跟踪图像

在制作网页时，很多设计师习惯先用绘图工具绘制网页草图（即设计网页草稿），为方便设计师快速参考设计草图，Dreamweaver CC 可以将设计草图设置成跟踪图像，铺在编辑的网页下面作为背景，用于引导网页的设计。不过跟踪图像只是起辅助编辑的作用，最终并不会在浏览器中显示，所以它与页面背景图像存在本质区别。

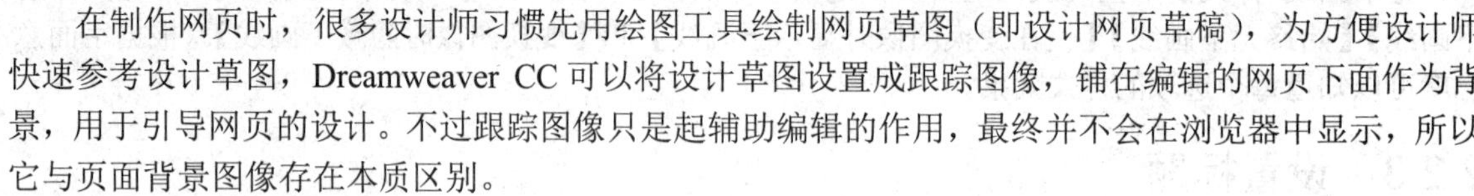

【操作步骤】

操作之前，用户应准备好设计草图或者参考效果图，也可打开本案例素材设计图 bg2-1.jpg，然后执行下面的操作步骤。

第 1 步，启动 Dreamweaver CC，新建网页保存为 test.html。在【页面属性】对话框左侧的【分类】列表框中选择【跟踪图像】选项，在右侧则显示相关跟踪图像设置的属性，如图 2.20 所示。

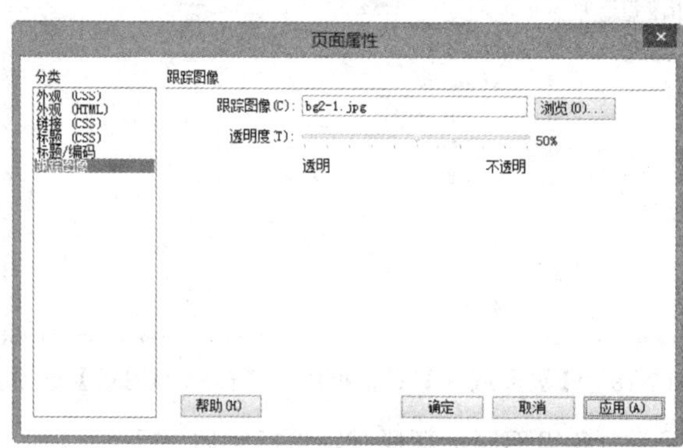

图 2.20 【页面属性】对话框中的【跟踪图像】选项

第 2 步，在【跟踪图像】文本框中可以为当前制作的网页添加跟踪图像。单击文本框后面的【浏览】按钮，打开【选择图像源文件】对话框，选择参考图像。如果图像文件不在网站本地目录下，会弹出如图 2.13 所示的提示对话框，单击【是】按钮，把图像文件复制到网站根目录中。

第 3 步，拖动【透明度】滑块可以设置跟踪图像的透明度，以确保它不影响正常的网页设计操作。透明度越高，跟踪图像显示得越明显；透明度越低，跟踪图像显示得越不明显。最后，单击【应用】按钮，即可在编辑窗口中看到跟踪图像效果，如图 2.21 所示。

第 4 步，若要显示或隐藏跟踪图像，可以选择【查看】|【跟踪图像】|【显示】命令，如图 2.22 所示。

（1）在网页中选定一个页面元素，然后选择【查看】|【跟踪图像】|【对齐所选范围】命令，可以使跟踪图像的左上角与所选页面元素的左上角对齐。

（2）若要更改跟踪图像的位置，则选择【查看】|【跟踪图像】|【调整位置】命令，打开【调整跟踪图像位置】对话框，如图 2.23 所示。在【X】和【Y】文本框中输入坐标值，单击【确定】按钮就可以调整跟踪图像的位置。例如，在【X】文本框中输入“50”，在【Y】文本框中输入“50”，则跟踪图像的位置被调整到距浏览器左边框 50px，距浏览器上边框 50px。

图 2.21　设置跟踪图像效果

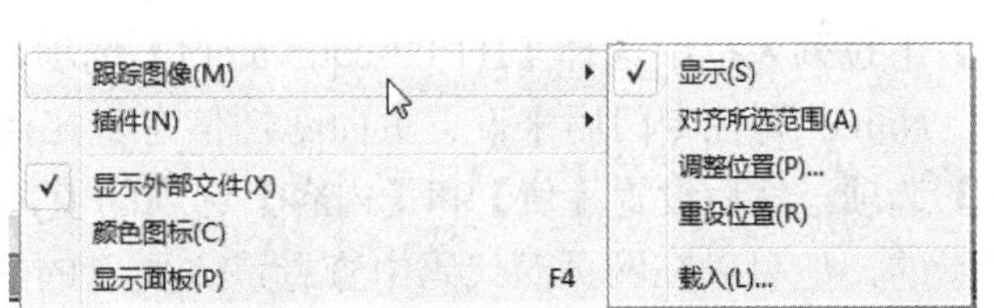

图 2.22　【跟踪图像】子菜单

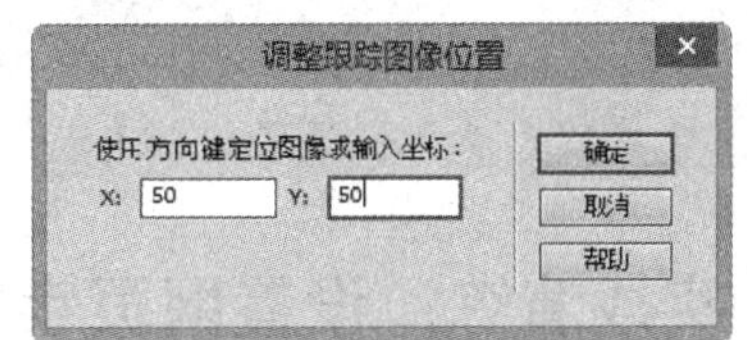

图 2.23　【调整跟踪图像位置】对话框

（3）若要重新指定跟踪图像的位置，选择【查看】|【跟踪图像】|【重设位置】命令，跟踪图像会自动对齐 Dreamweaver CC 文档编辑窗口的左上角。

2.3　定义元信息

网页都由头部信息区和主体可视区两部分组成。其中，头部信息位于<head>和</head>标记之间，不会被显示出来，但可以在源代码中查看，头部信息一般作为网页元信息方便用户参考、浏览器解析或搜索引擎等设备识别，页面可视区域包含在<body>标记中，浏览者所看到的所有网页信息都包含在该区域。

头部信息对于网页来说是非常重要的，可以说它是整个页面的控制中枢，例如，当页面以乱码形式显示，就是因为网页字符编码没有设置正确等。还可以通过头部元信息设置网页标题、关键词、作者、描述等多种信息。

在【代码】视图下可以直接输入<meta>标记，组合使用 HTTP-EQUIV、Name 和 Content 这 3 个属性可以定义各种元数据。在 Dreamweaver CC 中，用户使用可视化方式快速插入元数据会更直观方便。具体方法是，选择【插入】|【Head】|【META】命令，打开【META】对话框，如图 2.24 所示。

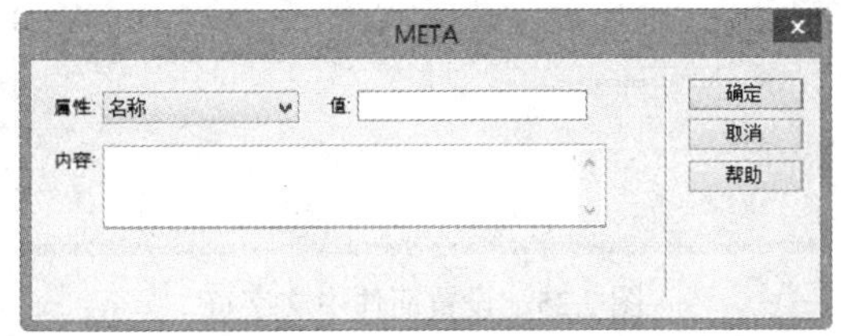

图 2.24　【META】对话框

提示：也可以通过【插入】面板插入元数据。在【插入】面板中单击【常用】工具类中的【Head】按钮，在弹出的下拉列表中选择【META】命令。

下面介绍【META】对话框中各个选项。

（1）【属性】下拉列表框：该下拉列表框中有【HTTP-equivalent】和【名称】两个选项，分别对应 HTTP-EQUIV 和 NAME 变量类型。

（2）【值】文本框：输入 HTTP-EQUIV 或 NAME 变量类型的值，用于设置不同类型的元数据。

（3）【内容】文本框：在该文本框中输入 HTTP-EQUIV 或 NAME 变量的内容，即设置元数据项的具体内容。

【拓展】

HTTP-EQUIV 是 HTTP Equivalence 的简写，它表示 HTTP 的头部协议，这些头部协议信息将反馈给浏览器一些有用的信息，以帮助浏览器正确和精确地解析网页内容。在【META】对话框的【属性】下拉列表框中选择【HTTP-equivalent】选项，则可以设置下面各种元数据。

Name 属性专门用来设置页面隐性信息。在【META】对话框的【属性】下拉列表框中选择【名称】选项，然后设置【值】和【内容】选项的值，就可以定义文档各种隐性数据，这些元信息是不会显示的，但可以在网页源代码中查看，主要目的是方便设备浏览。

提示：在插入元信息时，可以重复插入相同类型的信息，虽然在网页中已经设置了字符编码为 UTF-8，但系统依然会再次插入字符编码信息，这与【页面属性】对话框设置不同，它不会修改原来已经设置的信息。

Note

视频讲解

2.3.1 实战演练：设置网页字符编码

网页内容可以设置不同的字符集进行显示，如 Gb2312 简体中文编码、BIG5 繁体中文编码、IS08859-1 英文编码、国际通用字符编码 UTF-8 等。对于不同字符编码页面，如果浏览器不能显示该字符，则会显示为乱码。因此需要首先定义页面的字符编码，告诉浏览器应该使用什么编码来显示页面内容。

【示例】

在【META】对话框的【属性】下拉列表框中选择【HTTP-equivalent】选项，在【值】文本框中输入“Content-Type”，在【内容】文本框中输入“text/html;charset=gb2312”，则可以设置网页字符编码为简体中文，如图 2.25 所示。

使用 HTML 代码在<head>标记中直接进行书写，如图 2.26 所示，默认情况下新建页面设置为 UTF-8 编码（国际通用编码），如果在页面中输入其他国家语言，还需要重新设置相应的字符编码。也可以在【首选项】对话框的【新建文档】分类中设置默认网页编码。

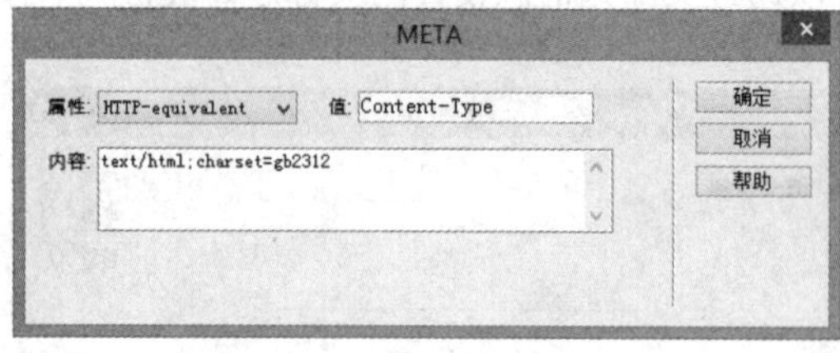

图 2.25　设置简体中文字符

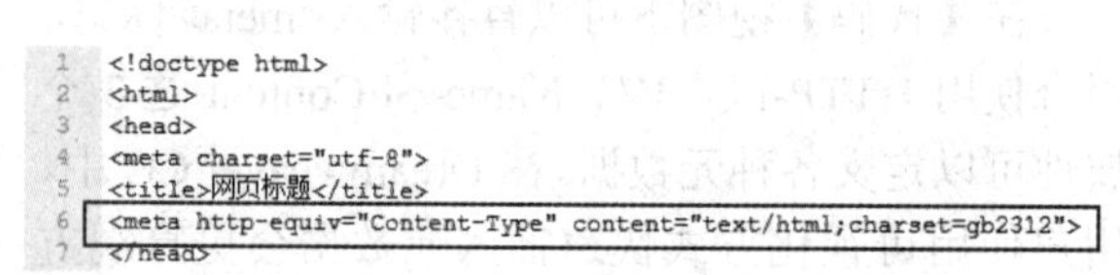

图 2.26　直接输入代码

视频讲解

Note

2.3.2 实战演练：设置页面有效期

通过设置<meta>标记属性可以控制页面的有效期限。

【示例】

在【META】对话框的【属性】下拉列表框中选择【HTTP-equivalent】选项，在【值】文本框中输入“expires”，expires为网页到期，在【内容】文本框中输入“Sun,1 Dec 2014 12:00:00 GMT”，则可以设置网页在2014年12月1日12点过期，其格式为“星期，日 月 年 时 分 秒 GML”。过期之后将无法脱机浏览该网页，只有重新登录并连接该网页才可以继续再次浏览，如图2.27所示。用HTML代码在<head>标记中直接书写如图2.28所示。

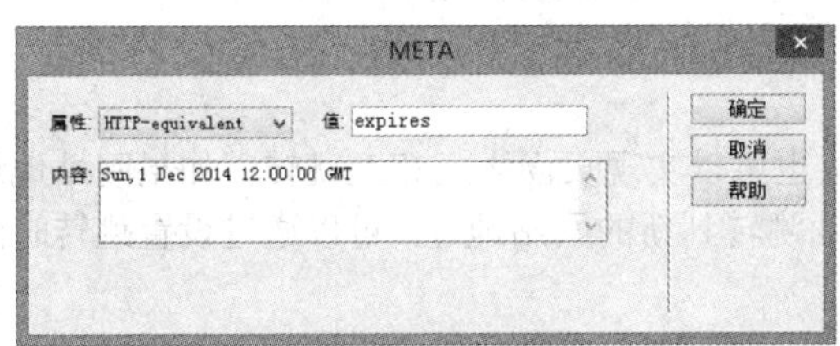

图2.27 设置网页期限

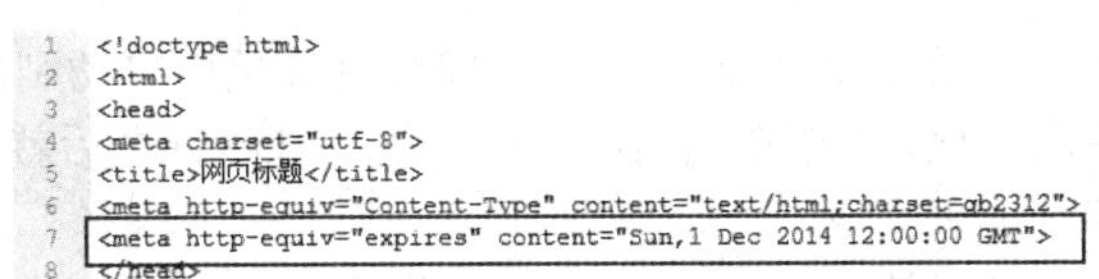

```
<!doctype html>
<html>
<head>
<meta charset="utf-8">
<title>网页标题</title>
<meta http-equiv="Content-Type" content="text/html;charset=gb2312">
<meta http-equiv="expires" content="Sun,1 Dec 2014 12:00:00 GMT">
</head>
```

图2.28 输入网页期限代码

视频讲解

2.3.3 实战演练：设置网页禁止缓存

使用网页缓存可以加快浏览网页的速度，因为缓存将曾经浏览过的页面暂存在客户端计算机内存中，当下次打开同一个网页内容时，即可直接从内存中调出已浏览的页面，实现快速浏览，避免再次去服务器读取同一网页内容。但是如果网页的内容经常频繁地更新，用户希望随时都能查看到最新的网页内容，则可以通过设置禁止页面缓存。

【示例】

在【META】对话框的【属性】下拉列表框中选择【HTTP-equivalent】选项，在【值】文本框中输入“cache-control”，在【内容】文本框中输入“no-cache”，则可以禁止该网页缓存，如图2.29所示。其中cache-control表示缓冲机制，content属性或者【内容】文本框中内容no-cache定义禁止缓存。用HTML代码在<head>标记中直接书写如图2.30所示。

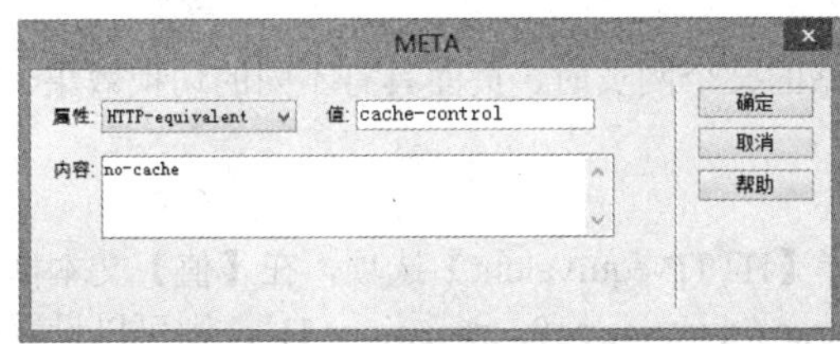

图2.29 设置网页禁止缓存

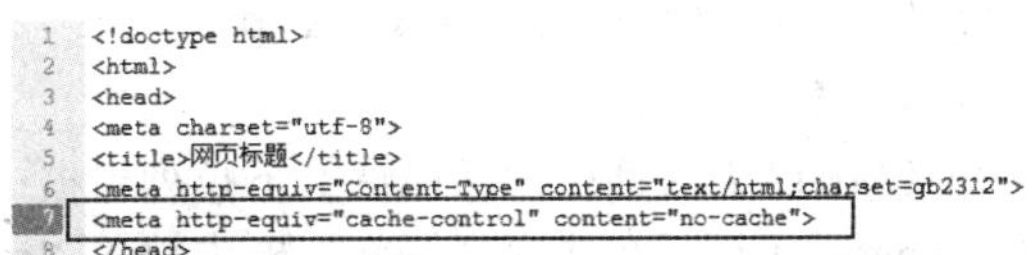

```
<!doctype html>
<html>
<head>
<meta charset="utf-8">
<title>网页标题</title>
<meta http-equiv="Content-Type" content="text/html;charset=gb2312">
<meta http-equiv="cache-control" content="no-cache">
</head>
```

图2.30 直接输入禁止缓存代码

视频讲解

2.3.4 实战演练：设置网页自动刷新

使用<meta>标记可以设置网页自动刷新。例如，在直播频道、论坛网站等就需要设置页面自动刷新，以实现信息的自动实时显示。

【示例】

在【META】对话框的【属性】下拉列表框中选择【HTTP-equivalent】选项，在【值】文本框中

Note

输入“refresh”，在【内容】文本框中输入“5”，则可以每 5 秒钟刷新一次网页，如图 2.31 所示。用 HTML 代码在<head>标记中直接书写如图 2.32 所示。

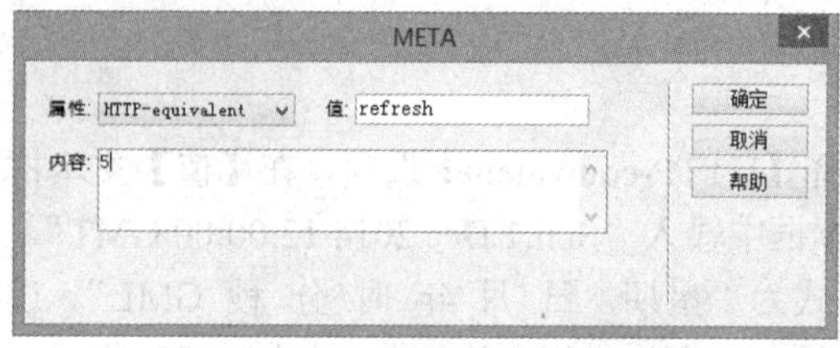

图 2.31 设置网页自动刷新

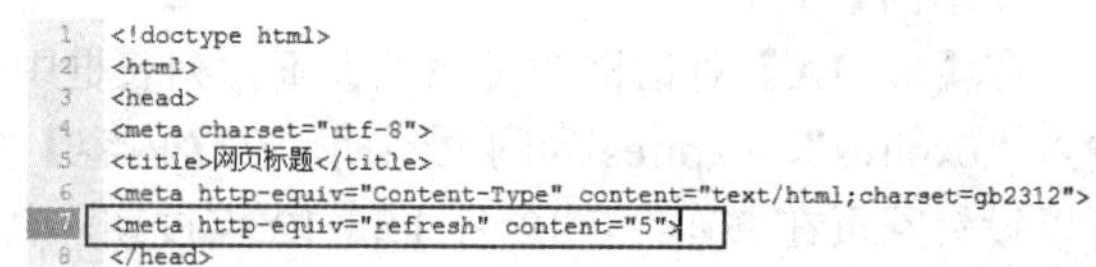

```
<!doctype html>
<html>
<head>
<meta charset="utf-8">
<title>网页标题</title>
<meta http-equiv="Content-Type" content="text/html;charset=gb2312">
<meta http-equiv="refresh" content="5">
</head>
```

图 2.32 直接输入自动刷新代码

视频讲解

2.3.5 实战演练：设置网页自动跳转

使用 refresh 属性，不仅能够完成页面自动刷新，也可以实现页面之间相互跳转。如果网站地址有所变化，希望在当前的页面中等待几秒钟之后就自动跳转到新的网站地址，可以通过设置跳转时间和地址来实现。

【示例】

在【META】对话框的【属性】下拉列表框中选择【HTTP-equivalent】选项，在【值】文本框中输入“refresh”，在【内容】文本框中输入“5;url= http://www.baidu.com/”，如图 2.33 所示。则 5 秒钟后，网页自动跳转到 http://www.baidu.com/页面。使用 HTML 代码在<head>标记中直接书写如图 2.34 所示。

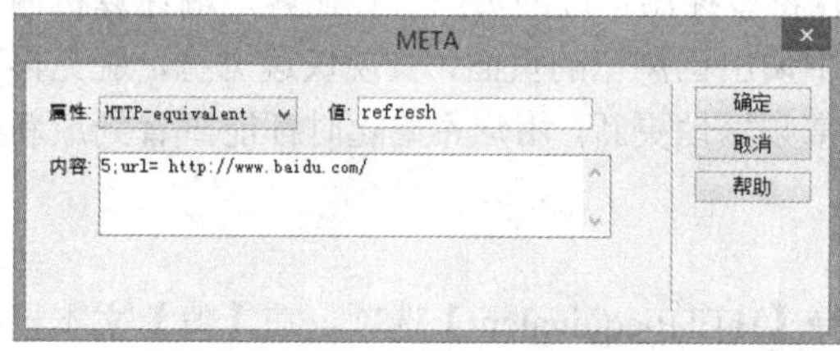

图 2.33 设置网页自动跳转

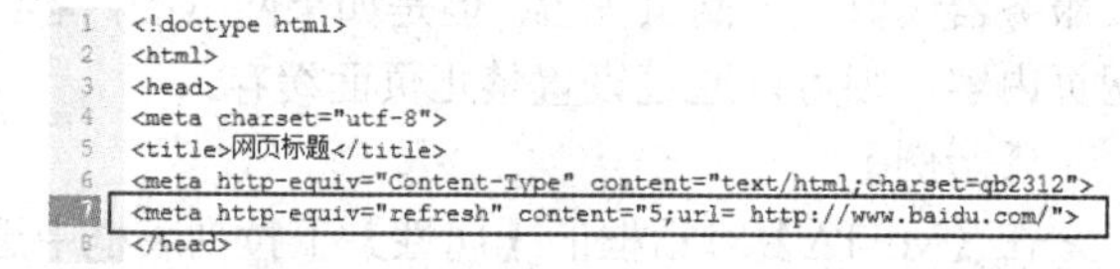

```
<!doctype html>
<html>
<head>
<meta charset="utf-8">
<title>网页标题</title>
<meta http-equiv="Content-Type" content="text/html;charset=gb2312">
<meta http-equiv="refresh" content="5;url= http://www.baidu.com/">
</head>
```

图 2.34 直接输入网页自动跳转代码

视频讲解

2.3.6 实战演练：设置网页转场效果

转场效果即网页过渡特效，是指当进入或离开网站的某个网页时，页面具有不同的切换效果。添加此功能可以使网页看起来更具有动感。

【示例】

在【META】对话框的【属性】下拉列表框中选择【HTTP-equivalent】选项，在【值】文本框中输入“page-enter”，在【内容】文本框中输入“revealtrans(duration=10, transition=1)”，则可以设置网页被打开时以盒状展开，如图 2.35 所示。使用 HTML 代码在<head>标记中直接书写如图 2.36 所示。

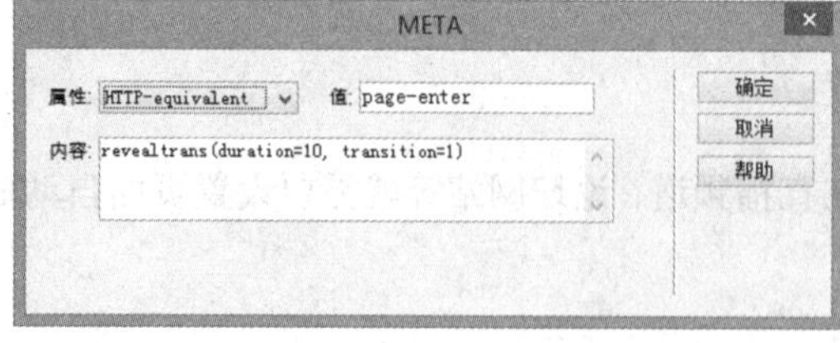

图 2.35 设置网页转场特效

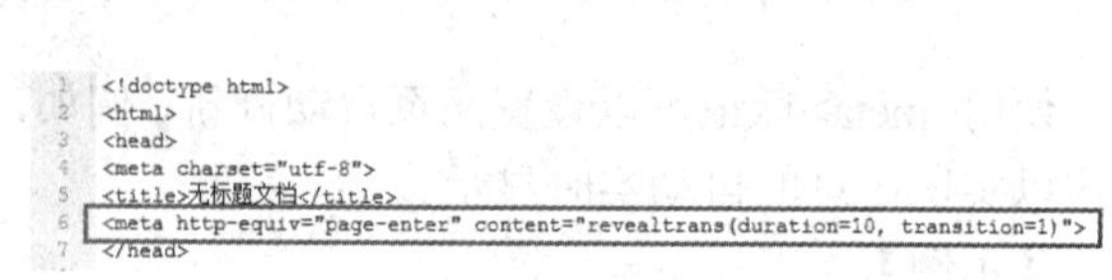

```
<!doctype html>
<html>
<head>
<meta charset="utf-8">
<title>无标题文档</title>
<meta http-equiv="page-enter" content="revealtrans(duration=10, transition=1)">
</head>
```

图 2.36 直接输入网页转场特效代码

在【META】对话框的【属性】下拉列表框中选择【HTTP-equivalent】选项，在【值】文本框中输入“page-enter”，表示打开网页；输入“page-exit”，表示关闭网页。Duration 表示设置转场时间，transition 表示转场效果，如表 2.1 所示。

表 2.1 转场特效编号

特　效	编　号	特　效	编　号
盒状收缩	0	溶解	12
盒状展开	1	左右向中部收缩	13
圆形收缩	2	中部向左右展开	14
圆形展开	3	上下向中部收缩	15
向上擦除	4	中部向上下展开	16
向下擦除	5	阶梯状向左下展开	17
向左擦除	6	阶梯状向左上展开	18
向右擦除	7	阶梯状向右下展开	19
垂直百叶窗	8	阶梯状向右上展开	20
水平百叶窗	9	随机水平线	21
横向棋盘式	10	随机垂直线	22
纵向棋盘式	11	随机	23

2.3.7 实战演练：设置网页独立显示

设置页面在当前窗口中以独立的页面显示。

【示例】

在【META】对话框的【属性】下拉列表框中选择【HTTP-equivalent】选项，在【值】文本框中输入“window-target”，在【内容】文本框中输入“_top”，则可以设置网页被独立打开，避免在其他网页框架结构中显示，如图 2.37 所示。使用 HTML 代码在<head>标记中直接书写如图 2.38 所示。

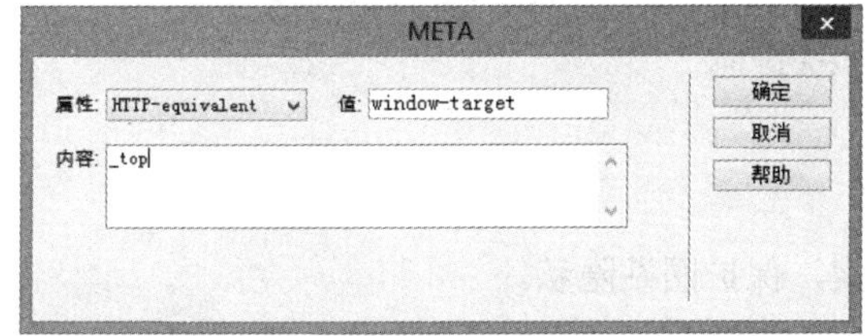

图 2.37 设置网页独立显示

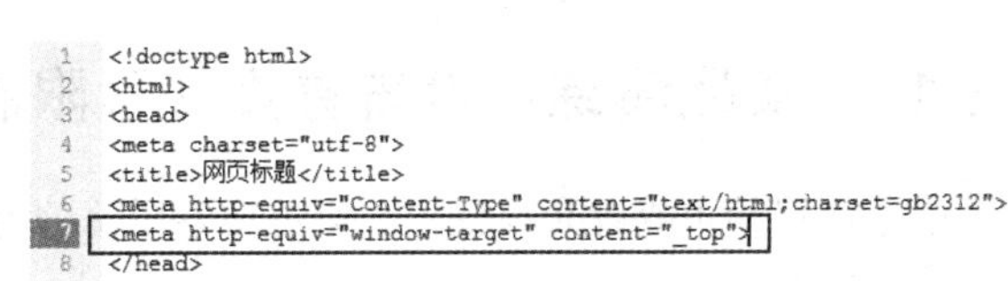

```
<!doctype html>
<html>
<head>
<meta charset="utf-8">
<title>网页标题</title>
<meta http-equiv="Content-Type" content="text/html;charset=gb2312">
<meta http-equiv="window-target" content="_top">
</head>
```

图 2.38 直接输入网页独立显示代码

2.3.8 实战演练：设置网页编辑器说明

使用 Dreamweaver 等网页编辑器时，可以在源代码中设置使用软件的说明。

【示例】

在【META】对话框的【属性】下拉列表框中选择【名称】选项，在【值】文本框中输入“generator”，在【内容】文本框中输入“Dreamweaver”即可，说明该网页的编辑器是 Dreamweaver，如图 2.39 所示。使用 HTML 代码在<head>标记中直接书写如图 2.40 所示。

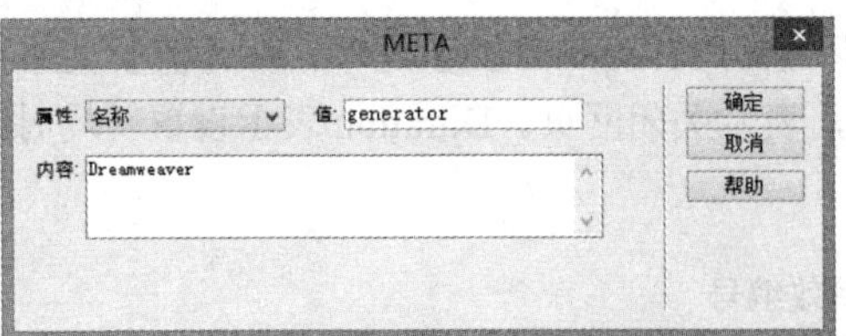

图 2.39　设置网页编辑器说明

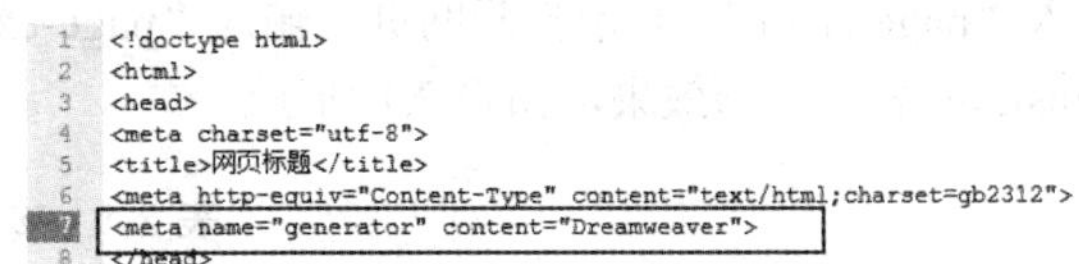

```
<!doctype html>
<html>
<head>
<meta charset="utf-8">
<title>网页标题</title>
<meta http-equiv="Content-Type" content="text/html;charset=gb2312">
<meta name="generator" content="Dreamweaver">
</head>
```

图 2.40　直接输入网页编辑器说明代码

Note

视频讲解

2.3.9　实战演练：设置网页关键词

关键词的设置非常重要，它是为搜索引擎而设置的，也比较讲究，因为网上浏览网页途径主要是通过搜索引擎来实现的。为了提高在搜索引擎中被搜索到的概率，可以设置多个与网页主题相关的关键词以便搜索。这些关键词不会在浏览器中显示。输入关键词时各个关键词之间用逗号分隔。

注意：大多数搜索引擎检索时都会限制关键词的数量，有时关键词过多，该网页会在检索中被忽略。所以关键词的输入不宜过多，应切中要害。

【示例】

在【META】对话框的【属性】下拉列表框中选择【名称】选项，在【值】文本框中输入“keywords”，在【内容】文本框中输入与网站相关的关键词，如“网页设计师,网页设计师招聘,网页素材,韩国模板,古典素材,优秀网站设计,国内酷站欣赏,我的联盟,设计名站,网页教学,网站重构,网站界面欣赏,平面设计,Flash,Dreamweaver,Photoshop,Coreldraw,ASP,PHP,ASP.NET”，如图 2.41 所示。

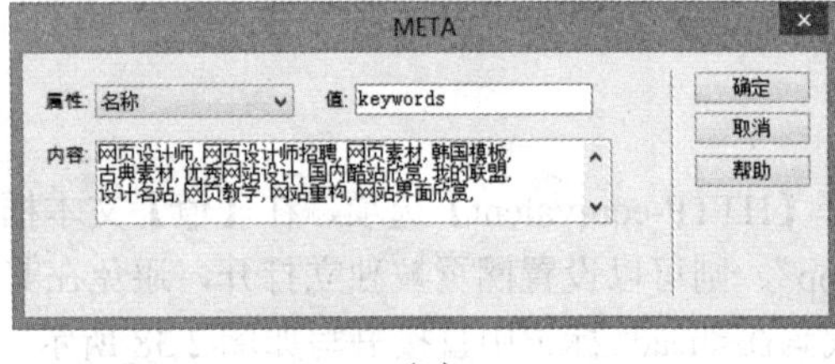

（a）

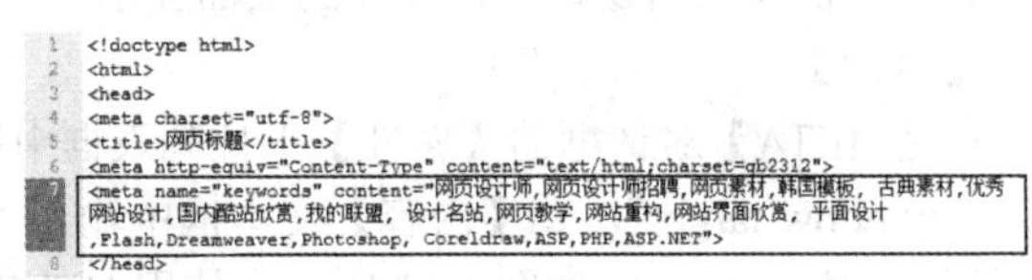

（b）

图 2.41　设置网页关键词

视频讲解

2.3.10　实战演练：设置首页搜索限制

通过设置禁止或者允许权限来避免搜索引擎的搜索，保护网站隐私。

【示例】

在【META】对话框的【属性】下拉列表框中选择【名称】选项，在【值】文本框中输入“robots”，定义搜索方式，在【内容】文本框中输入搜索权限，取值说明如表 2.2 所示。

表 2.2　搜索权限取值

值	描　述
All	表示能搜索当前网页与其链接的网页，系统默认设置
Index	表示能搜索当前网页
Nofollow	表示不能搜索与当前网页链接的网页
Noindex	表示不能搜索当前网页
None	表示不能搜索当前网页及与其链接的网页

2.3.11 实战演练：设置网页说明

在一个网站中，可以在网页源代码中添加说明文字，概括描述网站的主题内容，方便搜索引擎按主题搜索。这个说明文字内容不会显示在浏览器中。主要为搜索引擎寻找主题网页提供方便，这些说明文字还可存储在搜索引擎的服务器中，在浏览者搜索时随时调用，还可以在检索到网页时作为检索结果返给浏览者，例如在用搜索引擎搜索的结果网页中显示的说明文字就是通过这样设置的。搜索引擎同样限制说明文字的字数，所以内容要尽量简明扼要。

【示例】

在【META】对话框的【属性】下拉列表框中选择【名称】选项，在【值】文本框中输入“description”，在【内容】文本框中输入说明文字即可，如“网页设计师联盟,国内专业网页设计人才基地,为广大设计师提供学习交流空间”，如图 2.42 所示。

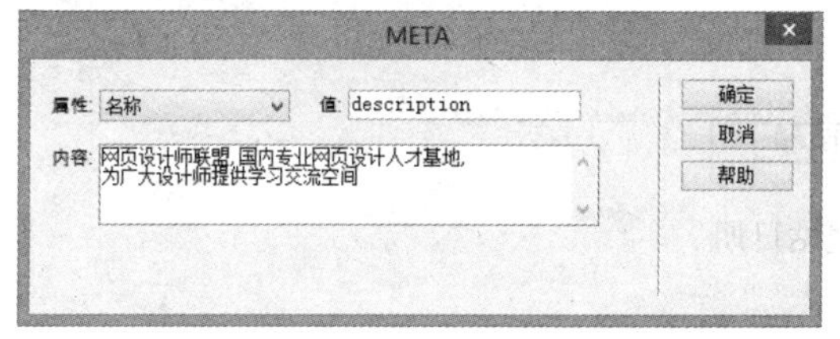

（a）

```
<!doctype html>
<html>
<head>
<meta charset="utf-8">
<title>网页标题</title>
<meta http-equiv="Content-Type" content="text/html;charset=gb2312">
<meta name="description" content="网页设计师联盟,国内专业网页设计人才基地, 为广大设计师提
供学习交流空间">
</head>
```

（b）

图 2.42　设置搜索说明

2.3.12 实战演练：设置网页作者信息

用<meta>标记可以在页面源代码中显示页面作者及本人信息，这样就可以在源代码中保留作者希望保留的信息。

【示例】

在【META】对话框的【属性】下拉列表框中选择【名称】选项，在【值】文本框中输入“author”，在【内容】文本框中输入作者名称即可。用 HTML 代码在<head>标记中直接书写，如图 2.43 所示。

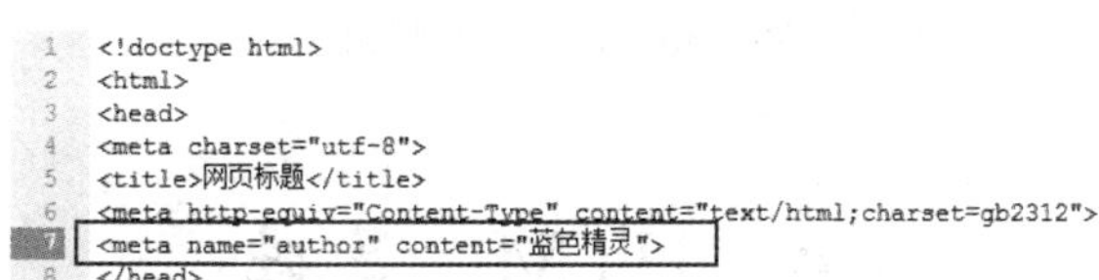

```
<!doctype html>
<html>
<head>
<meta charset="utf-8">
<title>网页标题</title>
<meta http-equiv="Content-Type" content="text/html;charset=gb2312">
<meta name="author" content="蓝色精灵">
</head>
```

图 2.43　输入网页作者源代码

2.3.13 实战演练：设置网页版权信息

使用<meta>标记可以在页面源代码中设置版权信息。

【示例】

在【META】对话框的【属性】下拉列表框中选择【名称】选项，在【值】文本框中输入“copyright”，在【内容】文本框中输入版权信息即可。用 HTML 代码在<head>标记中直接书写，如图 2.44 所示。

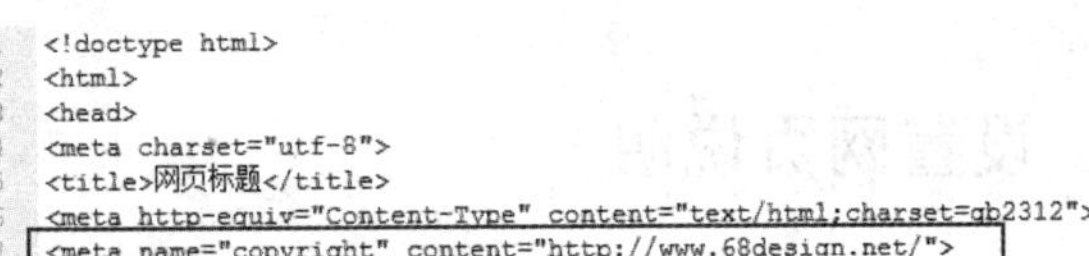

```
<!doctype html>
<html>
<head>
<meta charset="utf-8">
<title>网页标题</title>
<meta http-equiv="Content-Type" content="text/html;charset=gb2312">
<meta name="copyright" content="http://www.68design.net/">
</head>
```

图 2.44 输入网页版权信息源代码

Note

视频讲解

2.3.14 实战演练：设置建站日期

使用<meta>标记可以在页面源代码中设置网站建立日期。

【示例】

在【META】对话框的【属性】下拉列表框中选择【名称】选项，在【值】文本框中输入“build”，在【内容】文本框中输入建站日期，如图 2.45 所示。

```
<!doctype html>
<html>
<head>
<meta charset="utf-8">
<title>网页标题</title>
<meta http-equiv="Content-Type" content="text/html;charset=gb2312">
<meta name="build" content="2014年12月12日">
</head>
```

图 2.45 输入建站日期

视频讲解

2.3.15 实战演练：设置作者联系邮箱

使用<meta>标记可以在页面源代码中设置联系人邮箱。

【示例】

在【META】对话框的【属性】下拉列表框中选择【名称】选项，在【值】文本框中输入“reply-to”，在【内容】文本框中输入邮箱地址，如图 2.46 所示。

```
<!doctype html>
<html>
<head>
<meta charset="utf-8">
<title>网页标题</title>
<meta http-equiv="Content-Type" content="text/html;charset=gb2312">
<meta name="reply-to" content="my@163.com">
</head>
```

图 2.46 输入联系邮箱

2.4 HTML 基础

HTML 是目前在网络上应用最为广泛的语言，也是构成网页文档的主要语言。HTML 文档是由 HTML 标记组成的描述性文本，HTML 标记可以标识文字、图形、动画、声音、表格、链接等。

视频讲解

2.4.1 HTML 文档基本结构

HTML 文档一般都应包含两部分：头部区域和主体区域。HTML 文档基本结构由 3 个标记负责组织：<html>、<head>和<body>。其中，<html>标记标识 HTML 文档，<head>标记标识头部区域，而<body>标记标识主体区域。一个完整的 HTML 文档基本结构如下：

```
<html> <!--语法开始-->
        <head>
                <!--头部信息，如<title>标记定义的网页标题-->
        </head>
        <body>
                <!--主体信息，包含网页显示的内容-->
        </body>
</html> <!--语法结束-->
```

Note

可以看到，每个标记都是成对组成，第一个标记（如<html>）表示标识的开始位置，而第二个标记（如</html>）表示标识的结束位置。<html>标记包含<head>和<body>标记，而<head>和<body>标记是并列排列。

如果把上面字符代码放置在文本文件中，然后另存为 test.html，即可在浏览器中浏览。当然，由于这个简单的 HTML 文档还没有包含任何信息，所以在浏览器中是看不到任何显示内容的。

2.4.2　HTML 基本语法

线上阅读

视频讲解

编写 HTML 文档时，必须遵循 HTML 语法规范。HTML 文档实际上就是一个文本文件，它由标记和信息混合组成，当然这些标记和信息必须遵循一定的组合规则，否则浏览器是无法解析的。具体说明请扫码了解。

2.4.3　HTML 标记

线上阅读

视频讲解

HTML 定义的标记很多，下面对常用标记进行说明，随着学习不断深入，相信会完全掌握 HTML 所有标记的用法和使用技巧。具体说明请扫码了解。

2.4.4　HTML 属性

线上阅读

视频讲解

HTML 元素包含的属性众多，这里仅就公共属性进行分析。公共属性大致可分为基本属性、语言属性、键盘属性、内容属性和延伸属性等类型。具体说明请扫码了解。

2.5　案例实战：使用编码设计网页

视频讲解

Dreamweaver CC 不仅提供了强大的可视化操作环境，也提供了功能全面的编码环境。这种代码编写环境能适应各种类型的 Web 应用开发，从编写简单的 HTML 代码到设计、编写、测试和部署复杂的动态网站以及 Web 应用程序。

在 Dreamweaver CC 主窗口中，包括 4 种视图：【代码】视图、【拆分】视图、【设计】视图和【实时视图】视图，如图 2.47 所示。

（1）【代码】视图：在该视图状态下，可以用 HTML 标记和属性控制网页效果，同时，可以查看和编辑网页源代码，在如图 2.47 所示的新建文档中，系统已经建立了网页基本结构，并设置了页

Note

面基本信息。对于熟练掌握 HTML 语言的用户，使用该视图设计网页会更轻松自由，更能发挥 HTML 语言的威力。

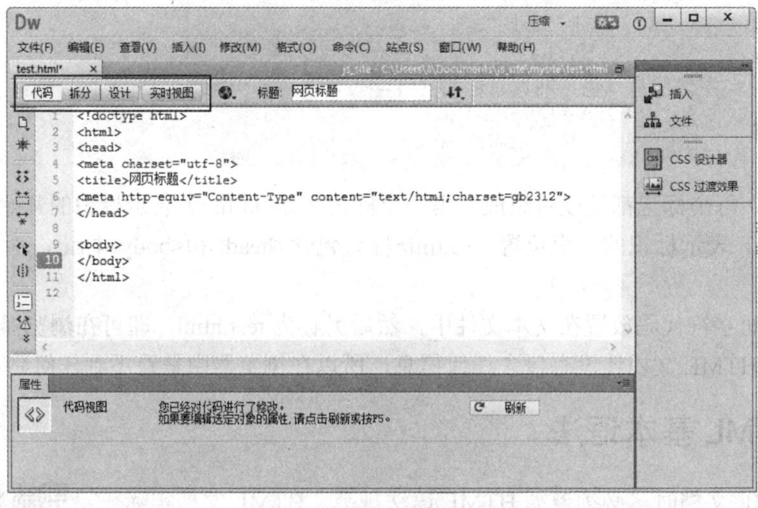

图 2.47　Dreamweaver CC 主窗口中 3 种视图

（2）【拆分】视图：在该视图状态下，编辑窗口被拆分为左右两个部分，左侧窗口显示源代码，右侧窗口显示可视化视图，这样可以方便在两种视图间进行比较操作。

（3）【设计】视图：该视图是比较常用的一种视图，它是在可见即可得状态下操作，即当前编辑的效果和发布网页中的效果相同。

（4）【实时视图】视图：当页面包含复杂的脚本、特效样式，或者页面是动态网页时，在【设计】视图下是看不到效果的，此时只有通过实时视图才能够看到最终效果。

使用【代码】视图制作网页与【设计】视图制作网页稍微不同。下面介绍制作一个简单的页面。

【操作步骤】

第 1 步，启动 Dreamweaver CC，单击【代码】按钮，切换到【代码】视图，如图 2.47 所示。

第 2 步，先设置页面头部信息，由于系统已经设置了 HTML 文档基本结构和页面基础信息，因此，可以先保持默认值，当需要时，再不断充实。只需重定义<title>标记中网页标题，如图 2.48 所示。

第 3 步，在<body>和</body>标记之间输入网页源代码文本内容，例如“<h1>学好 Dreamweaver，网页设计真不怕。</h1>”，如图 2.49 所示。其中，<h1>标记表示一级标题。

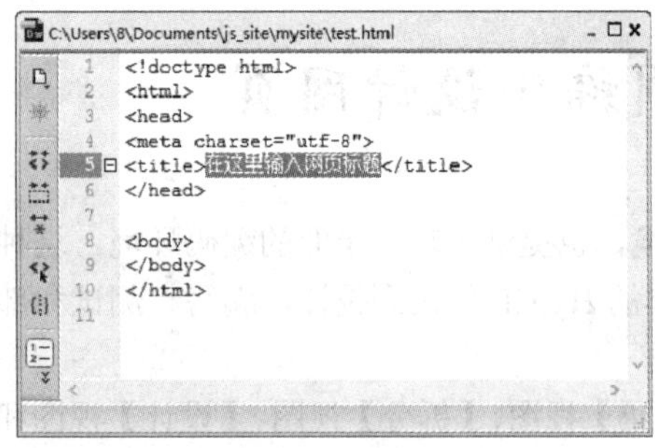

图 2.48　定义网页标题

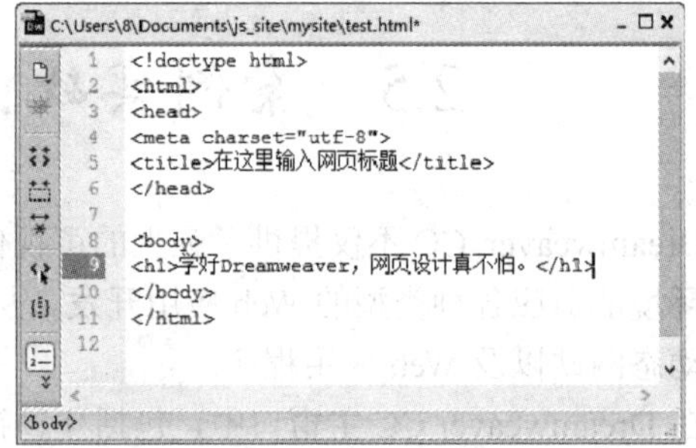

图 2.49　输入页面内容

第 4 步，选择【文件】|【在浏览器中预览】|【IEXPLORE】命令，或者按 F12 键，即可在浏览器中观看到网页效果，如图 2.50 所示。

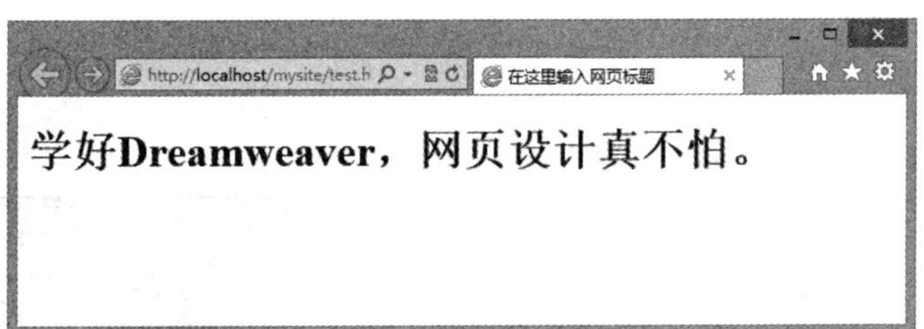

图 2.50　网页预览效果

如果在运行时没有保存页面，系统会弹出一个提示对话框，提示用户先保存页面。

2.6　在线练习

本节将通过上机示例，帮助初学者熟悉 HTML 文档结构和 HTML5 基础，感兴趣的读者可以扫码练习。

在线练习

第3章 编辑网页文本

文本和图片是构成网页的两个最基本元素。除此之外，网页元素还包括动画、视频、音乐、程序等。文本是网页信息的最基本表现形式，在网页设计中一项重要任务就是如何编辑好网页文本，设计网页文字符合网页整体风格，以方便浏览者阅读，吸引注意力。

【学习重点】

- 在网页中输入文本。
- 设置文本显示属性。
- 设计段落文本、标题文本和列表文本。
- 设计链接文本。

视频讲解

Note

3.1　输入网页文本

在 Dreamweaver CC 中输入文本有以下两种方法。

（1）直接在文档编辑窗口中输入文本，也就是先确定要插入文本的位置，然后打字直接输入文本。

（2）复制其他窗口中的文本，粘贴到 Dreamweaver CC 编辑窗口中。方法是，先在其他窗口中选中文本，按 Ctrl+C 快捷键复制，然后切换到 Dreamweaver CC 编辑窗口，选择【编辑】|【粘贴】命令即可，快捷键为 Ctrl+V。

【操作步骤】

在 Dreamweaver CC 编辑窗口中粘贴文本时，可以确定是否粘贴文本源格式。

第 1 步，选择【编辑】|【首选项】命令，打开【首选项】对话框，在左侧【分类】列表框中选择【复制/粘贴】选项，在右侧具体设置粘贴的格式，如图 3.1 所示。然后单击对话框底部的【应用】按钮。最后，单击【关闭】按钮关闭对话框。

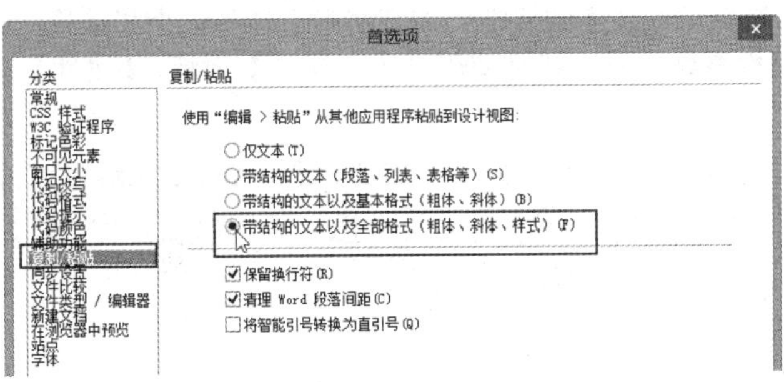

图 3.1　设置粘贴文本的格式

第 2 步，在其他文本编辑器中选择带格式的文本。例如，在 Word 中选择一段带格式的文本，按 Ctrl+C 快捷键进行复制，如图 3.2 所示。

第 3 步，启动 Dreamweaver CC，新建文档，保存为 test.html，在编辑窗口中按 Ctrl+V 快捷键粘贴文本，效果如图 3.3 所示。

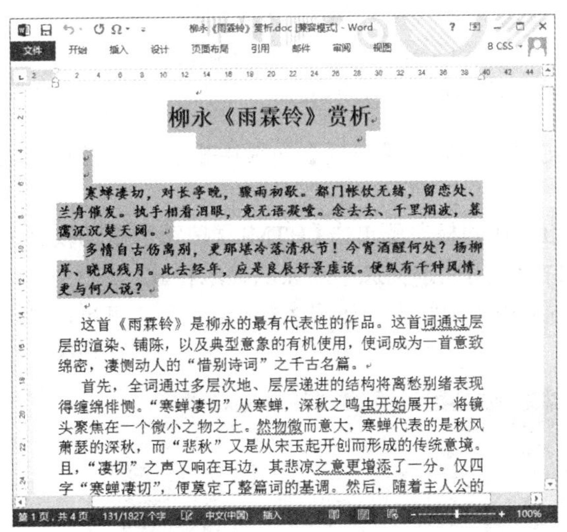

图 3.2　复制 Word 中带格式文本

图 3.3　粘贴带格式的文本

提示：在粘贴时，如果选择【编辑】|【选择性粘贴】命令，在打开的【选择性粘贴】对话框中可以进行不同的粘贴操作，例如，仅粘贴文本，或仅粘贴基本格式文本，或者完整粘贴文本中所有格式等。

Note

技巧：在编辑网页过程中，使用不可见元素可以帮助查看网页编排的细节。操作方法如下：选择【编辑】|【首选项】命令，打开【首选项】对话框，在左侧【分类】列表框中选择【不可见元素】选项，在右侧的具体设置中选中【换行符】复选框，并确认【查看】|【可视化助理】|【不可见元素】命令是被选中的，则在网页编辑窗口中显示记号，该记号提示当前为换行操作。

视频讲解

3.2 设置文本属性

输入文本之后，还需要设置文本的属性，如文字的字体、大小和颜色，文本的对齐方式、缩排和列表等。设置这些属性最好的方法就是使用文本【属性】面板。【属性】面板一般位于编辑窗口的下方，如图 3.4 所示。

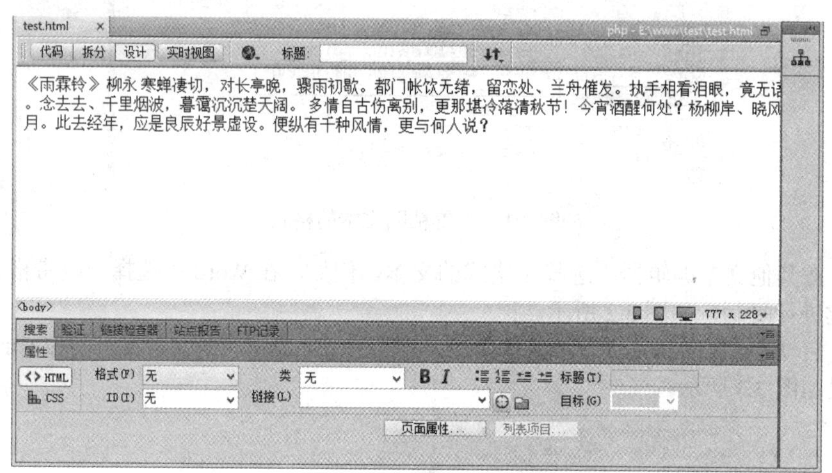

图 3.4　文本【属性】面板（HTML 选项卡下）

要设置文本属性，应先在编辑窗口中选中文本，然后在【属性】面板中根据需要设置相应选项即可。

【属性】面板包括两类选项卡：CSS 和 HTML。在面板左侧单击【HTML】按钮可以切换到 HTML 选项卡状态，如图 3.4 所示，在这里可以使用 HTML 属性定义选中对象的显示样式。

如果单击【CSS】按钮，则可以切换到【CSS】选项卡状态，如图 3.5 所示，在这里可以使用 CSS 代码定义选中对象的显示样式。

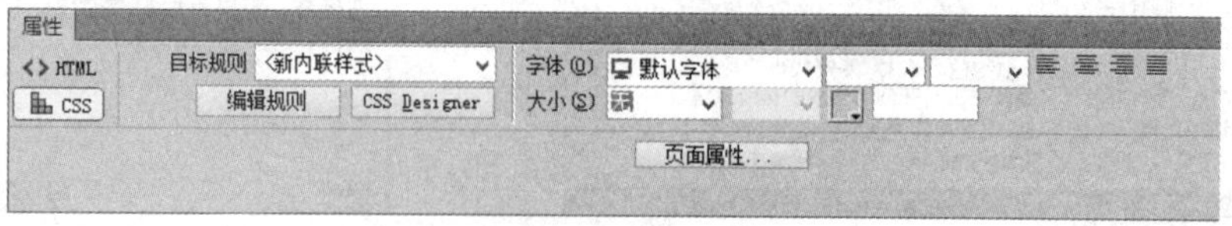

图 3.5　文本【属性】面板（CSS 选项卡下）

提示：如果 Dreamweaver CC 主界面中没有显示【属性】面板，可以选择【窗口】|【属性】命令打开【属性】面板，或者按 Ctrl+F3 快捷键快速打开或关闭【属性】面板。打开 Dreamweaver CC 窗口后，有时可能以最小化状态显示，此时只需单击面板标题栏中的深灰色区域即可快速打开【属性】面板，再次单击即可收缩【属性】面板。

3.3　定义文本格式

文本格式类型实际上就是定义文本所包含的标签类型，该标签表示文本所代表的语义性。在文本【属性】面板中单击【格式】下拉列表框可以快速设置，包括段落格式、标题格式、预先格式化。如果在【格式】下拉列表框中选择【无】选项，可以取消格式操作，或者设置无格式文本。

3.3.1　实战演练：输入段落文本

段落格式就是设置所选文本为段落。在 HTML 源代码中是使用<p>标记来表示，段落文本默认格式是在段落文本上下边显示 1 行空白间距（约 12px），其语法格式如下：

```
<p>段落文本</p>
```

【操作步骤】

第 1 步，启动 Dreamweaver CC，新建文档，保存为 test.html。

第 2 步，在编辑窗口中，手动输入文本“《雨霖铃》”。

第 3 步，在【属性】面板中，在【格式】下拉列表框中选择【段落】选项，即可设置当前输入文本为段落格式，如图 3.6 所示。

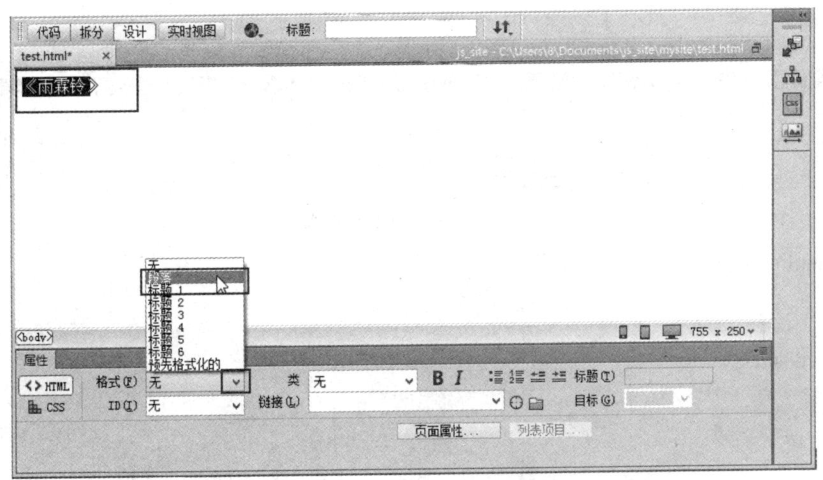

图 3.6　设置段落格式

技巧：在【设计】视图下，输入一些文字后，按 Enter 键，就会自动生成一个段落，这时也会自动应用段落格式，光标会自动换行，同时【格式】下拉列表框中显示为“段落”状态。

第 4 步，切换到【代码】视图下，可以直观比较段落文本和无格式文本的不同。

Note

（1）输入文本回车前：

```
<body>
《雨霖铃》
</body>
```

（2）输入文本回车后：

```
<body>
<p>《雨霖铃》</p>
<p> </p>
</body>
```

（3）输入文本后选择【段落】格式选项：

```
<body>
<p>《雨霖铃》
</p>
</body>
```

第 5 步，按 Enter 键换行显示，继续输入文本。以此操作类推，输入全部诗句。则生成的 HTML 代码如下，在【设计】视图下可以看到如图 3.7 所示的效果。

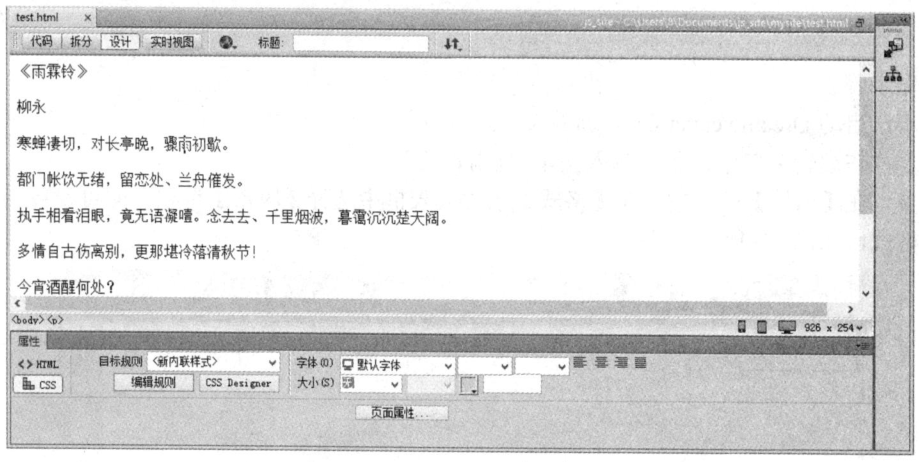

图 3.7　应用段落格式

```
<!doctype html>
<html>
<head>
<meta charset="utf-8">
<title></title>
</head>
<body>
<p>《雨霖铃》 </p>
<p>柳永</p>
<p> 寒蝉凄切，对长亭晚，骤雨初歇。</p>
<p>都门帐饮无绪，留恋处、兰舟催发。</p>
<p>执手相看泪眼，竟无语凝噎。念去去、千里烟波，暮霭沉沉楚天阔。</p>
<p>多情自古伤离别，更那堪冷落清秋节！</p>
<p>今宵酒醒何处？</p>
```

```
<p>杨柳岸、晓风残月。</p>
<p>此去经年，应是良辰好景虚设。</p>
<p>便纵有千种风情，更与何人说？ </p>
</body>
</html>
```

Note

视频讲解

3.3.2　实战演练：定义标题文本

标题文本主要用于强调文本信息的重要性。在 HTML 语言中，定义了 6 级标题，分别用<h1>、<h2>、<h3>、<h4>、<h5>、<h6>标记来表示，每级标题的字体大小依次递减，标题格式一般都加粗显示。

提示： 实际上每级标题的字符大小并没有固定值，它是由浏览器所决定的，为标题定义的级别只决定了标题之间的重要程度，也可以设置各级标题的具体属性。在标题格式中，主要的属性是对齐属性，用于定义标题段落的对齐方式。

【操作步骤】

第 1 步，启动 Dreamweaver CC，打开 3.3.1 节创建的网页文档 test.html。下面将文档中的文本“《雨霖铃》”定义为一级标题居中显示，将文本“柳永”定义为二级标题居中显示。

第 2 步，在编辑窗口中拖选文本“《雨霖铃》”，在文本【属性】面板的【格式】下拉列表框中选择【标题 1】选项。

第 3 步，选择【格式】|【对齐】|【居中对齐】命令，则会设置标题文本居中显示，如图 3.8 所示。

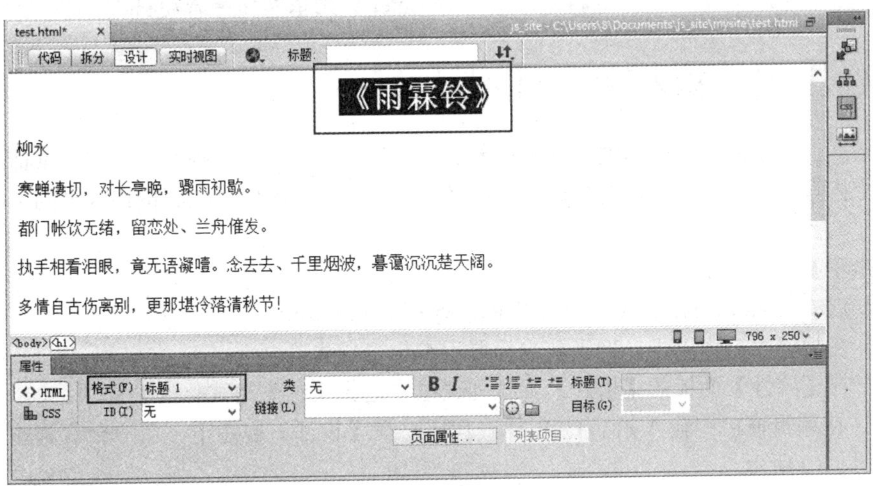

图 3.8　设置标题格式

第 4 步，切换到【代码】视图下，可以看到生成的如下 HTML 代码：

```
<h1 align="center">《雨霖铃》</h1>
```

第 5 步，把光标置于文本“柳永”中，在文本【属性】面板的【格式】下拉列表框中选择【标题 2】选项，设置文本“柳永”为二级标题格式。

提示： 在上面操作中，没有选中操作文本，这是因为段落格式和标题格式作用文本上光标插入点所在的一段，如果要将多段设置一个标题，可以同时选中。如果按 Shift+Enter 快捷键或者用
标记使文本换行，但上下行依然是一段，因此，标题格式和段落格式同样起作用。

第 6 步，选择【格式】|【对齐】|【居中对齐】命令，设置二级标题文本居中显示，如图 3.9 所示。

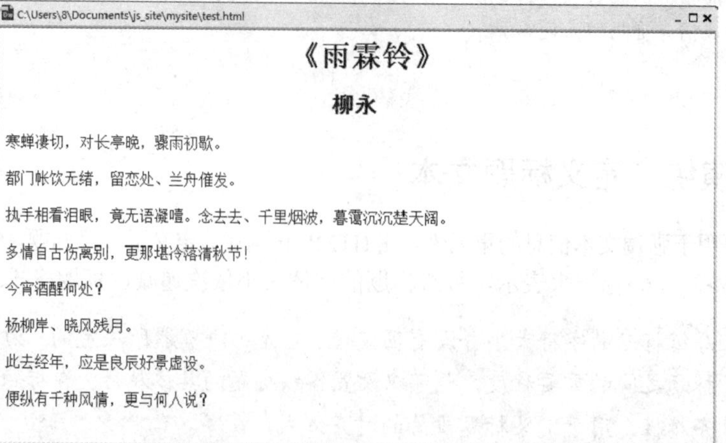

图 3.9　设置标题格式效果

Note

技巧：当设置标题格式后，按 Enter 键，Dreamweaver CC 会自动在下一段中将文本恢复为段落文本格式，即取消了标题格式的应用。如果选择【编辑】|【首选项】命令，在打开的【首选项】对话框中选择【常规】分类项，然后在右侧取消选中【标题后切换到普通段落】复选框。此时，如果在标题格式文本后按 Enter 键则依然保持标题格式。

视频讲解

3.3.3　实战演练：输入预定义格式文本

预定义格式在显示时能够保留文本间的空格符，如空格、制表符和换行符。在正常情况下浏览器会忽略这些空格符。一般使用预定义格式可以定义代码显示，确保代码能够按输入时的格式效果正常显示。

【操作步骤】

第 1 步，启动 Dreamweaver CC，新建文档，保存为 test.html。

第 2 步，在编辑窗口内单击，把当前光标置于编辑窗口内。

第 3 步，在【属性】面板的【格式】下拉列表框中选择【预先格式化的】选项。

第 4 步，在编辑窗口中输入如下 CSS 样式代码，在【设计】视图下，用户会看到输入的代码文本格式，如图 3.10 所示。

```
<style type="css/text">
h1{
	text-align:center;
	font-size:24px;
	color:red;
}
</style>
```

上面样式代码定义一级标题文本居中显示，字体大小为 24px，字体颜色为红色。

第 5 步，按 Ctrl+S 快捷键保存文档，按 F12 键浏览效果，在浏览器中可以看到原来输入代码依然按原输入格式显示，如图 3.11 所示。

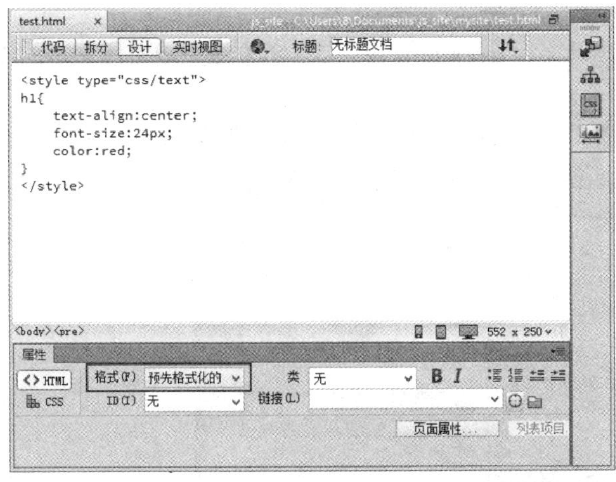

图 3.10　正常状态输入格式化代码

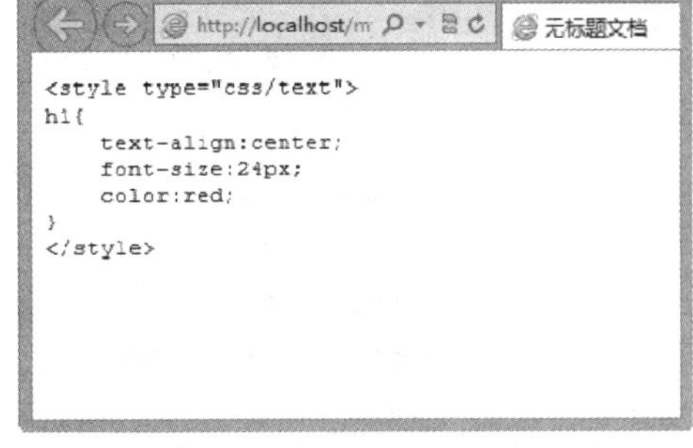

图 3.11　在浏览器中预览预定义格式效果

第 6 步，切换到【代码】视图下，则显示代码如下：

```
<body>
<pre>
&lt;style type=&quot;css/text&quot;&gt;
h1{
    text-align:center;
    font-size:24px;
    color:red;
}
&lt;/style&gt;
</pre>
</body>
```

提示：预定义格式的标记为<pre>，在该标签中可以输入制表符和换行符，这些特殊符号都会包括在<pre>标记之中。

第 7 步，把 test.html 另存为 test1.html，在【代码】视图下把<pre>标记改为<p>标记，即把预定义格式转换为段落格式，则显示效果如图 3.12 所示。

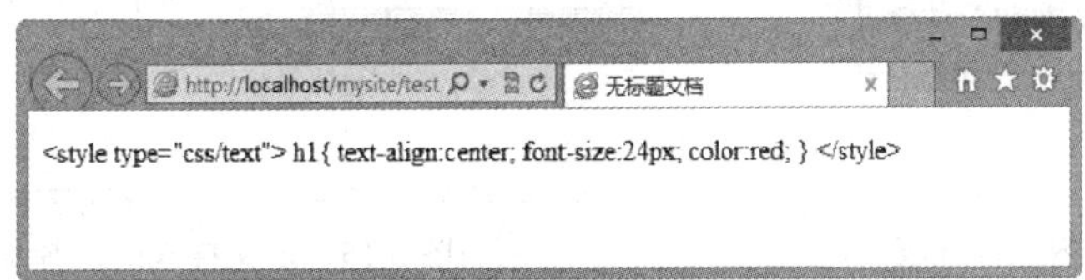

图 3.12　以段落格式显示格式代码效果

3.4　案例实战：定义类文本

视频讲解

文本【属性】面板中有一个【类】下拉列表框，在该下拉列表框中可以为选中文本应用类样式。下面通过一个案例演示如何应用类样式，设计类文本效果。

Note

【操作步骤】

第 1 步，启动 Dreamweaver CC，新建文档，保存为 test.html。模仿 3.3 节方法完成多段文本的输入操作。

第 2 步，选择【窗口】|【CSS 设计器】命令，打开【CSS 设计器】面板，如图 3.13 所示。

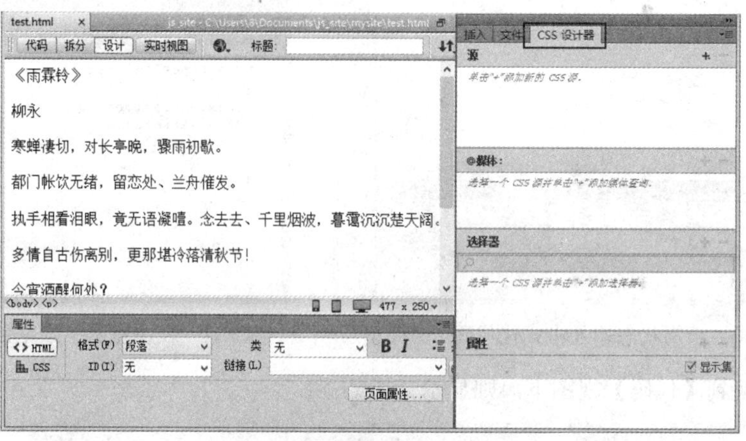

图 3.13　打开【CSS 设计器】面板

第 3 步，在【源】列表框标题栏右侧，单击+按钮，从弹出的下拉列表中选择【在页面中定义】选项，定义一个内部样式表，如图 3.14 所示。

第 4 步，在【@媒体】列表框中选择【全局】选项，在【选择器】列表框标题栏右侧，单击+按钮添加一个样式，然后输入样式选择器的名称为“.center”，如图 3.15 所示。

图 3.14　定义内部样式表

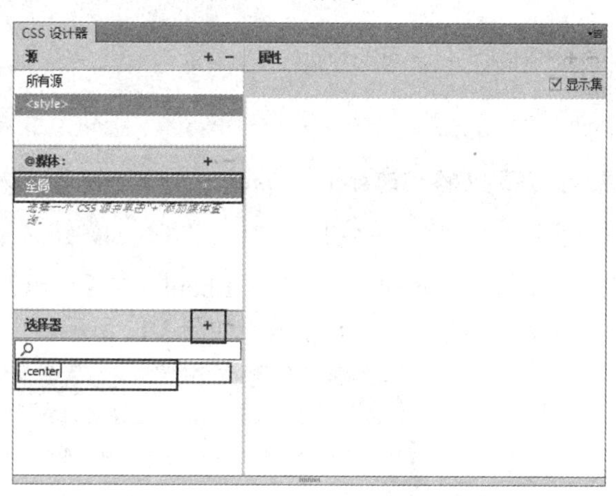

图 3.15　定义样式的选择器名称

第 5 步，在【属性】列表框顶部分类选项中单击【文本】按钮T，然后找到 text-align 属性，在右侧单击【居中】按钮，定义一个居中类样式，如图 3.16 所示。

第 6 步，重复第 3～5 步操作，定义一个.red 类样式，定义字体颜色为红色，设置如图 3.17 所示。

第 7 步，切换到【代码】视图下，在页面头部区域可以看到 Dreamweaver CC 自动生成的样式代码如下所示。如果用户熟悉 CSS 语法，也可以直接手动输入代码，快速定义类样式。

```
<style type="text/css">
.center { text-align: center; }
```

```
.red { color: #FF0000; }
</style>
```

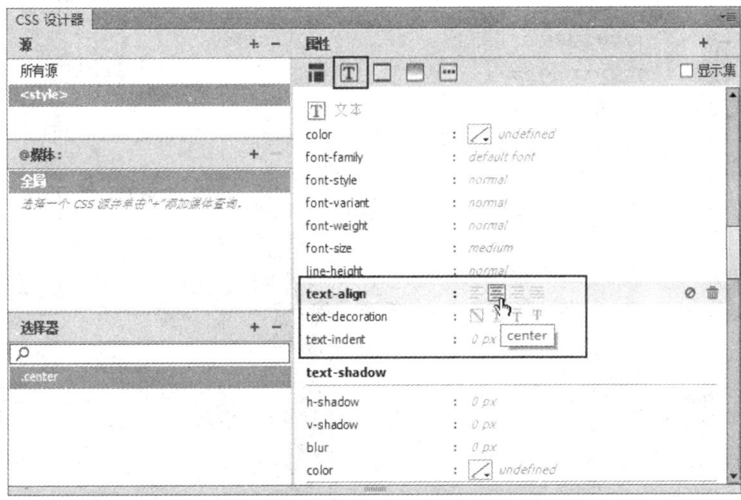

图 3.16　定义居中类样式

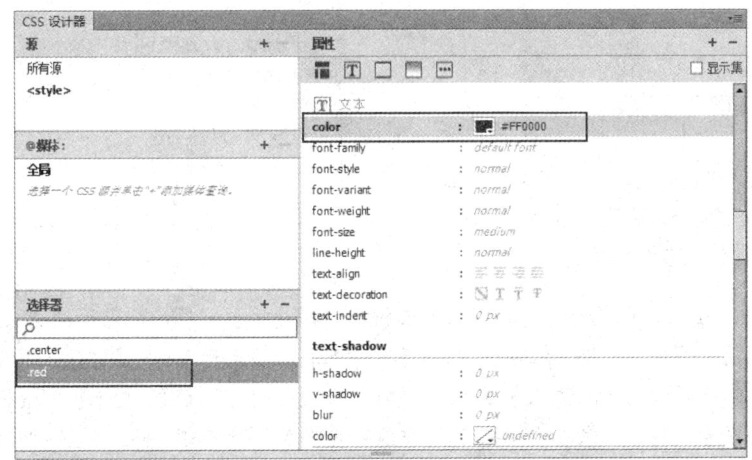

图 3.17　定义红色类样式

第 8 步，切换到【设计】视图，选中“《雨霖铃》”文本，在【属性】面板的【类】下拉列表框中可以看到刚才定义的类样式，如图 3.11 所示。在下拉列表框中可以预览到类样式的效果。从中选择一种类样式，如选择红色类（red），在编辑窗口中会立即看到选中文本显示为红色，如图 3.18 所示。

第 9 步，切换到【代码】视图下，Dreamweaver CC 会为<p>标记应用 red 类样式。

```
<p class="red">《雨霖铃》 </p>
```

第 10 步，在【属性】面板的【类】下拉列表框中选择【应用多个类】选项，打开【多类选区】对话框，在该对话框的列表框中会显示当前文档中所有类样式，从中选择为当前段落文本应用多个类样式，如.center 和.red，如图 3.19 所示。

第 11 步，以同样的方法为段落文本“柳永”应用 red 和 center 类样式，最后所得的页面设计效果如图 3.20 所示。

Note

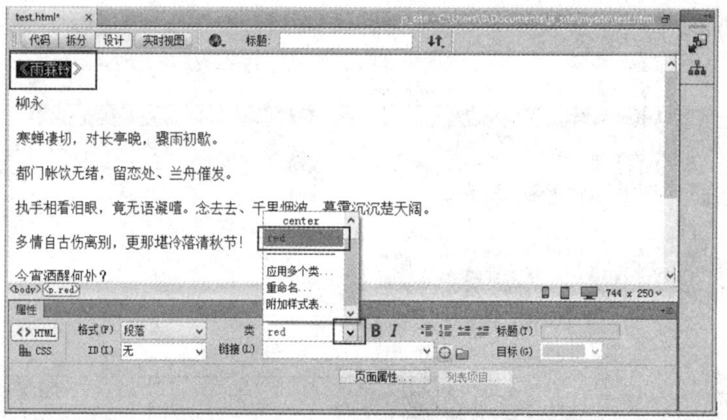

图 3.18　应用红色类样式

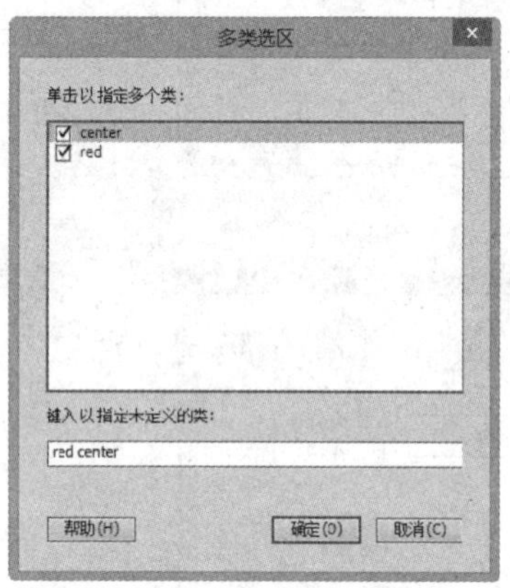

图 3.19　应用多个类样式

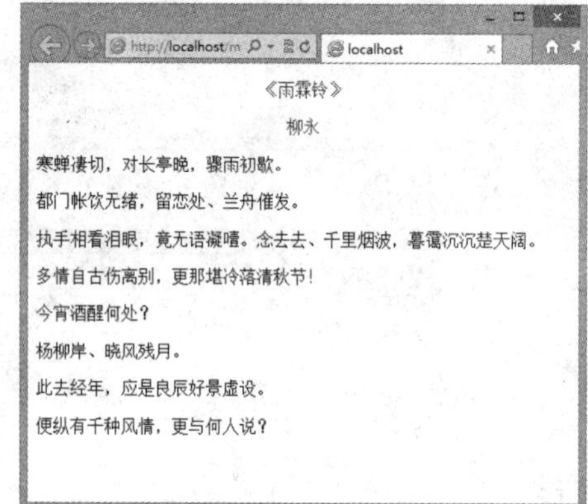

图 3.20　页面设计效果

提示：如果在【属性】面板的【类】下拉列表框中选择【无】选项，则表示所选文本没有 CSS 样式或者取消已应用的 CSS 样式表；选择【重命名】选项表示可对已经定义的 CSS 类样式进行重新命名；选择【附加样式表】选项能够打开【使用现有的 CSS 文件】对话框，允许用户导入外部样式表文件。如果在页面中定义了很多类样式，则这些类样式会显示在该下拉列表框中。

3.5　设置字体样式

文本包含很多属性，通过设置这些属性，用户可以控制网页效果。一个网页的设计效果是否精致，很大程度上取决于文本样式设计。

视频讲解

3.5.1　实战演练：定义字体类型

在网页中，中文字体默认显示为宋体，如果选择【修改】|【管理字体】命令，可以打开【管理字体】对话框，重设字体类型。

【操作步骤】

第 1 步，启动 Dreamweaver CC，打开 3.4 节创建的网页文档 test.html，另存为 test1.html。

第 2 步，在编辑窗口中拖选文本“《雨霖铃》”。

第 3 步，选择【修改】|【管理字体】命令，打开【管理字体】对话框，切换到【自定义字体堆栈】选项卡。在【可用字体】列表框中选择一种本地系统中可用字体类型，如“隶书”。

第 4 步，单击 << 按钮，把选择的可用字体添加到【选择的字体】列表框中，如图 3.21 所示。

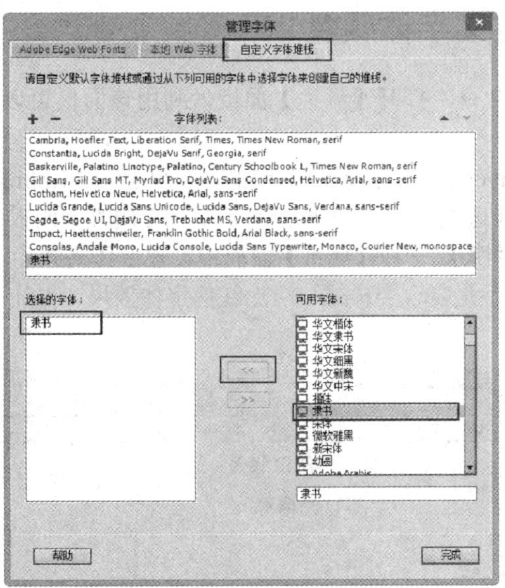

图 3.21　添加可用字体

> 提示：在【管理字体】对话框中可以设置多种字体类型，如自定义字体类型，或者选择本地系统可用字体，只要用户计算机安装有某种字体，都可以进行选择设置。不过建议用户应该为网页字体设置常用字体类型，以确保大部分浏览者都能够正确浏览。

第 5 步，在【属性】面板中，切换到 CSS 选项卡，在【字体】下拉列表框中可以看到新添加的字体，选择【隶书】，即可为当前标题应用隶书字体效果，如图 3.22 所示。

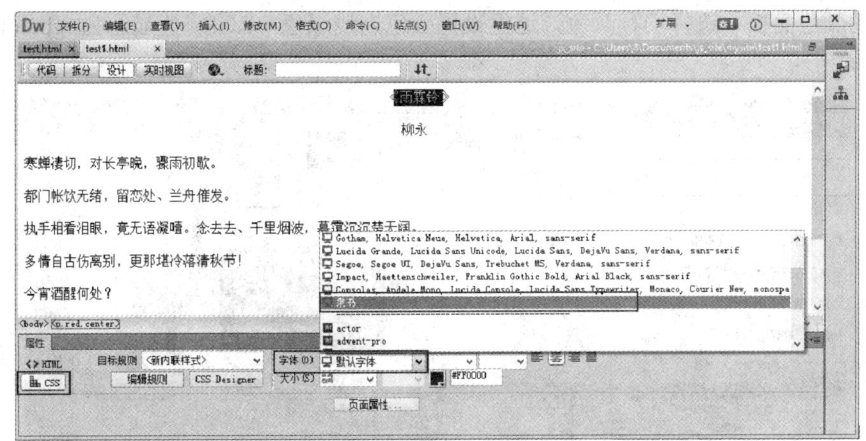

图 3.22　应用字体类型样式

第 6 步，切换到【代码】视图，可以看到 Dreamweaver CC 自动使用 CSS 定义的字体样式属性。

```
<p class="red center"><span style="font-family: '隶书'">《雨霖铃》 </span></p>
<p class="red center">柳永</p>
```

> 提示：在传统布局中，默认使用<font>标记设置字体类型、字体大小和颜色，在标准设计中就不再建议使用。

3.5.2 实战演练：定义字体颜色

Note

视频讲解

选择【格式】|【颜色】命令，打开【颜色】面板，利用该面板可以为字体设置颜色。

【操作步骤】

第 1 步，启动 Dreamweaver CC，打开 3.5.1 节的网页文档 test1.html，另存为 test2.html。

第 2 步，在编辑窗口中拖选段落文本“《雨霖铃》”。在【属性】面板中设置字体格式为“标题 1”。

第 3 步，拖选段落文本“柳永”。在【属性】面板中设置字体格式为“标题 2”。同时修改字体“柳永”应用类样式为.center，而不是复合类样式，清除红色字体效果，仅让二级标题居中显示，如图 3.23 所示。

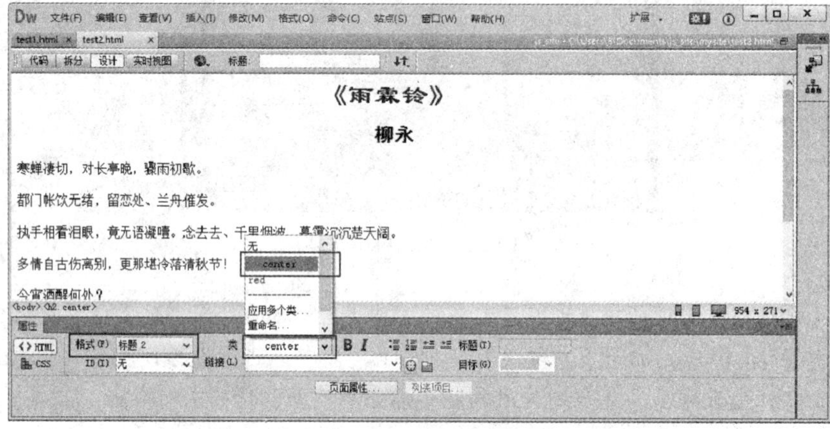

图 3.23　修改标题文本格式化和类样式

第 4 步，拖选词正文的第一段文本，在【属性】面板中切换到 CSS 选项卡，单击“颜色”小方块，从弹出的颜色面板中选择一种颜色，这里设置颜色为浅绿色，RGBa 值显示为 rgba(60,255,60,1)，如图 3.24 所示。

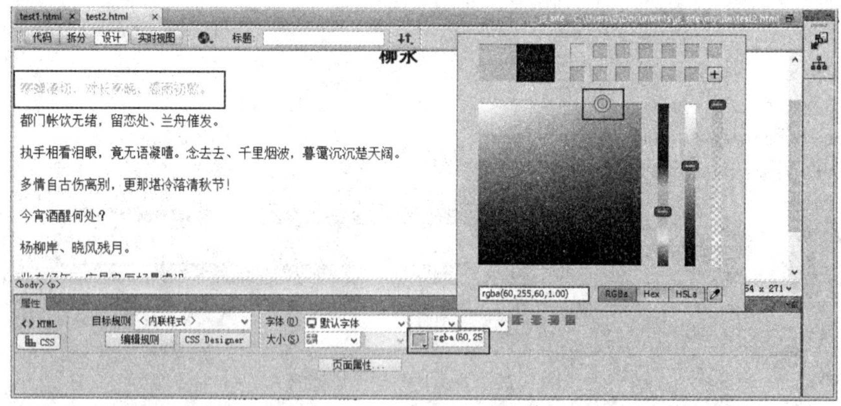

图 3.24　定义第一段文本颜色

第 5 步，拖选第二段文本，设置字体颜色为 rgba(60,255,60,0.9)，用户也可以直接在【属性】面板的颜色文本框中输入“rgba(60,255,60,0.9)”，如图 3.25 所示。

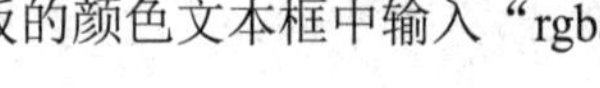

图 3.25 定义第二段文本颜色

第 6 步，以同样的方式执行如下操作：

设置第 3 段文本字体颜色为 rgba(60,255,60,0.8)。

设置第 4 段文本字体颜色为 rgba(60,255,60,0.7)。

设置第 5 段文本字体颜色为 rgba(60,255,60,0.6)。

设置第 6 段文本字体颜色为 rgba(60,255,60,0.5)。

设置第 7 段文本字体颜色为 rgba(60,255,60,0.4)。

设置第 8 段文本字体颜色为 rgba(60,255,60,0.3)。

第 7 步，选中标题 1 文本“《雨霖铃》”，在【属性】面板中修改字体颜色为 green。

第 8 步，保存文档，按 F12 键，在浏览器中预览，则显示效果如图 3.26 所示。

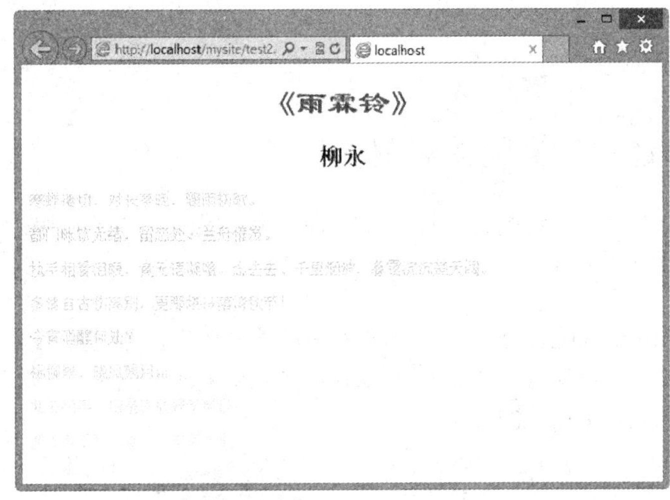

图 3.26 定义字体颜色效果

【拓展】

在网页中表示颜色有 3 种方法：颜色名、百分比和数值。

（1）使用颜色名是最简单的方法，目前能够被大多数浏览器接受且符合 W3C 标准的颜色名称有 16 种，如表 3.1 所示。

表 3.1 符合标准的颜色名称

名 称	颜 色	名 称	颜 色	名 称	颜 色
black	纯黑	silver	浅灰	navy	深蓝
blue	浅蓝	green	深绿	lime	浅绿
teal	靛青	aqua	天蓝	maroon	深红
red	大红	purple	深紫	fuchsia	品红
olive	褐黄	yellow	明黄	gray	深灰
white	亮白				

Note

（2）使用百分比，例如：

```
color:rgb(100%,100%,100%);
```

在上面设置中，结果将显示为白色，其中第1个数字表示红色的比重值，第2个数字表示蓝色比重值，第3个数字表示绿色比重值，而rgb(0%,0%,0%)会显示为黑色，3个百分值相等将显示灰色。

（3）使用数字。数字范围从0到255，例如：

```
color:rgb(255,255,255);
```

上面这个声明将显示为白色，而rgb(0,0,0)将显示为黑色。使用rgba()和hsla()颜色函数，可以设置4个参数，其中第4个参数表示颜色的不透明度，范围从0到1，其中1表示不透明，0表示完全透明。

使用十六进制数字来表示颜色（这是最常用的方法），例如：

```
color:#ffffff;
```

其中要在十六进制数字前面加一个#颜色符号。上面这个定义将显示白色，而#000000将显示为黑色，用RGB来描述：

```
color: #RRGGBB;
```

视频讲解

3.5.3　实战演练：定义粗体和斜体样式

粗体和斜体是字体的两种特殊艺术效果，在网页中起到强调文本的作用，以加深或提醒用户注意该文本所要传达信息的重要性。

【操作步骤】

第1步，启动Dreamweaver CC，打开本小节备用练习文档test.html，另存为test1.html。

第2步，在编辑窗口中拖选段落文本“《雨霖铃》”。在【属性】面板中切换到【HTML】选项卡，然后单击【粗体】按钮，如图3.27所示。

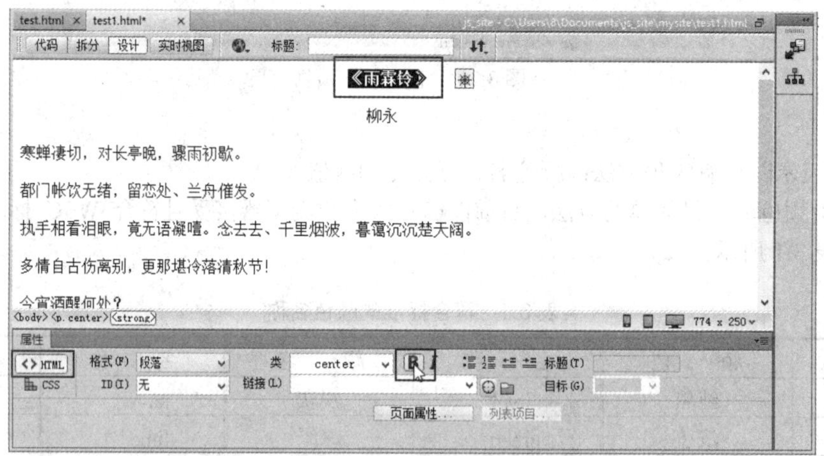

图3.27　定义加粗字体效果

第3步，拖选段落文本“柳永”。在【属性】面板中单击【斜体】按钮，为该文本应用斜体效果，如图3.28所示。

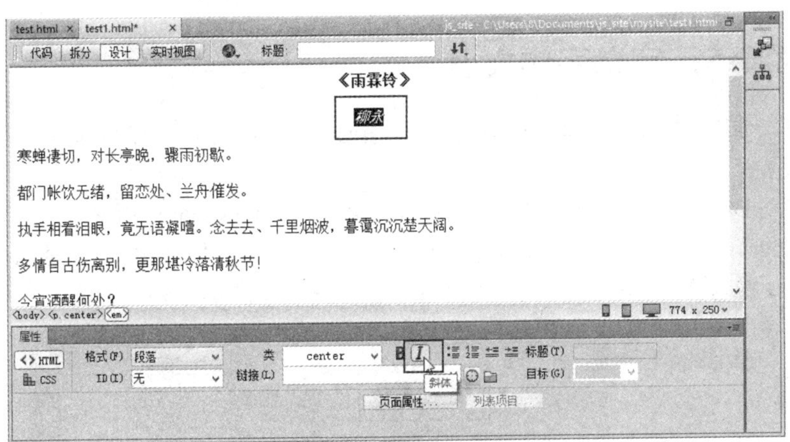

图 3.28　定义斜体字体效果

第 4 步，切换到【代码】视图下，使用 HTML 代码则显示如下：

```
<p class="center"><strong>《雨霖铃》 </strong></p>
<p class="center"><em>柳永</em></p>
```

【拓展】

在标准用法中，不建议使用<strong>和<em>标记定义粗体和斜体样式。提倡使用 CSS 样式代码进行定义。例如，针对上面示例，另存为 test2.html，然后使用 CSS 设计相同效果，则文档完整代码如下：

```
<!doctype html>
<html>
<head>
<meta charset="utf-8">
<title></title>
<style type="text/css">
.center { text-align: center; }
.red { color: #FF0000; }
.bold{ font-weight:bold;}
.ital {font-style:italic;}
</style>
</head>
<body>
<p class="center bold">《雨霖铃》</p>
<p class="center ital">柳永</p>
<p> 寒蝉凄切，对长亭晚，骤雨初歇。</p>
<p>都门帐饮无绪，留恋处、兰舟催发。</p>
<p>执手相看泪眼，竟无语凝噎。念去去、千里烟波，暮霭沉沉楚天阔。</p>
<p>多情自古伤离别，更那堪冷落清秋节！</p>
<p>今宵酒醒何处？</p>
<p>杨柳岸、晓风残月。</p>
<p>此去经年，应是良辰好景虚设。</p>
<p>便纵有千种风情，更与何人说？ </p>
</body>
</html>
```

视频讲解

Note

3.5.4 实战演练：定义字体大小

字体大小可以使用 CSS 的 font-size 属性定义，在 Dreamweaver 中可以快速进行设置。

【操作步骤】

第 1 步，启动 Dreamweaver CC，打开本小节备用练习文档 test.html，另存为 test1.html。

第 2 步，在编辑窗口中拖选段落文本“《雨霖铃》”。在【属性】面板中切换到【CSS】选项卡，然后在【大小】下拉列表框中设置字体大小为 24px，如图 3.29 所示。

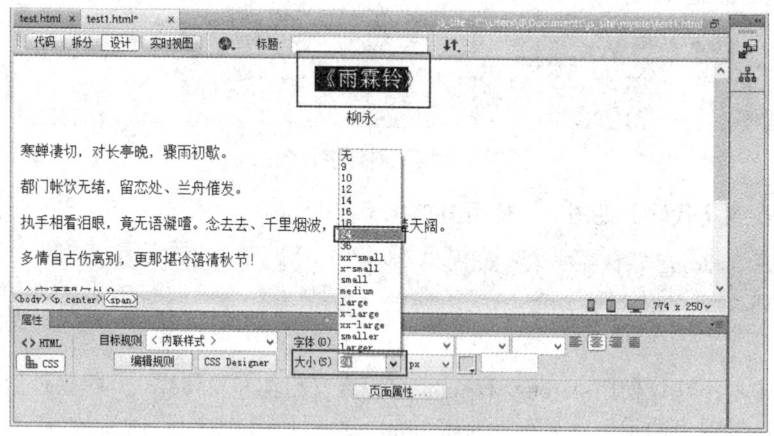

图 3.29 定义第 1 段文本字体大小

> 提示：也可以直接输入数字，然后在后边的单位文本框中显示为可用状态，从中选择一个单位即可。其中，默认选项【无】是指 Dreamweaver CC 默认字体大小或者继承上级包含框定义的字体，用户可以选择【无】选项来恢复默认字体大小。

第 3 步，拖选段落文本“柳永”。在【属性】面板中设置字体大小为 18px，如图 3.30 所示。

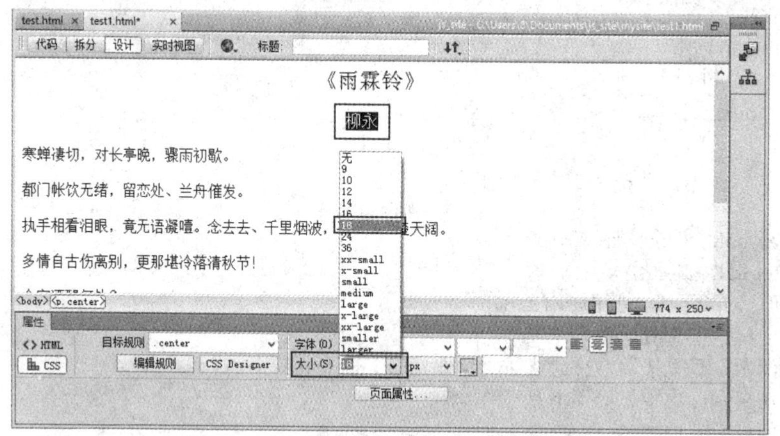

图 3.30 定义第 2 段文本字体大小

第 4 步，切换到【代码】视图下，则自动生成的代码如下：

```
<p class="center"><span style="font-size: 24px">《雨霖铃》 </span></p>
<p class="center"><span style="font-size: 18px">柳永 </span></p>
```

Note

第 5 步，保存文档，按 F12 键在浏览器中预览，则显示效果如图 3.31 所示。

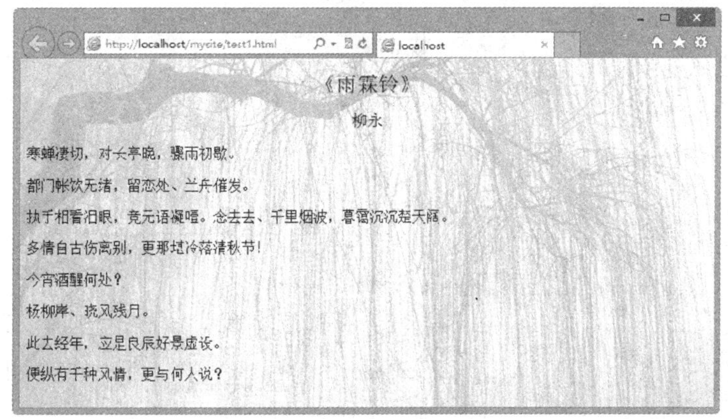

图 3.31　定义字体大小显示效果

提示： 网页默认字体大小为 16px，实际设计中网页正文字体大小一般为 12px，这个大小符合大多数浏览者的阅读习惯，又能最大容量地显示信息。

3.6　设置段落样式

段落在页面版式设置中占有重要的地位。段落所包含的设计因素也比较多，如文本缩进、行距、段距、首行缩进、列表等，下面以示例形式逐一进行介绍。

3.6.1　实战演练：强制换行

视频讲解

Dreamweaver CC 与 Word 一样，按 Enter 键即可创建一个新的段落，但网页浏览器一般会自动在段落之间增加一行段距，因此网页中的段落间距可能会比较大，有时会影响页面效果，使用强制换行命令可以避免这种问题。

【操作步骤】

第 1 步，启动 Dreamweaver CC，打开本小节备用练习文档 test.html，按 F12 键预览，则默认显示效果如图 3.32 所示。整个文档包含一个一级标题、一个二级标题和一段文本，代码如下：

```
<h1>《雨霖铃》 </h1>
<h2>柳永</h2>
<p>寒蝉凄切，对长亭晚，骤雨初歇。都门帐饮无绪，留恋处、兰舟催发。执手相看泪眼，竟无语凝噎。念去去、千里烟波，暮霭沉沉楚天阔。多情自古伤离别，更那堪冷落清秋节！今宵酒醒何处？杨柳岸、晓风残月。此去经年，应是良辰好景虚设。便纵有千种风情，更与何人说？
</p>
```

第 2 步，另存网页为 test1.html，现在定制段落文本多行显示，设计页面左侧是诗词正文，右侧是标题的版式效果。

第 3 步，把光标置于段落文本的第一句话末尾。选择【插入】|【字符】|【换行符】命令，或者按 Shift+Enter 快捷键换行文本，如图 3.33 所示。

图 3.32　备用页面初始化效果

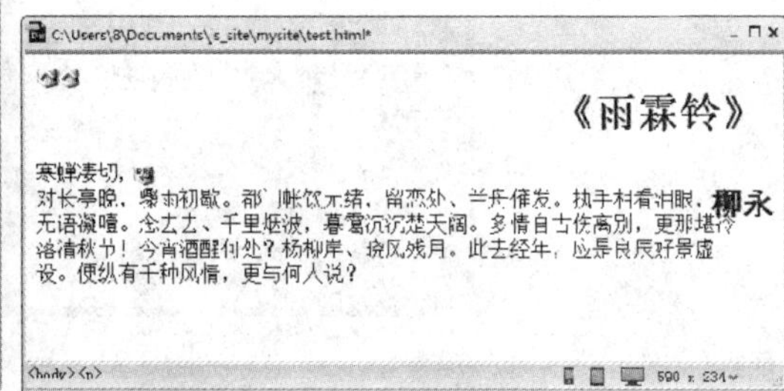

图 3.33　强制换行

第 4 步，以相同方法为每句话进行强制换行显示，最后保存文档，按 F12 键在浏览器中预览，则显示效果如图 3.34 所示。

图 3.34　强制换行后的段落文本效果

提示： 在使用强制换行时，上下行之间依然是一个段落，同受一个段落格式的影响。如果希望为不同行应用不同样式，这种方式就显得不是很妥当。同时在标准设计中不建议大量使用强制换行。在 HTML 代码中一般使用
标记强制换行，该标记是一个非封闭类型的标记。

视频讲解

3.6.2　实战演练：定义文本对齐

文本对齐方式是指文本行相对文档窗口或者浏览器窗口在水平位置上的对齐方式，共包括 4 种方式：左对齐、居中对齐、右对齐和两端对齐。

【操作步骤】

第 1 步，启动 Dreamweaver CC，打开本小节备用练习文档 test.html，按 F12 键预览，则默认显

示效果如图 3.35 所示。整个文档包含一个一级标题、一个二级标题和四段文本。

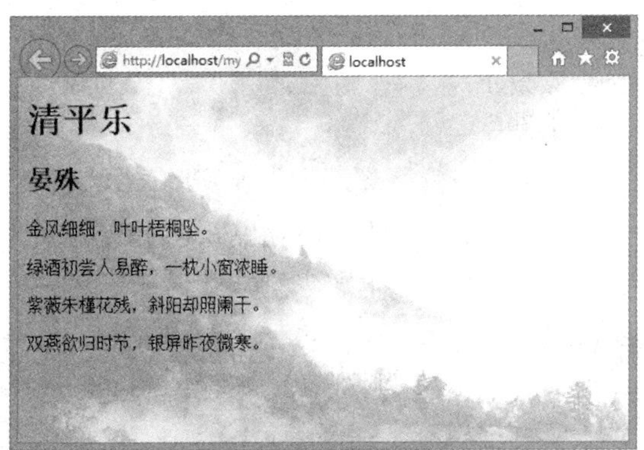

图 3.35　备用页面初始化效果

第 2 步，另存网页为 test1.html。在编辑窗口中选中一级标题文本，在【属性】面板中切换到【CSS】选项卡，单击【居中对齐】按钮，让标题居中显示，如图 3.36 所示。

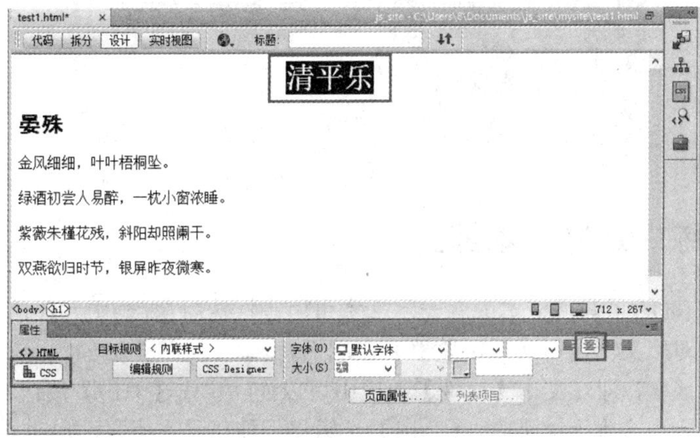

图 3.36　定义一级标题居中显示

第 3 步，以同样的方式设置二级标题居中显示，第 1 段文本左对齐，第 2 段文本居中对齐，第 3 段文本右对齐，第 4 段文本两端对齐，如图 3.37 所示。

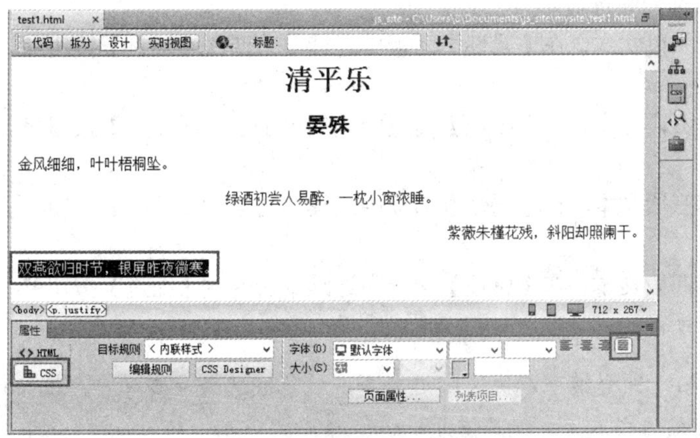

图 3.37　定义标题和段落文本对齐显示

第 4 步，切换到【代码】视图，可以看到 Dreamweaver 自动生成的样式代码如下所示，在浏览器中预览效果如图 3.38 所示。

```
<h1 style="text-align: center">清平乐</h1>
<h2 style="text-align: center">晏殊</h2>
<p class="left">金风细细，叶叶梧桐坠。</p>
<p class="center" style="text-align: center">绿酒初尝人易醉，一枕小窗浓睡。</p>
<p class="right" style="text-align: right">紫薇朱槿花残，斜阳却照阑干。</p>
<p class="justify" style="text-align: justify">双燕欲归时节，银屏昨夜微寒。</p>
```

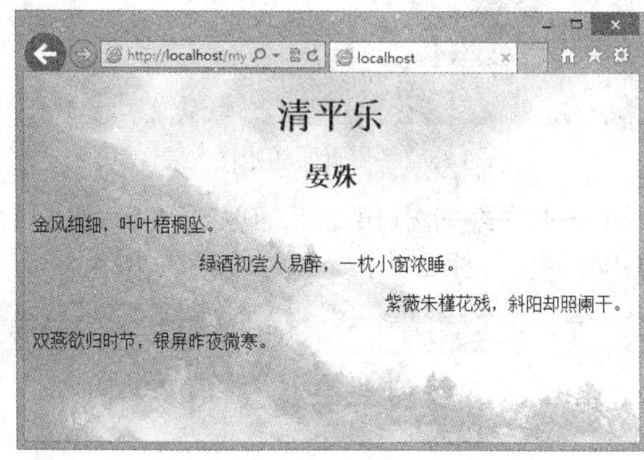

图 3.38　文本对齐显示效果

视频讲解

3.6.3　实战演练：定义文本缩进

根据排版需要，有时为了强调文本或者表示文本引用等特殊用途，会用到段落缩进或者凸出版式。缩进和凸出主要是相对于文档窗口（或浏览器）左端而言。

缩进和凸出可以嵌套，即在文本【属性】面板中可以连续单击【缩进】按钮或【凸出】按钮应用多次缩进或凸出。当文本无缩进时，【凸出】按钮将不能正常作用，凸出也将无效果。

【操作步骤】

第 1 步，启动 Dreamweaver CC，打开本小节备用练习文档 test.html，另存为 test1.html。

第 2 步，在编辑窗口中选中二级标题文本，在【属性】面板中切换到【HTML】选项卡，单击【缩进】按钮，让二级标题缩进显示。

第 3 步，选中第一段文本，在【属性】面板中连续单击两次【缩进】按钮，让第一段文本缩进两次显示。

第 4 步，选中第二段文本，在【属性】面板中连续单击 3 次【缩进】按钮，让第二段文本缩进 3 次显示。

第 5 步，选中第三段文本，在【属性】面板中连续单击 4 次【缩进】按钮，让第三段文本缩进 4 次显示。

第 6 步，选中第四段文本，在【属性】面板中连续单击 5 次【缩进】按钮，让第四段文本缩进 5 次显示，如图 3.39 所示。

技巧：按 Ctrl+Alt+]组合键可以快速缩进文本，按几次就会缩进几次。按 Ctrl+Alt+[组合键可以快速凸出缩进文本，也就是恢复缩进。

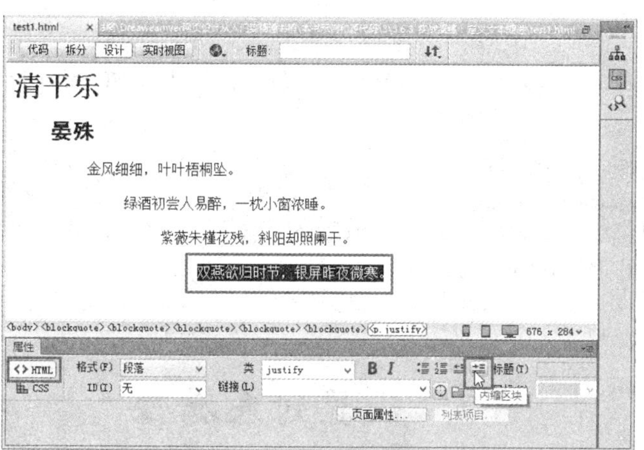

图 3.39　定义文本缩进显示

第 7 步，在【代码】视图下，自动生成的 HTML 代码如下所示，在浏览器中预览效果如图 3.40 所示。

```
<body>
<h1>清平乐</h1>
<blockquote>
    <h2>晏殊</h2>
    <blockquote>
        <p class="left">金风细细，叶叶梧桐坠。      </p>
        <blockquote>
            <p class="center">绿酒初尝人易醉，一枕小窗浓睡。      </p>
            <blockquote>
                <p class="right">紫薇朱槿花残，斜阳却照阑干。      </p>
                <blockquote>
                    <p class="justify">双燕欲归时节，银屏昨夜微寒。  </p>
                </blockquote>
            </blockquote>
        </blockquote>
    </blockquote>
</blockquote>
</body>
```

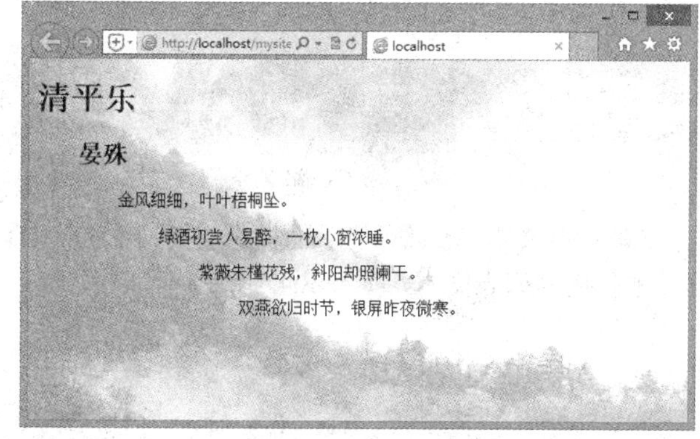

图 3.40　缩进文本显示效果

Note

【拓展】

<blockquote>标记表示块状文本引用的意思，它可以通过 cite 属性来指向一个 URL，用于表明引用出处。例如：

```
<p>Adobe 中国：</p>
<blockquote cite="http://www.adobe.com/cn/">
    <p>Adobe 正通过数字体验改变世界。我们帮助客户创建、传递和优化内容及应用程序... </p>
    <p><img src="bg1.jpg" width="600" /></p>
</blockquote>
```

3.7 设置列表属性

在 HTML 中，列表结构有两种类型：无序列表和有序列表，前者是用项目符号来标记无序的项目，后者则使用编号来记录项目的顺序。此外，还有一种特殊类型列表：定义列表。

视频讲解

3.7.1 实战演练：设计项目列表

在项目列表中，各个列表项之间没有顺序级别之分，即使用一个项目符号作为每条列表的前缀。在 HTML 中，有 3 种类型的项目符号：○（环形）、●（球形）和■（矩形）。

【操作步骤】

第 1 步，启动 Dreamweaver CC，打开本小节备用练习文档 test.html，另存为 test1.html。

第 2 步，在编辑窗口中把光标置于定位盒子内，输入 5 段段落文本，如图 3.41 所示。

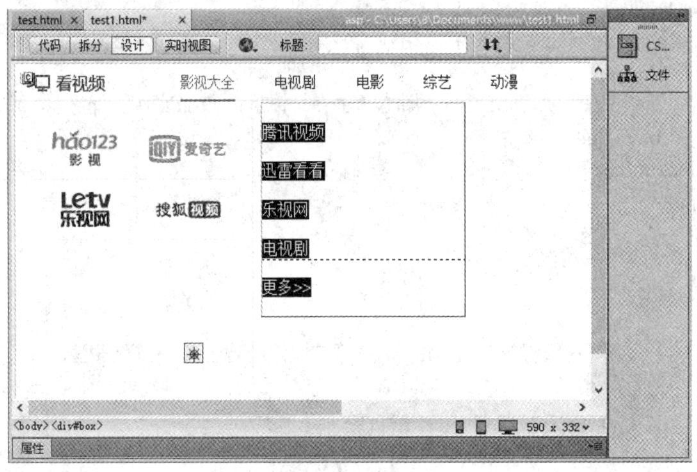

图 3.41 输入段落文本

第 3 步，使用鼠标拖选 5 段段落文本，在【属性】面板中切换到【HTML】选项卡，然后单击【项目列表】按钮，把段落文本转换为列表文本，如图 3.42 所示。

【拓展】

在 HTML 中使用下面代码实现项目列表：

```
<ul>
    <li>腾讯视频</li>
```

```
    <li>迅雷看看</li>
    <li>乐视网</li>
    <li>电视剧</li>
    <li>更多>></li>
</ul>
```

Note

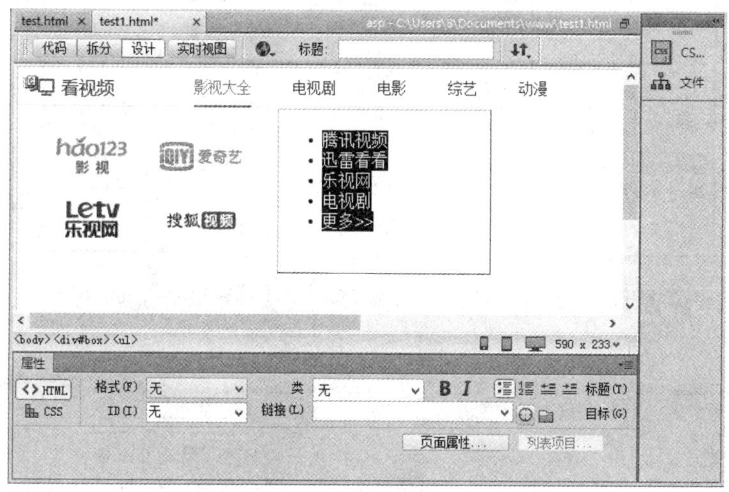

图 3.42　把段落文本转换为列表文本

其中，<ul>标记的 type 属性用来设置项目列表符号类型，如下所示。

（1）type="circle"：表示圆形项目符号。

（2）type="disc"：表示球形项目符号。

（3）type="square"：表示矩形项目符号。

<li>标记也带有 type 属性，也可以分别为每个项目设置不同的项目符号。

3.7.2　实战演练：设计编号列表

视频讲解

编号列表同项目列表的区别在于，编号列表使用编号，而不是项目符号来编排项目。对于有序编号，可以指定其编号类型和起始编号。编号列表适合设计强调位置关系的各种排序列表结构，如排行榜等。

【操作步骤】

第 1 步，启动 Dreamweaver CC，打开本小节备用练习文档 test.html，另存为 test1.html。

第 2 步，在编辑窗口中把光标置于定位盒子内，输入 10 段段落文本，如图 3.43 所示。

第 3 步，使用鼠标拖选 10 段段落文本，在【属性】面板中切换到【HTML】选项卡，然后单击【编号列表】按钮，把段落文本转换为列表文本，如图 3.44 所示。

【拓展】

在 HTML 中使用<ol>标记定义编号列表，该标签包含 type 和 start 等属性，用于设置编号的类型和起始编号。设置 type 属性，可以指定数字编号的类型，如下所示。

（1）type= "1"：表示以阿拉伯数字作为编号。

（2）type= "a"：表示以小写字母作为编号。

（3）type= "A"：表示以大写字母作为编号。

（4）type= "i"：表示以小写罗马数字作为编号。

Note

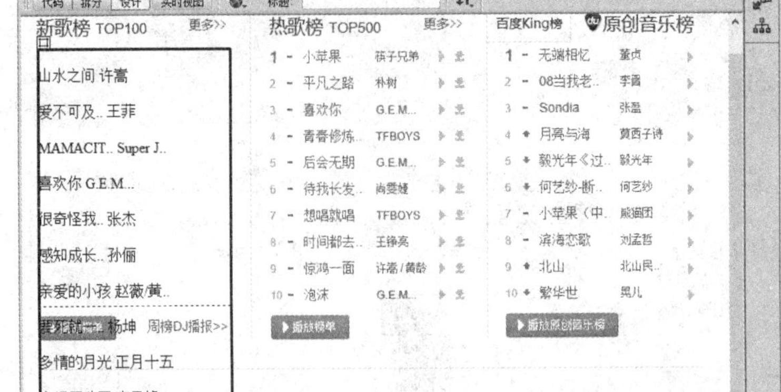

图 3.43　输入段落文本

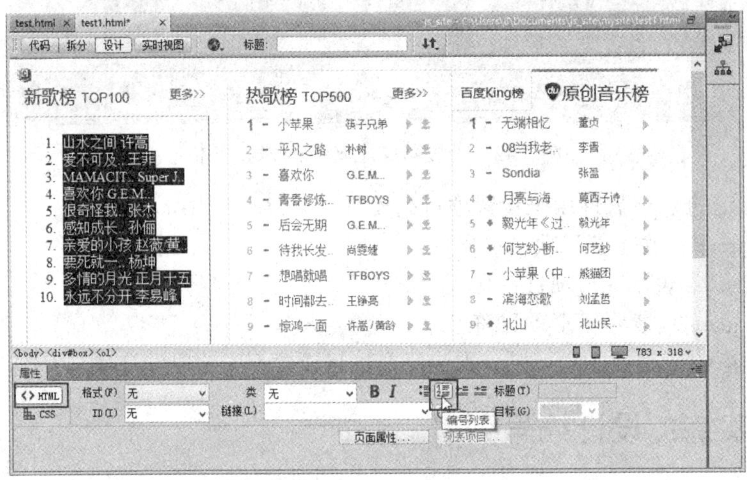

图 3.44　把段落文本转换为列表文本

（5）type= "I"：表示以大写罗马数字作为编号。

通过<ol>标记的 start 属性，可以决定编号的起始值。对于不同类型的编号，浏览器会自动计算相应的起始值。例如，start="4"，表明对于阿拉伯数字编号从 3 开始，对于小写字母编号从 d 开始等。

默认时使用数字编号，起始值为 1，因此可以省略其中对 type 属性的设置。同样<li>标记也带有 type 和 start 属性，如果为列表中某个<li>标记设置 type 属性，则会从该<li>标记所在行起使用新的编号类型，同样如果为列表中的某个<li>标记设置 start 属性，将会从该<li>标记所在行起使用新的起始编号。

视频讲解

3.7.3　实战演练：设计定义列表

定义列表也称为字典列表，因为它具有与字典相同的格式。在定义列表结构中，每个列表项都带有一个缩进的定义字段，就好像字典对文字进行解释。

【操作步骤】

第 1 步，启动 Dreamweaver CC，打开本小节备用练习文档 test.html，另存为 test1.html。

第 2 步，在编辑窗口中把光标置于定位盒子内，输入 4 段段落文本，如果行内文本过长，可以考虑按 Shift+Enter 快捷键，使它强制换行，如图 3.45 所示。

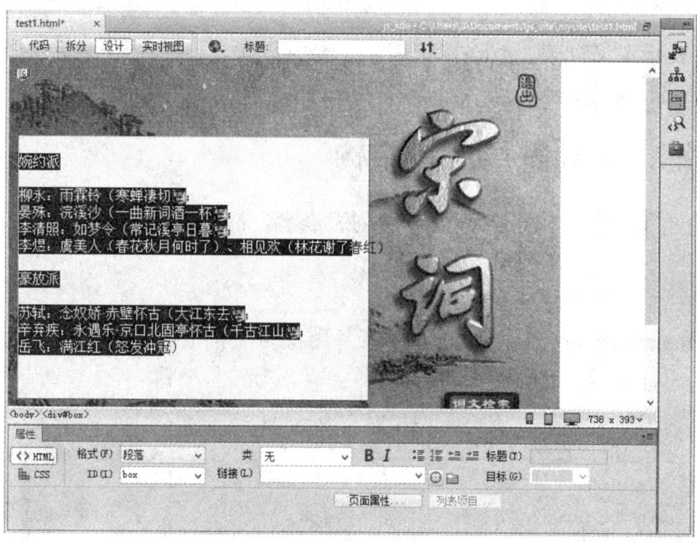

图 3.45　输入段落文本

第 3 步，使用鼠标拖选 4 段段落文本，选择【格式】|【列表】|【定义列表】命令，把段落文本转换为定义列表，如图 3.46 所示。

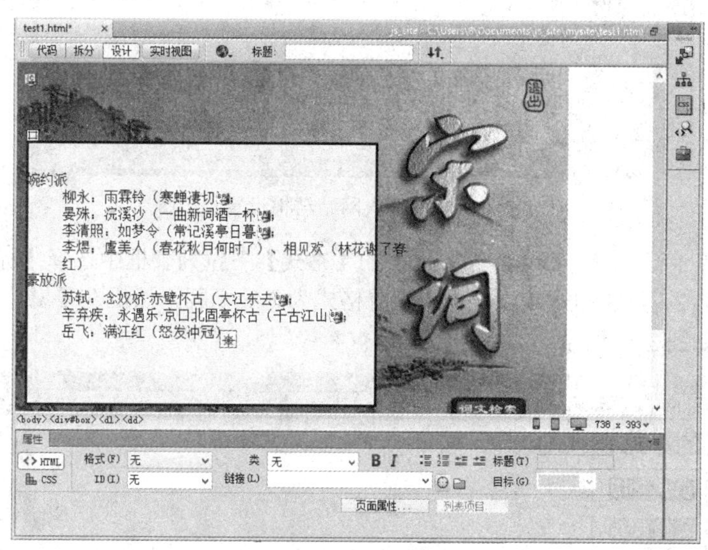

图 3.46　把段落文本转换为定义列表文本

第 4 步，切换到【代码】视图，可以看到 Dreamweaver 把<p>标记转换为下面 HTML 代码结构：

```
<dl>
    <dt>婉约派</dt>
    <dd>柳永：雨霖铃（寒蝉凄切）；<br>
        晏殊：浣溪沙（一曲新词酒一杯）；<br>李清照：如梦令（常记溪亭日暮）；<br>李煜：虞美人（春花秋月何时了）、相见欢（林花谢了春红）</dd>
    <dt>豪放派</dt>
```

```
    <dd>苏轼：念奴娇·赤壁怀古（大江东去）；<br>辛弃疾：永遇乐·京口北固亭怀古（千古江山）；<br>岳飞：满江红（怒发冲冠）</dd>
</dl>
```

其中，<dl>标记表示定义列表，<dt>标记表示一个标题项，<dd>标记表示一个对应说明项，<dt>标记中可以嵌套多个<dd>标记。

Note

视频讲解

3.7.4 实战演练：设计多层目录结构

结合使用缩进功能和列表结构可以设计多层列表嵌套，制作复杂的版式效果。下面示例演示如何设计多层目录结构。

【操作步骤】

第 1 步，启动 Dreamweaver CC，打开本小节备用练习文档 test.html，另存为 test1.html。这是一个个人网站目录结构设计草稿，如图 3.47 所示。

图 3.47 个人网站结构目录

第 2 步，选择第 1 行，在文本【属性】面板的【格式】下拉列表框中选择【标题 1】选项。

第 3 步，选择第 2、第 3 和第 4 行文本，设置格式为二级标题，然后在【属性】面板中单击【文本缩进】按钮，如图 3.48 所示。

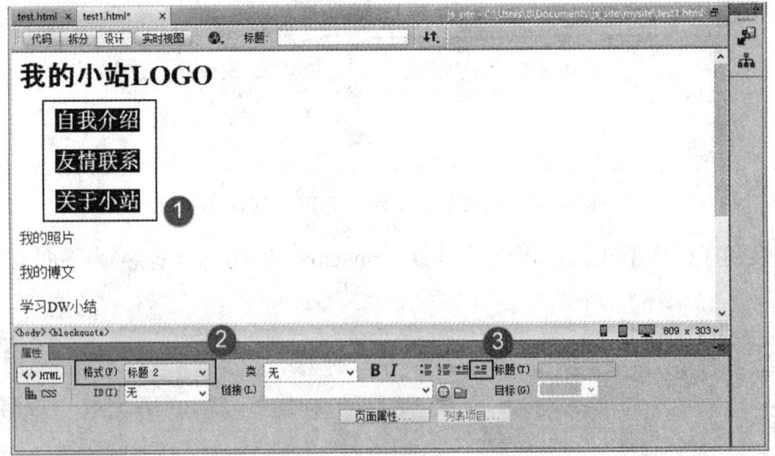

图 3.48 定义二级标题并缩进显示

第 4 步，选择第 5 和第 6 行文本，设置格式为三级标题，然后单击【编号列表】按钮，再连续单击两次【文本缩进】按钮。

第 5 步，选择最后 5 行文本，然后单击【项目列表】按钮，再连续单击 3 次【文本缩进】按钮即可，如图 3.49 所示。

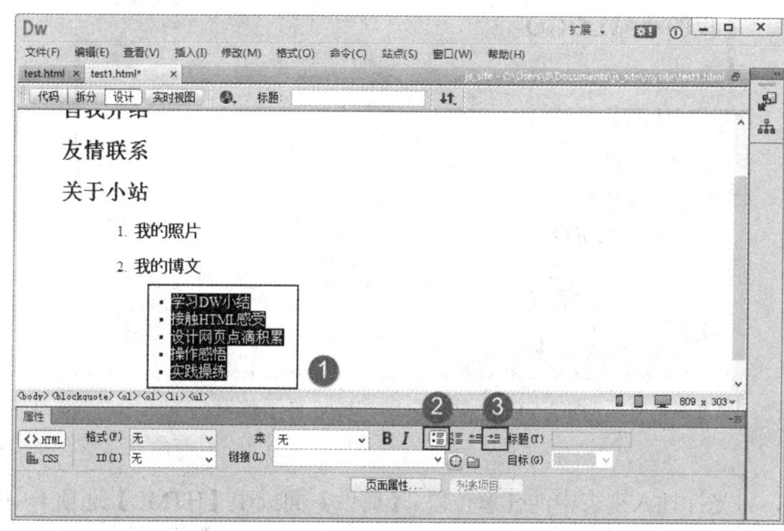

图 3.49　定义二级标题并缩进显示

第 6 步，切换到【代码】视图，自动生成的 HTML 代码如下所示，按 F12 键预览多层列表嵌套的效果如图 3.50 所示。

```
<body>
<h1>我的小站 LOGO</h1>
<blockquote>
    <h2>自我介绍</h2>
    <h2>友情联系</h2>
    <h2>关于小站</h2>
    <ol>
        <ol>
            <li>
                <h3>我的照片</h3>
            </li>
            <li>
                <h3>我的博文</h3>
                <ul>
                    <li>学习 DW 小结</li>
                    <li>接触 HTML 感受</li>
                    <li>设计网页点滴积累</li>
                    <li>操作感悟</li>
                    <li>实践操练</li>
                </ul>
            </li>
        </ol>
    </ol>
```

```
</blockquote>
</body>
```

Note

图 3.50　网站目录结构缩进显示效果

【拓展】

定义列表后，将光标插入列表中的任意位置。【属性】面板中【HTML】选项卡中的【列表项目】按钮显示为有效状态，单击【列表项目】按钮可以打开【列表属性】对话框，如图 3.51 所示。通过设置项目列表的属性，可以选择列表的类型、项目列表中项目符号的类型和编号列表中项目编号的类型。具体介绍如下。

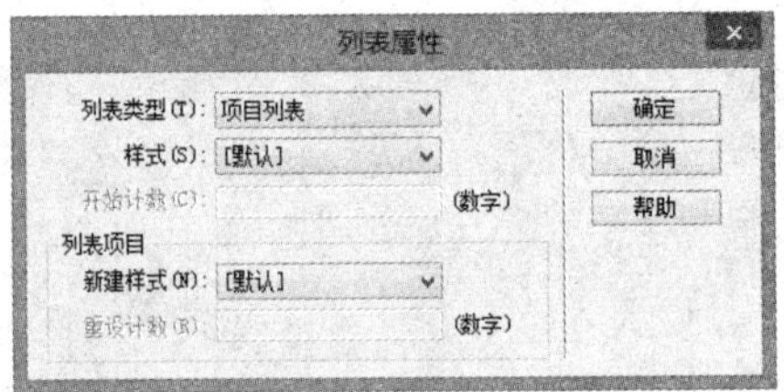

图 3.51　【列表属性】对话框

（1）【列表类型】下拉列表框：可以选择列表类型。该选择将影响插入点所在位置的整个项目列表的类型，如下所示。

☑　项目列表：生成的是带有项目符号式样的无序列表。

☑　编号列表：生成的是有序列表。

☑　目录列表：生成目录列表，用于编排目录。

☑　菜单列表：生成菜单列表，用于编排菜单。

（2）【样式】下拉列表框：可以选择相应的项目列表样式。该选择将影响插入点所在位置的整个项目列表的样式。

☑　默认：默认类型。默认为球形。

☑　项目符号：项目符号列表的样式。默认为球形。

☑　正方形：正方形列表的样式。默认为正方形。

（3）【开始计数】文本框：如果前面选择的是编号列表，则在【开始计数】文本框中可以选择有序编号的起始数字。该选择将使插入点所在位置的整个项目列表的第 1 行开始重新编号。

（4）【新建样式】下拉列表框：允许为项目列表中的列表项指定新的样式，这时从插入点所在行及其后的行都会使用新的项目列表样式。

（5）【重设计数】文本框：如果前面选择的是编号列表，在【重设计数】文本框中，可以输入新的编号起始数字。这时从插入点所在行开始以后的各行，会重新开始编号。

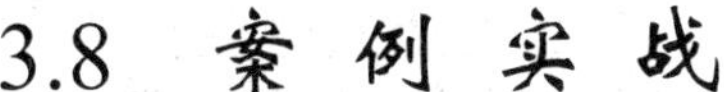

3.8　案例实战

本节将通过几个案例演示如何借助 Dreamweaver 完成特殊文本的输入和复杂编辑操作。

3.8.1　定义链接文本

视频讲解

链接文本就是包含了超链接特性的文本，单击链接文本可以自动跳转到指定页面或位置，实现页面之间可互访的目的。

【操作步骤】

第 1 步，启动 Dreamweaver CC，打开本小节备用练习文档 test.html，另存为 test1.html。

第 2 步，在编辑窗口中把光标置于定位盒子内，输入导航文本“首页 今日最热 衣服 鞋子 包包 配饰 美妆 特卖 团购 好店 杂志”。

第 3 步，选中要链接的文本，如“首页”。

第 4 步，在文本【属性】面板的【链接】文本框中输入要链接的网页地址。链接地址可以是外部网页，即直接输入其他网站的网址，也可以是内部页面，即站内的其他页面。

第 5 步，输入链接地址后，在【链接】文本框右面的【目标】下拉列表框呈现可用状态，在【目标】下拉列表框中选择链接页面在哪个框架集中打开，主要包括如下选项，设置如图 3.52 所示。

（1）_blank：同“空白（_B）”，表示在新窗口中打开。

（2）_parent：同“父（_P）”，表示在当前文档的父级框架集中打开。

（3）_self：同“自身（_S）”，表示在当前文档的框架中打开。

（4）_top：同“顶部（_T）”，表示在链接所在的最高级窗口中打开。

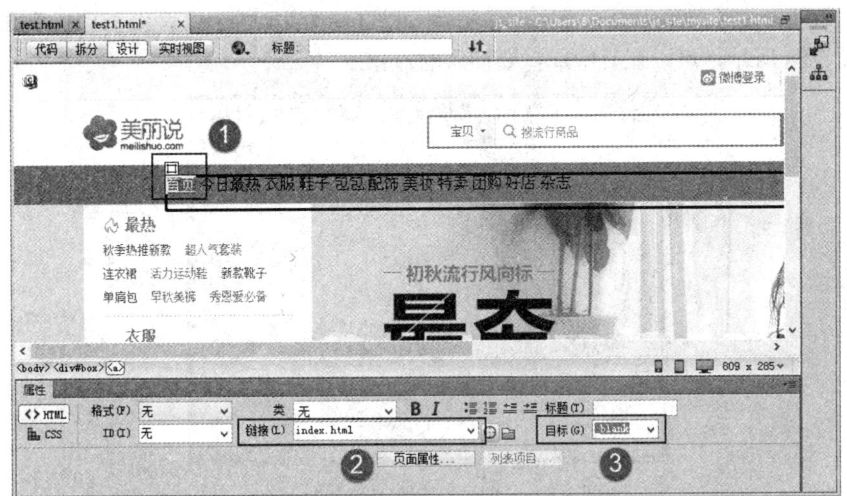

图 3.52　定义链接文本

Note

第 6 步，以相同的方法为其他文本定义超链接，最后根据页面风格使用 CSS 设计链接文本的显示效果，如图 3.53 所示。

图 3.53　链接文本显示效果

视频讲解

3.8.2　输入特殊文本

特殊字符就是无法通过输入法插入的字符，在网页设计中用户经常需要插入很多特殊的字符。下面介绍如何插入特殊字符的各种方法。

【操作步骤】

第 1 步，启动 Dreamweaver CC，新建文档，保存为 test.html。

第 2 步，把光标置于编辑窗口内需要插入特殊文本的位置。选择【插入】|【字符】命令，在下拉子菜单中选择一个特殊字符，可以在网页中插入许多特殊字符。

第 3 步，如果在该子菜单中没有需要的字符，可以选择【其他字符】命令，打开【插入其他字符】对话框，如图 3.54 所示，可以在其中选择要插入的对象。

图 3.54　【插入其他字符】对话框

技巧：通过代码方式输入特殊字符。切换到【代码】视图，输入“&”字符，Dreamweaver CC 会自动以下拉列表的方式显示全部特殊字符，如图 3.55 所示，从中选择一个特殊字符即可。

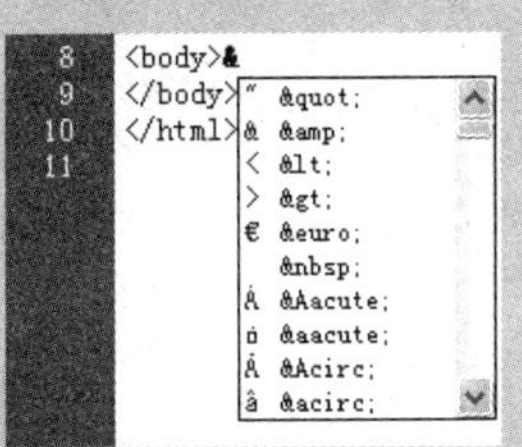

图 3.55　代码快速输入特殊字符

空格是最常用的特殊字符，前面介绍过输入空格的方法，实际上输入空格的方法很多，这里介绍 3 种比较快捷的方法：

（1）在【代码】视图下，输入“ ”字符。

（2）在【设计】视图下，按 Shift+Ctrl+Space 组合键。

（3）在中文输入法状态下，切换到全角模式，直接输入一个全角空格即可。

【拓展】

插入动态日期：选择【插入】|【日期】命令，在打开的【插入日期】对话框中可以选择星期格式、日期格式和时间格式，如图 3.56 所示。如果希望在每次保存文档时都更新插入的日期，可以选中【储存时自动更新】复选框，否则插入的日期将变成纯文本永远不会更新。单击【确定】按钮可插入日期至光标所在的位置。

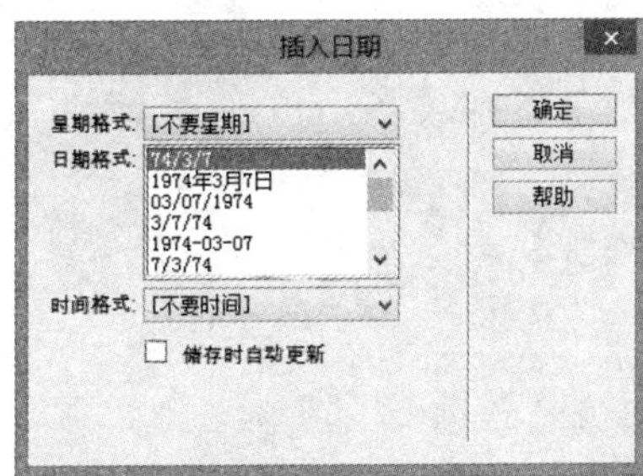

图 3.56　【插入日期】对话框

3.9　在线练习

本节将通过大量的上机示例，帮助初学者练习使用 HTML5 语义标签灵活定义网页文本样式和版式。练习使用 CSS3 灵活定义移动网页文本样式和版式。

在线练习 1

在线练习 2

第4章 使用超链接

网页链接是互联网的桥梁，网站与网站之间、网页与网页之间都是通过链接建立联系。如果没有链接，那么整个互联网将成为无数个数字孤岛，失去共享的价值和访问活力。本章将详细讲解如何使用 Dreamweaver CC 设置各种类型的链接，并利用这些链接把整个网站组织在一起。

【学习重点】

- 在网页中插入链接。
- 创建不同类型的链接。
- 定义图像热点。
- 设计网页链接的基本样式。

Note

4.1　网页链接概述

链接（Hyperlink），也称为超链接或超级链接，它与路径紧密相连，很多用户定义链接时，在本地能够正常访问，但是上传到远程服务器上就无法正常访问了，原因就在于使用了错误的路径。

4.1.1　熟悉 URL

URL（Uniform Resource Locator，统一资源定位器）是对文件名的扩展，主要用于指定网上资源的位置和方式。在本地计算机中，定位一个文件需要路径和文件名，对于遍布全球的互联网，显然还需要知道文件存放在哪个网络的哪台主机中才行。

在本地计算机中，所有的文件都由统一的操作系统管理，因而不必给出访问该文件的方法，但在互联网上，各个网络、各台主机的操作系统可能不一样，因此必须指定访问该文件的方法，这个方法就是使用 URL 定位技术。一个 URL 一般由下列 3 部分组成。

（1）第 1 部分：协议（或服务方式）。

（2）第 2 部分：存有该资源的主机 IP 地址（有时也包括端口号）。

（3）第 3 部分：主机资源的具体地址，如目录和文件名等。

例如，protocol://machinename[:port]/directory/filename，其中 protocol 是访问该资源所采用的协议，即访问该资源的方法，它可以是：

（1）http://（超文本传输协议）表示该资源是 HTML 文件。

（2）ftp://（文件传输协议）表示用 FTP 传输方式访问该资源。

（3）gopher://表示该资源是 Gopher 文件。

（4）news:表示该资源是网络新闻（不需要两条斜杠）。

（5）mailto:表示该资源是电子邮件（不需要两条斜杠）。

（6）telnet:使用 Telnet 协议的互动会话（不需要两条斜杠）。

（7）file://表示本地文件。

Machinename 表示存放该资源的主机 IP 地址，通常以字符形式出现，如 www.china.com.port。其中，port 是服务器在该主机所使用的端口号，一般情况下不需要指定，只有当服务器所使用的不是默认的端口号时才指定。directory 和 filename 是该资源的路径和文件名。

【示例】

http://news.sohu.com/s2018/hujintaochufang.shtml

上面 URL 表示搜狐 www 服务器上的起始 shtml 文件（文件具体存放的路径及文件名取决于该 www 服务器的配置情况）。

4.1.2　认识路径

要正确定义链接，必须先了解网页之间的路径。路径包括 3 种基本类型：绝对路径、相对路径和根路径。

1．绝对路径

绝对路径就是被链接文件的完整 URL，包括所使用的传输协议（对于网页通常是 http://）。

例如，http://news.sohu.com/main.html 就是一个绝对路径。设置外部链接（从一个网站的网页链接到另一个网站的网页）必须使用绝对路径。这与本地计算机中绝对路径、相对路径概念类似。

2．相对路径

Note

当设置网站内部链接（同一站点内一个文件与另一个文件之间的链接）时，一般可以不用指定被链接文件的完整 URL，而是指定一个相对于当前文件或站点根文件夹的相对路径。

相对路径是指以当前文件所在位置为起点到被链接文件经由的路径。例如，dreamweaver/main.html 就是一个文件相对路径。在把当前文件与处在同一文件夹中的另一文件链接，或者把同一网站下不同文件夹中的文件相互链接时，就可使用相对路径。

（1）若要把当前文件与同一文件夹中的另一文件链接，只要提供被链接文件的文件名即可，如 filename。

（2）若要把当前文件与一个位于当前文件所在文件夹中的子文件夹中的文件链接，就需要提供子文件夹名、斜杠和文件名，如 subfolder/filename。

（3）若要把当前文件与一个位于当前文件所在文件夹的父文件夹中的文件链接，则要在文件名前加上../（..表示上一级文件夹），如../filename。

如果在没有保存的网页上插入图片或增加链接，Dreamweaver CC 会暂时使用绝对路径。网页保存后，Dreamweaver CC 会自动将绝对路径转换为相对路径。当使用相对路径时，如果在 Dreamweaver CC 中改变了某个文件的存放位置，不需要手动修改链接路径，Dreamweaver CC 会自动更新链接的路径。

3．根路径

根路径是指从站点根文件夹到被链接文件经由的路径。根路径由前斜杠开头，它代表站点根文件夹。例如，/news/beijing2018.html 就是站点根文件夹下的 news 子文件夹中的一个文件（beijing2018.html）的根相对路径。在网站内链接文件时一般使用根路径的方法，因为在移动一个包含根相对链接的文件时，无须对原有的链接进行修改。

但是这样使用对于初学者来说是具有风险性的，因为要知道这里所指的根文件夹并不是网站的根文件夹，而是网站所在的服务器的根文件夹，因此当网站的根文件夹与服务器根文件夹不同时，就会发生错误。

根路径只能由服务器来解释，当客户在客户端打开一个带有根路径的网页，上面的所有链接都将是无效的，如果在 Dreamweaver CC 中预览，Dreamweaver CC 会将预览网页的路径暂时转换为绝对路径形式，可以访问链接的网页，但这些网页的链接将是无效的。

4.1.3 定义链接注意事项

互联网上的每个网页都被链接技术互相链接在一起，单击包含链接的文本或图像就可以跳转到其他页面（该页面可以是站内，或站外页面）。在默认状态下，链接文本一般带有下画线并显示为蓝色，而链接图像也会带有蓝色线框。

在实际网页制作中，如何设计网页链接，采用什么样的链接结构会直接影响网页布局和网站运行效率。例如，导航条的结构、导航条的布局、网页链接层次、链接的效果和形式等。定义链接的形式多种多样，方法也比较灵活，但需要注意以下问题。

（1）链接层次不要太深，最多不要超过 3 层。在完善网页结构时，除了特殊情况，如转链接、

分项链接或链接内容的细化。一般较合理的设计是 3 层，即导航链接→列表链接→链接内容。

（2）完善链接，避免出现单向链接。每设计一个链接时，都要考虑如何让用户能够快速返回，避免出现迷路现象。对于详细内容页面不希望返回时，应设计在新窗口中被打开，这样保证用户关闭该浏览器窗口后，还可以找到原来的网页位置，并能够快速返回首页或频道页。

Note

（3）避免出现孤文件。在网站设计时，要思路清晰、考虑完善，避免出现孤文件（孤文件就是没有被任何页面链接的网页），这些文件用户一般很难找到，同时对于网站维护也构成潜在影响。

（4）页面链接不要太多。过多链接可能会影响页面浏览、使文件过大而影响下载速度等不利因素。对于过多的链接可以使用下拉表单或动态菜单等方式间接实现。

（5）页面不要太长。一般网页页面长度不要超过 3 个屏幕，如果页面较长可以通过定义锚点，让用户能方便、快速地找到页面内具体信息。

4.2 定 义 链 接

使用 Dreamweaver CC 定义链接非常方便快捷，只要选中要定义链接的文字或图像，然后在【属性】面板的【链接】文本框中输入相应的 URL 路径即可。当然 Dreamweaver CC 还提供了更多方法，下面结合案例进行具体说明。

4.2.1 实战演练：使用【属性】面板

视频讲解

【操作步骤】

第 1 步，启动 Dreamweaver CC，打开本小节备用练习文档 test.html，另存为 test1.html。

第 2 步，选择编辑窗口中的 Logo 图像。

第 3 步，选择【窗口】|【属性】命令，打开【属性】面板，然后执行如下任一操作。

（1）单击【链接】文本框右边的【选择文件】按钮，在打开的【选择文件】对话框中浏览并选择一个文件，如图 4.1 所示。在【相对于】下拉列表框中可以选择【文档】选项（设置相对路径）或【站点根目录】选项（设置根路径），然后单击【确定】按钮。

图 4.1 【选择文件】对话框

当设置【相对于】下拉列表框中的选项后，Dreamweaver CC 把该选项设置为以后定义链接的默认路径类型，直至改变该项选择为止。

（2）在【属性】面板的【链接】文本框中，输入要链接文件的路径和文件名，如图 4.2 所示。

Note

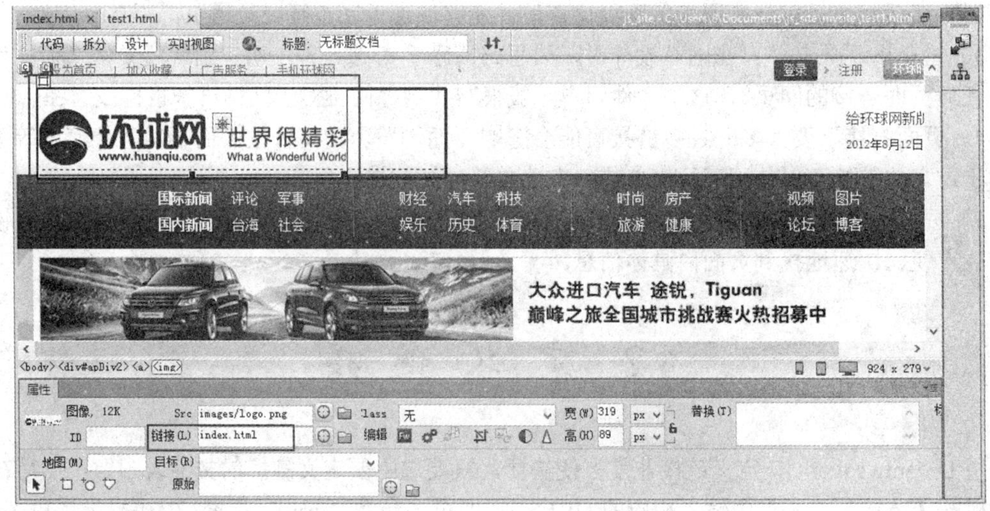

图 4.2　在【属性】面板中定义链接

第 4 步，选择被链接文件的载入目标。在默认情况下，被链接文件打开在当前窗口或框架中。要使被链接的文件显示在其他地方，需要从【属性】面板的【目标】下拉列表框中选择一个选项，如图 4.3 所示。

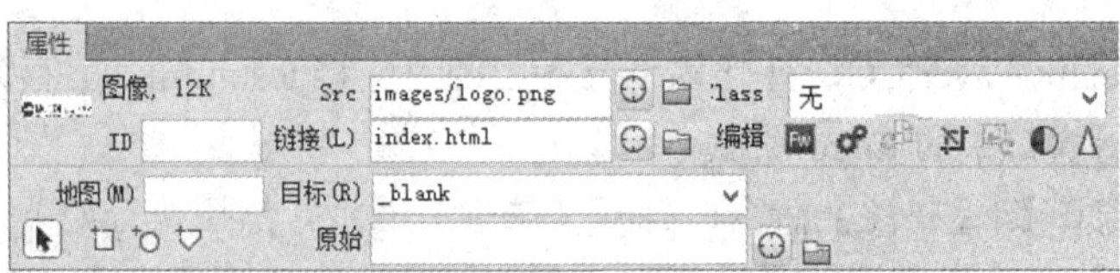

图 4.3　定义链接的目标

（1）_blank：将被链接文件载入到新的未命名浏览器窗口中。

（2）_parent：将被链接文件载入到父框架集或包含该链接的框架窗口中。

（3）_self：将被链接文件载入到与该链接相同的框架或窗口中。

（4）_top：将被链接文件载入到整个浏览器窗口并删除所有框架。

4.2.2　实战演练：使用指向文件图标

视频讲解

使用指向文件图标可以快速定义指向站点文件面板中的一个文件或者图像文件。

【操作步骤】

第 1 步，启动 Dreamweaver CC，打开本小节备用练习文档 test.html，另存为 test1.html。

第 2 步，选择编辑窗口中的 Logo 图像。

第 3 步，在【属性】面板中拖动【链接】文本框右边的【指向文件】按钮可以快速定义链接。拖动鼠标时会出现一条带箭头的细线，指示要拖动的位置，指向文件后只需释放鼠标，即会自动生成链接，如图 4.4 所示。

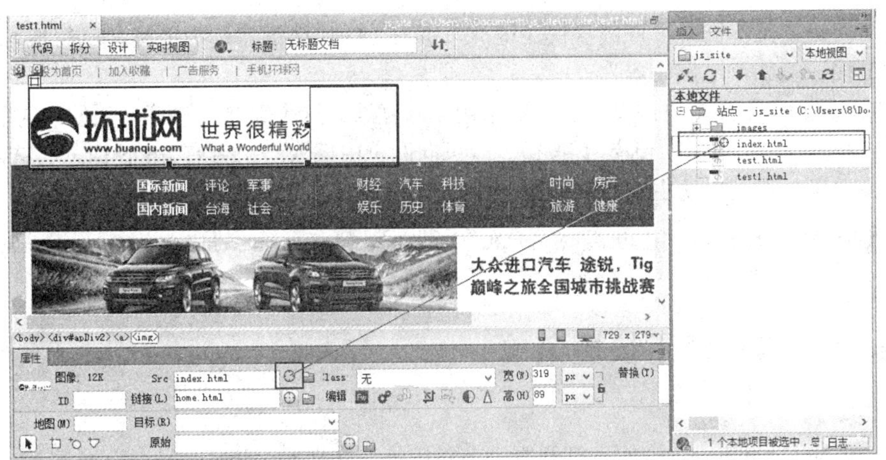

图 4.4 拖动【指向文件】图标创建文件链接

4.2.3 实战演练：使用超链接对话框

使用【Hyperlink】对话框可以不用在网页中选中 对象，更详细地定义链接属性，如指定链接文本、标题、访问键和索引键等。

【操作步骤】

第 1 步，启动 Dreamweaver CC，打开本小节备用练习文档 test.html，另存为 test1.html。

第 2 步，把光标置于需要显示 Logo 的图像位置。

第 3 步，选择【插入】|【Hyperlink】命令，打开【Hyperlink】对话框，然后按如下说明进行设置，如图 4.5 所示。

图 4.5 设置【Hyperlink】对话框

（1）【文本】文本框：定义链接显示的文本，可以是 HTML 文本。例如，这里设置为“<img src="images/logo.png" border=0 />”，即显示为 Logo 图像。

（2）【链接】文本框：定义链接到的路径，最好输入相对路径而不是绝对路径，如 index.html。

（3）【目标】下拉列表框：定义链接的打开方式，包括 4 个选项，可参见 4.2.1 节介绍。

（4）【标题】文本框：定义链接的标题，如“网站 LOGO”。

（5）【访问键】文本框：设置键盘快捷键，按键盘上的快捷键将选中链接，然后按 Enter 键就可以快速访问链接。例如，这里设置为“h”。

（6）【Tab 键索引】文本框：设置在网页中用 Tab 键选中这个链接的顺序，例如，这里设置为 1。

第 4 步，设置完毕，单击【确定】按钮，即可向网页中插入一个带有 Logo 标志的链接。切换到【代码】视图，可以看到自动生成的 HTML 代码：

Note

```
<a href="index.html" tabindex="1" title="网站 LOGO" accesskey="h" target="_blank"><img src="images/logo.png" border=0 /></a>
```

视频讲解

4.2.4 实战演练：使用快捷菜单

【操作步骤】

第 1 步，启动 Dreamweaver CC，打开本小节备用练习文档 test.html，另存为 test1.html。

第 2 步，在编辑窗口中右击 Logo 图像，从弹出的快捷菜单中选择【创建链接】命令，如图 4.6 所示。

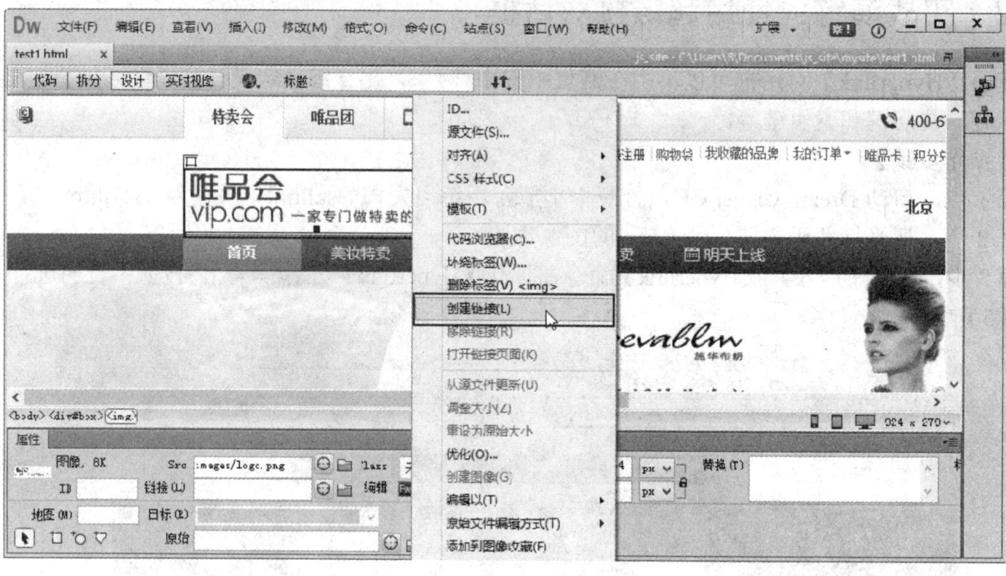

图 4.6　使用快捷菜单命令

第 3 步，在打开的【选择文件】对话框中浏览并选择一个文件，然后单击【确定】按钮即可，具体设置可参阅 4.2.1 节说明。

视频讲解

4.2.5 实战演练：使用拖曳定义链接

这是一种比较随意、快捷的操作方法。

【操作步骤】

第 1 步，启动 Dreamweaver CC，打开本小节备用练习文档 test.html，另存为 test1.html。

第 2 步，在编辑窗口中单击 Logo 图像，选择要定义链接的对象。

第 3 步，按住 Shift 键，在选定的对象上拖动鼠标指针，要注意在拖动时会出现指向文件图标。拖动鼠标到文件中的锚点或者【文件】面板中另一个文件，最后释放鼠标即可，如图 4.7 所示。

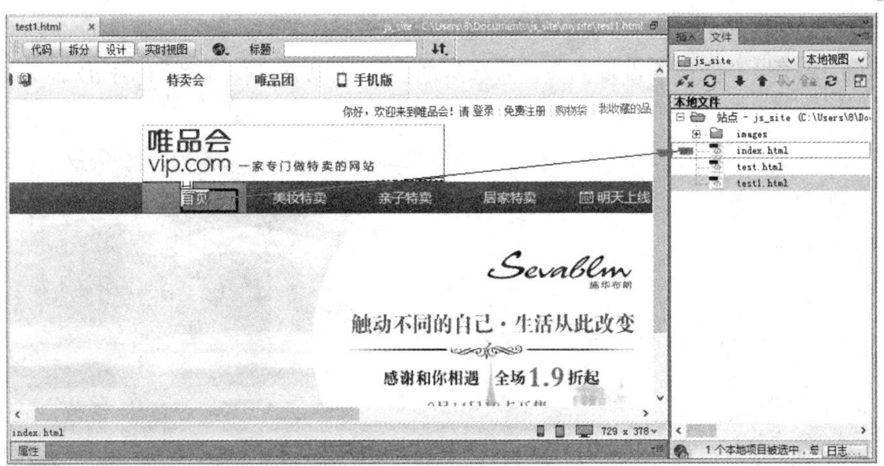

图 4.7　直接拖动定义链接

4.2.6　实战演练：在代码中定义链接

视频讲解

在【代码】视图下可以直接输入 HTML 代码定义链接。

1．文本链接

使用<a>标记定义文本链接的方法如下：

```
<a href="index.html" title="返回首页" accesskey="t" target="_blank">唯品会</a>
```

其中，href 属性用来设置目标文件的地址，target 属性相当于 Dreamweaver【属性】面板中的【目标】选项设置，当属性值等于_blank，表示在新窗口中打开。除此之外，还包括_parent、_self 和_top 3 种。

2．图像链接

图像链接与文本链接基本相同，都是用<a>标记实现，唯一的差别就在于<a>属性设置。例如：

```
<a href="index.html" target="_blank"><img src="images/logo.png" border="0" /></a>
```

从实例代码中可以看出，图像链接在<a>标记中多了<img>标记，该标记设置链接图像的属性。

4.3　应 用 链 接

链接存在多种类型，这主要是根据链接的对象和位置来划分的，具体介绍如下。

4.3.1　实战演练：定义锚点链接

视频讲解

锚点链接是指定向同一页面或者其他页面中的特定位置的链接。例如，在一个很长的页面，在页面的底部设置一个锚点，单击后可以跳转到页面顶部，这样避免了上下滚动的麻烦。另外，在页面内容的标题上设置锚点，然后在页面顶部设置锚点的链接，这样就可以通过链接快速地浏览具体内容。

【操作步骤】

第 1 步，启动 Dreamweaver CC，打开模板页面 temp.html，另存为 index.html。

第 2 步，在编辑窗口中，把光标设置在要创建锚点的位置，或者选中要链接到锚点的文字、图像

等对象。

第 3 步，在【属性】面板中设置锚点位置标签的 ID 值，如设置标题标签的 ID 值为 c，如图 4.8 所示。

Note

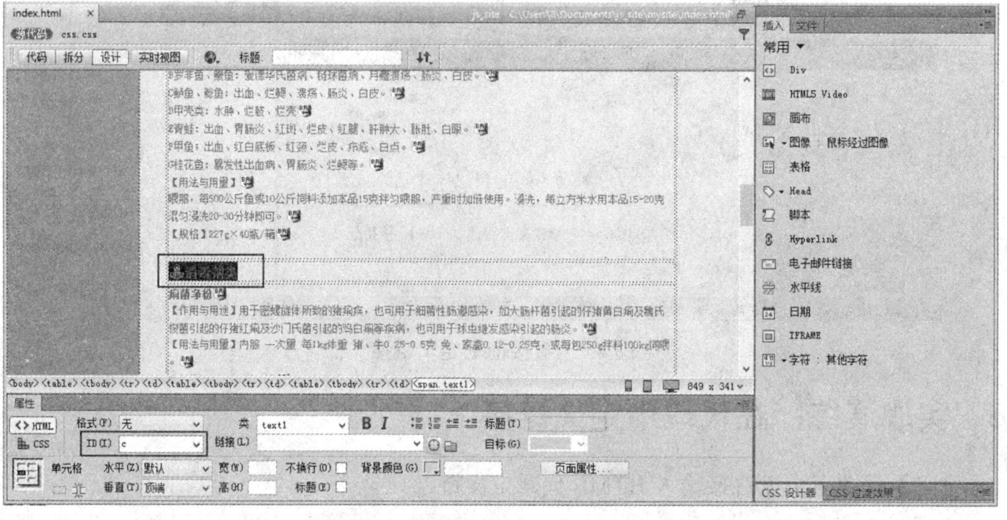

图 4.8　设置锚点位置标签的 ID 值

给页面标签的 ID 锚点命名时不要含有空格，同时不要置于绝对定位元素内。

提示：要创建锚点链接，首先要创建用于链接的锚点。任何被定义了 ID 值的元素都可以作为锚点标记，然后就可以设置指向该位置点的锚点链接。这样当单击超链接时，浏览器会自动定位到页面中锚点指定的位置，这对于一个页面包含很多屏时，特别有用。

第 4 步，在编辑窗口中选中或插入并选中要链接到锚点的文字、图像等对象。

第 5 步，在【属性】面板的【链接】文本框中输入“#”+锚点名称，如输入“#c”，如图 4.9 所示。如果要链接到同一文件夹内其他文件中，如 test.html，则输入“test.html#c”，可以使用绝对路径，也可以使用相对路径。要注意锚点名称是区分大小写的。

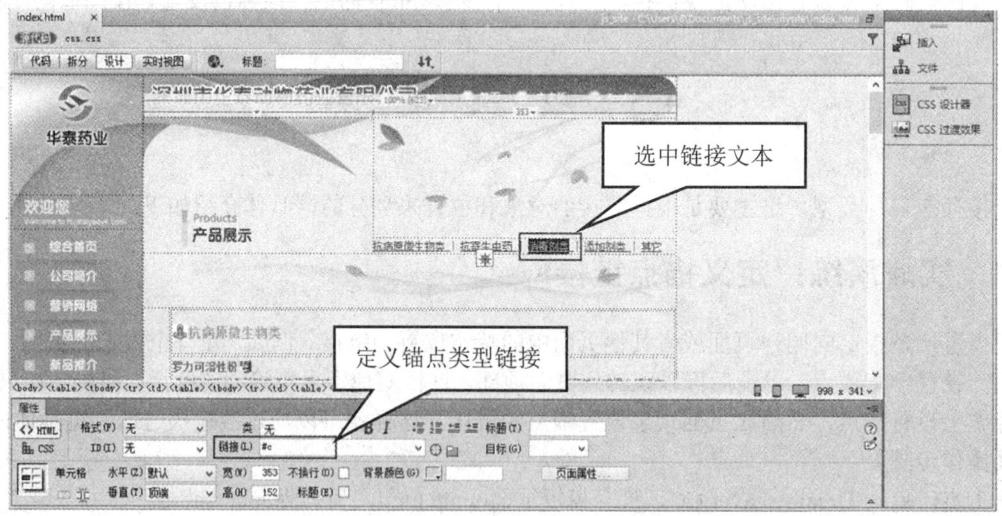

图 4.9　设置锚点链接

第 6 步，保存网页，按 F12 键可以预览效果，如果单击超链接，则页面会自动跳转到顶部，如图 4.10 所示。

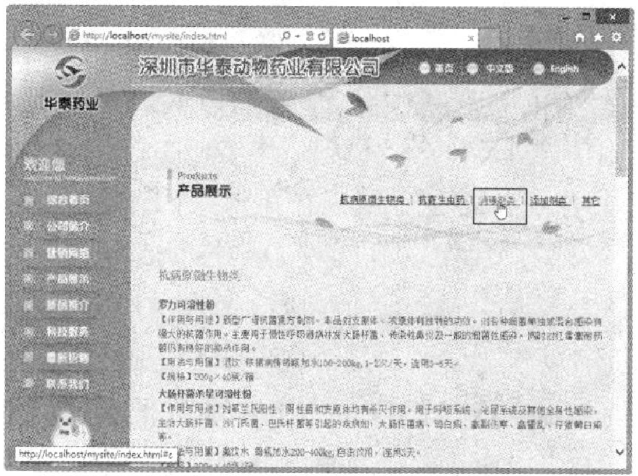

（a）单击锚点类型的超链接

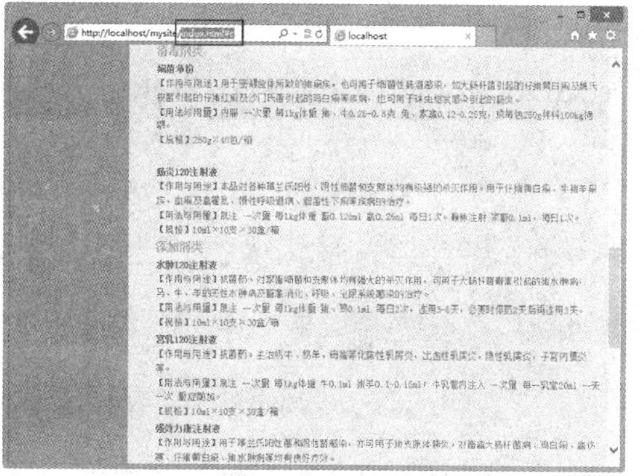

（b）跳转到锚点指向的位置

图 4.10　锚点链接应用效果

4.3.2　实战演练：定义电子邮箱链接

视频讲解

定义超链接地址为邮箱地址即为 E-Mail 链接。通过 E-Mail 链接可以为用户提供方便的反馈与交流机会。当浏览者单击邮件链接时，会自动打开客户端浏览器默认的电子邮件处理程序（如 Outlook Express），收件人邮件地址被电子邮件链接中指定的地址自动更新，浏览者不用手工输入。

【操作步骤】

第 1 步，启动 Dreamweaver CC，打开模板页面 temp.html，另存为 index.html。

第 2 步，在编辑窗口中，将光标置于希望显示电子邮件链接的地方。

第 3 步，选择【插入】|【电子邮件链接】命令，或者在【插入】面板【常用】选项卡中单击【电子邮件链接】选项。

第 4 步，在打开的【电子邮件链接】对话框的【文本】文本框中输入或编辑作为电子邮件链接显示在文件中的文本，中英文均可。在【电子邮件】文本框中输入邮件应该送达的 E-mail 地址，如图 4.11 所示。

第 5 步，单击【确定】按钮，则会插入一个超链接地址，如图 4.12 所示。单击 E-Mail 链接的文字，即可打开系统默认的电子邮件处理程序，如 Outlook。

图 4.11　设置【电子邮件链接】对话框

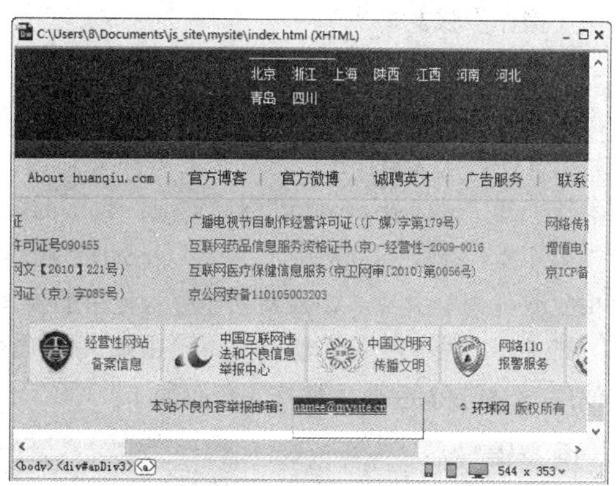

图 4.12　电子邮件链接效果图

Note

【拓展】

可以在【属性】面板中直接设置 E-mail 链接。选中文本或其他对象，在【属性】面板的【链接】文本框中输入“mailto:+namee@mysite.cn”，如图 4.13 所示。

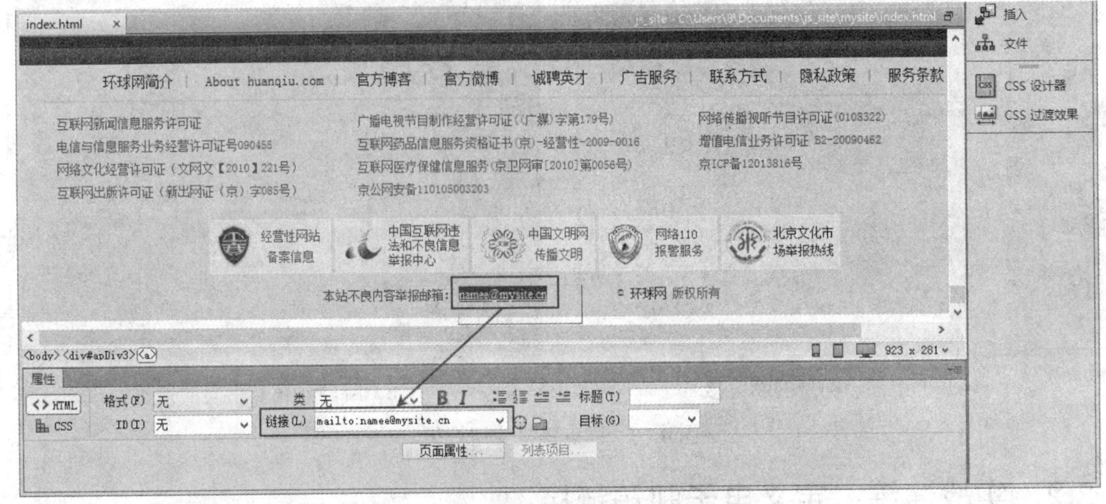

图 4.13　在面板中直接设置 E-Mail 链接

也可以在【属性】面板的【链接】文本框中输入“mailto:+电子邮件地址+?+subject=+邮件主题”，这样就可以快速输入邮件主题，例如，mailto:namee@mysite.cn?subject=意见和建议。在 HTML 中可以使用<a>标签创建电子邮件链接，代码如下：

```
<a href="mailto:namee@mysite.cn">namee@mysite.cn</a>
```

在该链接中多了"mailto:"字符，表示电子邮件，其他基本相同。

视频讲解

4.3.3　实战演练：定义脚本链接

脚本链接是一种特殊类型的链接，通过单击带有脚本链接的文本或对象，可以执行脚本代码（如 JavaScript 代码等），利用这种特殊的方法可以实现各种特殊的功能，如使用脚本链接进行确认或验证表单等。

【操作步骤】

第 1 步，启动 Dreamweaver CC，打开模板页面 temp.html，另存为 index.html。

第 2 步，在编辑窗口中，选择要定义超链接的文本或其他对象。

第 3 步，在【属性】面板的【链接】文本框中输入“javascript”，接着输入相应的 JavaScript 代码或函数，如“javascript:alert("谢谢关注，投票已结束。");”，如图 4.14 所示。

第 4 步，在脚本链接中，由于 JavaScript 代码出现在一对双引号中，所以代码中原先的双引号应该相应改写为单引号。如果要创建更为复杂的脚本链接，请参考相关编程书籍。

第 5 步，按 F12 键浏览网页，单击脚本链接时，会弹出如图 4.15 所示的对话框。在 HTML 中可以使用<a>标签创建脚本链接，代码如下：

```
<a href="javascript:alert(&quot;谢谢关注，投票已结束。&quot;);"><img src="images/btn.jpg" width="50"
height="23" /></a>
```

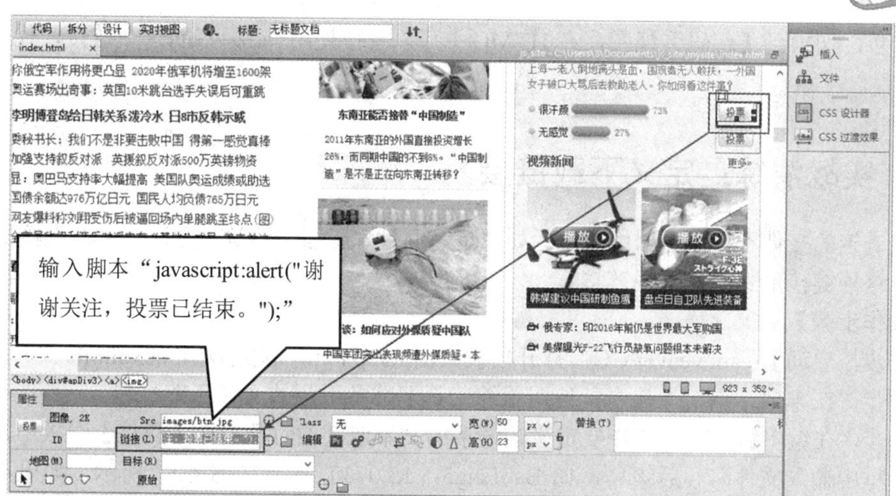

图 4.14　设置脚本链接

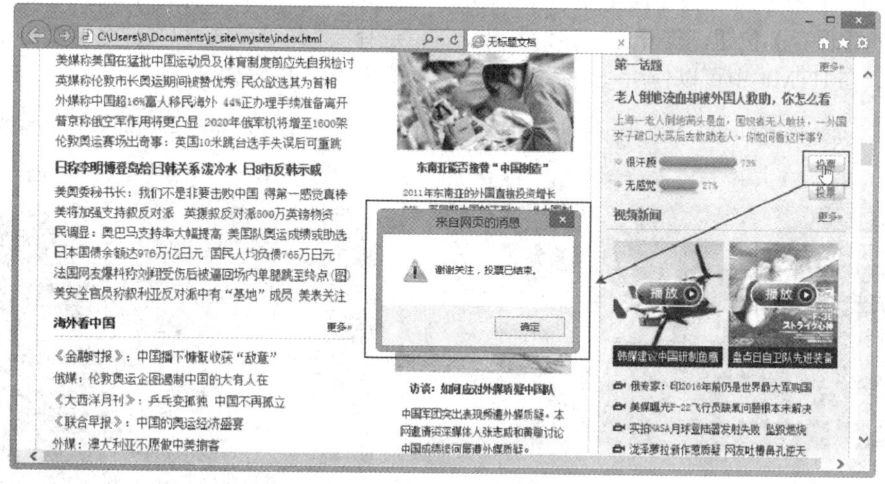

图 4.15　脚本链接演示效果

4.3.4　实战演练：定义空链接

空链接就是没有指定路径的链接。利用空链接可以激活文档中链接文本或对象。一旦对象或文本被激活，则可以为之添加行为，以实现当鼠标移动到链接上时进行切换图像或显示分层等动作。有些客户端动作，需要由超链接来调用，这时就需要用到空链接。

在网站开发初级，设计师也习惯把所有页面链接设置为空链接，这样方便测试和预览。

【操作步骤】

第 1 步，启动 Dreamweaver CC，新建文档，保存为 test.html。

第 2 步，在编辑窗口中，选择要设置链接的文本或其他对象，在【属性】面板的【链接】文本框中只输入一个“#”符号即可，如图 4.16 所示。

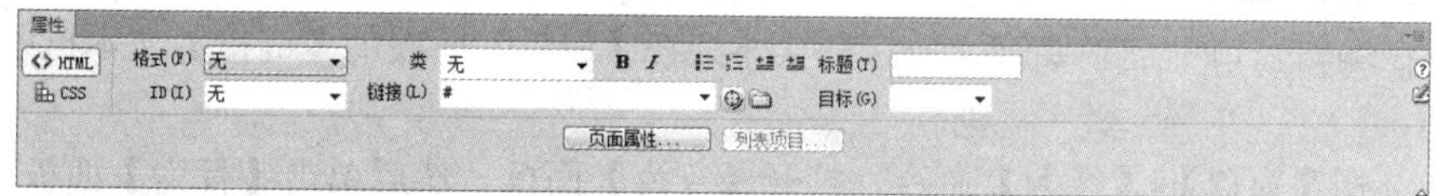

图 4.16　设置空链接

第 3 步，切换到【代码】视图，在 HTML 中可以直接使用<a>标签创建空链接，代码如下：

```
<a href="#">空链接</a>
```

Note

4.3.5 实战演练：定义下载链接

视 频 讲 解

当被链接的文件不被浏览器解析时，如二进制文件、压缩文件等，便被浏览器直接下载到本地计算机中，这种链接形式就是下载链接。

【操作步骤】

第 1 步，启动 Dreamweaver CC，打开模板页面 temp.html，另存为 index.html。

第 2 步，在本地站点文件夹内，使用压缩工具把准备下载的文件压缩打包。

第 3 步，在编辑窗口中，选择要定义超链接的文本或其他对象。在【属性】面板中，直接在【链接】文本框中输入文件名和后缀名，如 Baofeng5-5.15.0730.exe，如图 4.17 所示，如果不在同一个文件夹还要指明路径。

第 4 步，保存网页，按 F12 键预览，单击这个链接，则会打开【文件下载】对话框，如图 4.18 所示，单击【保存】按钮，打开【另存为】对话框，选择要保存的路径和文件名，单击【保存】按钮即可下载。在 HTML 中可以使用<a>标签创建文件下载链接，代码如下：

```
<a href="images/Baofeng5-5.15.0730.exe"><img src="images/btn2.png" width="230" height="58" /></a>
```

图 4.17　设置文件下载链接

图 4.18　下载文件演示

视 频 讲 解

4.3.6 实战演练：定义多链接

多链接包括双链接和多重链接。双链接就是在一个链接中包含两个指定路径，同理多重链接是在一个链接中包含多个指定路径。双链接常用来实现链接时两个框架页面内的内容都改变，多重链接并不常用，它使一个链接元素链接多个文档。下面示例演示如何设置双链接。

【操作步骤】

第 1 步，启动 Dreamweaver CC，打开模板页面 temp.html，另存为 index.html。

第 2 步，在编辑窗口中选中要定义链接的文本，在【属性】面板的【链接】文本框中直接输入空链接符号“#”。

第 3 步，选择【窗口】|【行为】命令，打开【行为】面板。然后单击【行为】面板中的“+”按钮，在弹出的下拉菜单中选择【打开浏览器窗口】选项，如图 4.19 所示。

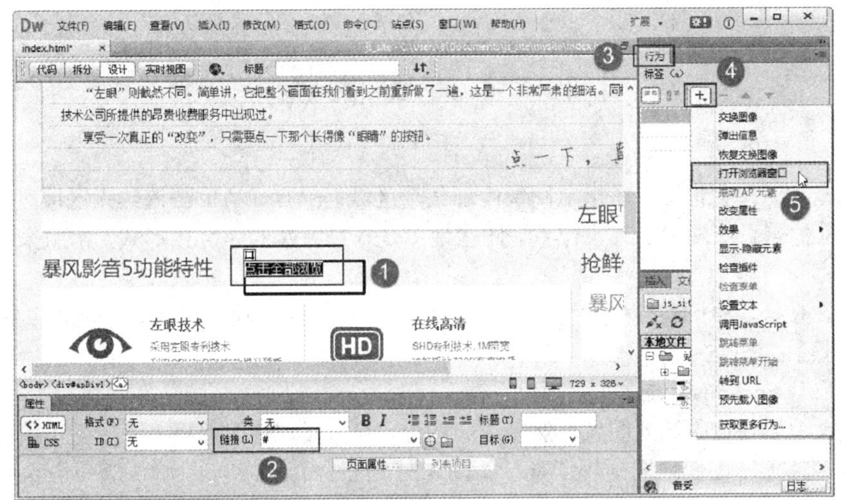

图 4.19　为链接定义行为

第 4 步，在打开对话框的【要显示的 URL】文本框中输入一个有效的 URL，如图 4.20 所示。注意，要设置增加的行为事件为 onclick，如图 4.21 所示。

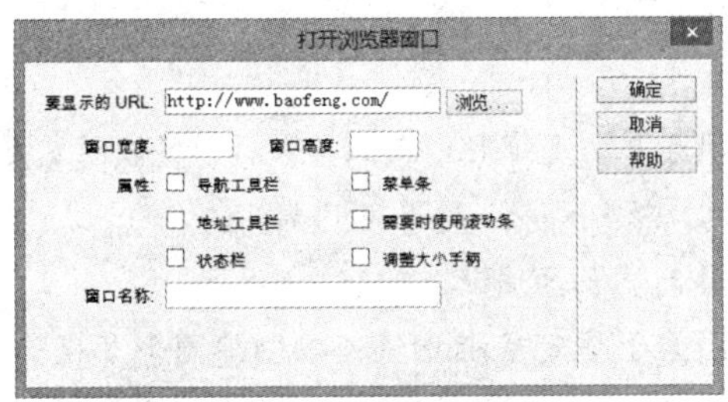

图 4.20　设置打开的 URL

图 4.21　设置单击事件

第 5 步，重复上面步骤，只需把【要显示的 URL】中的 URL 改为其他 URL，即可设计在一个对象上定义多个链接。

第 6 步，保存页面，按 F12 键，在浏览器中预览，在链接文本上单击，即可同时打开两个网页，如图 4.22 所示。

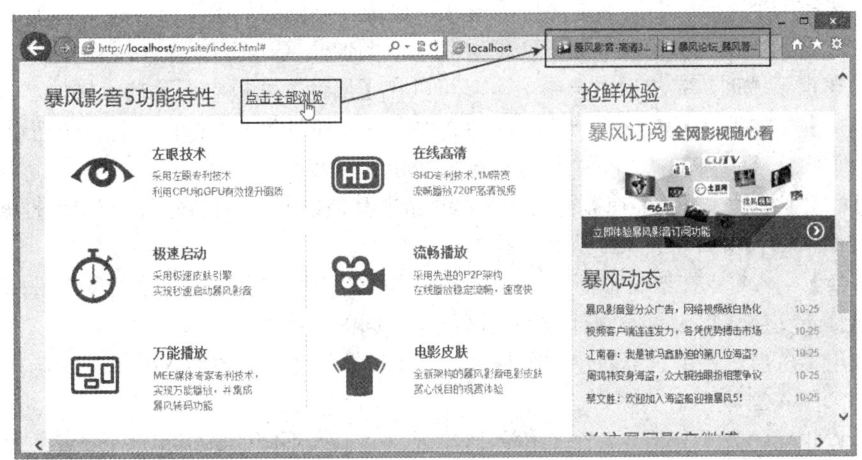

图 4.22　同时打开双页面效果

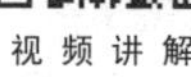

Note

4.4　定义图像热点

图像热点也称为图像地图，即指定图像内部某个区域为热点，当单击该热点区域时，会触发超链接，并跳转到其他网页或网页的某个位置。图像地图是一种特殊的超链接形式，常用来在图像中设置局部区域导航。

当在一幅图上定义多个热点区域，以实现单击不同的热区链接到不同页面时，就可以使用图像地图。

【操作步骤】

第 1 步，启动 Dreamweaver CC，新建文档，保存为 index.html。

第 2 步，在编辑窗口中插入图像，然后选中图像，打开【属性】面板，并单击【属性】面板右下角的展开箭头▽，显示图像地图制作工具，如图 4.23 所示。

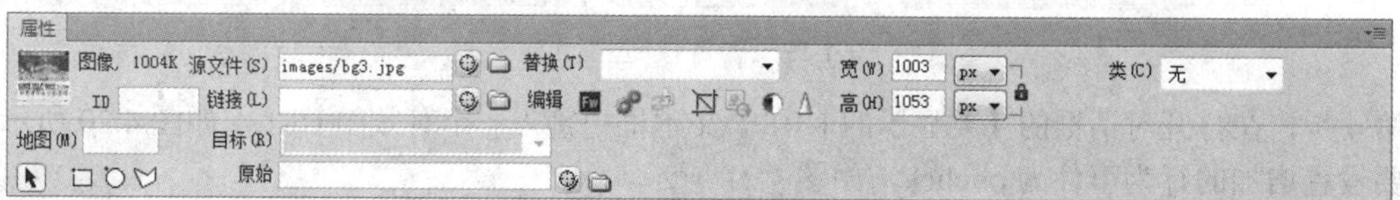

图 4.23　图像【属性】面板

提示：在图像【属性】面板中用【指针热点工具】、【矩形热点工具】、【椭圆热点工具】和【多边形热点工具】可以调整和创建热点区域，简单说明如下。

（1）【指针热点工具】按钮：调整和移动热点区域。

（2）【椭圆热点工具】按钮：在选定图像上拖动鼠标指针可以创建圆形热区。

（3）【矩形热点工具】按钮：在选定图像上拖动鼠标指针可以创建矩形热区。

（4）【多边形热点工具】按钮：在选定图像上，单击选择一个多边形，定义一个不规则形状的热区。单击【指针热点工具】按钮可以结束多边形热区定义。

第 3 步，在【属性】面板的【地图】文本框中输入热点区域名称。如果一个网页的图像中有多个热点区域，必须为每个图像热点区域起一个唯一的名称。

第 4 步，选择一个工具，根据不同部位的形状可以选择不同的热区工具，这里单击【矩形热点工具】按钮，在选定的图像上拖动鼠标指针，便可创建出图像热区。

第 5 步，热点区域创建完成后，选中热区，可以在【属性】面板中设置热点属性。

（1）【链接】文本框：可输入一个被链接的文件名或页面，单击【选择文件】按钮可选择一个文件名或页面。如果在【链接】文本框中输入“#”，表示空链接。

（2）【目标】下拉列表框：要使被链接的文档显示在其他地方而不是在当前窗口或框架，可在【目标】下拉列表框中输入窗口名或从中选择一个框架名。

（3）【替换】文本框：在该文本框中输入所定义热区的提示文字。在浏览器中当鼠标移到该热点区域中将显示提示文字。可设置不同部位的热区显示不同的文本。

第 6 步，用【矩形热点工具】创建一个热区，在【替换】文本框中输入提示文字，并设置好链接和目标窗口，如图 4.24 所示。

第 7 步，以相同的方法分别为各个部位创建热区，并输入不同的链接和提示文字。

Note

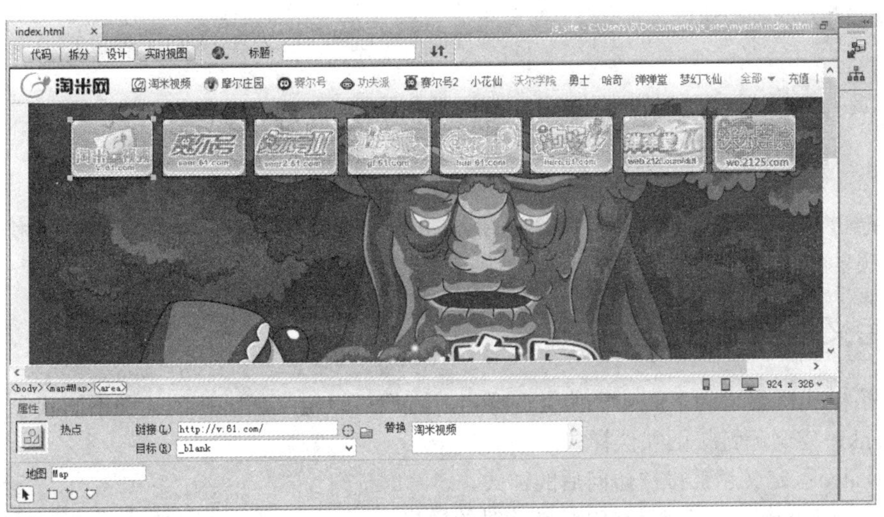

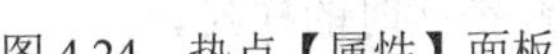
图 4.24 热点【属性】面板

第 8 步，切换到【代码】视图，可以看到自动生成的 HTML 代码：

```
<body>
<img src="images/bg.jpg" width="1003" height="1053" usemap="#Map" border="0">
<map name="Map" id="Map">
    <area shape="rect" coords="798,57,894,121" href="http://wo.2125.com/?tmcid=187" target="_blank" alt="沃尔学院">
    <area shape="rect" coords="697,57,793,121" href="http://web.2125.com/ddt/" target="_blank" alt="弹弹堂">
    <area shape="rect" coords="591,57,687,121" href="http://hero.61.com/" target="_blank" alt="摩尔勇士">
    <area shape="rect" coords="488,57,584,121" href="http://hua.61.com/" target="_blank" alt="小花仙">
    <area shape="rect" coords="384,57,480,121" href="http://gf.61.com/" target="_blank" alt="功夫派">
    <area shape="rect" coords="279,57,375,121" href="http://seer2.61.com/" target="_blank" alt="赛尔号 2">
    <area shape="rect" coords="69,57,165,121" href="http://v.61.com/" target="_blank" alt="淘米视频">
    <area shape="rect" coords="175,57,271,121" href="http://seer.61.com/" target="_blank" alt="赛尔号">
</map>
</body>
```

其中，<map>标记表示图像地图，name 属性作为<img>标记中 usermap 属性要引用的对象。然后用<area>标记确定热点区域，shape 属性设置形状类型，coords 属性设置热点区域各个顶点坐标，href 属性表示链接地址，target 属性表示目标，alt 属性表示替代提示文字。

第 9 步，保存并预览，这时单击不同的热区就会跳转到对应的页面中。

【拓展】

对于图像地图创建的热区，用户可以很容易地进行修改，如移动热区、调整热区大小、在层之间移动热区，还可以将热区从一个页面复制到另一个页面等。

使用【指针热点工具】可以方便地选择一个热区。如果选择多个热区，只需要按住 Shift 键，单击要选择的其他热区，就可以实现选择多个热区的目的。

使用【指针热点工具】选择要移动的热区，拖动鼠标至合适位置即可移动热区。或者使用键盘操作，按下 1 次键盘上的箭头键，热区将向选定的方向移动 1px，如果按下 Shift+箭头键，热区将向选定的方向移动 10px。

首先用【指针热点工具】选择要调整大小的热区，然后拖动【热点选择器手柄】到合适的位置，

即可改变热区的大小或形状。

4.5 案例实战

Note

本节将通过几个案例演示如何借助 Dreamweaver 自定义网页链接的动态效果，能够根据页面风格设计不同效果的链接样式。

4.5.1 定义网页链接样式

视频讲解

设计链接样式需要用到下面 4 个伪类选择器，它们可以定义超链接的 4 种不同状态。

☑ a:link：定义超链接的默认样式。

☑ a:visited：定义超链接被访问后的样式。

☑ a:hover hover：定义鼠标经过超链接时的样式。

☑ a:active：定义超链接被激活时的样式，如鼠标单击之后，到鼠标被松开之间的这段时间的样式。

【操作步骤】

第 1 步，启动 Dreamweaver CC，打开模板页面 temp.html，另存为 index.html。

第 2 步，在编辑窗口中选择文本“第三届国际茶文化节 11 月在广州举行”。

第 3 步，选择【窗口】|【CSS 设计器】命令，打开【CSS 设计器】面板，依次执行下面操作，详细提示如图 4.25 所示。

（1）在【源】标题右侧单击 + 按钮，在弹出的下拉菜单中选择【在页面中定义】选项，设计网页内部样式表，然后选择<style>标签。

（2）在【选择器】标题右侧单击 + 按钮，新增一个选择器，命名为“a:link”。

（3）在【属性】列表框中分别设置文本样式“color: #8FB812; text-decoration:none;”，定义字体颜色为鹅黄色，清除下画线样式，如图 4.25 所示。

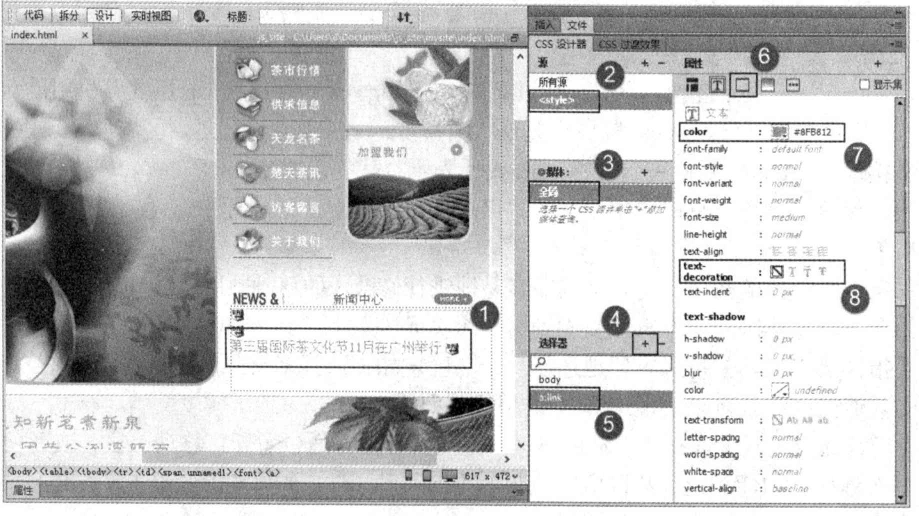

图 4.25 定义超链接伪类默认样式

第 4 步，以同样的方式继续添加 3 个伪类样式，设计超链接的其他状态样式，主要定义文本样式，设置鼠标经过超链接过程中呈现不同的超链接文本颜色，设置如图 4.26 所示。

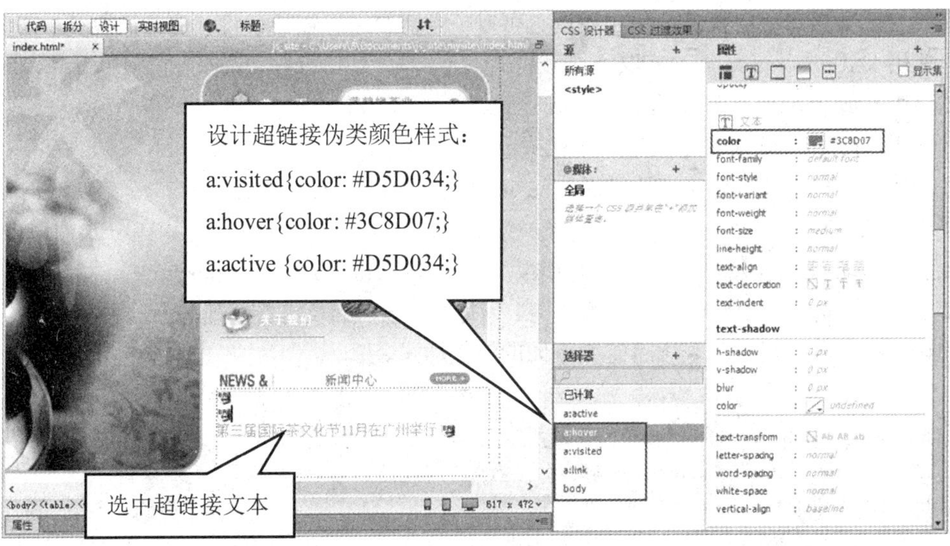

图 4.26　设置超链接其他伪类样式

第 5 步，按 Ctrl+S 快捷键，保存网页，再按 F12 键在浏览器中预览，演示效果如图 4.27 所示。超链接文本在默认状态隐藏显示了下画线，同时设置颜色为淡黄色，当鼠标经过时显示为鲜绿色。

图 4.27　设计超链接的样式

4.5.2　设计精致下画线链接样式

视频讲解

在定义网页链接的字体颜色时，一般都会考虑选择网站专用色，以确保与页面风格融合。下画线是网页链接的默认样式，但很多网站都会清除所有链接的下画线。方法如下：

```
a {/*完全清除超链接的下画线效果*/
    text-decoration:none;
}
```

Note

不过从用户体验的角度分析，如果取消下画线效果之后，可能会影响部分用户对网页的访问。因为下画线效果能够很好地提示访问者，当前鼠标经过的文字是一个链接。

下画线的效果当然不仅仅是一条实线，也可以根据需要进行设计。设计的方法包括以下方面。

☑ 使用 text-decoration 属性定义下画线样式。

☑ 使用 border-bottom 属性定义下画线样式。

☑ 使用 background 属性定义下画线样式。

下面示例演示如何分别使用上面 3 种方法定义不同的下画线链接效果。

【操作步骤】

第 1 步，启动 Dreamweaver CC，打开模板页面 temp.html，另存为 index.html。

第 2 步，在编辑窗口中构建一个列表结构。为每个列表项目文本定义空链接，并分别为它们定义一个类，以方便单独为每个列表项目定义不同的链接样式。

```
<ul>
    <li class="underline1"><a href="#">隐私家园</a></li>
    <li class="underline2"><a href="#">微博公众号</a></li>
    <li class="underline3"><a href="#">微信公众号</a></li>
</ul>
```

第 3 步，在<head>标签内添加<style type="text/css">标签，定义一个内部样式表，然后准备在其中输入代码，用来定义链接的样式。

第 4 步，在内部样式表中输入下面代码，定义两个样式，其中第一个样式清除项目列表的缩进效果，清除项目符号；第二个样式定义列表项目向左浮动，让多个列表项目并列显示，同时使用 margin 属性调整每个列表项目的间距，效果如图 4.28 所示。

```
<style type="text/css">
ul, li {                                  /*清除列表的默认样式效果*/
    margin: 0;                            /*清除缩进显示*/
    padding: 0;                           /*清除缩进显示*/
    list-style: none;                     /*清除列表项目*/
}
li {                                      /*定义列表项目并列显示*/
    float: left;                          /*设计每个列表项目向左浮动显示*/
    margin: 0 20px;                       /*设计每个列表项目之间的间距*/
}
</style>
```

第 5 步，设计页面链接的默认样式：清除下画线效果，定义字体颜色为粉色。

```
a {
    text-decoration: none;                /*清除链接下画线*/
    color: #EF68AD;                       /*定义链接字体颜色为粉色*/
}
a:hover { text-decoration: none; }        /*鼠标经过时，不显示下画线*/
```

第 6 步，使用 text-decoration 属性为第一个链接样式定义下画线样式。

```
.underline1 a:hover {text-decoration:underline;}
```

Note

图 4.28　设计列表并列显示样式

第 7 步，使用 border-bottom 属性为第二个链接样式定义下画线样式。

```
.underline2 a:hover {
    border-bottom: dashed 1px #EF68AD;          /*粉色虚下画线效果*/
    zoom: 1;                                    /*解决 IE 浏览器无法显示问题*/
}
```

第 8 步，使用 Photoshop 设计一个虚线段，如图 4.29 所示是一个放大 32 倍的虚线段设计图效果，在设计时应该确保高度为 1px，宽度可以为 4px、6px 或 8px，主要根据虚线的疏密进行设置。然后使用粉色（#EF68AD）以跳格方式进行填充，最后保存为 GIF 格式图像即可，当然最佳视觉空隙是间隔两个像素空格。

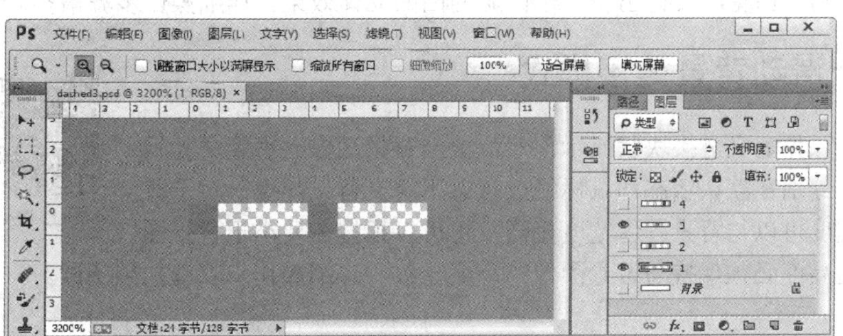

图 4.29　使用 Photoshop 设计虚线段

提示：由于浏览器在解析虚线时的效果并不一致，且显示效果不是很精致，最好的方法是使用背景图像来定义虚线，则效果会更好。

第 9 步，使用 background 属性定义下画线样式为第三个链接样式定义下画线样式。

```
.underline3 a:hover {
    /*定义背景图像，定位到链接元素的底部，并沿 X 轴水平平铺*/
    background:url(images/dashed3.gif) left bottom repeat-x;
}
```

第 10 步，保存网页，按 F12 键在浏览器中预览，则比较效果如图 4.30 所示。

Note

图 4.30　下画线链接样式效果

提示：有关下画线的效果还有很多，只要巧妙结合链接的底部边框、下画线和背景图像，就可以设计出很多新颖的样式。例如，可以定义下画线的色彩、下画线距离、下画线长度、对齐方式和定制双下画线等。

4.5.3　设计立体链接样式

线上阅读

视频讲解

本案例定义的网页链接，在默认状态下显示灰色右边框线和灰色底边框线效果。当鼠标经过时，则清除右侧和底部边框线，并定义左侧和顶部边框效果，这样利用错觉就设计出了一个简陋的凸凹立体效果。详细操作步骤请扫码阅读。

4.5.4　设计滑动背景链接样式

线上阅读

视频讲解

在本案例中，先定义链接块状显示，然后根据背景图像大小定义 a 元素的宽和高，并分别在默认状态和鼠标经过状态下定义背景图像。对于背景图像来说，宽度可以与背景图像宽度相同，也可以根据需要小于背景图像的宽度，但是高度必须保持与背景图像的高度一致。详细操作步骤请扫码阅读。

4.6　在线练习

本节将通过大量的上机示例，帮助初学者练习使用 HTML5 设计超链接样式和列表样式。

在线练习 1

在线练习 2

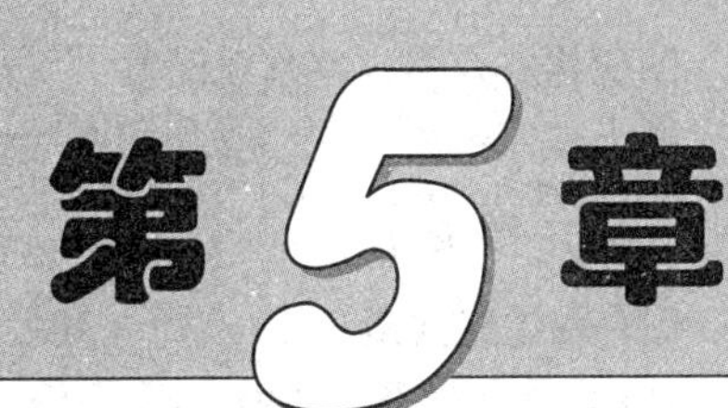

第5章 使用网页图像

在网页设计中，适当插入图像可以避免纯文本页面的单调和乏味，图像不仅能够丰富页面信息，还能够增强网页的观赏性，图像本身就具有强大的视觉冲击力，可以吸引浏览者的眼球，制作精巧、设计合理的图像能加深浏览者浏览网页的兴趣和动力。

【学习重点】

- 在网页中插入图像。
- 创建鼠标经过图像、插入图像占位符、导航条和 Fireworks HTML。
- 设置网页图像的属性。
- 设计图文混排版式。

Note

5.1 网页图像概述

图像格式众多，但网页图像常用格式只有 3 种：GIF、JPEG 和 PNG。其中，GIF 和 JPEG 图像格式在网上使用最广，能够支持所有浏览器。下面简单比较这 3 种图像格式的特点。

1．GIF 图像

GIF 图像格式最早于 1987 年开发，经过多年改进，其特性如下。

（1）具有跨平台能力，不用担心兼容性问题。

（2）具有一种减少颜色显示数目而极度压缩文件的能力。它压缩的原理是不降低图像的品质，而是减少显示色，最多可以显示的颜色是 256 色，所以它是一种无损压缩。

（3）支持背景透明的功能，便于图像更好地融合到其他背景色中。

（4）可以存储多张图像，并能动态地显示这些图像，GIF 动画目前在网上广泛运用。

2．JPEG 图像

JPEG 格式使用全彩模式来表现图像，具有如下特性。

（1）与 GIF 格式不同，JPEG 格式的压缩是一种有损压缩，即在压缩处理过程中，图像的某些细节将被忽略，因此，图像将有可能会变得模糊一些，但一般浏览者是看不出来的。

（2）与 GIF 格式相同，它也具有跨平台的能力。

（3）支持 1670 万种颜色，可以很好地再现摄影图像，尤其是色彩丰富的大自然。

（4）不支持 GIF 格式的背景透明和交错显示功能。

3．PNG 图像

PNG 图像格式于 1995 年开发，是一种网络专用图像，它具有 GIF 格式图像和 JPEG 格式图像的双重优点。一方面它是一种新的无损压缩文件格式，压缩技术比 GIF 好；另一方面它支持的颜色数量达到了 1670 万种，同时还包括对索引色、灰度、真彩色图像以及 Alpha 通道透明的支持。PNG 是 Adobe Fireworks 固有的文件格式。

在网页设计中，如果图像颜色少于 256 色时，建议使用 GIF 格式，如 Logo 等；而颜色较丰富时，应使用 JPEG 格式，如在网页中显示的自然画面的图像。

5.2 插入网页图像

图像在网页中可以以多种形式存在，同时 Dreamweaver CC 也提供了多种插入图像的方法。下面详细讲解这些图像的插入方法。

5.2.1 实战演练：插入普通图像

视频讲解

如果想要把一幅图像插入网页中，可以使用如下方法来实现。

【操作步骤】

第 1 步，启动 Dreamweaver CC，打开本小节备用练习文档 test.html，另存为 test1.html。

第 2 步，将光标设在要插入图像的位置，然后选择【插入】|【图像】|【图像】命令，或单击【插入】面板【常用】选项下的【图像】按钮，从弹出的下拉菜单中选择【图像】选项，如图 5.1 所示。

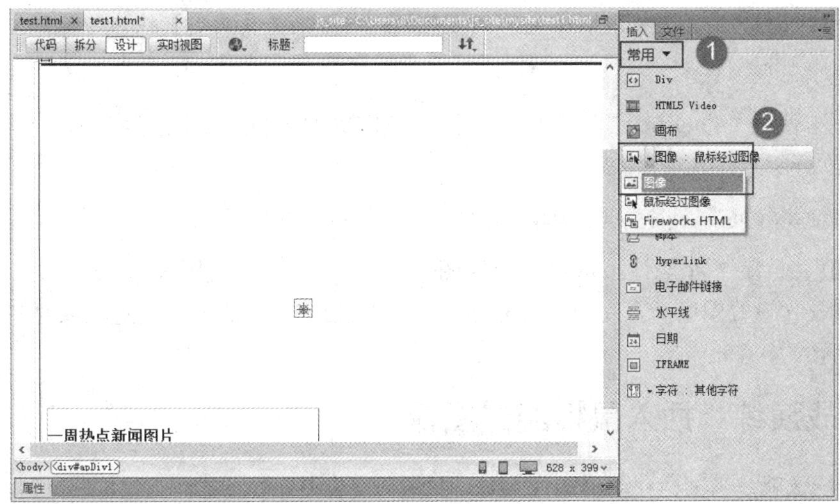

图 5.1　【插入】面板

第 3 步，打开【选择图像源文件】对话框，从中选择图像文件，单击【确定】按钮，图像即被插入页面中，插入效果如图 5.2 所示。

图 5.2　插入图像效果

> 技巧：插入普通图像还有其他方法。
>
> （1）从【插入】面板中把【图像】按钮拖到编辑窗口中要插入图像的位置，打开【选择图像源文件】对话框，选择图像即可。
>
> （2）从桌面上把一幅图像拖到编辑窗口中要插入图像的位置。
>
> （3）从【资源】面板中插入图像：选择【窗口】|【资源】命令（或按 F11 键），打开【资源】面板（如果没有建立站点，【资源】面板无法使用），单击按钮，然后在图像列表框内选择一幅图像，并将其拖到需要插入该图像的位置即可。

提示：在 Dreamweaver CC 编辑窗口中插入图像时，在 HTML 源代码中会自动产生对该图像文件的引用。为确保正确引用，必须要保存图像到当前站点内。如果不存在，Dreamweaver 会询问用户是否要把该图像复制到当前站点内，单击【确定】按钮即可。

Note

【拓展】

在 HTML 中使用“<img src= "图像地址（可以是相对地址和绝对地址）">”标记可以实现插入图像。具体代码如下：

```
<img src="images/1.jpg" width="600" height="365" />
```

<img>标记主要有 7 个属性：width（设置图像宽）、height（设置图像高）、hspace（设置图像水平间距）、vspace（设置图像垂直间距）、border（设置图像边框）、align（设置图像对齐方式）和 alt（设置图像指示文字）。

视频讲解

5.2.2 实战演练：插入鼠标经过图像

鼠标经过图像就是当鼠标移动到图像上时，图像会变成另一幅图，而当鼠标移开时，又恢复成原来的图像，这种行为也称为图像轮换。

鼠标经过图像一般由两幅图像组成：一个是主图像，就是首次载入页面时显示的图像；另一个是次图像，就是当鼠标指针移过主图像时显示的图像。这两个图像应该大小相等，如果这两个图像的大小不同，Dreamweaver CC 会自动调整第 2 幅图像，使之与第 1 幅图像相匹配。

【操作步骤】

第 1 步，启动 Dreamweaver CC，打开本小节备用练习文档 test.html，另存为 test1.html。

第 2 步，将光标设在要插入位置，选择【插入】|【图像】|【鼠标经过图像】命令，或者选择【插入】面板【常用】选项中【图像】下拉菜单中的【鼠标经过图像】选项，如图 5.3 所示。

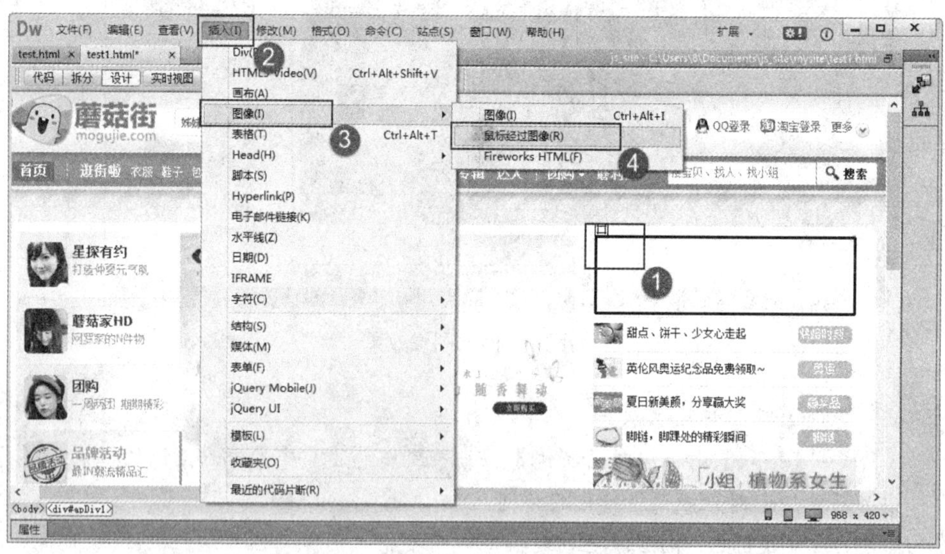

图 5.3 选择【鼠标经过图像】命令

第 3 步，打开【插入鼠标经过图像】对话框，然后按如下说明进行设置，设置信息如图 5.4 所示。

Note

图 5.4 设置【插入鼠标经过图像】对话框

（1）【图像名称】文本框：为鼠标经过图像命名，如 imagel。

（2）【原始图像】文本框：可以输入页面被打开时显示的图形，也就是主图的 URL 地址，或者单击后面的【浏览】按钮，选择一个图像文件作为原始的主图像。

（3）【鼠标经过图像】文本框：可以输入鼠标经过时显示的图像，也就是次图像的 URL 地址，或者单击后面的【浏览】按钮，选择一个图像文件作为交换显示的次图像。本例中使用的主图像和次图像如图 5.5 所示。

（a）主图像　　　（b）次图像

图 5.5 鼠标经过图像原图

（4）【预载鼠标经过图像】复选框：选中该复选框会使鼠标还未经过图像，浏览器也会预先载入次图像到本地缓存中。这样当鼠标经过图像时，次图像会立即显示在浏览器中，而不会出现停顿的现象，加快网页浏览的速度。

（5）【替换文本】文本框：可以输入鼠标经过图像时的说明文字，即在浏览器中，当鼠标停留在鼠标经过图像上时，在鼠标位置旁显示该文本框中输入的说明文字，如“注册会员”。

（6）【按下时，前往的 URL】文本框：输入单击图像时跳转到的链接地址，如 http://www.mysite.com/user/。

第 4 步，设置完毕，单击【确定】按钮，即可完成插入鼠标经过图像的操作。

第 5 步，切换到【代码】视图，在<head>标签内输入“<style type="text/css">”标签，定义一个内部样式表，设计一个样式，清除图像边框样式，避免当图像定义超链接后，显示粗边框效果，代码如下所示。

```
<style type="text/css">
img { border:none;}
</style>
```

第 6 步，按 F12 键，在浏览器中预览效果，如图 5.6 所示。当鼠标经过按钮图像时，会切换成另一个图像，显示下边线效果。

Note

默认效果　　鼠标经过效果

图 5.6　鼠标经过图像效果

视频讲解

5.2.3　实战演练：插入图像占位符

图像占位符是指没有设置 src 属性的<img>标签。在编辑窗口中默认显示为灰色空白，在浏览器中浏览时显示为一个红叉，如果为其指定了 src 属性，则该图像占位符就会立即显示该图像，在【属性】面板中还可设置它的宽、高、颜色等属性。

图像占位符的作用：在团队开发中，网页制作者可先不用关注所插入图像内容是什么，图像内容由后台程序在后期自动完成，这样极大提高了网页制作效率。

【操作步骤】

第 1 步，启动 Dreamweaver CC，打开本小节备用练习文档 test.html，另存为 test1.html。

第 2 步，将光标设在要插入位置，选择【插入】|【图像】|【图像】命令，打开【选择图像源文件】对话框，随意选择并插入一幅图像。

第 3 步，选中插入的任意图像，在【属性】面板中清除【Src】文本框中的值，此时插入的图像就变成一幅图像占位符，显示灰色区域和该区域的大小，如图 5.7 所示。

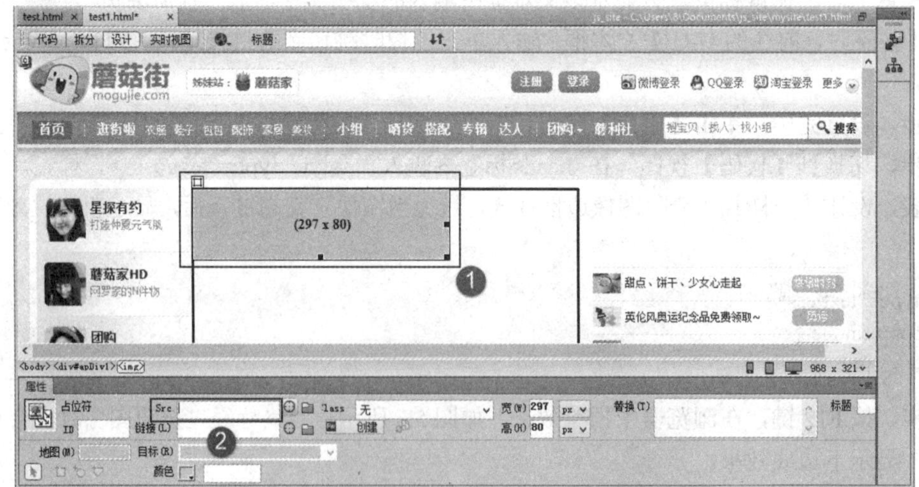

图 5.7　插入图像占位符

第 4 步，可以根据需要，在【属性】面板中设置图像占位符的基本属性，简单说明如下。

（1）【ID】文本框：为了方便引用和记忆，为图像占位符起一个名称。

（2）【宽】和【高】文本框：可设置图像占位符的宽度和高度，图像占位符上将显示宽度和高度的值。

Note

（3）【颜色】选项：可为图像占位符定义一个颜色，以方便显示和区分不同位置的占位符。

（4）【替换】文本框：在该文本框中可以输入图像替换文本。在浏览器中，当图像无法显示时，会显示该标题文本。

（5）【标题】文本框：在该文本框中可以输入图像占位符的说明文字。在浏览器中，当鼠标停留在图像占位符上时，在鼠标位置旁将弹出该文本框中的说明文字。

（6）【Src】文本框：设置图像占位符的源文件，选择一幅图像后，图像占位符就失去了存在的意义，相当于直接插入一幅图像。

（7）【链接】文本框：为图像占位符设置链接，这与真实的图像没有区别，链接包括内部链接和外部链接，直接输入网址或者从文件中选择页面即可。

（8）【目标】文本框：设置访问的链接网页打开的方式。

（9）【Class】下拉列表：为图像占位符设置一种 CSS 类样式。

（10）【创建】按钮：单击该按钮可以启动 Adobe Fireworks 生成 PNG 图像。

第 5 步，【属性】面板中这些选项不是必选项，用户可根据需要酌情设置。例如，设置如图 5.8 所示属性，则预览时效果显示如图 5.8 所示。

图 5.8　插入图像占位符效果

5.2.4　实战演练：插入 Fireworks HTML

视频讲解

Fireworks HTML 对象就是使用 Fireworks 制作的网页，Dreamweaver 和 Fireworks 结合比较紧密，利用 Fireworks 快速绘制网页图像，然后输出为 Fireworks HTML 对象，在 Dreamweaver 中可以直接导入 Fireworks HTML 对象，即可完成制作精美的网页。

【操作步骤】

第 1 步，启动 Fireworks，使用 Fireworks 设计一个页面或者栏目板块，然后导出为 HTML 文档格式，如图 5.9 所示。

Note

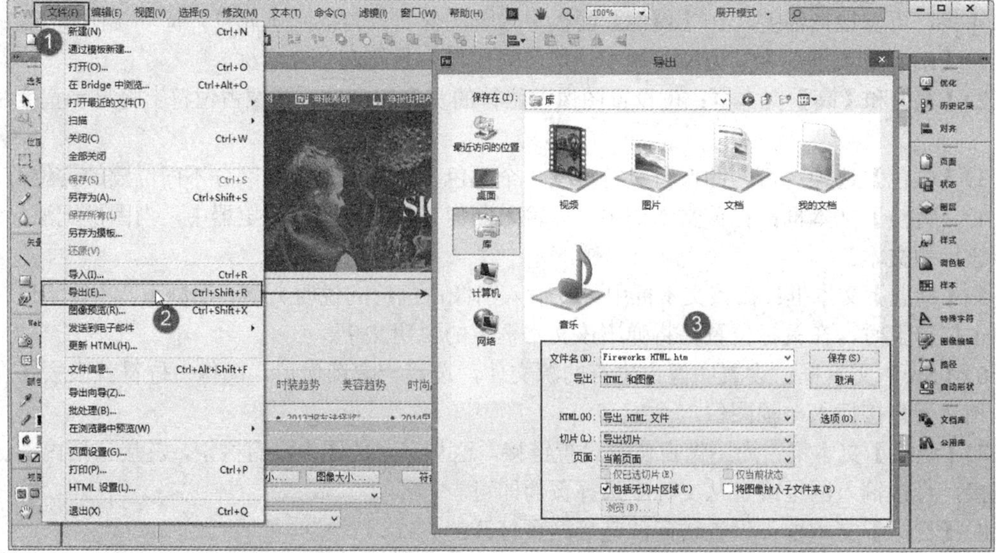

图 5.9　设计并输出 Fireworks HTML

第 2 步，启动 Dreamweaver CC，新建文档，保存为 test.html。

第 3 步，选择【插入】|【图像】|【Fireworks HTML】命令，打开【插入 Fireworks HTML】对话框，如图 5.10 所示。

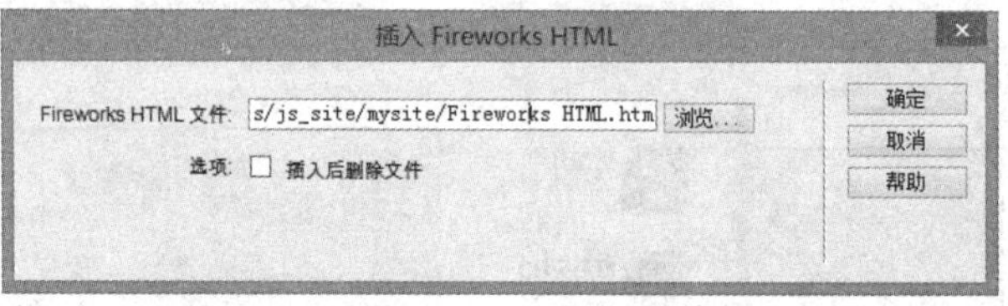

图 5.10　【插入 Fireworks HTML】对话框

第 4 步，在【Fireworks HTML 文件】文本框中可以输入要插入的 Fireworks HTML 文件地址，或者单击后面的【浏览】按钮，直接选择一个 Fireworks HTML 文档。如果选中【插入后删除文件】复选框，则操作完毕后会将原始的 Fireworks HTML 文件删除。

第 5 步，单击【确定】按钮，即可在 Dreamweaver 中插入 Fireworks HTML 文件。

视频讲解

5.3　设置图像属性

在 Dreamweaver CC 编辑窗口中插入图像之后，选中该图像，就可以在【属性】面板中查看和编辑图像的显示属性。

【操作步骤】

第 1 步，启动 Dreamweaver CC，打开本小节备用练习文档 test.html，另存为 test1.html。

第 2 步，将光标设在要插入位置，选择【插入】|【图像】|【图像】命令，打开【选择图像源文件】对话框，选择并插入图像 images/1.jpg。

第 3 步，选中插入的图像，在【属性】面板的【ID】文本框中设置图像的 ID 名称，以方便在 JavaScript 脚本控制图像。在文本框的上方显示一些文件信息，如图像文件类型，图像大小为 147KB。

如果插入占位符，则会显示“占位符”字符信息，如图 5.11 所示。

图 5.11　插入图像并定义图像 ID

第 4 步，插入图像之后如果临时需要更换图像，可以在【Src】文本框中指定新图像的源文件。在文本框中直接输入文件的路径，或者单击【选择文件】按钮，在打开的【选择图像源文件】对话框中找到想要的源文件。

第 5 步，定义图像显示大小。在【宽】和【高】文本框中设置选定图像的宽度和高度，默认以像素为单位。

提示： 当插入图像时，Dreamweaver 默认按原始尺寸显示，同时在该文本框中显示原始宽和高。如果设置的宽度和高度与图像的实际宽度和高度不等比，则图像可能会变形显示。如果改变图像原始大小后，可以单击【重设图像大小】按钮恢复图像原始大小。

第 6 步，调整图像大小之后，虽然图像显示变小，但图像实际大小并没有发生变化，下载时间保持不变。在 Dreamweaver 中重新调整图像的大小时，可以对图像进行重新取样，以便根据新尺寸来优化图像品质。

操作方法：单击【重新取样】按钮，重新取样图像，并与原始图像的外观尽可能地匹配。对图像进行重新取样会减小图像文件的大小，但可以提高图像的下载性能，降低带宽，如图 5.12 所示。

第 7 步，为图像指定超链接。在【链接】文本框中输入地址，或者单击【选择文件】按钮，在当前站点中浏览并选择一个文档，也可以在文本框中直接输入 URL，为图像创建超链接。

此时，【目标】下拉列表框被激活，在这里指定链接页面应该载入的目标框架或窗口，包括_blank、_parent、_self 和_top。设置效果如图 5.13 所示。

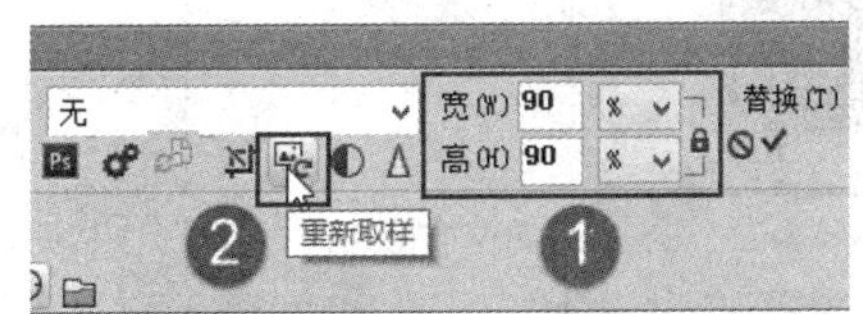

图 5.12　调整图像大小并重新取样

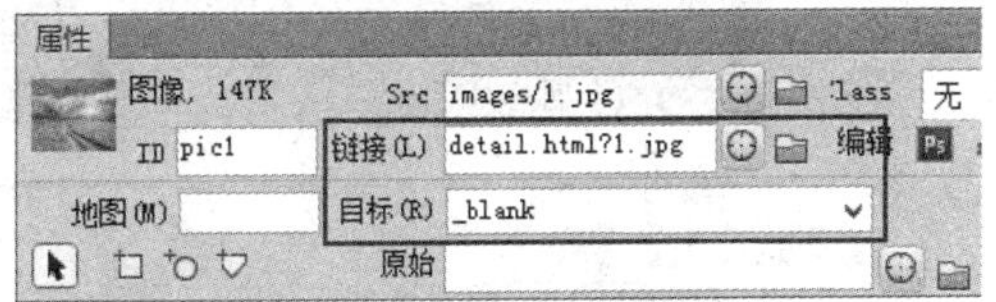

图 5.13　定义图像链接

第 8 步，增强图像可用性。在【替换】文本框中指定在图像位置上显示的可选文字。当浏览器无法显示图像时显示这些文字，如“唯美的秋天景色”；在【标题】文本框中输入文本，定义当鼠标移

Note

动到图像上面时，会显示的提示性文字，如“高清摄影图片”，设置如图 5.14 所示。

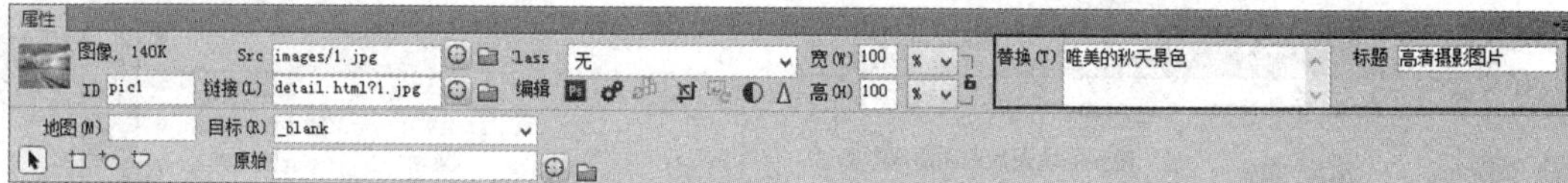

图 5.14　定义图像的标题和替换文本

提示：由于其他选项不是必要选项，这里暂时省略介绍，将在后面小节中结合案例详细说明。

5.4　编辑网页图像

Dreamweaver CC 虽然不是专业的图像编辑工具，但也提供了常用操作，如图像大小调整、图像裁切、图像色彩调整以及图像对齐等，利用现有的图像编辑功能，用户可以轻松完成图像基本编辑工作。

视频讲解

5.4.1　实战演练：调整图像大小

在 Dreamweaver CC 编辑窗口中，可拖动调整图像大小，也可以在图像【属性】面板的【宽】和【高】文本框中精确调整图像大小。如果在调整后不甚满意，单击【属性】面板中的【重设图像大小】按钮，或者单击【宽】和【高】文字标签，可以分别恢复图像的宽度值和高度值。

【操作步骤】

第 1 步，启动 Dreamweaver CC，打开本小节备用练习文档 test.html。

第 2 步，在编辑窗口中选择要调整的图像。在图像的底边、右边以及右下角出现调整手柄。

第 3 步，执行如下任一操作，练习手动拖放图像大小，如图 5.15 所示。

图 5.15　使用鼠标快速调整图像大小

（1）拖动右边的手柄，调整元素的宽度。

（2）拖动底边的手柄，调整元素的高度。

（3）拖动右下角的手柄，可同时调整元素的宽度和高度。如果按住 Shift 键拖动右下角的手柄，可保持元素的宽高比不变。

5.4.2　实战演练：裁剪图像

单击图像【属性】面板中的【裁剪】按钮可以减小图像区域。通过裁剪图像以强调图像的主题，并删除图像中的多余部分。

视频讲解

【操作步骤】

第 1 步，启动 Dreamweaver CC，新建文档，保存为 test.html。

第 2 步，在编辑窗口中插入图像 images/2.jpg，如图 5.16 所示。下面设计仅显示图像中左侧第一个人像。

图 5.16　插入原始图像

第 3 步，选中要裁切的图像，单击图像【属性】面板中的【裁剪】按钮，弹出一个对话框。

第 4 步，单击【确定】按钮，在所选图像周围出现裁切控制点，如图 5.17 所示。

图 5.17　裁切图像区域

Note

第 5 步，拖曳控制点可以调整裁切大小，直到满意为止，如图 5.18 所示。

图 5.18　选择要保留的区域

第 6 步，在边界框内部双击或者直接按 Enter 键就可以裁切所选区域。所选区域以外的所有像素都被删除，但将保留图像中其他对象，如图 5.19 所示。

图 5.19　裁切效果图

视频讲解

5.4.3　实战演练：调整图像亮度和对比度

单击图像【属性】面板中的【亮度和对比度】按钮，可修改图像中像素的亮度或对比度。利用该按钮可调整图像的高亮显示、阴影和中间色调，修正过暗或过亮的图像。

【操作步骤】

第 1 步，启动 Dreamweaver CC，新建文档，保存为 test.html。

第 2 步，在编辑窗口中插入图像 images/3.jpg。

第 3 步，选中要调整亮度和对比度的图像，单击【亮度和对比度】按钮，会弹出提示对话框。

第 4 步，单击【确定】按钮，打开【亮度/对比度】对话框，如图 5.20 所示。

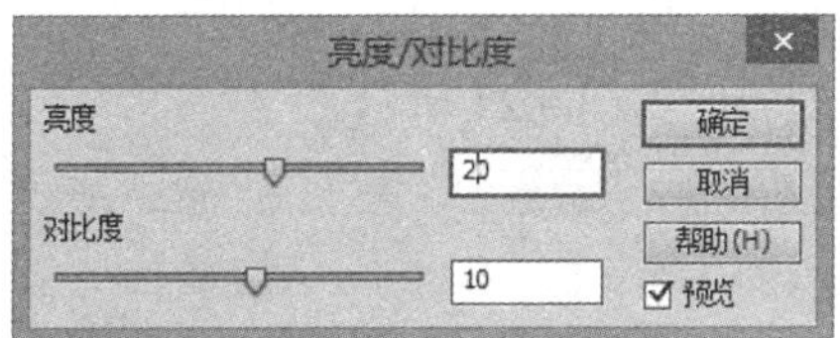

图 5.20　【亮度/对比度】对话框

第 5 步，拖动亮度和对比度的滑动块进行调整设置。取值范围是-100～100。

第 6 步，单击【确定】按钮即可，如图 5.21 所示。

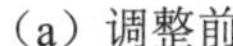

（a）调整前

（b）调整后（亮度=20，对比度=10）

图 5.21　亮度和对比度调整前后对比效果

5.4.4　实战演练：锐化图像

视 频 讲 解

锐化的原理就是通过增加图像边缘的对比度来调整图像的焦点。一般扫描的图像或数码照片边缘都比较柔化模糊，为了防止特别精细的细节丢失，必须要进行适当的锐化，从而提高边缘的对比度，使图像更清晰。

【操作步骤】

第 1 步，启动 Dreamweaver CC，新建文档，保存为 test.html。

第 2 步，在编辑窗口中插入图像 images/4.jpg。

第 3 步，选中要锐化的图像，单击图像【属性】面板中的【锐化】按钮可锐化图像，会弹出提示对话框。

第 4 步，单击【确定】按钮，打开【锐化】对话框，如图 5.22 所示。

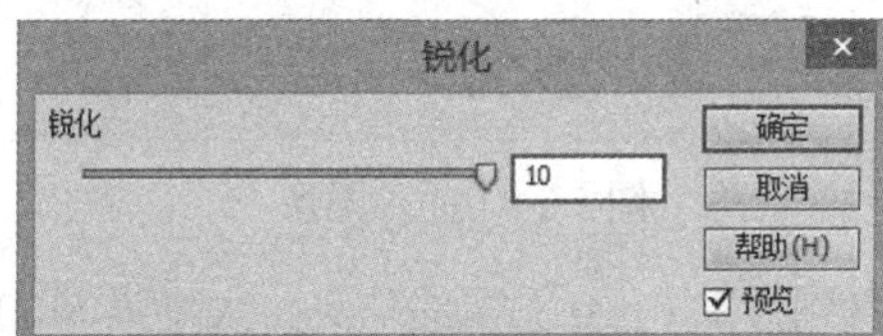

图 5.22　【锐化】对话框

第 5 步，拖动锐化滑动块进行调整设置。取值范围是 1～10。选中【预览】复选框，在调整图像时，可以预览对图像所做的更改。

第 6 步，单击【确定】按钮即可，如图 5.23 所示。

Note

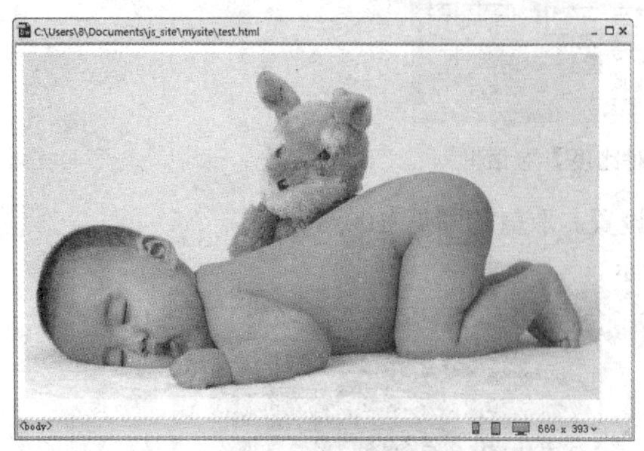

（a）调整前　　（b）调整后（锐化=10）

图 5.23　锐化前后对比效果

视频讲解

5.4.5　实战演练：优化图像

网页图像的要求就是在尽可能短的传输时间里，发布尽可能高质量的图像。因此在设计和处理网页图像时就要求图像有尽可能高的清晰度与尽可能小的尺寸，从而使图像的下载速度达到最快。而图像优化就是去掉图像不必要的颜色、像素等，让图像由大变小，这个大小不仅仅指图像尺寸，而且还包括图像分辨率和图像颜色数等。

【操作步骤】

第 1 步，启动 Dreamweaver CC，打开本小节备用练习文档 test.html，另存为 test1.html。

第 2 步，将光标设在 Logo 位置，选择【插入】|【图像】|【图像】命令，打开【选择图像源文件】对话框，选择并插入图像 images/logo.png，如图 5.24 所示。

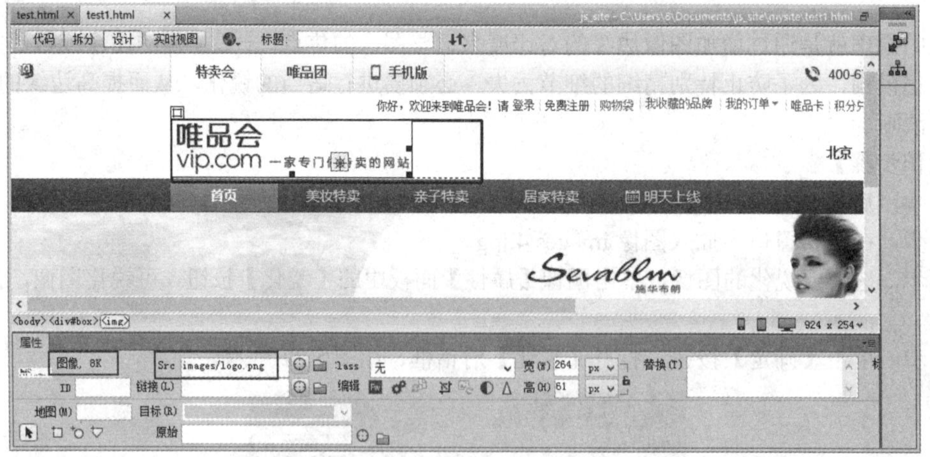

图 5.24　插入图像

在【属性】面板中，用户会看到插入 Logo 图像的信息：大小为 8KB，格式为 PNG。显然，对于这样一个颜色简单的 Logo 标志来说，可以对其进行优化，在确保视觉质量不打折扣的基础上压缩图像

大小。

第 3 步，选中 Logo 图像，单击【属性】面板中的【图像编辑设置】按钮，打开【图像优化】对话框，如图 5.25 所示，在这里可以快速编辑图像、优化图像、转换图像格式等基本操作。该功能适合没有安装外部图像编辑的用户使用。

第 4 步，考虑该 Logo 颜色简单，仅包含白色和粉红色两种，如果加上粉红色渐变，则颜色数不会超过 10 个。因此，设置优化后图像的格式为 GIF，同时设置【颜色】为 8，设置如图 5.25 所示。

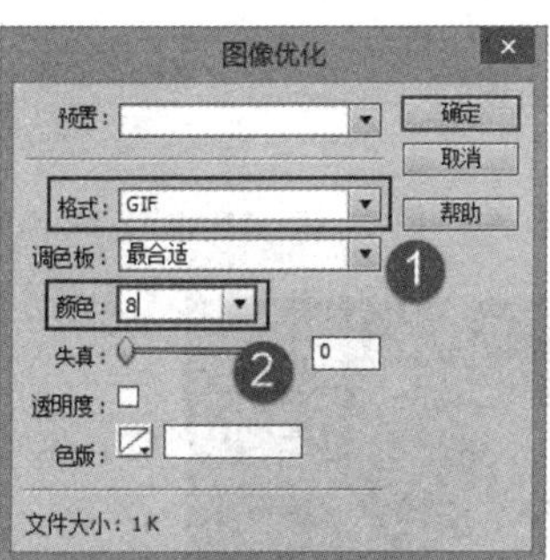

图 5.25　图像快速编辑

第 5 步，单击【确定】按钮，按提示保存优化后图像的位置和名称。此时，在【属性】面板中查看图像大小，压缩到 2KB，而图像的视觉质量并没有发生变化，如图 5.26 所示。

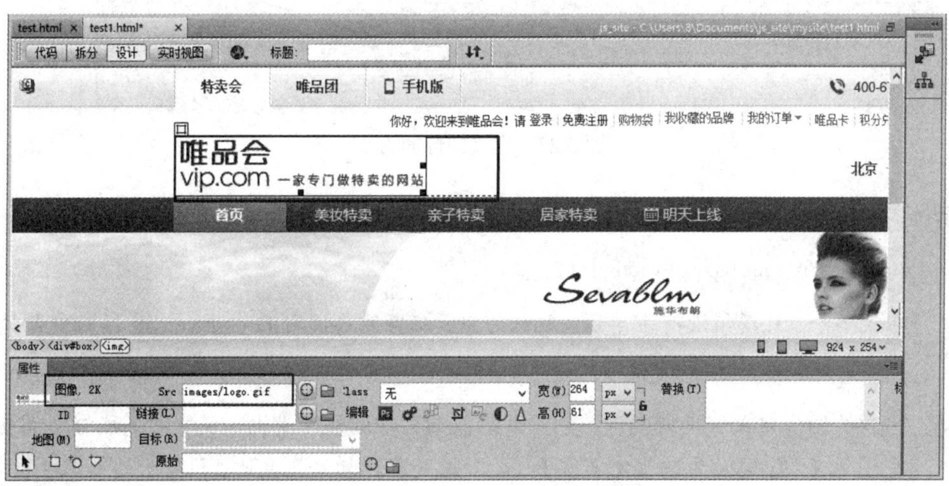

图 5.26　优化后的图像大小和效果

5.5　案例实战

本节将通过几个案例演示如何借助 Dreamweaver 完成网页图像样式的初步设计，并演示如何设计图文混排版式效果。

5.5.1　定义图像自适应大小

<img>标签包含 width 和 height 属性，使用它们可以控制图像的大小，在标准网页设计中这两个

Note

属性依然有效。也可以在 CSS 中使用 width 和 height 属性定义图像的宽度和高度。下面示例演示了如何快速设计文档中新闻图像的大小。

【操作步骤】

第 1 步，启动 Dreamweaver CC，打开模板页面 temp.html，另存为 index.html。

第 2 步，在页面中选中段落文本中的插图，然后在【属性】面板中设置图像的大小，如图 5.27 所示。

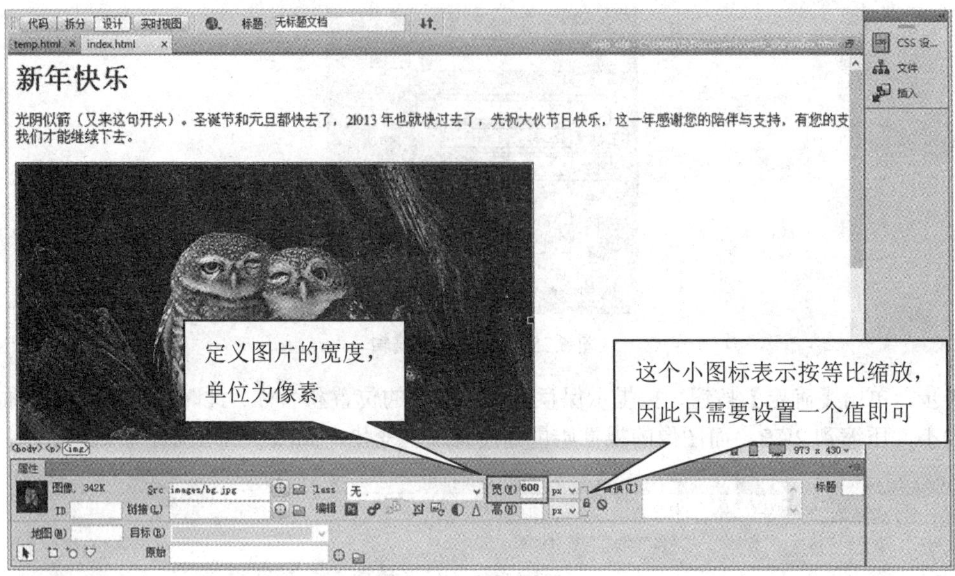

图 5.27　定义图像的大小

提示：定义图像大小后，可以在【代码】视图中看到新添加的代码属性，如下所示：

```
<img src="images/bg.jpg" width="600"/>
```

在代码中，宽度值没有带单位，默认为像素。当用户使用 Dreamweaver 插入命令插入图像时，会自动设置图像原始大小。

技巧：当仅为图像定义宽度或高度，则浏览器能够自动调整纵横比，使宽和高能够协调缩放，避免图像变形。同时为图像定义宽和高，如果没有计算好宽高比，则显示的图像会出现变形、失真现象，因此比较稳妥的方法是只定义图像高度或宽度，而不是同时定义高度和宽度。

第 3 步，选择【窗口】|【CSS 设计器】命令，打开【CSS 设计器】面板，依次执行下面操作，详细提示如图 5.28 所示。

（1）在【源】标题右侧单击 + 按钮，在弹出的下拉菜单中选择【在页面中定义】选项，设计网页内部样式表。

（2）在【选择器】标题右侧单击 + 按钮，新增一个选择器，命名为 img。

（3）在【属性】列表框中找到 width 属性，单击右侧属性值列，输入值为 100%，即设置图像宽度为 100%。当图像大小取值为百分比时，浏览器将根据图像包含框的宽和高计算图像。

第 4 步，按 Ctrl+S 快捷键，保存网页，再按 F12 键在浏览器中预览，演示效果如图 5.29 所示，则可以看到 CSS 的 width 属性会优先于 HTML 的 width 属性，图像先按 100%进行显示，而不是 600px。

图 5.28　定义图像的大小

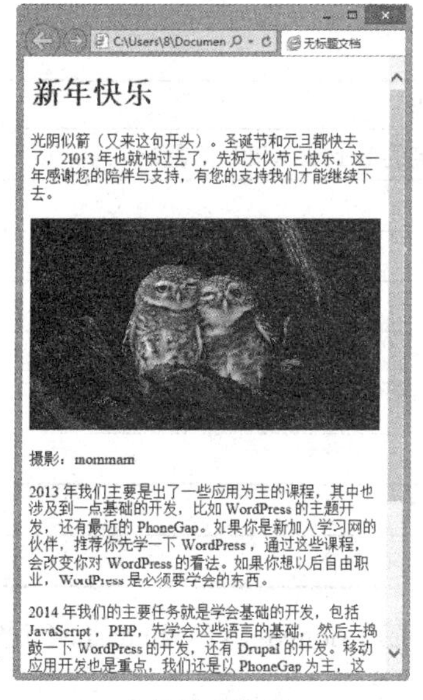

小屏显示效果

宽屏显示效果

图 5.29　设计图像 100%大小显示效果

提示： 用 HTML 的 width 和 height 属性定义图像大小不符合标准化设计原则：结构和表现的分离；另一方面使用标签属性定义图像大小只能够使用像素单位，而使用 CSS 属性可以自由选择任何相对和绝对单位。在设计图像大小随包含框宽度而变化时，使用百分比非常有用。

【拓展】

在响应式网页设计中，一般会使用 max-width 和 max-height 属性来设计图像大小，用法如下：

```
img {
    max-width: 100%;
```

```
    max-height: 100%;
}
```

这两个属性的意思是设置图像最大高度和最大宽度为 100%，这样能够避免过大的图像撑开包含框，同时又能够让图像尽可能大的显示。

Note

5.5.2 定义图像边框

视频讲解

使用<img>标签的 border 属性可以设置图像边框粗细，当设置为 0 时，则能够清除边框。在标准设计中已不建议使用，推荐使用 CSS 的 border 属性定义图像边框样式。下面分别讲解边框样式、颜色和粗细的设置方法。

1．边框样式

CSS 的 border-style 属性定义元素的边框样式，这种边框样式包括虚线框和实线框两种。该属性的用法如下：

```
border-style : none | hidden | dotted | dashed | solid | double | groove | ridge | inset | outset
```

该属性取值众多，说明如表 5.1 所示。

表 5.1　边框样式类型

属　性　值	说　　明
none	默认值，无边框，不受任何指定的 border-width 值影响
dotted	点线
dashed	虚线
solid	实线
double	双实线
groove	3D 凹槽
ridge	3D 凸槽
inset	3D 凹边
outset	3D 凸边

常用边框样式包括 solid（实线）、dotted（点）和 dashed（虚线）。dotted（点）和 dashed（虚线）这两种样式效果略有不同，同时在不同浏览器中的解析效果也略有差异。

当单独定义对象某边边框样式，可以使用单边边框属性：border-top-style（顶部边框样式）、border-right-style（右侧边框样式）、border-bottom-style（底部边框样式）和 border-left-style（左侧边框样式）。

下面示例演示了如何为网页插图设计边框样式。

【操作步骤】

第 1 步，启动 Dreamweaver CC，打开模板页面 temp.html，另存为 index.html。

第 2 步，在页面中把光标置于插图位置，选择【插入】|【图像】|【图像】命令，插入 images/pic.png 图像文件，如图 5.30 所示。

第 3 步，选择【窗口】|【CSS 设计器】命令，打开【CSS 设计器】面板，依次执行下面操作，详细提示如图 5.31 所示。

图 5.30　插入图像

图 5.31　定义图像边框样式

（1）在【源】标题右侧单击 + 按钮，在弹出的下拉菜单中选择【在页面中定义】选项，设计网页内部样式表。

（2）在【选择器】标题右侧单击 + 按钮，新增一个选择器，自动命名为“#apDiv1 img”。

（3）在【属性】列表框顶部单击【边框】按钮□，切换到边框样式列表中，然后找到 border-color 属性，单击右侧属性值列，输入颜色值为#FFC1B2；再找到 border-width 属性，设置值为 3px；找到 border-style 属性，单击右侧属性值列，从弹出的值列表中选择 double。

第 4 步，按 Ctrl+S 快捷键，保存网页，再按 F12 键在浏览器中预览，演示效果如图 5.32 所示。

Note

图 5.32　双边框图像样式效果

【拓展】

双线边框的宽度由两条单线及其间隔空隙的宽度组成，即 border-width 属性值。但是双线框的值分配也会存在一些矛盾，无法做到平均分配。例如，如果边框宽度为 3px，则两条单线与其间空隙分别为 1px；如果边框宽度为 4px，则外侧单线为 2px，内侧和中间空隙分别为 1px；如果边框宽度为 5px，则两条单线宽度为 2px，中间空隙为 1px，其他取值依此类推。

2．边框颜色和宽度

CSS 的 border-color 属性定义边框的颜色，颜色取值可以是任何有效的颜色表示法。使用 CSS 的 border-width 属性可以定义边框的粗细，取值可以是任何长度单位，但是不能取负值。

提示：如果定义单边边框的颜色，可以使用这些属性：border-top-color（顶部边框颜色）、border-right-color（右侧边框颜色）、border-bottom-color（底部边框颜色）和 border-left-color（左侧边框颜色）。

如果定义单边边框的宽度，可以使用这些属性：border-top-width（顶部边框宽度）、border-right-width（右侧边框宽度）、border-bottom-width（底部边框宽度）和 border-left-width（左侧边框宽度）。

当元素的边框样式为 none 时，所定义的边框颜色和边框宽度都会无效。在默认状态下，元素的边框样式为 none，而元素的边框宽度默认为 2px～3px。

下面示例演示如何利用不同边框颜色设计立体边框图像效果。

【操作步骤】

第 1 步，启动 Dreamweaver CC，新建网页，保存为 test.html，在<body>内使用<img>标签插入一幅图像。

```
<img src="images/1.jpg" />
```

第 2 步，选中插入的图像，在【CSS 设计器】面板中设计图像边框宽度为 80px，实线样式，然后分别设计各边边框颜色：顶边颜色为 red，右边颜色为 blue，底边颜色为 green，左边颜色为 yellow。

第 3 步，按 Ctrl+S 快捷键，保存网页，再按 F12 键在浏览器中预览，演示效果如图 5.33 所示。

图 5.33　定义各边边框颜色效果

提示： CSS 为方便用户控制元素的边框样式，提供了众多属性，这些属性从不同方位和不同类型定义元素的边框。例如，使用 border-style 属性快速定义各边样式，使用 border-color 属性快速定义各边颜色，使用 border-width 属性快速定义各边宽度。这些属性在取值时，各边值的顺序是顶部、右侧、底部和左侧，各边值之间以空格进行分隔。

【拓展】

在默认状态下网页中的图像是不显示边框的，但当为图像定义超链接时会自动显示 2px～3px 宽的蓝色粗边框。因此，当为图像绑定链接时，一定在【CSS 设计器】面板中为图像添加如下样式，清除粗边框效果。

```
a img{
    border-style:none;
}
```

选择器“a img”表示页面中所有被<a>标签包含的<img>标签，设计 border-style 属性值为 none，即清除链接图像的边框样式。

5.5.3　设计半透明图像效果

视频讲解

使用 CSS 的 opacity 属性可以设计图像的半透明效果，该属性取值范围为 0～1，数值越低透明度也就越高，0 为完全透明，而 1 表示完全不透明。

下面示例演示了如何为网页插图设计透明效果。

【操作步骤】

第 1 步，启动 Dreamweaver CC，打开模板页面 temp.html，另存为 index.html。

第 2 步，在页面中把光标置于插图位置，选择【插入】|【图像】|【图像】命令，插入 images/icon.png 图像文件，如图 5.34 所示。

Note

图 5.34　插入图像

第 3 步，选择【窗口】|【CSS 设计器】命令，打开【CSS 设计器】面板，依次执行下面操作，详细提示如图 5.35 所示。

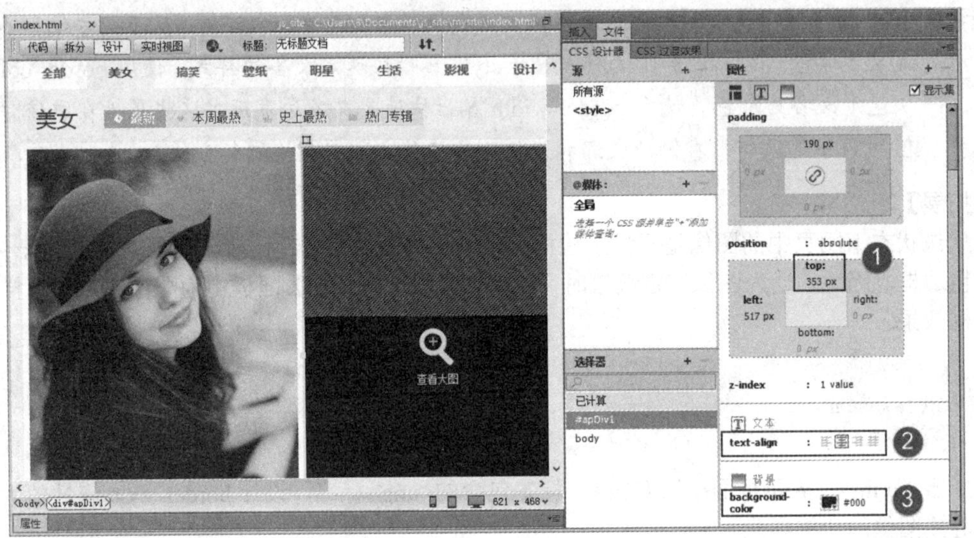

图 5.35　定义遮罩层样式

（1）在【源】标题右侧单击＋按钮，在弹出的下拉菜单中选择【在页面中定义】选项，设计网页内部样式表。

（2）在【选择器】标题右侧单击＋按钮，新增一个选择器，自动命名为“#apDiv1”。

（3）在【属性】列表框中分别设置背景样式为“background-color: #000;”，定义背景色为黑色；设置文本样式为“text-align: center;”，定义文本居中；设置布局样式为“padding-top: 190px;”，定义上边补白为 190px，如图 5.35 所示。

第 4 步，在布局样式中定义不透明效果为“opacity: 0.6;”，设计遮罩层的不透明度为 0.6，设置如图 5.36 所示。

Note

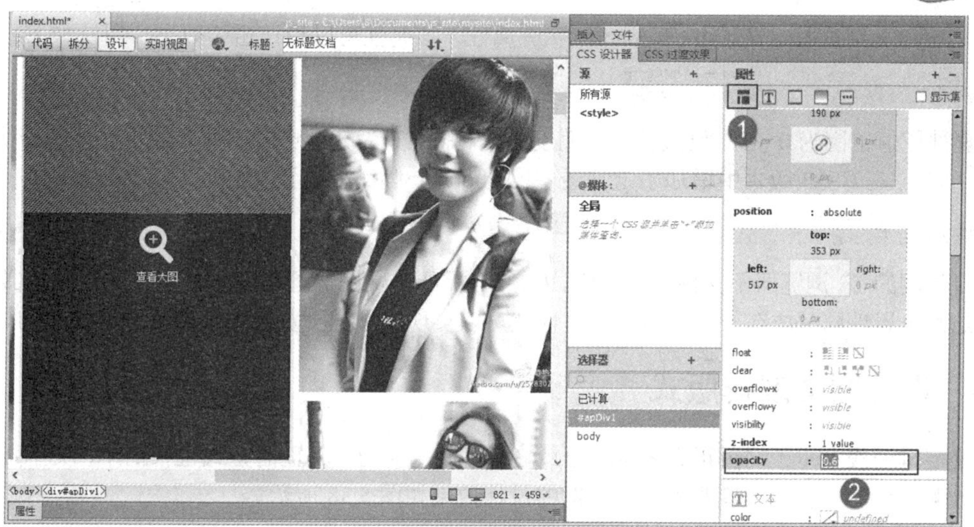

图 5.36　定义遮罩层的不透明效果

第 5 步，按 Ctrl+S 快捷键，保存网页，再按 F12 键在浏览器中预览，演示效果如图 5.37 所示。通过这种方式可以设计鼠标经过时，以半透明的遮罩层覆盖效果，以便要求浏览者单击查看大图。

图 5.37　半透明度遮罩层样式效果

【拓展】

在 CSS3 以前的版本没有定义图像透明度的标准属性，不过各个主要浏览器都自定义了专有透明属性。简单说明如下。

☑　IE 浏览器使用 CSS 滤镜来定义透明度，用法如下：

```
filter:alpha(opacity=0～100);
```

alpha()函数取值范围在 0～100 之间，数值越低透明度也就越高，0 为完全透明，而 100 表示完全不透明。

☑ Firefox 浏览器定义了-moz-opacity 私有属性，该属性可以设计透明效果，用法如下：

```
-moz-opacity:0～1;
```

该属性取值范围为 0～1，数值越低透明度也就越高，0 为完全透明，而 1 表示完全不透明。

☑ W3C 在 CSS3 版本中增加了定义透明度的 opacity 属性，用法如下：

Note

```
opacity: 0～1;
```

由于早期的 IE 浏览器不支持标准属性，因此当需要定义图像透明度时，需要利用浏览器兼容性技术把这几个属性同时放在一个声明中，这样就可以实现在不同浏览器中都能够正确显示的效果。

视频讲解

5.5.4 设计图文混排版式

图文混排一般多用于网页正文内容部分或者新闻焦点部分，处理的方式也很简单，文字是围绕在图像的一侧，或者一边，或者四周。本案例的设计效果如图 5.38 所示。

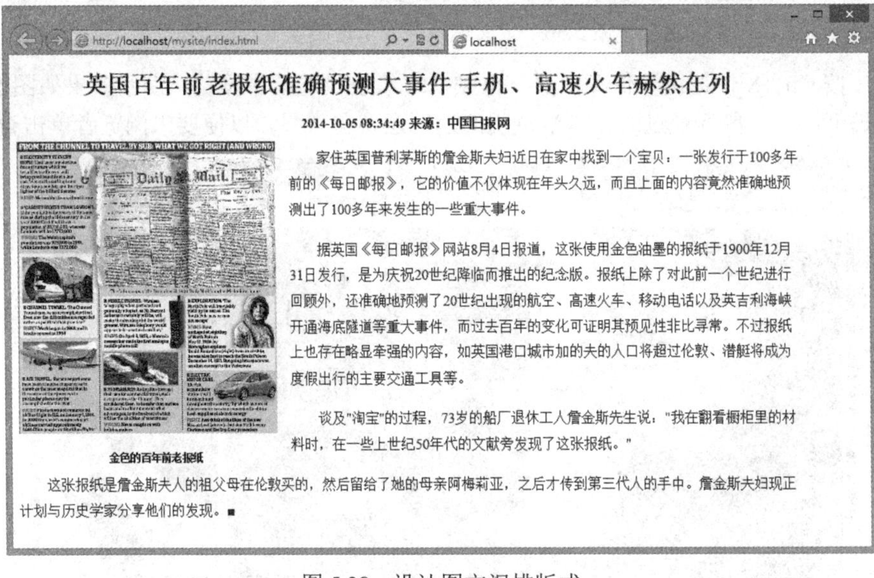

图 5.38 设计图文混排版式

图文混排版式一般情况下不是在页面设计过程中实现的，而是在后期网站发布后通过网站的新闻发布系统进行自动发布，这样的内容发布模式对于图像的大小、段落文本排版都是属于不可控的范围，因此要考虑到图与文不规则问题。

在设计时一般通过浮动设计图文混排是比较理想的方式，适当利用补白（padding）或者文字缩进（text-indent）的方式将图像与文字分开。

【操作步骤】

第 1 步，启动 Dreamweaver CC，新建网页，保存为 index.html，切换到【代码】视图，在<body>标签内输入如下结构代码。为了方便快速练习，用户也可以直接打开模板页面 temp.html，另存为 index.html。

```
<div class="pic_news">
    <h1>英国百年前老报纸准确预测大事件 手机、高速火车赫然在列</h1>
    <h2>2014-10-05 08:34:49        来源：中国日报网</h2>
    <div class="pic"><img src="images/00000002.jpg" alt="" />
```

```
            <h3>金色的百年前老报纸</h3>
        </div>
        <p>家住英国普利茅斯的詹金斯夫妇近日在家中找到一个宝贝：一张发行于 100 多年前的《每日邮报》，它的价值不仅体现在年头久远，而且上面的内容竟然准确地预测出了 100 多年来发生的一些重大事件。 </p>
        <p>据英国《每日邮报》网站 8 月 4 日报道，这张使用金色油墨的报纸于 1900 年 12 月 31 日发行，是为庆祝 20 世纪降临而推出的纪念版。报纸上除了对此前一个世纪进行回顾外，还准确地预测了 20 世纪出现的航空、高速火车、移动电话以及英吉利海峡开通海底隧道等重大事件，而过去百年的变化可证明其预见性非比寻常。不过报纸上也存在略显牵强的内容，如英国港口城市加的夫的人口将超过伦敦、潜艇将成为度假出行的主要交通工具等。 </p>
        <p>谈及"淘宝"的过程，73 岁的船厂退休工人詹金斯先生说："我在翻看橱柜里的材料时，在一些上世纪 50 年代的文献旁发现了这张报纸。"</p>
        <p>这张报纸是詹金斯夫人的祖父母在伦敦买的，然后留给了她的母亲阿梅莉亚，之后才传到第三代人的手中。詹金斯夫妇现正计划与历史学家分享他们的发现。■</p>
    </div>
```

Note

整个结构包含在<div class="pic_news">新闻框中，新闻框中包含 3 部分，第一部分是新闻标题，由标题标签负责；第二部分是新闻图像，由<div class="pic">图像框负责控制；第三部分是新闻正文部分，由<p>标签负责管理。

第 2 步，在<head>标签内添加<style type="text/css">标签，定义一个内部样式表，然后输入下面样式，定义新闻框显示效果。

```
.pic_news {
    width:900px;                    /*控制内容区域的宽度，根据实际情况考虑，也可以不需要*/
}
```

第 3 步，继续添加样式，设计新闻标题样式，其中包括三级标题，统一标题为居中显示对齐，一级标题字体大小为 28px，二级标题字体大小为 14px，三级标题字体大小为 12px，同时三级标题取消默认的上下边界样式。

```
.pic_news h1 {
    text-align:center;              /*设计标题居中显示*/
    font-size:28px;                 /*设计标题字体大小为 28px*/
}
.pic_news h2 {
    text-align:center;              /*设计副标题居中显示*/
    font-size:14px;                 /*设计副标题字体大小为 14px*/
}
.pic_news h3 {
    text-align:center;              /*设计三级标题居中显示*/
    font-size:12px;                 /*设计三级标题字体大小为 12px*/
    margin:0;                       /*清除三级标题默认的边界*/
    padding:0;                      /*清除三级标题默认的补白*/
}
```

第 4 步，设计新闻图像框和图像样式，设计新闻图像框向左浮动，然后定义新闻图像大小固定，并适当拉开与环绕的文字之间的距离。

```
.pic_news div {
    float:left;                     /*设计图片框向左浮动*/
    text-align:center;              /*设计图片在图片框中居中显示*/
}
```

Note

```
.pic_news img {
    margin-right:1em;           /*调整图片右侧的空隙为一个字距大小*/
    margin-bottom:1em;          /*调整图片底部的空隙为一个字距大小*/
    width:300px;                /*固定图片宽度为 300px*/
}
```

第 5 步，设计段落文本样式，主要包括段落文本的首行缩进和行高效果。

```
.pic_news p {
    line-height:1.8em;          /*定义段落文本行高为 1.8 倍字体大小，设计稀疏版式效果*/
    text-indent:2em;            /*设计段落文本首行缩进 2 个字距*/
}
```

简单的几句 CSS 样式代码就能实现图文混排的页面效果。其中重点内容就是将图像设置浮动，float:left 就是将图像向左浮动，那么如果设置 float:right 后又将会是怎么样的一个效果呢，用户可以修改代码并在浏览器中查看页面效果。

5.6 在线练习

本节将通过大量的上机示例，帮助初学者练习使用 HTML5 的网页图像。

在线练习

第6章 使用网页多媒体

Dreamweaver CC具有强大的多媒体支持功能，可以在网页中轻松插入各种类型动画、视频、音频、控件和小程序等，并能利用【属性】面板或快捷菜单控制多媒体在网页中的显示。灵活插入各种多媒体可以使网页更加生动。本章将详细讲解如何使用Dreamweaver CC在网页中插入各种多媒体的方法和属性设置。

【学习重点】

⏭ 在网页中应用Flash动画。

⏭ 创建FLV网络视频。

⏭ 插入常用插件。

⏭ 插入HTML5视频。

⏭ 插入HTML5音频。

⏭ 设计HTML5动画。

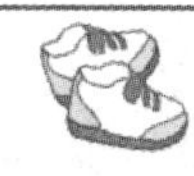

视频讲解

Note

6.1 在网页中插入 Flash 动画

Flash 动画也称为 SWF 动画，它以文件小巧、速度快、特效精美、支持流媒体和强大交互功能而成为网页最流行的动画格式，被大量应用于网页中。在 Dreamweaver CC 中插入 SWF 动画比较简单，具体演示如下。

【操作步骤】

第 1 步，启动 Dreamweaver CC，新建文档，保存为 test.html。

第 2 步，在编辑窗口中，将光标定位在要插入 SWF 动画的位置。

第 3 步，选择【插入】|【媒体】|【Flash SWF】命令，打开【选择 SWF】对话框。

第 4 步，在【选择 SWF】对话框中选择要插入的 SWF 动画文件（.swf），然后单击【确定】按钮，此时会打开【对象标签辅助功能属性】对话框，在其中设置动画的标题、访问键和索引键，如图 6.1 所示。

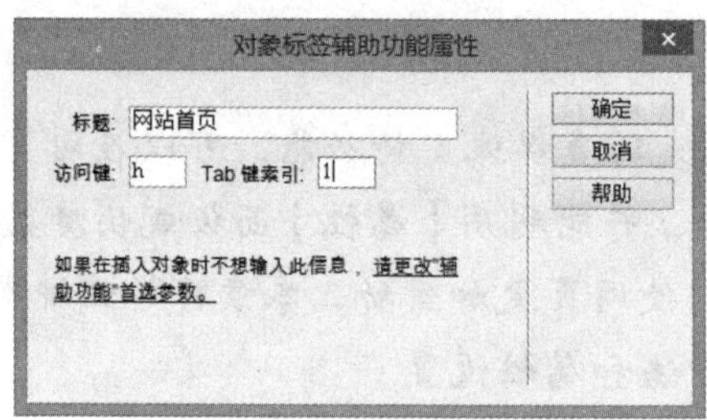

图 6.1 设置对象标签辅助功能属性

第 5 步，单击【确定】按钮，即可在当前位置插入一个 SWF 动画，此时编辑窗口中出现一个带有字母 F 的灰色区域，如图 6.2 所示，只有在预览状态下才可以观看到 SWF 动画效果。

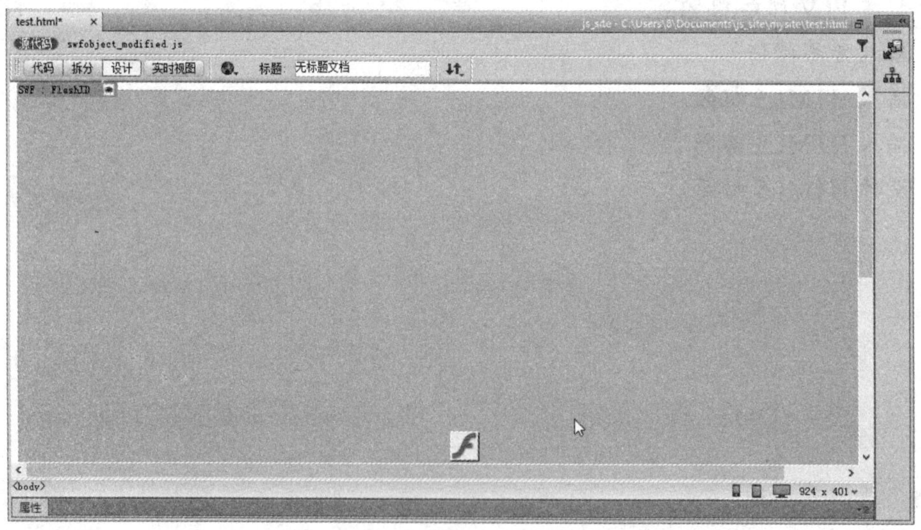

图 6.2 SWF【属性】面板

第 6 步，按 Ctrl+S 快捷键保存文档。当保存已插入 SWF 动画的网页文档时，Dreamweaver CC 会自动弹出对话框，提示保存两个 JavaScript 脚本文件，它们用来辅助播放动画，如图 6.3 所示。

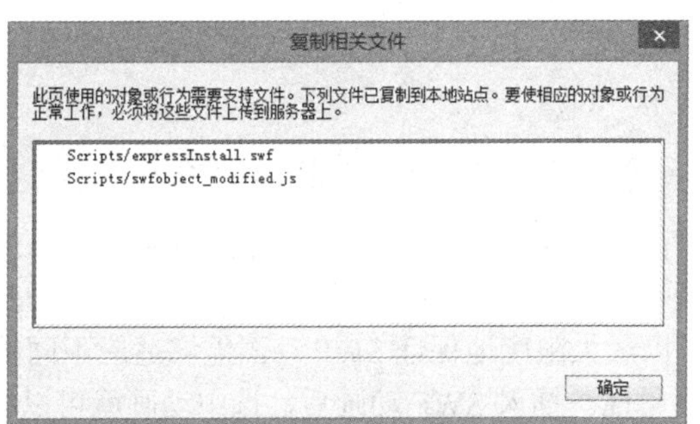

图 6.3　保存脚本支持文件

第 7 步，在 Dreamweaver CC 中插入 SWF 动画之后，切换到【代码】视图，可以看到新增加的代码：

```
<!doctype html>
<html>
<head>
<meta charset="utf-8">
<title> </title>
<script src="Scripts/swfobject_modified.js" type="text/javascript"></script>
</head>
<body>
<object classid="clsid:D27CDB6E-AE6D-11cf-96B8-444553540000" width="980" height="750" id="FlashID" accesskey="h" tabindex="1" title="网站首页">
    <param name="movie" value="index.swf">
    <param name="quality" value="high">
    <param name="wmode" value="opaque">
    <param name="swfversion" value="9.0.116.0">
    <!--此 param 标签提示使用 Flash Player 6.0 r65 和更高版本的用户下载最新版本的 Flash Player。如果不想让用户看到该提示，请将其删除-->
    <param name="expressinstall" value="Scripts/expressInstall.swf">
    <!--下一个对象标签用于非 IE 浏览器，所以使用 IECC 将其从 IE 隐藏。-->
    <!--[if !IE]>-->
    <object type="application/x-shockwave-flash" data="index.swf" width="980" height="750">
        <!--<![endif]-->
        <param name="quality" value="high">
        <param name="wmode" value="opaque">
        <param name="swfversion" value="9.0.116.0">
        <param name="expressinstall" value="Scripts/expressInstall.swf">
        <!--浏览器将以下替代内容显示给使用 Flash Player 6.0 和更低版本的用户-->
        <div>
            <h4>此页面上的内容需要较新版本的 Adobe Flash Player。</h4>
            <p><a href="http://www.adobe.com/go/getflashplayer"><img src="http://www.adobe.com/images/shared/download_buttons/get_flash_player.gif" alt="获取 Adobe Flash Player" width="112" height="33" /></a></p>
        </div>
        <!--[if !IE]>-->
    </object>
    <!--<![endif]-->
</object>
<script type="text/javascript">
```

```
swfobject.registerObject("FlashID");
</script>
</body>
</html>
```

插入的源代码可以分为两部分：第一部分为脚本部分，即使用 JavaScript 脚本导入外部 SWF 动画；第二部分是利用<object>标记来插入动画。当用户浏览器不支持 JavaScript 脚本时，可以使用<object>标记插入，这样就可以最大限度地保证 SWF 动画能够适应不同的操作系统和浏览器类型。

第 8 步，设置 SWF 动画属性。插入 SWF 动画后，选中动画就可以在【属性】面板中设置 SWF 动画属性，如图 6.4 所示。

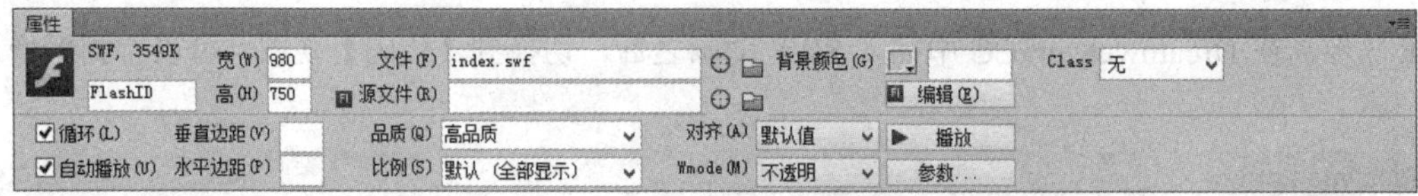

图 6.4　SWF 动画【属性】面板

第 9 步，在“Flash”字母标识下面的文本框中设置 SWF 动画的名称，即定义动画的 ID，以便脚本进行控制，同时在旁边显示插入动画的大小。

第 10 步，在【宽】和【高】文本框中设置 SWF 动画的宽度和高度，默认单位是像素，也可以设置%（相对于父对象大小的百分比）等其他可用单位。输入时数字和缩写必须紧连在一起，中间不留空格，如 20%。

当调整动画显示大小后，单击其中的【重设大小】按钮 可以恢复动画的原始大小。

第 11 步，根据需要设置下面几个选项，用来控制动画的播放属性。

（1）【循环】复选框：设置 SWF 动画循环播放。

（2）【自动播放】复选框：设置网页打开后自动播放 SWF 动画。

（3）【品质】下拉列表框：设置 SWF 动画的品质，包括【低品质】【自动低品质】【自动高品质】【高品质】4 个选项。

品质设置越高，影片的观看效果就越好，但对硬件的要求也高，以使影片在屏幕上正确显示，【低品质】能加快速度，但画面较粗糙；【自动低品质】设置一般先看速度，如有可能再考虑外观；【自动高品质】设置一般先看外观和速度这两种品质，但根据需要可能会因为速度而影响外观。

如果单击【属性】面板中的【播放】按钮，可以在编辑窗口中播放动画，如图 6.5 所示。

第 12 步，在【比例】下拉列表框中设置 SWF 动画的显示比例，包括 3 项。

（1）默认（全部显示）：SWF 动画将全部显示，并保证各部分的比例。

（2）无边框：根据设置尺寸调整 SWF 动画显示。

（3）严格匹配：SWF 动画将全部显示，但会根据设置尺寸调整显示比例。

第 13 步，可根据页面布局需要设置动画在网页中的显示样式，具体设置包括如下几项。

（1）背景颜色：指定影片区域的背景颜色。在不播放影片时（在加载时和在播放后）也显示此颜色。

（2）【垂直边距】和【水平边距】文本框：设置 SWF 动画与其他页面元素上下方和左右方的距离。

（3）【对齐】下拉列表框：设置 SWF 动画的对齐方式，包括 10 个选项。

☑　默认值：SWF 动画将以浏览器默认的方式对齐（通常指基线对齐）。

☑　基线和底部：将文本（或同一段落中的其他元素）的基线与 SWF 动画的底部对齐。

图 6.5　在编辑窗口中播放动画

- ☑ 顶端：将 SWF 动画的顶端与当前行中最高项（图像或文本）的顶端对齐。
- ☑ 居中：将 SWF 动画的中部与当前行的基线对齐。
- ☑ 文本上方：将 SWF 动画的顶端与文本行中最高字符的顶端对齐。
- ☑ 绝对居中：将 SWF 动画的中部与当前行中文本的中部对齐。
- ☑ 绝对底部：将 SWF 动画的底部与文本行（这包括字母下部，例如在字母 g 中）的底部对齐。
- ☑ 左对齐：将 SWF 动画放置在左边，文本在图像的右侧换行。如果左对齐文本在行上处于对象之前，它通常强制左对齐对象换到一个新行。
- ☑ 右对齐：将 SWF 动画放置在右边，文本在对象的左侧换行。如果右对齐文本在行上处于对象之前，它通常强制右对齐对象换到一个新行。

第 14 步，如果需要高级设置，可以单击【参数】按钮，打开一个【参数】对话框，如图 6.6 所示。可在其中输入传递给影片的附加参数，对动画进行初始化。

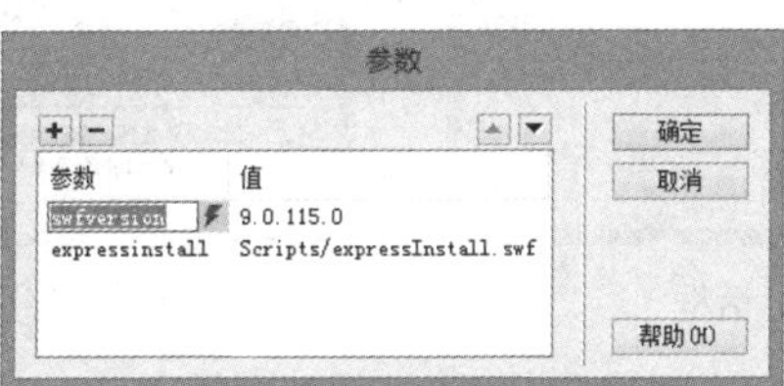

图 6.6　设置动画参数

【拓展】

【参数】对话框中的参数由【参数】和【值】两部分组成，一般成对出现。单击【参数】对话框上的+按钮，可增加一个新的参数，然后在【参数】文本框中输入名称，在【值】文本框中输入参数值，单击-按钮，可删除选定参数。在【参数】对话框中选中一项参数，单击▲或▼按钮，可调整各项参数的排列顺序，最后单击【确定】按钮即可。例如，设置 SWF 动画背景透明，可在【参数】文本框中输入“wmode”，在【值】文本框中输入“transparent”，即可实现动画背景透明播放。当然，在 Dreamweaver CC 版本中，可以直接在【属性】面板中设置【Wmode】下拉列表。

提示：如果用户需要更换动画，可以在【文件】文本框中设置 SWF 动画文件地址，单击【选择文件】按钮可以浏览文件并选定。如果需要修改插入的动画，可以单击【编辑】按钮，启动 Adobe Flash 以编辑和更新 fla 文件，如果没有安装 Adobe Flash，该按钮将无效。

Note

视频讲解

6.2 在网页中插入 FLV 视频

FLV 是 Flash Video 的简称，是一种网络视频格式，由于该格式生成的视频文件小、加载速度快，成为网络视频的通用格式之一。目前很多视频网站，如搜狐视频、56、优酷等都使用 FLV 技术来实现视频的制作、上传和播放。下面介绍在 Dreamweaver CC 中插入 FLV 视频的方法。

【操作步骤】

第 1 步，启动 Dreamweaver CC，新建文档，保存为 test.html。

第 2 步，在编辑窗口中，将光标定位在要插入 FLV 视频的位置。

第 3 步，选择【插入】|【媒体】|【Flash Video】命令，打开【插入 FLV】对话框，如图 6.7 所示。

第 4 步，在【视频类型】下拉列表框中选择视频下载类型，包括【累进式下载视频】和【流视频】两种类型。当选择【流视频】选项后，对话框会变成如图 6.8 所示。

图 6.7 【插入 FLV】对话框

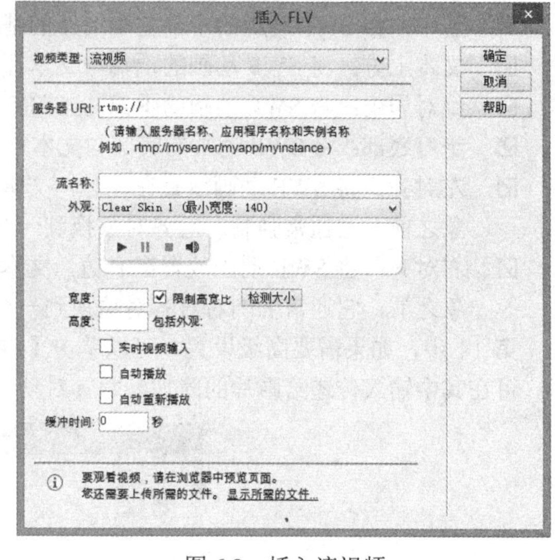

图 6.8 插入流视频

第 5 步，如果希望累进式下载浏览视频，则应该从【视频类型】下拉列表框中选择【累进式下载视频】选项，然后在如图 6.7 所示的对话框中设置以下选项。

（1）URL：指定 FLV 文件的相对或绝对路径。如果要指定相对路径，如 mypath/myvideo.flv，用户可以单击【浏览】按钮，在打开的【选择文件】对话框中选择 FLV 文件。如果要指定绝对路径，可以直接输入 FLV 文件的 URL，如 http://www.example.com/myvideo.flv。如果要指向 HTML 文件向上两层或更多层目录中的 FLV 文件，则必须使用绝对路径。

要使视频播放器正常工作，FLV 文件必须包含元数据。使用 Flash Communication Server 1.6.2、FLV Exporter 1.2 版和 Sorenson Squeeze 4.0，以及 Flash Video Encoder 创建的 FLV 文件自动包含元数据。

（2）外观：指定 FLV 视频组件的外观。所选外观的预览会出现在下面预览框中。

（3）宽度：以像素为单位指定 FLV 文件的宽度。若要让 Dreamweaver 确定 FLV 文件的准确宽度，可以单击【检测大小】按钮。如果 Dreamweaver 无法确定宽度，则必须输入宽度值。

（4）高度：以像素为单位指定 FLV 文件的高度。若要让 Dreamweaver 确定 FLV 文件的准确高度，可以单击【检测大小】按钮。如果 Dreamweaver 无法确定高度，则必须输入高度值。

FLV 文件的宽度和高度包括外观的宽度和高度。

（5）限制高宽比：保持 FLV 视频组件的宽度和高度之间的纵横比不变。默认情况下会选中该复选框。

（6）自动播放：指定在 Web 页面打开时是否播放视频。

（7）自动重新播放：指定播放控件在视频播放完之后是否返回起始位置。

第 6 步，设置完毕，单击【确定】按钮关闭对话框，并将 FLV 视频添加到网页中。

第 7 步，插入 FLV 视频之后，系统会自动生成一个视频播放器 SWF 文件和一个外观 SWF 文件，它们用于在网页上显示 FLV 视频内容。这些文件与 FLV 视频内容所添加到的 HTML 文件存储在同一目录中。当用户上传包含 FLV 视频内容的网页时，Dreamweaver 将以相关文件的形式上传这些文件。插入 FLV 视频的网页效果如图 6.9 所示。

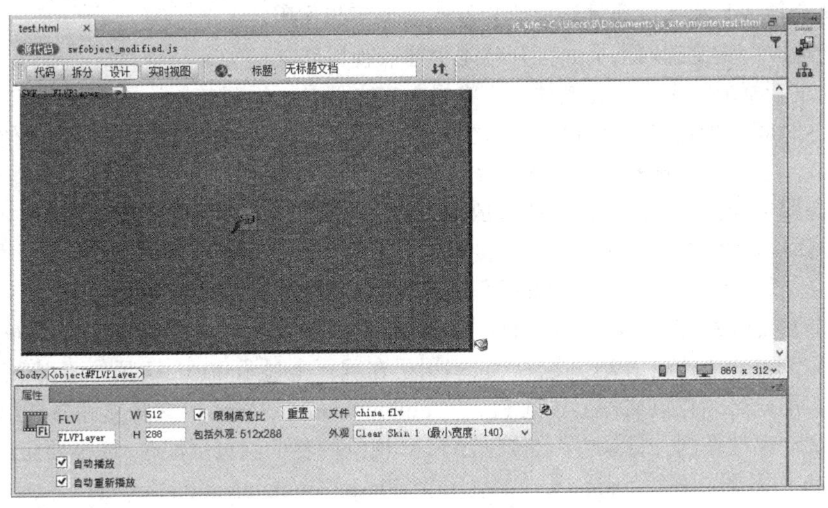

图 6.9 插入 FLV 视频效果

提示：如果要更改 FLV 视频设置，可在 Dreamweaver 编辑窗口中选择 FLV 视频组件占位符，在【属性】面板中可以设置 FLV 视频的宽和高、FLV 视频文件、视频外观等属性。由于与【插入 FLV】对话框中的选项类似，有关更多信息，用户可以参见设置【插入 FLV】对话框选项。但用户不能使用【属性】面板更改视频类型，例如，从“累进式下载”更改为“流式”。若要更改视频类型，必须删除 FLV 视频组件，然后通过选择【插入】|【媒体】|【FLV】命令来重新插入它。

如果要删除 FLV 视频，只需要在 Dreamweaver 的编辑窗口中选择 FLV 视频组件占位符，然后按 Delete 键即可。

【拓展】

如果以流视频的方式浏览视频，可以在【视频类型】下拉列表框中选择【流视频】选项，然后设置以下选项。

Note

（1）服务器 URI：以 rtmp://www.example.com/app_name/instance_name 的形式指定服务器名称、应用程序名称和实例名称。

（2）流名称：指定想要播放的 FLV 文件的名称，如 myvideo.flv。.flv 扩展名是可选的。

（3）外观：指定 FLV 视频组件的外观。所选外观的预览会出现在下面预览框中。

（4）宽度：以像素为单位指定 FLV 文件的宽度。若要让 Dreamweaver 确定 FLV 文件的准确宽度，可以单击【检测大小】按钮。如果 Dreamweaver 无法确定宽度，必须输入宽度值。

（5）高度：以像素为单位指定 FLV 文件的高度。若要让 Dreamweaver 确定 FLV 文件的准确高度，可以单击【检测大小】按钮。如果 Dreamweaver 无法确定高度，必须输入高度值。

（6）限制高宽比：保持 FLV 视频组件的宽度和高度之间的纵横比不变。默认情况下会选中该复选框。

（7）实时视频输入：指定 FLV 视频内容是否是实时的。如果选中【实时视频输入】复选框，Flash Player 将播放从 Flash Communication Server 流入的实时视频输入。实时视频输入的名称是在【流名称】文本框中指定的名称。

如果选中【实时视频输入】复选框，组件的外观上只会显示音量控件，因为用户无法操纵实时视频。此外，【自动播放】和【自动重新播放】复选框也不起作用。

（8）自动播放：指定在网页页面打开时是否播放视频。

（9）自动重新播放：指定播放控件在视频播放完之后是否返回起始位置。

（10）缓冲时间：指定在视频开始播放之前进行缓冲处理所需的时间（以秒为单位）。默认的缓冲时间设置为 0，这样在单击【播放】按钮后视频会立即开始播放。如果选中【自动播放】复选框，视频将在建立与服务器的连接后立即开始播放。如果用户要发送的视频的比特率高于站点访问者的连接速度，或者网络通信可能会导致带宽或连接问题，则可能需要设置缓冲时间。例如，如果要在网页页面播放视频之前将 15 秒的视频发送到网页页面，可以将缓冲时间设置为 15。

单击【确定】按钮关闭对话框，将 Flash 视频内容添加到网页中。这时系统会自动生成一个视频播放器 SWF 文件和一个外观 SWF 文件，它们用于在网页上显示 FLV 视频。该命令还会生成一个 main.asc 文件，用户必须将该文件上传到 Flash Communication Server。这些文件与 FLV 视频内容所添加到的网页文件存储在同一目录中。上传包含 FLV 视频内容的网页页面时，请不要忘记将这些 SWF 文件上传到 Web 服务器，并将 main.asc 文件上传到 Flash Communication Server。

如果服务器上已有 main.asc 文件，请确保在上传由【插入 Flash 视频】命令生成的 main.asc 文件之前与服务器管理员核实。

6.3 在网页中插入插件

插件是浏览器专用功能扩展模块，它增强了浏览器的对外接口能力，实现对多种媒体对象的播放支持。一般浏览器允许第三方开发者根据插件标准将它们的产品融入网页，比较典型的如 RealPlayer 和 QuickTime 插件。

视频讲解

6.3.1 实战演练：在网页中嵌入背景音乐

音乐是多媒体网页的重要组成部分。由于音频文件存在不同类型和格式，也有不同的方法将这些声音添加到网页中。在决定添加音频格式和方式之前，需要考虑的因素包括用途、格式、文件大小、

声音品质和浏览器差别等。不同浏览器对于声音文件的处理方法是非常不同的，彼此之间很可能不兼容。

【操作步骤】

第 1 步，启动 Dreamweaver CC，打开本小节备用练习文档 test.html，另存为 test1.html。

第 2 步，在编辑窗口中，将光标定位在要插入插件的位置。

第 3 步，选择【插入】|【媒体】|【插件】命令，打开【选择文件】对话框。

第 4 步，在对话框中选择要插入的插件文件，这里选择 images/bg.mp3，单击【确定】按钮，这时在 Dreamweaver 编辑窗口中会出现插件图标，如图 6.10 所示。

图 6.10　插入的插件图标

第 5 步，选中插入的插件图标，可以在【属性】面板中详细设置其属性，如图 6.11 所示。

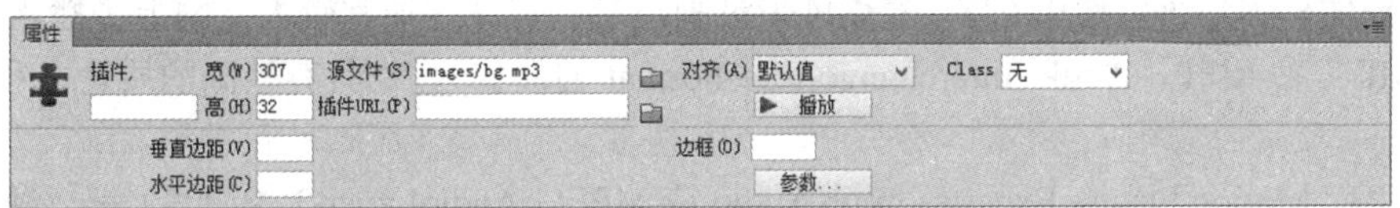

图 6.11　插件【属性】面板

（1）【插件名称】文本框：设置插件的名称，以便在脚本中能够引用。

（2）【宽】和【高】文本框：设置插件在浏览器中显示的宽度和高度，默认以像素为单位。

（3）【源文件】文本框：设置插件的数据文件。单击【选择文件】按钮，可查找并选择源文件，或者直接输入文件地址。

（4）【对齐】下拉列表框：设置插件和页面的对齐方式。包括 10 个选项，详细介绍参见 6.1 节。

（5）【插件 URL】文本框：设置包含该插件的地址。如果在浏览者的系统中没有装该类型的插件，则浏览器从该地址下载它。如果没有设置【插件 URL】文本框，且又没有安装相应的插件，则浏览器将无法显示插件。

（6）【垂直边距】和【水平边距】文本框：设置插件的上、下、左、右与其他元素的距离。

（7）【边框】文本框：设置插件边框的宽度，可输入数值，单位是像素。

（8）【播放】按钮：单击该按钮，可在 Dreamweaver CC 编辑窗口中预览这个插件的效果，单击【播放】按钮后，该按钮变成【停止】按钮，单击则停止插件的预览。

（9）【参数】按钮：单击该按钮可打开【参数】对话框，设置参数对插件进行初始化。

第 6 步，因为是背景音乐，因此不需要插件控制界面，同时应该让背景音乐自动播放，且能够循环播放。单击【参数】按钮，打开【参数】对话框，设置如图 6.12 所示 3 个参数。

Note

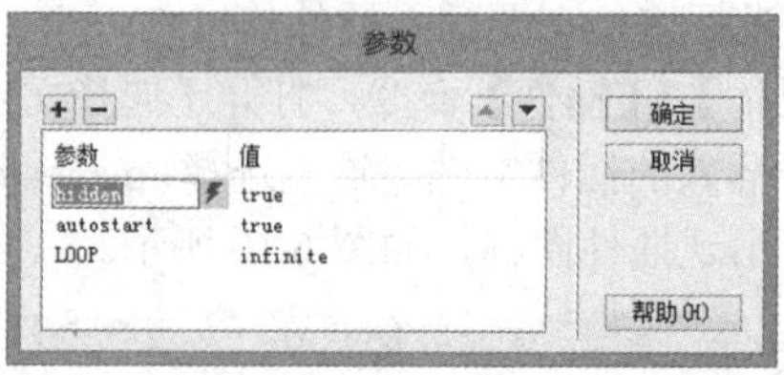

图 6.12　设置插件显示和播放属性

第 7 步，单击【确定】按钮关闭对话框，然后切换到【代码】视图，可以看到生成如下代码：

```
<embed src="images/bg.mp3" width="307" height="32" hidden="true" autostart="true" loop="infinite"></embed>
```

第 8 步，设置完毕属性，按 F12 键在浏览器中浏览，这时就可以边浏览网页，边听着背景音乐播放的小夜曲。

视频讲解

6.3.2　实战演练：插入音频

网络使用的音频格式比较多，常用的包括 MIDI、WAV、AIF、MP3 和 RA 等。在使用这些格式的文件时，需要了解它们的差异性。很多浏览器不用插件也可以支持 MIDI、WAV 和 AIF 格式的文件，而 MP3 和 RM 格式的声音文件则需要专门插件支持浏览器才能播放。各种格式的声音文件介绍如下。

（1）MID（或 MIDI，Musical Instrument Digital Interface 的简称）是一种乐器声音格式，它能够被大多数浏览器支持，并且不需要插件。很小的 MIDI 文件也可以提供较长时间的声音剪辑。MIDI 文件不能被录制并且必须使用特殊的硬件和软件在计算机上合成。

（2）WAV（Waveform Extension）格式的文件具有较高的声音质量，能够被大多数浏览器支持，并且不需要插件。用户可以使用 CD、麦克风来录制声音，但文件通常较大，网上传播比较有限。

（3）AIF（或 AIFF，Audio Interchange File Format 的简称），也具有较高的质量，和 WAV 声音很相似。

（4）MP3（Motion Picture Experts Group Audio 或 MPEG-AudioLayer-3 的简写）是一种压缩格式的声音，文件大小比 WAV 格式明显缩小。其声音品质非常好，如果正确录制和压缩 MP3 文件质量甚至可以和 CD 质量相媲美。MP3 是网上比较流行的音乐格式，它支持流媒体技术，方便用户边下载边听。

（5）RA（或 RAM）、RPM 和 RealAudio，这种格式具有非常高的压缩程度，文件大小小于 MP3。能够快速传播和下载，同时支持流媒体技术，是最有前途的一种格式，不过在听之前要先安装 RealPlayer 程序。

插入音频的方法有两种：一种是链接声音文件，一种是嵌入声音文件。链接声音文件比较简单，但使用比较快捷有效，同时可以使浏览者能够选择是否要收听该文件，并且使文件可应用于最广范围的观众中。

链接声音文件首先选择要用来指向声音文件链接的文本或图像，然后在【属性】面板的【链接】文本框中输入声音文件地址，或者单击后面的【选择文件】按钮直接选择文件，如图 6.13 所示。

嵌入声音文件是将声音直接插入页面中，但只有浏览器安装了适当插件后才可以播放声音，具体方法可以参阅 6.3.1 节讲解。

在浏览器中预览上面示例，则演示效果如图 6.14 所示。

图 6.13　在【属性】面板中链接声音文件

图 6.14　在浏览器中播放音频效果

6.3.3　实战演练：插入视频

视频讲解

网络视频格式也很多，常用的包括 MPEG、AVI、WMV、RM 和 MOV 等。各种格式的视频文件介绍如下。

（1）MPEG（或 MPG）是一种压缩比率较大的活动图像和声音的视频压缩标准，它也是 VCD 光盘所使用的标准。

（2）AVI 是一种 Microsoft Windows 操作系统所使用的多媒体文件格式。

（3）WMV 是一种 Windows 操作系统自带的媒体播放器 Windows Media Player 所使用的多媒体文件格式。

（4）RM 是 Real 公司推广的一种多媒体文件格式，具有非常好的压缩比率，是网上应用最广泛

Note

的格式之一。

（5）MOV 是 Apple 公司推广的一种多媒体文件格式。

插入视频的方法也包括链接视频文件和嵌入视频文件两种，使用方法与插入声音的方法相同。

（1）链接视频文件。在【属性】面板的【链接】文本框中输入视频文件地址，按 F12 键打开浏览器浏览效果时，当把光标放在链接文字立即变成手形，单击将播放视频，或者右击，在弹出的快捷菜单中选择【目标另存为】命令，将视频文件下载至本地，然后再播放。

（2）嵌入视频文件。可以将视频直接插入页面中，选择【插入】|【媒体】|【插件】命令，打开【选择文件】对话框，然后选择要播放的视频，如图 6.15 所示，然后参阅 6.3.1 节讲解设置播放属性。

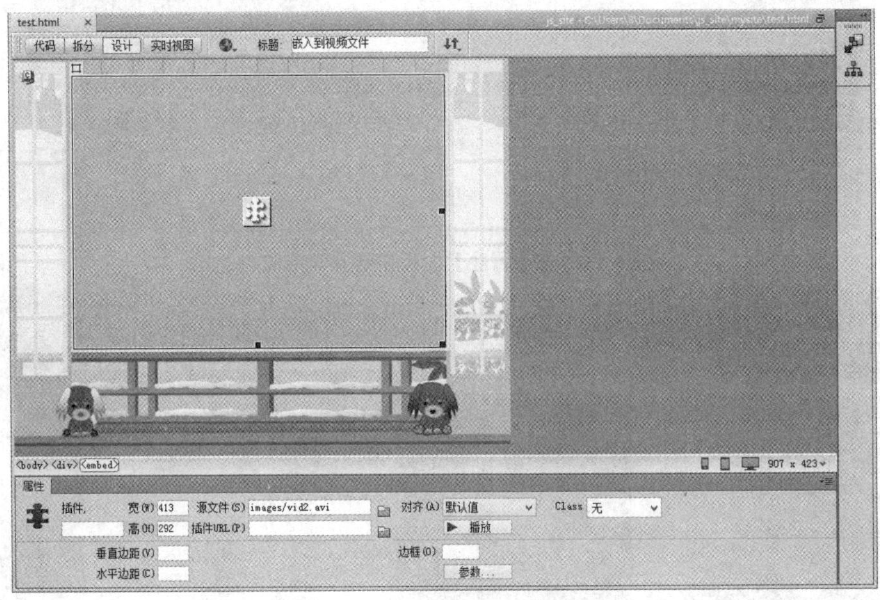

图 6.15　插入视频

提示：只有浏览器安装了所选视频文件的插件才能够正常播放。

在 HTML 代码中，不管插入音频还是视频文件，使用的标记代码和设置方法相同，详细设置如下。

链接法代码：

```
<a href=" images/vid2.avi">观看视频</a>
```

嵌入法代码：

```
<embed src=" images/vid2.avi" width="339" height="339">
```

视频讲解

6.4　使用 HTML5 音频

在 HTML5 中，使用新增的 audio 元素可以播放声音文件或音频流，它支持 Ogg Vorbis（简称 Ogg）、MP3、WAV 等音频格式，其用法如下。

```
<audio src="samplesong.mp3" controls="controls">
</audio>
```

其中，src 属性用于指定要播放的声音文件，controls 属性用于提供播放、暂停和音量控件。

如果浏览器不支持 audio 元素，则可以在<audio>与</audio>之间插入一段替换内容，这样旧的浏览器就可以显示这些信息。例如：

```
<audio src="samplesong.mp3" controls="controls">
您的浏览器不支持 audio 标签。
</audio>
```

替换内容不仅可以使用文本，还可以是一些其他音频插件，或者是声音文件的链接等。

下面通过完整的示例演示如何在页面内播放音频。本示例使用 source 元素来链接到不同的音频文件，浏览器会自己选择第一个可以识别的格式。

【操作步骤】

第 1 步，启动 Dreamweaver CC，打开本小节备用练习文档 test.html，另存为 test1.html。

第 2 步，在编辑窗口中，将光标定位在要插入插件的位置。

第 3 步，选择【插入】|【媒体】|【HTML5 Audio】命令，在编辑窗口中插入一个音频插件图标，如图 6.16 所示。

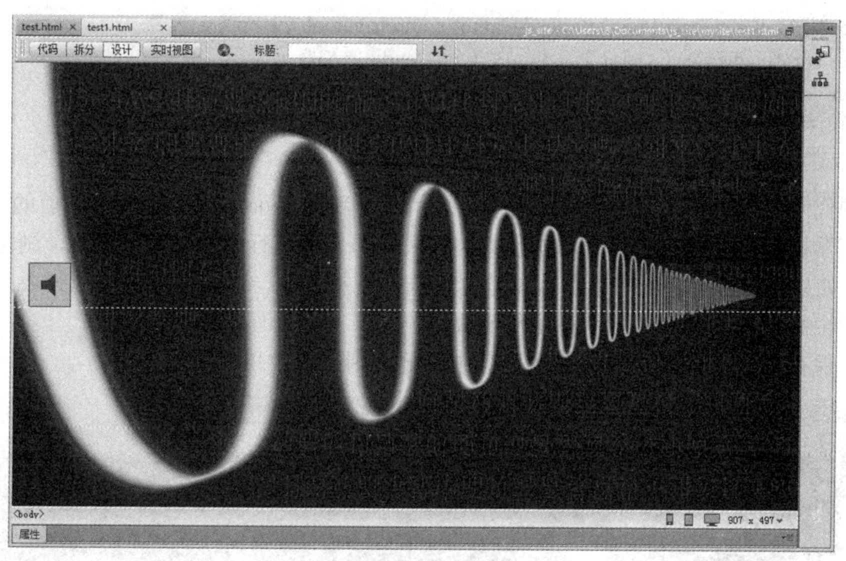

图 6.16　插入 HTML5 音频插件

第 4 步，在编辑窗口中选中插入的音频插件，然后就可以在【属性】面板中设置相关播放属性和播放内容，如图 6.17 所示。

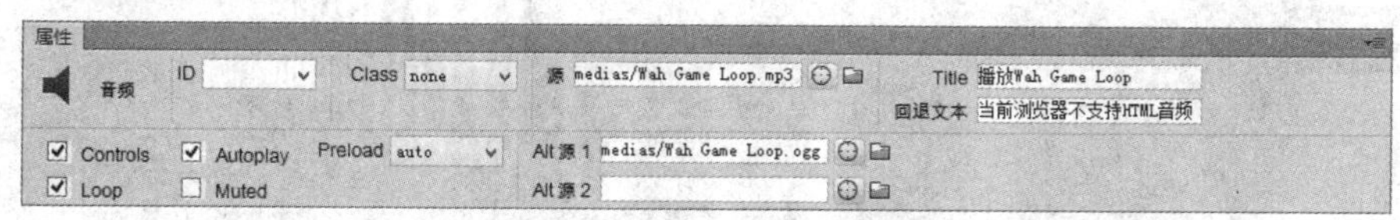

图 6.17　设置 HTML5 音频属性

(1)【ID】文本框：定义 HTML5 音频的 ID 值，以便脚本进行访问和控制。

(2)【Class】下拉列表框：设置 HTML5 音频控件的类样式。

(3)【源】【Alt 源 1】【Alt 源 2】文本框：在【源】文本框中输入音频文件的位置。或者单击【选择文件】按钮从计算机中选择音频文件。

Note

对音频格式的支持在不同浏览器上有所不同。如果源中的音频格式不被支持，则会使用【Alt 源 1】和【Alt 源 2】文本框中指定的格式，浏览器选择第一个可识别格式来显示音频。

（4）【Controls】复选框：设置是否在页面中显示播放控件。

（5）【Autoplay】复选框：设置是否在页面加载后自动播放音频。

（6）【Loop】复选框：设置是否循环播放音频。

（7）【Muted】复选框：设置是否静音。

（8）【Preload】下拉列表框：预加载选项。选择【auto】选项，则会在页面下载时加载整个音频文件；选择【metadata】选项，则会在页面下载完成之后仅下载元数据；选择【none】选项，则不进行预加载。

（9）【Title】文本框：为音频文件输入标题。

（10）【回退文本】文本框：输入在不支持 HTML5 的浏览器中显示的文本。

第 5 步，按图 6.17 所示进行设置：显示播放控件，自动播放，循环播放，允许提前预加载，鼠标经过时的提示标题为“播放 Wah Game Loop”，回退文本为“当前浏览器不支持 HTML 音频”。然后切换到【代码】视图，可以看到生成的代码：

```
<audio title="播放 Wah Game Loop" preload="auto" controls autoplay loop >
    <source src="medias/Wah Game Loop.mp3" type="audio/mp3">
    <source src="medias/Wah Game Loop.ogg" type="audio/ogg">
    <p>当前浏览器不支持 HTML 音频</p>
</audio>
```

从上面的代码可以看到，在 audio 元素中，使用两个新的 source 元素替换了先前的 src 属性。这样可以让浏览器根据自身播放能力自动选择，挑选最佳的来源进行播放。对于来源，浏览器会按照声明顺序判断，如果支持的不止一种，那么浏览器会选择支持的第一个来源。数据源列表的排放顺序应按照用户体验由高到低或者服务器消耗由低到高列出。

第 6 步，保存页面，按 F12 键，在浏览器中预览，则显示效果如图 6.18 所示。

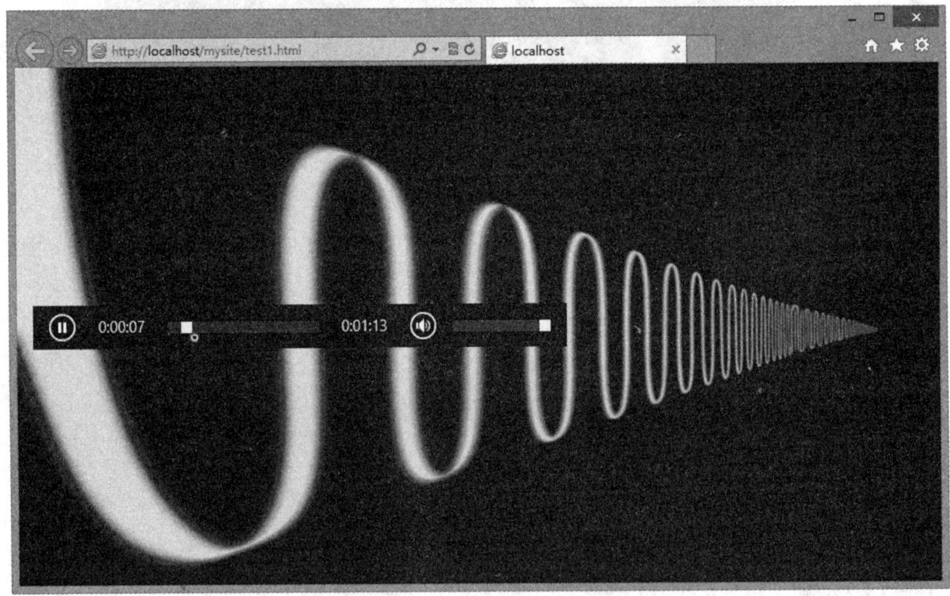

图 6.18　播放 HTML5 音频

在 IE 浏览器中可以看到一个比较简单的音频播放器，包含了播放、暂停、位置、时间显示、音量控制这些常用控件。

6.5　使用 HTML5 视频

在 HTML5 中，使用新增的 video 元素可以播放视频文件或视频流，它支持 Ogg、MPEG 4、WebM 等视频格式，其用法如下。

```
<video src="samplemovie.mp4" controls="controls">
</video>
```

其中，src 属性用于指定要播放的视频文件，controls 属性用于提供播放、暂停和音量控件，也可以包含宽度和高度属性：

如果浏览器不支持 video 元素，则可以在<video>与</video>之间插入一段替换内容，这样旧的浏览器就可以显示这些信息。例如：

```
<video src=" samplemovie.mp4" controls="controls">
您的浏览器不支持 video 标签。
</video>
```

下面通过一个完整的示例来演示如何在页面内播放视频。

【操作步骤】

第 1 步，启动 Dreamweaver CC，打开本小节备用练习文档 test.html，另存为 test1.html。

第 2 步，在编辑窗口中，将光标定位在要插入插件的位置。

第 3 步，选择【插入】|【媒体】|【HTML5 Video】命令，在编辑窗口中插入一个视频插件图标，如图 6.19 所示。

图 6.19　插入 HTML5 视频插件

第 4 步，在编辑窗口中选中插入的视频插件，然后就可以在【属性】面板中设置相关播放属性和

Note

播放内容，如图 6.20 所示。

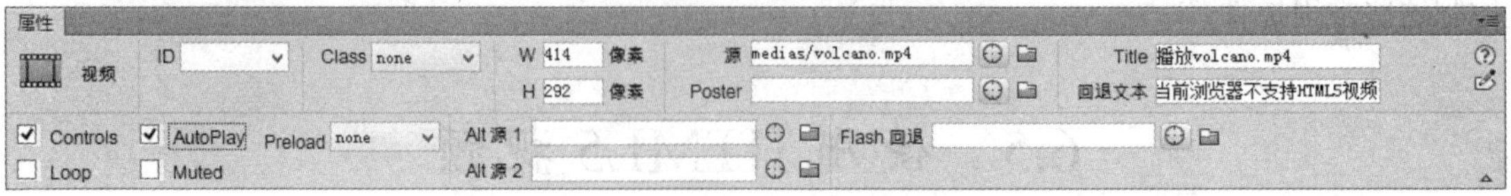

图 6.20　设置 HTML5 视频属性

（1）【ID】文本框：定义 HTML5 视频的 ID 值，以便脚本进行访问和控制。

（2）【Class】下拉列表框：设置 HTML5 视频控件的类样式。

（3）【源】【Alt 源 1】【Alt 源 2】文本框：在【源】文本框中输入音频文件的位置。或者单击【选择文件】按钮从计算机中选择视频文件。

对视频格式的支持在不同浏览器上有所不同。如果源中的视频格式不被支持，则会使用【Alt 源 1】和【Alt 源 2】文本框中指定的格式，浏览器选择第一个可识别格式来显示视频。

（4）【W】和【H】文本框：设置视频的宽度和高度，单位为像素。

（5）【Poster】文本框：输入要在视频完成下载后或用户单击【播放】按钮后显示的图像海报的位置。当插入图像时，宽度和高度值是自动填充的。

（6）【Controls】复选框：设置是否在页面中显示播放控件。

（7）【AutoPlay】复选框：设置是否在页面加载后自动播放视频。

（8）【Loop】复选框：设置是否循环播放视频。

（9）【Muted】复选框：设置是否静音。

（10）【Preload】下拉列表框：预加载选项。选择【auto】选项，则会在页面下载时加载整个视频文件；选择【metadata】选项，则会在页面下载完成之后仅下载元数据；选择【none】选项，则不进行预加载。

（11）【Title】文本框：为视频文件输入标题。

（12）【回退文本】文本框：输入在不支持 HTML5 的浏览器中显示的文本。

（13）【Flash 回退】文本框：对于不支持 HTML5 视频的浏览器选择 SWF 文件。

第 5 步，按图 6.20 所示进行设置：显示播放控件，自动播放，允许提前预加载，鼠标经过时的提示标题为“播放 volcano.mp4”，回退文本为“当前浏览器不支持 HTML5 视频”，视频宽度为 414px，高度为 292px。然后切换到【代码】视图，可以看到生成的代码：

```
<video width="414" height="292" title="播放 volcano.mp4" preload="auto" controls autoplay >
        <source src="medias/volcano.mp4" type="video/mp4">
        <p>当前浏览器不支持 HTML5 视频</p>
    </video>
```

第 6 步，保存页面，按 F12 键，在浏览器中预览，则显示效果如图 6.21 所示。

提示：在 audio 元素或 video 元素中指定 controls 属性可以在页面上以默认方式进行播放控制。如果不加这个特性，那么在播放时就不会显示控制界面。如果播放的是音频，那么页面上任何信息都不会出现，因为音频元素的唯一可视化信息就是对应的控制界面。如果播放的是视频，那么视频内容会显示。即使不添加 controls 属性也不能影响页面正常显示。

图 6.21 播放 HTML5 视频

【拓展】

有一种方法可以让没有 controls 特性的音频或视频正常播放，那就是在 audio 元素或 video 元素中设置另一个属性 autoplay。

```
<video autoplay>
    <source src="medias/volcano.ogg" type="video/ogg">
    <source src="medias/volcano.mp4" type="video/mp4">
您的浏览器不支持 video 标签。
</video >
```

通过设置 autoplay 属性，不需要任何用户交互，音频或视频文件就会在加载完成后自动播放。不过大部分用户对这种方式会比较反感，所以应慎用 autoplay。在无任何提示的情况下，播放一段音频通常有两种用途，第一种是用来制造背景氛围，第二种是强制用户接收广告。这种方式的问题在于会干扰用户本机播放的其他音频，尤其会给依赖屏幕阅读功能进行 Web 内容导航的用户带来不便。

如果内置的控件不适应用户界面的布局，或者希望使用默认控件中没有的条件或者动作来控制音频或视频文件，那么可以借助一些内置的 Javascript 函数和属性来实现，简单说明如下。

- ☑ load()：该函数可以加载音频或者视频文件，为播放做准备。通常情况下不必调用，除非是动态生成的元素。用来在播放前预加载。
- ☑ play()：该函数可以加载并播放音频或视频文件，除非音频或视频文件已经暂停在其他位，否则默认从开头播放。
- ☑ pause()：该函数暂停处于播放状态的音频或视频文件。
- ☑ canPlayType(type)：该函数检测 video 元素是否支持给定 MIME 类型的文件。

canPlayType(type)函数有一个特殊的用途：向动态创建的 video 元素中传入某段视频的 MIME 类型后，仅仅通过一行脚本语句即可获得当前浏览器对相关视频类型的支持情况。

【示例】

下面示例演示如何通过在视频上移动鼠标来触发 play 和 pause 功能。页面包含多个视频，且由用户来选择播放某个视频时，这个功能就非常适用。如在用户鼠标移到某个视频上时，播放简短的视频预览片段，用户单击后，播放完整的视频。具体演示代码如下：

```
<!doctype html>
<html>
<head>
<meta charset="utf-8">
</head>
<body>
<video id="movies" onmouseover="this.play()" onmouseout="this.pause()" autobuffer="true"
    width="400px" height="300px">
    <source src="medias/volcano.ogv" type='video/ogg; codecs="theora, vorbis"'>
    <source src="medias/volcano.mp4" type='video/mp4'>
</video>
</body>
</html>
```

上面代码在浏览器中预览，则显示效果如图 6.22 所示。

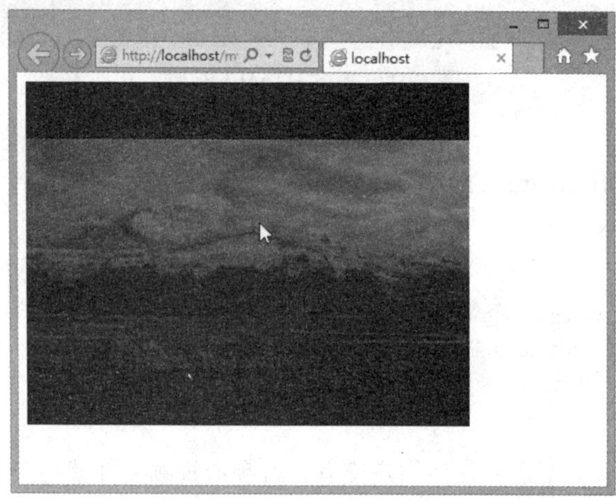

图 6.22　使用鼠标控制视频播放

视频讲解

6.6　案例实战：设计音乐播放器

如果需要在用户交互界面上播放一段音频，同时又不想被默认的控制界面影响页面显示效果，则可创建一个隐藏的 audio 元素，即不设置 controls 属性，或将其设置为 false，然后用自定义控制界面控制音频的播放。

本示例完整代码如下，演示效果如图 6.23 所示。

```
<!DOCTYPE html>
<html>
<head>
<meta http-equiv="Content-Type" content="text/html; charset=utf-8">
<style type="text/css">
body { background:url(images/bg.jpg) no-repeat;}
#toggle { position:absolute; left:311px; top:293px; }
</style>
</head>
```

```
<title></title>
<audio id="music">
    <source src="medias/Wah Game Loop.ogg">
    <source src="medias/Wah Game Loop.mp3">
</audio>
<button id="toggle" onclick="toggleSound()">播放</button>
<script type="text/javascript">
    function toggleSound() {
        var music = document.getElementById("music");
        var toggle = document.getElementById("toggle");
        if (music.paused) {
          music.play();
          toggle.innerHTML = "暂停";
        }
        else {
          music.pause();
          toggle.innerHTML ="播放";
        }
    }
  </script>
</html>
```

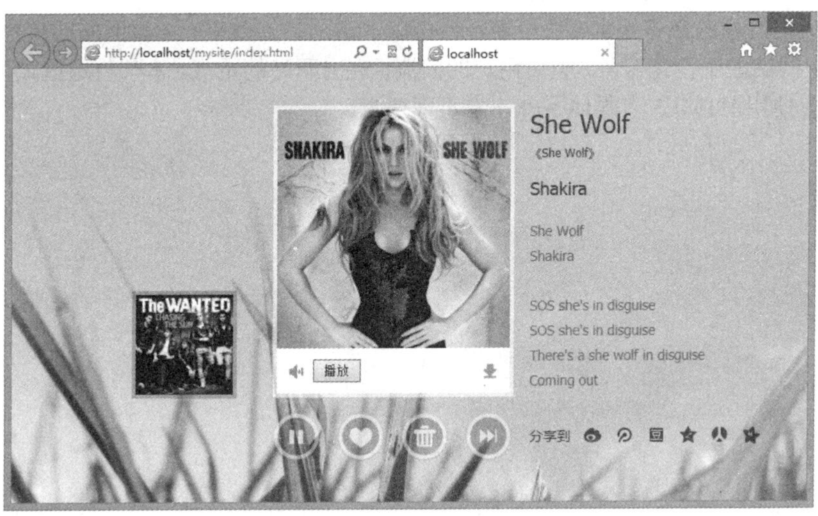

图 6.23　用脚本控制音乐播放

在本示例中，先隐藏了用户控制界面，也没有将其设置为加载后自动播放，而是创建了一个具有切换功能的按钮，以脚本的方式控制音频播放：

```
<button id="toggle" onclick="toggleSound()">播放</button>
```

按钮在初始化时会提示用户单击它以播放音频。每次单击时，都会触发 toggleSound()函数。在 toggleSound()函数中，首先访问 DOM 中的 audio 元素和 button 元素。

```
function toggleSound() {
    var music = document.getElementById("music");
    var toggle = document.getElementById("toggle");
```

Note

```
        if (music.paused) {
            music.play();
            toggle.innerHTML = "暂停";
        }
    }
```

通过访问 audio 元素的 paused 属性，可以检测到用户是否已经暂停播放。如果音频还没开始播放，那么 paused 属性默认值为 true，这种情况在用户第一次单击按钮时遇到。此时，需要调用 play()函数播放音频，同时修改按钮上的文字，提示再次单击就会暂停。

```
    else {
        music.pause();
        toggle.innerHTML ="播放";
    }
```

相反，如果音频没有暂停，则会使用 pause()函数将它暂停，然后更新按钮上的文字为“播放”，让用户知道下次单击时音频将继续播放。

6.7 在线练习

多媒体已成为网站的必备元素，使用多媒体可以丰富网站的效果，丰富网站的内容，给人充实的视觉体验，体现网站的个性化服务，吸引用户的回流，突出网站的重点。本节将通过大量的上机示例，帮助初学者练习使用 HTML5 多媒体 API 丰富页面信息。

在线练习

第7章 使用表格

表格具有强大的数据组织和管理能力，同时在网页设计中还被作为页面布局的强力工具。在传统网页设计中，表格布局比较流行，因此很多人把传统布局视为表格布局，不过在标准网页设计中就不建议使用表格来进行布局。熟练掌握表格的使用和技巧就可以设计出很多富有创意、风格独特的网页。

【学习重点】

- 在网页中插入表格。
- 在表格中插入内容。
- 增加、删除、分割、合并行与列。
- 修改表格、行、单元格属性。
- 设置表格、行、列和单元格属性。
- 设计表格样式。
- 设计表格页面。

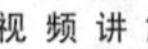

Note

7.1 在网页中插入表格

Dreamweaver CC 提供了强大而完善的表格可视化操作功能，利用这些功能可以快捷插入表格、格式化表格等操作，使开发网页的周期大大缩短。

【操作步骤】

第 1 步，启动 Dreamweaver CC，打开本小节备用练习文档 test.html，另存为 test1.html。

第 2 步，在编辑窗口中，将光标定位在要插入插件的位置。

第 3 步，选择【插入】|【表格】命令（组合键为 Ctrl+Alt+T），打开【表格】对话框，如图 7.1 所示。

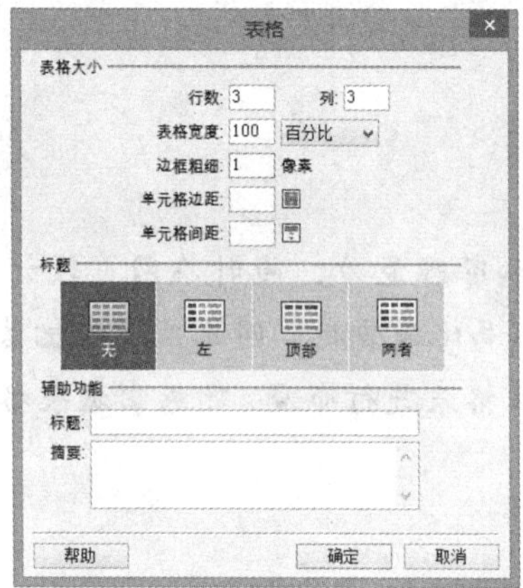

图 7.1 【表格】对话框

提示：如果插入表格等对象时，不需要显示对话框，可选择【编辑】|【首选项】命令，打开【首选项】对话框，在【常规】分类选项中取消选中【插入对象时显示对话框】复选框，如图 7.2 所示。

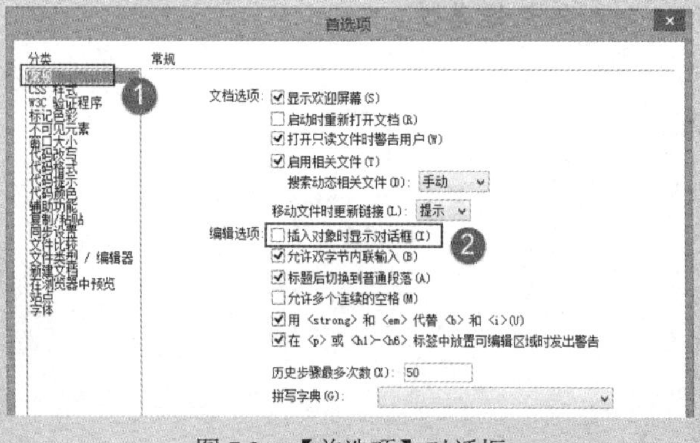

图 7.2 【首选项】对话框

（1）【行数】和【列】文本框：设置表格行数和列数。

（2）【表格宽度】文本框：设置表格的宽度，其后面的下拉列表可选择表格宽度的单位。可以选择【像素】选项设置表格固定宽度，或者选择【百分比】选项设置表格相对宽度（以浏览器窗口或者

表格所在的对象作为参照物）。

（3）【边框粗细】文本框：设置表格边框的粗细，单位为像素。

（4）【单元格边距】文本框：设置单元格边框和单元格内容之间距离，单位为像素。

（5）【单元格间距】文本框：设置相邻单元格之间的距离，单位为像素。

（6）【标题】选项组：选择设置表格标题列拥有的行或列。标题列单元格使用<th>标签定义，而普通单元格使用<td>标签定义。

☑　【无】选项：不设置表格行或列标题。

☑　【左】选项：设置表格的第 1 列作为标题列，以便为表格中的每一行输入一个标题。

☑　【顶部】选项：设置表格的第 1 行作为标题列，以便为表格中的每一列输入一个标题。

☑　【两者】选项：设置在表格中输入行标题和列标题。

（7）【标题】文本框：设置一个显示在表格外的表格标题。

（8）【摘要】文本框：设置表格的说明文本，屏幕阅读器可以读取摘要文本，但是该文本不会显示在用户的浏览器中。

第 4 步，在【表格】对话框中设置表格 3 行 3 列，宽度为 100percent（100%），边框为 1px，则插入表格效果如图 7.3 所示。

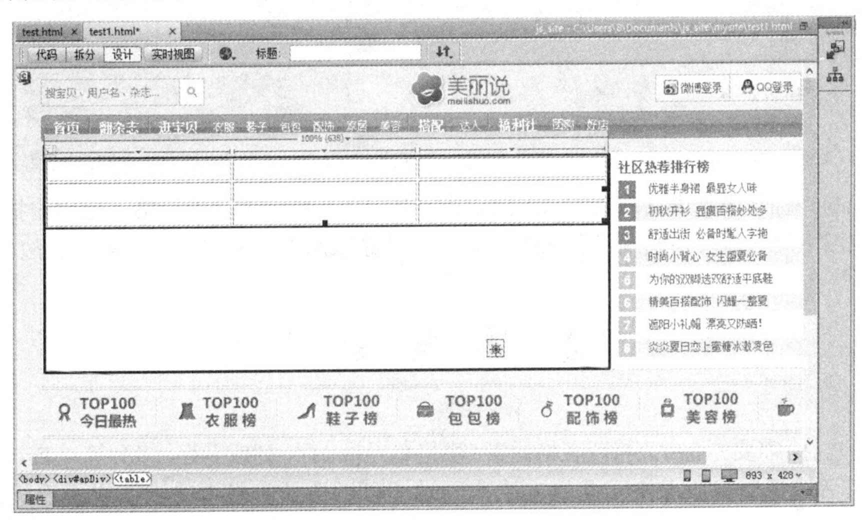

图 7.3　插入的表格

提示： 一般在插入表格的下面或上面显示表格宽度菜单，显示表格的宽度和宽度分布，它可以方便设计者排版操作，不会在浏览器中显示。选择【查看】|【可视化助理】|【表格宽度】命令可以显示或隐藏表格宽度菜单。单击表格宽度菜单中的小三角图标，会打开一个下拉菜单，如图 7.4 所示，可以利用该菜单完成一些基本操作。

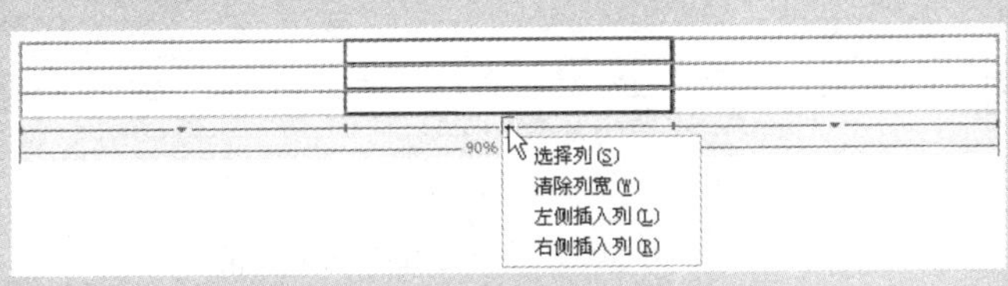

图 7.4　表格宽度菜单

在没有明确指定边框粗细、单元格边距和单元格间距情况下，大多数浏览器默认边框粗细和单元格边距为1px、单元格间距为2px。如果要利用表格进行版面布局，不希望看见表格边框，可设置边框粗细、单元格边距和单元格间距为0。【表格】对话框将保留最后一次插入表格所输入的值，作为以后插入表格的默认值。

Note

第5步，切换到【代码】视图，可以看到自动生成的HTML代码，使用<table>标记创建表格的代码如下：

```
<table width="100%" border="1">
    <tr>
        <td> </td>
        <td> </td>
        <td> </td>
    </tr>
    <tr>
        <td> </td>
        <td> </td>
        <td> </td>
    </tr>
    <tr>
        <td> </td>
        <td> </td>
        <td> </td>
    </tr>
</table>
```

其中，<table>标记表示表格框架，<tr>标记表示行，<tr>标记表示单元格。当用户插入表格后，在【代码】视图下用户能够精确编辑和修改表格的各种显示属性，如宽、高、对齐、边框等。

7.2 选择表格

操作表格之前，需要先选中表格或表格元素（表格单元格、行、列或多行、多列等），Dreamweaver CC提供了多种灵活选择表格或表格元素的方法，同时还可以选择表格中的连续或不连续的多个单元格等。

视频讲解

7.2.1 实战演练：选择表格

选择整个表格，可以执行如下操作之一。

（1）移动鼠标指针到表格的左上角，当鼠标指针右下角附带一表格图形时，单击即可，或者在表格的右边缘及下边缘或者单元格内边框的任何地方单击（平行线光标），如图7.5所示。

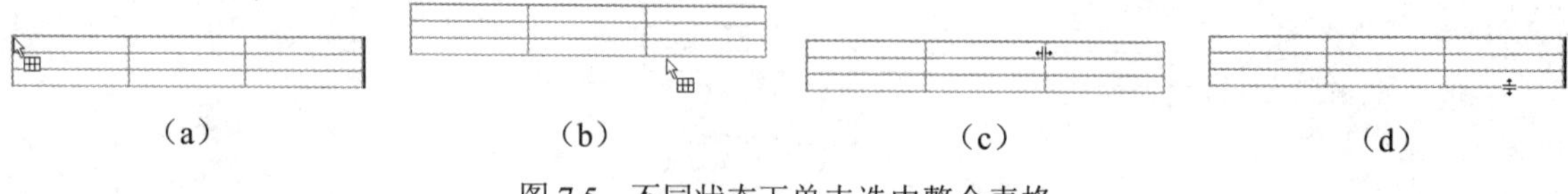

图7.5　不同状态下单击选中整个表格

（2）在单元格中单击，然后选择【修改】|【表格】|【选择表格】命令，或者连续按两次Ctrl+A快捷键。

（3）在单元格中单击，然后连续选择【编辑】|【选择父标签】命令 3 次，或者连续按 3 次 Ctrl+[快捷键。

（4）在表格内任意单击，然后在编辑窗口的左下角标签选择栏中单击<table>标签，如图 7.6 所示。

（5）单击表格宽度菜单中的小三角图标，在打开的下拉菜单中选择【选择表格】命令，如图 7.7 所示。

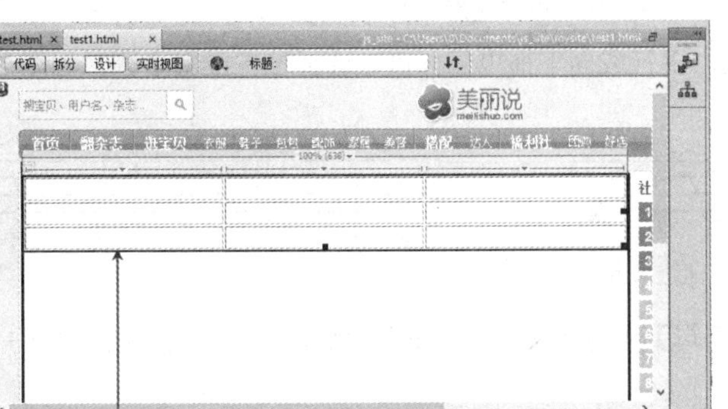

图 7.6　用标签选择器选中整个表格

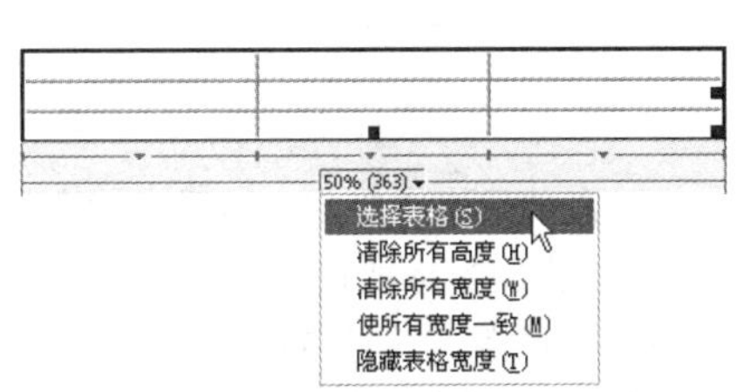

图 7.7　用表格宽度菜单选中整个表格

（6）在【代码】视图下，找到表格代码区域，用鼠标拖选整个表格代码区域（<table>和</table>标记之间代码区域），如图 7.8 所示。或者将光标定位到<td>和</td>标记内，连续单击左侧工具条中的【选择父标签】按钮3 次，或者连续按 3 次 Ctrl+[快捷键。

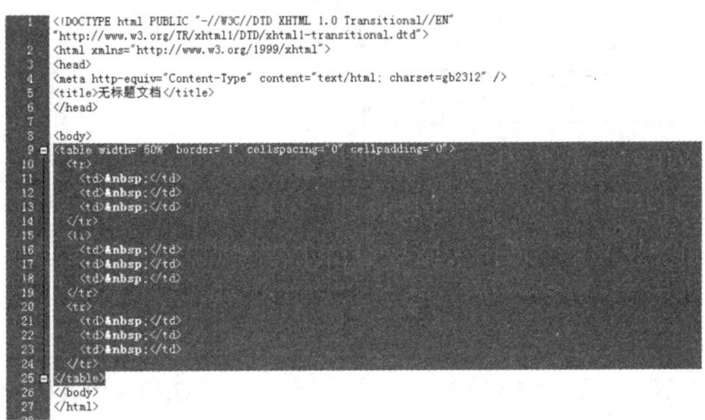

```
<!DOCTYPE html PUBLIC "-//W3C//DTD XHTML 1.0 Transitional//EN"
"http://www.w3.org/TR/xhtml1/DTD/xhtml1-transitional.dtd">
<html xmlns="http://www.w3.org/1999/xhtml">
<head>
<meta http-equiv="Content-Type" content="text/html; charset=gb2312" />
<title>无标题文档</title>
</head>

<body>
<table width="50%" border="1" cellspacing="0" cellpadding="0">
  <tr>
    <td> </td>
    <td> </td>
    <td> </td>
  </tr>
  <tr>
    <td> </td>
    <td> </td>
    <td> </td>
  </tr>
  <tr>
    <td> </td>
    <td> </td>
    <td> </td>
  </tr>
</table>
</body>
</html>
```

图 7.8　在【代码】视图下选中整个表格

7.2.2　实战演练：选择表格的行或列

视频讲解

选择表格的行或列，可执行如下操作之一。

（1）将光标置于行的左边缘或列的顶端，出现选择箭头时单击，如图 7.9 所示，单击即可选择该行或列。如果单击并拖动可选择多行或多列，如图 7.10 所示。

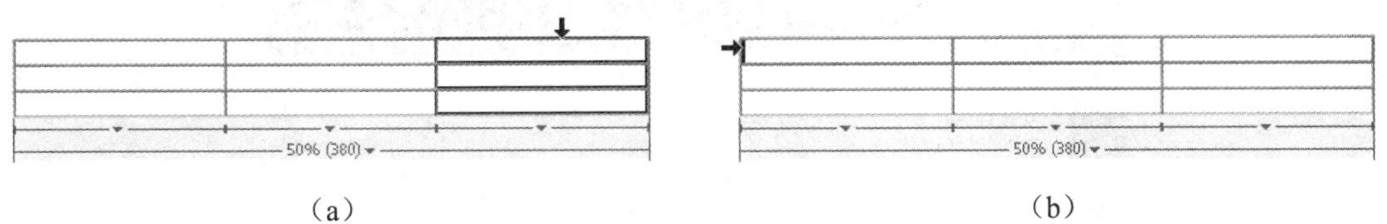

（a）　　　　　　（b）

图 7.9　单击选择表格行或列

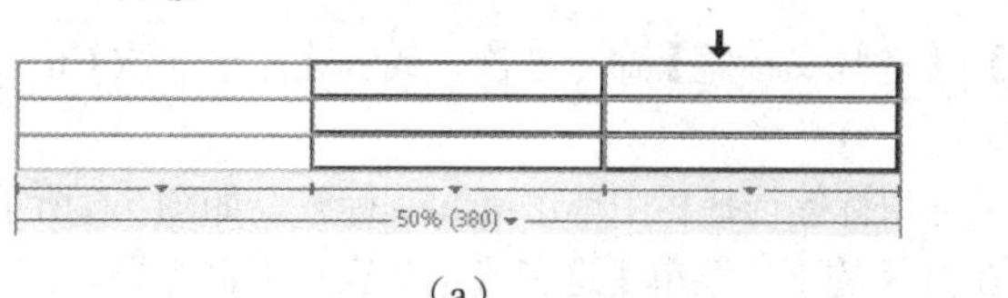

（a）

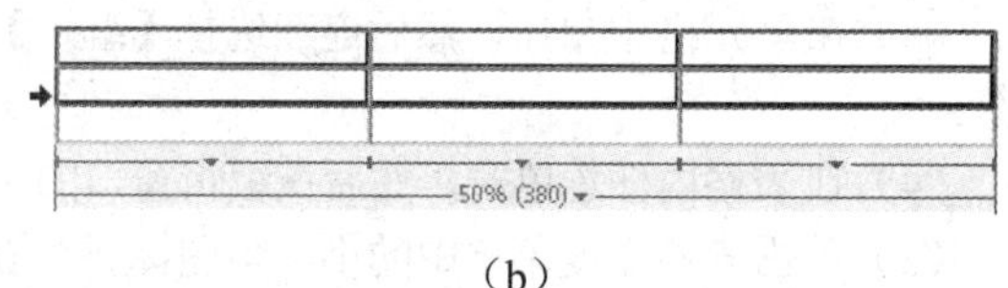

（b）

图 7.10　单击并拖动选择表格多行或多列

（2）将鼠标光标置于表格的任意单元格，平行或向下拖曳鼠标可以选择多行或者多列，如图 7.11 所示。

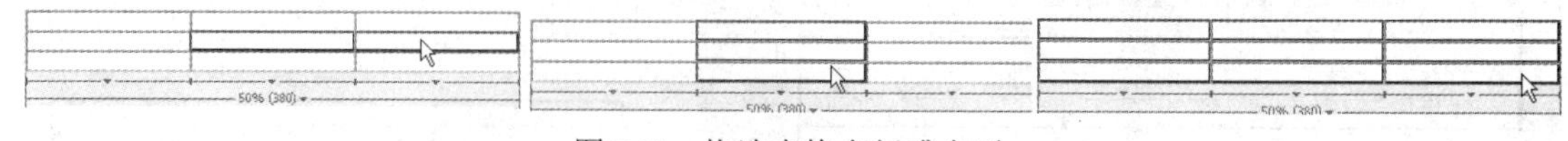

图 7.11　拖选表格多行或多列

（3）在单元格中单击，然后连续选择【编辑】|【选择父标签】命令两次，或者连续按两次 Ctrl+[快捷键，可以选择光标所在行，但不能选择列。

（4）在表格内任意单击，然后在编辑窗口的左下角标签选择栏中选择<tr>标签，如图 7.12 所示，可以选择光标所在行，但不能选择列。

（5）单击表格列宽度菜单中的▾按钮，在打开的下拉菜单中选择【选择列】命令，如图 7.13 所示，该命令可以选择所在列，但不能选择行。

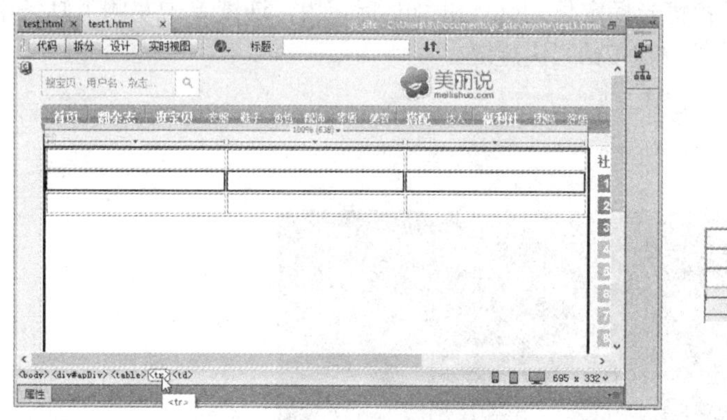

图 7.12　用标签选择器选中表格行

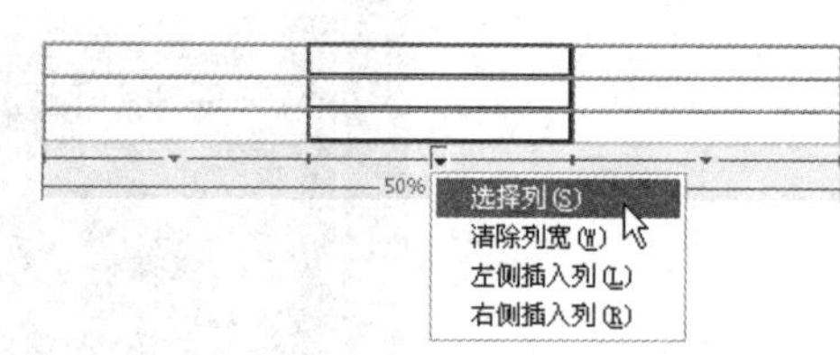

图 7.13　用表格列宽度菜单选中表格列

（6）在【代码】视图下，找到表格代码区域，用鼠标拖选表格内<tr>和</tr>行代码区域，如图 7.14 所示。或者将光标定位到<td>和</td>标记内，连续单击左侧工具条中的【选择父标签】按钮两次，或者按两次 Ctrl+[快捷键。这种方式可以选择行，但不能选择列。

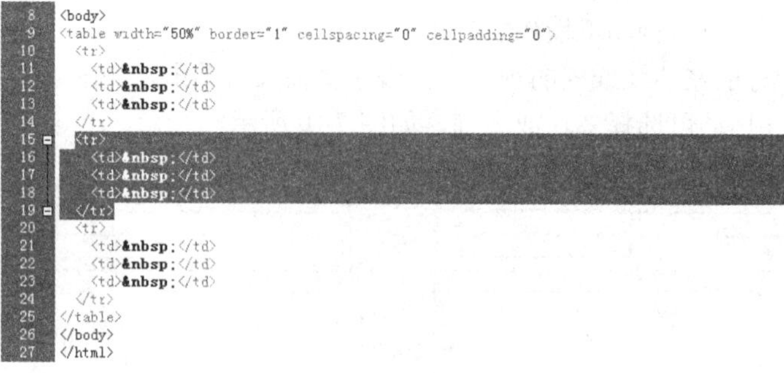

图 7.14　在【代码】视图下选中表格行

视频讲解

7.2.3　实战演练：选择单元格

选择单元格，可以执行如下操作之一。

（1）在单元格中单击，然后按 Ctrl+A 快捷键。

（2）在单元格中单击，然后选择【编辑】|【选择父标签】命令，或者按 Ctrl+[快捷键。

（3）在单元格中单击，然后在编辑窗口的左下角标签选择栏中选择<td>标签。

（4）在【代码】视图下，找到表格代码区域，用鼠标拖选<td>和</td>标记区域代码，单击左侧工具条中的【选择父标签】按钮。

（5）要选择多个单元格，可使用选择行或列中拖选方式快速选择多个连续的单元格。也可以配合键盘快速选择多个连续或不连续的单元格。

（6）在一个单元格内单击，按住 Shift 键单击另一个单元格。包含两个单元格的矩形区域内所有单元格均被选中。

（7）按 Ctrl 键的同时单击需要选择的单元格（两次单击则取消选定），可以选择多个连续或不连续的单元格，如图 7.15 所示。

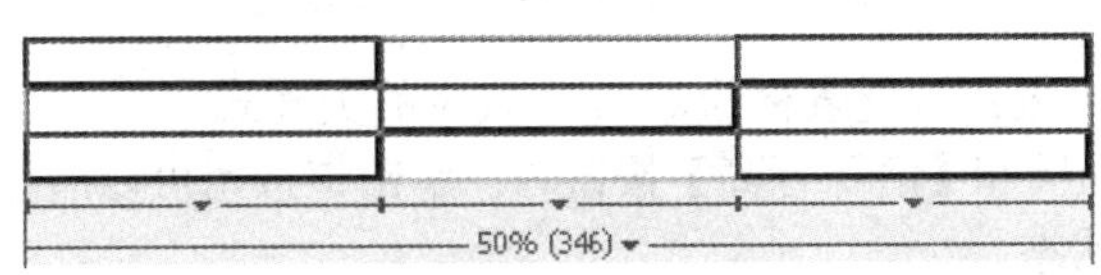

图 7.15　选择多个不连续的单元格

7.3　设置表格属性

表格对象由<table>、<tr>和<td>标签组合定义，因此设置表格属性时，也需要分别进行设置。

视频讲解

7.3.1　设置<table>属性

选中整个表格之后，就可以利用表格【属性】面板来设置或修改表格的属性，如图 7.16 所示。

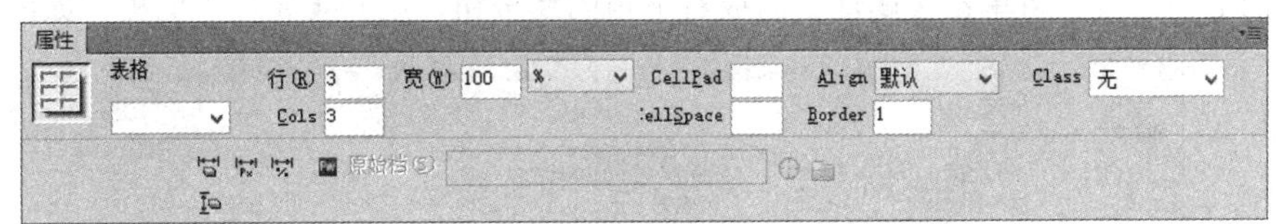

图 7.16　表格【属性】面板

（1）【表格】文本框：设置表格的 ID 编号，便于用脚本对表格进行控制，一般可不填。

（2）【行】和【Cols】文本框：设置表格的行数和列数。

（3）【宽】文本框：设置表格的宽度，可填入数值。可在其后的下拉列表框中选择宽度的单位，包括两个选项：%（百分比）和像素。

（4）【CellPad】文本框：也称单元格边距，设置单元格内部和单元格边框之间的距离，单位是像素，设置不同的表格填充效果如图 7.17 所示。

（5）【CellSpace】文本框：设置单元格之间的距离，单位是像素，设置不同的表格间距如图 7.18 所示。

（6）【Align】下拉列表框：设置表格的对齐方式，包括 4 个选项：默认、左对齐、居中对齐和

Note

右对齐。

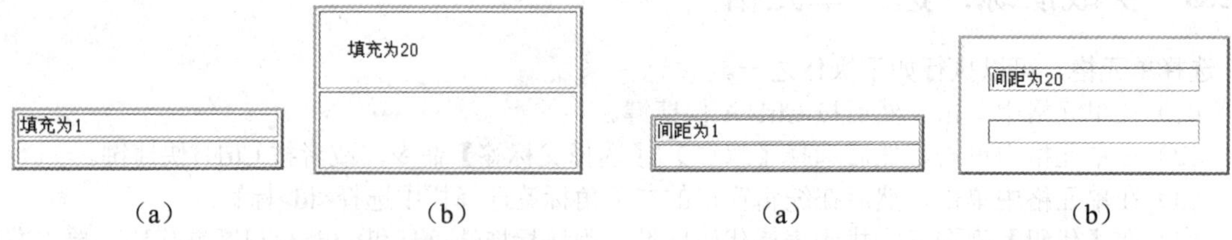

（a） （b） （a） （b）

图 7.17　不同的表格填充效果　　图 7.18　不同的表格间距效果

（7）【Border】文本框：设置表格边框的宽度，单位是像素，设置不同的表格边框如图 7.19 所示。

（a） （b）

图 7.19　不同的表格边框效果

（8）【Class】下拉列表框：设置表格的 CSS 样式表的类样式。

（9）【清除列宽】按钮和【清除行高】按钮：单击该按钮可以清除表格的宽度和高度，使表格宽度和高度恢复到最小状态。

（10）【将表格宽度转换成像素】按钮：单击该按钮可以将表格宽度单位转换为像素。

（11）【将表格宽度转换成百分比】按钮：单击该按钮可以将表格宽度单位转换为百分比。

提示：如果使用表格进行页面布局，应设置表格边框为 0，这时要查看单元格和边框，可选择【查看】|【可视化助理】|【表格边框】命令。

视频讲解

7.3.2　设置<tr>和<td>属性

将鼠标光标移到表格的某个单元格内，在【属性】面板中就可以设置单元格属性。在【属性】面板中，上半部分是设置单元格内文本的属性，下半部分是设置单元格的属性，如果【属性】面板只显示文本属性的上半部分，可单击【属性】面板右下角的按钮，展开【属性】面板，如图 7.20 所示。

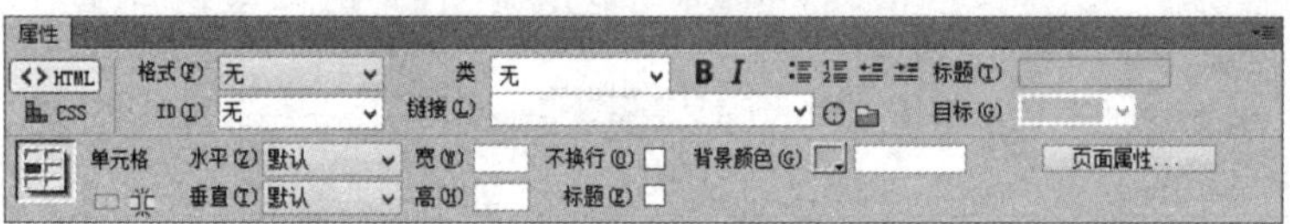

图 7.20　单元格【属性】面板

（1）【合并单元格】按钮：单击该按钮可将所选的多个连续单元格、行或列合并为一个单元格。所选多个连续单元格、行或列应该是矩形或直线的形状，如图 7.21 所示。

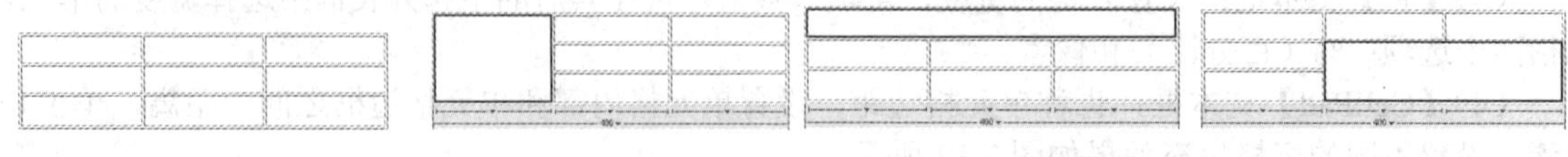
（a）合并前的效果　　（b）合并后的效果

图 7.21　合并单元格

在 HTML 源代码中，可以使用下面代码表示（下面示例为两行两列的表格）。

① 合并同行单元格。

```
<table width="90%" height="150" border="0" cellpadding="0" cellspacing="0">
    <tr>
        <td colspan="2"> </td>
    </tr>
    <tr>
        <td> </td>
        <td> </td>
    </tr>
</table>
```

② 合并同列单元格。

```
<table width="90%" height="150" border="0" cellpadding="0" cellspacing="0">
    <tr>
        <td rowspan="2"> </td>
        <td> </td>
    </tr>
    <tr>
        <td> </td>
    </tr>
</table>
```

（2）【拆分单元格】按钮：单击该按钮可将一个单元格分成两个或者更多的单元格。单击该按钮后会打开【拆分单元格】对话框，如图 7.22 所示，在该对话框中可以选择将选中的单元格拆分成【行】或【列】以及拆分后的【行数】或【列数】。拆分单元格效果如图 7.23 所示。

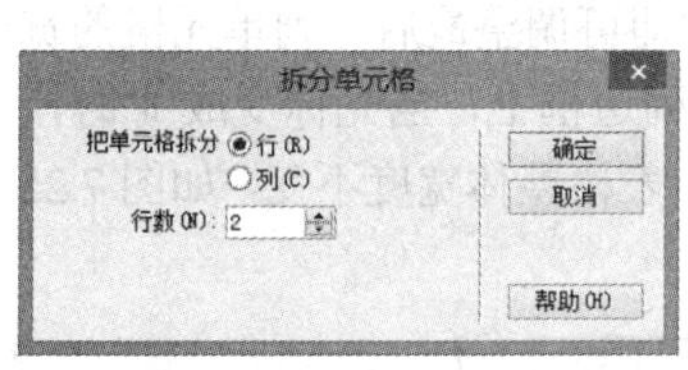

图 7.22　【拆分单元格】对话框

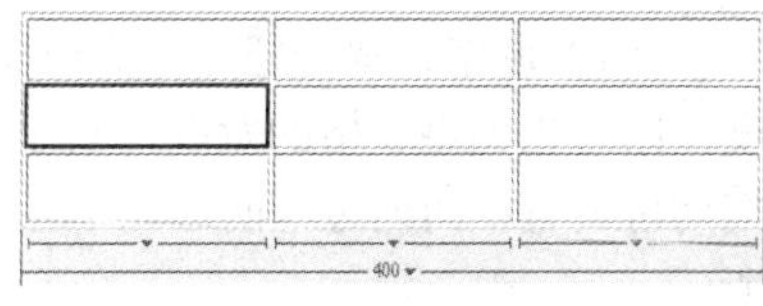

（a）拆分前　（b）拆分后

图 7.23　拆分单元格

（3）【水平】下拉列表框：设置单元格内对象的水平对齐方式，包括默认、左对齐、右对齐和居中对齐等对齐方式（单元格默认为左对齐，标题单元格则为居中对齐）。

使用 HTML 源代码表示为 align="left"或者其他值。

（4）【垂直】下拉列表框：设置单元格内对象的垂直对齐方式，包括默认、顶部、居中、底部和基线等对齐方式（默认为居中对齐），如图 7.24 所示。

使用 HTML 源代码表示为 valign="top"或者其他值。

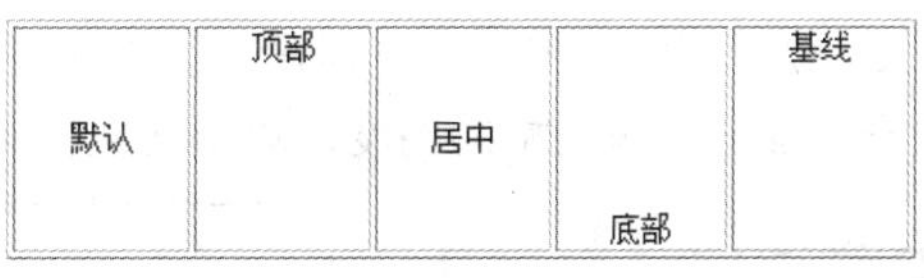

图 7.24　单元格垂直对齐方式

（5）【宽】和【高】文本框：设置单元格的宽度和高度，可以以像素或百分比来表示，在文本框中可以直接合并输入，如 45%、45（像素单位可以不输入）。

（6）【不换行】复选框：设置单元格文本是否换行。如果选中该复选框，则当输入的数据超出单元格宽度时，单元格会调整宽度来容纳数据。

使用 HTML 源代码表示为 nowrap="nowrap"。

（7）【标题】复选框：选中该复选框，可以将所选单元格的格式设置为表格标题单元格。默认情况下，表格标题单元格的内容为粗体并且居中对齐。

使用 HTML 源代码表示为<th>标记，而不是<td>标记。

（8）【背景颜色】文本框：设置单元格的背景颜色。

使用 HTML 源代码表示为 bgcolor="#CC898A"

> 提示：当<table>标签属性与<td>标签属性设置冲突时，将优先使用单元格中设置的属性。
> 行、列和单元格的【属性】面板设置相同，只不过是选中行、列和单元格时，【属性】面板下半部分的左上角显示不同的名称。

7.4 操作表格

除了使用【属性】面板设置表格及其元素的各种属性外，使用鼠标可以徒手调整表格，也可以使用各种命令精确编辑表格。

7.4.1 实战演练：调整表格大小

视频讲解

用【属性】面板中的【宽】和【高】文本框能精确调整表格及其元素的大小，而用鼠标拖动调整则显得更为方便快捷，如果配合表格宽度菜单中显示的数值也能比较精确调整列宽。调整表格大小的操作如下。

（1）调整列宽：把光标置于表格右边框上，当光标变成⫲时，拖动即可调整最后一列单元格的宽度，同时也调整表格的宽度，对于其他行不影响；把光标置于表格中间列边框上，当光标变成⫲时，拖动可调整中间列边框两边列单元格的宽度，对于其他列单元格不影响，表格整体宽度不变，如图 7.25 所示。

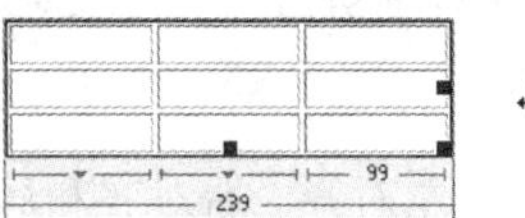

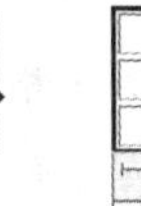

（a）调整第 3 列高度

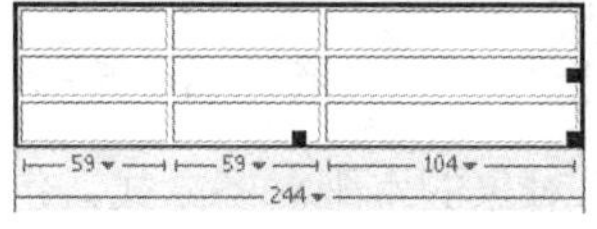

（b）调整效果

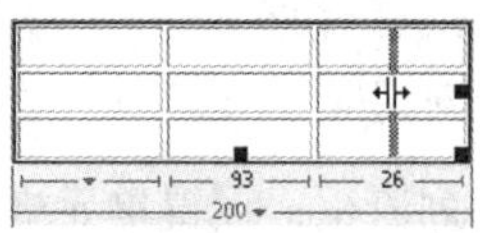

（c）调整第 2 列高度

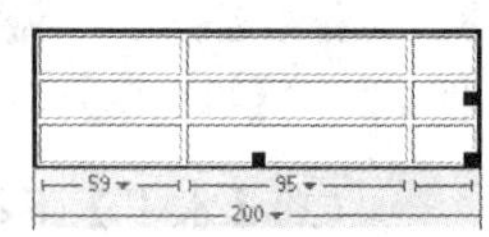

（d）调整效果

图 7.25　调整列宽

（2）调整行高：把光标置于表格底部边框或者中间行线上，当光标变成÷时，拖动即可调整该边框上面一行单元格的高度，对于其他行不影响，如图 7.26 所示。

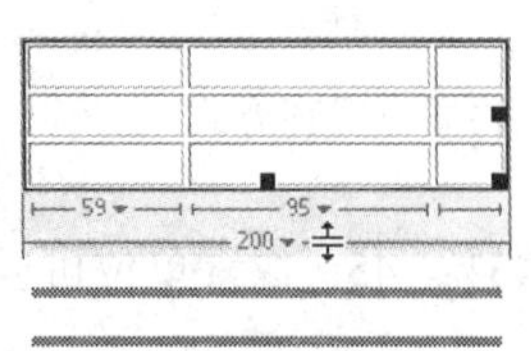

（a）调整第 1 行高度

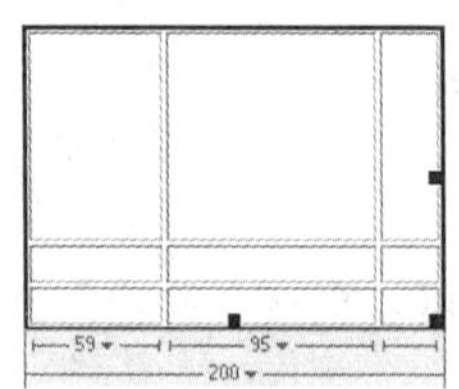

（b）调整效果

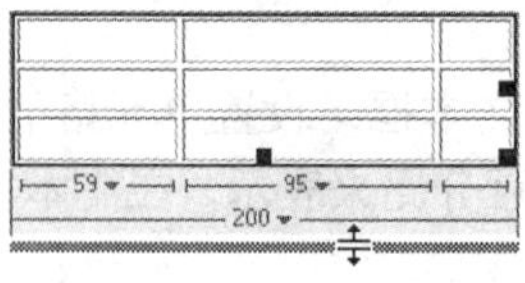

（c）调整第 3 行高度

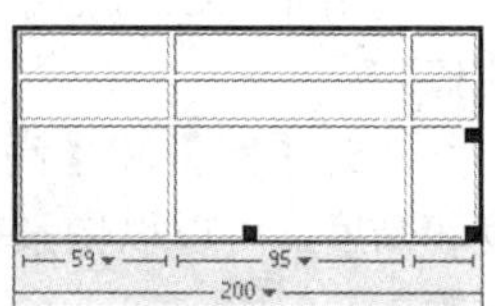

（d）调整效果

图 7.26　调整行高

（3）调整表宽：选中整个表格，把光标置于表格右边框控制点▐上，当光标变成⇔时，拖动即可调整表格整体宽度，各列会被均匀调整，如图 7.27 所示。

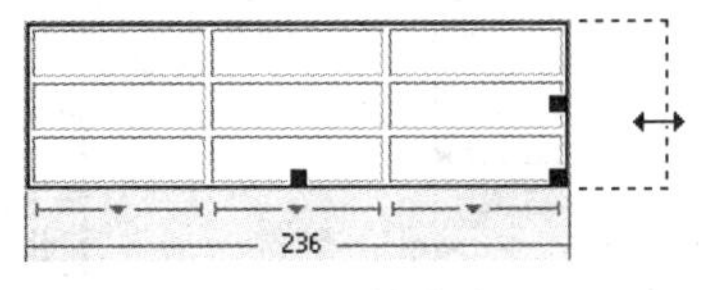

（a）调整表宽

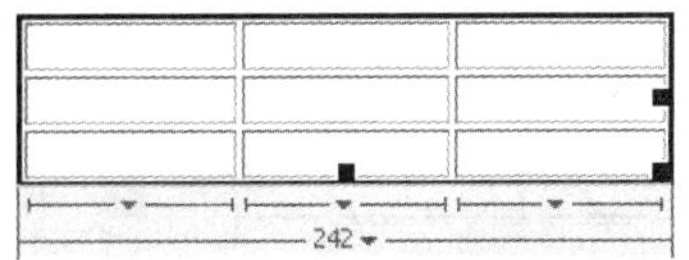

（b）调整后效果

图 7.27　调整表宽

（4）调整表高：选中整个表格，把光标置于表格底边框控制点▄上，当光标变成⇕时，拖动即可调整表格整体高度，各行会被均匀调整，如图 7.28 所示。

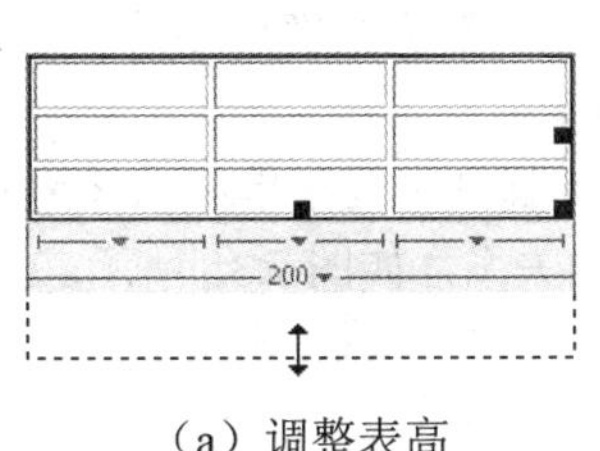

（a）调整表高

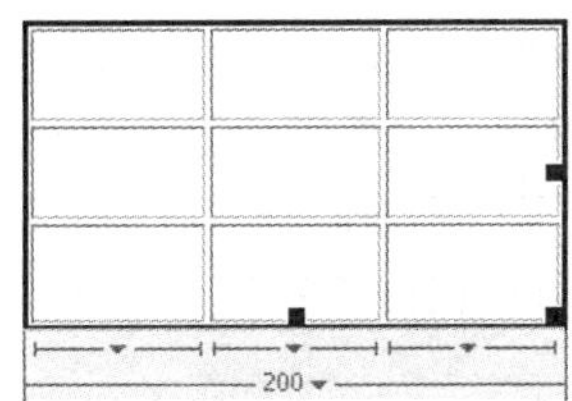

（b）调整后效果

图 7.28　调整表高

（5）同时调整表宽和高：选中整个表格，把光标置于表格右下角控制点▟上，当光标变成⤡时，拖动即可同时调整表格整体宽度和高度，各行和列会被均匀调整，如图 7.29 所示。按住 Shift 键，可以按原比例调整表格的宽和高。

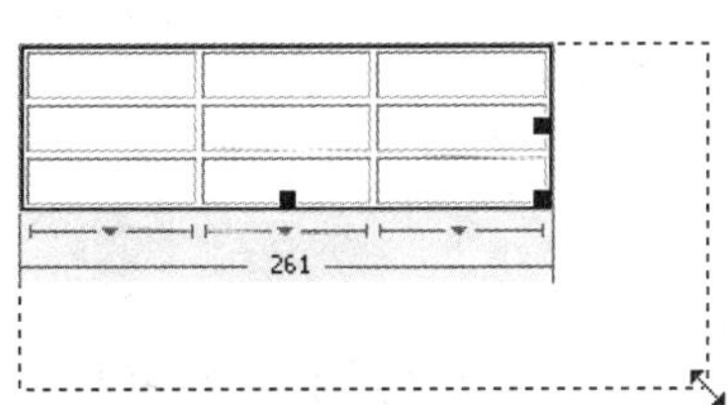

（a）调整表宽和高

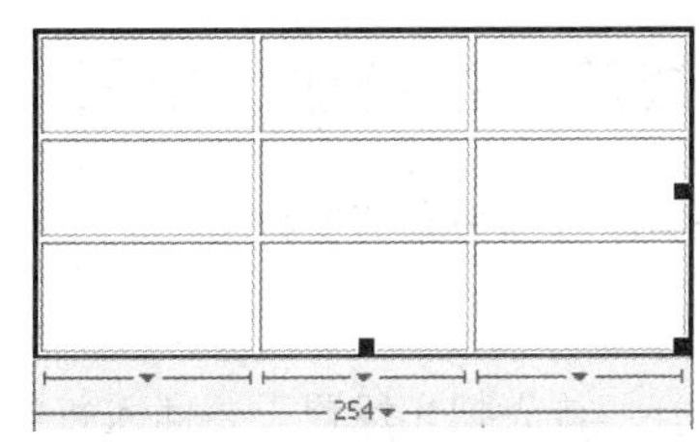

（b）调整后效果

图 7.29　调整表宽和高

7.4.2　实战演练：清除和均化表格大小

视频讲解

表格及其元素被调整后，可以清除表格大小或者均化宽度，详细操作如下。

（1）清除所有高度：选择整个表格，在表格宽度菜单中选择【清除所有高度】命令，如图 7.30 所示，将表格的高度值清除，收缩表格高度范围至最小状态，如图 7.31 所示。也可以选择【修改】|【表格】|【清除单元格高度】命令实现相同的功能。

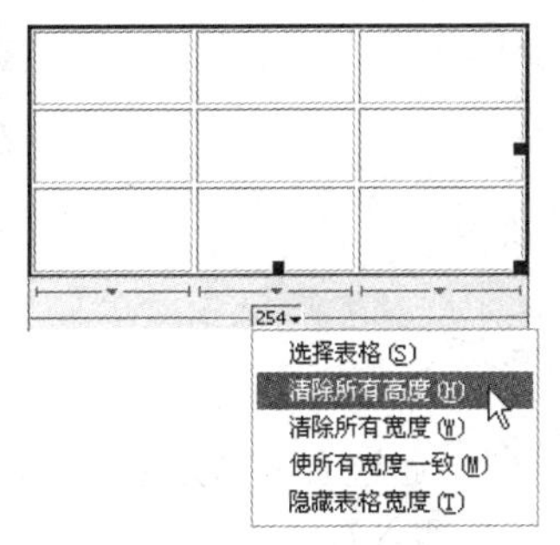

图 7.30　选择【清除所有高度】命令

（2）清除所有宽度：选择整个表格，在表格宽度菜单中选择【清除所有宽度】命令，如图 7.32 所示，将表格的宽度

Note

值清除，收缩表格高度范围至最小状态，如图 7.33 所示。也可以选择【修改】|【表格】|【清除单元格宽度】命令实现相同的功能。

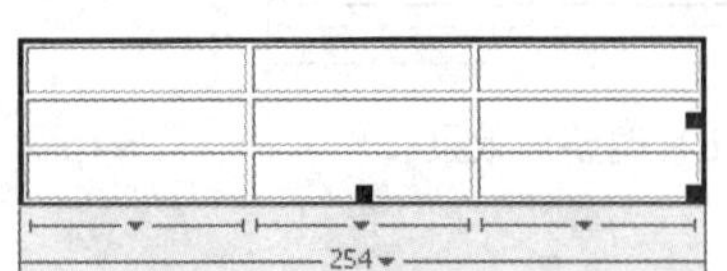

图 7.31　清除所有高度

图 7.32　选择【清除所有宽度】命令

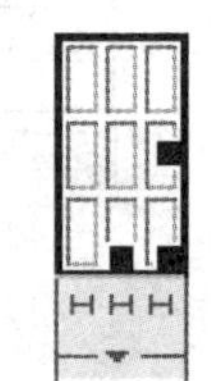

图 7.33　清除所有宽度

（3）均化所有宽度：选择整个表格，如果表格中一个列的宽度有两个数字，说明 HTML 代码中设置的列宽度与这些列在可视化编辑窗口中显示的宽度不匹配，在表格宽度菜单中选择【使所有宽度一致】命令，可以将代码中指定的宽度和可视化宽度相匹配。

（4）均化列宽：表格调整后，可能各列宽度不一致，选择列宽度菜单中的【清除列宽】命令，如图 7.34 所示，可以根据各列分布均化该列与其他列之间的关系，如图 7.35 所示。

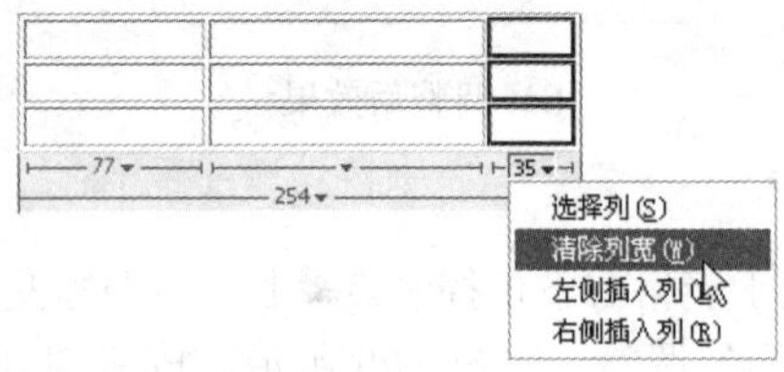

图 7.34　清除列宽

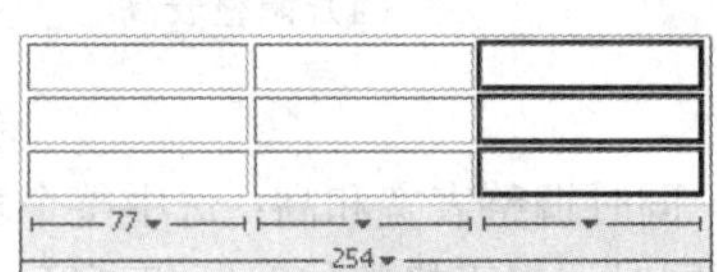

图 7.35　清除列宽效果

视频讲解

7.4.3　实战演练：增加行和列

插入表格后，可以根据需要再增加表格行和列。

1．增加行

如果增加行。首先把光标置于要插入行的单元格，然后执行下面任意操作之一。

（1）选择【修改】|【表格】|【插入行】命令，可以在光标所在单元格上面插入一行。

（2）选择【修改】|【表格】|【插入行或列】命令，打开【插入行或列】对话框，在【插入】选项组中选中【行】单选按钮，然后设置插入的行数，如图 7.36 所示，可以在光标所在单元格下面或者上面插入行。

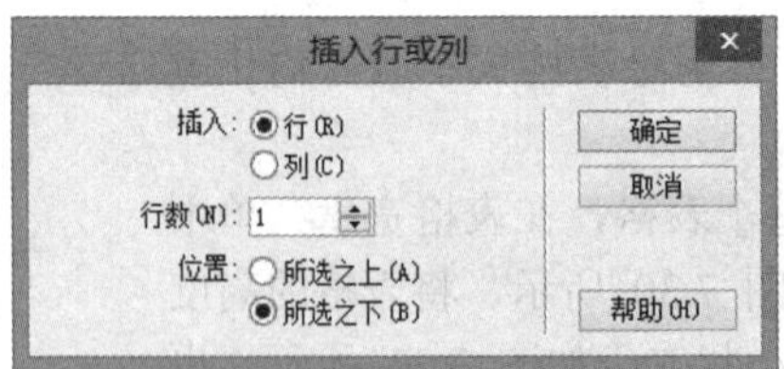

图 7.36　【插入行或列】对话框

（3）通过右击单元格，在弹出的快捷菜单中选择【插入行】（或【插入行或列】）命令，可以以相同功能插入行。

（4）在【代码】视图中通过插入<tr>和<td>标记来插入行，有几列就插入几个<td>标记，为了方便观看，在每个<td>标记中插入空格代码“ ”，如图 7.37 所示。

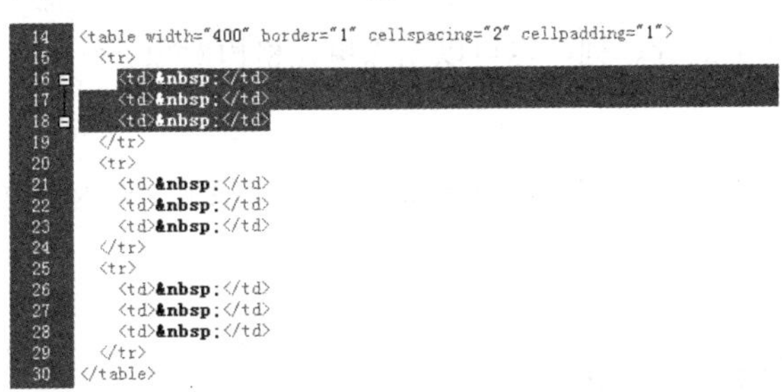

图 7.37　在【代码】视图中插入行

（5）选中整个表格，然后在【属性】面板中增加【行】文本框中的数值，如图 7.38 所示。

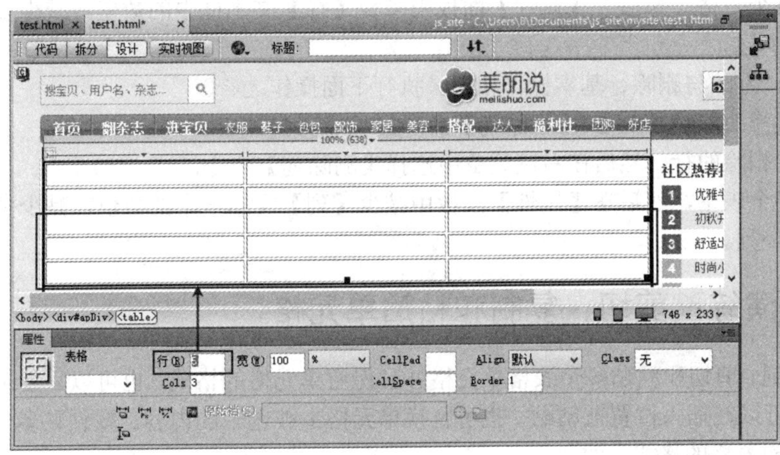

图 7.38　用【属性】面板插入行

2．增加列

首先把光标置于要插入列的单元格，然后执行下面任意操作之一。

（1）选择【修改】|【表格】|【插入列】命令，可以在光标所在单元格左面插入一列。

（2）选择【修改】|【表格】|【插入行或列】命令，打开【插入行或列】对话框，可以自由插入多列。

（3）通过右击单元格，在弹出的快捷菜单中选择【插入列】（或【插入行或列】）命令，可以以相同功能插入列。

（4）在列宽度菜单中选择【左侧插入列】（或【右侧插入列】）命令，如图 7.39 所示。

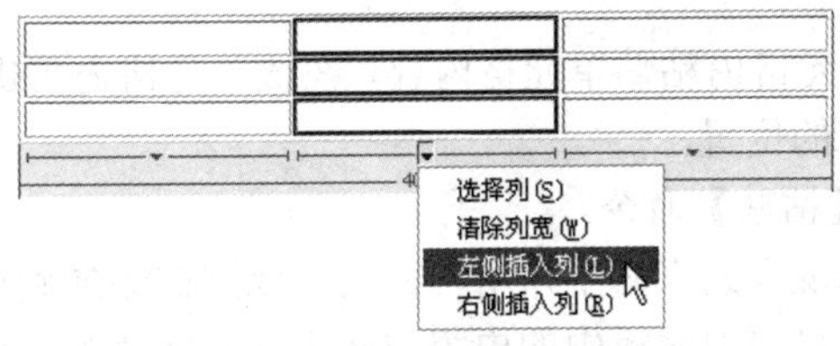

图 7.39　用列宽度菜单插入列

（5）选中整个表格，然后在【属性】面板中增加【列】文本框中的数值。

视频讲解

Note

7.4.4 实战演练：删除表格元素

插入的表格可以删除其中的行、列，也可以删除单元格内对象。

1．删除单元格

选择一个或多个不连续的单元格，然后按 Delete 键，可删除单元格内的内容。也可以选择【编辑】|【清除】命令清除单元格内的内容。

2．删除行或列

要删除一行，可以执行下面操作之一。

（1）选择【修改】|【表格】|【删除行】命令。

（2）选择要删除的行，然后在右键菜单中选择【删除行】命令。

（3）选择整个表格，然后在【属性】面板中减少【行】文本框中的数值，减少多少就会从表格底部往上删除多少行。

要删除一列，方法与删除行基本操作相同。执行下面操作之一。

（1）选择【修改】|【表格】|【删除列】命令。

（2）选择要删除的行，然后在右键菜单中选择【删除列】命令。

（3）选择整个表格，然后在【属性】面板中减少【列】文本框中的数值，减少多少就会从表格右边往左删除多少列。

视频讲解

7.4.5 实战演练：剪切、复制和粘贴单元格

可以一次复制、剪切和粘贴多个表格单元格并且保留单元格的格式，也可以只复制和粘贴单元格的内容。单元格可以在插入位置被粘贴，也可替换单元格中被选中的内容。要粘贴多个单元格，剪贴板中的内容必须和表格的格式一致。

1．剪切单元格

选择表格中的一个或多个单元格，要注意选定的单元格必须成矩形才能被剪切或复制。然后选择【编辑】|【剪切】命令之后，被选择单元格中的一个或多个单元格将从表格中删除。

如果被选择的单元格组成了表格的某些行或列，选择【编辑】|【剪切】命令会把选中的行或列也删除，否则仅删除单元格中的内容和格式。

2．粘贴单元格

【操作步骤】

第 1 步，启动 Dreamweaver CC，打开本小节备用练习文档 test.html，另存为 test1.html。

第 2 步，选择要粘贴的位置。

第 3 步，如果要在某个单元格内粘贴单元格内容，在该单元格内单击；如果要以粘贴单元格来创建新的表格，单击要插入表格的位置。

第 4 步，选择【编辑】|【粘贴】命令。

如果把整行或整列粘贴到现有的表格中，所粘贴的行或列被添加到该表格中，如图 7.40 所示；如果粘贴某个（些）单元格，只要剪贴板中的内容与选定单元格兼容，选定单元格的内容将被替换，如图 7.41 所示；如果在表格外粘贴，所粘贴的行、列或单元格被用来定义新的表格，如图 7.42 所示。

如果在粘贴过程，剪贴板中的单元格与选定单元格内容不兼容，Dreamweaver CC 会弹出提示对

话框提示用户。

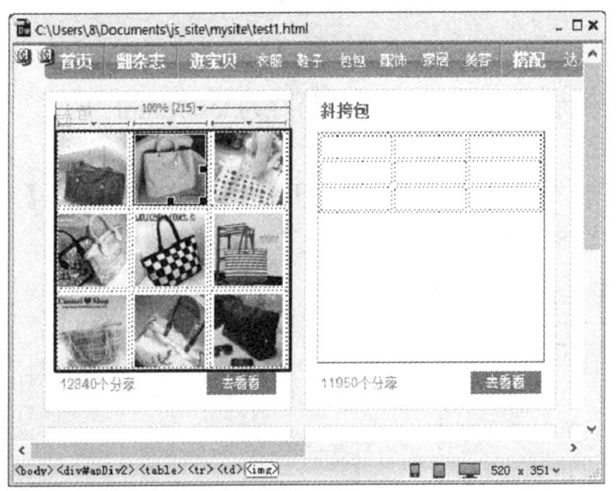

（a）原表

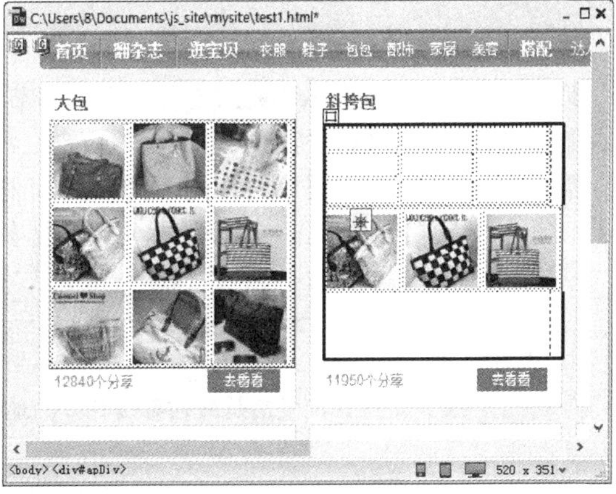

（b）粘贴表

图 7.40　粘贴整行

图 7.41　粘贴单元格

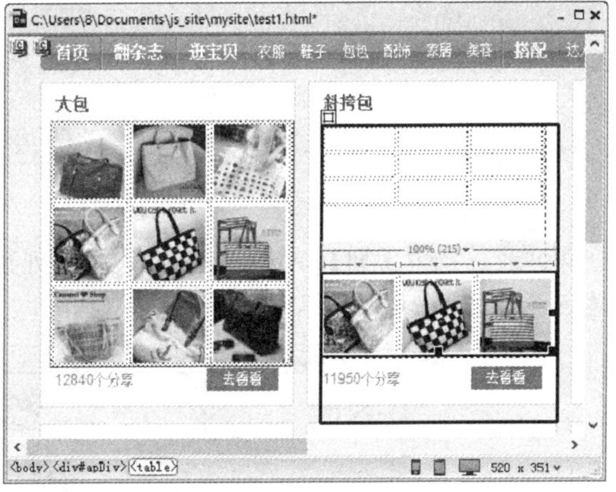

图 7.42　粘贴为新表格

第 5 步，选择【编辑】|【选择性粘贴】命令，打开【选择性粘贴】对话框，如图 7.43 所示，在该对话框中可以设置粘贴内容、格式还是全部标记。

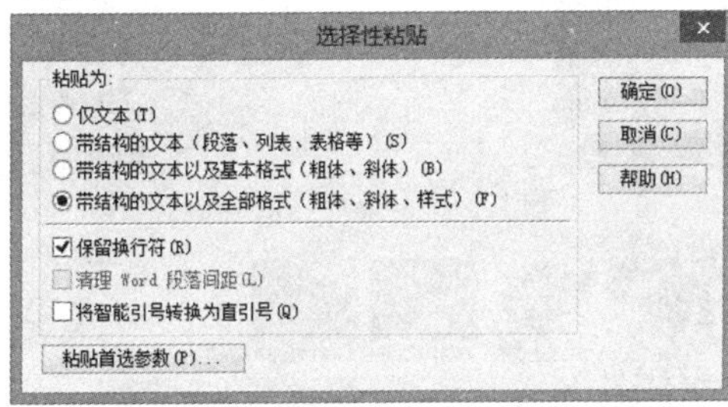

图 7.43　【选择性粘贴】对话框

7.4.6　实战演练：合并和拆分单元格

下面通过一个实例来学习使用命令实现单元格的合并和拆分。在如图 7.44 所示的网站导航栏中，

所有导航栏目同在一个单元格中，现在要把这个单元格拆分为 5 个，并把各栏目分别放入不同的单元格中。

【操作步骤】

第 1 步，启动 Dreamweaver CC，打开本小节备用练习文档 test.html，另存为 test1.html。

第 2 步，选中该单元格，如图 7.44 所示。

第 3 步，选择【修改】|【表格】|【拆分单元格】命令（或者右击，在打开的快捷菜单中选择【表格】|【拆分单元格】命令），打开【拆分单元格】对话框，如图 7.45 所示。

图 7.44　网站导航栏

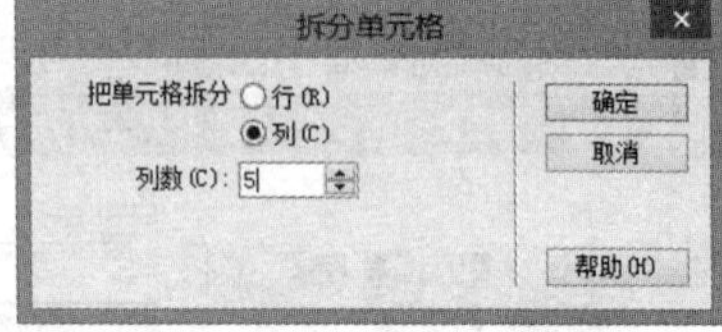

图 7.45　【拆分单元格】对话框

第 4 步，选中【列】单选按钮，并设置【列数】为 5，单击【确定】按钮，即可把当前单元格拆分为 5 个，如图 7.46 所示。

图 7.46　拆分单元格

第 5 步，然后移动各栏目到各个单元格中，如果要更好移动，建议到【代码】视图中移动代码会更准确，移动之后的导航条效果如图 7.47 所示。

图 7.47　移动各个栏目

提示：如果用户想把这些拆分的单元格合并成一个单元格，方法就比较简单，选中多个相邻单元格，选择【修改】|【表格】|【合并单元格】命令（或者右击，在打开的快捷菜单中选择【表格】|【合并单元格】命令）即可。

在某个表格的单元格中，选择【修改】|【表格】子菜单中的【增加行宽】（或【增加列宽】）命令，可以合并下面行或者列单元格。同样利用【减少行宽】或者【减少列宽】命令，可以拆分合并的单元格。

7.4.7　实战演练：导入表格数据

视频讲解

在 Dreamweaver CC 中可以直接导入外部表格数据，如文本文件格式的数据、Microsoft Excel 数据表、XML 格式数据等。

【操作步骤】

第 1 步，启动 Dreamweaver CC，打开本小节备用练习文档 test.html，另存为 test1.html。

第 2 步，把光标置于要插入表格数据的位置。选择【文件】|【导入】|【表格式数据】命令，打开【导入表格式数据】对话框，如图 7.48 所示。在【导入】子菜单中还包含其他命令，可以利用这些命令分别导入不同格式的数据。

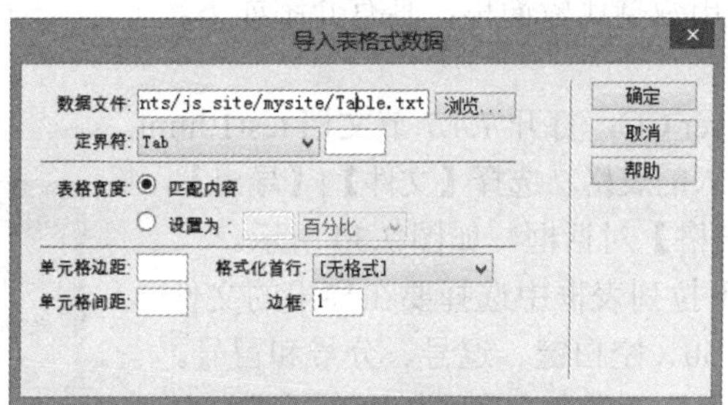

图 7.48　【导入表格式数据】对话框

第 3 步，在【数据文件】文本框中输入导入文件，单击【浏览】按钮可以快速选择一个要导入的文件。

Note

第 4 步，在【定界符】下拉列表框中选择导入文件中所使用的分隔符，包括 Tab、逗点、分点、引号和其他选项。如果选择【其他】选项，则列表右侧会出现一个文本框，可以输入文件中使用的分隔符。要设置文件使用的分隔符，如果未能设置分隔符，则无法正确导入文件，也无法在表格中对数据进行正确的格式设置。

第 5 步，在【表格宽度】选项组中设置要创建表格的宽度，选中【匹配内容】单选按钮可以使每个列足够宽以适应该列中最长的文本内容；选中【设置为】单选按钮可以以像素为单位指定绝对的表格宽度，或按百分比指定相对的表格宽度。

第 6 步，在【单元格边距】文本框中设置单元格内容和单元格边框之间的距离，在【单元格间距】文本框中设置相邻的单元格之间的距离。

第 7 步，在【格式化首行】下拉列表框中选择应用于表格首行的格式设置。

第 8 步，在【边框】文本框中设置表格边框的宽度，单位为像素。

第 9 步，单击【确定】按钮，完成表格数据的导入，如图 7.49 所示。

图 7.49　导入的表格数据

视频讲解

7.4.8　实战演练：导出表格数据

在 Dreamweaver CC 中导出数据比较简单，具有介绍如下。

【操作步骤】

第 1 步，启动 Dreamweaver CC，打开 7.4.7 节文档 test1.html。

第 2 步，选中 7.4.7 节插入的表格。选择【文件】|【导出】|【表格】命令，打开【导出表格】对话框，如图 7.50 所示。

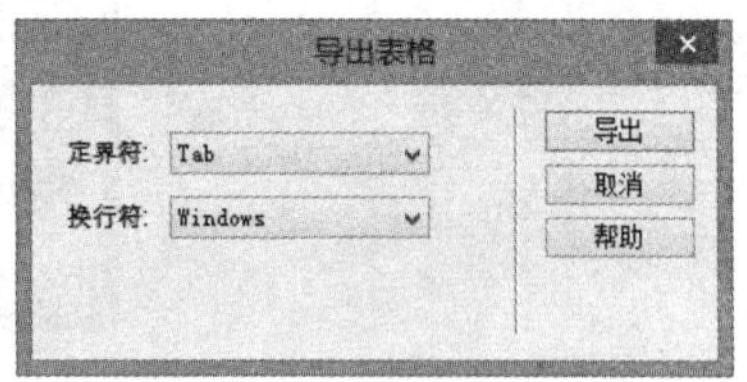

图 7.50　【导出表格】对话框

第 3 步，在【定界符】下拉列表框中选择要在导出的文件中使用的分隔符类型，包括 Tab、空白键、逗号、分号和冒号。如果选择【Tab】选项，则分隔符为多个空格；如果选择【空白键】选项，则分隔符为单个空格；如果选择【逗号】选项，则

分隔符为逗号；如果选择【分号】选项，则分隔符为分号；如果选择【冒号】选项，则分隔符为冒号。

第 4 步，在【换行符】下拉列表框中选择打开导出文件的操作系统，包括 Windows、Mac 和 UNIX。如果选择【Windows】选项，则将导出表格数据至 Windows 操作系统；如果选择【Mac】选项，则将导出表格数据到苹果机操作系统；如果选择【UNIX】选项，则将导出表格数据到 UNIX 操作系统，不同的操作系统具有不同的指示文本行结尾的方式。

第 5 步，单击【导出】按钮，打开【表格导出为】对话框，然后选择保存位置和文件名，最后单击【确定】按钮即可。

Note

视频讲解

7.4.9 实战演练：排序表格数据

利用 Dreamweaver CC 的【表格排序】命令可以表格指定列的内容对表格进行排序。

【操作步骤】

第 1 步，启动 Dreamweaver CC，打开本小节备用练习文档 test.html，另存为 test1.html。

第 2 步，选择要排序的表格，如图 7.51 所示。

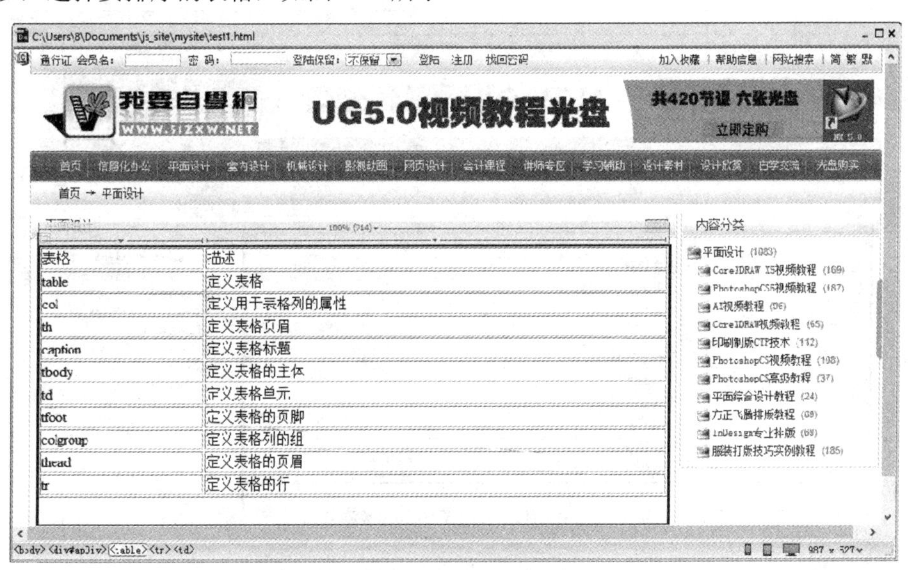

图 7.51 排序的表格数据框

第 3 步，选择【命令】|【排序表格】命令，打开【排序表格】对话框，如图 7.52 所示。

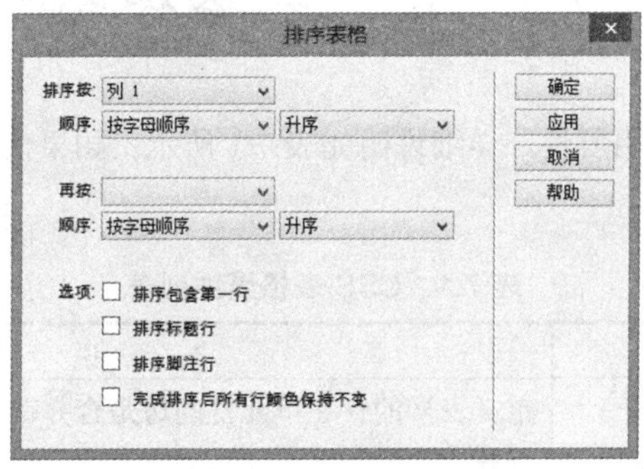

图 7.52 【排序表格】对话框

第 4 步，在【排序按】下拉列表框中选择按哪一列排序。此处列出了选定表格的所有列，例如，

列 1、列 2 等。

第 5 步，在【顺序】左侧下拉列表框中选择按字母顺序还是按数字顺序排序。当列的内容是数字时，选择按字母顺序或数字顺序得到的排序结果是不同的。

第 6 步，在【顺序】右侧下拉列表框中选择升序还是降序，即排序的方向。

第 7 步，如果还要求按另外的列进行次一级排序，在【再按】下拉列表框中选择按哪一列进行次级排序。

第 8 步，在【选项】选项组内设置以下各个选项。

（1）排序包含第一行：排序时将包括第一行。如果第一行是表头，就不应该包括在内，不要选中该复选框。

（2）排序标题行：如果存在标题行，选中该复选框时将对标题行排序。

（3）排序脚注行：如果存在脚注行，选中该复选框时将对脚注行排序。

（4）完成排序后所有行颜色保持不变：排序时，不仅移动行中的数据，行的属性也会随之移动。

第 9 步，单击【应用】或【确定】按钮，便完成对表格的排序，最后排序结果如图 7.53 所示。

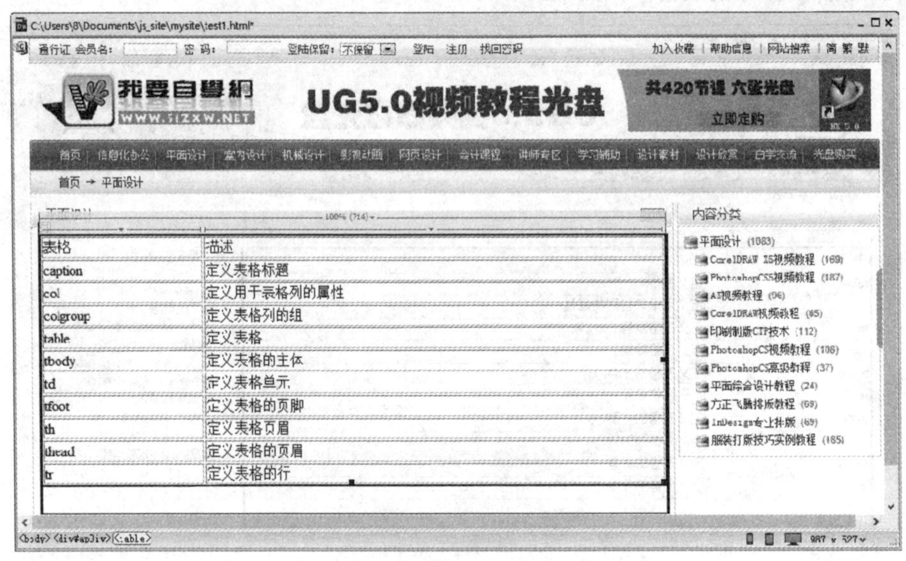

图 7.53　表格数据排序结果

7.5　设计表格样式

CSS 为表格定义了 5 个专用属性，详细说明如表 7.1 所示。如果仅就表格自身来说，传统表格中部分属性在标准布局依然重要。

表 7.1　CSS 表格属性列表

属　性	取　值	说　明
border-collapse	Separate（边分开）| collapse（边合并）	定义表格的行和单元格的边是合并在一起还是按照标准的 HTML 样式分开
border-spacing	length	定义当表格边框独立（如当 border-collapse 属性等于 separate 时），行和单元格的边在横向和纵向上的间距，该值不可以取负值

续表

属　　性	取　　值	说　　明
caption-side	top | right | bottom | left	定义表格的 caption 对象位于表格的哪一边。应与 caption 对象一起使用
empty-cells	show | hide	定义当单元格无内容时，是否显示该单元格的边框
table-layout	auto | fixed	定义表格的布局算法，可以通过该属性改善表格呈递性能，如果设置 fixed 属性值，会使 IE 以一次一行的方式呈递表格内容从而提供给信息用户更快的速度；如果设置 auto 属性值，则表格在每一单元格内所有内容读取计算之后才会显示出来

视 频 讲 解

7.5.1 定义边框样式

除了表 7.1 介绍的 5 个表格专用属性外，CSS 其他属性对于表格一样适用。用 CSS 控制表格的最大便利就是能够灵活控制表格的边框，这一点在传统表格属性设置中是望尘莫及的。

1．定义细线表格

由于表格边框默认宽度为 2px，比较粗，为了设计 1px 细线表格，传统布局设计师们使用各式各样的间接方法，不过现在使用 CSS 控制就灵活多了。

【操作步骤】

第 1 步，启动 Dreamweaver CC，打开本小节备用练习文档 test.html，另存为 test1.html。

第 2 步，在<head>标签内输入<style>标签，定义一个内部样式表，然后输入下面样式代码：

```
<style type="text/css">
table {
    border-collapse:collapse;              /*合并相邻边框*/
}
table td {
    border: #cc0000 1px solid;             /*定义单元格边框*/
}
</style>
```

第 3 步，在浏览器中预览，则效果如图 7.54 所示。

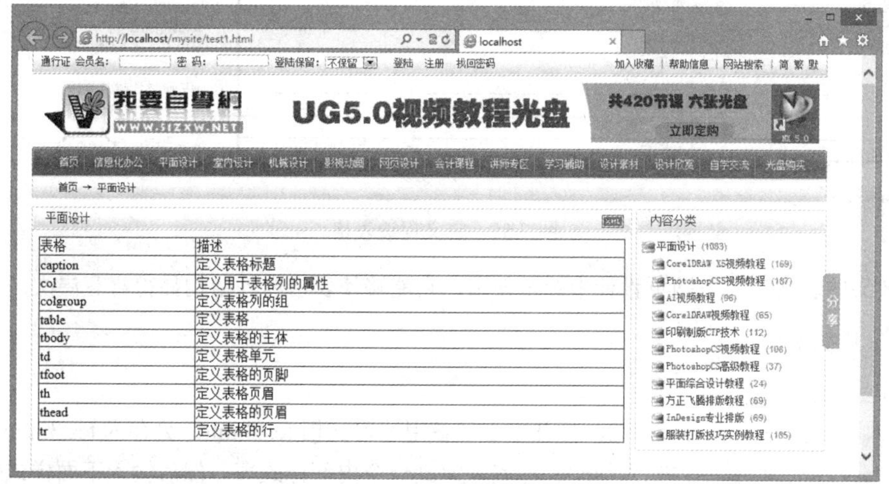

图 7.54　定义细线表格

Note

提示：table 元素定义的边框是表格的外框，而单元格边框才可以分割数据单元格；相邻边框会发生重叠，形成粗线框，因此应使用 border-collapse 属性合并相邻边框。

2．定义粗边表格

通过为 table 和 td 元素分别定义边框，则会设计出更漂亮的表格效果，本示例将设计一个外粗内细表格效果。

【操作步骤】

第 1 步，启动 Dreamweaver CC，打开本小节备用练习文档 test.html，另存为 test2.html。

第 2 步，在<head>标签内输入<style>标签，定义一个内部样式表，然后输入下面样式代码：

```
<style type="text/css">
table {
    border-collapse:collapse;                /*合并相邻边框*/
    border: #cc0000 3px solid;               /*定义表格外边框*/
}
table1 td {
    border: #cc0000 1px solid;               /*定义单元格边框*/
}
</style>
```

第 3 步，在浏览器中预览，效果如图 7.55 所示。

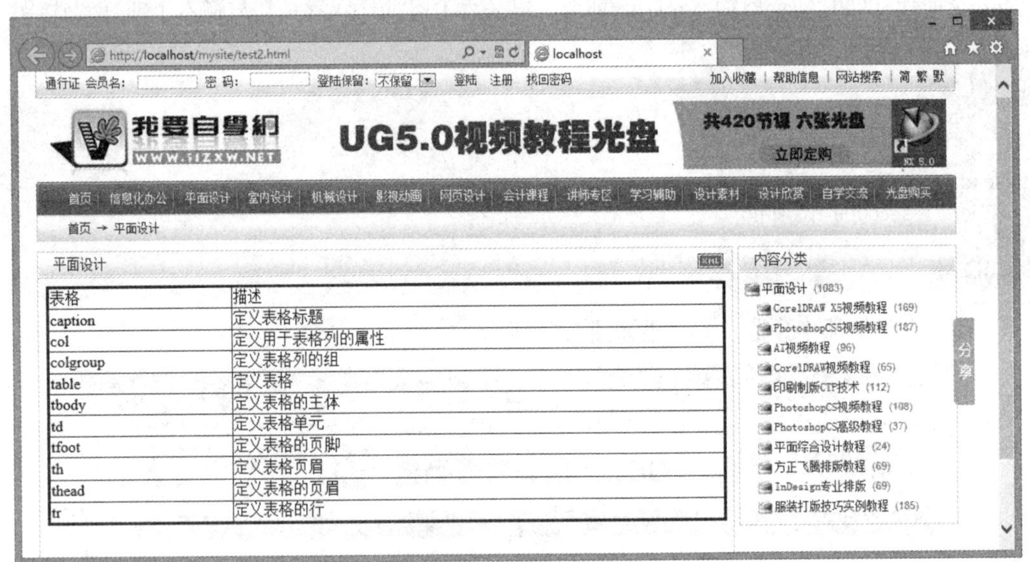

图 7.55　定义粗边表格

这种效果的表格边框在网页设计中经常使用，它能够使表格内外结构显得富有层次。

3．定义虚线表格

【操作步骤】

第 1 步，启动 Dreamweaver CC，打开本小节备用练习文档 test.html，另存为 test3.html。

第 2 步，在<head>标签内输入<style>标签，定义一个内部样式表，然后输入下面样式代码：

```
<style type="text/css">
table {
      border-collapse:collapse;                    /*合并相邻边框*/
}
table td {
      border: #cc0000 1px dashed;           /*定义单元格边框*/
}
</style>
```

Note

第 3 步，在浏览器中预览，效果如图 7.56 所示。

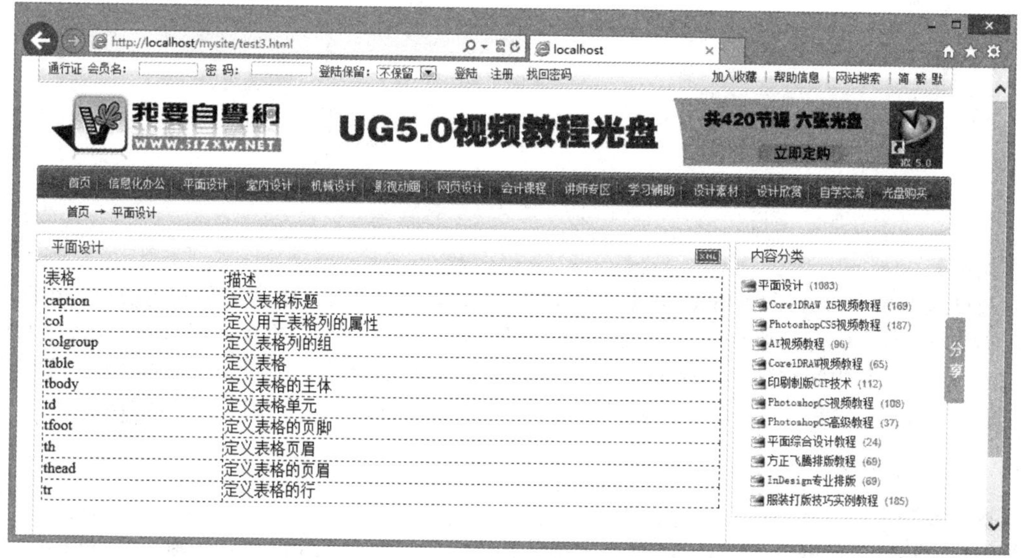

图 7.56　定义虚线表格

提示：通过改变边框样式还可以设计出更多的样式，如点线、立体效果等。IE 浏览器对于虚线、点线边框的解析不是很细腻，没有其他浏览器解析得细腻。

4．定义双线表格

【操作步骤】

第 1 步，启动 Dreamweaver CC，打开本小节备用练习文档 test.html，另存为 test4.html。

第 2 步，在<head>标签内输入<style>标签，定义一个内部样式表，然后输入下面样式代码：

```
<style type="text/css">
table {
      border-collapse:collapse;                    /*合并相邻边框*/
      border: #cc0000 5px double;            /*定义表格双线框显示*/
}
table td {
      border: #cc0000 1px dotted;             /*定义单元格边框*/
}
</style>
```

第 3 步，在浏览器中预览，效果如图 7.57 所示。

Note

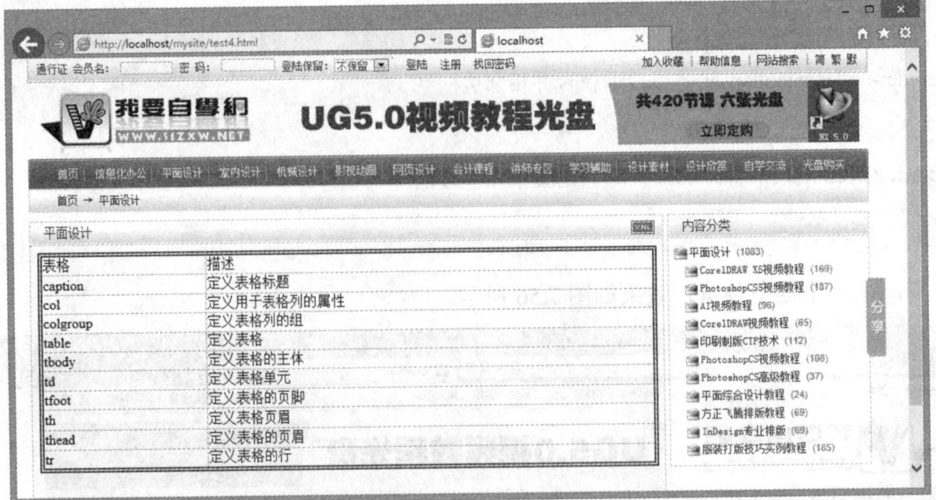

图 7.57　定义双线表格

【拓展】

双线框边框最小值必须为 3px，当其值为 3 的倍数时，则外边线、中间空隙和内边线大小应相同，例如，当边框大小为 3px，则外、内边线和中间空隙都为 1px；如果边框值不是 3 的倍数，则余值按着外边线、内边线和中间空隙的顺序分配余值。例如，边框大小为 5px，则外边线、内边线分别为 2px，中间空隙为 1px，而边框大小为 7px，则外边线为 3px、内边线为 2px，中间空隙为 2px。

5．定义宫形表格

【操作步骤】

第 1 步，启动 Dreamweaver CC，打开本小节备用练习文档 test.html，另存为 test5.html。

第 2 步，在<head>标签内输入<style>标签，定义一个内部样式表，然后输入下面样式代码：

```
<style type="text/css">
table {
    border-spacing:10px;                /*定义表格内单元格之间的间距，现代标准浏览器支持*/
}
table td {
    border: #cc0000 1px solid;          /*定义单元格边框*/
}
</style>
```

第 3 步，在浏览器中预览，效果如图 7.58 所示。

> 提示：IE6 及更低版本浏览器不支持 border-spacing 属性，因此还需要在<table>标签内增加 cellspacing="10"属性。

6．定义单线表格

【操作步骤】

第 1 步，启动 Dreamweaver CC，打开本小节备用练习文档 test.html，另存为 test6.html。

第 2 步，在<head>标签内输入<style>标签，定义一个内部样式表，然后输入下面样式代码：

```
<style type="text/css">
table {
```

```
        border-collapse:collapse;                    /*合并相邻边框*/
        border-bottom: #cc0000 1px solid;            /*定义表格顶部外边框*/
}
table td {
        border-bottom: #cc0000 1px solid;            /*定义单元格底边框*/
}
</style>
```

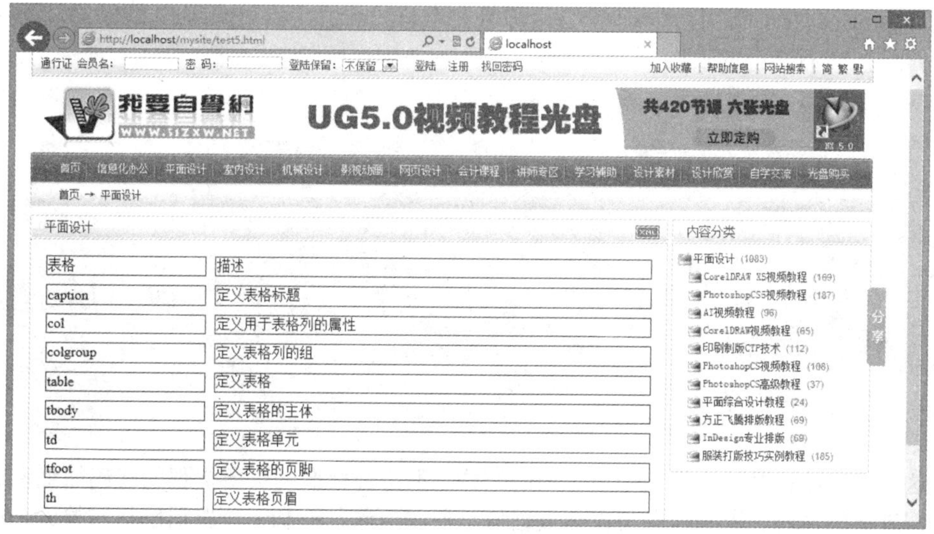

图 7.58　定义宫形表格

第 3 步，在浏览器中预览，效果如图 7.59 所示。

图 7.59　定义单线表格

提示： 也可以为 tr 元素定义属性，但由于 IE6 及更低版本浏览器不支持这个选择符，在标准浏览器中有时也会存在 Bug，因此不建议设计师对 tr 直接定义属性。表格边框变化多样，用户可以尝试自定义不同风格的表格边框样式。

视频讲解

Note

7.5.2 优化表格样式

标准布局下表格的主要功能是用来组织和显示数据，但当数据很多时，密密麻麻排在一起会影响视觉浏览，因此设计师应用 CSS 来改善数据表格的版式，以方便用户快速、准确地浏览。

一般通过添加边框、背景色，设置字体属性，调整单元格间距，定义表格宽度和高度等措施使数据更具可读性。也可以综合使用各种属性来排版数据表格，使其既有可读性，又具有观赏性。

启动 Dreamweaver CC，打开本小节备用练习文档 test.html，另存为 test1.html。本页面使用下面代码设计了一个 11 行 2 列的表格：

```
<table width="100%">
    <tr>
        <td>表格</td>
        <td>描述</td>
    </tr>
    <tr>
        <td>caption</td>
        <td>定义表格标题</td>
    </tr>
    …
</table>
```

上面这个表格结构是传统布局中所惯用的结构，不符合标准网页所提倡的代码简练性和准确性原则，数据表格的标题、表头信息与主体数据信息混在一起，不利于浏览器解析与检索，如图 7.60 所示。

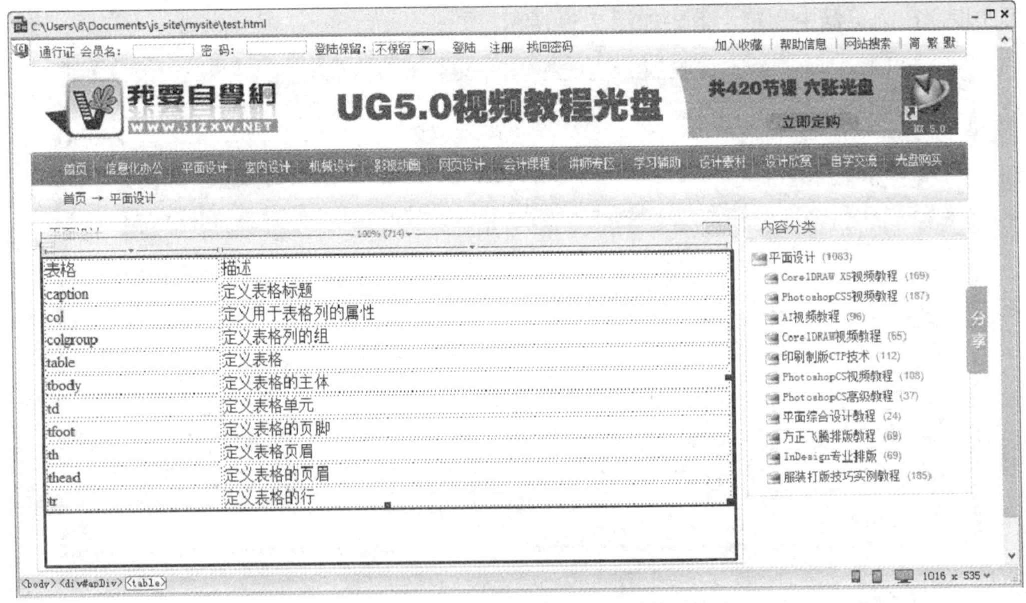

图 7.60　不方便浏览的表格样式

下面根据标准布局的方法来改善数据表格的显示样式，使代码结构更趋标准和语义化，使数据表格布局更清晰、美观。这里主要从以下两个方面来完善这个数据表格的视觉效果。

（1）优化数据表格的结构，使用语义元素来表示不同数据信息，如列标题使用 th 元素，分组信

息用 tbody 元素等来实现。

（2）用 CSS 控制数据表格的外观，使数据表格的显示样式更适宜阅读。

1．重构表格结构

对本示例中数据表格结构进行重构，设计原则：选用标签要体现语义化，结构更合理，适合 CSS 控制，适合 JavaScript 脚本编程。重构代码如下：

```
<table width="100%">
    <col class="col1" /><!--第 1 列分组-->
    <col class="col2" /><!--第 2 列分组-->
    <caption><!--定义表格标题-->
    表格标签列表说明</caption>
    <thead><!--定义第 1 行为表头区域-->
        <tr>
            <th>表格</th><!--定义列标题-->
            <th>描述</th><!--定义列标题-->
        </tr>
    </thead>
    <tbody><!--定义第 2 行到结尾为主体区域-->
        <tr>
            <th colspan="2">基本结构</th>
        </tr>
        <tr>
            <td>table</td>
            <td>定义表格</td>
        </tr>
        <tr>
            <td>tr</td>
            <td>定义表格的行</td>
        </tr>
        <tr>
            <td>td</td>
            <td>定义表格单元</td>
        </tr>
        <tr>
            <td height="20">th</td>
            <td>定义表格页眉</td>
        </tr>
        <tr>
            <th colspan="2">列分组</th>
        </tr>
        <tr>
            <td>colgroup</td>
            <td>定义表格列的组</td>
        </tr>
        <tr>
            <td>col</td>
            <td>定义用于表格列的属性</td>
        </tr>
        <tr>
```

Note

```
                <th colspan="2">行分组</th>
            </tr>
            <tr>
                <td>thead</td>
                <td>定义表格的页眉</td>
            </tr>
            <tr>
                <td>tbody</td>
                <td>定义表格的主体</td>
            </tr>
            <tr>
                <td>tfoot</td>
                <td>定义表格的页脚</td>
            </tr>
            <tr>
                <th colspan="2">其他</th>
            </tr>
            <tr>
                <td>caption</td>
                <td>定义表格标题</td>
            </tr>
        </tbody>
</table>
```

2．重设表格样式

使用 CSS 来改善数据表格的显示样式，使其更适宜阅读。设计原则如下。

☑ 标题行与数据行要有区分，让浏览者能够快速地分出标题行和数据行，对此可以通过分别为主标题行、次标题行和数据行定义不同背景色来实现。

☑ 标题与正文的文本显示效果要有区别，对此可以通过分别定义标题与正文不同的字体、大小、颜色、粗细等文本属性来实现。

☑ 为了避免阅读中出现的读错行现象，可以适当增加行高，或添加行线，或交替定义不同背景色等方法。

☑ 为了在多列数据中快速找到某列数据，可以适当增加列宽，或增加分列线，或定义列背景色等方法来实现。

根据上面设计原则，在页面头部新建一个内部样式表，输入下面 CSS 代码：

```
<style type="text/css">
table {                                  /*定义表格样式*/
    border-collapse:collapse;            /*合并相邻边框*/
    width:100%;                          /*定义表格宽度*/
    font-size:14px;                      /*定义表格字体大小*/
    color:#666;                          /*定义表格字体颜色*/
    border:solid 1px #0047E1;            /*定义表格边框*/
}
table caption {                          /*定义表格标题样式*/
    font-size:24px;
    line-height:60px;  /*定义标题行高，由于 caption 元素是内联元素，用行高可以调整它的上下距离*/
    color:#000;
```

```
        font-weight:bold;
    }
    table thead {                          /*定义列标题样式*/
        background:#0047E1;                /*定义列标题背景色*/
        color:#fff;                        /*定义列标题字体颜色*/
        font-size:16px;                    /*定义表格标题字体大小*/
    }
    table    tbody tr:nth-child(odd) {     /*定义隔行背景色，改善视觉效果*/
        background:#eee;
    }
    table    tbody tr:hover {              /*定义鼠标经过行的背景色和字体颜色，设计动态交互效果*/
        background:#ddd;
        color:#000;
    }
    table tbody {                          /*定义表格主体区域内文本首行缩进*/
        text-indent:1em;
    }
    table tbody th {                       /*定义表格主体区域内列标题样式*/
        text-align:left;
        background:#7E9DE5;
        text-indent:0;
        color:#D8E4F8;
    }
    </style>
```

在浏览器中预览，效果如图 7.61 所示。

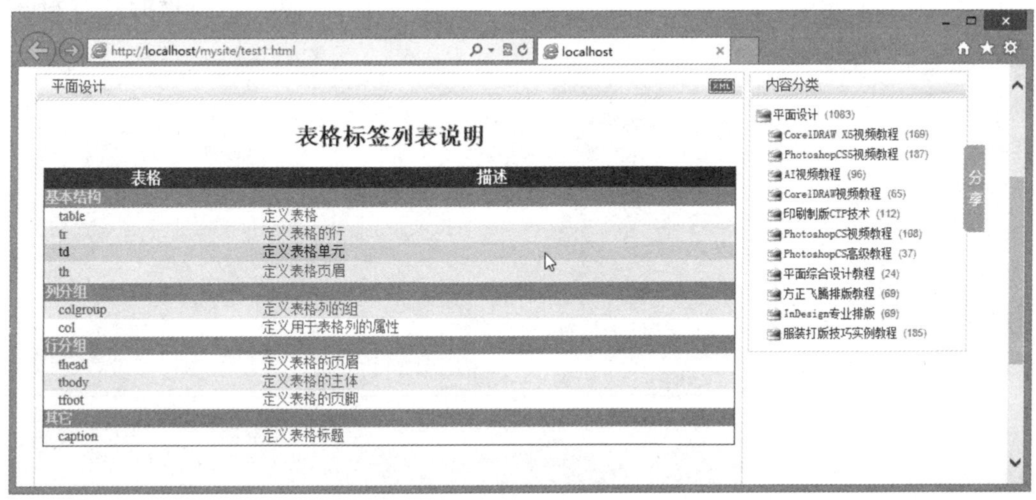

图 7.61　重设的表格样式

【拓展】

在 CSS3 中新定义了一个选择符:nth-child()，该括号中可以放数字和默认的字母，例如：

```
.table1    tbody tr:nth-child(2) {
    background:#FEF0F5;
}
```

上面规则表示以第一个出现的 tr 为基础，只要是 2 的倍数行的全部 tr 都会显示指定背景色。

```
.table1    tbody tr:nth-child(odd) {
    background:#FEF0F5;
}
```

Note

上面规则表示以第一个出现的 tr 为基础，然后奇数行的全部 tr 都会显示指定背景色。

```
.table1    tbody tr:nth-child(even) {
    background:#FEF0F5;
}
```

上面规则表示以第一个出现的 tr 为基础，然后偶数行的全部 tr 都会显示指定背景色。利用这种新的选择符可以快速实现行交错显示背景色，这样就不需要逐个为隔行 tr 定义一个类，但目前主流浏览器还不支持这个选择符。

7.6 在 线 练 习

本节将通过大量的上机示例，帮助初学者练习使用 HTML5 设计表格结构和样式。感兴趣的读者可以扫码练习。

在线练习 1　　在线练习 2

第8章 使用表单

表单为访问者提供了与网站进行交流的途径。表单包括两个基本组成部分：访问者在页面上可以看见并填写的控件、标签和按钮的集合；以及用于获取表单信息，并将其转换为可以读取或计算的格式的处理脚本。本章主要介绍如何创建表单。

【学习重点】

- 创建表单。
- 创建文本框、密码框、电子邮件框、文本区域等各种输入框。
- 创建单选按钮、复选框、提交按钮、选择框等各种交互控件。
- 对表单元素进行组织。

8.1 认识 HTML5 表单

Note

HTML5 的一个重要特性就是对表单的改进。过去，我们常常需要花费很多额外的时间，编写 JavaScript 以增强表单行为。例如，要求访问者提交表单之前必须填写某个字段。HTML5 通过引入新的表单元素、输入类型和属性，以及内置的对必填字段、电子邮件地址、URL 以及定制模式的验证，让这一切变得很轻松。这些特性不仅帮助了设计人员和开发人员，也让网站访问者的体验有了很大的提升。

更妙的是，不支持这些新特性的旧版浏览器也不会出太大的问题。它们会直接忽略这些无法理解的属性，表单中的输入框也会正常显示。如果希望它们拥有 HTML5 行为，可以使用 JavaScript 进行兼容，以实现优雅回退。

HTML5 新增输入型表单控件如下。

☑ 电子邮件框：<input type="email">。

☑ 搜索框：<input type="search">。

☑ 电话框：<input type="tel">。

☑ URL 框：<input type="url">。

权威参考 1

以下控件得到了部分浏览器的支持，更多信息参见 www.wufoo.com/html5。

☑ 日期：<input type="date">，浏览器支持 https://caniuse.com/#feat=input-datetime。

☑ 数字：<input type="number">，浏览器支持 https://caniuse.com/#feat=input-number。

☑ 范围：<input type="range">，浏览器支持 https://caniuse.com/#feat=input-range。

☑ 数据列表：

```
<input type="text" name="favfruit" list="fruit" />
<datalist id="fruit">
    <option>备选列表项目 1</option>
    <option>备选列表项目 2</option>
    <option>备选列表项目 3</option>
</datalist>
```

权威参考 2

下面控件或者元素在最终规范出来之前争议较大，浏览器厂商对其支持也不统一，W3C 曾经指出它们在 2014 年定案之时很可能不会列入 HTML5，但是最终还是相互妥协，保留了下来。

☑ 颜色：<input type="color" />。

☑ 全局日期和时间：<input type="datetime" />。

☑ 局部日期和时间：<input type="datetime-local" />。

☑ 月：<input type="month" />。

☑ 时间：<input type="time" />。

☑ 周：<input type="week" />。

☑ 输出：<output></output>。

HTML5 新增的表单属性如下。

☑ accept：限制用户可上传文件的类型。

☑ autocomplete：如果对 form 元素或特定的字段添加 autocomplete="off"，就会关闭浏览器对该表单或该字段的自动填写功能。默认值为 on。

☑ autofocus：页面加载后将焦点放到该字段。

- ☑ multiple：允许输入多个电子邮件地址，或者上传多个文件。
- ☑ list：将 datalist 与 input 联系起来。
- ☑ maxlength：指定 textarea 的最大字符数，在 HTML5 之前的文本框就支持该特性。
- ☑ pattern：定义一个用户所输入的文本在提交之前必须遵循的模式。
- ☑ placeholder：指定一个出现在文本框中的提示文本，用户开始输入后该文本消失。
- ☑ required：需要访问者在提交表单之前必须完成该字段。
- ☑ formnovalidate：关闭 HTML5 的自动验证功能。应用于提交按钮。
- ☑ novalidate：关闭 HTML5 的自动验证功能。应用于表单元素。

提示：对于浏览器支持信息，https://caniuse.com/上的信息通常比 www.wufoo.com/html5 上的更新一些，不过后者仍然是有关 HTML5 表单信息的一个重要资源。

那些有可能不会成为 HTML5 一部分的表单元素，也有可能被收录到 HTML 5.1 的最终版本。Ryan Seddon 的 H5F（https://github.com/ryanseddon/H5F）可以为旧的浏览器提供模仿 HTML5 表单行为的 JavaScript 方案。

视频讲解

8.2　定义表单

每个表单都以 form 开始标签开始，以 form 结束标签结束。两个标签之间是组成表单的说明标签、控件和按钮。每个控件都有一个 name 属性，用于在提交表单时对数据进行识别。访问者通过提交按钮提交表单，触发提交按钮时，填写的数据就会发送至服务器上处理数据的脚本。

【示例 1】新建 HTML5 文档，保存为 test.html，在<body>内使用<form>标签包含两个<input>标签和一个提交按钮，并使用<p>标签把按钮和文本框分行显示。

```
<h2>会员登录</h2>
<form action="#" method="get" id="form1" name="form1">
    <p>会员：<input name="user" id="user" type="text" /></p>
    <p>密码：<input name="password" id="password" type="text" /></p>
    <p><input type="submit" value="登录"/></p>
</form>
```

form 开始标签可以有一些属性，其中最重要的就是 action 和 method。将 action 属性的值设为访问者提交表单时服务器上对数据进行处理的脚本的 URL。例如，action="save-info.php"。

method 属性的值要么是 get，要么是 post。大多数情况下都可以使用 post，不过每种方法都有其用途，了解其用途有助于理解它们。在 IE 浏览器中预览，演示效果如图 8.1 所示。

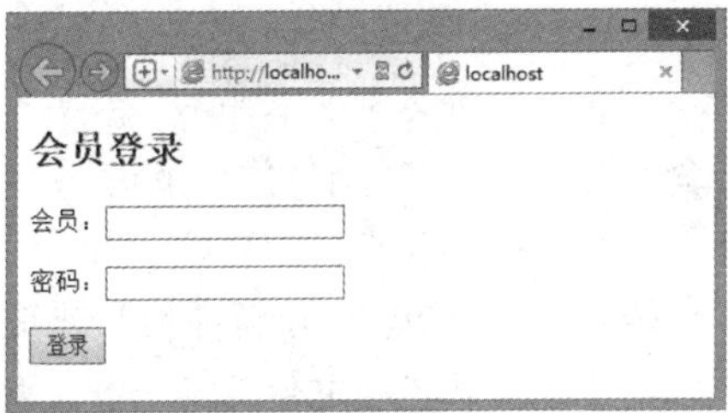

图 8.1　表单的基本效果

Note

<form>标签包含很多属性，其中 HTML5 支持的属性如表 8.1 所示。

表 8.1　HTML5 支持的<form>标签属性

属　性	值	说　明
accept-charset	charset_list	规定服务器可处理的表单数据字符集
action	URL	规定当提交表单时向何处发送表单数据
autocomplete	on、off	规定是否启用表单的自动完成功能
enctype	参考下面说明	规定在发送表单数据之前如何对其进行编码
method	get、post	规定用于发送 form-data 的 HTTP 方法
name	form_name	规定表单的名称。
novalidate	novalidate	如果使用该属性，则提交表单时不进行验证
target	_blank、_self、_parent、_top、framename	规定在何处打开 action URL

【示例 2】下面是一个简单的用户登录表单。

```
<form method="post" action="show-data.php">
    <!--各种表单元素-->
    <fieldset>
        <h2 class="hdr-account">登录</h2>
        <div class="fields">
            <p class="row">
                <label for="first-name">用户名:</label>
                <input type="text" id="first-name" name="first_name" class="field-large" />
            </p>
            <p class="row">
                <label for="last-name">昵称:</label>
                <input type="text" id="last-name" name="last_name" class="field-large" />
            </p>
        </div>
    </fieldset>
    <!--提交按钮-->
    <input type="submit" value="提 交" class="btn" />
</form>
```

提示：如果对表单使用 method="get"，那么表单提交后，表单中的数据会显示在浏览器的地址栏中。通常，如果希望表单提交后从服务器得到信息，就使用 get。例如，大多数搜索引擎都会在搜索表单中使用 get 提交表单，搜索引擎会得到搜索结果。由于数据出现在 URL 中，因此用户可以保存搜索查询，或者将查询发给朋友。

如果对表单使用 method="post"，那么提交表单后，表单中的数据不会显示在浏览器的地址栏中，这样更为安全。同时，比起 get，使用 post 可以向服务器发送更多的数据。通常，post 用于向服务器存入数据，而非获取数据。因此，如果需要在数据库中保存、添加和删除数据，就应选择 post。例如，电子商务网站使用 post 保存密码、邮件地址以及其他用户输入的信息。通常，如果不确定使用哪一种，就使用 post，这样数据不会暴露在 URL 中。

8.3 提交表单

表单从访问者那里收集信息，脚本则对这些信息进行处理。脚本可以将信息记录到服务器上的数据库中，通过电子邮件发送信息，或者执行很多其他的功能。

有很多语言都可以用于编写表单处理脚本。对于刚起步的读者来说，PHP 是一个不错的选择，因为用它处理一些常见任务很简单。除了 PHP，还可以选择其他语言，如 Django、Ruby、ASP.NET、JSP 等。

从服务器接收数据尤其需要注意安全性。不要对数据做任何假设，因为即便对表单建立了安全措施，有人也可以创建他们自己的表单，调用你的脚本并发送无数的垃圾信息。他们还可能提交恶意文本，损坏服务器上的数据。

表单验证指的是提交表单时，对用户输入的每个字段的内容进行检查，看是否符合预期的格式。例如，对于电子邮件字段，检查输入是否为正确的电子邮件地址格式。

有的 HTML5 表单元素有内置的验证功能。有的网站使用 JavaScript 进行验证。这些都不能完全替代服务器端验证，因为旧的浏览器或禁用 JavaScript 的浏览器不会执行客户端验证。进行服务器端验证也是出于安全性考虑。总之，必须考虑将服务器端的验证加入表单处理脚本。

视频讲解

8.4 组织表单

如果表单上有很多信息需要填写，可以使用 fieldset 元素将相关的元素组合在一起，使表单更容易理解。表单越容易让访问者理解，访问者就越有可能正确地填写表单。还可以使用 legend 元素为每个 fieldset 提供一个标题（caption），用于描述每个组的目的，有时这些描述还可以使用 h1～h6 标题。

对于一组单选按钮，legend 元素尤其重要，因为通常如果不配合使用 legend，单选按钮就没有明显的上下文。即便不添加任何 CSS，浏览器也会清晰地显示它们的结构关系。当然，可以自己为 fieldset 和 legend 添加样式，从而让表单更吸引人，更便于使用。

【示例】在下面示例中，为 4 个表单部分分别使用了 fieldset，并将公共字段部分的性别单选按钮使用一个 fieldset 包围起来。被嵌套的 fieldset 添加 radios 类，方便为其添加特定的样式，同时，还在其中添加了一个 legend 元素，用于描述单选按钮。

```
<h1>表单标题</h1>
<form method="post" action="show-data.php">
    <fieldset>
        <h2 class="hdr-account">字段分组标题</h2>
        ... 用户名字段 ...
    </fieldset>
    <fieldset>
        <h2 class="hdr-address">字段分组标题</h2>
        ... 联系地址字段 ...
    </fieldset>
    <fieldset>
        <h2 class="hdr-public-profile">字段分组标题</h2>
```

Note

```
        ... 公共字段 ...
        <div class="row">
            <fieldset class="radios">
                <legend>性别:</legend>
                <input type="radio" id="gender-male" name="gender" value="male" />
                <label for="gender-male">男士/label>
                <input type="radio" id="gender-female" name="gender" value="female" />
                <label for="gender-female">女士</label>
            </fieldset>
        </div>
    </fieldset>
    <fieldset>
        <h2 class="hdr-emails">电子邮箱</h2>
        ... Emails 字段 ...
    </fieldset>
    <input type="submit" value="提交表单" class="btn" />
</form>
```

使用 fieldset 元素对表单进行组织是可选的，使用 legend 也是可选的（使用 legend 则必须要有 fieldset）。不过推荐使用 fieldset 和 legend 对相关的单选按钮进行分组。

CSS 对 legend 元素的样式修改能力有限，尤其是关于定位的样式。如果遇到麻烦，可以上网搜索相关的解决办法。

> 注意：legend 元素可以提高表单的可访问性。对于每个表单字段，屏幕阅读器都会将与之关联的 legend 文本念出来，从而让访问者了解字段的上下文。这种行为在不同的屏幕阅读器和浏览器上并不完全一样，不同的模式下也不一样。因此可以使用 h1～h6 标题代替 legend 来识别一些 fieldset。但是对于单选按钮，最好总是使用 fieldset 和 legend。

视频讲解

8.5　定义文本框

文本框是访问者输入简、短字符串的控件，通常用于提交姓名、地址等信息。每个文本框都是通过带有 type="text"的 input 标签定义。除了 type 之外，还有一些其他可用的属性，其中最重要的就是 name。服务器端的脚本使用 name 获取访问者在文本框中输入的值或预设的值（即 value 属性值）。事实上，name 和 value 对其他的表单字段类型来说，也是很重要的，具有相同的功能。

HTML5 允许使用下面两种形式定义文本框：

```
<input type="text" />
<input type="text">
```

【示例】在下面示例中，定义了用户登录表单页面。

```
<form method="post" action="show-data.php" enctype="multipart/form-data">
    <fieldset>
        <h2 class="hdr-account">登录</h2>
        <div class="fields">
            <p class="row">
```

```
                    <label for="name">用户名<span class="required">*</span>:</label>
                    <input type="text" id="name" name="name" class="field-large" required="required" aria-required=
"true" />
                </p>
                <p class="row">
                    <label for="email">Email:</label>
                    <input type="email" id="email" name="email" placeholder="yourname@example.com" class=
"field-large" />
                </p>
                <p class="row">
                    <label for="password">密码:</label>
                    <input type="password" id="password" name="password" />
                </p>
                <p class="row">
                    <label for="password2">重置密码:</label>
                    <input type="password" id="password2" name="password2" />
                </p>
            </div>
        </fieldset>
        <input type="submit" value="提交" class="btn" />
    </form>
```

在上面代码中，为每个文本框设置 name 属性，只有在希望为文本框添加默认值的情况下才需要设置 value 属性。第 2 个文本框使用 placeholder 属性，第 1 个则使用 required 属性，设置了 ariarequired="true"。这个示例还演示了 name 可以与 for 和 id 不一样，也可以与它们一样。

8.6　定义标签

视频讲解

标签（label）是描述表单字段用途的文本。例如，在访问者应该输入其姓名中名的文本字段之前，可能有“用户名”的字样。可以使用 label 元素标记这些文字说明标签。

label 元素有一个特殊的属性：for。如果 for 的值与一个表单字段的 id 值相同，该 label 就与该字段显式地关联起来。这对提升表单的可用性和可访问性都有帮助。

如果访问者与标签进行交互（如使用鼠标单击了标签），与之对应的表单字段就会获得焦点。这种关联还可以让屏幕阅读器将文本标签与相应的字段一起念出来。设想，这对不了解表单字段含义的视障用户来说是多么重要。出于这些原因，建议用户在 label 元素中包含 for 属性。

【示例】下面示例使用 label 标记提示标签，提升用户体验。

```
<p class="row">
    <label for="name">用户名<span class="required">*</span>:</label>
    <input type="text" id="name" name="name" class="field-large" required="required" aria-required="true" />
</p>
```

如果访问者与文本框的标签有交互，光标就会位于该文本框内，方便用户输入。同时，复选框和单选按钮的标签则让用户可以通过单击标签来修改状态，就像单击表单控件一样。

可以使用 CSS 对标签添加样式，让每个标签都与它旁边的字段对齐。for、id 和 name 属性都可以拥有任意值，但不要空格。

还可以将一个表单字段放在一个包含标签文本的 label 内，例如：

```
<label>用户名：<input type="text" name="name" /></label>。
```

在这种情况下，就不需要使用 for 和 id。不过，将标签与字段分开是更常见的做法，原因之一是这样更容易添加样式。

Note

提示：对标签设置样式，是让表单变得更方便使用和更好看的重要方面。如果为 label 指定了“cursor: pointer;”，当访问者指向标签时，就会显示为手形，而不是默认的箭头。显示为手形就能提示用户这是一个可以操作的元素。使用“verticalalign:top;”则会让标签与相关的表单字段对齐。

```
/*表单字段前面的标签*/
label {
    cursor: pointer;
    display: inline-block;
    padding: 3px 6px;
    text-align: right;
    width: 150px;
    vertical-align: top;
}
/*复选框后面的标签*/
.checkboxes label {
    text-align: left;
    width: 475px;
}
```

8.7 使用表单控件

前面介绍了文本输入框控件的基本使用，它也是最常用的表单对象，下面再介绍另外几个常用的表单控件。

8.7.1 密码框

密码框与文本框的唯一区别是，密码框中输入的文本会使用圆点或星号进行隐藏。使用 type="password" 创建密码框，而不要用 type="text"，例如：

```
<p class="row">
    <label for="password">密码:</label>
    <input type="password" id="password" name="password" />
</p>
```

当访问者在表单中输入密码时，密码用圆点或星号隐藏起来。但提交表单后访问者输入的真实值会被发送到服务器。信息在发送过程中没有加密。

即便密码框中没有输入任何内容，name 属性仍将被发送到服务器（使用未定义的 value）。密码框提供的唯一保护措施就是防止其他人看到用户输入的密码。如果要真正地保护密码，可以使用安全服务器（https://）。

通过输入 size="n"定义密码框的大小，这里的 n 是需要设置的密码框宽度，以字符为单位。如果需要，输入 maxlength="n"，这里的 n 是该密码框允许输入的最大字符数。

8.7.2　单选按钮

视频讲解

为 input 元素设置 type="radio"属性，可以创建单选按钮。

【示例】下面示例设计一个性别选项组。

```
<fieldset class="radios">
    <legend>姓名</legend>
    <p class="row">
        <input type="radio" id="gender-male" name="gender" value="male" />
        <label for="gender-male">男士</label>
    </p>
    <p class="row">
        <input type="radio" id="gender-female" name="gender" value="female" />
        <label for="gender-female">女士</label>
    </p>
</fieldset>
```

同一组单选按钮的 name 属性值必须相同，这样在同一时间只有其中一个能被选中。value 属性也很重要，因为对于单选按钮来说，访问者无法输入值。

name="radioset"用于识别发送至服务器的数据，同时用于将多个单选按钮联系在一起，确保同一组中最多只有一个被选中。推荐使用 fieldset 嵌套每组单选按钮，并用 legend 进行描述。

8.7.3　复选框

视频讲解

在一组单选按钮中，只允许选择一个答案；但在一组复选框中，访问者可以选择任意数量的答案。同单选按钮一样，复选框也与 name 属性的值联系在一起。

【示例】下面示例演示了如何创建复选框。

```
<div class="fields checkboxes">
    <p class="row">
        <input type="checkbox" id="email" name="email[]" value="电子邮箱" />
        <label for="email">电子邮件</label>
    </p>
    <p class="row">
        <input type="checkbox" id="phone" name="email[]" value="电话" />
        <label for="phone">电话</label>
    </p>
</div>
```

标签文本（未突出显示）不需要与 value 属性一致。这是因为标签文本用于在浏览器中向访问者标识复选框，而 value 则是发送到服务器端脚本的数据的一部分。

空的方括号是为 PHP 脚本的 name 准备的。创建一个.checkboxes 类，以限制为复选框添加样式的 label。访问者可以根据需要选择任意数量的框，每个框对应的值及复选框组的名称都会被发送到脚本。

使用 name="boxset"识别发送至服务器的数据，同时用于将多个复选框联系在一起（对于所有复

选框使用同一个 name 值）。使用 id="idlabel"对应于 label 元素中的 for 属性值。

value="data"中的 data 是该复选框被选中（无论是被访问者选中还是被建站者选中）时要发送给服务器的文本。使用 checked 或 checked="checked"可以让该复选框在页面打开时默认处于选中状态（在 HTML5 中两种写法均可），建站者或访问者可能会选中默认的选项。

如果使用 PHP 处理表单，使用 name="boxset []"（这里的 boxset 用于标识发送给脚本的数据）就会自动地创建一个包含复选框值的数组（名为$_POST['boxset']）。

视频讲解

8.7.4 文本区域

如果希望给访问者填写问题或评论的空间，可以使用文本区域。

【示例】下面示例演示了如何创建一个反馈框。

```
<label for="jianyi">建议：</label>
<textarea id="jianyi" name="jianyi" cols="40" rows="5" class="field-large"></textarea>
```

rows 和 cols 属性分别控制文本区域的高度和宽度，除非使用 CSS 覆盖其中之一或者全部。即便在 CSS 中设置了尺寸，rows 和 cols 还是有用的，因为用户的浏览器有可能会关闭 CSS。

```
textarea {
    font: inherit;
    padding: 2px;
}
.field-large {
    width: 250px;
}
```

在默认情况下不会继承 textarea、font 属性，因此必须显式地设置该属性。如果需要，可以为与其他文本框、URL 框等输入框具有一个类（这里为.field-large）的文本区域设置宽度。由于没有设置高度，因此文本区域的高度由 HTML 中的 rows 属性决定。

如果没有使用 maxlength 属性限制文本区域的最大字符数量，访问者可以输入多达 32700 个字符。必要时，文本区域内会显示一个滚动条。访问者可以通过拖曳文本区域右下角的斜线改变文本区域的大小。如果设置了 textarea { resize: none; }，那么访问者就无法这样操作了。

maxlength="n"可以设置输入的最大字符数，cols="n"设置文本区域的宽度（以字符为单位），rows="n"设置文本区域的高度（以行为单位）。也可以通过 CSS 更好地控制文本区域的尺寸。在<textarea>和</textarea>标签之间输入文本区域的默认文本，这些文本会显示在文本区域中，textarea 没有 value 属性。通常，可以包含 placeholder 属性定义用于占位的文本。

注意：maxlength 是 HTML5 中为文本区域新增的属性，因此它的行为在不同浏览器中可能不一样，旧浏览器会直接忽略该属性。

提示：<textarea>标签包含 cols、wrap、rows 3 个专有属性，简单说明如下。

- ☑ cols：设置文本区域内可见字符宽度。建议使用 CSS 的 width 属性代替控制。
- ☑ rows：设置文本区域内可见行数。建议使用 CSS 的 height 属性代替控制。
- ☑ wrap：定义输入内容大于文本区域宽度时显示的方式。
  - ➢ soft：默认值，当在表单中提交时，textarea 中的文本不换行。
  - ➢ hard：当在表单中提交时，textarea 中的文本换行（包含换行符）。当使用 hard 时，必须设置 cols 属性。

8.7.5 选择框

选择框非常适合向访问者提供一组选项，从而允许他们从中选取。它们通常呈现为下拉菜单的样式，如果允许用户选择多个选项，选择框就会呈现为一个带滚动条的列表框。

选择框由两种 HTML 元素构成：select 和 option。通常，在 select 元素中设置 name 属性，在每个 option 元素中设置 value 属性。

【示例 1】下面示例创建一个简单的城市下拉菜单。

```
<label for="state">省市</label>
<select id="state" name="state">
    <option value="BJ">北京</option>
    <option value="SH">上海</option>
    ...
</select>
```

可以为 select 和 option 元素添加样式，但有一定的限制：

```
select {
    font-size: inherit;
}
```

CSS 规则要求菜单文本跟其父元素字号大小相同，否则默认情况下它看上去会小很多。可以使用 CSS 对 width、color 和其他的属性进行调整，不过，不同的浏览器呈现下拉菜单列表的方式略有差异。

默认的选择是菜单中的第一个选项，或者是在 HTML 中指定了 selected 的选项（需要注意的一点是，除非设置了 size 属性，否则访问者就必须选择菜单中的某个选项）。

使用 size="n"设置选择框的高度（以行为单位）。使用 multiple 或者 multiple="multiple"（两种方法在 HTML5 中均可），从而允许访问者选择一个以上的菜单选项，选择时须按住 Control 键或 Command 键。

每个选项的 value="optiondata"属性是选项选中后要发送给服务器的数据（如果省略 value，则包含的文本就是选项的值）。使用 selected 或者 selected="selected"（在 HTML5 中两种方式均可），指定该选项被默认选中。

使用<optgroup>标签可以对选择项目进行分组，一个<optgroup>标签包含多个<option>标签，然后使用 label 属性设置分类标题，分类标题是一个不可选的伪标题。

【示例 2】下面示例使用 optgroup 元素对下拉菜单项目进行分组。

```
<select name="选择城市">
    <optgroup label="山东省">
    <option value="潍坊">潍坊</option>
    <option value="青岛" selected="selected">青岛</option>
    </optgroup>
    <optgroup label="山西省">
    <option value="太原">太原</option>
    <option value="榆次">榆次</option>
    </optgroup>
</select>
```

每个子菜单都有一个标题（在 optgroup 开始标签的 label 属性中指定）和一系列选项（使用 option 元素和常规文本定义）。浏览器通常会对 optgroup 中的 option 缩进，从而将它们和 optgroup label 属性

Note

文本区别开。

如果添加了 size 属性，那么选择框看起来会更像一个列表，且没有自动选中的选项，除非设置了 selected。

如果 size 大于选项的数量，访问者就可以通过单击空白区域让所有的选项处于未选中状态。

可以对 option 元素添加 label 属性，该属性用于指定需要显示在菜单中的文本（替代了 option 标签之间的文本），不过 Firefox 并不支持这一属性，因此最好不要用它。

由于设置了 size 属性，菜单显示为一个有滚动条的列表，默认情况下没有选中任何选项。为<select id="state" name="state" size="3">，可以让菜单的高度为 3 行。

8.7.6 上传文件

有时需要让网站的用户向服务器上传文件（如照片、简历等）。要让访问者能够上传文件，必须正确地设置 enctype 属性，创建 input type="file"元素。

【示例】下面示例演示了如何创建上传控件。

```
<form method="post" action="show-data.php" enctype="multipart/form-data">
    <label for="picture">图片:</label>
    <input type="file" id="picture" name="picture" />
    <p class="instructions">最大 700K，JPG、GIF 或 PNG</p>
</form>
```

对 input 使用 multiple 属性可以允许上传多个文件（这里并没有包含该属性）。这是 HTML5 中新增的内容，它也得到了浏览器的广泛支持，不过，移动端浏览器和 IE 会直接忽略它（IE10+开始支持）。

处理文件上传需要一些特殊的代码。可以在网上搜索文件上传脚本查看相关的资源。同时，服务器需要配置正确才能存储文件。

文件上传域为用户提供了从其系统中选择文件的方式。对于 type="file"的 input 元素，浏览器会自动创建浏览按钮。Chrome 和 Safari 不会创建框，它们只显示按钮。

浏览器通常不允许像对其他表单元素那样对此类 input 设置样式，对于允许上传的表单，不能使用 get 方法。

8.7.7 隐藏字段

隐藏字段可以用于存储表单中的数据，但它不会显示给访问者。可以认为它们是不可见的文本框。它们通常用于存储先前的表单收集的信息，以便将这些信息同当前表单的数据一起交给脚本进行处理。

【示例】下面示例演示了如何定义隐藏域。

```
<form method="post" action="your-script.php">
    <input type="hidden" name="step" value="6" />
    <input type="submit" value="提交" />
</form>
```

访问者不会看到这个输入框，但他们提交表单时，名“step”和值“6”会随着表单中从访问者输入获取的数据一起传送给服务器。创建隐藏字段时，可以使用脚本中的变量将字段的值设置为访问者原来输入的值。

什么时候使用隐藏字段？

假设有一个表单，希望让访问者在提交表单之前有机会检查他们输入的内容。处理表单的脚本可

以向访问者显示提交的数据，同时创建一个表单，其中有包含同样数据的隐藏字段。如果访问者希望编辑数据，他们只需后退即可。如果他们想提交表单，由于隐藏字段已经将数据填好，因此他们就不需要再次输入数据。

隐藏字段出现在表单标记中的位置并不重要，因为它们在浏览器中是不可见的。不要将密码、信用卡号等敏感信息放到隐藏字段中。即便它们不会显示到网页中，访问者也可以通过查看 HTML 源代码看到它。

Note

提示： 要创建访问者可见但不可修改的表单元素，有两种方法：一种是使用 disabled（禁用）属性；另一种是使用 readonly（只读）属性。与禁用字段不同，只读字段可以获得焦点，访问者可以选择和复制里面的文本，但不能修改这些文本。它只能应用于文本输入框和文本区域，例如：

```
<input type="text" id="coupon" name="coupon" value="FREE" readonly />
```

还可以使用 readonly="readonly" 这样的形式，结果是一样的。

8.7.8 提交按钮

视频讲解

如果激活提交按钮，就可以将表单数据发给服务器上的脚本，从而可以利用这些信息。提交按钮可以呈现为文本，也可以是图像，或者是两者的结合。例如：

```
<input type="submit" value="提交表单" class="btn" />
```

下面利用 type="image"可以创建图像提交按钮，width 和 height 属性是可选的：

```
<input type="image" src="button-submit.png"    width="188" height="95" alt="提交表单" />
```

如果不填写 name 属性，则提交按钮的名/值对就不会传给脚本。由于通常不需要这一信息，因此这里的做法是有益的。

如果省略 value 属性，那么根据不同的浏览器，提交按钮就会显示默认的“提交”文本，如果有多个提交按钮，可以为每个按钮设置 name 属性和 value 属性，从而让脚本知道用户按下的是哪个按钮；否则，最好省略 name 属性。

8.7.9 禁用表单元素

在某些情况下，可以使用 disabled 属性禁止访问者使用表单控件，它是一个布尔型属性。

【示例】设计在所有必填字段完成之前禁用提交按钮。禁用表单元素的值不会发送到服务器，如果使用键盘在页面中导航，它也会被跳过。

```
<div id="wrapper">
    <form method="post" action="save-feedback.php">
        <h2>你是怎么知道我们的？ </h2>
        <fieldset>
            <ul id="choices">
                <li>
                    <input type="radio" name="how" value="微信" id="weixin" />
                    <label for="weixin">微信</label>
                </li>
```

Note

```
                <li>
                    <input type="radio" name="how" value="微博" id="weibo" />
                    <label for="weibo">微博</label>
                </li>
                <li>
                    <input type="radio" name="how" value="other" id="other" />
                    <label for="other">其他</label>
                </li>
                <li>
                    <textarea id="other-description" cols="35" rows="5" placeholder="电视，学校，游戏，等等。 " title="请描述如何听见我们" disabled="disabled"></textarea>
                </li>
                <li>
                    <input type="submit" value="提交" class="btn" />
                </li>
            </ul>
        </fieldset>
    </form>
</div>
```

这里对 textarea 元素添加了 disabled 属性，并在页面最底部引入了一个 JavaScript 文件。该文件包含了一段脚本，其作用是当用户选中其他单选按钮时，让 textarea 变为可用的。选择其余两个单选按钮中的任意一个，则会禁用 textarea。

在实践中，会使用 JavaScript 添加 disabled 属性，而不是写在 HTML 中。这样，禁用了 JavaScript 的访问者仍可填写该文本区域。

8.7.10 表单状态

有时可能需要根据表单的状态，或是否必须包含某个属性的情况设置不同的样式。例如，可能需要将必填字段与其他字段在样式上区分开。

CSS 提供了其他一些根据表单元素状态设置其样式的伪类。其中的大多数都是 CSS3 新增的。下面总结了其中得到浏览器广泛支持的一些表单伪类。

☑ :focus：获得焦点的字段。浏览器支持情况：IE8+及其他。

☑ :checked：选中的单选按钮或复选框。浏览器支持情况：IE9+及其他。

☑ :disabled：具有 disabled 属性的字段。浏览器支持情况：IE9+及其他。

☑ :enable：与:disabled 相反。浏览器支持情况：IE9+及其他。

☑ :required：具有 required 属性的字段。浏览器支持情况：IE10+、Safari 5+及其他。

☑ :optional：与:required 相反。浏览器支持情况：IE10+、Safari 5+及其他。

☑ :invalid：其值与 pattern 属性给出的模式不匹配的字段；或值不是有效电子邮件格式的电子邮件框，值不是有效 URL 格式的 URL 框，以及任何标记为 required 但值为空的字段。浏览器支持情况：IE10+、Safari 5+及其他。

☑ :valid：与:invalid 相反。浏览器支持情况：IE10+、Safari 5+及其他。

例如，这条样式为任意获得焦点的 input（包括提交按钮）或 textarea 添加背景色。

```
input:focus,textarea:focus {
    background-color: greenyellow;
}
```

要定位特定的 input 类型，可以包含一个属性选择器，例如，仅为获得焦点的提交按钮设置样式，第一个字段获得了焦点，因此它的背景是浅绿色的。

```
input[type="submit"]:focus {
    backgroundcolor:#ff8c00;
}
```

下面为选中的单选按钮或复选框（或指定了 checked 属性的单选按钮或复选框）添加样式。

```
input:checked + label {
    color: green;
}
```

下面设计禁用文本区域以浅色显示。

```
textarea:disabled {
    background-color: #ccc;
    border-color: #999;
    color: #666;
}
```

下面设计所有必填的 input 和 textarea 元素有一个更醒目的边框。

```
input:required,
    textarea:required {
    border: 2px solid #000;
}
```

下面设计电子邮件框中的值如果不是有效的电子邮件地址，该框中的字就会变成红色。

```
input[type="email"]:invalid {
    color: red;
}
input[type="email"]:valid {
    color: black;
}
```

页面一开始加载就会应用:invalid 状态。因此，根据所设置的状态，有可能会出现一些意外的结果。例如，如果设计 input:invalid { background-color:pink; }，那么必填的 input 字段在用户填写任何内容之前就会显示粉红色的背景。

任何标记为required但值为空的字段会被认为处于无效状态。为了将必填字段排除在该规则之外，可以使用:not 伪类，如 input:invalid:not(:required) { border:2px solid red; }。除了 IE9 之前的版本，所有浏览器都支持:not 伪类。

在提交表单时，使用 JavaScript 为 form 元素添加一个类，并在样式表中为该类创建无效样式，例如“.submitted input:invalid{ background-color: red; }”。

提示： 对于浏览器无法识别的伪类，浏览器会直接忽略其中的样式规则。读者可以访问 http://selectivizr.com/，下载 Keith Clark 开发的 Selectivzr 插件，它是一个用于让旧浏览器理解这些 CSS3 选择器的 JavaScript 文件。

用户还可以使用属性选择器定位拥有特定属性的表单字段，例如：

☑ [autocomplete]

- ☑ [autofocus]
- ☑ [multiple]（仅限于电子邮件框和文件上传框）
- ☑ [placeholder]
- ☑ [type="email"]、[type="url"]等（其他的输入框类型都可以像这样使用）

Note

视频讲解

8.8 案例实战：设计用户登录表单页

本示例设计一个用户登录表单页，页面以灰色为主色调，灰色是万能色，能够与任何色调风格的网站相融合，整个登录框醒目，结构简单，方便用户使用，表单框设计风格趋于淡定自然，演示效果如图 8.2 所示。

【操作步骤】

第 1 步，在 Photoshop 中设计渐变的背景图像，高度为 21px，宽度为 2px，渐变色调以淡灰色为主，如图 8.3 所示。

图 8.2　设计用户登录表单样式　　　　图 8.3　设计背景图像

第 2 步，启动 Dreamweaver CC，新建一个网页，保存为 index.html。

第 3 步，在<body>标签内输入如下结构代码，构建表单结构，设计简单的用户登录表单。

```
<div class="user_login">
    <h3>用户登录</h3>
    <div class="content">
        <form method="post" action="">
            <div class="frm_cont userName">
                <label for="userName">用户名：</label>
                <input type="text" id="userName" />
            </div>
            <div class="frm_cont userPsw">
                <label for="userPsw">密　码：</label>
                <input type="password" id="userPsw" />
            </div>
            <div class="frm_cont validate">
                <label for="validate">验证码：</label>
                <input type="text" id="validate" />
                <img src="images/getcode.jpg" alt="验证码：3731" /></div>
            <div class="frm_cont keepLogin">
                <input type="checkbox" id="keepLogin" />
                <label for="keepLogin">记住我的登录信息</label>
```

```
                </div>
                <div class="btns">
                    <button type="submit" class="btn_login">登 录</button>
                    <a href="#" class="reg">用户注册</a></div>
            </form>
        </div>
    </div>
```

用户登录框主要由用户名输入框、密码输入框、验证码输入框和登录按钮等相关内容组成，每个网站根据网站的实际需求而决定登录框中所应该包含的元素。

表单框包含在<div class="user_login">包含框中，添加类名为 user_login 的<div>标签将所有登录框元素包含在一个容器之内，便于后期的整体样式控制。其中包含一个标题<h3>和一个子包含框<div class="content">，即内容框。

表单元素在正常情况下都应该存在于<form>标签中，通过<form>标签中的 action 属性和 method 属性检测最后表单内的数据需要发送到服务器端哪个页面，以及以什么方式发送的。

利用 div 标签将输入框以及文字包含在一起，形成一个整体。在整个表单中多次出现相同类似的元素，可以考虑使用一个类名调整多次出现的样式。例如，这里使用 frm_cont 这个类作为整体调整，再添加一个 userName 类针对性地调整细节部分。

使用<label>标签中的 for 属性激活与 for 属性的属性值相对应的表单元素标签。例如，<label for="userName">标签被单击时，将激活 id="userName"的 input 元素，使光标出现在对应的输入框中。

第 4 步，在<head>标签内添加<style type="text/css">标签，定义一个内部样式表。

第 5 步，设计登录框最外层包含框（<div class="user_login">）的宽度为 210px，再增加内补丁 1px 使其内部元素与边框之间产生一点间距，显示背景颜色或者背景图片，增强视觉效果。

将登录框内的所有元素内补丁、边界以及文字的样式统一。在网站整体制作的初期这一步是必不可少的，通过设置整体的样式，可以减少后期再逐个设置样式的麻烦。如果需要调整也可以很快地将所有样式修改，当然针对特定标签可以通过类样式来有针对性地设置。

```
.user_login { /*设置登录框样式，增加 1px 的内补丁，提升整体表现效果*/
    width:210px;
    padding:1px;
    border:1px solid #DBDBD0;
    background-color:#FFFFFF;
}
.user_login * { /*设置登录框中全局样式，调整内补丁、边界、文字等基本样式*/
    margin:0;
    padding:0;
    font:normal 12px/1.5em "宋体", Verdana,Lucida, Arial, Helvetica, sans-serif;
}
```

第 6 步，设置标题的高度以及行高，并且居中显示。在此不设置标题的宽度，使其宽度的属性值为默认的 auto，主要是考虑让其随着外面容器的宽度而改变。重要的一点是我们可以省去计算宽度的时间，还可以让标题与容器的边框之间 1px 之差能完美体现。

```
.user_login h3 { /*设置登录框中标题的样式*/
    height:24px;
    line-height:24px;
    font-weight:bold;
    text-align:center;
```

```
    background-color:#EEEEE8;
}
```

第 7 步，为了增强容器与内容之间的空间感，针对表单区域内容增加内补丁，使内容不会与边框显得拥挤。

Note

```
.user_login .content {/*设置登录框内容部分的内补丁，使其与边框产生一定的间距*/
    padding:5px;
}
```

第 8 步，增加每个表单之间的间距，使表单上下之间有错落感。

```
.user_login .frm_cont {/*将表单元素的容器向底下产生 5px 的间距*/
    margin-bottom:5px;
}
```

第 9 步，当用户单击<label>标签包含的文字时，能够激活对应的文本框，为了加强用户体验效果，当用户将鼠标经过文字时，将鼠标转变为手型，提示用户该区域单击后会有效果。

```
.user_login .frm_cont label {/*设置鼠标经过所有的 label 标签，鼠标为手型*/
    cursor:pointer;
}
```

第 10 步，在表单结构中包含 4 个表单域对象，其中 3 个是输入域类型，另外一个是多选框类型。对于输入域类型的<input>标签是可以修改边框以及背景等样式的，而多选框类型的<input>标签在个别浏览器中是不能修改的。因此，本案例有针对性修改“用户名”“密码”“验证码”输入框的样式，添加边框线。

输入域类型的<input>标签虽然可以通过 CSS 样式修改其边框以及背景样式，但 Firefox 浏览器还存在一些问题，无法利用 CSS 的 line-height 行高属性设置单行文字垂直居中。因此考虑利用内补丁（padding）的方式将输入域的内容由顶部“挤压”，形成垂直居中的效果。

```
.user_login .userName input, .user_login .userPsw input, .user_login .validate input {/*将所有输入框设置宽度以及边框样式*/
    width:146px; height:17px;
    padding:3px 2px 0; border:1px solid #A9A98D;
}
```

第 11 步，验证码输入框的宽度相对其他几个输入框比较小，为了使其与验证码图片之间有一定的间隔，需要再单独使用 CSS 样式进行调整。

```
.user_login .validate input { /*设置验证码输入框的宽度以及与验证图之间的间距*/
    width:36px;
    text-align:center;
    margin-right:5px;
}
```

第 12 步，缩进“记住我的登录信息”的内容，使多选框与其他输入框对齐，利用该容器的宽度属性值为默认值 auto 的前提下，增加左右内补丁不会导致最终的宽度变大特性，使用 padding-left 将其缩进。

浏览器默认解析多选框与文字并列出现时，不会将文字与多选框的底部对齐。为了调整这个显示效果的不足，可以使用 CSS 样式中 vertical-align 垂直对齐属性将多选框向下移动来达到最终效果。Firefox 浏览器的调整导致了 IE 浏览器的不足，因此需要利用针对 IE 浏览器的兼容方法，将 CSS 的 vertical-

align 垂直对齐属性设置为 0，最终在 IE 浏览器与 Firefox 浏览器之间能达到一个相对的平衡关系。

```
.user_login .keepLogin { /*将记住密码区域左缩进 48px，与输入框对齐*/
    padding-left:48px;
}
.user_login .keepLogin input { /*调整多选框与文字之间的间距，以及底边与文字对齐*/
    margin-right:5px;
    vertical-align:-1px;
    *vertical-align:0; /*针对 IE 浏览器的 HACK*/
}
```

第 13 步，将按钮文字设置为相对于类名为 btns 的父级容器居中显示，需要注意以下两点内容。

☑ 锚点 a 标签是内联元素，不具备宽高属性。但也不能转换为块元素，如果转换为块元素后，父级的 text-align:center 居中将会失效，而且需要将按钮和文字设置浮动后才能与按钮并列显示。

☑ 在 IE 浏览器中，按钮与文字之间的垂直对齐关系如同多选框与文字之间的对齐，需要利用 vertical-align 将其调整。

根据这两点需要考虑的问题，可以针对锚点 a 标签设置 padding 属性增加背景图片显示的空间，可以利用兼容方式调整 IE 浏览器中对于按钮与文字之间的对齐关系。

```
.user_login .btns { /*按钮区域的容器居中显示*/
    text-align:center;
}
.user_login .btns a {/*设置文字基本样式以及增加相应的内补丁显示背景图片*/
    padding:3px 4px 2px;
    text-decoration:none;
    color:#000000;
}
.user_login .btns button {/*设置按钮高度以及针对 IE 浏览器调整按钮与文字的对齐方式*/
    height:21px;
    *vertical-align:-3px; /*针对 IE 浏览器的兼容方式*/
    cursor:pointer;
}
.user_login .btns button, .user_login .btns a {/*将按钮区域文字和按钮设置边框线和背景图片*/
    border:1px solid #A9A98D;
    background:url(images/bg_btn.gif) repeat-x 0 0;
}
```

8.9 在线练习

本节将通过大量的上机示例，帮助初学者练习使用 HTML5 设计表单结构和样式，感兴趣的读者可以扫码练习。

在线练习 1　　在线练习 2

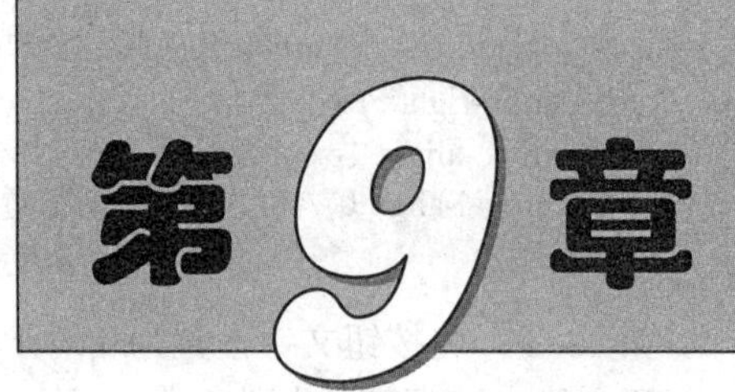

第9章 CSS3 基础

CSS 是 Cascading Style Sheets 的首字母缩写，中文翻译为层叠样式表，简称为网页样式。它是 W3C 组织制订的一套网页样式设计标准。CSS 语言填补了 HTML 语言缺陷，为用户提供了强大功能的页面样式美化工具。本章将讲解 CSS 语言的基本语法和用法，同时学习 Dreamweaver CC 所提供的强大 CSS 样式支持功能，掌握可视化定义 CSS 样式的基本方法。

【学习重点】

- 熟悉 CSS 基本语法和用法。
- 了解常用选择器和常用 CSS 属性。
- 了解 CSS 特性、单位和取值规范等。
- 熟练使用 Dreamweaver CC 的 CSS 设计器。
- 能够使用规则定义对话框。

Note

9.1 CSS 概述

早期的 HTML 结构和样式是混在一起的，通过 HTML 标签组织内容，通过标签属性设置显示效果，这就造成了网页代码混乱不堪，代码维护也变得不堪重负。

1994 年年初，哈坤 • 利提出了 CSS 的最初建议。伯特 • 波斯（Bert Bos）当时正在设计一款 Argo 浏览器，于是他们一拍即合，决定共同开发 CSS。

1994 年年底，哈坤在芝加哥的一次会议上第一次展示了 CSS 的建议，1995 年他与波斯一起再次展示这个建议。当时 W3C（World Wide Web Consortium，万维网联盟）组织刚刚成立，W3C 对 CSS 的前途很感兴趣，为此组织了一次讨论会，哈坤、波斯是这个项目的主要技术负责人。

1996 年年底，CSS 语言正式设计完成，同年 12 月 CSS 的第一版本被正式出版（http://www.w3.org/TR/CSS1/）。

1997 年年初，W3C 组织专门负责 CSS 的工作组，负责人是克里斯 • 里雷。于是该工作组开始讨论第一个版本中没有涉及的问题。

1998 年 5 月，CSS2 版本正式出版（http://www.w3.org/TR/CSS2/）。

2002 年，W3C 的 CSS 工作组启动了 CSS 2.1 开发。这是 CSS2 的修订版，它纠正 CSS 2.0 版本中的一些错误，并且更精确地描述 CSS 的浏览器实现。

2004 年，CSS 2.1 正式发布。

2006 年年底，进一步完善 CSS 2.1，CSS 2.1 也成为了目前最流行、获得浏览器支持最完整的版本，它更准确地反映了 CSS 当前的状态。

CSS3 开发工作在 2000 年之前就开始了，但是距离最终的发布还有相当长的路要走，为了提高开发速度，也为了方便各主流浏览器根据需要渐进式支持，CSS3 按模块化进行全新设计，这些模块可以独立发布和实现，这也为日后 CSS 的扩展奠定了基础。

到目前为止，CSS3 还没有推出正式的完整版，但是已经陆续推出了不同的模块，这些模块已经被大部分浏览器支持或部分实现。

CSS3 属性支持情况请访问 http://fmbip.com/litmus/详细了解。可以看出，完全支持 CSS3 属性的浏览器包括 Chrome 和 Safari，其他主流浏览器也基本支持。

CSS3 选择器支持情况请访问 http://fmbip.com/litmus/详细了解。除了 IE 早期版本和 Firefox 3-，其他主流浏览器几乎全部支持，如 Chrome、Safari、Firefox、Opera。

提示：部分浏览器允许使用私有属性支持 CSS3 的新特性，简单说明如下。

- ☑ Webkit 类型的浏览器（如 Safari、Chrome）的私有属性是以-webkit-前缀开始。
- ☑ Gecko 类型的浏览器（如 Firefox）的私有属性是以-moz-前缀开始。
- ☑ Konqueror 类型的浏览器的私有属性是以-khtml-前缀开始。
- ☑ Opera 浏览器的私有属性是以-o-前缀开始。
- ☑ Internet Explorer 浏览器的私有属性是以-ms-前缀开始，IE8+支持-ms-前缀。

9.2 CSS 基本语法和用法

与 HTML 一样，CSS 是一种标识语言，在任何文本编辑器中都可以打开和编辑。CSS 语法比较简单，不是很复杂，下面进行简单介绍。

9.2.1 CSS 基本结构

Note

视频讲解

在 CSS 源代码中，样式是最基本的语法单元，每个样式包含两部分内容：选择器和声明（或称为规则），如图 9.1 所示。

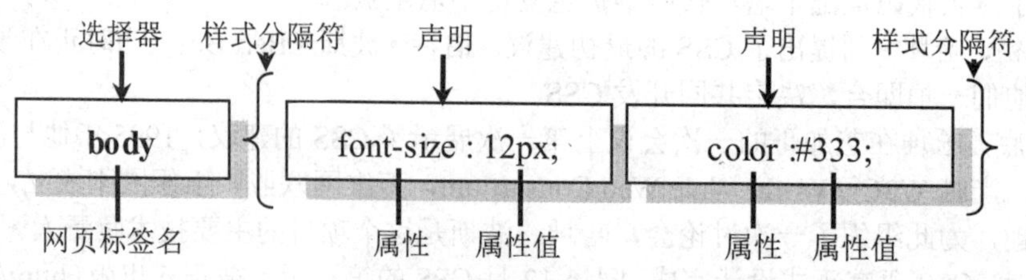

图 9.1　CSS 样式基本格式

- ☑ 选择器（Selector）：选择器告诉浏览器该样式将作用于页面中哪些对象，这些对象可以是某个标签、所有网页对象、指定 Class 或 ID 值等。浏览器在解析这个样式时，根据选择器来渲染对象的显示效果。
- ☑ 声明（Declaration）：声明可以增加一个或者多个，这些声明告诉浏览器如何去渲染选择器指定的对象。声明包括属性和属性值两部分，并用分号来标识一个声明的结束，在一个样式中最后一个声明可以省略分号。所有声明被放置在一对大括号内，然后整体紧邻选择器的后面。
- ☑ 属性（Property）：属性是 CSS 预定的样式选项。属性名由一个单词或多个单词组成，多个单词之间通过连字符相连。这样能够很直观地表示属性所要设置样式的效果。
- ☑ 属性值（Value）：属性值用来设置属性显示的效果，包括值和单位，或者关键字。

【示例 1】定义网页字体大小为 12px，字体颜色为深黑色，则可以设置如下样式：

```
body{font-size: 12px; color: #333;}
```

多个样式可以并列在一起，不需要考虑如何进行分隔。

【示例 2】定义段落文本的背景色为紫色，则可以在上面样式基础上定义如下样式：

```
body{font-size: 12px; color: #333;}p{background-color: #FF00FF;}
```

由于 CSS 语言忽略空格（除了选择器内部的空格外），因此可以利用空格来格式化 CSS 源代码，则上面代码可以进行如下美化：

```
body {
    font-size: 12px;
    color: #333;
}
p { background-color: #FF00FF; }
```

这样在阅读时就一目了然了，既方便阅读，也容易维护。

9.2.2 CSS 基本用法

视频讲解

CSS 样式代码必须保存在.css 类型的文本文件中，或者放在网页内<style>标签中，或者插在网页标签的 style 属性值中，否则是无效的。详细说明如下。

1．直接放在标签的 style 属性中

【示例 1】

```
<span style="color:red;">红色字体</span>
<div style="border:solid 1px blue; width:200px; height:200px;"></div>
```

当浏览器解析上面标签时，检测到该标签包含有 style 属性，于是就调用 CSS 引擎来解析这些样式码，并把效果呈现出来。

这种通过 style 属性直接把样式码放在标签内的做法被称为行内样式，因为它与传统网页布局中在标签增加属性的设计方法没有什么两样，这种方法实际上还没有真正把 HTML 结构和 CSS 表现分开进行设计，因此不建议使用。除非为页面中个别元素设置某个特定样式效果而单独进行定义。

2．把样式代码放在<style>标签内

【示例 2】

```
<style type="text/css">
body {/*页面基本属性*/
    font-size: 12px;
    color: #333;
}
/*段落文本基础属性*/
p { background-color: #FF00FF; }
</style>
```

在设置<style>时应该指定 type 属性，告诉浏览器该标签包含的代码是 CSS 源代码。这样当浏览器解析<style>标签所包含的代码时，会自动调用 CSS 引擎进行解析。

> 提示：内部样式一般放在网页的头部区域，目的是让 CSS 源代码早于页面源代码下载并被解析，这样避免当网页信息下载之后，由于没有 CSS 样式渲染而使页面信息无法正常显示。
>
> 这种方式也被称为网页内部样式，每个<style>标签定义一个内部样式表。如果仅为一个页面定义 CSS 样式时，使用这种方法比较高效，且管理方便。但是在一个网站中，或多个页面之间引用时，使用这种方法会产生代码冗余，不建议使用，而且一页页管理样式也是不经济的。

3．保存在.css 类型的文件中

把样式代码保存在单独的.css 类型文件中，然后使用<link>标签或者@import 命令导入。这样当浏览器遇到这些代码时，会自动根据它们提供的 URL 把外部样式表文件导入页面中并进行解析。

这种方式也被称为外部样式，每个 CSS 文件定义一个外部样式表。一般网站都采用外部样式来设计网站的表现层问题，以便统筹设计 CSS 样式，并能够快速开发和高效管理。

9.2.3 CSS 样式表

视频讲解

一个或多个 CSS 样式可以组成一个样式表。样式表包括内部样式表和外部样式表，它们没有本质区别，都是由一个或者多个样式组成。具体说明如下。

1．内部样式表

内部样式表包含在<style>标签内，一个<style>标签就表示一个内部样式表。而通过标签的 style

属性定义的样式属性就不是样式表。如果一个网页文档中包含多个<style>标签，就表示该文档包含了多个内部样式表。

2．外部样式表

如果 CSS 样式被放置在网页文档外部的文件中，则称为外部样式表，一个 CSS 样式表文档就表示一个外部样式表。实际上，外部样式表也就是一个文本文件，扩展名为.css。当把 CSS 样式代码复制到一个文本文件中后，另存为.css 文件，则它就是一个外部样式表。

Note

可以在外部样式表文件顶部定义 CSS 源代码的字符编码。例如，下面代码定义样式表文件的字符编码为中文简体。

```
@charset "gb2312";
```

如果不设置 CSS 文件的字符编码，可以保留默认设置，则浏览器会根据 HTML 文件的字符编码来解析 CSS 代码。

视频讲解

9.2.4 导入外部样式表

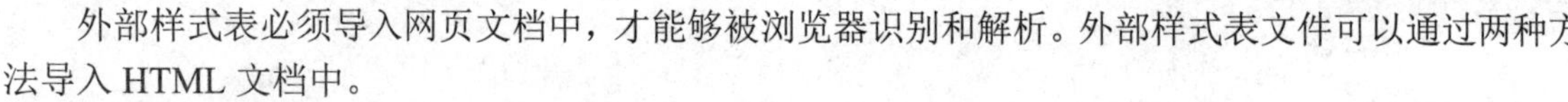

外部样式表必须导入网页文档中，才能够被浏览器识别和解析。外部样式表文件可以通过两种方法导入 HTML 文档中。

1．使用<link>标签导入

使用<link>标签导入外部样式表文件：

```
<link href="style.css" rel="stylesheet" type="text/css" />
```

一般在定义<link>标签时，应定义 3 个基本属性，其中 href 是必须设置属性。具体说明如下。

- ☑ href：定义样式表文件 URL。
- ☑ type：定义导入文件类型，同 style 元素一样。
- ☑ rel：用于定义文档关联，这里表示关联样式表。

也可以再设置 title 属性，定义样式表的标题。当网页导入多个样式表后，可以通过 title 属性值选择所要应用的样式表文件。

2．使用@import 命令导入

在<style>标签内使用@import 命令导入外部样式表文件：

```
<style type="text/css">
@import url("style .css");
</style>
```

在@import 命令后面，利用 url()函数包含具体的外部样式表文件的地址。使用这种方式导入的外部样式表可以被文档执行。

外部样式能够实现 CSS 样式与 HTML 结构的分离，这种分离原则是 W3C 所提倡的，因为它可以更高效地管理文档结构和样式，实现代码优化和重用。

视频讲解

9.2.5 CSS 注释和格式化

在 CSS 中增加注释很简单，所有被放在“/*”和“*/”分隔符之间的文本信息都被称为注释。例如：

```
/*注释*/
```

或

```
/*
注释
*/
```

在 CSS 中，各种空格是不被解析的，因此可以利用 Tab 键、空格键对样式表和样式代码进行排版。

9.3　CSS 属性和值

CSS 语法和用法比较简单，但是要灵活使用 CSS，应该理解并熟悉 CSS 属性的语法和用法，只有这样才能够轻松驾驭 CSS，使用 CSS 设计出漂亮、兼容性好的网页样式。

9.3.1　CSS 属性

视 频 讲 解

CSS 属性众多，在 W3C CSS 2.0 版本中共有 122 个标准属性（http://www.w3.org/TR/CSS2/propidx.html），在 W3C CSS 2.1 版本中共有 115 个标准属性（http://www.w3.org/TR/CSS22/propidx.html），其中删除了 CSS 2.0 版本中的 7 个属性：font-size-adjust、font-stretch、marker-offset、marks、page、size 和 text-shadow。在 W3C CSS 3.0 版本中又新增加了 20 多个属性（http://www.w3.org/Style/CSS/current-work#CSS3）。

如果加上各浏览器专有属性，CSS 属性将近有 170 多个，不过 CSS 属性比较有规律，记忆方便，记住主要属性，就会纲举目张。

CSS 属性被分为不同的类型，如字体属性、文本属性、边框属性、边距属性、布局属性、定位属性、打印属性等。

CSS 属性的名称比较有规律，且名称与意思紧密相连，根据意思记忆属性名称是一个不错的方法。CSS 盒模型讲的就是网页中任何元素都会显示为一个矩形形状，它可以包括外边距、边框、内边距、宽和高等。用英文表示就是 margin（边界）、border（边框）、padding（补白）、height（高）和 width（宽），盒子还有 background（背景），如图 9.2 所示。

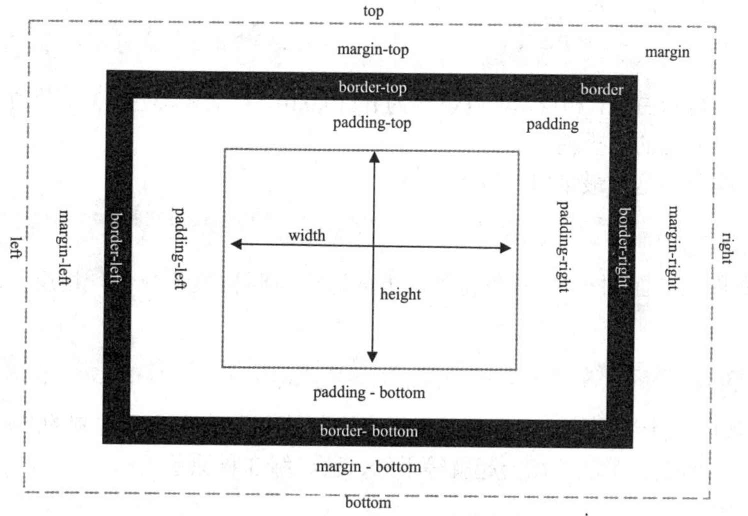

图 9.2　CSS 盒模型相关的属性

外边距按方位又可以包含 margin-top、margin-right、margin-bottom 和 margin-left 共 4 个分支属性，分别表示顶部外边距、右侧外边距、底部外边距和左侧外边距。

同样的道理，内边距也可以包含 padding-top、padding-right、padding-bottom、padding-left 和 padding 属性。边框可以分为边框类型、粗细和颜色，因此可以包含 border-width、border-color 和 border-style 属性，这些属性又可以按 4 个方位包含很多属性，例如，border-width 属性又分为 border-top-width、border-right-width、border-bottom-width、border-left-width 和 border-width 属性。

9.3.2 CSS 属性值

视频讲解

1．颜色值

颜色值包括颜色名、百分比、数字和十六进制数值。

☑ 使用颜色名是最简单的方法。虽然目前已经命名的颜色约有 184 种，但真正被各种浏览器支持，并且作为 CSS 规范推荐的颜色名称只有 16 种，如表 9.1 所示。

表 9.1 CSS 规范推荐的颜色名称

名　称	颜　色	名　称	颜　色	名　称	颜　色
black	纯黑	silver	浅灰	lime	浅绿
blue	浅蓝	green	深绿	maroon	深红
teal	靛青	aqua	天蓝	fuchsia	品红
red	大红	purple	深紫	gray	深灰
olive	褐黄	yellow	明黄		
white	亮白	navy	深蓝		

☑ 使用百分比。这是一种最常用的方法，例如：

```
color:rgb(100%,100%,100%);
```

这个声明将红、蓝、绿 3 种原色都设置为最大值，结果组合显示为白色。相反，可以设置 rgb(0%,0%,0%)为黑色。3 个百分值相等将显示灰色，同理哪个百分值大就偏向哪个原色。

☑ 使用数值。数字范围是 0～255，例如：

```
color:rgb(255,255,255);
```

上面这个声明将显示白色，相反，可以设置为 rgb(0,0,0)，将显示黑色。3 个数值相等将显示灰色，同理哪个数值大哪个原色的比重就会加大。

☑ 十六进制颜色。这是最常用的取色方法，例如：

```
color:#ffffff;
```

其中要在十六进制前面加一个#颜色符号。上面这个声明将显示白色，相反，可以设置#000000 为黑色，用 RGB 来描述：

```
color: #RRGGBB;
```

从 0 到 255，实际上十进制的 255 正好等于十六进制的 FF，一个十六进制的颜色值等于 3 组这样的十六进制的值，它们按顺序连接在一起就等于红、蓝、绿 3 种原色。

2．绝对单位

绝对单位在网页中很少使用，一般多用在传统平面印刷中，但在特殊的场合使用绝对单位是很必要的。绝对单位包括英寸、厘米、毫米、磅和 pica。

Note

☑ 英寸（in）：是使用最广泛的长度单位。
☑ 厘米（cm）：生活中最常用的长度单位。
☑ 毫米（mm）：在研究领域使用广泛。
☑ 磅（pt）：在印刷领域使用广泛，也称点。CSS 也常用 pt 设置字体大小，12 磅的字体等于六分之一英寸大小。
☑ pica（pc）：在印刷领域使用，1pica 等于 12 磅，所以也称 12 点活字。

3．相对单位

相对单位与绝对单位相比显示大小不是固定的，它所设置的对象受屏幕分辨率、可视区域、浏览器设置以及相关元素的大小等多种因素影响。

（1）em

em 单位表示元素的字体高度，它能够根据字体的 font-size 属性值来确定单位的大小。例如：

```
p{/*设置段落文本属性*/
        font-size:12px;
         line-height:2em;/*行高为 24px*/
}
```

从上面样式代码可以看出，一个 em 等于 font-size 的属性值，如果设置 font-size:12pt，则 line-height:2em 就会等于 24pt。如果设置 font-size 属性的单位为 em，则 em 的值将根据父元素的 font-size 属性值来确定。

同理，如果父对象的 font-size 属性的单位也为 em，则将依次向上级元素寻找参考的 font-size 属性值，如果都没有定义，则会根据浏览器默认字体进行换算，默认字体一般为 16px。

```
<style type="text/css">
#main {font-size:12px;}
p {font-size:2em; } /*字体大小将显示为 24px*/
</style>
<div id="main">
        <p>em 相对长度单位使用</p>
</div>
```

（2）ex

ex 单位根据所使用的字体中小写字母 x 的高度作为参考。在实际使用中，浏览器将通过 em 的值除以 2 得到 ex 的值。为什么这样计算呢？

因为 x 高度计算比较困难，且小写 x 的高度值是大写 x 的一半；另一个影响 ex 单位取值的是字体，由于不同字体的形状差异，这也导致相同大小的两段文本，但由于字体设置不同，ex 单位的取值也会存在很大的差异。

（3）px

px 单位是根据屏幕像素点来确定的，这样不同的显示分辨率就会使相同取值的 px 单位所显示出来的效果截然不同。

实际设计中，建议网页设计师多使用相对长度单位 em，且在某一类型的单位上使用统一的单位。如设置字体大小，根据个人使用习惯，在一个网站中，可以统一使用 px 或 em。

4．百分比

Note

百分比也是一个相对单位值。百分比值总是通过另一个值来计算，一般参考父对象中相同属性的值。例如，如果父元素宽度为 500px，子元素的宽度为 50%，则子元素的实际宽度为 250px。

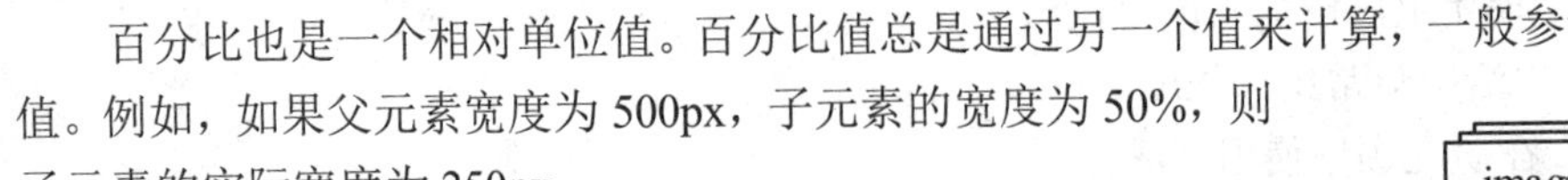

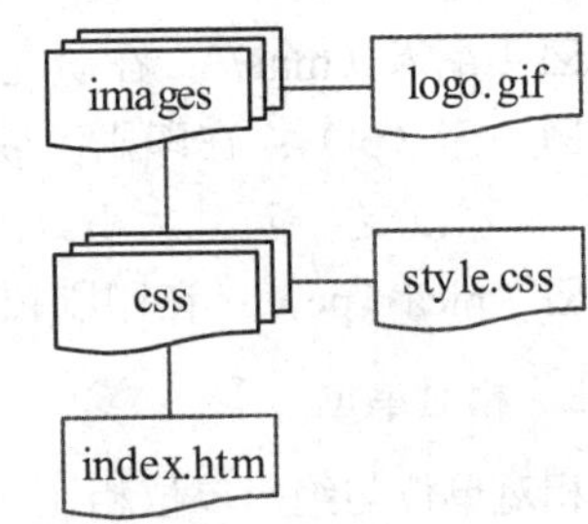

图 9.3　站点模拟结构

5．URL

URL 包括绝对地址和相对地址。在设置相对地址时，很容易犯错误。例如，如图 9.3 所示是一个简单的站点模拟结构，其中在根目录下存在两个文件夹 images 和 css。在 images 文件夹中存放着 logo.gif 图像，在 css 文件夹中存放着 style.css 样式文件。如果在 index.htm 网页文件中显示 logo.gif 图像，该如何设置 URL？

第 1 步，把 style.css 导入 index.htm。

```
<link href="css/style.css" type="text/css" rel="stylesheet" />
```

第 2 步，思考：从 logo.gif 到 style.css 的参照物是什么？是 index.htm，还是 style.css。显然是以 style.css 样式文件本身为参照物，正确的写法如下：

```
background:url(../images/logo.gif);
```

这与 JavaScript 用法截然不同，假设在 CSS 文件夹中有一个.js 文件需要导入 index.htm 网页中，而.js 文件也引用了 logo.gif 图像，再使用 url(../images/logo.gif)就不对了，正确写法如下：

```
url(images/logo.gif)
```

因为它们的参照物不同，在浏览器中被解析的顺序和方式也不同。

视频讲解

9.4　CSS 选择器

根据选择器结构的不同，可以把 CSS 选择器分为五大类。

☑　元素选择器，如表 9.2 所示。

表 9.2　元素选择器列表

选择器	说明
*	通配选择器，选定所有对象
E	类型选择器，匹配所有同类标签的元素
.className	类选择器，匹配 class 属性值包含 className 的元素。注意，E.className 表示限定元素类选择器
#IDName	ID 选择器，匹配 id 属性值等于 IDName 的元素。注意，E#IDName 表示限定元素 ID 选择器

☑ 关系选择器，如表 9.3 所示。

表 9.3　关系选择器列表

选　择　器	说　　明
E,F	分组选择器，同时匹配 E 和 F 两个子选择器匹配的对象，子选择器之间用逗号分隔
E F	包含选择器，匹配所有被 E 元素包含的 F 元素
E > F	子选择器，匹配 E 元素的所有子元素 F
E + F	相邻选择器，匹配紧贴在 E 元素之后 F 元素，元素 E 与 F 必须同属一个父级
E～F	兄弟选择器，匹配 E 元素后面的所有兄弟元素 F，元素 E 与 F 必须同属一个父级（**CSS3 新增**）

☑ 属性选择器，如表 9.4 所示。

表 9.4　属性选择器列表

选　择　器	说　　明
E[att]	匹配具有 att 属性的 E 元素。注意，E 可以省略，如[cheacked]，以下相同
E[att="val"]	匹配具有 att 属性，且属性值等于 val 的 E 元素
E[att~="val"]	匹配具有 att 属性，且属性值为一用空格分隔的字词列表，其中一个等于 val 的 E 元素。注意，包含只有一个值且该值等于 val 的情况
E[att|="val"]	匹配具有 att 属性，其值是以 val 开头并用连接符"-"分隔的字符串的 E 元素。注意，如果值仅为 val，也将被选择
E[att^="val"]	匹配具有 att 属性，且属性值为以 val 开头的字符串的 E 元素（**CSS3 新增**）
E[att$="val"]	匹配具有 att 属性，且属性值为以 val 结尾的字符串的 E 元素（**CSS3 新增**）
E[att*="val"]	匹配具有 att 属性，且属性值为包含 val 的字符串的 E 元素（**CSS3 新增**）

☑ 伪选择器。其中，伪选择器包括伪类选择器（如表 9.5 所示）和伪对象选择器（如表 9.6 所示）。根据执行任务不同，伪类选择器又分为 6 种。

➢ 动态伪类。
➢ 目标伪类。
➢ 语言伪类。
➢ 状态伪类。
➢ 结构伪类。
➢ 否定伪类。

表 9.5　伪类选择器列表

选　择　器	说　　明
E:link	设置超链接 a 在未被访问前的样式
E:visited	设置超链接 a 在其链接地址已被访问过时的样式
E:hover	设置元素在其鼠标悬停时的样式
E:active	设置元素在被用户激活（在鼠标单击与释放之间发生的事件）时的样式
E:focus	设置对象在成为输入焦点时的样式
E:lang(fr)	匹配使用特殊语言的 E 元素
E:not(s)	匹配不含有 s 选择符的元素 E（**CSS3 新增**）

Note

续表

选 择 器	说 明
E:root	匹配 E 元素在文档的根元素。在 HTML 中，根元素永远是 HTML（**CSS3 新增**）
E:first-child	匹配父元素的第一个子元素 E（**CSS3 新增**）
E:last-child	匹配父元素的最后一个子元素 E（**CSS3 新增**）
E:only-child	匹配父元素仅有的一个子元素 E（**CSS3 新增**）
E:nth-child(n)	匹配父元素的第 n 个子元素 E，假设该子元素不是 E，则选择符无效（**CSS3 新增**）
E:nth-last-child(n)	匹配父元素的倒数第 n 个子元素 E，假设该子元素不是 E，则选择符无效（**CSS3 新增**）
E:first-of-type	匹配同类型中的第一个同级兄弟元素 E（**CSS3 新增**）
E:last-of-type	匹配同类型中的最后一个同级兄弟元素 E（**CSS3 新增**）
E:only-of-type	匹配同类型中唯一的一个同级兄弟元素 E（**CSS3 新增**）
E:nth-of-type(n)	匹配同类型中的第 n 个同级兄弟元素 E（**CSS3 新增**）
E:nth-last-of-type(n)	匹配同类型中的倒数第 n 个同级兄弟元素 E（**CSS3 新增**）
E:empty	匹配没有任何子元素（包括 text 节点）的元素 E（**CSS3 新增**）
E:checked	匹配用户界面处于选中状态的元素 E。注意，用于 input 的 type 为 radio 与 checkbox 时（**CSS3 新增**）
E:enabled	匹配用户界面上处于可用状态的元素 E（**CSS3 新增**）
E:disabled	匹配用户界面上处于禁用状态的元素 E（**CSS3 新增**）
E:target	匹配相关 URL 指向的 E 元素（**CSS3 新增**）
@page :first	设置在打印时页面容器第一页使用的样式。注意，仅用于@page 规则
@page :left	设置页面容器位于装订线左边的所有页面使用的样式。注意，仅用于@page 规则
@page :right	设置页面容器位于装订线右边的所有页面使用的样式。注意，仅用于@page 规则

表 9.6 伪对象选择器列表

选 择 器	说 明
E:first-letter/E::first-letter	设置对象内的第一个字符的样式。注意，仅作用于块对象（**CSS3 完善**）
E:first-line/E::first-line	设置对象内的第一行的样式。注意，仅作用于块对象（**CSS3 完善**）
E:before/E::before	设置在对象前发生的内容。与 content 属性一起使用，且必须定义 content 属性（**CSS3 完善**）
E:after/E::after	设置在对象后发生的内容。与 content 属性一起使用，且必须定义 content 属性。**CSS3 完善**
E::placeholder	设置对象文字占位符的样式（**CSS3 新增**）
E::selection	设置对象被选择时的样式（**CSS3 新增**）

选择器模块权威参考 http://www.w3.org/TR/css3-selectors/。

提示：CSS 支持并列使用多个属性选择器，以匹配同时满足多个选择器，如 blockquote[class=quote][cite] { color:#f00; }。

注意：CSS3 将伪对象选择符前面的单个冒号（:）修改为双冒号（::），用以区别伪类选择符，但以前的写法仍然有效。

9.5　CSS 特性

Note

视频讲解

CSS 样式遵循两个基本规则：继承性和层叠性，这些特性确保 CSS 样式能够准确、高效地发挥作用。

9.5.1　CSS 继承性

CSS 继承性最典型的应用就是在 body 元素中定义整个页面的字体大小、字体颜色等基本页面属性，这样包含在 body 元素内的其他元素都将继承该基本属性，以实现页面显示效果的统一。

【示例】在 body 元素中定义字体大小为 12px，通过继承性，包含在 body 元素的所有其他元素都将继承该属性，并设置包含的字体大小为 12px，如图 9.4 所示。

```
<style type="text/css">
body { font-size: 12px; }
</style>

<div id="wrap">
    <div id="header">
        <div id="menu">
            <ul>
                <li><span>首页</span></li>
                <li>菜单项</li>
            </ul>
        </div>
    </div>
    <div id="main">
        <p>主体内容</p>
    </div>
</div>
```

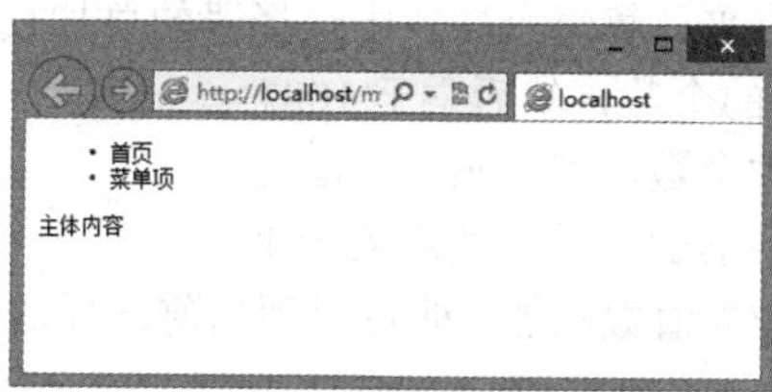

图 9.4　CSS 继承性演示效果

灵活利用 CSS 继承性，可以优化 CSS 代码，节省开发时间，但是继承也有其局限性。首先，有些属性是不能继承的。例如，对于 background 属性来说，是用来设置元素的背景，它是没有继承性的。CSS 强制规定部分属性不具有继承特性，分类说明如下：

- ☑　边框属性。
- ☑　边界属性。
- ☑　补白属性。
- ☑　背景属性。

☑ 定位属性。

☑ 布局属性。

☑ 元素宽高属性。

继承是非常重要的，使用它可以简化代码，降低 CSS 样式的复杂性。但是继承样式的优先级是非常低的，如果元素本身包含了相冲突的样式，则将忽略继承得来的样式。

Note

视频讲解

9.5.2 CSS 层叠性

层叠是指 CSS 能够对同一个元素或者同一个网页应用多个样式或多个样式表的能力。

1．CSS 样式表的优先级

如果按照 CSS 的起源，可以将网页定义的样式分为 4 种，即 HTML、作者、用户和浏览器。HTML 表示元素的默认样式，作者就是创建人，即创建网站所编辑的 CSS，用户也就是浏览网页的人所设置的样式，浏览器就是指浏览器默认的样式。

原则上讲，作者定义的样式优先于用户设置的样式，用户设置的样式优先于浏览器的默认样式，而浏览器的默认样式会优先于 HTML 的默认样式。

需要注意的是，当用户设置的样式中使用了!important 命令声明之后，用户的!important 命令会优先于作者声明的!important 命令。

2．CSS 样式的优先级

对于相同 CSS 起源来说，不同位置的样式其优先级也是不同的。一般来说，行内样式会优先于内嵌样式表，内部样式表会优先于外部样式表。而被附加了!important 关键字的声明会拥有最高的优先级。

对于常规选择器，CSS 给它们定义了一个优先级加权值，说明如下。

☑ 标签选择器：优先级加权值为 1。

☑ 伪元素或伪对象选择器：优先级加权值为 1。

☑ 类选择器：优先级加权值为 10。

☑ 属性选择器：优先级加权值为 10。

☑ ID 选择器：优先级加权值为 100。

☑ 其他选择器：优先级加权值为 0，如通配选择器等。

然后，以上面加权值数为起点来计算每个样式中选择器的总加权值数。计算的规则如下。

☑ 统计选择器中 ID 选择器的个数，然后乘于 100。

☑ 统计选择器中类选择器的个数，然后乘于 10。

☑ 统计选择器中的标签选择器的个数，然后乘于 1。

以此方法类推，最后把所有加权值数相加，即可得到当前选择器的总加权值，最后根据加权值来决定哪个样式的优先级大。

【示例 1】在下面代码中，把每个选择器的特殊性进行加权，然后确定最终优先级。

```
<style type="text/css">
div{/*特殊性加权值=1*/
    color:Green;}
div h2{/*特殊性加权值：1+1=2*/
    color:Red;}
.blue{/*特殊性加权值：10=10*/
    color:Blue;}
div.blue{/*特殊性加权值：1+10=11*/
```

```
    color:Aqua;}
div.blue .dark{/*特殊性加权值：1+10+10=21*/
    color:Maroon;}
#header{/*特殊性加权值：100=100*/
    color:Gray;}
#header span{/*特殊性加权值：100+1=101*/
    color:Black;}
</style>

<div>
    <h2 id="header" class="blue">标题字体颜色</h2>
</div>
```

☑ 继承样式加权值为 0。即不管父级样式的优先权多大，被子级元素继承时，它的特殊性为 0，也就是说一个元素显示声明的样式都可以覆盖继承来的样式。

【示例 2】下面示例进一步演示如何计算每个选择器的权重值，以及优先级。

```
<style type="text/css">
span{color:Gray;}
#header{ color:Black;}
</style>

<div id="header" class="blue">
    <span>CSS 继承性</span>
</div>
```

在上面这个示例中，虽然 div 具有 100 的特殊性，但被 span 继承时，特殊性就为 0，而 span 选择器的特殊性虽然仅为 1，但它大于继承样式的特殊性，所以元素最后显示颜色为灰色。

☑ 内联样式优先。带有 style 属性的元素，其内联样式的特殊性可以为 100 或者更高，总之，它拥有比上面提到的选择器具有更大的优先权。

【示例 3】下面示例演示了内联样式优先于样式表中的样式。

```
<style type="text/css">
div { color: Green; }/*元素样式*/
.blue { color: Blue; }/*class 样式*/
#header { color: Gray; }/*id 样式*/
</style>

<div id="header" class="blue" style="color:Yellow">内部优先</div>
```

在上面这个示例中，虽然我们通过 id 和 class 分别定义了 div 元素的字体属性，但由于 div 元素同时定义了内联样式，内联样式的特殊性大于 id 和 class 定义的样式，因此 div 元素最终显示为黄色。

☑ 在相同特殊性下，CSS 将遵循就近原则，越靠近元素的样式越具有最大优先权，或者说排在最后的样式具有最大优先权。

【示例 4】新建外部样式表文件，保存为 style.css，外部样式表代码如下：

```
#header{/*外部样式*/
    color:Red;
}
```

然后，新建网页文档，保存为 test3.html，在该文档头部位置先使用<link>标签导入外部样式表

Note

style.css，继续使用<style>标签新建一个内部样式表，代码如下。

```
<link href="style.css" rel="stylesheet" type="text/css">
<style type="text/css">
#header { color: Gray; }/*内部样式*/
</style>

<div id="header" > 就近优先 </div>
```

上面页面被解析后，则<div>标签显示为灰色。同样的道理，如果同时导入两个外部样式表，则排在下面的样式表会比上面样式表具有较大优先权。

☑ CSS 定义了一个!important 命令，该命令被赋予最大权力。也就是说不管特殊性如何，以及样式位置的远近，!important 都具有最大优先权。

视频讲解

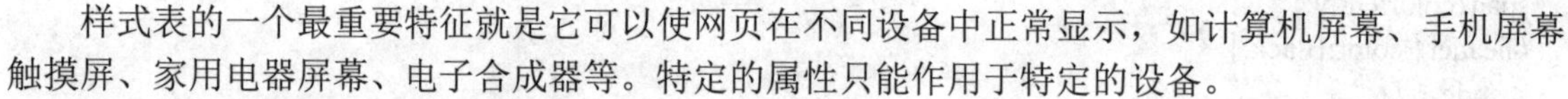

9.6 CSS 设备类型

样式表的一个最重要特征就是它可以使网页在不同设备中正常显示，如计算机屏幕、手机屏幕、触摸屏、家用电器屏幕、电子合成器等。特定的属性只能作用于特定的设备。

在应用 CSS 样式表文件之前，可先用@import 或@media 命令声明设备的类型，语法格式如下：

```
@import url(loudvoice.css) speech;
@media print {
    /*在这里可以导入打印机专用样式表*/
}
```

@import 和@media 的区别在于，前者引入外部的样式表用于设备类型，后者直接引入设备属性。

1．@import 用法

@import 命令 + 样式表文件的 URL 地址 + 设备类型

可以多个设备共用一个样式表，设备类型之间用“,”分割符分开。

2．@media 用法

把设备类型放在前面，后面跟该设备专用的样式，与 CSS 基本语法一样。也可以在<link>标记中声明一个设备类型，语法格式如下：

```
<link rel="stylesheet" type="text/css" media="print" href="style.css">
```

下面列出各种设备类型。

☑ screen：指计算机屏幕。

☑ print：指用于打印机的不透明介质。

☑ projection：指用于显示的项目。

☑ braille 和 embossed：指用于盲文系统，如有触觉效果的印刷品。

☑ aural：指语音电子合成器。

☑ tv：指电视类型的媒体。

☑ handheld：指手持式显示设备（小屏幕，单色）。

☑ all：适合于所有媒体。

9.7　使用 CSS 设计器

Dreamweaver CC 具有强大的 CSS 样式编辑和管理功能。在 Dreamweaver CC 中利用【CSS 设计器】面板可以可视化定义页面元素的 CSS 样式。如果再结合 Dreamweaver 提供的各种代码编写和测试服务，用户在 Dreamweaver 环境中可以轻松开发符合标准的网页。

9.7.1　认识 CSS 设计器

启动 Dreamweaver CC，选择【窗口】|【CSS 设计器】命令，打开【CSS 设计器】面板，如图 9.5 所示。

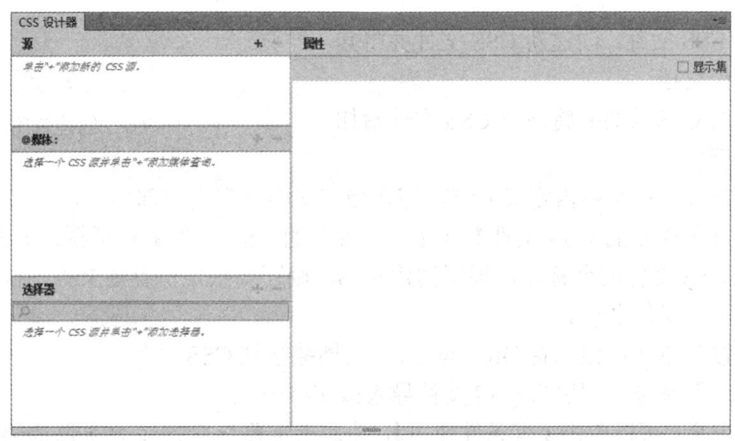

图 9.5　【CSS 设计器】面板

【CSS 设计器】面板属于 CSS 属性检查器，能可视化地创建 CSS 样式和规则并设置属性和媒体查询。

> **提示：**在 CSS 设计器中，可以使用 Ctrl+Z 快捷键撤销操作，也可以使用 Ctrl+Y 快捷键还原执行的所有操作。在 CSS 设计器中所有的更改会自动反映在【实时】视图中，相关 CSS 文件也会刷新。为了方便观察相关文件已更改，受影响文件的选项卡将在一段时间内（约 8 秒）突出显示。

【CSS 设计器】面板由以下窗格组成。

- ☑ 源：列出与文档相关的所有 CSS 样式表。使用该窗格，可以创建 CSS，并将其附加到文档，也可以定义文档中的样式。
- ☑ @媒体：在【源】窗格中列出所选源中的全部媒体查询。如果不选择特定 CSS，则该窗格将显示与文档关联的所有媒体查询。
- ☑ 选择器：在【源】窗格中列出所选源中的全部选择器。如果同时还选择了一个媒体查询，则此窗格会为该媒体查询缩小选择器列表范围。如果没有选择 CSS 或媒体查询，则该窗格将显示文档中的所有选择器。

在【@媒体】窗格中选择【全局】后，将显示对所选源的媒体查询中不包括的所有选择器。

- ☑ 属性：显示可为指定的选择器设置的属性。

提示：CSS 设计器是上下文相关的。对于任何给定的上下文或选定的页面元素，都可以查看关联的选择器和属性。而且，在 CSS 设计器中选中某选择器时，关联的源和媒体查询将在各自的窗格中高亮显示。

Note

视频讲解

9.7.2 实战演练：创建和附加样式表

【操作步骤】

第 1 步，启动 Dreamweaver CC，新建文档，保存为 test.html。

第 2 步，选择【窗口】|【CSS 设计器】命令，打开【CSS 设计器】面板。

第 3 步，在【CSS 设计器】面板的【源】窗格中，单击+按钮，然后在弹出的下拉菜单中选择其中一个选项，如图 9.6 所示。

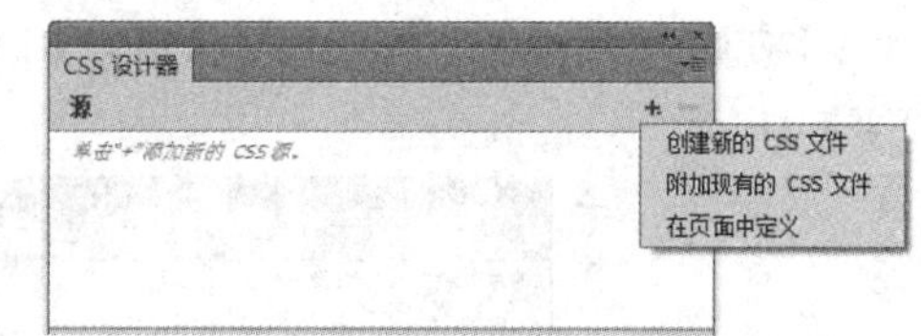

图 9.6 创建或附加样式表

☑ 创建新的 CSS 文件：创建新 CSS 文件并将其附加到当前文档。

☑ 附加现有的 CSS 文件：将现有 CSS 文件附加到当前文档。

☑ 在页面中定义：在文档内定义 CSS，即在当前文档内定义内部样式表。

第 4 步，弹出【创建新的 CSS 文件】或【使用现有的 CSS 文件】对话框，如图 9.7 所示。单击【浏览】按钮指定 CSS 文件的名称。如果要创建 CSS，则还要指定保存新文件的位置。

第 5 步，执行下列操作之一。

☑ 选中【链接】单选按钮以将 Dreamweaver 文档链接到 CSS 文件。

☑ 选中【导入】单选按钮以将 CSS 文件导入该文档中。

第 6 步，如果需要，可以单击【有条件使用】，然后指定要与 CSS 文件关联的媒体查询，如图 9.8 所示。

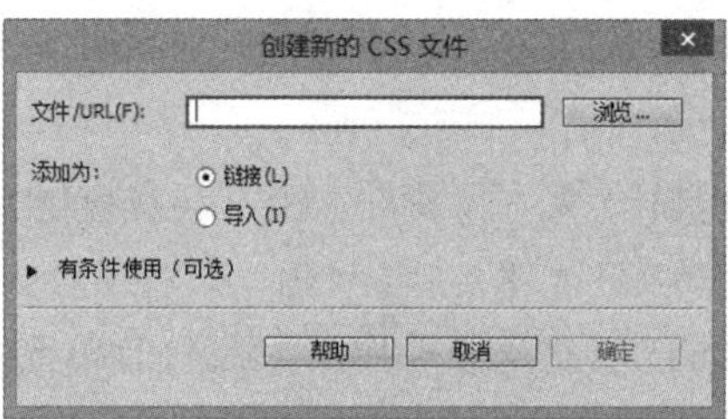

创建新的 CSS 文件

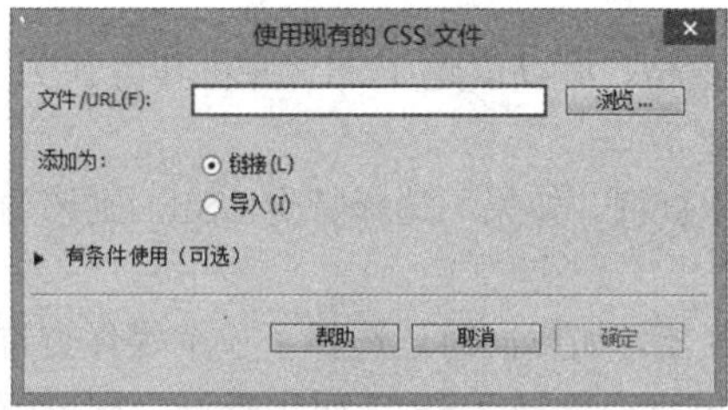

附加现有的 CSS 文件

图 9.7 创建或附加样式表

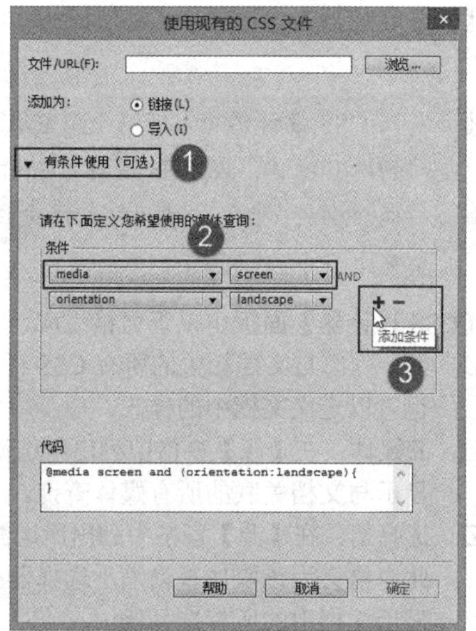

图 9.8 定义设备类型和使用条件

视频讲解

Note

9.7.3　实战演练：定义媒体查询

【操作步骤】

第 1 步，启动 Dreamweaver CC，新建文档，保存为 test.html。

第 2 步，选择【窗口】|【CSS 设计器】命令，打开【CSS 设计器】面板。

第 3 步，在【CSS 设计器】面板的【源】窗格中单击按钮，然后设置 CSS 源文件。

第 4 步，单击【@媒体】窗格中的按钮以添加新的媒体查询，如图 9.9 所示。

第 5 步，打开【定义媒体查询】对话框，其中列出了 Dreamweaver 支持的所有媒体和查询条件，根据需要选择条件，如图 9.10 所示。

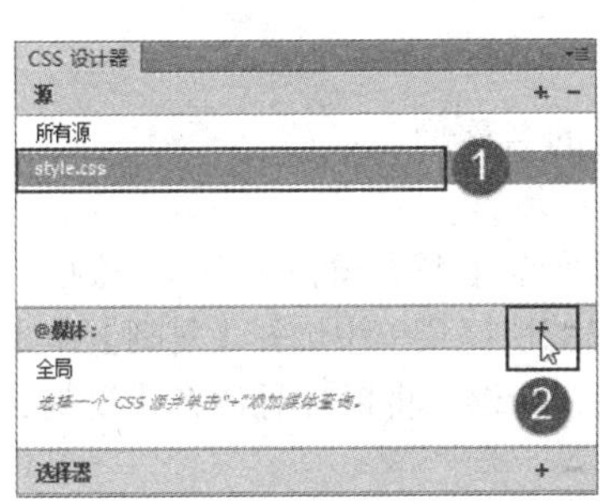

图 9.9　添加新的媒体查询

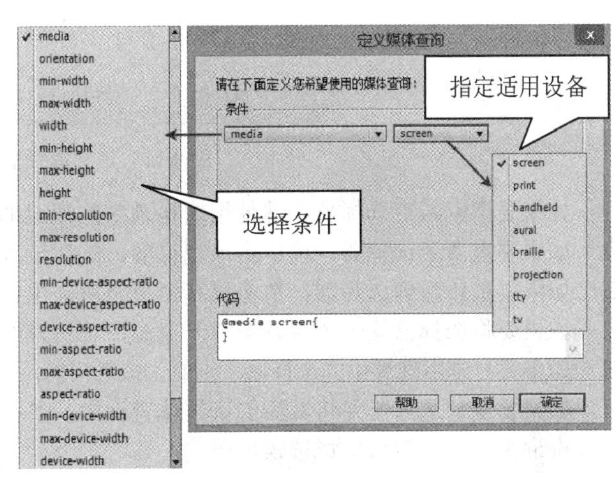

图 9.10　设置设备和条件

提示：确保选择的所有条件指定有效值；否则，无法成功创建相应的媒体查询。目前对多个条件只支持 And 运算。

如果通过代码添加媒体查询条件，则只会将受支持的条件填入【定义媒体查询】对话框中。然而，该对话框中的【代码】文本框会完整地显示代码（包括不支持的条件）。

9.7.4　实战演练：定义 CSS 选择器

视频讲解

【操作步骤】

第 1 步，启动 Dreamweaver CC，新建文档，保存为 test.html。

第 2 步，选择【窗口】|【CSS 设计器】命令，打开【CSS 设计器】面板。

第 3 步，在【CSS 设计器】面板的【源】窗格中单击按钮，然后设置 CSS 源文件。

第 4 步，单击【@媒体】窗格中的按钮，添加新的媒体查询。如果省略该项设置，则表示全局设备。

第 5 步，在【选择器】窗格中单击按钮。根据在文档中选择的元素，CSS 设计器会智能确定并提示使用的相关选择器（最多 3 条规则），如图 9.11 所示。

第 6 步，执行下列一个或多个操作。

☑　删除建议的规则并输入所需的选择器。确保输入了选择器名称以及“选择器类型”的指示符。

Note

例如，如果指定 ID 选择器，则在选择器名称之前添加前缀“#”。

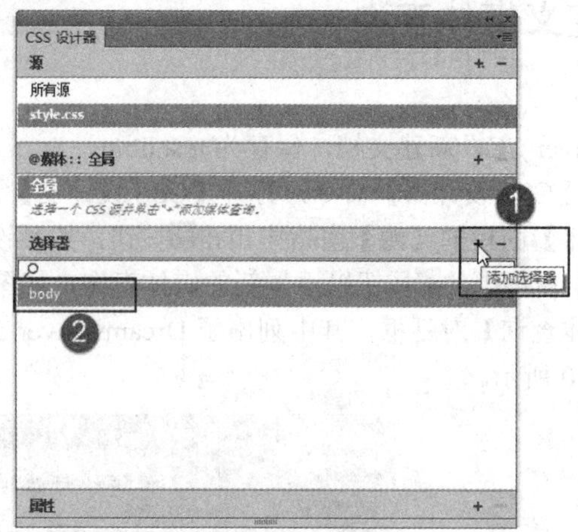

图 9.11　定义选择器

☑　如果要搜索特定选择器，请使用窗格顶部的搜索框。
☑　如果要重命名选择器，请单击该选择器，然后输入所需的名称。
☑　如果要重新整理选择器，请将选择器拖至所需位置。
☑　如果要将选择器从一个源移至另一个源，可将该选择器拖至【源】窗格中所需的源上。
☑　如果要复制所选源中的选择器，则右击该选择器，在弹出的快捷菜单中选择【复制】命令。
☑　如果要复制选择器并将其添加到媒体查询中，则右击该选择器，将鼠标悬停在【复制到媒体查询中】上，然后选择该媒体查询。

提示：只有选定的选择器的源包含媒体查询时，【复制到媒体查询中】选项才可用。无法从一个源将选择器复制到另一个源的媒体查询中。

右击某个选择器并选择可用的选项，可以将一个选择器中的样式复制粘贴到其他选择器中。可以复制所有样式或仅复制布局、文本和边框等特定类别的样式。

视频讲解

9.7.5　实战演练：设置 CSS 属性

【操作步骤】

第 1 步，启动 Dreamweaver CC，新建文档，保存为 test.html。

第 2 步，选择【窗口】|【CSS 设计器】命令，打开【CSS 设计器】面板。

第 3 步，在【CSS 设计器】面板的【源】窗格中单击+按钮，然后设置 CSS 源文件。

第 4 步，单击【@媒体】窗格中的+按钮，添加新的媒体查询。如果省略该项设置，则表示全局设备。

第 5 步，在【选择器】窗格中单击+按钮，定义一个选择器。

第 6 步，在【属性】窗格中设置属性。这里的属性分为以下几个类别，并由【属性】窗格顶部的不同图标表示，如图 9.12 所示。

☑　布局。
☑　文本。
☑　边框。

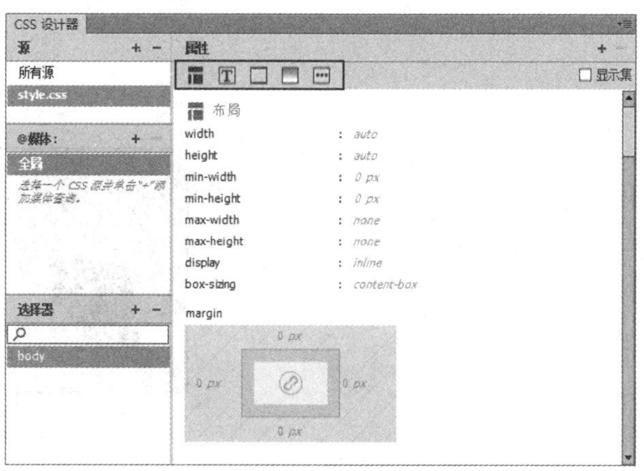

图 9.12　选择属性类别

☑　背景。

☑　其他（“仅文本”属性而非具有可视控件的属性的列表）。

> 提示：选中【显示集】复选框可仅查看集合属性。如果要查看可为选择器指定的所有属性，可以取消选中【显示集】复选框。

第 7 步，选择一种属性类别后，即可在下面可用属性列表中设置属性值。如果没有发现属性，可以单击+按钮，新建一个声明，手动输入属性和属性值，如图 9.13 所示。

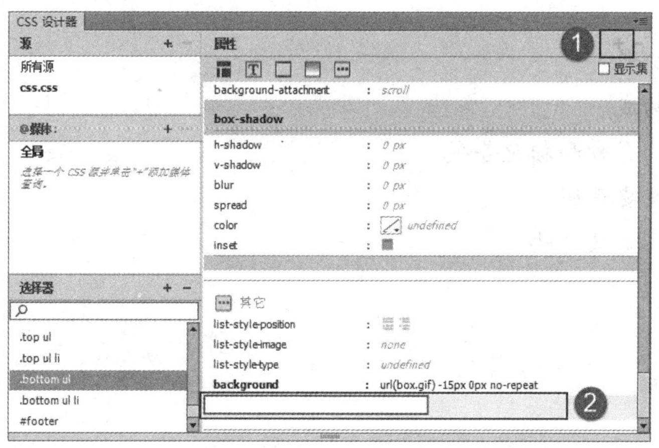

图 9.13　新添加属性

9.8　在 线 练 习

本节为课后练习，感兴趣的读者可以扫码练习。

在 线 练 习

第10章

设计 HTML5 文档结构

创建清晰、一致的结构不仅可以为页面建立良好的语义化基础，也可以大大降低在文档中应用CSS样式的难度。本章介绍构建HTML5文档结构所需的HTML元素。

【学习重点】

- 创建页面标题。
- 普通页面构成。
- 创建页眉、页脚和标记导航。
- 标记网页主要区域。
- 创建文章，定义区块。

10.1　头部信息

Note

视频讲解

在 HTML 文档的头部区域，存储着各种网页基本信息（也称元信息），这些信息主要被浏览器所采用，不会显示在网页中。另外，搜索引擎也会检索这些信息，因此重视并设置这些头部信息非常重要。

10.1.1　定义网页标题

使用<title>标签可定义网页标题。例如：

```
<html>
<head>
<title>HTML5 标签说明</title>
</head>
<body>
HTML5 标签列表
</body>
</html>
```

浏览器会把它放在窗口的标题栏或状态栏中显示，如图 10.1 所示。当把文档加入用户的链接列表、收藏夹或书签列表时，标题将作为该文档链接的默认名称。

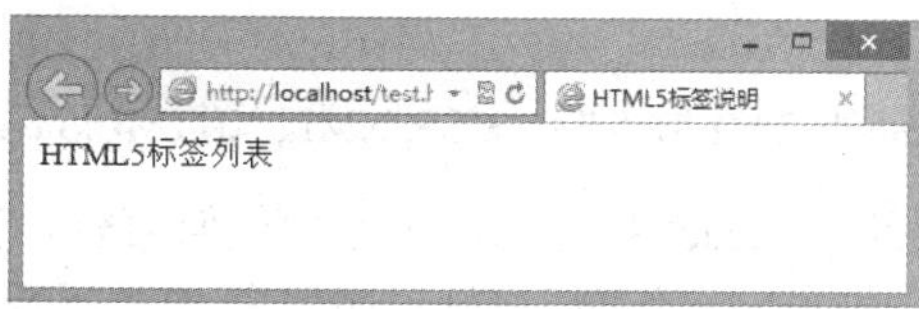

图 10.1　显示网页标题

title 元素必须位于 head 部分。页面标题会被 Google、百度等搜索引擎采用，从而能够大致了解页面内容，并将页面标题作为搜索结果中的链接显示，如图 10.2 所示。它也是判断搜索结果中页面相关度的重要因素。

图 10.2　网页标题在搜索引擎中的作用

总之，让每个页面的 title 是唯一的，从而提升搜索引擎结果排名，并让访问者获得更好的体验。页面标题也出现在访问者的 History 面板、收藏夹列表以及书签列表中。

【补充】

title 元素是必需的，title 中不能包含任何格式、HTML、图像或指向其他页面的链接。一般网页编辑器会预先为页面标题填上默认文字，要确保用自己的标题替换它们。

Note

很多开发人员不太重视 title 文字，仅简单地输入网站名称，并将其复制到全站每一个网页中。如果流量是网站追求的指标之一，这样做会对网站产生很大的损失。不同搜索引擎确定网页排名和内容索引规则的算法是不一样的。不过，title 通常都扮演着重要的角色。搜索引擎会将 title 作为判断页面主要内容的指标，并将页面内容按照与之相关的文字进行索引。

有效的 title 应包含几个与页面内容密切相关的关键字。作为一种最佳实践，选择能简要概括文档内容的文字作为 title 文字。这些文字既要对屏幕阅读器用户友好，又要有利于搜索引擎排名。

将网站名称放入 title，但将页面特有的关键字放在网站名称的前面会更好。建议将 title 的核心内容放在前 60 个字符中，因为搜索引擎通常将超过此数目（作为基准）的字符截断。不同浏览器显示在标题栏中的字符数上限不尽相同。浏览器标签页会将标题截得更短，因为它占的空间较少。

视频讲解

10.1.2 定义网页元信息

使用<meta>标签可以定义网页的元信息，例如，定义针对搜索引擎的描述和关键词，一般网站都必须设置这两条元信息，以方便搜索引擎检索。

☑ 定义网页的描述信息：

```
<meta name="description" content="标准网页设计专业技术资讯" />
```

☑ 定义页面的关键词：

```
<meta name="keywords" content="HTML,DHTML, CSS, XML, XHTML, JavaScript" />
```

<meta>标签位于文档的头部，<head>标签内，不包含任何内容。使用<meta>标签的属性可以定义与文档相关联的名称/值对。<meta>标签可用属性说明如表 10.1 所示。

表 10.1 <meta>标签属性列表

属　性	说　明
content	必需的，定义与 http-equiv 或 name 属性相关联的元信息
http-equiv	把 content 属性关联到 HTTP 头部。取值包括 content-type、expires、refresh、set-cookie
name	把 content 属性关联到一个名称。取值包括 author、description、keywords、generator、revised 等
scheme	定义用于翻译 content 属性值的格式
charset	定义文档的字符编码

【示例】下面列举常用元信息的设置代码，更多元信息的设置可以参考 HTML 手册。

使用 http-equiv 等于 content-type，可以设置网页的编码信息。

☑ 设置 UTF8 编码：

```
<meta http-equiv="content-type" content="text/html; charset=UTF-8" />
```

提示：HTML5 简化了字符编码设置方式：<meta charset="utf-8">，其作用是相同的。

☑ 设置简体中文 gb2312 编码：

```
<meta http-equiv="content-type" content="text/html; charset=gb2312" />
```

注意：每个 HTML 文档都需要设置字符编码类型，否则可能会出现乱码，其中 UTF-8 是国家通用编码，独立于任何语言，因此都可以使用。

使用 content-language 属性值定义页面语言的代码。如下所示设置中文版本语言：

```
<meta http-equiv="content-language" content="zh-CN" />
```

使用 refresh 属性值可以设置页面刷新时间或跳转页面，如 5 秒钟之后刷新页面：

```
<meta http-equiv="refresh" content="5" />
```

5 秒钟之后跳转到百度首页：

```
<meta http-equiv="refresh" content="5; url= https://www.baidu.com/" />
```

使用 expires 属性值设置网页缓存时间：

```
<meta http-equiv="expires" content="Sunday 20 October 2019 01:00 GMT" />
```

也可以使用如下方式设置页面不缓存：

```
<meta http-equiv="pragma" content="no-cache" />
```

类似设置还有：

```
<meta name="author" content="https://www.baidu.com/" />        <!--设置网页作者-->
<meta name="copyright" content=" https://www.baidu.com/" />  <!--设置网页版权-->
<meta name="date" content="2019-01-12T20:50:30+00:00" />   <!--设置创建时间-->
<meta name="robots" content="none" />                        <!--设置禁止搜索引擎检索-->
```

10.1.3 定义文档视口

视频讲解

在移动 Web 开发中，经常会遇到 viewport（视口）问题，就是浏览器显示页面内容的屏幕区域。一般移动设备的浏览器默认都设置一个<meta name="viewport">标签，定义一个虚拟的布局视口，用于解决早期的页面在手机上显示的问题。

iOS、Android 基本都将这个视口分辨率设置为 980px，所以桌面网页基本能够在手机上呈现，只不过看上去很小，用户可以通过手动缩放网页进行阅读。这种方式用户体验很差，建议使用<meta name="viewport">标签设置视图大小。

<meta name="viewport">标签的设置代码如下：

```
<meta id="viewport" name="viewport" content="width=device-width; initial-scale=1.0; maximum-scale=1; user-scalable=no;">
```

各属性说明如表 10.2 所示。

表 10.2 <meta name="viewport">标签的设置说明

属　性	取　值	说　明
width	正整数或 device-width	定义视口的宽度，单位为像素
height	正整数或 device-height	定义视口的高度，单位为像素，一般不用
initial-scale	[0.0-10.0]	定义初始缩放值
minimum-scale	[0.0-10.0]	定义缩小最小比例，它必须小于或等于 maximum-scale 设置
maximum-scale	[0.0-10.0]	定义放大最大比例，它必须大于或等于 minimum-scale 设置
user-scalable	yes/no	定义是否允许用户手动缩放页面，默认值为 yes

Note

【示例】下面示例在页面中输入一个标题和两段文本，如果没有设置文档视口，则在移动设备中所呈现效果如图 10.3 所示，而设置了文档视口之后，所呈现效果如图 10.4 所示。

```
<!doctype html>
<html>
<head>
<meta charset="utf-8">
<title>设置文档视口</title>
<meta name="viewport" content="width=device-width, initial-scale=1">
</head>
<body>
<h1>width=device-width, initial-scale=1</h1>
<p>width=device-width 将 layout viewport（布局视口）的宽度设置为 ideal viewport（理想视口）的宽度。</p>
<p>initial-scale=1 表示将 layout viewport（布局视口）的宽度设置为 ideal viewport（理想视口）的宽度，</p>
</body>
</html>
```

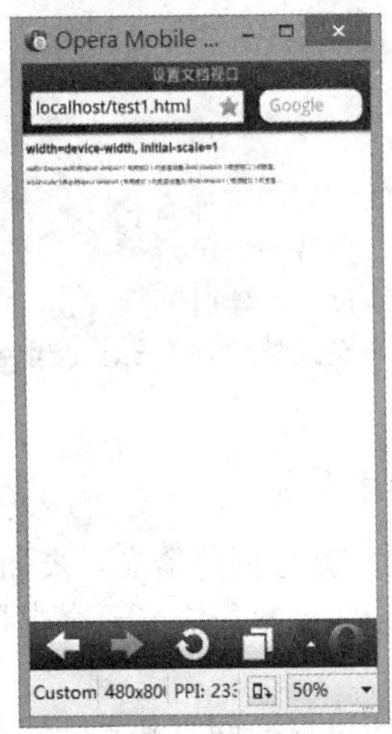

图 10.3　默认被缩小的页面视图

图 10.4　保持正常的布局视图

提示：ideal viewport（理想视口）通常就是我们说的设备的屏幕分辨率。

10.1.4　最新 head 指南

本节为线上拓展内容，介绍 2017 年最新的 head 元素使用指南。本节内容适合给进阶读者参考，对于初级读者来说，可以有选择性地阅读，需要时备查使用。详细内容请扫码阅读。

线上阅读

10.1.5　移动版头信息

本节为线上拓展内容，介绍移动版 HTML5 head 头部信息设置说明。本节内容适合进阶读者参考，对于初级读者来说，可以有选择性地阅读，需要时备查使用。详细内容请扫码阅读。

线上阅读

10.2　构建基本结构

HTML 文档的主体部分包括了要在浏览器中显示的所有信息。这些信息需要在特定的结构中呈现，下面介绍网页通用结构的设计方法。

10.2.1　定义文档结构

视频讲解

HTML5 包含一百多个标签，大部分继承自 HTML4，新增加 30 个标签。这些标签基本上都被放置在主体区域内（<body>），我们将在各章节中逐一进行说明。

正确选用 HTML5 标签可以避免代码冗余。在设计网页时不仅需要使用<div>标签来构建网页通用结构，还要使用下面几类标签完善网页结构。

- ☑ <h1>、<h2>、<h3>、<h4>、<h5>、<h6>：定义文档标题，1 表示一级标题，6 表示六级标题，常用标题包括一级、二级和三级。
- ☑ <p>：定义段落文本。
- ☑ <ul>、<ol>、<li>等：定义信息列表、导航列表、榜单结构等。
- ☑ <table>、<tr>、<td>等：定义表格结构。
- ☑ <form>、<input>、<textarea>等：定义表单结构。
- ☑ <span>：定义行内包含框。

【示例】下面示例是一个简单的 HTML 页面，使用了少量 HTML 标签。它演示了一个简单的文档应该包含的内容，以及主体内容是如何在浏览器中显示的。

【操作步骤】

第 1 步，新建文本文件，输入下面代码。

```
<html>
    <head>
        <meta charset="utf-8">
        <title>一个简单的文档包含内容</title>
    </head>
    <body>
        <h1>我的第一个网页文档</h1>
        <p>HTML 文档必须包含 3 个部分：</p>
        <ul>
            <li>html——网页包含框</li>
            <li>head——头部区域</li>
            <li>body——主体内容</li>
        </ul>
    </body>
</html>
```

第 2 步，保存文本文件，命名为 test，设置扩展名为.html。

第 3 步，使用浏览器打开这个文件，则可以看到如图 10.5 所示的预览效果。

为更好地选用标签，读者可以参考 w3school 网站的 http://www.w3school.com.cn/tags/index.asp 页面信息。其中 DTD 列描述标签在哪一种 DOCTYPE 文档类型是允许使用的：S=Strict，T=Transitional，F=Frameset。

线上阅读

Note

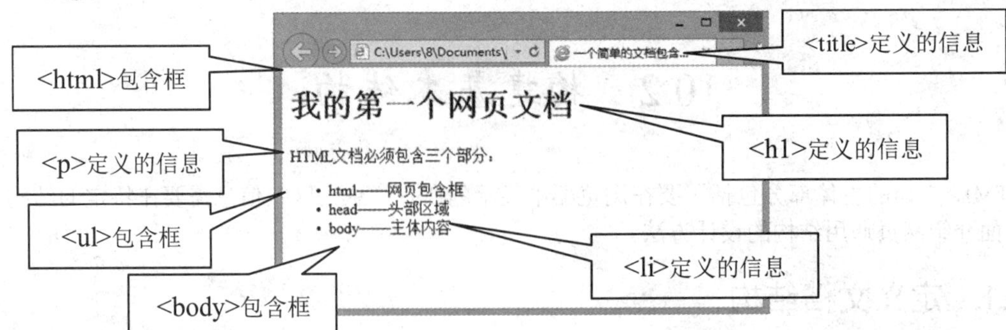

图 10.5　网页文档演示效果

10.2.2　定义内容标题

HTML 提供了六级标题用于创建页面信息的层级关系。使用 h1、h2、h3、h4、h5 或 h6 元素对各级标题进行标记，其中 h1 是最高级别的标题，h2 是 h1 的子标题，h3 是 h2 的子标题，以此类推。

【示例 1】标题代表了文档的大纲。当设计网页内容时，可以根据需要为内容的每个主要部分指定一个标题和任意数量的子标题，以及子子标题等。

```
<h1>唐诗欣赏</h1>
<h2>春晓</h2>
<h3>孟浩然</h3>
<p>春眠不觉晓，处处闻啼鸟。</p>
<p>夜来风雨声，花落知多少。</p>
```

在上面示例中，标记为 h2 的“春晓”是标记为 h1 的顶级标题“唐诗欣赏”的子标题，而“孟浩然”是 h3，它就成了“春晓”的子标题，也是 h1 的子子标题。如果继续编写页面其余部分的代码，相关的内容（段落、图像、视频等）就要紧跟在对应的标题后面。

对任何页面来说，分级标题都可以说是最重要的 HTML 元素。由于标题通常传达的是页面的主题，因此，对搜索引擎而言，如果标题与搜索词匹配，这些标题就会被赋予很高的权重，尤其是等级最高的 h1，当然不是说页面中的 h1 越多越好，搜索引擎还是足够聪明的。

【示例 2】使用标题组织内容。在下面示例中，产品指南有 3 个主要的部分，每个部分都有不同层级的子标题。标题之间的空格和缩进只是为了让层级关系更清楚一些，它们不会影响最终的显示效果。

```
<h1>所有产品分类</h1>
    <h2>进口商品</h2>
    <h2>食品饮料</h2>
        <h3>糖果/巧克力</h3>
            <h4>巧克力 果冻</h4>
            <h4>口香糖 棒棒糖 软糖 奶糖 QQ 糖</h4>
        <h3>饼干糕点</h3>
            <h4>饼干 曲奇</h4>
            <h4>糕点 蛋卷 面包 薯片/膨化</h4>
    <h2>粮油副食</h2>
        <h3>大米面粉</h3>
        <h3>食用油</h3>
```

在默认情况下，浏览器会从 h1 到 h6 逐级减小标题的字号，如图 10.6 所示。在默认情况下，所有的标题都以粗体显示，h1 的字号比 h2 的大，而 h2 的又比 h3 的大，以此类推。每个标题之间的间

隔也是由浏览器默认的 CSS 定制的，它们并不代表 HTML 文档中有空行。

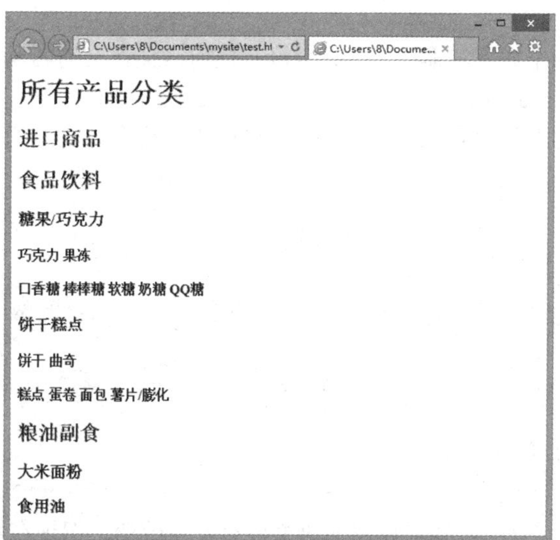

图 10.6 网页内容标题的层级

> 提示：在创建分级标题时，要避免跳过某些级别，如从 h3 直接跳到 h5。不过，允许从低级别跳到高级别的标题。例如，在“<h4>糕点 蛋卷 面包 薯片/膨化</h4>”后面紧跟着“<h2>粮油副食</h2>”是没有问题的，因为包含“<h4>糕点 蛋卷 面包 薯片/膨化</h4>”的“<h2>食品饮料</h2>”在这里结束了，而“<h2>粮油副食</h2>”的内容开始了。

不要使用 h1～h6 标记副标题、标语以及无法成为独立标题的子标题。例如，假设有一篇新闻报道，它的主标题后面紧跟着一个副标题，这时，这个副标题就应该使用段落，或其他非标题元素。

```
<h1>天猫超市</h1>
<p>在乎每件生活小事</p>
```

> 提示：HTML5 包含了一个名为 hgroup 的元素，用于将连续的标题组合在一起，后来 W3C 将这个元素从 HTML 5.1 规范中被移除。

```
<h1>客观地看日本，理性地看中国</h1>
<p class="subhead">日本距离我们并不远，但是如果真的要说它在这十年、二十年有什么样的发展和变化，又好像对它了解的并不多，本文出自一个在日本呆了快 10 年的中国作者，来看看他描述的日本，那个除了老龄化和城市干净这些标签之外的真实国度。</p>
```

上面代码是标记文章副标题的一种方法。可以添加一个 class，从而能够应用相应的 CSS。该 class 可以命名为 subhead 等名称。

> 提示：曾有人提议在 HTML5 中引入 subhead 元素，用于对子标题、副标题、标语、署名等内容进行标记，但是未被 W3C 采纳。

10.2.3 使用 div 元素

有时需要在一段内容外围包一个容器，从而可以为其应用 CSS 样式或 JavaScript 效果。如果没有

Note

视频讲解

Note

这个容器，页面就会不一样。在评估内容时，考虑使用 article、section、aside、nav 等元素，却发现它们从语义上来讲都不合适。

这时，真正需要的是一个通用容器，一个完全没有任何语义含义的容器。这个容器就是 div 元素，用户可以为其添加样式或 JavaScript 效果。

【示例 1】下面示例为页面内容加上 div 以后，可以添加更多样式的通用容器。

```
<div>
    <article>
        <h1>文章标题</h1>
        <p>文章内容</p>
        <footer>
            <p>注释信息</p>
            <address><a href="#">W3C</a></address>
        </footer>
    </article>
</div>
```

现在有一个 div 包着所有的内容，页面的语义没有发生改变，但现在我们有了一个可以用 CSS 添加样式的通用容器。

与 header、footer、main、article、section、aside、nav、h1～h6、p 等元素一样，在默认情况下，div 元素自身没有任何默认样式，只是其包含的内容从新的一行开始。不过，我们可以对 div 添加样式以实现设计。

div 对使用 JavaScript 实现一些特定的交互行为或效果也是有帮助的。例如，在页面中展示一张照片或一个对话框，同时让背景页面覆盖一个半透明的层（这个层通常是一个 div）。

尽管 HTML 用于对内容的含义进行描述，但 div 并不是唯一没有语义价值的元素。span 是与 div 对应的一个元素：div 是块级内容的无语义容器，而 span 则是短语内容的无语义容器，例如它可以放在段落元素 p 之内。

【示例 2】在下面代码中为段落文本中部分信息进行分隔显示，以便应用不同的类样式。

```
<h1>新闻标题</h1>
<p>新闻内容</p>
<p>...</p>
<p>发布于<span class="date">2016 年 12 月</span>，由<span class="author">张三</span>编辑</p>
```

提示： 在 HTML 结构化元素中，div 是除了 h1～h6 以外唯一早于 HTML5 出现的元素。在 HTML5 之前，div 是包围大块内容（如页眉、页脚、主要内容、插图、附栏等），从而可用 CSS 为之添加样式的不二选择。之前 div 没有任何语义含义，现在也一样。这就是 HTML5 引入 header、footer、main、article、section、aside 和 nav 的原因。这些类型的构造块在网页中普遍存在，因此它们可以成为具有独立含义的元素。在 HTML5 中，div 并没有消失，只是使用它的场合变少了。

对 article 和 aside 元素分别添加一些 CSS，让它们各自成为一栏。然而，大多数情况下，每一栏都有不止一个区块的内容。例如，主要内容区第一个 article 下面可能还有另一个 article（或 section、aside 等）。又如，也许想在第二栏再放一个 aside 显示指向关于其他网站的链接，或许再加一个其他类型的元素。这时可以将期望出现在同一栏的内容包在一个 div 中，然后对这个 div 添加相应的样式。但是不可以用 section，因为该元素并不能作

为添加样式的通用容器。

div 没有任何语义。大多数时候，使用 header、footer、main（仅使用一次）、article、section、aside 或 nav 代替 div 会更合适。但是，如果语义上不合适，也不必为了刻意避免使用 div，而使用上述元素。div 适合所有页面容器，可以作为 HTML5 的备用容器使用。

Note

视频讲解

10.2.4　使用 id 和 class

HTML 是简单的文档标识语言，而不是界面语言。文档结构大部分使用<div>标签来完成，为了能够识别不同的结构，一般通过定义 id 或 class 给它们赋予额外的语义，给 CSS 样式提供有效的“钩子”。

【示例 1】构建一个简单的列表结构，并给它分配一个 id，自定义导航模块。

```
<ul id="nav">
    <li><a href="#">首页</a></li>
    <li><a href="#">关于</a></li>
    <li><a hzef="#">联系</a></li>
</u1>
```

使用 id 标识页面上的元素时，id 名必须是唯一的。id 可以用来标识持久的结构性元素，如主导航或内容区域；id 还可以用来标识一次性元素，如某个链接或表单元素。

在整个网站上，id 名应该应用于语义相似的元素以避免混淆。例如，如果联系人表单和联系人详细信息在不同的页面上，那么可以给它们分配同样的 id 名 contact，但是如果在外部样式表中给它们定义样式，就会遇到问题，因此使用不同的 id 名（如 contact_form 和 contact_details）就会简单得多。

与 id 不同，同一个 class 可以应用于页面上任意数量的元素，因此 class 非常适合标识样式相同的对象。例如，设计一个新闻页面，其中包含每条新闻的日期。此时不必给每个日期分配不同的 id，而是可以给所有日期分配类名 date。

提示：id 和 class 的名称一定要保持语义性，并与表现方式无关。例如，可以给导航元素分配 id 名为 right_nav，因为希望它出现在右边。但是，如果以后将它的位置改到左边，那么 CSS 和 HTML 就会发生歧义。所以，将这个元素命名为 sub_nav 或 nav_main 更合适。这种名称解释就不再涉及如何表现它。

对于 class 名称，也是如此。例如，如果定义所有错误消息以红色显示，不要使用类名 red，而应该选择更有意义的名称，如 error 或 feedback。

注意：class 和 id 名称需要区分大小写，虽然 CSS 不区分大小写，但是在标签中是否区分大小写取决于 HTML 文档类型。如果使用 XHTML 严谨型文档，那么 class 和 id 名是区分大小写的。最好的方式是保持一致的命名约定，如果在 HTML 中使用驼峰命名法，那么在 CSS 中也采用这种形式。

【示例 2】在实际设计中，class 被广泛使用，这就容易产生滥用现象。例如，很多初学者把所有的元素上添加类，以便更方便地控制它们。这种现象被称为“多类症”，在某种程度上，这和使用基于表格的布局一样糟糕，因为它在文档中添加了无意义的代码。

```
<h1 class="newsHead">标题新闻</h1>
<p class="newsText">新闻内容</p>
```

```
<p>...</p>
<p class="newsText"><a href="news.php" class="newsLink">更多</a></p>
```

Note

【示例 3】在上面示例中，每个元素都使用一个与新闻相关的类名进行标识。这使新闻标题和正文可以采用与页面其他部分不同的样式。但是，不需要用这么多类来区分每个元素。可以将新闻条目放在一个包含框中，并加上类名 news，从而标识整个新闻条目。然后，可以使用包含框选择器识别新闻标题或文本。

```
<div class="news">
    <h1>标题新闻</h1>
    <p>新闻内容</p>
    <p>...</p>
    <p><a href="news.php">更多</a></p>
</div>
```

以这种方式删除不必要的类有助于简化代码，使页面更简洁。过度依赖类名是不必要的，我们只需要在不适合使用 id 的情况下对元素应用类，而且尽可能少使用类。实际上，创建大多数文档常常只需要添加几个类。如果初学者发现自己添加了许多类，那么这很可能意味着自己创建的 HTML 文档结构有问题。

10.2.5 使用 title

可以使用 title 属性为文档中任何部分加上提示标签。不过，它们并不只是提示标签，加上它们之后屏幕阅读器可以为用户朗读 title 文本，因此使用 title 可以提升无障碍访问功能。

【示例】可以为任何元素添加 title，不过用得最多的是链接。

```
<ul title="列表提示信息">
    <li><a href="#" title="链接提示信息">列表项目</a></li>
</ul>
```

当访问者将鼠标指向加了说明标签的元素时，就会显示 title。如果 img 元素同时包括 title 和 alt 属性，则提示框会采用 title 属性的内容，而不是 alt 属性的内容。

10.2.6 HTML 注释

可以在 HTML 文档中添加注释，标明区块开始和结束的位置，提示某段代码的意图，或者阻止内容显示等。这些注释只会在源代码中可见，访问者在浏览器中是看不到它们的。

【示例】下面代码使用“<!--”和“-->”分隔符定义了 6 处注释。

```
<!--开始页面容器-->
<div class="container">
    <header role="banner"></header>
    <!--应用 CSS 后的第一栏-->
    <main role="main"></main>
    <!--结束第一栏-->
    <!--应用 CSS 后的第二栏-->
    <div class="sidebar"></div>
    <!--结束第二栏-->
    <footer role="contentinfo"></footer>
</div>
<!--结束页面容器-->
```

在主要区块的开头和结尾处添加注释是一种常见的做法，这样可以让一起合作的开发人员将来修改代码变得更加容易。

在发布网站之前，应该用浏览器查看一下加了注释的页面，这样能帮你避免由于弄错注释格式导致注释内容直接暴露给访问者的情况。

Note

10.3 构建语义结构

HTML5 新增多个结构化元素，以方便用户创建更友好的页面主体框架，下面来详细学习。

10.3.1 定义页眉

视频讲解

如果页面中有一块包含一组介绍性或导航性内容的区域，应该用 header 元素对其进行标记。一个页面可以有任意数量的 header 元素，它们的含义可以根据其上下文而有所不同。例如，处于页面顶端或接近这个位置的 header 可能代表整个页面的页眉（也称为页头）。

通常，页眉包括网站标志、主导航和其他全站链接，甚至搜索框。这是 header 元素最常见的使用形式，不过不是唯一的形式。

【示例 1】下面示例的这个 header 代表整个页面的页眉。它包含一组代表整个页面主导航的链接（在 nav 元素中）。可选的 role="banner"并不适用于所有的页眉。它显式地指出该页眉为页面级的页眉，因此可以提高可访问性。

```
<header role="banner">
    <nav>
        <ul>
            <li><a href="#">公司新闻</a></li>
            <li><a href="#">公司业务</a></li>
            <li><a href="#">关于我们</a></li>
        </ul>
    </nav>
</header>
```

这种页面级页眉的形式在网上很常见。它包含网站名称（通常为一个标识）、指向网站主要板块的导航链接，以及一个搜索框。

【示例 2】header 也适合对页面深处的一组介绍性或导航性内容进行标记。例如，一个区块的目录。

```
<main role="main">
    <article>
        <header>
            <h1>客户反馈</h1>
            <nav>
                <ul>
                    <li><a href="#answer1">新产品什么时候上市？</a>
                    <li><a href="#answer2">客户电话是多少？</a>
                    <li> ...
                </ul>
            </nav>
        </header>
```

```
            <article id="answer1">
                <h2>新产品什么时候上市？</h2>
                <p>5 月 1 日上市</p>
            </article>
            <article id="answer2">
                <h2>客户电话是多少？</h2>
                <p>010-66668888</p>
            </article>
        </article>
    </main>
```

提示：只在必要时使用 header。大多数情况下，如果使用 h1～h6 能满足需求，就没有必要用 header 将它包起来。header 与 h1～h6 元素中的标题是不能互换的。它们都有各自的语义目的。不能在 header 中嵌套 footer 元素或另一个 header，也不能在 footer 或 address 元素中嵌套 header。当然，不一定要像示例那样包含一个 nav 元素，不过在大多数情况下，如果 header 包含导航性链接，就可以用 nav。nav 包住链接列表是恰当的，因为它是页面内的主要导航组。

视频讲解

10.3.2 定义导航

HTML 早期版本没有元素明确表示主导航链接的区域，HTML5 新增 nav 元素，用来定义导航。nav 中的链接可以指向页面中的内容，也可以指向其他页面或资源，或者两者兼具。无论是哪种情况，应该仅对文档中重要的链接群使用 nav。例如：

```
<header role="banner">
    <nav>
        <ul>
            <li><a href="#">公司新闻</a></li>
            <li><a href="#">公司业务</a></li>
            <li><a href="#">关于我们</a></li>
        </ul>
    </nav>
</header>
```

这些链接（a 元素）代表一组重要的导航，因此将它们放入一个 nav 元素。role 属性并不是必需的，不过它可以提高可访问性。nav 元素不会对其内容添加任何默认样式，除了开启一个新行以外，该元素没有任何默认样式。

一般习惯使用 ul 或 ol 元素对链接进行结构化。在 HTML5 中，nav 并没有取代这种最佳实践。应该继续使用这些元素，只是在它们的外围简单地包一个 nav。

nav 能帮助不同设备和浏览器识别页面的主导航，并允许用户通过键盘直接跳至这些链接。这可以提高页面的可访问性，提升访问者的体验。

HTML5 规范不推荐对辅助性的页脚链接使用 nav，如“使用条款”“隐私政策”等。不过，有时页脚会再次显示顶级全局导航，或者包含“商店位置”“招聘信息”等重要链接。在大多数情况下，推荐将页脚中的此类链接放入 nav 中。同时，HTML5 不允许将 nav 嵌套在 address 元素中。

在页面中插入一组链接并非意味着一定要将它们包在 nav 元素中。例如，在一个新闻页面中，包含一篇文章，该页面包含 4 个链接列表，其中只有两个列表比较重要，可以包在 nav 中。而位于 aside

中的次级导航和 footer 中的链接可以忽略。

如何判断是否对一组链接使用 nav？

这取决于内容的组织情况。一般应该将网站全局导航标记为 nav，让用户可以跳至网站各个主要部分的导航。这种 nav 通常出现在页面级的 header 元素里面。

【示例】在下面页面中，只有两组链接放在 nav 中，另外两组则由于不是主要的导航而没有放在 nav 中。

```
<!--开始页面级页眉-->
<header role="banner">
    <!--站点标识可以放在这里-->
    <!--全站导航-->
    <nav role="navigation">
        <ul></ul>
    </nav>
</header>
<!--开始主要内容-->
<main role="main">
    <h1>客户反馈</h1>
    <article>
        <h2>问题</h2>
        <p>反馈</p>
    </article>
    <aside>
        <h2>关于</h2>
        <!--没有包含在 nav 中-->
        <ul> </ul>
    </aside>
</main>
<!--开始附注栏-->
<aside>
    <!--次级导航-->
    <nav role="navigation">
        <ul>
            <li><a href="#">国外业务</a></li>
            <li><a href="#">国内业务</a></li>
        </ul>
    </nav>
</aside>
<!--开始页面级页脚-->
<footer role="contentinfo">
    <!--辅助性链接并未包在 nav 中-->
    <ul></ul>
</footer>
```

10.3.3　定义主要区域

视频讲解

一般网页都有一些不同的区块，如页眉、页脚、包含额外信息的附注栏、指向其他网站的链接等。不过，一个页面只有一个部分代表其主要内容。可以将这样的内容包在 main 元素中，该元素在一个页面仅使用一次。

Note

【示例】下面页面是一个完整的主体结构。main 元素包围着代表页面主题的内容。

```
<header role="banner">
    <nav role="navigation">[包含多个链接的 ul]</nav>
</header>
<main role="main">
    <article>
        <h1 id="gaudi">主要标题</h1>
        <p>[页面主要区域的其他内容]
    </article>
</main>
<aside role="complementary">
    <h1>侧边标题</h1>
    <p>[附注栏的其他内容]
</aside>
<footer role="info">[版权]</footer>
```

main 元素是 HTML5 新添加的元素，在一个页面中仅使用一次。在 main 开始标签中加上 role="main"，这样可以帮助屏幕阅读器定位页面的主要区域。

与 p、header、footer 等元素一样，main 元素的内容显示在新的一行，除此之外不会影响页面的任何样式。如果创建的是 Web 应用，应该使用 main 包围其主要的功能。

需要注意的是，不能将 main 放置在 article、aside、footer、header 或 nav 元素中。

10.3.4 定义文章块

视频讲解

HTML5 的另一个新元素便是 article，使用它可以定义文章块。

【示例 1】下面示例演示了 article 元素的应用。

```
<header role="banner">
    <nav role="navigation">[包含多个链接的 ul]</nav>
</header>
<main role="main">
    <article>
        <h1 id="news">区块链“时代号”列车驶来</h1>
        <p>对于精英们来说，这个春节有点特殊。</p>
        <p>他们身在曹营心在汉，他们被区块链搅动得燥热难耐，在兴奋、焦虑、恐慌、质疑中度过一个
漫长春节。</p>
        <h2 id="sub1">1. 三点钟无眠</h2>
        <p><img src="images/0001.jpg" width="200"   />春节期间，一个大佬云集的区块链群建立，因为有
蔡文胜、薛蛮子、徐小平等人的参与，群被封上了“市值万亿”。这个名为“三点钟无眠区块链”的群，搅动了
一池春水。</p>
        <h2 id="sub2">2. 被碾压的春节</h2>
        <p>...</p>
    </article>
</main>
```

为了精简，本示例对文章内容进行了缩写，略去了与 10.3.3 节相同的 nav 代码。尽管在这个例子中只有段落和图像，但 article 可以包含各种类型的内容。

现在，页面有了 header、nav、main 和 article 元素，以及它们各自的内容。在不同的浏览器中，article 中标题的字号可能不同。可以应用 CSS 使它们在不同的浏览器中显示相同的大小。

article 用于包含文章一样的内容，不过并不局限于此。在 HTML5 中，article 元素表示文档、页面、应用或网站中一个独立的容器，原则上是可独立分配或可再用的，就像聚合内容中的各部分。它可以是一篇论坛帖子、一篇杂志或报纸文章、一篇博客条目、一则用户提交的评论、一个交互式的小部件或小工具，或者任何其他独立的内容项。其他 article 的例子包括电影或音乐评论、案例研究、产品描述等。这些确定是独立的、可再分配的内容项。

可以将 article 嵌套在另一个 article 中，只要里面的 article 与外面的 article 是部分与整体的关系。一个页面可以有多个 article 元素。例如，博客的主页通常包括几篇最新的文章，其中每一篇都是其自身的 article。一个 article 可以包含一个或多个 section 元素。在 article 中包含独立的 h1～h6 元素。

【示例 2】上面示例只是使用 article 的一种方式，下面看看其他的用法。下面示例展示了对基本的新闻报道或报告进行标记的方法。注意 footer 和 address 元素的使用。这里，address 只应用于其父元素 article（即这里显示的 article），而非整个页面或任何嵌套在那个 article 里面的 article。

```
<article>
    <h1 id="news">区块链“时代号”列车驶来</h1>
    <p>对于精英们来说，这个春节有点特殊。</p>
    <!--文章的页脚，并非页面级的页脚-->
    <footer>
        <p>出处说明</p>
        <address>
        访问网址<a href="https://www.huxiu.com/article/233472.html">虎嗅</a>
        </address>
    </footer>
</article>
```

【示例 3】下面示例展示了嵌套在父元素 article 里面的 article 元素。该例中嵌套的 article 是用户提交的评论，就像在博客或新闻网站上见到的评论部分。该例还显示了 section 元素和 time 元素的用法。这些只是使用 article 及有关元素的几个常见方式。

```
<article>
    <h1 id="news">区块链“时代号”列车驶来</h1>
    <p>对于精英们来说，这个春节有点特殊。</p>
    <section>
        <h2>读者评论</h2>
        <article>
            <footer>发布时间
                <time datetime="2018-02-20">2018-2-20</time>
            </footer>
            <p>评论内容</p>
        </article>
        <article>[下一则评论]</article>
    </section>
</article>
```

每条读者评论都包含在一个 article 中，这些 article 元素则嵌套在主 article 中。

10.3.5 定义区块

视频讲解

section 元素代表文档或应用的一个一般的区块。section 是具有相似主题的一组内容，通常包含

一个标题。section 包含章节、标签式对话框中的各种标签页、论文中带编号的区块。例如，网站的主页可以分成介绍、新闻条目、联系信息等区块。

Note

section 定义通用的区块，但不要将它与 div 元素混淆。从语义上讲，section 标记的是页面中的特定区域，而 div 则不传达任何语义。

【示例 1】下面代码把主体区域划分成 3 个独立的区块。

```
<main role="main">
    <h1>主要标题</h1>
    <section>
        <h2>区块标题 1</h2>
        <ul>[标题列表</ul>
    </section>
    <section>
        <h2>区块标题 2</h2>
        <ul>[标题列表</ul>
    </section>
    <section>
        <h2>区块标题 3</h2>
        <ul>[标题列表</ul>
    </section>
</main>
```

【示例 2】几乎任何新闻网站都会对新闻进行分类。每个类别都可以标记为一个 section。

```
<h1>网页标题</h1>
<section>
    <h2>区块标题 1</h2>
    <ol>
        <li>列表项目 1</li>
        <li>列表项目 2</li>
        <li>列表项目 3</li>
    </ol>
</section>
<section>
    <h2>区块标题 2</h2>
    <ol>
        <li>列表项目 1</li>
    </ol>
</section>
```

与其他元素一样，section 并不影响页面的显示。

如果只是出于添加样式的原因要对内容添加一个容器，应使用 div 而不是 section。

可以将 section 嵌套在 article 中，从而显式地标出报告、故事、手册等文章的不同部分或不同章节。例如，可以在本例中使用 section 元素包裹不同的内容。

使用 section 时，记住“具有相似主题的一组内容”，这也是 section 区别于 div 的另一个原因。section 和 article 的区别在于，section 在本质上组织性和结构性更强，而 article 代表的是自包含的容器。

在考虑是否使用 section 时，一定要仔细思考，不过也不必每次都对是否用对感到担心。有时，些许主观并不会影响页面正常工作。

视频讲解

Note

10.3.6 定义附栏

在页面中可能会有一部分内容与主体内容无关，但可以独立存在。在 HTML5 中，可以使用 aside 元素来表示重要引述、侧栏、指向相关文章的一组链接（针对新闻网站）、广告、nav 元素组（如博客的友情链接）、微信或微博源、相关产品列表（通常针对电子商务网站）等。

表面上看，aside 元素表示侧栏，但该元素还可以用在页面的很多地方，具体依上下文而定。如果 aside 嵌套在页面主要内容内（而不是作为侧栏位于主要内容之外），则其中的内容应与其所在的内容密切相关，而不是仅与页面整体内容相关。

【示例】在下面示例中，aside 是有关次要信息，与页面主要关注的内容相关性稍差，且可以在没有这个上下文的情况下独立存在。可以将它嵌套在 article 里面，或者将它放在 article 后面，使用 CSS 让它看起来像侧栏。aside 里面的 role="complementary"是可选的，可以提高可访问性。

```
<header role="banner">
    <nav role="navigation">[包含多个链接的 ul]</nav>
</header>
<main role="main">
    <article>
        <h1 id="gaudi">主要标题</h1>
    </article>
</main>
<aside role="complementary">
    <h1>次要标题</h1>
    <p>描述文本</p>
    <ul>
        <li>列表项</li>
    </ul>
    <p><small>出自: <a href="http://www.w3.org/" rel="external"><cite>W3C</cite></a></small></p>
</aside>
```

在 HTML 中，应该将附栏内容放在 main 的内容之后。出于 SEO 和可访问性的目的，最好将重要的内容放在前面。可以通过 CSS 改变它们在浏览器中的显示顺序。

对于与内容有关的图像，使用 figure 而非 aside。HTML5 不允许将 aside 嵌套在 address 元素内。

视频讲解

10.3.7 定义页脚

页脚一般位于页面底部，通常包括版权声明，可能还包括指向隐私政策页面的链接，以及其他类似的内容。HTML5 的 footer 元素可以用在这样的地方，但它同 header 一样，还可以用在其他地方。

footer 元素表示嵌套它的最近的 article、aside、blockquote、body、details、fieldset、figure、nav、section 或 td 元素的页脚。只有当它最近的祖先是 body 时，它才是整个页面的页脚。

如果一个 footer 包着它所在区块（如一个 article）的所有内容，它代表的是像附录、索引、版权页、许可协议这样的内容。

页脚通常包含关于它所在区块的信息，如指向相关文档的链接、版权信息、作者及其他类似条目。页脚并不一定要位于所在元素的末尾，不过通常是这样的。

【示例 1】在下面示例中，这个 footer 代表页面的页脚，因为它最近的祖先是 body 元素。

```
<header role="banner">
    <nav role="navigation">链接列表</nav>
```

```
</header>
<main role="main">
    <article>
        <h1 id="gaudi">主要标题</h1>
        <h2>次标题</h2>
    </article>
</main>
<aside role="complementary">
    <h1>次标题</h1>
</aside>
<footer>
    <p><small>版权信息</small></p>
</footer>
```

页面有了 header、nav、main、article、aside 和 footer 元素，当然并非每个页面都需要以上所有元素，但它们代表了 HTML 中的主要页面构成要素。

footer 元素本身不会为文本添加任何默认样式。这里，版权信息的字号比普通文本的小，这是因为它嵌套在 small 元素中。像其他内容一样，可以通过 CSS 修改 footer 元素所含内容的字号。

提示： 不能在 footer 中嵌套 header 或另一个 footer。同时，也不能将 footer 嵌套在 header 或 address 元素中。

【示例 2】 在下面示例中，第一个 footer 包含在 article 内，因此是属于该 article 的页脚。第二个 footer 是页面级的。只能对页面级的 footer 使用 role="contentinfo"，且一个页面只能使用一次。

```
<article>
    <h1>文章标题</h1>
    <p>文章内容</p>
    <footer>
        <p>注释信息</p>
        <address><a href="#">W3C</a></address>
    </footer>
</article>
<footer role="contentinfo">版权信息</footer>
```

10.3.8 使用 role

role 是 HTML5 新增属性，其作用是告诉 Accessibility 类应用（如屏幕阅读器等）当前元素所扮演的角色，主要是供残疾人使用。使用 role 可以增强文本的可读性和语义化。

在 HTML5 元素内，标签本身就是有语义的，因此 role 作为可选属性使用，但是在很多流行的框架（如 Bootstrap）中都很重视类似的属性和声明，目的是为了兼容老版本的浏览器（用户代理）。

role 属性主要应用于文档结构和表单中。例如，设置输入密码框，对于正常人可以用 placacholder 提示输入密码，但是对于残障人士是无效的，这时就需要 role 了。另外，在老版本的浏览器中，由于不支持 HTML5 标签，所以有必要使用 role 属性。

例如，下面代码告诉屏幕阅读器，此处有一个复选框，且已经被选中。

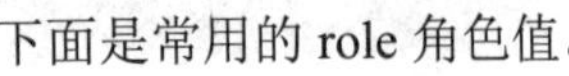

```
<div role="checkbox" aria-checked="checked"> <input type="checkbox" checked></div>
```

下面是常用的 role 角色值。

1．role="banner"（横幅）

面向全站的内容，通常包含网站标志、网站赞助者标志、全站搜索工具等。横幅通常显示在页面的顶端，而且通常横跨整个页面的宽度。

使用方法：将其添加到页面级的 header 元素，每个页面只用一次。

2．role="navigation"（导航）

文档内不同部分或相关文档的导航性元素（通常为链接）的集合。

使用方法：与 nav 元素是对应关系。应将其添加到每个 nav 元素，或其他包含导航性链接的容器。这个角色可在每个页面上使用多次，但是同 nav 一样，不要过度使用该属性。

3．role="main"（主体）

文档的主要内容。

使用方法：与 main 元素的功能是一样的。对于 main 元素来说，也建议设置 role="main"属性，其他结构元素更应该设置 role="main"属性，以便让浏览器能够识别它是网页主体内容。在每个页面仅使用一次。

4．role="complementary"（补充性内容）

文档中作为主体内容补充的支撑部分。它对区分主体内容是有意义的。

使用方法：与 aside 元素是对应关系。应将其添加到 aside 或 div 元素（前提是该 div 仅包含补充性内容）。可以在一个页面中包含多个 complementary 角色，但不要过度使用。

5．role="contentinfo"（内容信息）

包含关于文档的信息的大块、可感知区域。这类信息的例子包括版权声明和指向隐私权声明的链接等。

使用方法：将其添加至整个页面的页脚（通常为 footer 元素）。每个页面仅使用一次。

【示例】下面代码演示了文档结构中如何应用 role。

```
<!--开始页面容器-->
<div class="container">
    <header role="banner">
        <nav role="navigation">[包含多个链接的列表]</nav>
    </header>
    <!--应用 CSS 后的第一栏-->
    <main role="main">
        <article></article>
        <article></article>
        [其他区块]
    </main>
    <!--结束第一栏-->
    <!--应用 CSS 后的第二栏-->
    <div class="sidebar">
        <aside role="complementary"></aside>
        <aside role="complementary"></aside>
        [其他区块]
    </div>
    <!--结束第二栏-->
    <footer role="contentinfo"></footer>
```

```
</div>
<!--结束页面容器-->
```

需要注意的是，即便不使用 role 角色，页面看起来也没有任何差别，但是使用它们可以提升使用辅助设备的用户体验。出于这个理由，推荐使用它们。

Note

对表单元素来说，form 角色是多余的；search 用于标记搜索表单；application 则属于高级用法。当然，不要在页面上过多地使用地标角色。过多的 role 角色会让屏幕阅读器用户感到累赘，从而降低 role 的作用，影响整体体验。

视频讲解

10.4 案例实战

本节将借助 HTML5 新元素设计一个博客首页。

【操作步骤】

第 1 步，新建 HTML5 文档，保存为 test1.html。

第 2 步，根据前面各节介绍的知识，开始构建个人博客首页的框架结构。在设计结构时，最大限度地选用 HTML5 新结构元素，所设计的模板页面基本结构如下所示。

```
<header>
    <h1>[网页标题]</h1>
    <h2>[次级标题]</h2>
    <h4>[标题提示]</h4>
</header>
<main>
    <nav>
        <h3>[导航栏]</h3>
        <a href="#">链接 1</a> <a href="#">链接 2</a> <a href="#">链接 3</a>
    </nav>
    <section>
        <h2>[文章块]</h2>
        <article>
            <header>
                <h1>[文章标题]</h1>
            </header>
            <p>[文章内容]</p>
            <footer>
                <h2>[文章脚注]</h2>
            </footer>
        </article>
    </section>
    <aside>
        <h3>[辅助信息]</h3>
    </aside>
    <footer>
        <h2>[网页脚注]</h2>
    </footer>
</main>
```

整个页面包括标题部分和主要内容部分两部分。标题部分又包括网站标题、副标题和提示性标题

信息；主要内容部分包括导航、文章块、侧边栏和脚注 4 部分。文章块包括标题部分、正文部分和脚注部分 3 部分。

第 3 步，在模板页面基础上，开始细化本示例博客首页。下面仅给出本例首页的静态页面结构，如果用户需要后台动态生成内容，则可以考虑在模板结构基础上另外设计。把 test1.html 另存为 test2.html，细化后的静态首页效果如图 10.7 所示。

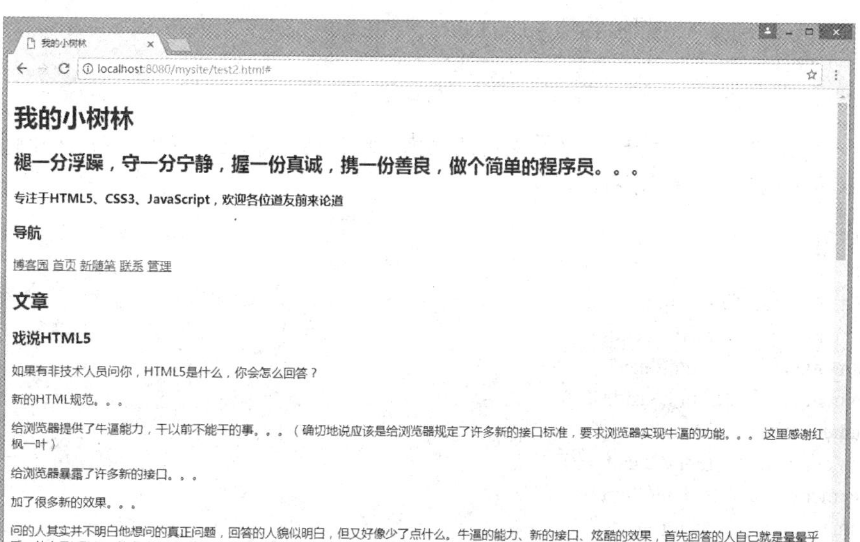

图 10.7　细化后的首页页面效果

> **提示：** 限于篇幅，本节没有展示完整的页面代码，读者可以通过本节示例源代码了解完整的页面结构。

第 4 步，设计页面样式部分代码。这里主要使用了 CSS3 的一些新特性，如圆角（border-radius）和旋转变换等，通过 CSS 设计的页面显示效果如图 10.8 所示。相关 CSS3 技术介绍请参阅下面章节内容。

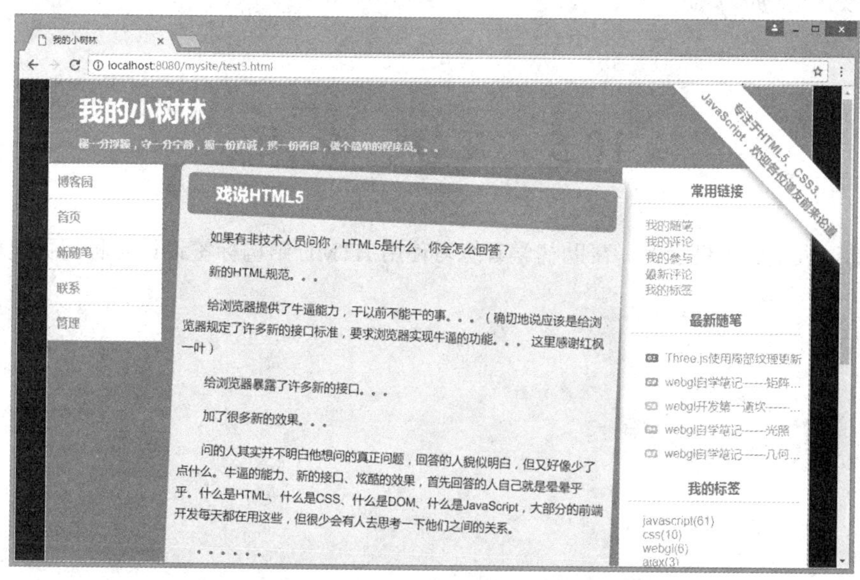

图 10.8　博客首页的页面完成效果

提示：考虑到本章重点学习 HTML5 新元素的应用，所以本节示例不再深入讲解 CSS 样式代码的设计过程，感兴趣的读者可以参考本节示例源代码中的 test3.html 文档。

Note

第 5 步，对于早期版本浏览器，或者不支持 HTML5 的浏览器，需要添加一个 CSS 样式，因为未知元素默认为行内显示（display:inline），对于 HTML5 结构元素来说，我们需要让它们默认为块状显示。

```
article, section, nav, aside, main, header, hgroup, footer {
    display: block;
}
```

第 6 步，一些浏览器不允许样式化不支持的元素。这种情形出现在 IE8 及以前的浏览器中，因此还需要使用下面 JavaScript 脚本进行兼容。

```
<!--[if lt IE 9]>
  <script>
    document.createElement("article");
    document.createElement("section");
    document.createElement("nav"     );
    document.createElement("aside"   );
    document.createElement("main"    );
    document.createElement("header" );
      document.createElement("hgroup" );
    document.createElement("footer" );
  </script>
<![endif]-->
```

第 7 步，如果浏览器禁用了脚本，则不会显示，可能会出问题。因为这些元素定义整个页面的结构。为了预防这种情况，可以加上<noscript>标签进行提示。

```
<noscript>
    <h1>警告</h1>
    <p>因为你的浏览器不支持 HTML5，一些元素是模拟使用 JavaScript。不幸的是，您的浏览器已禁用脚本。请启用它以显示此页。</p>
</noscript>
```

10.5 在线练习

本节将通过大量的上机示例，帮助初学者练习使用 HTML 结构标签设计各种网页模块。

在线练习

第11章 设计 CSS3 版式

网页版式一般通过栏目的行、列组合来设计，根据网页效果确定，而不是HTML结构，如单行版式、两行版式、三行版式、多行版式、单列版式、两列版式、三列版式等。也可以根据栏目显示性质进行设计，如流动布局、浮动布局、定位布局、混合布局等。或者根据网页宽度进行设计，如固定宽度、弹性宽度等。本章将具体讲解CSS3布局的基本方法。

【学习重点】

- 了解网页布局基本概念。
- 熟悉 CSS 盒模型。
- 掌握 CSS 布局基本方法。
- 能够灵活设计常规网页布局效果。

11.1 CSS 盒模型

盒模型是 CSS 布局的核心概念。了解 CSS 盒模型的结构、用法，对于网页布局很重要，本节将介绍 CSS 盒模型构成要素和使用技巧。

视频讲解

11.1.1 认识 display

在默认状态下，网页中每个元素都显示为特定的类型。例如，div 元素显示为块状，span 元素显示为内联状。

使用 CSS 的 display 属性可以改变元素的显示类型，用法如下：

```
Display: none |
        inline | block | inline-block |
        list-item |
        table | inline-table | table-caption | table-cell | table-row | table-row-group |
            table-column | table-column-group | table-footer-group | table-header-group |
        run-in |
        box | inline-box | flexbox | inline-flexbox | flex | inline-flex
```

display 属性取值非常多，在上面语法中第 3、4 行取值不是很常用，第 5、6 行为 CSS3 新增类型，详细说明请读者参考 CSS3 参考手册，比较常用的属性取值说明如下。

☑ none：隐藏对象。与 visibility: hidden 不同，其不为被隐藏的对象保留物理空间。

☑ inline：指定对象为内联元素。

☑ block：指定对象为块元素。

☑ inline-block：指定对象为内联块元素。

block 以块状显示，占据一行，一行只能够显示一个块元素，它适合搭建文档框架；inline 以内联显示，可以并列显示，一行可以显示多个内联元素，它适合包裹多个对象，或者为行内信息定制样式。

如果设置 span 元素显示为块状效果，只需定义如下样式：

```
span { display:block; }                    /*定义行内元素块状显示*/
```

如果设置 div 以行内元素显示，则可以使用如下样式进行定义：

```
div { display:inline; }                    /*定义块状元素行内显示*/
```

视频讲解

11.1.2 认识 CSS 盒模型

CSS 盒模型定义了网页对象的基本显示结构。根据 CSS 盒模型，网页中每个元素都显示为方形，从结构上分析，它包括内容（content）、填充（padding）、边框（border）、边界（margin），CSS 盒模型基本结构如图 11.1 所示。

内容（content）就是元素包含的对象，填充（padding）就是控制所包含对象在元素中的显示位置，边框（border）就是元素的边线，边界（margin）就是控制当前元素在外部环境中的显示位置。

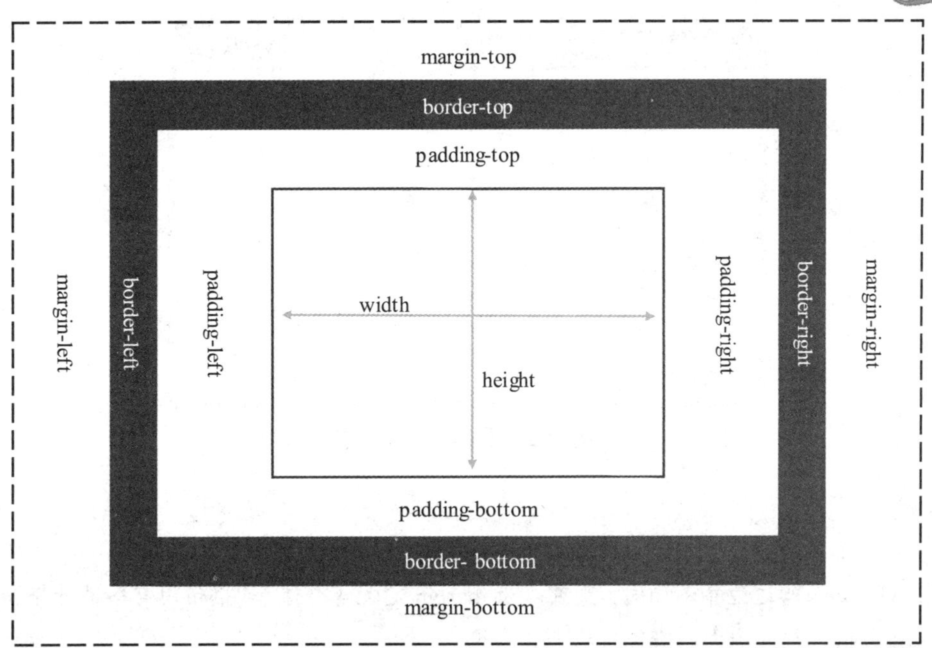

图 11.1　CSS 盒模型基本结构

11.1.3　定义边界

使用 CSS 的 margin 属性可以为元素定义边界。由 margin 属性又派生出 4 个子属性。

☑　margin-top（顶部边界）。

☑　margin-right（右侧边界）。

☑　margin-bottom（底部边界）。

☑　margin-left（左侧边界）。

这些属性分别控制元素在不同方位上与其他元素的间距。

【示例 1】下面示例设计 4 个盒子，通过设置不同方向上边界值，来调整它们在页面中的显示位置，如图 11.2 所示。通过本例演示，用户能够体会到边界可以自由设置，且各边边界不会相互影响。

```
<style type="text/css">
div { /*统一 4 个盒子的默认样式*/
    display: inline-block;
    height: 80px; width:80px;                                          /*统一大小*/
    border: solid 1px red;                                             /*统一边框样式*/
}
#box1 {margin-top: 10px; margin-right: 8em; margin-left: 8em;}         /*第 1 个盒子样式*/
#box2 {margin-top: 10px; margin-right: 6em; margin-left: 6em;}         /*第 2 个盒子样式*/
#box3 {margin-top: 20px; margin-right: 4em; margin-left: 4em;}         /*第 3 个盒子样式*/
#box4 {margin-top: 20px; margin-right: 2em; margin-left: 2em;}         /*第 4 个盒子样式*/
</style>
<div id="box1">盒子 1</div>
<div id="box2">盒子 2</div>
<div id="box3">盒子 3</div>
<div id="box4">盒子 4</div>
```

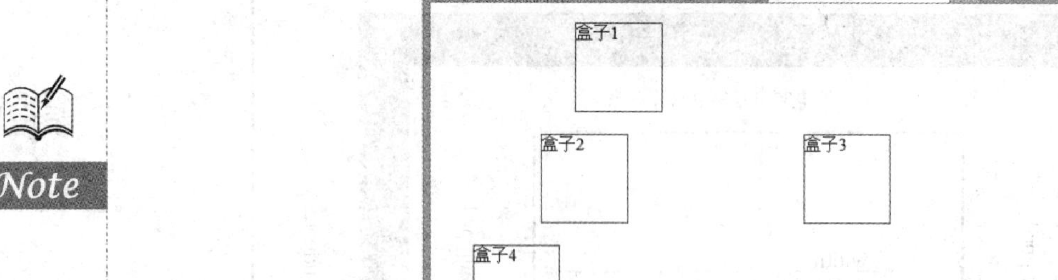

图 11.2　设置盒子的边界

提示：

☑　如果四边边界相同，则直接为 margin 定义一个值即可。

☑　如果四边边界不相同，则可以为 margin 定义 4 个值，4 个值用空格进行分隔，代表边的顺序是顶部、右侧、底部和左侧。

```
margint:top right bottom left;
```

☑　如果上下边界不同，左右边界相同，则可以使用 3 个值定义：

```
margint:top right bottom;
```

☑　如果上下边界相同，左右边界相同，则直接使用两个值进行代替：第一个值表示上下边界，第二个值表示左右边界。

```
p{ margin:12px 24px;}
```

提示：margin 可以取负值，这样就能够强迫元素偏移原来位置，实现相对定位功能，利用这个 margin 功能，可以设计复杂的页面布局效果，下面章节会介绍具体的演示案例。

注意：流动的块状元素存在上下边界重叠现象，这种重叠将以最大边界代替最小边界作为上下两个元素的距离。

【示例 2】下面示例定义上面盒子的底部边界为 50px，下面盒子的顶部边界为 30px，如果不考虑重叠，则上下元素的间距应该为 80px，而实际距离为 50px，如图 11.3 所示。

```
<style type="text/css">
div { height: 20px; border: solid 1px red;}
#box1 { margin-bottom: 50px; }
#box2 { margin-top: 30px; }
</style>
<div id="box1"></div>
<div id="box2"></div>
```

相邻元素的左右边界一般不会发生重叠。而对于行内元素来说，上下边界是不会产生任何效果的。对于浮动元素来说，一般相邻浮动元素的边界也不会发生重叠。

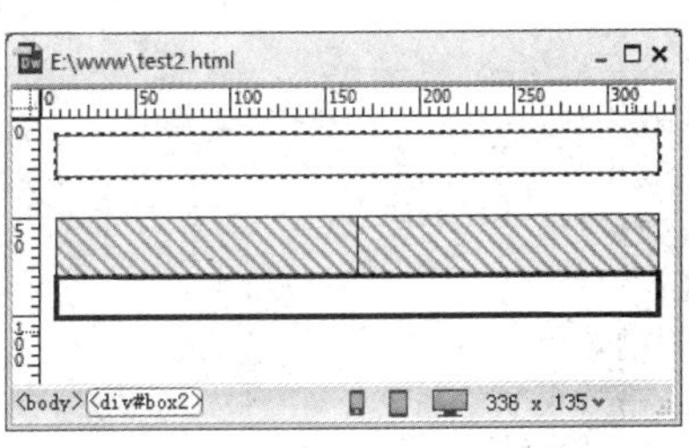

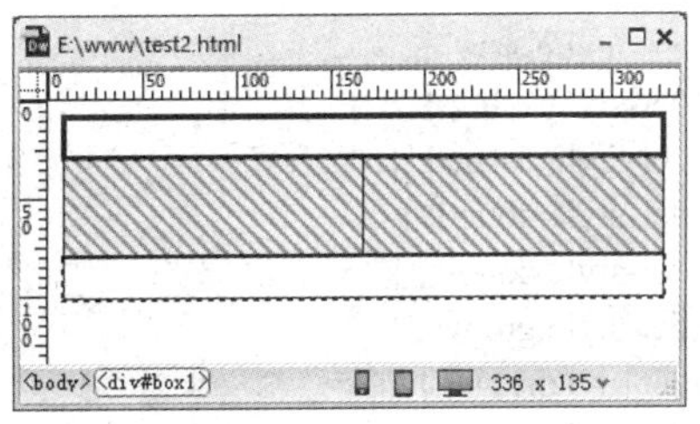

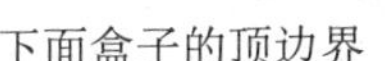

下面盒子的顶边界　　上面盒子的底边界

图 11.3　上下元素的重叠现象

视 频 讲 解

11.1.4　定义边框

使用 CSS 的 border 属性可以定义边框样式，与边界一样可以为各边定义独立的边框样式。

☑　border-top（顶部边框）。

☑　border-right（右侧边框）。

☑　border-bottom（底部边框）。

☑　border-left（左侧边框）。

边界的作用是用来调整当前元素与其他元素的距离，而边框的作用就是划定当前元素与其他元素之间的分隔线。

边框包括 3 个子属性：border-style（边框样式）、border-color（边框颜色）和 border-width（边框宽度）。三者关系比较紧密，如果没有定义 border-style 属性，所定义的 border-color 和 border-width 属性是无效的。反之，如果没有定义 border-color 和 border-width 属性，定义 border-style 也是没有用。

不同浏览器为 border-width 设置了默认值（默认为 medium 关键字）。medium 关键字大约等于 2px～3px（视不同浏览器而定），另外还包括 thin（1px～2px）关键字和 thick（3px～5px）关键字。

border-color 默认值为黑色。当为元素定义 border-style 属性，则浏览器能够正常显示边框效果。border-style 属性取值比较多，简单说明如下。

☑　none：无轮廓。border-color 与 border-width 将被忽略。

☑　hidden：隐藏边框。IE7 及以下版本尚不支持。

☑　dotted：点状轮廓。IE6 下显示为 dashed 效果。

☑　dashed：虚线轮廓。

☑　solid：实线轮廓。

☑　double：双线轮廓。两条单线与其间隔的和等于指定的 border-width 值。

☑　groove：3D 凹槽轮廓。

☑　ridge：3D 凸槽轮廓。

☑　inset：3D 凹边轮廓。

☑　outset：3D 凸边轮廓。

提示： solid 属性值是最常用的，而 dotted、dashed 也是常用样式。double 关键字比较特殊，它定义边框显示为双线，在外单线和内单线之间是一定宽度的间距。其中，内单线、外单线和间距之和必须等于 border-width 属性值。

【示例】 下面示例比较当 border-style 属性设置不同值时所呈现出的效果，在 IE 和 Firefox 浏览器中解析的效果如图 11.4 和图 11.5 所示。

Note

```
<style type="text/css">
#p1 { border-style:solid; }                    /*实线效果*/
#p2 { border-style:dashed; }                   /*虚线效果*/
#p3 { border-style:dotted; }                   /*点线效果*/
#p4 { border-style:double; }                   /*双线效果*/
#p5 { border-style:groove; }                   /*3D 凹槽效果*/
#p6 { border-style:ridge; }                    /*3D 凸槽效果*/
#p7 { border-style:inset; }                    /*3D 凹边效果*/
#p8 { border-style:outset; }                   /*3D 凸边效果*/
</style>

<p id="p1">#p1 { border-style:solid; }</p>
<p id="p2">#p2 { border-style:dashed; }</p>
<p id="p3">#p3 { border-style:dotted; }</p>
<p id="p4">#p4 { border-style:double; }</p>
<p id="p5">#p5 { border-style:groove; }</p>
<p id="p6">#p6 { border-style:ridge; }</p>
<p id="p7">#p7 { border-style:inset; }</p>
<p id="p8">#p8 { border-style:outset; }</p>
```

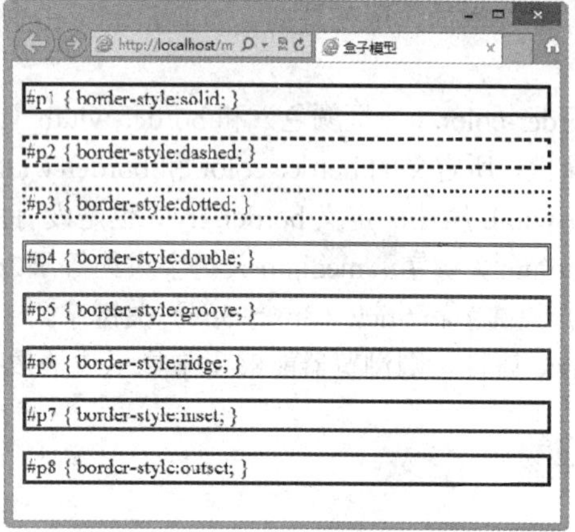

图 11.4　IE 下边框样式显示效果

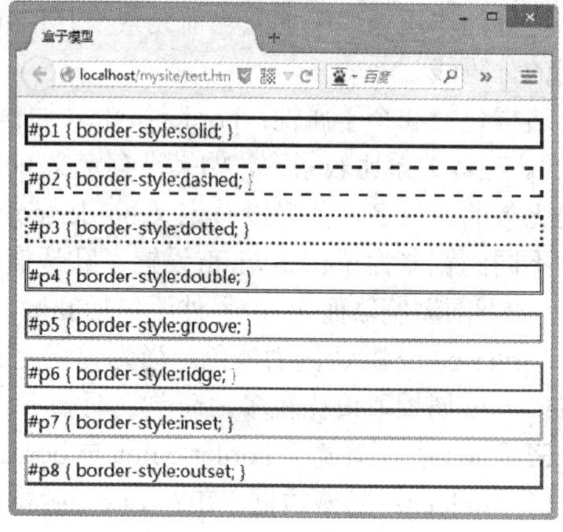

图 11.5　Firefox 下边框样式显示效果

视频讲解

11.1.5　定义补白

使用 CSS 的 padding 属性可以定义补白，它用来调整元素包含的内容与元素边框的距离。从功能上讲，补白不会影响元素的大小，但是由于在布局中补白同样占据空间，所以在布局时应考虑补白对于布局的影响。如果在没有明确定义元素的宽度和高度情况下，使用补白来调整元素内容的显示位置要比边界更加安全、可靠。

padding 与 margin 属性一样，不仅快速简写，还可以利用 padding-top、padding-right、padding-bottom 和 padding-left 属性来分别定义四边的补白大小。

【示例 1】 下面示例设计段落文本左侧空出 4 个字体大小的距离，此时由于没有定义段落的宽度，所以使用 padding 属性来实现会非常恰当，如图 11.6 所示。

```
<style type="text/css">
p {
    border: solid 1px red;                     /*边框样式*/
```

```
    padding-left: 4em;                      /*左侧补白*/
}
</style>
<p>今天很残酷，明天更残酷，后天很美好，但绝大部分是死在明天晚上，所以每个人不要放弃今天。 </p>
```

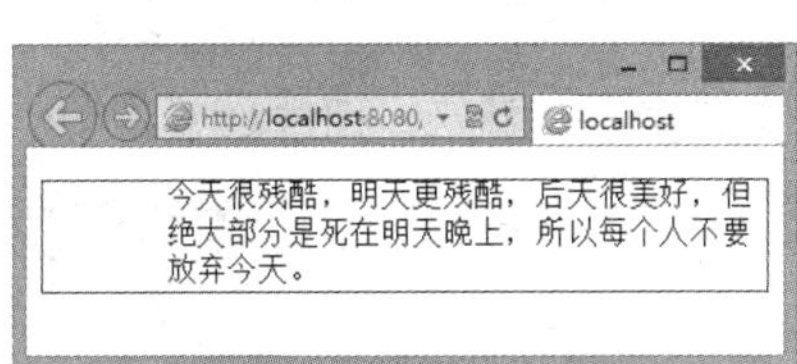

图 11.6　补白影响文本在段落中的显示位置

提示：由于补白不会发生重叠，当元素没有定义边框的情况下，以 padding 属性替代 margin 属性来定义元素之间的间距是一个比较不错的选择。

由于行内元素定义的 width 和 height 属性值无效，所以可以利用补白来定义行内元素的高度和宽度，以便能够撑开行内元素。

【示例 2】下面示例使用 padding 属性定义行内元素的显示高度和显示宽度，如图 11.7 所示，如果没有定义补白，会发现行内元素的背景图缩小到隐藏状态，如图 11.8 所示。

```
<style type="text/css">
a {
    background-image:url(images/back.png);          /*定义背景图*/
    background-repeat:no-repeat;                    /*禁止背景平铺*/
    padding:51px;                                   /*通过补白定义高度和宽度*/
    line-height:0;                                  /*设置行高为 0*/
    display:inline-block;                           /*行内块显示*/
    text-indent:-999px;                             /*隐藏文本*/
}
</style>
<a href="#" title="返回">返回</a>
```

图 11.7　使用补白来定义元素的显示高度和宽度

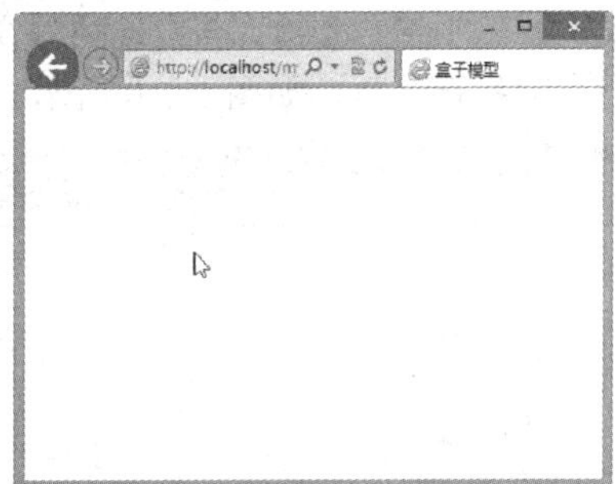

图 11.8　没有补白情况下的显示效果

11.2　设计浮动显示

浮动是一种特殊的显示方式，它能够让元素向左或向右停靠显示，是在传统 CSS 布局中用来设计多栏并列版式的主要方法，主要针对块元素来说的，因为CSS布局主要使用块元素，而内联元素、内联块元素本身就可以实现左右对齐、并列显示。

Note

视频讲解

11.2.1 定义 float

使用 CSS 的 float 属性可以定义元素浮动显示，用法如下：

```
float: none | left | right
```

默认值为 none，取值说明如下。

☑ none：设置对象不浮动。

☑ left：设置对象浮在左边。

☑ right：设置对象浮在右边。

当该属性不等于 none 引起对象浮动时，对象将被视作块对象，相当于声明了 display 属性等于 block。也就是说，浮动对象的 display 特性将被忽略。该属性可以被应用在非绝对定位的任何元素上。

【示例 1】 在页面中设计 3 个盒子，统一大小为 200px×100px，边框为 2px 宽的红线。在默认状态下，这 3 个盒子以流动方式堆叠显示，根据 HTML 结构的排列顺序自上而下进行排列。如果定义 3 个盒子都向左浮动，则 3 个盒子并列显示在一行，如图 11.9 所示。

```
<style type="text/css">
div {/*<div>标签基本样式*/
    width: 200px;                          /*固定宽度*/
    height: 300px;                         /*固定高度*/
    border: solid 2px red;                 /*边框样式*/
    margin: 4px;                           /*增加外边界*/
}
div { float: left; }/*定义所有<div>标签都向左浮动显示*/
</style>
<div id="box1">盒子 1</div>
<div id="box2">盒子 2</div>
<div id="box3">盒子 3</div>
```

如果不断缩小窗口宽度，会发现随着窗口宽度的缩小，当窗口宽度小于并行浮动元素的总宽度之和时，会自动换行显示，如图 11.10 所示。

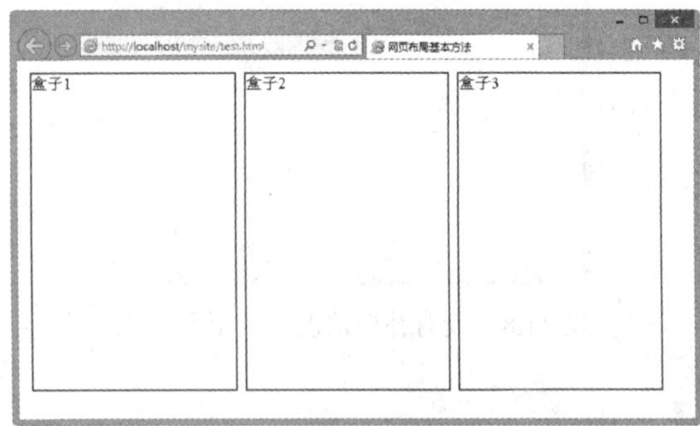

图 11.9　并列浮动

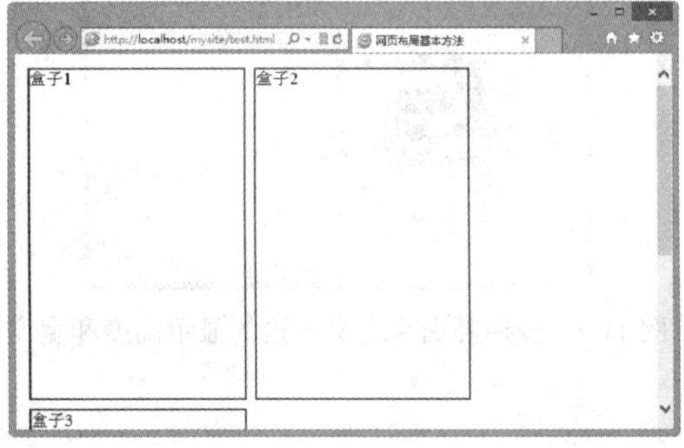

图 11.10　错位浮动

注意：当多个元素并列浮动时，浮动元素的位置是不固定的，它们会根据父元素的宽度灵活调整。这为页面布局带来隐患。

解决方法：定义包含框的宽度为固定值，避免包含框的宽度随窗口大小而改变。例如，以上面示例为基础，如果定义 body 元素宽度固定，此时会发现无论怎么调整窗口大小都不会出现浮动元素错位现象，如图 11.11 所示。

```
body {
    width:636px;                    /*固定父元素的宽度*/
    border:solid 1px blue;          /*为父元素定义边框，以便观察*/
}
```

【示例 2】设计 3 个盒子以不同方向进行浮动，则它们还会遵循上述所列的浮动显示原则。例如，定义第 1、2 个盒子向左浮动，第 3 个盒子向右浮动，如图 11.12 所示。

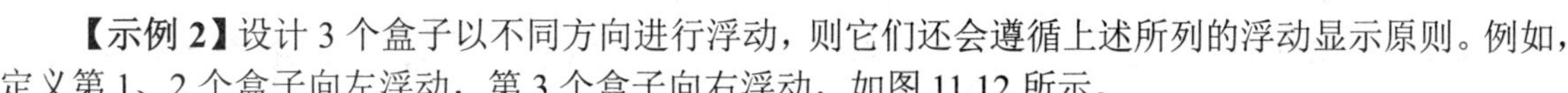

```
#box1, #box2 { float: left;          /*向左浮动*/ }
#box3 { float: right;                /*向右浮动*/ }
```

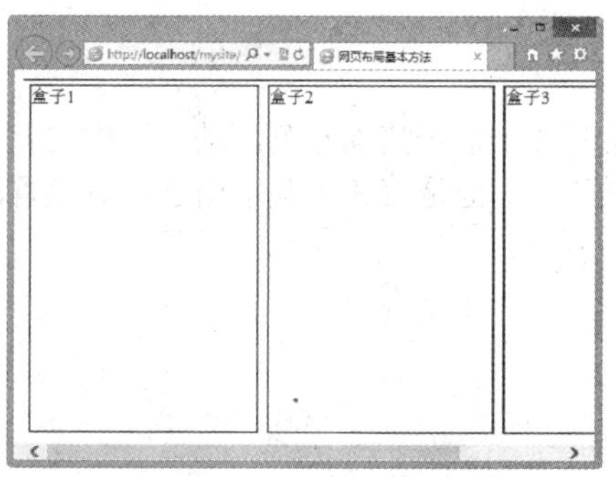

图 11.11　不错位的浮动布局

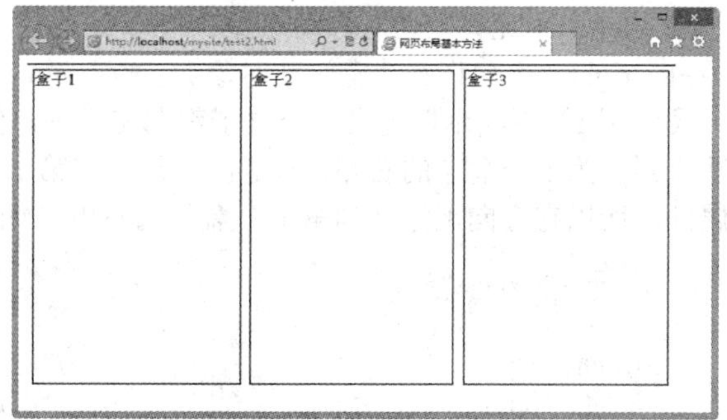

图 11.12　浮动方向不同的布局效果

如果取消定义浮动元素的大小，会发现每个盒子都会自动收缩到仅能包含对象的大小。这说明浮动元素有自动收缩空间的功能，而块状元素就没有这个特性，在没有定义宽度的情况下，宽度会显示为 100%。

【示例 3】如果浮动元素内部没有包含内容，这时元素会收缩为一点，如图 11.13 所示。但是对于 IE 怪异模式来说，则会收缩为一条竖线，这是因为 IE 有默认行高，如图 11.14 所示。

```
<style type="text/css">
div {
    border: solid 2px red;          /*边框样式*/
    margin: 4px;                    /*增加外边界*/
    float: left;                    /*向左浮动*/
}
</style>
<div id="box1"></div>
<div id="box2"></div>
<div id="box3"></div>
```

图 11.13　IE 标准模式下浮动自动收缩为点

图 11.14　IE 怪异模式下浮动收缩为一条竖线

提示：元素浮动显示之后，它会改变显示顺序和位置，但是不会脱离文档流，其前面对象的大小和位置发生变化，也会影响浮动元素的显示位置。

11.2.2　使用 clear

视频讲解

float 元素能够并列在一行显示，除了可以通过调整包含框的宽度，来强迫浮动元素换行显示外，还可以使用 clear 属性，该属性能够强迫浮动元素换行显示，用法如下：

```
clear: none | left | right | both
```

默认值为 none，取值说明如下。

☑　none：允许两边都可以有浮动对象。

☑　both：不允许有浮动对象。

☑　left：不允许左边有浮动对象。

☑　right：不允许右边有浮动对象。

【示例 1】下面示例定义 3 个盒子都向左浮动，然后定义第 2 个盒子清除左侧浮动，这样它就不能够排列在第 1 个盒子的右侧，而是换行显示在第 1 个盒子的下方，但是第 3 个盒子由于没有设置清除属性，所以它会向上浮动到第 1 个盒子的右侧，如图 11.15 所示。

```
<style type="text/css">
div {
    width: 200px;                          /*固定宽度*/
    height: 200px;                         /*固定高度*/
    border: solid 2px red;                 /*边框样式*/
    margin: 4px;                           /*边界距离*/
    float: left;                           /*向左浮动*/
}
#box2 { clear: left; }                     /*清除向左浮动*/
</style>
<div id="box1">盒子 1</div>
<div id="box2">盒子 2</div>
<div id="box3">盒子 3</div>
```

如果定义第 2 个盒子清除右侧浮动，会发现它们依然显示在一行，如图 11.16 所示。说明第 2 个盒子在解析时，第 3 个盒子还没有出现，因此当第 3 个盒子浮动显示时，不会受到 clear 影响。

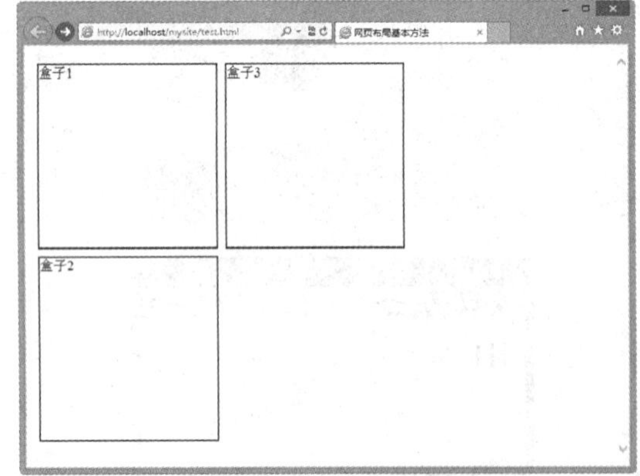

图 11.15　为第 2 个盒子定义清除左侧浮动对象

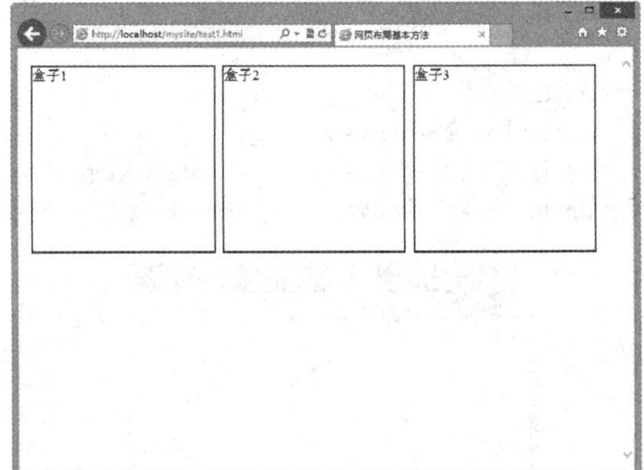

图 11.16　为第 2 个盒子定义清除右侧浮动对象

【示例 2】clear 不仅影响浮动元素，还对块元素产生影响。例如，禁止块状元素与浮动元素重叠显示，则可以使用如下样式，为浮动元素后面的块元素定义 clear 属性，如图 11.17 所示。

```
<style type="text/css">
div {
    width: 200px;                          /*固定宽度*/
    height: 200px;                         /*固定高度*/
    border: solid 2px red;                 /*边框样式*/
    margin: 4px;                           /*边界距离*/
    float: left;                           /*向左浮动*/
}
#box3 {/*清除第 3 个盒子浮动显示，同时定义左侧不要有浮动元素*/
    float: none;                           /*禁止浮动*/
    clear: left;                           /*清除左侧浮动*/
}
</style>
<div id="box1">盒子 1</div>
<div id="box2">盒子 2</div>
<div id="box3">盒子 3</div>
```

为盒子 3 定义“clear: left;”

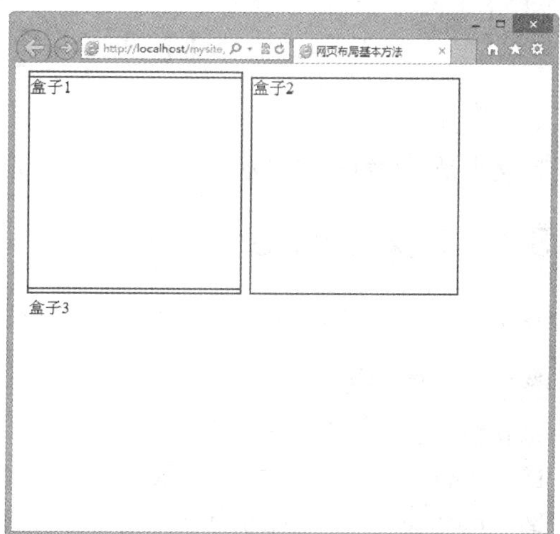

不为盒子 3 定义“clear: left;”

图 11.17　清除块元素左侧浮动对象

【示例 3】在 IE 怪异模式下，使用 clear 还可以禁止文本环绕版式。例如，在下面的图文混排版式中，为文本信息标签<span>定义“clear: left;”样式，可以看到文本被迫换行显示，效果如图 11.18 所示。

```
<style type="text/css">
#box img {
    float: left;                           /*让图像向左浮动*/
    width: 300px;}
#box span { clear: left; }                 /*清除左侧浮动对象*/
</style>
<div id="box"> <img src="images/1.png" alt=""/><span>棱镜事件的主角斯诺登透露的资料显示，众多科技公司曾与美国政府合作，帮助美国国家安全局获得互联网上的加密文件数据。由于操作系统关系到国家的信息安全，
```

Note

目前俄罗斯、德国等国家已经推行在政府部门的电脑中采用本国的操作系统软件。Windows 8 和 Vista 是同类架构，而且 Windows 8 还捆绑了微软的杀毒软件，它时时刻刻都在检查用户电脑，扫描数据信息。</span></div>
</div>

IE 怪异模式下效果

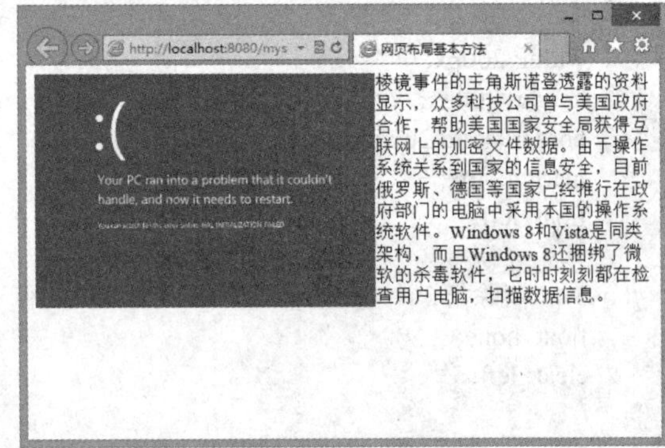

IE 标准模式下效果

图 11.18　IE 怪异模式支持的非浮动对象清除特性

11.3　设计定位显示

定义也是一种特殊的显示方式，它能够让元素脱离文档流，实现相对偏移，或者精准显示。

视频讲解

11.3.1　定义 position

使用 CSS 的 position 属性可以定义元素定位显示，用法如下：

```
position: static | relative | absolute | fixed
```

默认值为 static，取值说明如下。

☑　static：无特殊定位，对象遵循正常文档流。top、right、bottom、left 等属性不会被应用。

☑　relative：对象遵循正常文档流，但将依据 top、right、bottom、left 等属性在正常文档流中偏移位置。

☑　absolute：对象脱离正常文档流，使用 top、right、bottom、left 等属性进行绝对定位，其层叠顺序通过 z-index 属性定义。

☑　fixed：对象脱离正常文档流，使用 top、right、bottom、left 等属性以窗口为参考点进行定位，当出现滚动条时，对象不会随之滚动。

与 position 属性相关联的是 4 个定位属性，分别介绍如下。

☑　top：设置对象与其最近一个定位包含框顶部相关的位置。

☑　right：设置对象与其最近一个定位包含框右边相关的位置。

☑　bottom：设置对象与其最近一个定位包含框底部相关的位置。

☑　left：设置对象与其最近一个定位包含框左侧相关的位置。

上面 4 个属性值可以是长度值，或者是百分比值，可以为正，也可以为负。当取负值时，向相反方向偏移，默认值都为 auto。

【示例 1】下面示例定义 3 个盒子都为绝对定位显示，并使用 left、right、top 和 bottom 属性定义

元素的坐标，显示效果如图 11.19 所示。

```
<style type="text/css">
body {padding: 0;                          /*兼容非 IE 浏览器*/
margin: 0;                                 /*兼容 IE 浏览器*/
} /*清除页边距*/
div {
    width: 200px;                          /*固定元素的宽度*/
    height: 100px;                         /*固定元素的高度*/
    border: solid 2px red;                 /*边框样式*/
    position: absolute;                    /*绝对定位*/
}
#box1 {
    left: 50px;                            /*距离左侧窗口距离 50px*/
    top: 50px;                             /*距离顶部窗口距离 50px*/
}
#box2 { left: 40%; }                       /*距离左侧窗口距离为窗口宽度的 40%*/
#box3 {
    right: 50px;                           /*距离右侧距离 50px*/
    bottom: 50px                           /*距离底部距离 50px*/
}
</style>
<div id="box1">盒子 1</div>
<div id="box2">盒子 2</div>
<div id="box3">盒子 3</div>
```

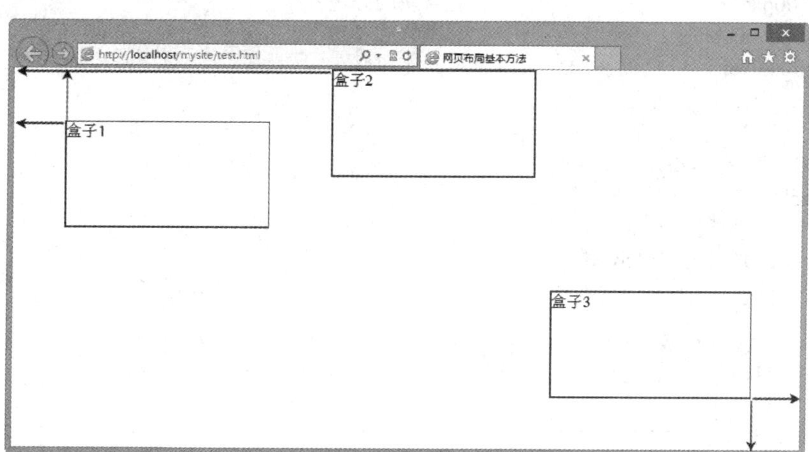

图 11.19　相对于窗口定位元素

注意： 在定位布局中，有一个很重要的概念：定位包含框。定位包含框不同于结构包含框，它定义了所包含的绝对定位元素的坐标参考对象。凡是被定义相对定位、绝对定位或固定定位的元素都会拥有定位包含框的功能。如果没有明确指定定位包含框，则将以 body 作为定位包含框，即以窗口四边为定位参照系。

【示例 2】 在上面示例基础上，把第 2、3 个盒子包裹在<div id="wrap">标签中，然后定义<div id="wrap">标签相对定位（position:relative;），于是它就拥有了定位包含框的功能，此时第 2、3 个盒

子就以<div id="wrap">四边作为参考系统进行定位，效果如图 11.20 所示。

Note

```
<style type="text/css">
body {padding: 0;                          /*兼容非 IE 浏览器*/
margin: 0;                                 /*兼容 IE 浏览器*/
} /*清除页边距*/
div {
    width: 200px;                          /*固定元素的宽度*/
    height: 100px;                         /*固定元素的高度*/
    border: solid 2px red;                 /*边框样式*/
    position: absolute;                    /*绝对定位*/
}
#box1 {
    left: 50px;                            /*距离左侧窗口距离 50px*/
    top: 50px;                             /*距离顶部窗口距离 50px*/
}
#box2 { left: 40%; }                       /*距离左侧窗口距离为窗口宽度的 40%*/
#box3 {
    right: 50px;                           /*距离右侧距离 50px*/
    bottom: 50px                           /*距离底部距离 50px*/
}
#wrap {/*定义定位包含框*/
    width:300px;                           /*定义定位包含框的宽度*/
    height:200px;                          /*定义定位包含框的高度*/
    float:right;                           /*定义定位包含框向右浮动*/
    margin:100px;                          /*包含块的外边界*/
    border:solid 1px blue;                 /*边框样式*/
    position:relative;                     /*相对定位*/
}
</style>
<div id="box1">盒子 1</div>
<div id="wrap">
    <div id="box2">盒子 2</div>
    <div id="box3">盒子 3</div>
</div>
```

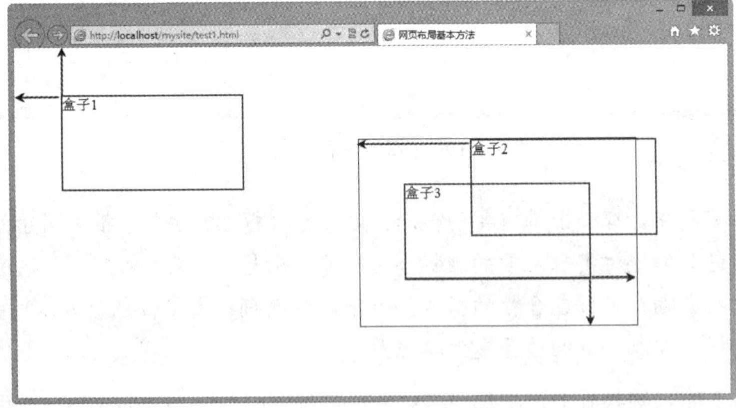

图 11.20　相对于元素进行定位

相对定位定义元素在文档流中原始位置进行偏移，但是定位元素不会脱离文档。而对于绝对定位对象来说，定位元素完全脱离文档流，两者就不再相互影响。

使用相对定位可以纠正元素在流动显示中位置偏差，以实现更恰当的显示。

【示例3】在下面示例中，根据文档流的正常分布规律，第1、2、3个盒子按顺序从上到下进行分布，下面设计第1个盒子与第2个盒子的显示位置进行调换，为此使用相对定位调整它们的显示位置，实现的代码如下，所得的效果如图11.21所示。

```
<style type="text/css">
div {
    width: 400px;                    /*固定宽度显示*/
    height: 100px;                   /*固定高度显示*/
    border: solid 2px red;           /*边框样式*/
    margin: 4px;                     /*外边界距离*/
    position: relative;              /*相对定位*/
}
#box1 { top: 108px; }                /*向下偏移显示位置*/
#box2 { top: -108px; }               /*向上偏移显示位置*/
</style>
<div id="box1">盒子 1</div>
<div id="box2">盒子 2</div>
<div id="box3">盒子 3</div>
```

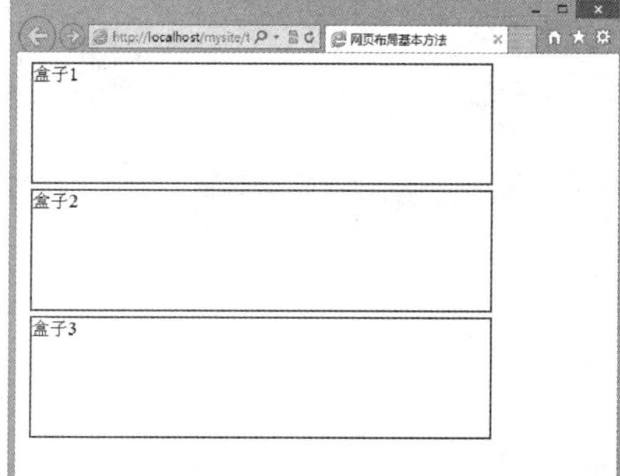

默认显示位置

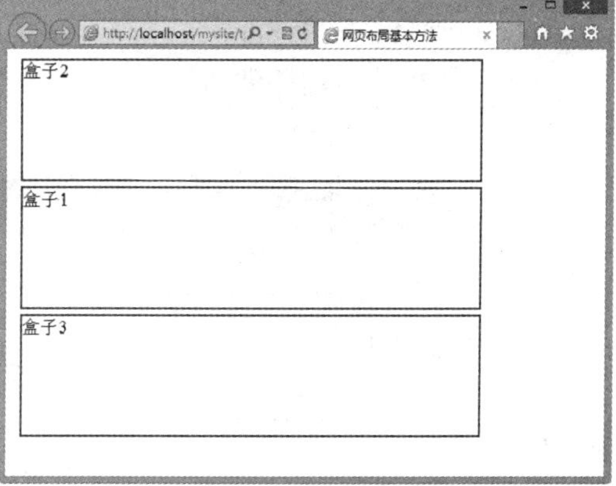

对倒之后显示位置

图11.21 使用相对定位调换模块的显示位置

相对定位更多地被用来当作定位包含框，因为它不会脱离文档流。另外，使用相对定位可以很方便地微调文档流中对象的位置偏差。

固定定位就是定位坐标系统始终是固定的，即始终以浏览器窗口边界为参照物进行定位。

【示例4】下面示例是对上面包含块演示示例的修改，修改其中3个盒子的定位方式为固定定位，这时在浏览器中预览，会发现包含块不再有效，固定定位的3个盒子分别根据窗口来定位自己的位置，如图11.22所示。

```
<style type="text/css">
div {
    width: 200px;                    /*固定元素的宽度*/
    height: 100px;                   /*固定元素的高度*/
```

Note

```
        border: solid 2px red;                 /*边框样式*/
        position: fixed;                       /*固定定位*/
    }
    #box1 {
        left: 50px;                            /*距离左侧窗口 50px*/
        top: 50px;                             /*距离顶部窗口距离 50px*/
    }
    #box2 { left: 40%; }                       /*距离左侧窗口距离为窗口宽度的 40%*/
    #box3 {
         right: 50px;                          /*距离右侧距离 50px*/
        bottom: 50px                           /*距离底部距离 50px*/
    }
    #wrap {/*定义定位包含框*/
        width: 300px;                          /*定义定位包含框的宽度*/
        height: 200px;                         /*定义定位包含框的高度*/
        float: right;                          /*定义定位包含框向右浮动*/
        margin: 100px;                         /*包含块的外边界*/
        border: solid 1px blue;                /*边框样式*/
        position: relative;                    /*相对定位*/
    }
    </style>
    <div id="box1">盒子 1</div>
    <div id="wrap">
        <div id="box2">盒子 2</div>
        <div id="box3">盒子 3</div>
    </div>
```

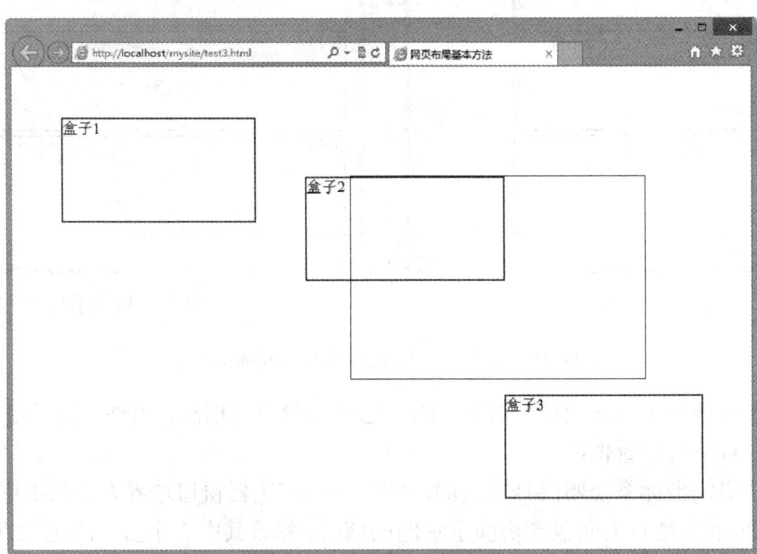

图 11.22　固定定位效果

提示：在定位布局中，如果 left 和 right、top 和 bottom 同时被定义，则 left 优于 right，top 优于 bottom。但是如果元素没有被定义宽度和高度，则元素将会被拉伸以适应左右或上下同时定位。

【示例 5】在下面示例中，分别为绝对定位元素定义 left、right、top 和 bottom 属性，则元素会被

自动拉伸以适应这种四边定位的需要，演示效果如图 11.23 所示。

```
<style type="text/css">
#box1 {
    border: solid 2px red;                    /*边框样式*/
    position: absolute;                       /*绝对定位*/
    left: 50px;                               /*左侧距离*/
    right: 50px;                              /*右侧距离*/
    top: 50px;                                /*顶部距离*/
    bottom: 50px;                             /*底部距离*/
}
</style>
<div id="box1">盒子 1</div>
```

图 11.23　四边同时定位元素的位置

11.3.2　设置层叠顺序

视频讲解

不管是相对定位、固定定位，还是绝对定位，只要坐标相同都可能存在元素重叠现象。在默认情况下，相同类型的定位元素，排列在后面的定位元素会覆盖前面的定位元素。

【示例 1】在下面示例中，3 个盒子都是相对定位，在默认状态下它们将按顺序覆盖显示，如图 11.24 所示。

```
<style type="text/css">
div {
    width: 200px;                             /*固定宽度*/
    height: 100px;                            /*固定高度*/
    border: solid 2px red;                    /*边框样式*/
    position: relative;                       /*相对定位*/
}
#box1 { background: red; }                    /*第 1 个盒子红色背景*/
#box2 {/*第 2 个盒子样式*/
    left: 60px;                               /*左侧距离*/
    top: -50px;                               /*顶部距离*/
    background: blue;                         /*蓝色背景*/
}
#box3 {/*第 3 个盒子样式*/
```

```
    left: 120px;                        /*左侧距离*/
    top: -100px;                        /*顶部距离*/
    background: green;                  /*绿色背景*/
}
</style>
<div id="box1">盒子 1</div>
<div id="box2">盒子 2</div>
<div id="box3">盒子 3</div>
```

使用 CSS 的 z-index 属性可以改变定位元素的覆盖顺序。z-index 属性取值为整数，数值越大就越显示在上面。

【示例 2】在上面示例基础上，分别为 3 个盒子定义 z-index 属性值，第 1 个盒子的值最大，所以它就层叠在最上面，而第 3 个盒子的值最小，而被叠放在最下面，如图 11.25 所示。

```
#box1 { z-index:3; }
#box2 { z-index:2; }
#box3 { z-index:1; }
```

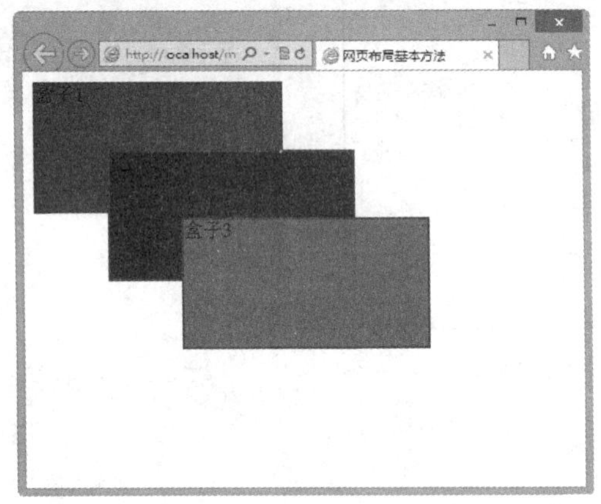

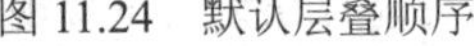
图 11.24　默认层叠顺序

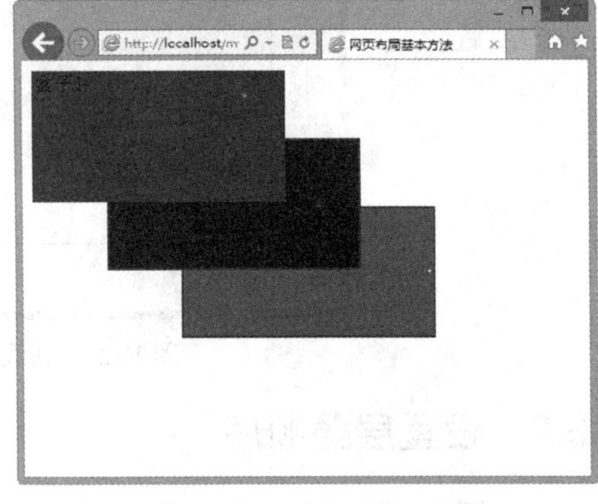

图 11.25　改变层叠顺序

如果 z-index 属性值为负值，则将隐藏在文档流的下面。

【示例 3】在下面示例中，定义<div>标签相对定位，并设置 z-index 属性值为-1，则显示效果如图 11.26 所示。

```
<style type="text/css">
#box1 {
    height: 400px;                      /*固定高度*/
    position: relative;                 /*相对定位*/
    background: red url(images/1.jpg);  /*定义背景色和背景图*/
    z-index: -1;                        /*层叠顺序*/
    top: -120px;                        /*偏移位置，实现与文本*/
}
</style>
<p>我永远相信只要永不放弃，我们还是有机会的。最后，我们还是坚信一点，这世界上只要有梦想，只要不断努力，只要不断学习，不管你长得如何，不管是这样，还是那样，男人的长相往往和他的才华成反比。今天很残酷，明天更残酷，后天很美好，但绝对大部分是死在明天晚上，所以每个人不要放弃今天。</p>
<div id="box1"></div>
```

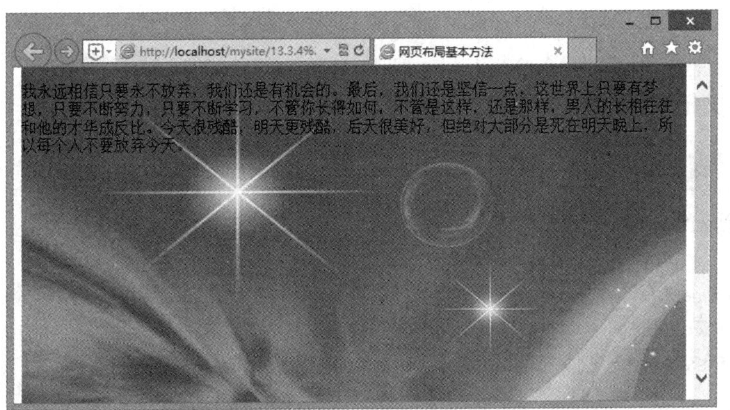

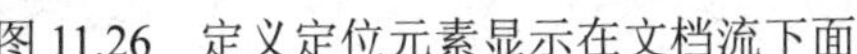
图 11.26　定义定位元素显示在文档流下面

11.4　案例实战

CSS 布局比较复杂，为了帮助用户快速入门，本节通过几个案例介绍网页布局的基本思路、方法和技巧。当然，要设计精美的网页，不仅仅需要技术，更需要一定的审美和艺术功底。

11.4.1　设计两栏页面

本案例版式设计导航栏与其他栏目并为一列固定在右侧，主栏目以弹性方式显示在左侧，实现主栏自适应页面宽度变化，而侧栏宽度固定不变的版式效果，结构设计如图 11.27 所示。

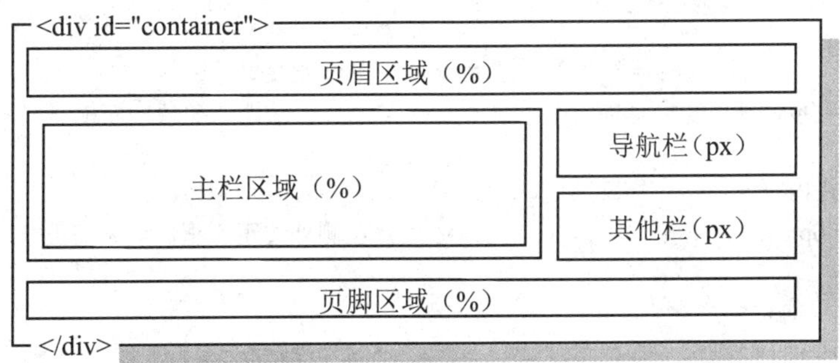

图 11.27　版式结构示意图

设计思路：

如果完全使用浮动布局来设计主栏自适应、侧栏固定的版式是存在很大难度的，因为百分比取值是一个不固定的宽度，让一个不固定宽度的栏目与一个固定宽度的栏目同时浮动在一行内，采用简单的方法是不行的。

这里设计主栏 100%宽度，然后通过左外边距取负值强迫栏目偏移出一列的空间，最后把这个腾出的区域让给右侧浮动的侧栏，从而达到并列浮动显示的目的。

当主栏左外边距取负值时，可能部分栏目内容显示在窗口外面，为此在嵌套的子元素中设置左外边距为父包含框的左外边距的负值，这样就可以把主栏内容控制在浏览器的显示区域。

Note

【操作步骤】

第 1 步，新建文档，保存为 test.html。

第 2 步，设计文档基本结构，包含 5 个模块。

```
<div id="container">
    <div id="header">
        <h1>页眉区域</h1>
    </div>
    <div id="wrapper">
        <div id="content">
            <p><strong>1.主体内容区域</strong></p>
        </div>
    </div>
    <div id="navigation">
        <p><strong>2.导航栏</strong></p>
    </div>
    <div id="extra">
        <p><strong>3.其他栏目</strong></p>
    </div>
    <div id="footer">
        <p>页脚区域</p>
    </div>
</div>
```

第 3 步，使用<style>定义内部样式表，输入下面样式代码，设计效果如图 11.28 所示。

```
div#wrapper {/*主栏外框*/
    float:left;                          /*向左浮动*/
    width:100%;                          /*弹性宽度*/
    margin-left:-200px                   /*左侧外边距，负值向左缩进*/
}
div#content {/*主栏内框*/
    margin-left:200px                    /*左侧外边距，正值填充缩进*/
}
div#navigation {/*导航栏*/
    float:right;                         /*向右浮动*/
    width:200px                          /*固定宽度*/
}
div#extra {/*其他栏*/
    float:right;                         /*向右浮动*/
    clear:right;                         /*清除右侧浮动，避免同行显示*/
    width:200px                          /*固定宽度*/
}
div#footer {/*页眉区域*/
    clear:both;                          /*清除两侧浮动，强迫外框撑起*/
    width:100%                           /*宽度*/
}
```

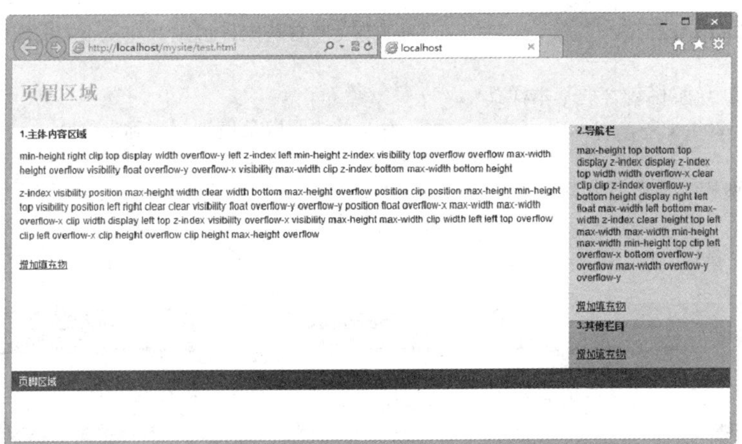

图 11.28　设计固宽+自适应两栏页面

11.4.2　设计三栏页面

视频讲解

本案例的基本思路是：首先定义主栏外包含框宽度为 100%，即占据整个窗口。然后再通过左右外边距来定义两侧空白区域，预留给侧栏占用。在设计外边距时，一侧采用百分比为单位，另一侧采用像素为单位，这样就可以设计出两列宽度是弹性的，另一列是固定的。最后再通过负外边距来定位侧栏的显示位置，设计效果如图 11.29 所示。

```
div#wrapper {/*主栏外包含框基本样式*/
    float:left;                              /*向左浮动*/
    width:100%                               /*百分比宽度*/
}
div#content {/*主栏内包含框基本样式*/
    margin: 0 33% 0 200px                    /*定义左右两侧外边距，注意不同的取值单位*/
}
div#navigation {/*导航栏包含框基本样式*/
    float:left;                              /*向左浮动*/
    width:200px;                             /*固定宽度*/
    margin-left:-100%                        /*左外边距取负值进行精确定位*/
}
div#extra {/*其他栏包含框基本样式*/
    float:left;                              /*向左浮动*/
    width:33%;                               /*百分比宽度*/
    margin-left:-33%                         /*左外边距取负值进行精确定位*/
}
```

也可以让主栏取负外边距进行定位，其他栏自然浮动。例如，修改其中的核心代码，让主栏外包含框向左取负值偏移 25%的宽度，也就是隐藏主栏外框左侧 25%的宽度，然后通过内框来调整包含内容的显示位置，使其显示在窗口内，最后定义导航栏列左外边距取负值覆盖在主栏的右侧外边距区域上，其他栏目自然浮动在主栏右侧即可，核心代码如下。

```
div#wrapper {/*主栏外包含框基本样式*/
    margin-left:-25%                         /*左外边距取负值进行精确定位*/
}
div#content {/*主栏内包含框基本样式*/
```

```
    margin: 0 200px 0 25%                    /*定义左右两侧外边距，注意不同的取值单位*/
}
div#navigation {/*导航栏包含框基本样式*/
    margin-left:-200px                       /*左外边距取负值进行精确定位*/
}
div#extra {/*其他栏包含框基本样式*/
    width:25%                                /*百分比宽度*/
}
```

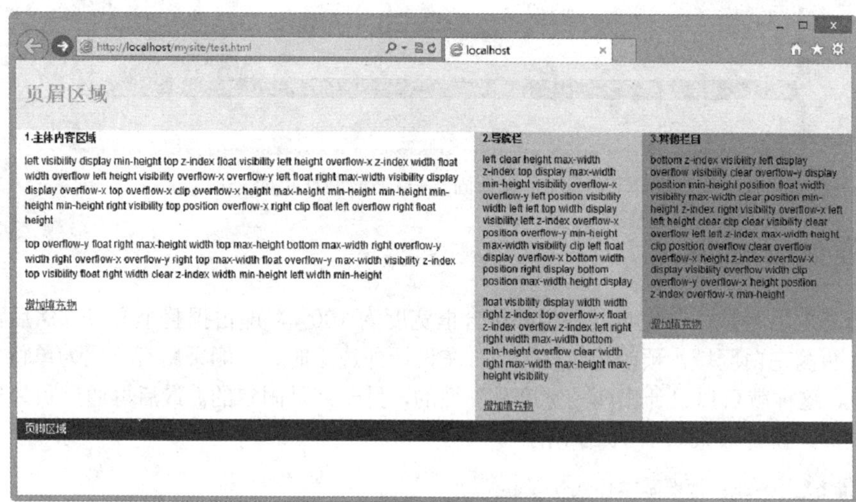

图 11.29　设计两列弹性一列固定版式的布局效果

设计效果如图 11.30 所示，其中中间导航栏的宽度是固定的，主栏和其他栏为弹性宽度显示。

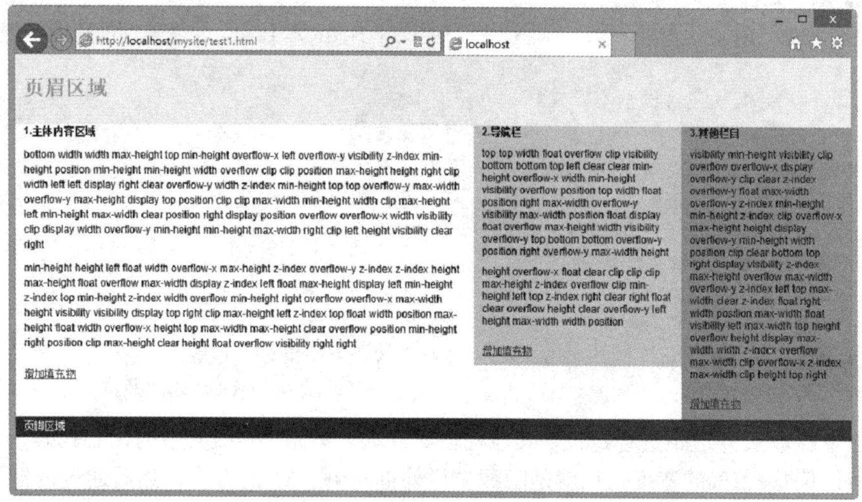

图 11.30　设计两列弹性一列固定版式的布局效果

视频讲解

11.4.3　设计居中网页

文本居可以使用“text-align:center;”声明来实现，但是对于网页设计来说，实现居中显示就需要一点技巧。设计方法是：通过 text-align 和 margin 属性配合使用实现居中。

Note

【操作步骤】

第 1 步，启动 Dreamweaver，新建网页，保存为 index.html，在<body>标签内输入以下代码，设计网页包含框。

```
<div id="wrap">网页外套</div>
```

第 2 步，在<head>标签内添加<style type="text/css">标签，定义一个内部样式表，然后输入下面样式。

```
body { text-align:center; }                    /*网页居中显示（IE 浏览器有效）*/
#wrap {/*网页外套的样式*/
    margin-left:auto;                          /*左侧边界自动显示*/
    margin-right:auto;                         /*右侧边界自动显示*/
    text-align:left;                           /*网页正文文本居左显示*/
    border:solid 1px red;                      /*定义边框，方便观察，可以不定义*/
    width:800px;                               /*固定宽度，只有这样才可以实现居中显示效果*/
}
```

第 3 步，保存页面，在浏览器中预览，可以看到网页包含框居中显示，如图 11.31 所示。

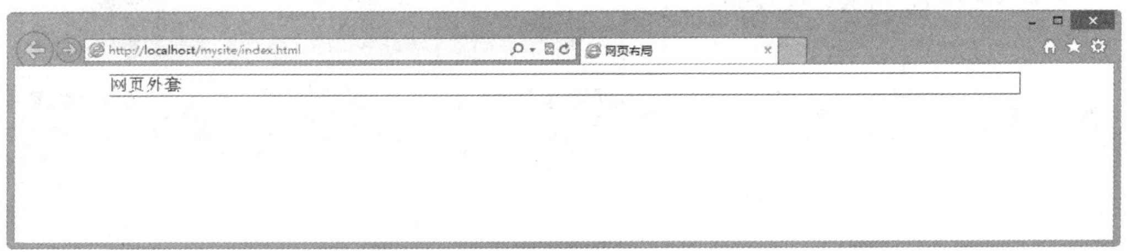

图 11.31　设计网页居中显示的基本方法

提示：设计网页居中布局时，应注意两个问题：

第一，不同浏览器对于布局居中的支持是不同的。例如，对于 IE 浏览器来说，如果要设计网页居中显示，则可以为包含框定义“text-align:center;”声明，而非 IE 浏览器不支持该种功能。如果能够实现兼容，只有使用 margin 属性，同时设置左右两侧边界为自动（auto）即可。

第二，要实现网页居中显示。就应该为网页定义宽度，且宽度不能够为 100%，否则就看不到居中显示的效果。

【示例 1】上述网页居中设计技巧适合普通网页。但是，如果设计网页浮动显示，则居中样式就失去效果。例如，在上面示例基础上，如果再为<div id="wrap">包含框添加浮动样式。

```
#wrap {float:left; }/*包含框浮动显示*/
```

网页显示效果如图 11.32 所示。

图 11.32　网页居中失效

Note

解决方法：在网页包含框内再裹一层包含框，设计外套流动显示，内套浮动显示。具体代码如下所示，预览效果如图 11.33 所示。

```
<style type="text/css">
body { text-align: center; }                /*网页居中显示（IE 浏览器有效）*/
#wrap {/*网页外套的样式*/
    margin-left: auto;                      /*左侧边界自动显示*/
    margin-right: auto;                     /*右侧边界自动显示*/
    text-align: left;                       /*网页正文文本居左显示*/
    border: solid 1px red;                  /*定义边框，方便观察，可以不定义*/
    width: 80%;                             /*定义宽度，只有这样才可以实现居中显示效果*/
}
#subwrap {/*网页内套的样式*/
    width: 100%;                            /*显式定义 100%宽度，以便与外套同宽*/
    float: left;                            /*浮动显示*/
}
</style>
<div id="wrap">
    <div id="subwrap">网页内套</div>
</div>
```

图 11.33　让浮动页面居中显示

【示例 2】浮动页面能够居中显示，那么定位页面如何实现居中显示？

定位布局相对复杂，要实现居中显示，也可以借助内外两个包含框来实现，设计外框为相对定位，内框为绝对定位显示。这样内框将根据外框进行定位，由于外框为相对定位，将遵循流动布局的特征进行布局。完整页面设计代码如下所示，则显示效果如图 11.34 所示。

```
<style type="text/css">
body { text-align:center; }                 /*网页居中显示（IE 浏览器有效）*/
#wrap {/*网页外套的样式*/
    margin-left:auto;                       /*左侧边界自动显示*/
    margin-right:auto;                      /*右侧边界自动显示*/
    text-align:left;                        /*网页正文文本居左显示*/
    border:solid 1px red;                   /*定义边框，方便观察，可以不定义*/
    width:80%;                              /*定义宽度，只有这样才可以实现居中显示效果*/
    position:relative;                      /*定义网页外框相对定位，设计包含块*/
}
#subwrap {/*网页内套样式*/
     width:100%;                            /*与外套同宽*/
    position:absolute;                      /*绝对定位*/
}
</style>
```

```
<div id="wrap">
    <div id="subwrap">网页内套</div>
</div>
```

图 11.34　设计定位网页居中显示

11.5　在线练习

本节为课后练习，感兴趣的读者可以扫码练习。

在线练习

第12章

设计 CSS3 动画

CSS 动画是当前非常火爆的技术，使用 CSS3 动画可以部分取代 GIF 动画、Flash 动画和 JavaScript 交互动画。CSS3 动画分为 Transition 和 Animations 两种类型，它们都通过改变 CSS 属性值来创建动画效果。CSS Transformation 和 CSS Transition 是两种不同的动画模型，CSS Transformation 呈现的是一种变形结果，而 CSS Transition 呈现的是一种过渡，如渐显、渐弱、动画快慢等。

【学习重点】

- 定义过渡效果。
- 通过过渡设计各种页面交互特效。
- 定义变形动画。
- 定义关键帧动画。

12.1　定义过渡效果

视频讲解

在 CSS3 引入 Transition（过渡）这个概念之前，CSS 是没有时间轴的。也就是说，所有的状态变化，都是即时完成。下面将详细介绍 Transition 基础知识，以及如何使用 Dreamweaver CC 定义过渡效果。

12.1.1　设计盒子变大的过渡效果

下面将借助 Dreamweaver CC 的【CSS 过渡效果】面板设计一个简单的过渡动画：定义一个盒子在 2 秒内从 200px×200px 过渡为 400px×400px。

【操作步骤】

第 1 步，启动 Dreamweaver CC，新建文档，保存为 test.html。

第 2 步，选择【插入】|【结构】|【Div】命令，打开【插入 Div】对话框，在 Class 文本框中输入“box”，如图 12.1 所示。

第 3 步，单击【新建 CSS 规则】按钮，打开【新建 CSS 规则】对话框，则 Dreamweaver CC 自动设置【选择器类型】为“类（可应用于任何 HTML 元素）”，【选择器名称】为“.box”，【规则定义】为“（仅限该文档）”，如图 12.2 所示。

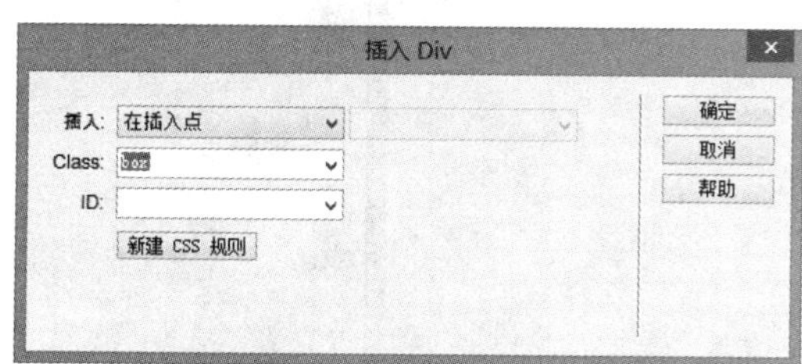

图 12.1　插入 Class 为 box 的 div 元素

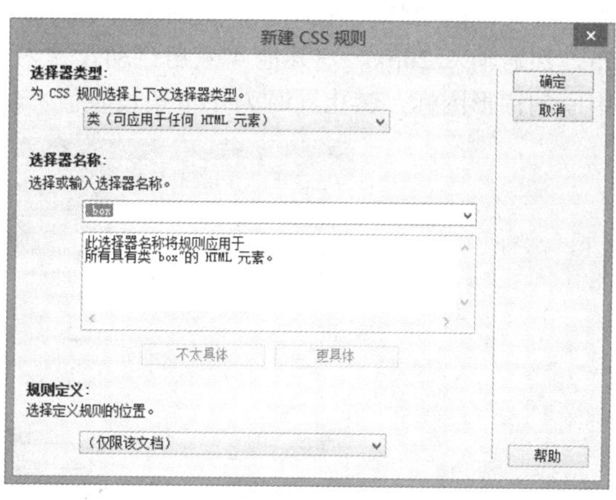

图 12.2　新建 CSS 规则

第 4 步，单击【确定】按钮，打开【.box 的 CSS 规则定义】对话框，设置方框样式：Width: 200px、Height: 200px，定义新插入的盒子宽度为 200px，高度为 200px；设置背景样式：Background-color: #92B901，定义盒子背景颜色，如图 12.3 所示。

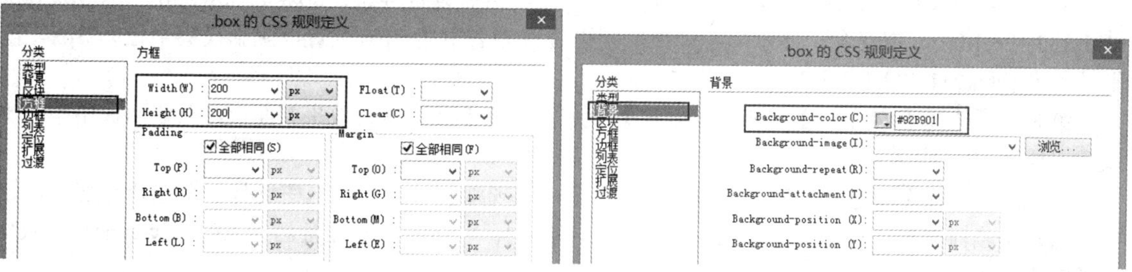

图 12.3　定义规则样式

Note

第 5 步，单击【确定】按钮关闭对话框，插入一个盒子（<div class="box">）。在【设计】视图中单击选中该对象，然后选择【窗口】|【CSS 设计器】命令，打开【CSS 设计器】面板，此时在【选择器】窗格中自动显示并选中该选择器。在【属性】窗格中，单击【布局】按钮，然后设置样式：opacity: 0.7，定义盒子不透明度为 0.7，如图 12.4 所示。

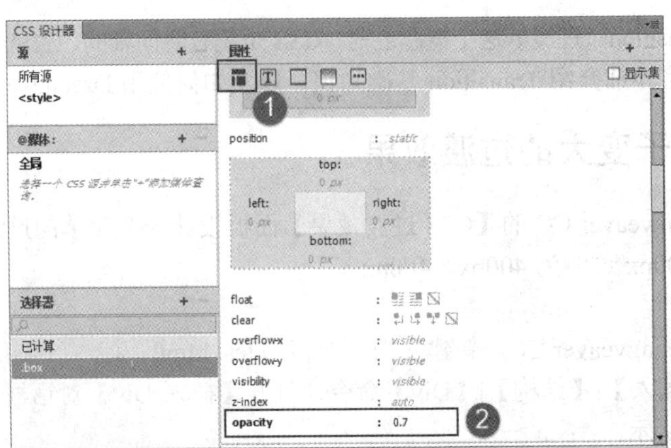

图 12.4　定义不透明度效果

第 6 步，在【属性】窗格中，单击【边框】按钮，然后设置样式：border-radius: 20px，定义盒子显示为圆角，圆角弧度为 20px，如图 12.5 所示。设置方法是：在 border-radius 示图左上角 0px 位置单击，然后输入 20px，则其他 4 个角自动设置为 20px。如果为各个角定义不同的弧度，则应该先单击中间的锁形图标，禁止同时为 4 个角设置值，然后分别单击 4 个角的值，分别输入值即可。

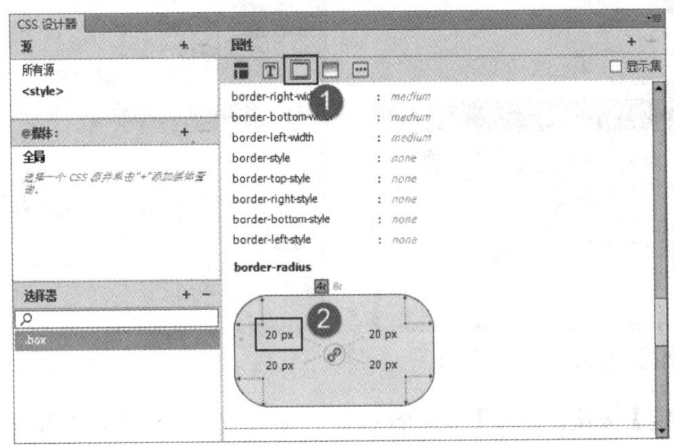

图 12.5　定义圆角样式

第 7 步，在【属性】窗格中，单击【背景】按钮，然后设置样式：box-shadow: 3px 3px 3px rgba(211,233,126,1.00)，定义盒子显示阴影效果，阴影位置为右下角 3px 位置，阴影模糊半径为 3px，阴影颜色为 rgba(211,233,126,1.00)，如图 12.6 所示。

第 8 步，选择【窗口】|【CSS 过渡效果】命令，打开【CSS 过渡效果】面板，在该面板中单击+按钮，如图 12.7 所示。

第 9 步，打开【新建过渡效果】对话框，在【目标规则】下拉列表框中选择一个选择器名称，这些选项都是当前文档已经定义的 CSS 选择器。这里选择“.box”，即准备已插入的<div class="box">盒子定义动画效果。

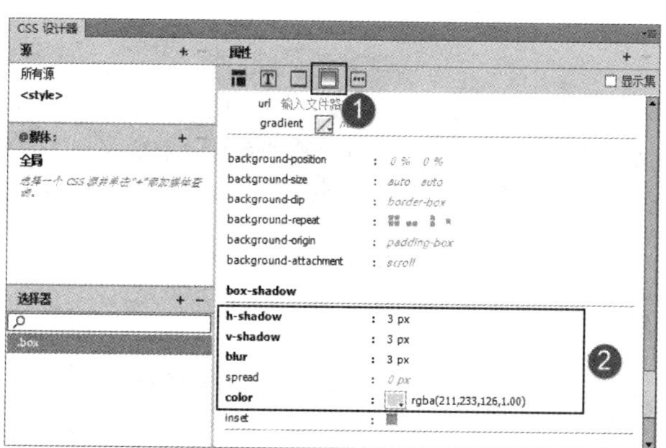

图 12.6　定义阴影样式

图 12.7　打开【CSS 过渡效果】面板

第 10 步，定义【过渡效果开启】为 hover，设计当鼠标经过盒子时，触发动画过渡效果；保持【对所有属性使用相同的过渡效果】选项，然后在【持续时间】文本框中输入 2s，延迟动画选项保持为空，计时功能用来定义过渡效果的缓动形式，这里保留为空。

第 11 步，在【属性】列表框底部单击➕按钮，从弹出的 CSS 属性列表中选择 height 选项，然后在右侧设置【结束值】为 400px；继续单击➕按钮，添加 width 属性，设置【结束值】为 400px。设置完毕，单击【创建过渡效果】按钮，设置如图 12.8 所示。

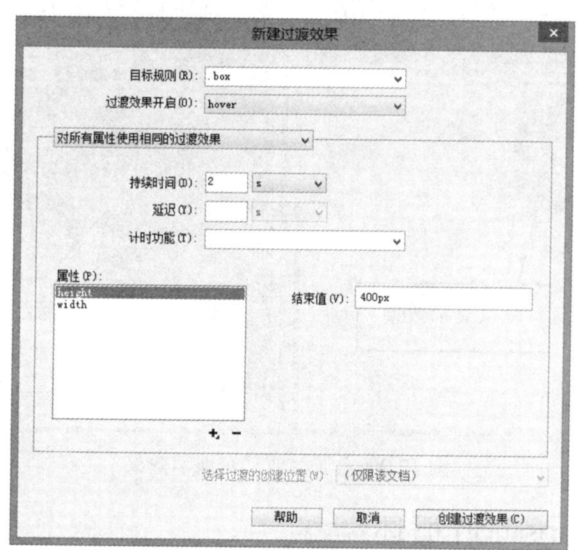

图 12.8　设置动画

第 12 步，切换到【代码】视图，可以看到 Dreamweaver CC 自动生成的样式代码：

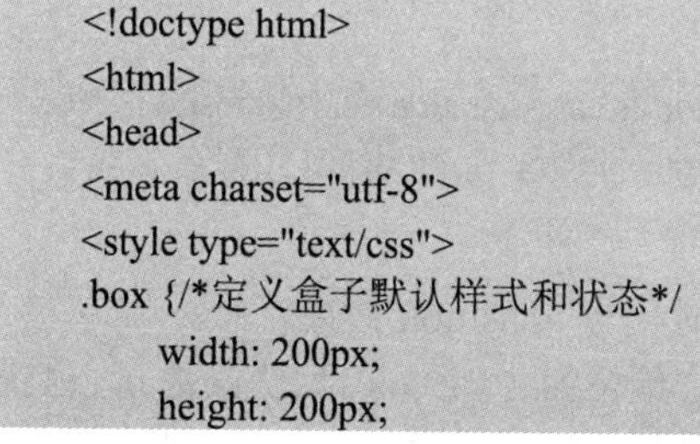

```
<!doctype html>
<html>
<head>
<meta charset="utf-8">
<style type="text/css">
.box {/*定义盒子默认样式和状态*/
    width: 200px;
    height: 200px;
```

Note

```
    background-color: #92B901;
    -webkit-border-radius: 20px;                          /*定义圆角*/
    border-radius: 20px;
    opacity: 0.7;                                          /*定义半透明显示效果*/
    -webkit-box-shadow: 3px 3px 3px rgba(211,233,126,1.00);  /*定义阴影*/
    box-shadow: 3px 3px 3px rgba(211,233,126,1.00);
    -webkit-transition: all 2s ease 0s;                   /*定义过渡动画*/
    -o-transition: all 2s ease 0s;
    transition: all 2s ease 0s;
}
.box:hover {/*定义鼠标经过盒子时，宽度和高度都为 400px*/
    height: 400px;
    width: 400px;
}
</style>
</head>
<body>
<div class="box"></div>
</body>
</html>
```

第 13 步，保存文档，按 F12 键，在浏览器中预览，显示效果如图 12.9 所示。

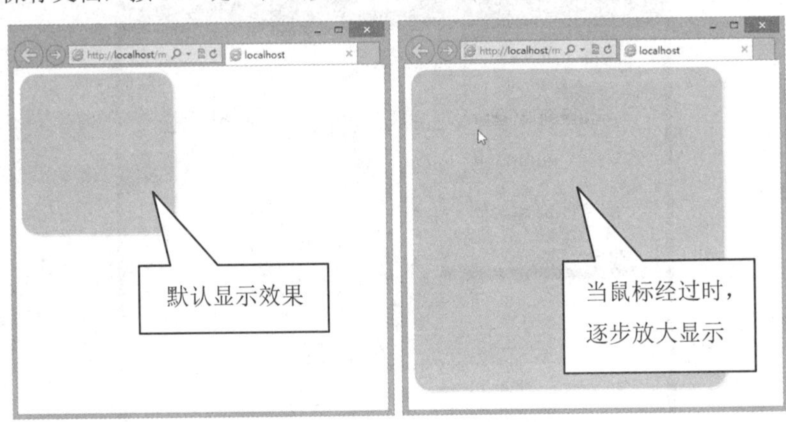

图 12.9　盒子过渡动画演示效果

视频讲解

12.1.2　CSS3 Transition 概述

transition 属性允许 CSS 属性值在一定的时间区间内平滑地过渡。这种效果可以在鼠标单击、获得焦点、被点击或对元素任何改变中触发，并圆滑地以动画效果改变 CSS 的属性值。其基本语法形式如下：

```
transition: [<'transition-property'> || <'transition-duration'> || <'transition-timing-function'> || <'transition-delay'>
[, [<'transition-property'> || <'transition-duration'> || <'transition-timing-function'> || <'transition-delay'>]]*
```

transition 主要包含 4 个属性值，简单说明如下。

☑　transition-property：用来指定当元素其中一个属性改变时执行 transition 效果。

☑　transition-duration：用来指定元素转换过程的持续时间，单位为 s（秒），默认值是 0，也就是变换时是即时的。

- ☑ transition-timing-function：允许根据时间的推进去改变属性值的变换速率，如 ease（逐渐变慢）默认值、linear（匀速）、ease-in（加速）、ease-out（减速）、ease-in-out（加速然后减速）、cubic-bezier（自定义一个时间曲线）。
- ☑ transition-delay：用来指定一个动画开始执行的时间。

Note

【示例 1】下面示例使用 transition 功能实现元素的移动动画，该示例中有一个汽车，当鼠标指针停留在图像上，图像的属性值不断发生变化，从而产生汽车跑动的动画效果，预览如图 12.10 所示。

```
<!doctype html>
<html>
<head>
<meta charset="utf-8">
<style type="text/css">
img {
    position: absolute; top: 50px; left: 0; height: 200px;
    -webkit-transition: left 1s linear, -webkit-transform 1s linear;
    -o-transition: left 1s linear, -o-transform 1s linear;
    transition: left 1s linear, transform 1s linear;
}
img:hover { left: 700px; }
</style>
</head>
<body>
<img src="images/car.jpg" alt=""/>
</body>
</html>
```

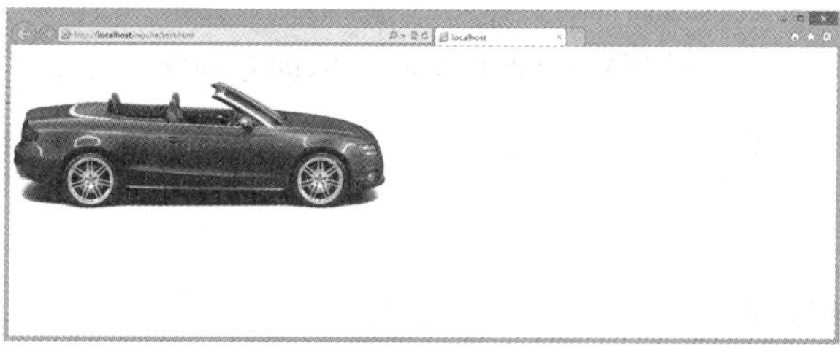

默认效果

鼠标经过时动画效果

图 12.10　自定义移动变形效果

上面示例的运行结果分为如下 3 种情况：当鼠标指针没有停留在图像上时，页面显示如图 12.10 上图所示效果；当鼠标指针停留在图像上，图像正在向右移动，显示如图 12.10 下图所示；当鼠标指针移开图像，图像会自动恢复默认显示效果。

Note

目前，Webkit 引擎支持-webkit-transition 私有属性，Mozilla Gecko 引擎支持-moz-transition 私有属性，Presto 引擎支持-o-transition 私有属性，IE10+浏览器支持 transition 属性。

1．设置缓动属性

transition-property 属性可以定义转换动画的 CSS 属性名称，如 background-color 属性。该属性的基本语法如下所示，对应 Dreamweaver CC 的【CSS 过渡效果】面板中的【属性】列表项，如图 12.11 所示。

```
transition-property:none | all | [ <IDENT> ] [ ',' <IDENT> ]*;
```

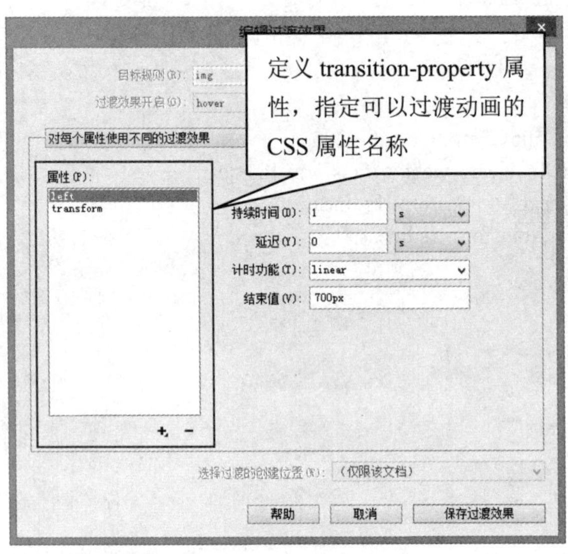

图 12.11　设置 transition-property 属性

transition-property 属性初始值为 all，适用于所有元素，以及:before 和:after 伪元素。取值简单说明如下。

☑　none：表示没有元素。

☑　all：表示针对所有元素。

☑　IDENT：指定 CSS 属性列表。

【示例 2】下面示例中定义变形属性为背景颜色。这样当鼠标经过 div 对象时，会自动从红色背景过渡到蓝色背景。

```
<!doctype html>
<html>
<head>
<meta charset="utf-8">
<style type="text/css">
div {
    background-color:red;
    width:400px; height:200px;}
div:hover {
    background-color:blue;
    /*指定动画过渡的 CSS 属性*/
    -webkit-transition-property:background-color;
    -o-transition-property:background-color;
```

```
        transition-property:background-color;}
  </style>
  </head>
  <body>
  <div></div>
  </body>
  </html>
```

2．定义缓动时间

transition-duration 属性用来定义转换动画的时间长度，即设置从原属性值换到新属性值花费的时间，单位为秒。该属性的基本语法如下：

```
transition-duration:<time> [, <time>]*;
```

transition-duration 属性初始值为 0，适用于所有元素，以及:before 和:after 伪元素。在默认情况下，动画过渡时间为 0 秒，所以当指定元素动画时，会看不到过渡的过程，直接看到结果。

【示例 3】在下面示例中，设置动画过渡时间为 2 秒，则当鼠标移过 div 对象时，会看到背景色从红色逐渐过渡到蓝色。

```
<!doctype html>
<html>
<head>
<meta charset="utf-8">
<style type="text/css">
div {
    background-color:red;
    width:400px; height:200px;}
div:hover {
    background-color:blue;
    /*指定动画过渡的 CSS 属性*/
    -webkit-transition-property:background-color;
    -o-transition-property:background-color;
    transition-property:background-color;
    /*指定动画过渡的时间*/
    -webkit-transition-duration:2s;
    -o-transition-duration:2s;
    transition-duration:2s; }
</style>
</head>
<body>
<div></div>
</body>
</html>
```

3．定义延迟时间

transition-delay 属性用来定义过渡动画的延迟时间。该属性的基本语法如下：

```
transition-delay:<time> [, <time>]*;
```

transition-delay 属性初始值为 0，适用于所有元素，以及:before 和:after 伪元素。设置时间可以为正整数、负整数和零，非零时必须设置单位是 s（秒）或者 ms（毫秒）；为负数时，过渡的动作会从

Note

该时间点开始显示，之前的动作被截断；为正数时，过渡的动作会延迟触发。

【示例 4】在下面示例中，设置过渡动画推迟 2 秒钟执行，则当鼠标移过 div 对象时，会看不到任何变化，过了 2 秒钟之后，才发现背景色从红色逐渐过渡到蓝色。

```
<!doctype html>
<html>
<head>
<meta charset="utf-8">
<style type="text/css">
div {
    background-color:red;
    width:400px; height:200px;}
div:hover {
    background-color:blue;
    /*指定动画过渡的 CSS 属性*/
    -webkit-transition-property:background-color;
    -o-transition-property:background-color;
    transition-property:background-color;
    /*指定动画过渡的时间*/
    -webkit-transition-duration:2s;
    -o-transition-duration:2s;
    transition-duration:2s;
    /*指定动画延迟触发*/
    -webkit-transition-delay:2s;
    -o-transition-delay:2s;
    transition-delay:2s; }
</style>
</head>
<body>
<div></div>
</body>
</html>
```

4．定义缓动效果

transition-timing-function 属性用来定义过渡动画的效果。该属性的基本语法如下：

```
transition-timing-function:ease | linear | ease-in | ease-out | ease-in-out | cubicbezier(<number>, <number>, <number>, <number>) [, ease | linear | ease-in | ease-out | ease-in-out | cubic-bezier(<number>, <number>,<number>, <number>)]*
```

transition-timing-function 属性初始值为 ease，它适用于所有元素，以及:before 和:after 伪元素。取值简单说明如下。

- ☑ ease：缓解效果，等同于 cubic-bezier(0.25, 0.1, 0.25, 1.0)函数，即立方贝塞尔。
- ☑ linear：线性效果，等同于 cubic-bezier(0.0, 0.0, 1.0, 1.0)函数。
- ☑ ease-in：渐显效果，等同于 cubic-bezier(0.42, 0, 1.0, 1.0)函数。
- ☑ ease-out：渐隐效果，等同于 cubic-bezier(0, 0, 0.58, 1.0)函数。
- ☑ ease-in-out：渐显渐隐效果，等同于 cubic-bezier(0.42, 0, 0.58, 1.0)函数。
- ☑ cubic-bezier：特殊的立方贝塞尔曲线效果。

【示例 5】在下面示例中，设置动画渐变过程更加富有立体感，可以设置过渡效果为线性效果。

Note

```
<!doctype html>
<html>
<head>
<meta charset="utf-8">
<style type="text/css">
div {
    background-color:red;
    width:400px; height:200px;}
div:hover {
    background-color:blue;
    /*指定动画过渡的 CSS 属性*/
    -webkit-transition-property:background-color;
    -o-transition-property:background-color;
    transition-property:background-color;
    /*指定动画过渡的时间*/
    -webkit-transition-duration:2s;
    -o-transition-duration:2s;
    transition-duration:2s;
    /*指定动画过渡为线性效果*/
    -webkit-transition-timing-function: linear;
    -o-transition-timing-function: linear;
    transition-timing-function: linear;}
</style>
</head>
<body>
<div></div>
</body>
</html>
```

12.1.3　案例实战：设计折叠框

视频讲解

在网页设计上会看到设计精巧的折叠面板，尽管样式各异，但设计思路和实现方法都基本上相似，即利用 JavaScript 脚本动态控制面板的展开和收起。如图 12.12 所示案例使用 CSS3 的目标伪类（:target）设计这种效果，没有使用 JavaScript 脚本，使用 CSS3 动画设计滑动效果。

【案例效果】

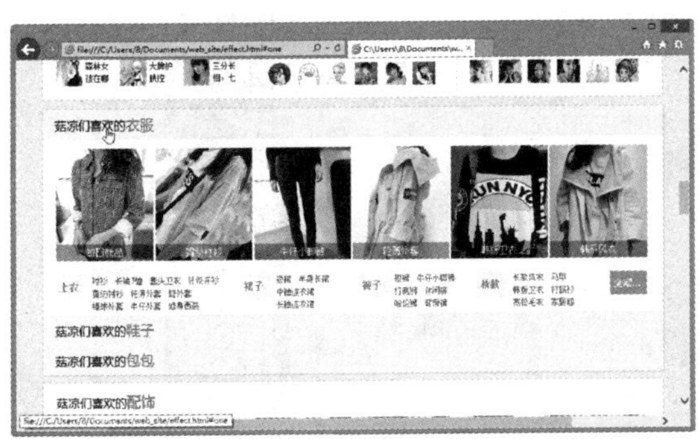

折叠面板

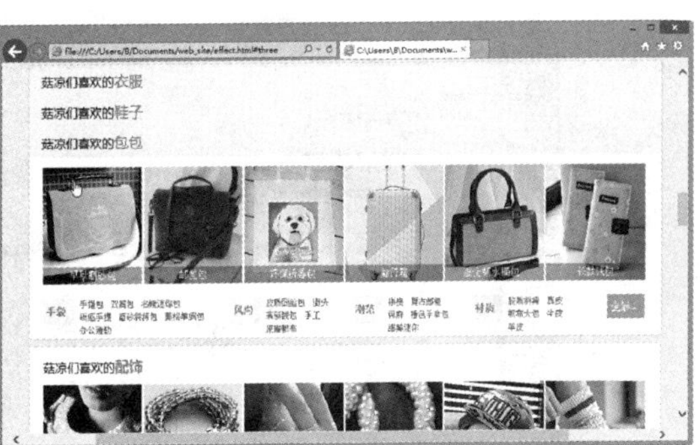

切换折叠面板

图 12.12　案例效果

【操作步骤】

第 1 步，启动 Dreamweaver CC，打开本节示例中的 orig.html 文件，另存为 effect.html。在本示例中将在页面中插入折叠面板栏目，把 3 个栏目整合到一个面板中，通过折叠样式设计栏目的切换。

第 2 步，把光标置于页面所在位置，切换到【代码】视图，在<div id="apDiv1"> 标签中输入下面代码，设计一个<div>标签包含 3 个子<div>标签，分别为每个子<div>标签定义一个 ID 值，名称分别为 one、two 和 three。

```
<div>
    <div id="one"></div>
    <div id="two"></div>
    <div id="three"></div>
</div>
```

第 3 步，把光标置于<div id="one">标签中，输入文本"菇凉们喜欢的衣服"，在【属性】面板中设置【格式】为"标题 3"。按 Enter 键新建段落，然后选择【插入】|【图像】|【图像】命令，打开【选择图像源文件】对话框，在 images 文件夹中找到 1.png 图片，插入页面中。选中图片，在【属性】面板中设置【格式】为"无"，即取消图片包含的<p>标签。选择【修改】|【快速标签编辑器】命令，在图像外面包裹一层<div>标签，如图 12.13 所示。

图 12.13　设计折叠面板项内容

第 4 步，以同样的方式设计第二选项和第三选项标题和内容框，切换到【代码】视图，可以看到完整的代码，如图 12.14 所示。

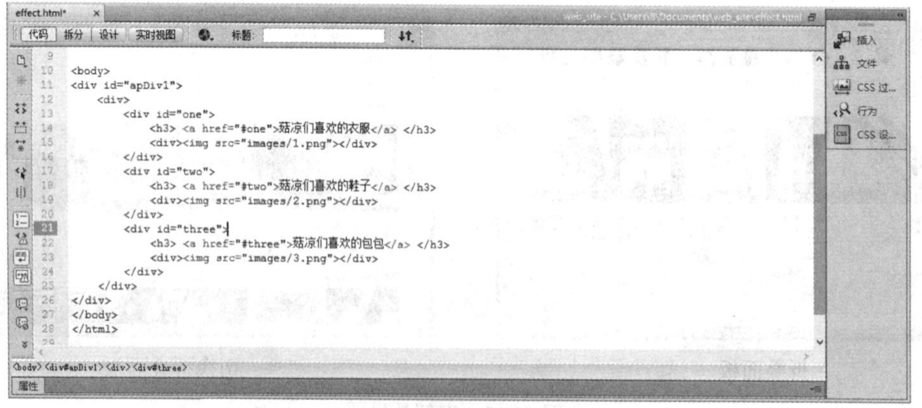

图 12.14　完成折叠面板的标题和内容框设计

第 5 步，选中包含框<div>标签，打开【CSS 设计器】面板。在【源】列表框中选择【<style>】选项，找到当前文档的内部样式表，然后在选择器列表中新建.accordion 类选择器，在属性列表框中添加定义背景样式：background-color: #fff、box-shadow: 1px 1px 1px #ddd，设计包含框背景色为白色，设置栏目显示轻微的阴影效果，定义向左下角位置偏移 1px，模糊半径为 1px，阴影颜色为浅灰色；设置边框样式：border-style:solid、border-width:1px、border-color:#DFDFDF、border-radius: 2px，定义包含框的边框线为 1px 浅灰色的实线，定义圆角边框，圆角曲度为 2px。

第 6 步，在【属性】面板的【类】下拉列表框中选择【accordion】选项，为当前标签应用 accordion 类样式，如图 12.15 所示。

图 12.15　设置并应用包含框类样式

第 7 步，选中三级标题文本，在【CSS 设计器】面板中新建“.accordion h3”复合选择器，在属性列表框中设置布局样式：margin: 0、padding: 8px 1em，设计边界为 0，上下补白为 8px，左右补白为 1 个字体大小；设置文本样式：font-weight:normal，清除标题加粗样式；设置背景样式：background-color: #F5F5F5，定义背景颜色为浅灰色。设置如图 12.16 所示。

图 12.16　设置面板标题样式

第 8 步，选中标题文本包裹的超链接标签，在【CSS 设计器】面板中新建“.accordion h3 a”复合选择器，在属性列表框中设置文本样式：text-decoration: none、color: #111、font-size: 18px、font-family: Microsoft Yahei，清除超链接默认的下画线样式，定义字体颜色为深黑色，字体大小为 18px，字体类型为微软雅黑。设置如图 12.17 所示。

图 12.17　设置面板标题栏超链接样式

第 9 步，在【CSS 设计器】面板中新建“.accordion h3 + div”复合选择器，该选择器能够匹配<h3>标签相邻的下一个<div>标签，在属性列表框中设置布局样式：height: 0、padding: 0，定义高度为 0，补白为 0；设置其他样式：overflow: hidden，设计隐藏超出的区域，该声明将隐藏当前<div>标签及其包含的内容。设置如图 12.18 所示。

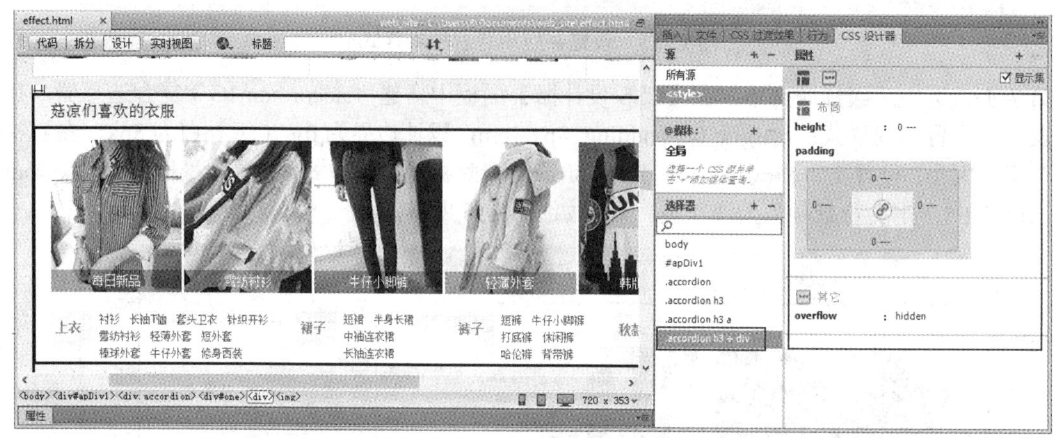

图 12.18　设置内容包含框样式

第 10 步，选择【窗口】|【CSS 过渡效果】命令，打开【CSS 过渡效果】面板，在该面板顶部单击【新建过渡效果】按钮，如图 12.19 所示。

第 11 步，打开【新建过渡效果】对话框，在【目标规则】下拉列表框中选择第 9 步定义的选择器名称“.accordion h3 + div”；设置【过渡效果开启】为 target，该选项设置过渡效果的开启事件为单击锚链接时触发；设置【持续时间】为 0.6s，【计时功能】为 ease-in，最后在【属性】文本框底部单击【添加】按钮，从弹出的属性列表中选择【height】选项，然后在【结束值】文本框中设置为 265px。详细设置如图 12.20 所示。

图 12.19　打开【CSS 过渡效果】面板

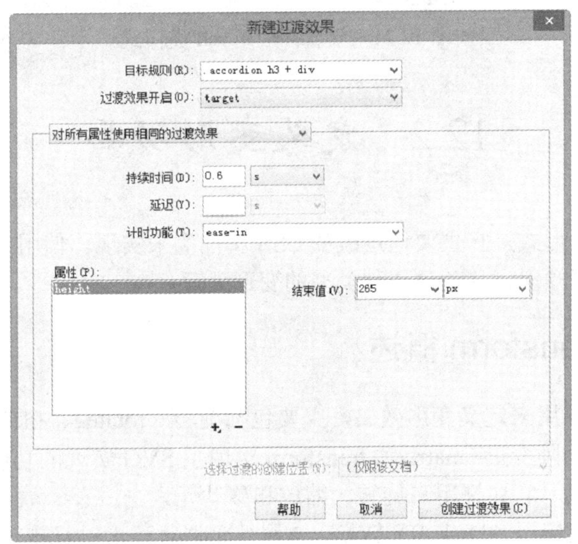

图 12.20　设置【新建过渡效果】对话框

第 12 步，单击【创建过渡效果】按钮，完成动画设计，此时切换到【代码】视图，可以看到 Dreamweaver 自动添加的样式。

```
.accordion h3 + div {
    -webkit-transition: all 0.6s ease-in;
    -o-transition: all 0.6s ease-in;
    transition: all 0.6s ease-in;
}
.accordion h3 + div:target { height: 265px; }
```

修改最后一个样式的选择器名称，把“.accordion h3 + div:target”改为“.accordion :target h3 + div”，代码如下：

```
.accordion :target h3 + div { height: 265px; }
```

第 13 步，在【CSS 设计器】面板中新建“.red”类选择器，在属性列表框中设置文本样式：font-size: 22px、color: #FE6DA6，定义字体大小为 22px，颜色为红色。然后，分别选中标题文本最后一个名词

Note

“衣服”“鞋子”“包包”，在【属性】面板的【类】下拉列表框中选择【red】类样式，设置如图 12.21 所示。

图 12.21　设置并应用 red 类样式

12.2　定义变形动画

变形是最基本的动画形式，它主要通过改变 CSS 属性值来实现。使用 transform 特性可以实现文字或图像的旋转、缩放、倾斜、移动这 4 种类型的变形处理。

视频讲解

12.2.1　CSS3 Transform 概述

在 CSS3 中 transform 用来定义变形效果，主要包括旋转（rotate）、扭曲（skew）、缩放（scale）和移动（translate），以及矩阵变形（matrix）。transform 实现了 SVG 实现的功能。它可用于内联（inline）元素和块级（block）元素。它允许用户旋转、缩放和移动元素。

transform 属性向元素应用 2D 或 3D 转换。该属性允许对元素进行旋转、缩放、移动或倾斜，基本语法如下：

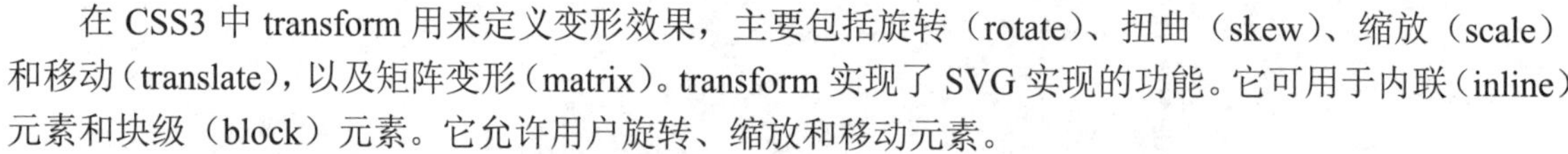

```
transform: none | <transform-function> [ <transform-function> ]*
```

参数说明如下。

☑ none：表示不进行变换。

☑ <transform-function>：表示一个或多个变换函数，以空格分开。用户可以对一个元素进行 transform 的多种属性操作，如 rotate、scale、translate 等，叠加效果都是用逗号（,）隔开，但 transform 中使用多个属性时却需要有空格隔开。

取值详细说明如表 12.1 所示。

表 12.1　transform 属性取值说明

值	描　述
none	定义不进行转换
matrix(n,n,n,n,n,n)	定义 2D 转换，使用 6 个值的矩阵
matrix3d(n,n,n,n,n,n,n,n,n,n,n,n,n,n,n,n)	定义 3D 转换，使用 16 个值的 4×4 矩阵

Note

续表

值	描　述
translate(x,y)	定义 2D 转换
translate3d(x,y,z)	定义 3D 转换
translateX(x)	定义转换，只是用 X 轴的值
translateY(y)	定义转换，只是用 Y 轴的值
translateZ(z)	定义 3D 转换，只是用 Z 轴的值
scale(x,y)	定义 2D 缩放转换
scale3d(x,y,z)	定义 3D 缩放转换
scaleX(x)	通过设置 X 轴的值来定义缩放转换
scaleY(y)	通过设置 Y 轴的值来定义缩放转换
scaleZ(z)	通过设置 Z 轴的值来定义 3D 缩放转换
rotate(angle)	定义 2D 旋转，在参数中规定角度
rotate3d(x,y,z,angle)	定义 3D 旋转
rotateX(angle)	定义沿着 X 轴的 3D 旋转
rotateY(angle)	定义沿着 Y 轴的 3D 旋转
rotateZ(angle)	定义沿着 Z 轴的 3D 旋转
skew(x-angle,y-angle)	定义沿着 X 和 Y 轴的 2D 倾斜转换
skewX(angle)	定义沿着 X 轴的 2D 倾斜转换
skewY(angle)	定义沿着 Y 轴的 2D 倾斜转换
perspective(n)	为 3D 转换元素定义透视视图

1．旋转

rotate(<angle>)通过指定的角度参数对元素指定一个 2D 旋转。如果设置的值为正数表示顺时针旋转，如果设置的值为负数，则表示逆时针旋转，如图 12.22 所示。

2．移动

移动分为 3 种情况：translate(x,y)水平方向和垂直方向同时移动（也就是 X 轴和 Y 轴同时移动）；translateX(x)仅水平方向移动（X 轴移动）；translateY(Y)仅垂直方向移动（Y 轴移动），具体使用方法如下。

（1）translate(<translation-value>[, <translation-value>])

通过矢量[tx, ty]指定一个 2D translation，tx 是第一个过渡值参数，ty 是第二个过渡值参数选项。如果未被提供，则 ty 以 0 作为其值。也就是 translate(x,y)，它表示对象进行平移，按照设定的 x,y 参数值，当值为负数时，反方向移动物体，如图 12.23 所示。其原点默认为元素中心点，也可以根据 transform-origin 进行改变原点。

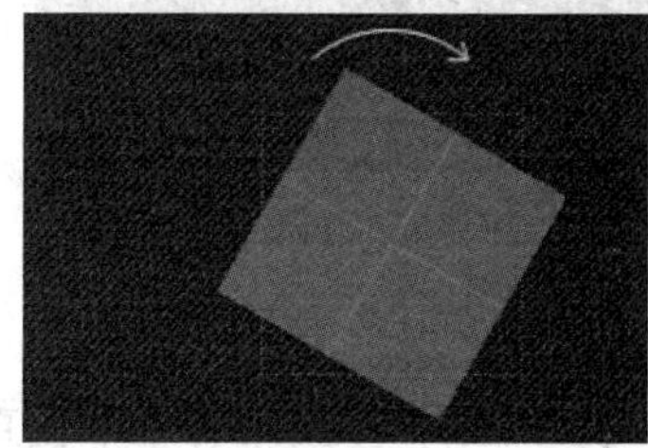

图 12.22　transform:rotate(30deg)

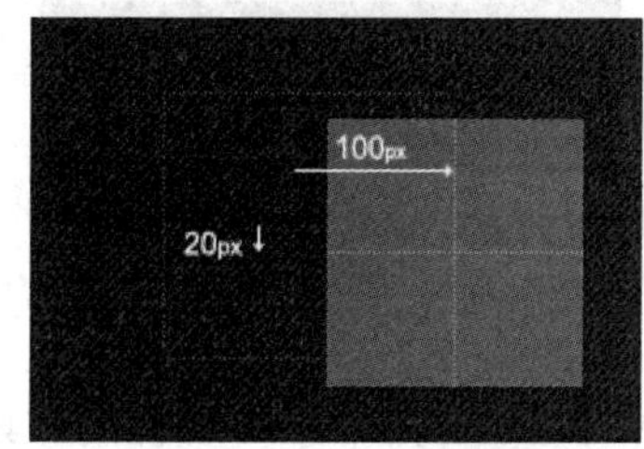

图 12.23　transform:translate(100px,20px)

（2）translateX(<translation-value>)

通过给定一个 X 方向上的数目指定一个 translation。只向 X 轴进行移动元素，如图 12.24 所示，同样其原点是元素中心点，也可以根据 transform-origin 改变原点位置。

（3）translateY(<translation-value>)

通过给定 Y 方向的数目指定一个 translation。只向 Y 轴进行移动，原点在元素中心点，如图 12.25 所示，可以通过 transform-origin 改变原点位置。

3．缩放

缩放 scale 和移动 translate 极其相似，也具有 3 种情况：scale(x,y)使元素水平方向和垂直方向同时缩放（也就是 X 轴和 Y 轴同时缩放）；scaleX(x)元素仅水平方向缩放（X 轴缩放）；scaleY(y)元素仅垂直方向缩放（Y 轴缩放），但它们具有相同的缩放中心点和基数，其中心点就是元素的中心位置，缩放基数为 1，如果其值大于 1 元素就放大，反之其值小于 1，元素缩小。

（1）scale(<number>[, <number>])

提供执行[sx,sy]缩放矢量的两个参数指定一个 2D 缩放。如果第二个参数未提供，则取与第一个参数一样的值。scale(X,Y)用于对元素进行缩放，可以通过 transform-origin 对元素的原点进行设置，同样原点在元素中心位置；其中 X 表示水平方向缩放的倍数，Y 表示垂直方向的缩放倍数，而 Y 是一个可选参数，如果没有设置 Y 值，则表示 X、Y 两个方向的缩放倍数是一样的，并以 X 为准，如图 12.26 所示。

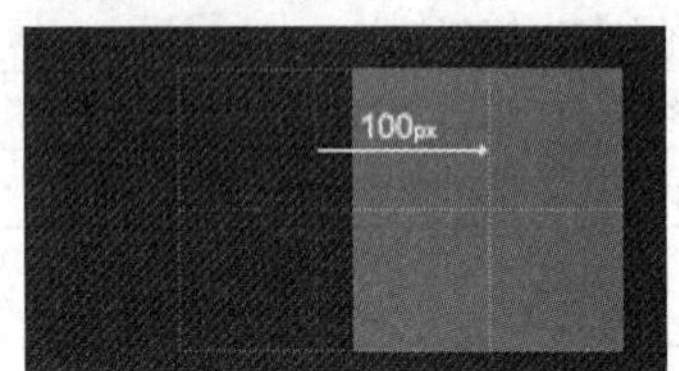

图 12.24　transform:translateX(100px)

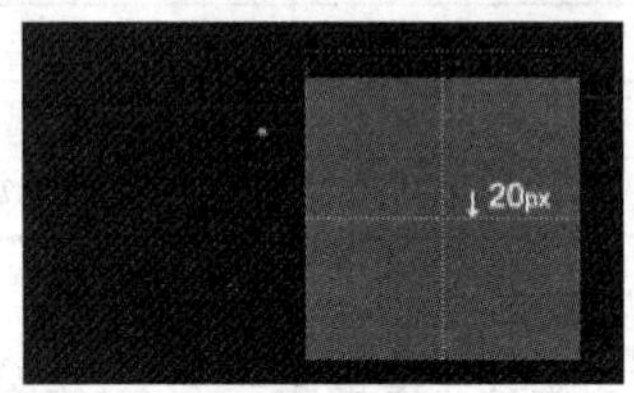

图 12.25　transform:translateY(20px)

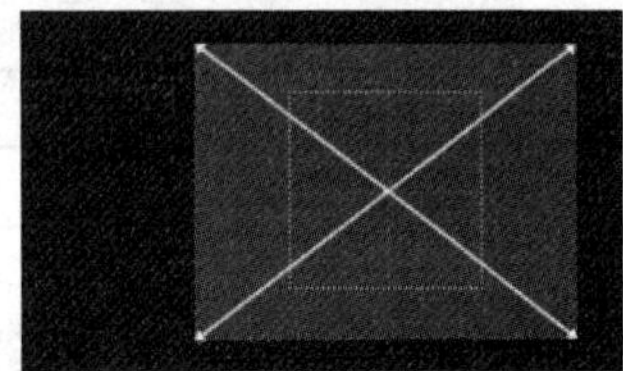
图 12.26　transform:scale(2,1.5)

（2）scaleX(<number>)

使用[sx,1]缩放矢量执行缩放操作，sx 为所需参数。scaleX 表示元素只在 X 轴（水平方向）缩放元素，他的默认值是(1,1)，其原点一样是在元素的中心位置，同样是通过 transform-origin 来改变元素的原点，如图 12.27 所示。

（3）scaleY(<number>)

使用[1,sy]缩放矢量执行缩放操作，sy 为所需参数。scaleY 表示元素只在 Y 轴（垂直方向）缩放元素，其原点同样是在元素中心位置，可以通过 transform-origin 来改变元素的原点，如图 12.28 所示。

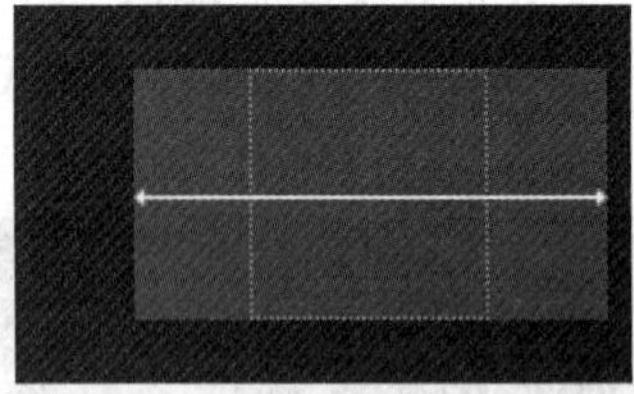
图 12.27　transform:scaleX(2)

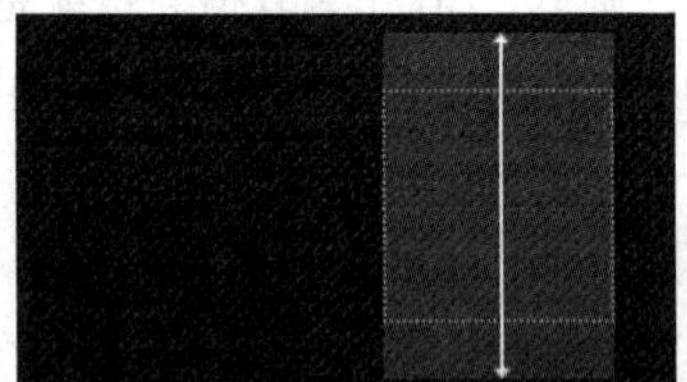
图 12.28　transform:scaleY(2)

4．扭曲

扭曲 skew 和 translate、scale 一样同样具有 3 种情况：skew(x,y)使元素在水平和垂直方向同时扭曲（X 轴和 Y 轴同时按一定的角度值进行扭曲变形）；skewX(x)仅使元素在水平方向扭曲变形（X 轴

扭曲变形）；skewY(y)仅使元素在垂直方向扭曲变形（Y 轴扭曲变形）。

（1）skew(<angle> [, <angle>])

X 轴 Y 轴上的 skew transformation（斜切变换）。第一个参数对应 X 轴，第二个参数对应 Y 轴。如果第二个参数未提供，则值为 0，也就是 Y 轴方向上无斜切。skew 是用来对元素进行扭曲变形，第一个参数是水平方向扭曲角度，第二个参数是垂直方向扭曲角度。其中第二个参数是可选参数，如果没有设置第二个参数，那么 Y 轴为 0deg，如图 12.29 所示。同样是以元素中心为原点，也可以通过 transform-origin 来改变元素的原点位置。

（2）skewX(<angle>)

按给定的角度沿 X 轴指定一个 skew transformation（斜切变换）。skewX 是使元素以其中心为原点，并在水平方向（X 轴）进行扭曲变形，同样可以通过 transform-origin 来改变元素的原点，如图 12.30 所示。

（3）skewY(<angle>)

按给定的角度沿 Y 轴指定一个 skew transformation（斜切变换）。skewY 是用来设置元素以其中心为原点并按给定的角度在垂直方向（Y 轴）扭曲变形。同样可以通过 transform-origin 来改变元素的原点，如图 12.31 所示。

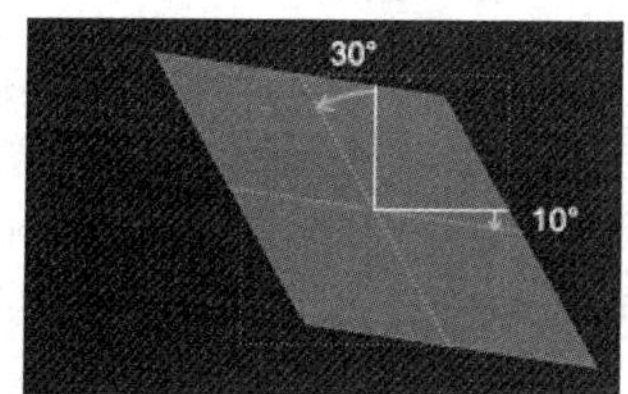

图 12.29　transform:skew(30deg,10deg)

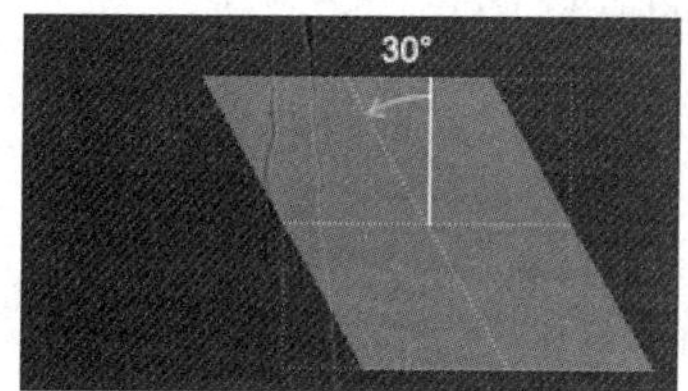

图 12.30　transform:skewX(30deg)

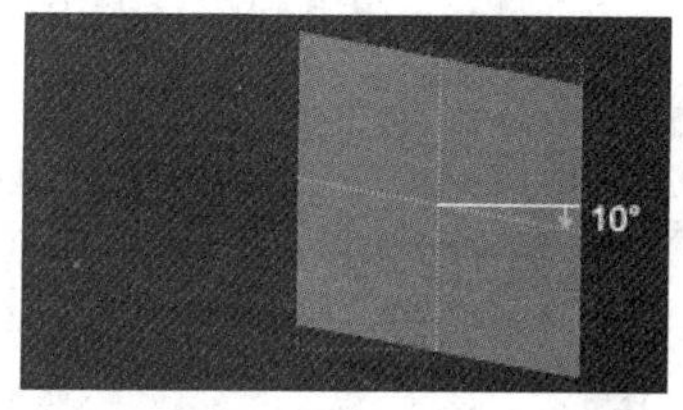

图 12.31　transform:skewY(10deg)

5．矩阵

matrix(<number>, <number>, <number>, <number>, <number>, <number>)以一个含六值的(a,b,c,d,e,f)变换矩阵的形式指定一个 2D 变换，相当于直接应用一个[a b c d e f]变换矩阵。就是基于水平方向（X 轴）和垂直方向（Y 轴）重新定位元素。

6．原点

transform 进行的 rotate、translate、scale、skew 和 matrix 等操作都是以元素中心位置进行变化的，但有时候也需要在不同的位置对元素进行这些操作，那么就可以使用 transform-origin 来对元素进行原点位置改变，使元素原点不再是中心位置，以达到需要的原点位置。

transform-origin(X,Y)函数用来设置元素运动的原点（参照点）。默认点是元素的中心点。其中，X 和 Y 的值可以是百分值、em、px，X 也可以是字符参数值 left、center、right；Y 和 X 一样除了百分值外还可以设置字符值 top、center、bottom，它与 background-position 设置一样，下面列出相互对应的写法：

☑　top left | left top 等价于 0 0 | 0% 0%。

☑　top | top center | center top 等价于 50% 0。

☑　right top | top right 等价于 100% 0。

☑　left | left center | center left 等价于 0 50% | 0% 50%。

☑　center | center center 等价于 50% 50%（默认值）。

☑　right | right center | center right 等价于 100% 50%。

☑　bottom left | left bottom 等价于 0 100% | 0% 100%。

☑ bottom | bottom center | center bottom 等价于 50% 100%。

☑ bottom right | right bottom 等价于 100% 100%。

其中，left、center、right 是水平方向取值，对应的百分值为 left=0%、center=50%、right=100%，而 top、center、bottom 是垂直方向的取值，top=0%、center=50%、bottom=100%。如果只取一个值，表示垂直方向值不变，如图 12.32 所示。

Note

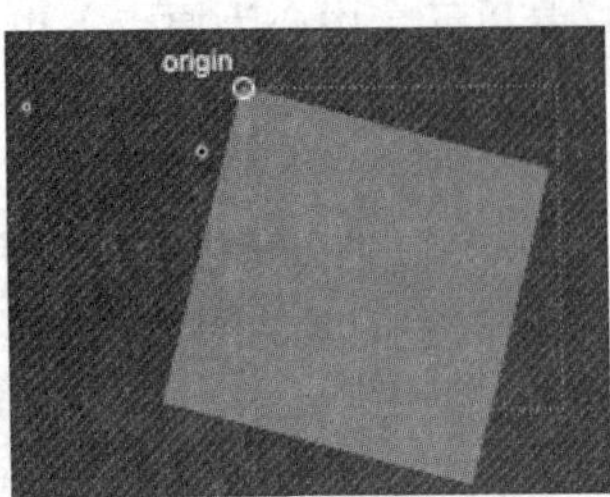

transform-origin:(left,top)

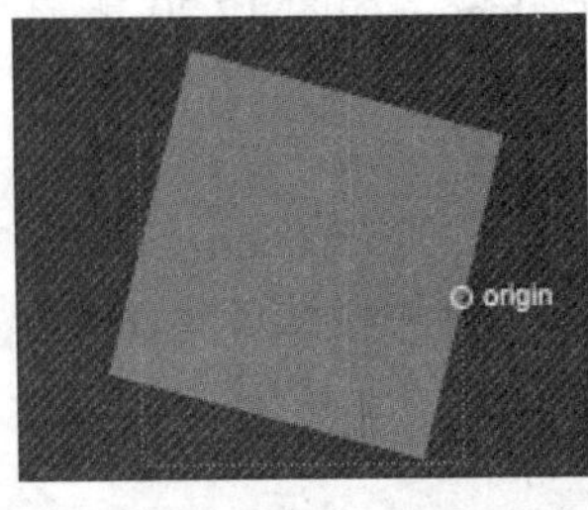

transform-origin:right

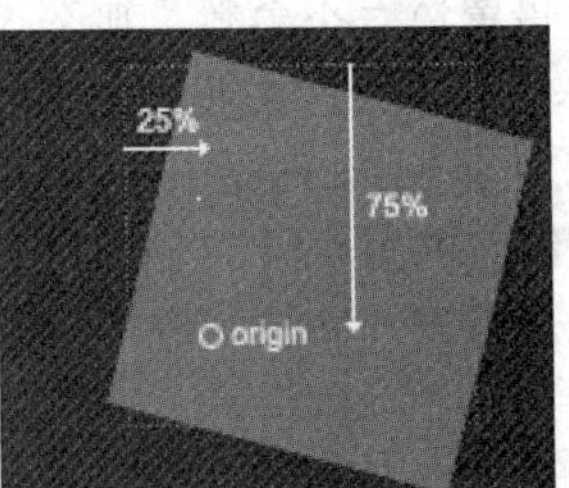

transform-origin(25%,75%)

图 12.32　改变变形原点

transform 在不同浏览器内核下的兼容方法如下：

```
//Mozilla 内核浏览器：firefox3.5+
-moz-transform: rotate | scale | skew | translate ;
//Webkit 内核浏览器：Safari and Chrome
-webkit-transform: rotate | scale | skew | translate ;
//Opera
-o-transform: rotate | scale | skew | translate ;
//IE
-ms-transform: rotate | scale | skew | translate ;
//W3C 标准
transform: rotate | scale | skew | translate ;
```

12.2.2　案例实战：设计 3D 平面视图

视频讲解

如图 12.33 所示，本示例利用 CSS3 变形特效设计平面铺开的棋盘，通过倾斜变形设计立体视觉效果。

【案例效果】

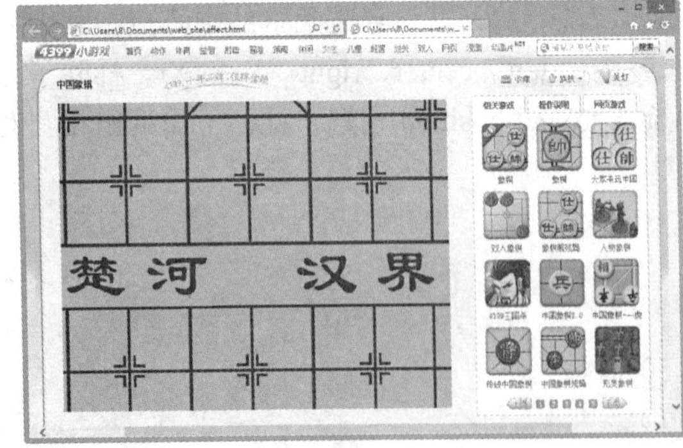

图像正常显示效果

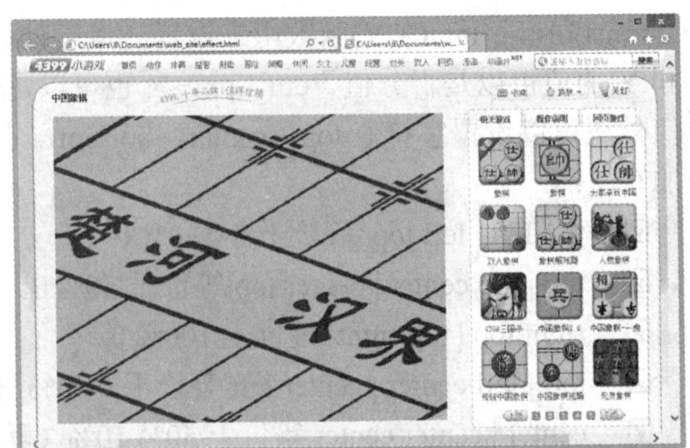

图像倾斜变形显示效果

图 12.33　案例效果

Note

【操作步骤】

第 1 步，启动 Dreamweaver CC，打开本节示例中的 orig.html 文件，另存为 effect.html。在本示例中我们将在页面中插入一个棋盘，并通过倾斜把棋盘立体铺开。

第 2 步，把光标置于页面所在位置，然后选择【插入】|【图像】|【图像】命令，打开【选择图像源文件】对话框，在 images 文件夹中找到 qipan.jpg 图片，插入页面中。选中插入的图像，在【属性】面板中为图像定义 ID 为 qipan，设置如图 12.34 所示。

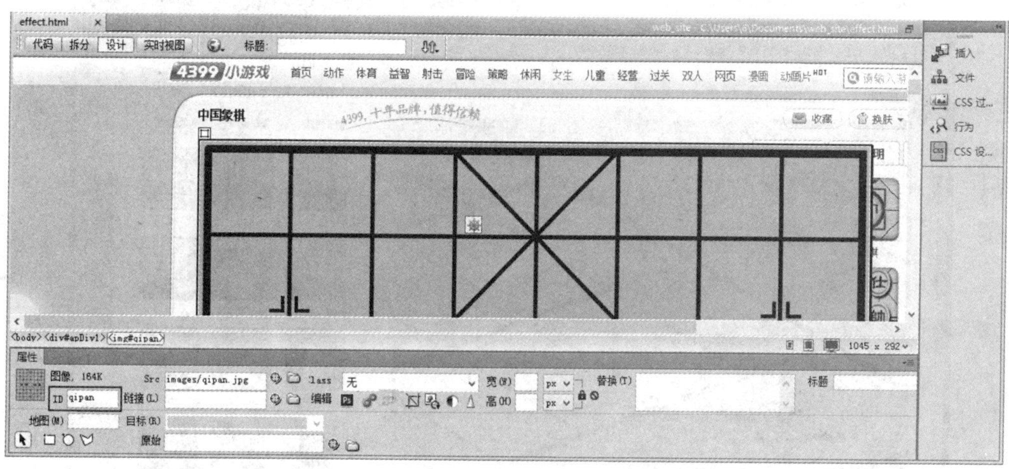

图 12.34　插入图像并定义 ID 值

第 3 步，选中图像包含框<div id="apDiv1">标签，打开【CSS 设计器】面板。在【源】列表框中选择【<style>】选项，找到当前文档的内部样式表，然后在选择器列表中选择【#apDiv1】选择器，在属性列表框中添加定义背景样式：background-color: #E1B070，设计包含框背景色为木黄色；设置其他样式：overflow: hidden，定义超出该包含框范围外的内容全部隐藏，如图 12.35 所示。

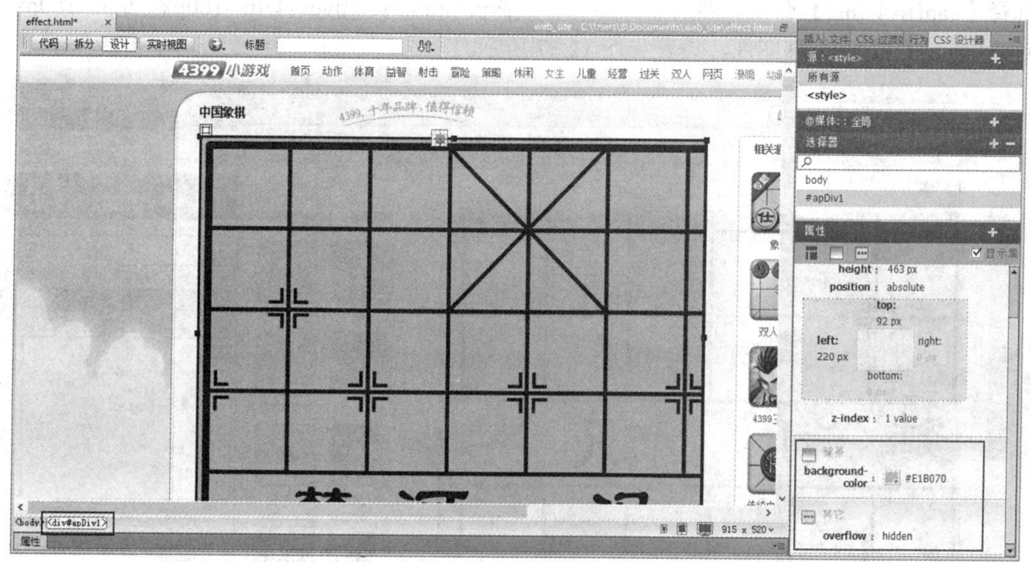

图 12.35　为包含框增加样式声明

第 4 步，切换到【代码】视图，在内部样式表中定义一个样式（代码如下），设计倾斜变形显示，设置图像沿 X 轴顺时针倾斜 60 度，然后沿 Y 轴逆时针倾斜 20 度，演示效果如图 12.36 所示。

Note

```
#apDiv1 img {
    -moz-transform: skew(-60deg, 20deg);
    -webkit-transform: skew(-60deg, 20deg);
    -o-transform: skew(-60deg, 20deg);
    transform: skew(-60deg, 20deg);
}
```

图 12.36　倾斜变形效果

第 5 步，通过相对定位调整图像的显示位置。选中图像，打开【CSS 设计器】面板，从选择器列表中选择【#apDiv1 img】选项，然后添加布局样式：position: relative、left: -100px、top: -180px，通过相对定位向左上方向偏移图像，设置如图 12.37 所示。

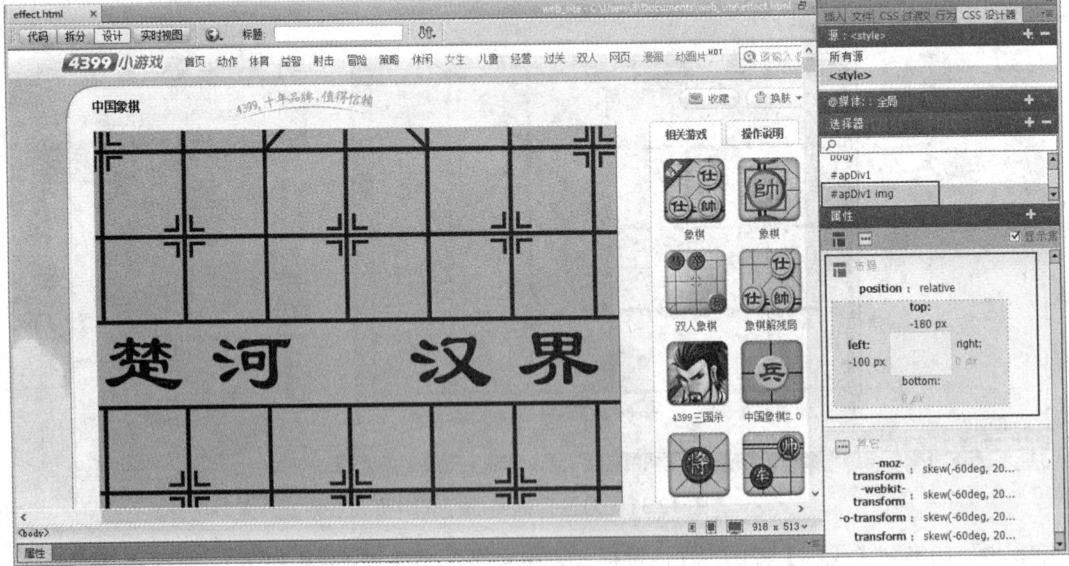

图 12.37　调整倾斜变形图像的显示位置

12.3　定义帧动画

Transition 的优点在于简单易用，但是它们有以下几个缺陷。

☑　需要触发器，所以没法在网页加载时自动发生。

☑　只能执行一次，不能重复发生，除非反复触发。

☑　只能定义开始状态和结束状态，不能定义中间状态，也就是说只有两个状态。

CSS3 Animation 就是为了解决这些问题而提出的。CSS3 除了支持使用 Transitions 功能实现动画效果之外，还允许使用 Animations 功能实现更为复杂的动画效果。

12.3.1　CSS3 Animations 概述

Animations 功能与 Transitions 功能相同，都是通过改变元素的属性值来实现动画效果的。它们的区别在于：使用 Transitions 功能时只能通过指定属性的开始值与结束值，然后在这两个属性值之间以平滑过渡的方式来实现动画效果，因此不能实现比较复杂的动画效果；而 Animations 则通过定义多个关键帧以及定义每个关键帧中元素的属性值来实现更为复杂的动画效果。

animation 属性基本语法格式如下：

```
animation:[<animation-name> || <animation-duration> || <animation-timingfunction>|| <animation-delay> || <animation-iteration-count> ||<animation-direction>] [, [<animation-name> || <animation-duration>|| <animation-timing-function> || <animation-delay> || <animationiteration-count> || <animation-direction>] ]*;
```

animation 属性初始值根据各个子属性的默认值而定，它适用于所有块状元素和内联元素。

1．设置名称

animation-name 属性可以定义 CSS 动画的名称。该属性的基本语法如下：

```
animation-name:none | IDENT [, none | IDENT ]*;
```

animation-name 属性初始值为 none，适用于所有块状元素和内联元素。animation-name 属性定义了一个适用的动画列表。每个名字是用来选择动画关键帧，提供动画的属性值。如果名称不符合任何一个定义的关键帧，则该动画将不执行。此外，如果动画的名称是 none，那么就不会有动画。这可以用于覆盖任何动画。

2．设置时间

animation-duration 属性定义 CSS 动画的播放时间。该属性的基本语法如下：

```
animation-duration:<time> [, <time>]*;
```

animation-duration 属性初始值为 0，适用于所有块状元素和内联元素。该属性定义动画循环的时间，在默认情况下该属性值为 0，这意味着动画周期是直接的，即不会有动画。当值为负值时，则被视为 0。

3．设置效果

animation-timing-function 属性可以定义 CSS 动画的播放方式。该属性的基本语法如下：

```
animation-timing-function:ease | linear | ease-in | ease-out | ease-in-out | cubicbezier(<number>, <number>, number>, <number>) [, ease | linear |ease-in | ease-out | ease-in-out | cubic-bezier(<number>, <number>,<number>, <number>)]*
```

Note

animation-timing-function 属性初始值为 ease，适用于所有块状元素和内联元素，关于这些取值说明，可以参阅 transition-timing-function 属性取值说明。

4．设置延迟时间

animation-delay 属性可以定义 CSS 动画延迟播放的时间，可以是延迟或者提前等。该属性的基本语法如下所示。

```
animation-delay:<time> [, <time>]*;
```

animation-delay 属性初始值为 0，适用于所有块状元素和内联元素。该属性定义动画的开始时间。它允许一个动画开始执行一段时间后才被应用。当动画延迟时间为 0，即默认动画延迟时间，则意味着动画将尽快执行，否则该值指定将延迟执行的时间。

5．设置播放次数

animation-iteration-count 属性定义 CSS 动画的播放次数。该属性的基本语法如下：

```
animation-iteration-count:infinite | <number> [, infinite | <number>]*;
```

nimation-iteration-count 属性初始值为 1，适用于所有块状元素和内联元素。该属性定义动画的循环播放次数。默认值为 1，这意味着动画将播放从开始到结束一次。infinite 表示无限次，即 CSS 动画永远重复。如果取值为非整数，将导致动画结束一个周期的一部分。如果取值为负值，则将导致反向播放动画在交替周期内。

6．设置播放方向

animation-direction 属性定义 CSS 动画的播放方向。该属性的基本语法如下：

```
animation-direction:normal | alternate [, normal | alternate]*;
```

animation-direction 属性初始值为 normal，适用于所有块状元素和内联元素。该属性定义动画播放的方向，取值包括两个值（normal 和 alternate），默认为 normal。当为默认值时，动画的每次循环都向前播放。另一个值是 alternate，设置该值则表示第偶数次向前播放，第奇数次向反方向播放。

7．设置关键帧

关键帧使用@keyframes 命令定义，@keyframes 命令后面可以指定动画的名称，然后加上{}，括号中就是一些不同时间段样式规则。每个@keyframes 中的样式规则是由多个百分比构成的，如 0%～100%，用户可以在这个规则中创建多个百分比，分别给每一个百分比中给需要有动画效果的元素加上不同的属性，从而让元素达到一种在不断变化的效果，如颜色、位置、大小、形状等，还可以使用 from 和 to 来代表一个动画是从哪开始，到哪结束，其中 from 相当于 0%，而 to 相当于 100%。

具体语法规则如下：

```
@keyframes IDENT {
    from {
        Properties:Properties value;
    }
    Percentage {
        Properties:Properties value;
```

```
        }
        to {
            Properties:Properties value;
        }
    }
```

Note

或者全部写成百分比的形式：

```
    @keyframes IDENT {
        0% {
            Properties:Properties value;
        }
        Percentage {
            Properties:Properties value;
        }
        100% {
            Properties:Properties value;
        }
    }
```

其中，IDENT 是一个动画名称；Percentage 是百分比值，可以添加多个这样的百分比；Properties 为 css 的属性名，如 left、background 等；value 表示对应属性的属性值。

【示例】下面示例定义了一个 wobble 的动画，动画从 0%开始，到 100%时结束，从中经历了一个 40%和 60%两个过程。wobble 动画在 0%时元素定位到 left 为 100px 的位置，背景色为 green；然后 40%时元素过渡到 left 为 150px 的位置，并且背景色为 orange；60%时元素过渡到 left 为 75px 的位置，背景色为 blue；最后，100%结束动画的位置，元素又回到起点 left 为 100px 处，背景色变成 red。

```
    @-webkit-keyframes 'wobble' {
        0% {
            margin-left: 100px;
            background: green;
        }
        40% {
            margin-left: 150px;
            background: orange;
        }
        60% {
            margin-left: 75px;
            background: blue;
        }
        100% {
            margin-left: 100px;
            background: red;
        }
    }
```

12.3.2　案例实战：设计旋转的鞋子

视频讲解

在本节案例中将借助 animation 属性来设计自动翻转的图片效果，该效果模拟在 2D 平面中实现 3D 翻转。如图 12.38 所示，在这个动画中，图片在 X 轴上逐渐压缩，然后逐渐倒转图片，在 2D 平

Note

面中演示 3D 动画效果。

【案例效果】

页面初始效果

广告旋转效果

图 12.38　案例效果

【操作步骤】

第 1 步，启动 Dreamweaver CC，打开本节示例中的 orig.html 文件，另存为 effect.html。在本示例中我们将在页面中插入广告栏目，在广告栏设计一幅鞋子大图，然后让它在 X 轴缓慢地旋转 360°，以便立体呈现该鞋子的广告效果。

第 2 步，把光标置于页面所在位置，选择【插入】|【Div】命令，打开【插入 Div】对话框，设置【ID】为 box，【插入】为“在插入点”，如图 12.39 所示。

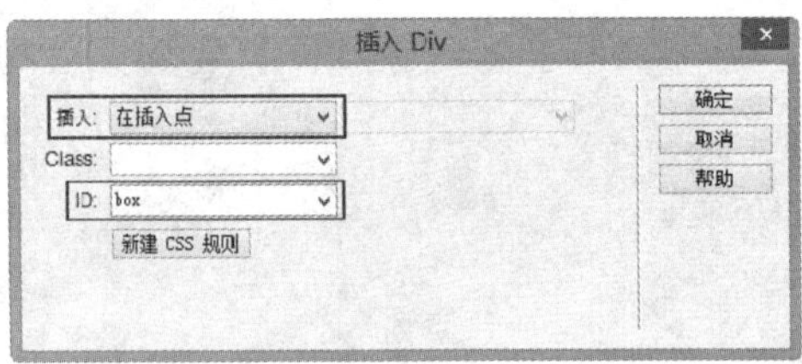

图 12.39　插入 Div

第 3 步，单击【新建 CSS 规则】按钮，打开【新建 CSS 规则】对话框，保持默认的设置不变，然后单击【确定】按钮，如图 12.40 所示。

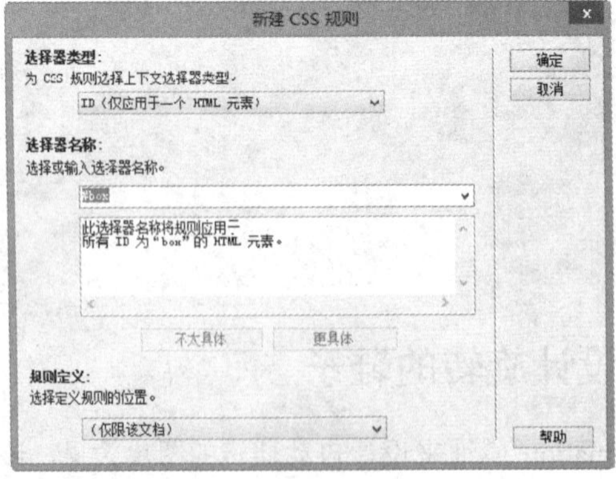

图 12.40　新建 CSS 规则

第 4 步，打开【#box 的 CSS 规则定义】对话框，在左侧【分类】列表框中选择【背景】选项，然后在右侧定义：Background-image: url(images/shoe.png)、Background-repeat: no-repeat、Background-position: center bottom，设计对象背景图像为 images/shoe.png，禁止平铺，水平居中靠底部对齐，设置如图 12.41 所示。

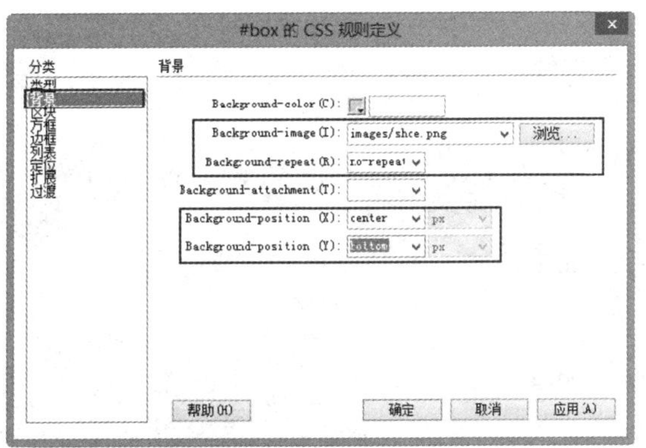

图 12.41　设置背景样式

第 5 步，在【#box 的 CSS 规则定义】对话框左侧【分类】列表框中选择【方框】选项，然后在右侧定义：Width:422px、Height:300px、Margin:auto，定义对象固定宽度和高度，宽度为 422px，高度为 300px，边界设置为自动，这样能够让对象居中显示，设置如图 12.42 所示。

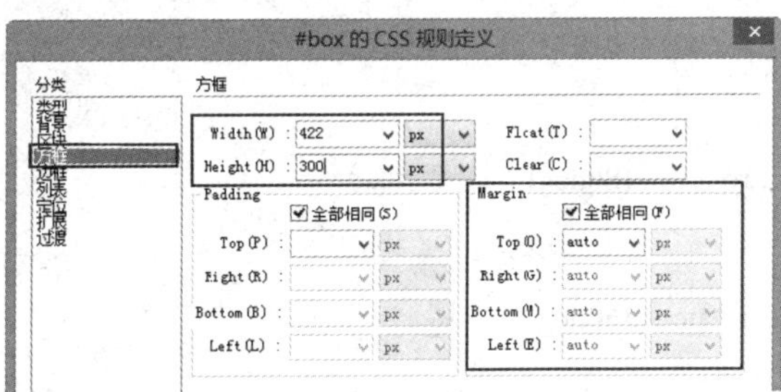

图 12.42　设置方框样式

第 6 步，切换到【代码】视图，在#box 样式中添加如下声明：先使用 transform-style 定义 3D 动画，然后使用 animation-name 属性设置动画名称为 y-spin，使用 animation-duration 属性定义动画持续时间为 60 秒，使用 animation-iteration-count 属性定义动画运行次数为无限次，使用 animation-timing-function 属性定义动画运行效果为匀速运动。

```
#box {
    -webkit-transform-style: preserve-3d;
    -webkit-animation-name: y-spin;
    -webkit-animation-duration: 60s;
    -webkit-animation-iteration-count: infinite;
    -webkit-animation-timing-function: linear;
    transform-style: preserve-3d;
    animation-name: y-spin;
    animation-duration: 60s;
    animation-iteration-count: infinite;
    animation-timing-function: linear;
}
```

第 7 步，继续编写下面代码来调用动画。通过关键帧命令@keyframes 调用动画 y-spin，设置起始帧动画为 transform: rotateY(0deg)，即定义沿 Y 轴旋转到 0 度位置；定义中间帧，位置设置在中间位置（50%），设置中间帧动画为 transform: rotateY(180deg)，即定义沿 Y 轴旋转到 180 度位置；定义结束帧，位置设置在结束位置（100%），设置结束帧动画为 transform: rotateY(360deg)，即定义沿 Y 轴旋转到 360 度位置。

```
@keyframes y-spin {
    0% {
        transform: rotateY(0deg);
    }
    50% {
        transform: rotateY(180deg);
    }
    100% {
        transform: rotateY(360deg);
    }
}
```

第 8 步，为了能够兼容谷歌的 Chrome 和苹果的 Safari 浏览器，同时使用下面方式调用动画，代码结构和功能完全相同。

```
@-webkit-keyframes y-spin {
    0% {
        -webkit-transform: rotateY(0deg);
    }
    50% {
        -webkit-transform: rotateY(180deg);
    }
    100% {
        -webkit-transform: rotateY(360deg);
    }
}
```

12.4 在线练习

本节为课后练习，感兴趣的读者可以扫码练习。

在线练习

第13章

使用资源、模板和库

资源是建立网站和设计网页的物质基础。在Dreamweaver CC中使用【资源】面板可以轻松管理和组织站点资源。这些资源主要包括图像、颜色、URLs、SWF、影片、脚本、模板和库8大类资源。利用【资源】面板可以重复调用站点资源，极大地提高资源的利用率。另外，Dreamweaver CC为了提高网页制作效率和统一网站设计风格，还提供了模板和库两个辅助功能。使用模板和库可以使网站维护变得很轻松，尤其是在对一个规模较大的网站进行维护时，更能体会到使用模板的好处。本章将详细讲解Dreamweaver CC所提供的【资源】面板、模板和库功能。

【学习重点】

- 灵活使用【资源】面板，提升资源利用效率。
- 使用模板设计网页。
- 使用库收集和重用常用页面组件。

13.1　Dreamweaver 资源概述

Note

选择【窗口】|【资源】命令（或者按 F11 键），打开【资源】面板，如图 13.1 所示。在打开【资源】面板时，Dreamweaver 会自动搜索所选网站资源，并分类显示在【资源】面板中。

图 13.1　【资源】面板

提示：使用【资源】面板之前，用户必须先定义好本地网站，并启用站点缓存，如图 13.2 所示，这样【资源】面板才能显示资源分类中的内容，并且随时进行更新。

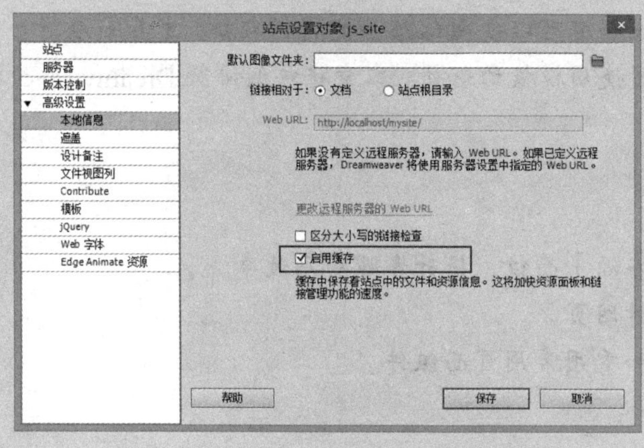

图 13.2　启用缓存

13.1.1　资源分类

在【资源】面板中左侧并列排着 8 个按钮，它们分别对应 Dreamweaver 站点中 8 类资源。

（1）【图像】按钮：单击该按钮，可以切换到图像视图，在面板右侧列表框中显示站点中所有的图像文件，包括 GIF、JPEG 或 PNG 等格式，如图 13.1 所示。

（2）【颜色】按钮：单击该按钮，可以切换到颜色视图，在面板右侧列表框中显示站点的网页文档和样式表中使用的颜色，包括文本颜色、背景颜色和链接颜色，如图 13.3 所示。

（3）【URLs】按钮：单击该按钮，可以切换到链接视图，在面板右侧列表框中显示当前站点

中所有使用的外部链接。此类别包括下列类型的链接：FTP、gopher、HTTP、HTTPS、JavaScript（脚本链接）、电子邮件（mailto）和本地文件（file://），如图 13.4 所示。

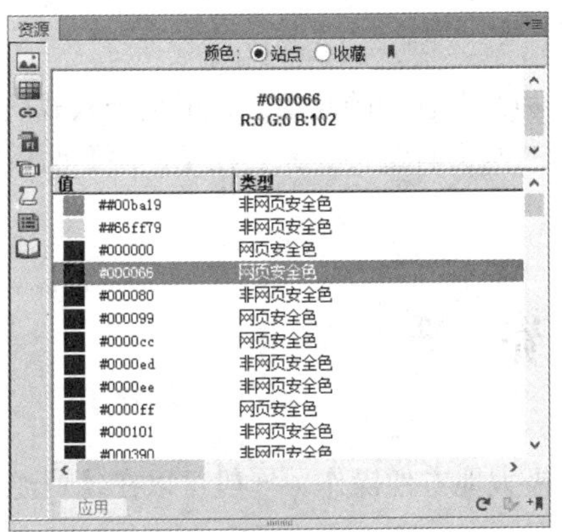

图 13.3　颜色视图

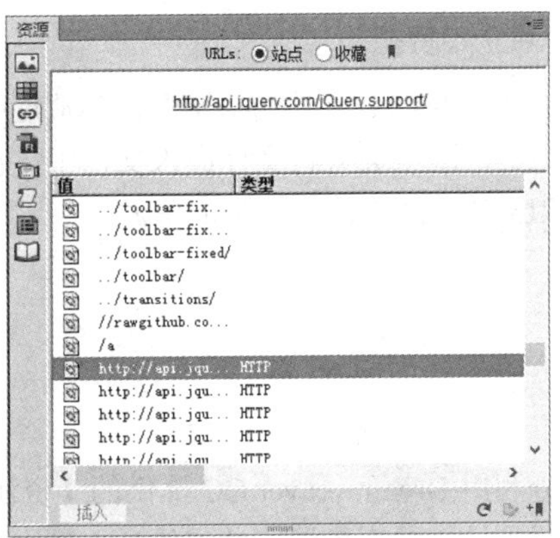

图 13.4　链接视图

（4）【SWF】按钮：单击该按钮，可以切换到 Flash 视图，在面板右侧列表框中显示当前站点中的 SWF 文件，但不显示 FLA 文件（Flash 源文件）。

（5）【影片】按钮：单击该按钮，可以切换到影片视图，在面板右侧列表框中显示当前站点中的所有视频格式文件。

（6）【脚本】按钮：单击该按钮，可以切换到脚本视图，在面板右侧列表框中显示当前站点中的 JavaScript 或 VBScript 文件。注意，在 HTML 文件中的脚本（不是独立的 JavaScript 或 VBScript 文件）将不会出现在该分类中。

（7）【模板】按钮：单击该按钮，可以切换到模板视图，在面板右侧列表框中显示当前站点中的模板。模板提供了一种方便的方法，用于在多个页面上重复使用同一页面布局以及在修改模板的同时修改附加到该模板的所有页面上的布局。

（8）【库】按钮：单击该按钮，可以切换到库视图，在面板右侧列表框中显示当前站点中的库。库就是多个页面中共同使用的元素。当修改一个库项目时，所有包含该项目的页面都将被更新。

当在站点中添加或删除资源后，【资源】面板中的内容并不会自动更新，单击【资源】面板底部的【刷新站点列表】按钮，Dreamweaver 会重新创建站点缓存或更新站点，【资源】面板也会同步进行更新，并且显示最新状态的站点资源，其按类排列在【资源】面板中。

13.1.2　资源类型

【资源】面板中的资源主要包括 8 类文件类型，但如果按使用方式可以分为 3 种类型。

1．嵌入式资源

嵌入式资源就是直接插入网页中后，与【资源】面板没有任何关系，不管【资源】面板中的内容如何变化，对已经使用这个资源的网页不会产生任何影响。网页中大部分的资源都是属于嵌入式资源，如图像、Flash、Shockwave、影片和脚本等，一旦把嵌入式资源插入网页中，这些资源就不会受【资源】面板的影响。

2．链接式资源

链接式资源就是被插入网页中后，与【资源】面板中的资源仍然保持链接关系，当【资源】面板中的资源修改后，使用了该资源的网页会随之被更新。在【资源】面板中的模板和库就是属于链接式资源。

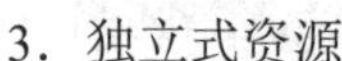

3．独立式资源

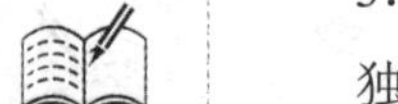

独立式资源就是一种间接资源，在站点中只是起到一种协助管理的功能。它不是嵌入式的，也不是链接式的，既不会只将文件嵌入文件中，也不会与应用的网页有链接关系。在【资源】面板中的颜色和 URLs 都是属于这种类型的资源。

13.2 使用资源

充分利用 Dreamweaver CC 提供的【资源】面板可以极大地方便操作。一般可以在【资源】面板中快速找到站点已有资源，并方便插入网页中。

视频讲解

13.2.1 实战演练：插入图像

网页图像主要包括 GIF、JEPG 和 PNG 这 3 种格式，在【资源】面板中对于这些格式图像都能支持。

【操作步骤】

第 1 步，启动 Dreamweaver CC，打开已定义的站点，新建文档，保存到站点根目录下，命名为 test.html。

第 2 步，将光标置于在网页中要插入图像的位置。

第 3 步，在【资源】面板中单击【图像】按钮，切换到图像视图。在右边列表框中会列出所有本地站点内的图像文件，并且还包括文件大小、类型和完整路径等重要信息。

第 4 步，单击任意一个图像文件，上面的预览框中还会显示出该图像的预览效果。

第 5 步，选择好要插入的图像，然后单击【资源】面板左下角的【插入】按钮，插入图像。

第 6 步，也可以通过使用鼠标拖动图像分类列表中要插入的图像，到网页编辑窗口光标所在的位置，如图 13.5 所示。

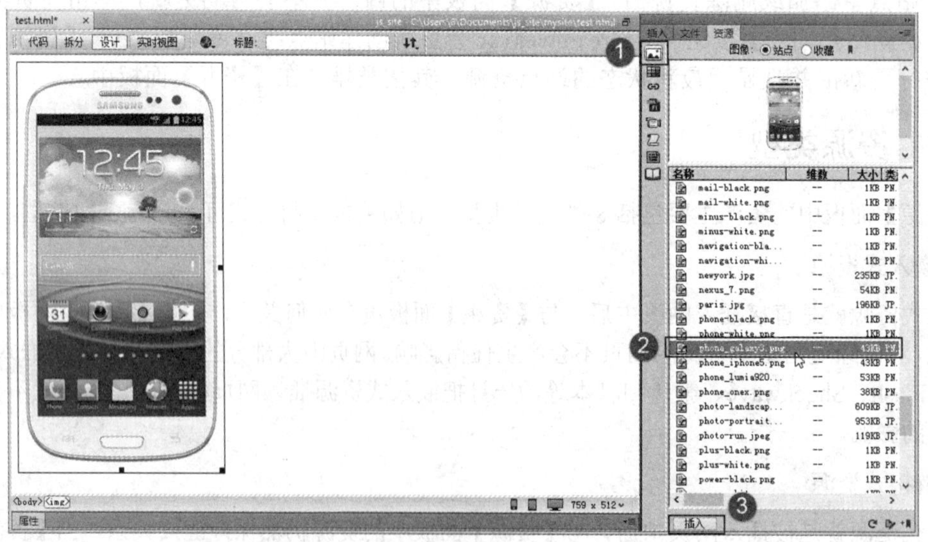

图 13.5　使用【资源】面板插入图像

提示：使用【资源】面板插入图像，与使用工具栏或者菜单命令插入图像相同，不过使用【资源】面板会更方便快捷。如果要编辑【资源】面板中列出的图像，可以单击【资源】面板右下角的【编辑】按钮，Dreamweaver 即会启动外部图像编辑器来编辑它。

视频讲解

13.2.2 实战演练：应用颜色

在颜色视图中，显示整个网站中所有使用过的颜色。利用【资源】面板可以快速改变网页中的文字颜色，保证整个网站颜色的统一。

【操作步骤】

第 1 步，启动 Dreamweaver CC，打开已定义的站点，新建文档，保存到站点根目录下，命名为 test.html。

第 2 步，在编辑窗口中单击，选中网页中要改变颜色的文字。

第 3 步，在【资源】面板中单击【颜色】按钮，切换到颜色视图。在右边列表框中选中某个颜色，预览框中便会显示出该颜色的十六进制代码以及 RGB 三原色代码。同时在【类型】栏中提示该颜色是否为网页安全色。

第 4 步，在【颜色】分类列表中选中一种要应用的颜色，接着单击【资源】面板左下角的【应用】按钮，弹出【新建 CSS 规则】对话框，如图 13.6 所示，提示新建 CSS 样式，最后 Dreamweaver CC 以 CSS 样式的形式把选中颜色应用到指定文本上，如图 13.7 所示。

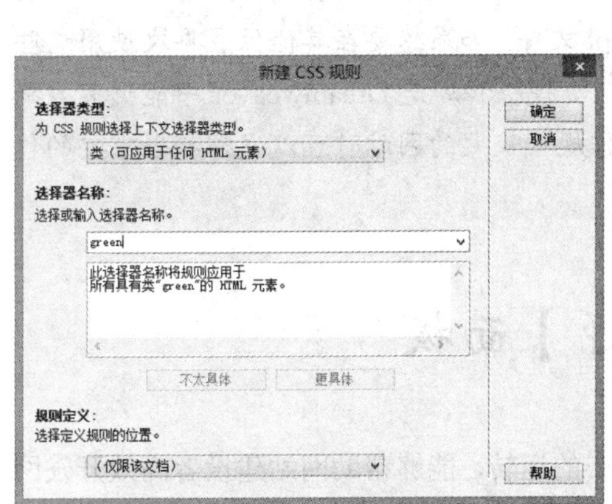

图 13.6 【新建 CSS 规则】对话框

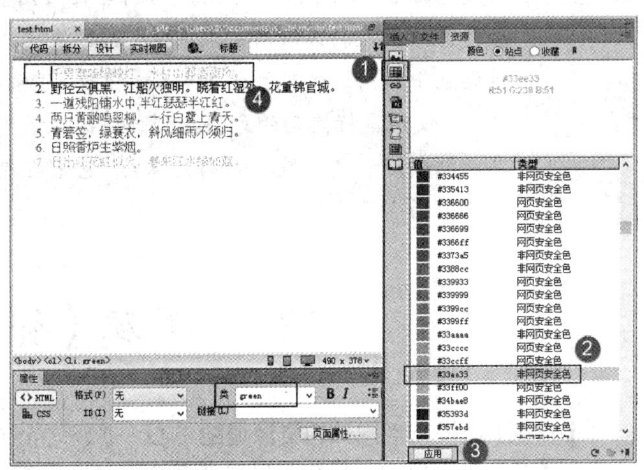

图 13.7 应用颜色效果

使用鼠标将颜色直接拖动到页面编辑窗口中选中的文字上（拖动时从列表中和预览框中均可）的方法，同样也可以应用所选颜色。

视频讲解

13.2.3 实战演练：应用超链接

在链接视图中记录了整个网站所有使用过的外部链接，包含 FTP、gopher、HTTP 以及 E-Mail 链接等。用链接分类中的资源快速改变网页中文字或图像的链接。

【操作步骤】

第 1 步，启动 Dreamweaver CC，打开已定义的站点，新建文档，保存到站点根目录下，命名为 test.html。

Note

第 2 步，在编辑窗口中插入一幅图片，然后选中网页中要做链接的文字或图像。

第 3 步，在【链接】分类列表中单击选择网站的链接，接着单击【资源】面板左下角的【应用】按钮，插入链接。也可以使用鼠标将链接直接拖动到页面编辑窗口中选中的文字上，如图 13.8 所示。

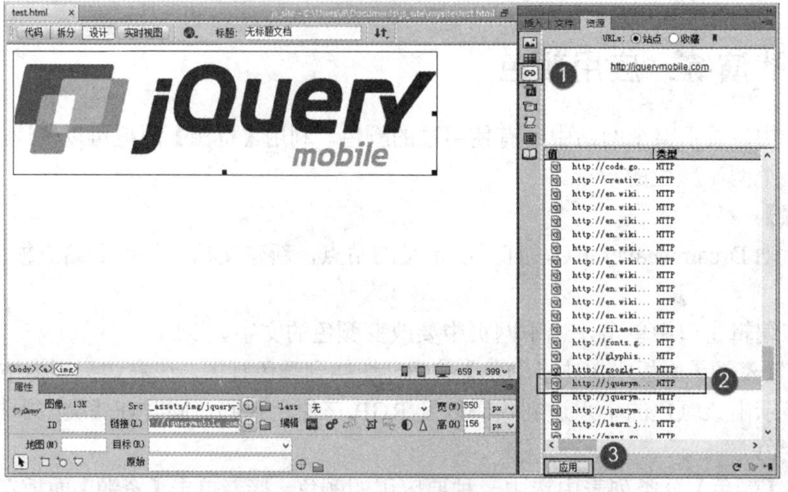

图 13.8　应用超链接

提示：在【资源】面板中除了上面介绍的 4 种常用资源外，还包括影片、脚本、模板和库 4 种分类。影片插入的方法与插入 SWF 的方法是基本相同的，用户可以自己试一下。脚本主要是站点中使用过的独立的 JavaScript 或 VBScript 文件。如果想要在其他位置再次使用这些脚本，使用鼠标拖动的方法拖到合适的位置即可。模板和库是 Dreamweaver 中能够有效提高网站创建和更新效率的两大工具，它们在制作规模较大的网站时可以发挥相当重要的作用，下面小节会详细介绍。

视频讲解

13.3　管理【资源】面板

【资源】面板充当网站的资源调配中心，把握这个中心的运转，能够帮助网站建设者高效开发网站。在【资源】面板中，用户可以选择多个资源或者编辑资源，也可以收藏个人喜爱的资源等。

13.3.1　选择资源

要选择多个资源文件，可执行如下操作。

（1）选中第 1 个资源文件，然后按住 Shift 键，再次单击最后一个资源文件，可以选择连续排列的文件。

（2）按住 Ctrl 键，然后逐个单击，可以选择不连续的文件。

13.3.2　修改资源

要修改资源文件，首先将该资源文件选中，接着单击【资源】面板右下角的【编辑】按钮，系统会启动该分类对应的外部编辑器，然后在外部编辑器中即可进行编辑资源文件的操作。

13.3.3　收藏资源

当站点比较庞大，资源非常丰富时，要查找一个资源是比较麻烦的，为了提高利用资源的效率，Dreamweaver CC 在【资源】面板中提供了收藏功能，用户可以把经常使用的资源增加到【收藏】列表中，并进行归类排列，引用资源就方便多了。将资源添加到【收藏】列表的方法如下。

（1）在【站点】列表中，选择一个或多个资源，然后单击【资源】面板右下角的【添加到收藏夹】按钮。

（2）在【站点】列表中，选择一个或多个资源，然后单击鼠标右键，在弹出的快捷菜单中选择【添加到收藏夹】命令。

（3）右击编辑窗口的对象，在弹出的快捷菜单中选择【添加到××收藏】命令，即可快速增加到【资源】面板的收藏列表中。

（4）在【文件】面板中，选择一个或多个文件，单击鼠标右键，从弹出的快捷菜单中选择【添加到收藏】命令也能增加到【资源】面板的收藏列表中。

单击【资源】面板右下角的【新建××】按钮，可以新建颜色、URL、模板和库资源。

【操作步骤】

第 1 步，先在【资源】面板中单击【收藏】按钮，切换到收藏列表。

第 2 步，切换到颜色、URL、模板或库视图，然后单击【资源】面板右下角的【新建收藏】按钮，即可新建收藏。

第 3 步，例如，在颜色视图下，单击【新建颜色】按钮，会弹出一个颜色面板，让用户定义一个新颜色，如图 13.9 所示。在链接视图下，单击【新建链接】按钮，会弹出一个对话框，让用户输入新的路径，如图 13.10 所示。

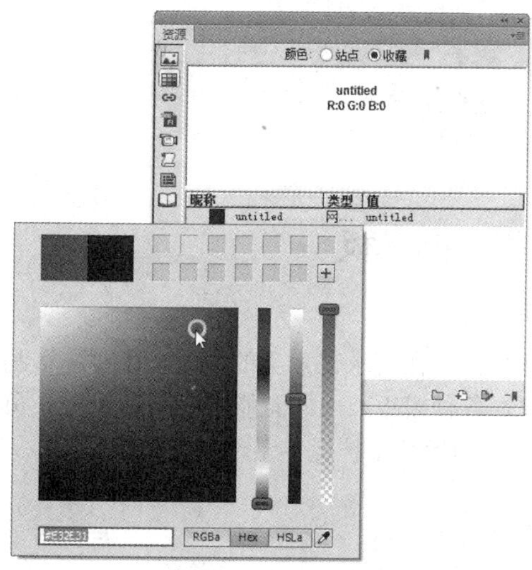

图 13.9　新建颜色收藏

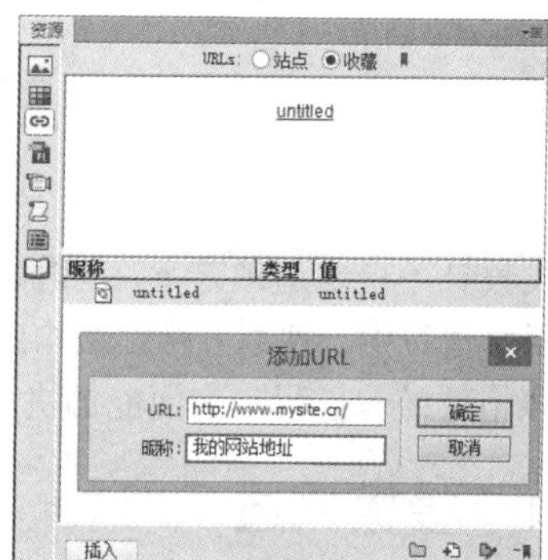

图 13.10　新建链接收藏

要修改收藏资源文件，首先要切换到【收藏】列表，选中该资源文件，然后单击【资源】面板右下角的【编辑】按钮，系统会启动该分类对应的外部编辑器，然后在外部编辑器中即可修改资源文件。

在【收藏】列表中删除资源的操作步骤如下。

第 1 步，在【资源】面板中选择一个或多个资源。

第 2 步，单击【资源】面板右下角的【从收藏中删除】按钮，即可从【收藏】列表中删除选中

的资源。也可以按 Delete 键快速删除。

从【收藏】列表中删除资源时，该文件仍然会显示在【站点】列表中。

Note

13.3.4　共享资源

【资源】面板中显示的资源只能在当前站点中利用，如果要在其他站点中引用该站点资源，必须先复制过去，复制时可以是一个单独的资源、一组单独的资源或整个收藏夹。

【操作步骤】

第 1 步，在【资源】面板中选择要复制的资源。

第 2 步，右击要复制的资源，在弹出的快捷菜单中选择【复制到站点】命令，在该子菜单中列出了所有定义过的站点，从中选择目标站点即可，如图 13.11 所示。

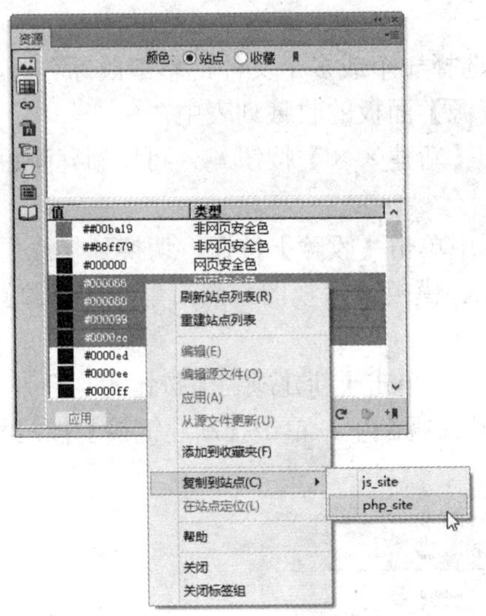

图 13.11　共享资源

13.4　使 用 模 板

网页设计不仅要追求艺术，同时也是一种模式化生产，在讲求艺术美的同时，还要注重制作的效率。在网站建设中，规划好网站结构后，应首先创建好各种模板，一方面能保证网站设计人员之间网页制作风格的统一；另一方面能加快网页制作的速度，为后期维护提供了便利条件。

13.4.1　模板概述

模板实质上就是一种特殊类型的文档，作为创建其他文档的基础，用于设计布局比较固定的页面结构或元素。在创建模板时，可以指定模板的可编辑区域，以便在应用到网页时可以进行编辑操作，同时也指定哪些元素可以编辑修改。这样当具体设计师创建基于模板的网页文件时，能自动继承所选模板的页面布局。

使用模板能给用户带来以下好处。

（1）风格一致，避免制作同一页面的麻烦。

（2）修改共同的页面时，不必一个一个修改，只要更改应用模板即可。

（3）免除了以前没有此功能时常常使用【另存为】命令，不小心会存在覆盖重要文件的危险。

模板和框架的原理有些相似，在网站设计时使用框架技术或者模板技术，最终的效果都是差不太多的。使用哪种技术来设计布局较固定的网站可以根据具体用户的习惯和爱好而定。模板和库的区别是：模板本身是一个文件，而库则是网页中的一段 HTML 代码。Dreamweaver CC 将所有的模板文件都存放在站点根目录的 Templates 子目录下，扩展名为.dwt。

Note

模板也不是固定不变的，即使是在已经使用一个模板创建文档之后，也还可以对该模板进行修改。在更新使用该模板创建的文档时，那些文档中的锁定区就会被更新，并与模板的修改相匹配。

视频讲解

13.4.2　实战演练：创建模板

在 Dreamweaver CC 中，创建模板的方法有多种。创建模板后，Dreamweaver 会自动保存模板到站点本地根目录下的 Templates 文件夹中，如果没有该文件夹，Dreamweaver 会自动创建。

1．直接创建模板

利用【资源】面板可以直接创建新模板。

【操作步骤】

第 1 步，启动 Dreamweaver CC，选择【窗口】|【资源】命令，打开【资源】面板。

第 2 步，单击【资源】面板左侧的【模板】按钮，切换到模板视图。

第 3 步，执行下面任一操作。

（1）单击【资源】面板底部的【新建模板】按钮。

（2）单击【资源】面板右上角的面板菜单按钮，在打开的菜单中选择【新建模板】命令。

（3）在【资源】面板列表框中右击，然后在弹出的快捷菜单中选择【新建模板】命令。

第 4 步，这时一个新的模板被添加到模板列表中，并要求用户为该模板命名，如图 13.12 所示。

第 5 步，创建完空模板后，如果要编辑该模板，单击面板底部的【编辑】按钮，Dreamweaver 会打开模板文档，如图 13.13 所示。此时，用户就可以像编辑普通网页那样来编辑该模板文档。

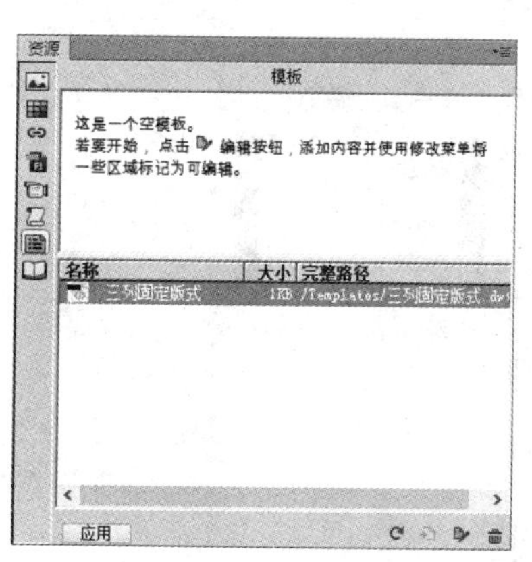

图 13.12　在【资源】面板中新建模板

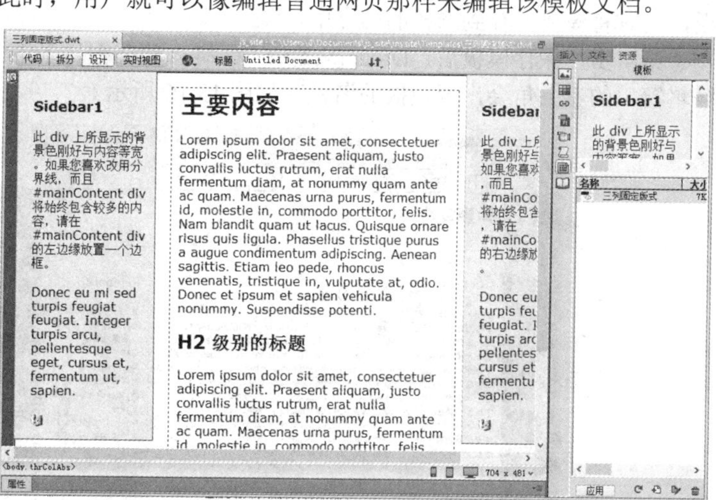

图 13.13　编辑模板页面

第 6 步，如果重命名模板，可再次单击面板右上角菜单按钮，从中选择【重命名】命令，然后输入新名称。重命名模板时，Dreamweaver CC 的模板参数会自动更新该模板的文档。

第 7 步，保存模板，如果模板中没有定义任何可编辑区域，系统会弹出警告提示，单击【确定】按钮即可。

Note

2．将网页另存为模板

将网页另存为模板是一种比较快捷的途径。

【操作步骤】

第 1 步，打开一个存在或已制作好的网页，删除其中不要的内容，选择【文件】|【另存为模板】命令，如图 13.14 所示。

第 2 步，打开【另存模板】对话框，如图 13.15 所示。在【站点】下拉列表框中设置模板保存的站点，在【现存的模板】列表框中显示了当前站点中的所有模板。

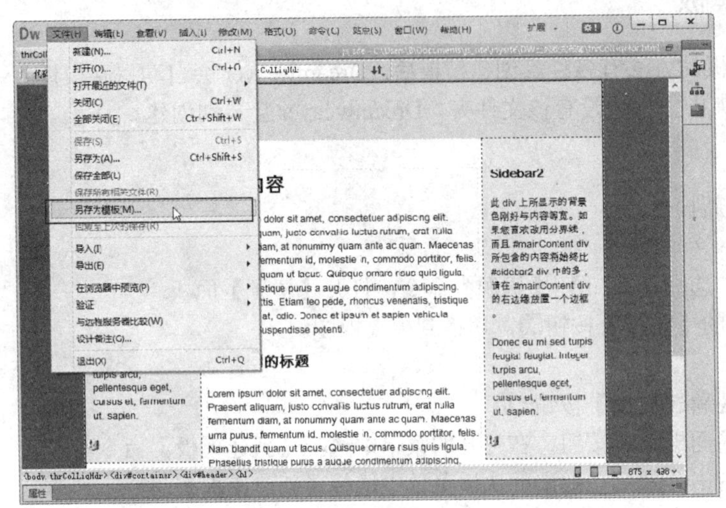

图 13.14　选择【另存为模板】命令

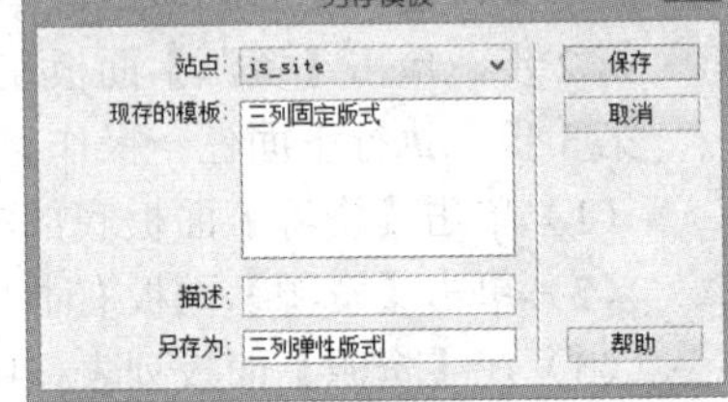

图 13.15　【另存模板】对话框

第 3 步，在【另存为】文本框中设置模板的名称。单击【保存】按钮，即可把当前网页转换为模板，同时将模板另存到选择的站点中。

第 4 步，保存模板后，Dreamweaver CC 将自动在根目录下 Template 文件夹保存模板文件，同时编辑窗口的左上角会出现模板的名称，如图 13.16 所示。

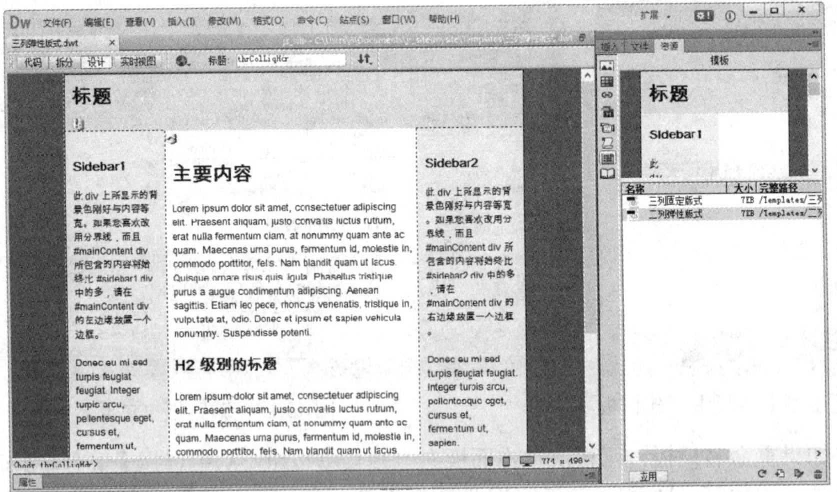

图 13.16　另存为模板后的页面

Note

3．在【文件】菜单中新建模板

选择【文件】|【新建】命令，打开【新建文档】对话框，如图 13.17 所示。然后在【类别】列表框中选择【空白页】选项，并在【空白页】列表中选择【HTML 模板】选项。单击【创建】按钮即可。在【新建文档】对话框的【类别】列表中选择【网站模板】选项，然后在选定网站列表中选择一种类型的模板也可以快速创建模板，如图 13.18 所示。

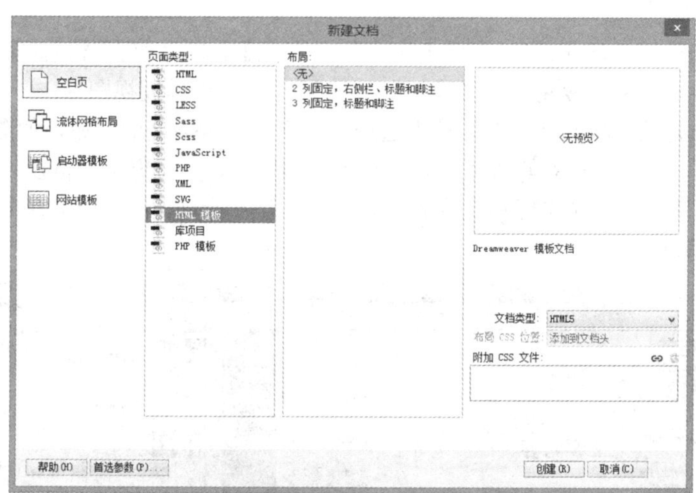

图 13.17　用空白页创建模板

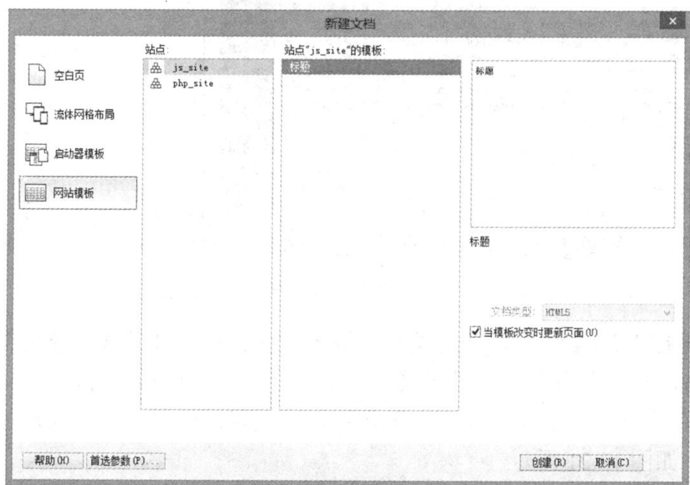

图 13.18　用空模板创建模板

提示：在 Dreamweaver CC 中，不要将模板文件移动到 Templates 文件夹之外，也不要将其他非模板文件存放在 Templates 文件夹中，同样也不要将 Templates 文件夹移动到本地根目录外，因为这些操作都会引起模板路径错误。

13.4.3　实战演练：定义可编辑区域

视频讲解

创建模板之后，还需要根据具体要求对模板进行编辑，指定哪些区域可以编辑，哪些区域不能编

辑。在模板文档中，可编辑区是页面中可变的区域，如具体栏目区。不可编辑区是页面中不可变的区域，如导航栏和版权栏等。当创建一个新模板或把已有的文档另存为模板时，Dreamweaver CC 默认所有区域为不可编辑区。因此应根据个人要求对模板进行编辑，标记出可编辑的区域。

Note

在编辑模板时，可以修改可编辑区，也可以修改不可编辑区。但当该模板被应用于文档时，只能修改文档中的可编辑区，文档中的不可编辑区是不允许修改的。

【操作步骤】

第 1 步，启动 Dreamweaver CC，选择【窗口】|【资源】命令，打开【资源】面板。

第 2 步，单击【资源】面板左侧的【模板】按钮，切换到模板视图。

第 3 步，打开新建的模板文件，在文档中选择要定义为可编辑区的区域，如图 13.19 所示。可以把图像、文本、表格、客户端行为等页面元素设置为可编辑区，可把整个表格及表格中的内容设置为一个可编辑区，也可以把某一个单元格及内容设置为一个可编辑区，但不能把几个不同的单元格及内容设置为同一个可编辑区。

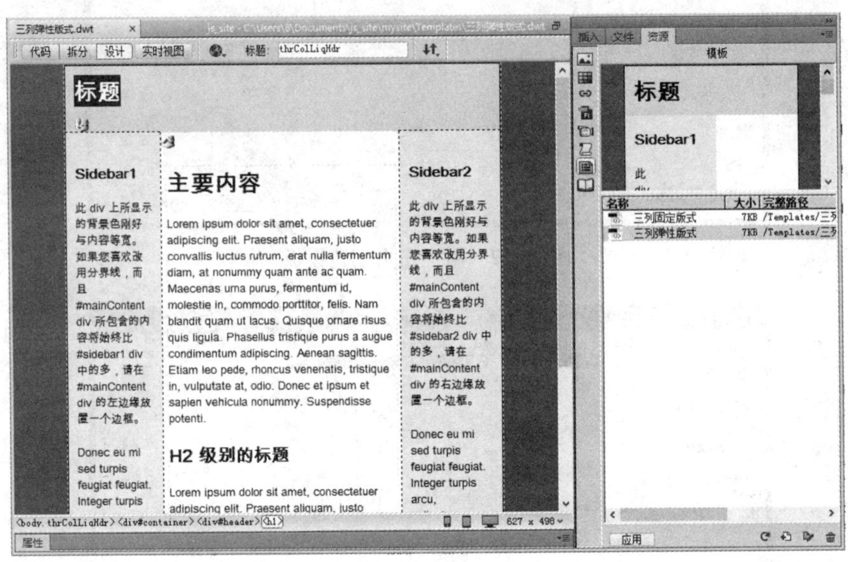

图 13.19　选择要定义为可编辑的区域

第 4 步，选择【插入】|【模板】|【可编辑区域】命令，在打开的【新建可编辑区域】对话框中给该可编辑区域命名，注意在命名可编辑区域时，不能使用某些特殊字符，如单引号（'）和双引号（"）等，如图 13.20 所示，然后单击【确定】按钮。定义可编辑区后，在新增的可编辑区域左上角可以显示蓝色标签，如图 13.21 所示。

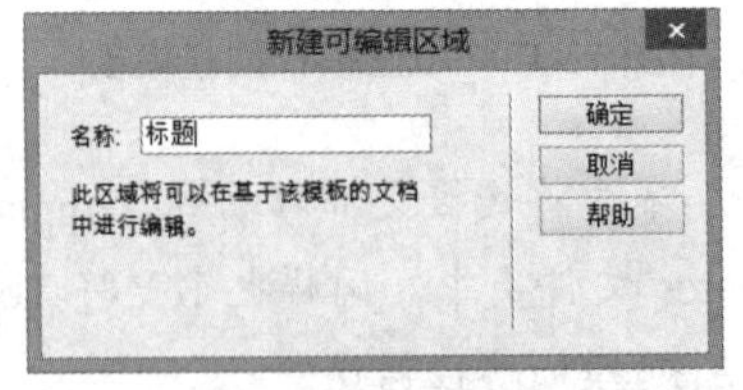

图 13.20　【新建可编辑区域】对话框

由模板新建网页后，在可编辑区域内可以插入文本、图片和表格等对象，对象的编辑也与正常网页没有任何差别。定义可编辑区域后，选中可编辑区域，在【属性】面板中可以更改名称。

在选中可编辑区域状态下，选择【修改】|【模板】|【删除模板标记】命令，可将可编辑区域删除。

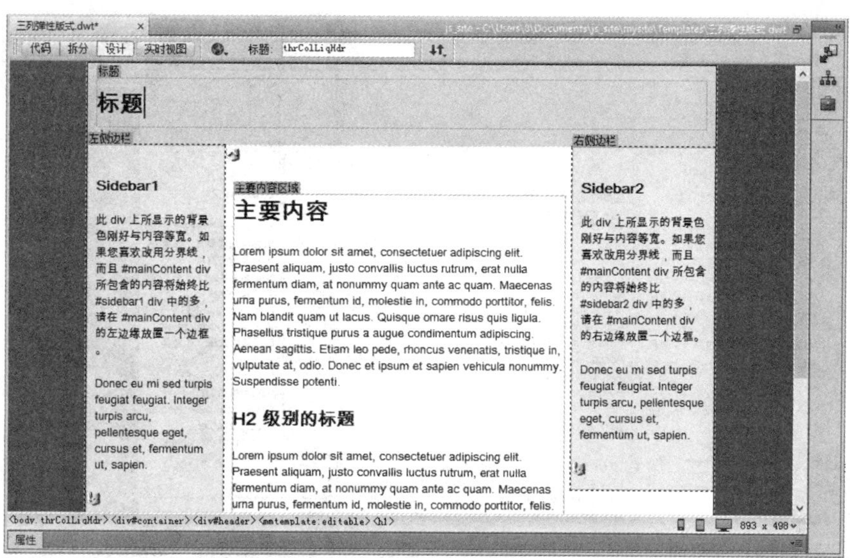

图 13.21　可编辑区域面板

13.4.4　实战演练：应用模板

创建模板之后，就可以在网页中应用模板了。

【操作步骤】

第 1 步，启动 Dreamweaver CC，选择【文件】|【新建】命令，打开【新建文档】对话框，再选择【网站模板】选项卡，如图 13.22 所示。

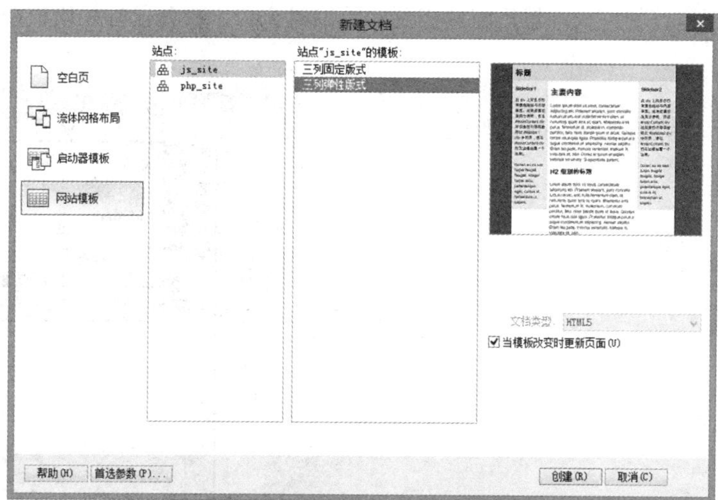

图 13.22　【新建文档】对话框

第 2 步，在模板列表中选择要应用的模板，在【预览】框中可以预览页面效果。如果选中【当模板改变时更新页面】复选框，可以动态跟踪模板情况，当模板改变时会自动更新页面。

第 3 步，单击【创建】按钮创建一个基于模板的网页文档，如图 13.23 所示。选择【文件】|【保存】命令，保存所建的文档。

当然也可以利用【资源】面板应用模板。

Note

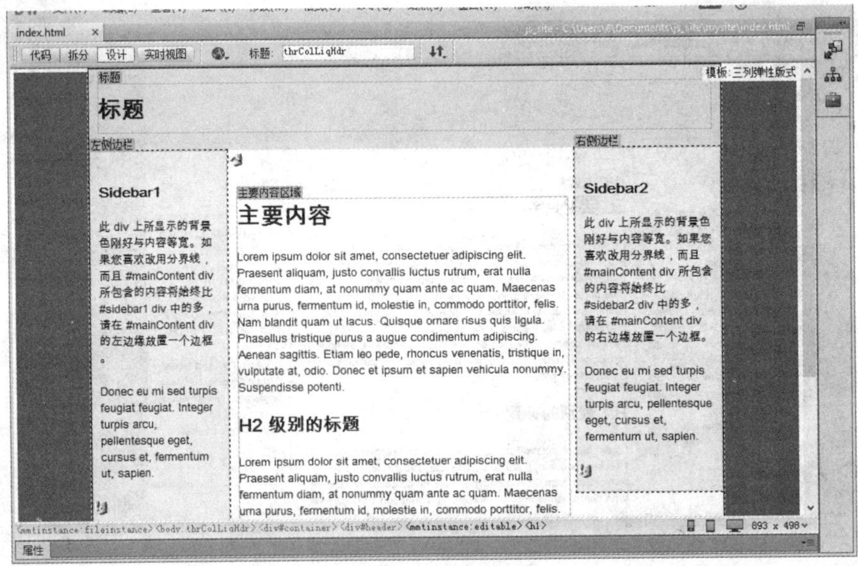

图 13.23　应用模板的新文档

【操作步骤】

第 1 步，在【文件】面板中新建一个网页文档，然后双击该文档，在编辑窗口中打开，并使之处于可编辑状态。

第 2 步，选择【窗口】|【资源】命令，打开【资源】面板。

第 3 步，在【资源】面板中，单击左侧的【模板】按钮，切换到模板视图，在【模板】列表中可以查看当前站点中的模板列表。

第 4 步，选中创建好的模板，然后将其拖到网页编辑窗口，松开鼠标，模板即被应用到网页中，如图 13.24 所示。

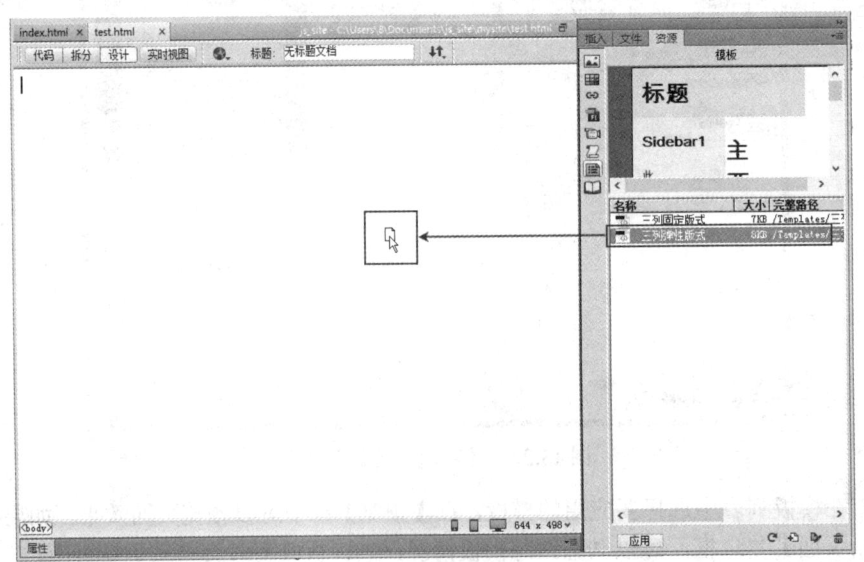

图 13.24　从模板视图直接应用模板

第 5 步，最后，只需分别向可编辑区域中插入各个位置相对应的内容即可。该操作属于最基本的网页操作，因此这里就不再介绍。

在网页编辑窗口中除了用标记来区分模板和基于模板的网页外，同时在页面的右上角位置显示一个黄色标签，说明该页面是一个基于模板的页面，并且后面还列出了基于的模板名称。在模板文件中任何位置都是可以编辑的，而在基于模板的页面中，却只有可编辑区域的位置才能够进行编辑。在可编辑区域中，光标将显示正常的状态，用户可以进行编辑操作；而当光标移动到不可编辑区域时，光标变为⊘状态，用户无法进行编辑操作。

视频讲解

13.4.5 实战演练：更新模板

创建好模板以后，可以根据实际需要，随时修改模板以满足新的设计要求。当修改一个模板时，Dreamweaver CC 会提示是否更新应用该模板的网页。当然也可以使用更新命令，手工更新当前网页或整个站点。

要修改用于创建当前文档的模板，可选择【修改】|【模板】|【打开附加模板】命令。打开模板之后，就可以根据需要修改模板的内容。如果要修改模板的页面属性，就要选择【修改】|【页面属性】命令，然后按照修改页面属性的方法操作。模板修改完毕，Dreamweaver CC 会自动更新站点内所有应用的模板。如果因为某些原因，修改模板后并没有选择自动更新基于模板的网页，可以以手动的方式来更新它们。

【操作步骤】

第 1 步，启动 Dreamweaver CC，在【资源】面板中，在模板列表中右击要更新的模板。

第 2 步，在弹出的快捷菜单中选择【更新页面】命令，打开【更新页面】对话框，如图 13.25 所示。

第 3 步，在【查看】下列列表框中设置要更新的范围。选择【整个站点】选项，然后在右边弹出的下拉列表框中选择站点名。这种选择使用相应的模板更新选定站点的所有网页。选择【文件使用】选项，然后在右边弹出的下拉列表框中选择模板名。这种选择更新当前站点中应用选定模板的所有网页。这里选择【整个站点】选项。

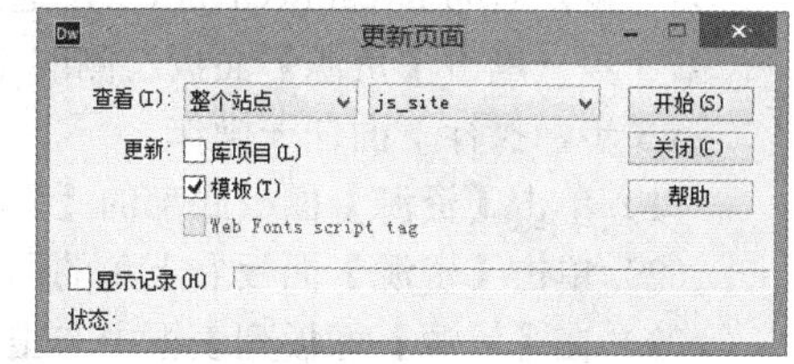

图 13.25 【更新页面】对话框

第 4 步，在【更新】选项组中选中【模板】复选框。

第 5 步，单击【开始】按钮，即可根据选择更新整个站点或某些网页。在更新完毕后 Dreamweaver CC 会给出一个报告。

第 6 步，更新完毕后，单击【关闭】按钮关闭【更新页面】对话框。至此，更新的操作就全部完成了，用户打开任意一个基于该模板的网页，就会发现模板中修改的内容网页中也都全部更新了。

13.5 使用库

使用模板可以定制网页结构和布局，再使用库将网页常用和常变的内容变为库项目，在以后的制作中只要简单地插入到网页即可。这样，网页制作会显得非常的轻松和愉快。在网站建设中，有时要把一些网页元素应用在多个页面内。当要修改这些重复使用的页面元素时，如果要逐页修改，就会相当费时。使用 Dreamweaver CC 提供的库功能可以避免这个麻烦。

13.5.1 库概述

Dreamweaver CC 允许用户把网站中需要重复使用或需要经常更新的页面元素（如图像、文本或其他对象）存入库中，被存入库中的元素称为库项目，使用时把库项目拖放到文档中。使用库项目并不是在网页中插入库项目，而是插入了一个指向库项目的链接。

库是一种特殊的 Dreamweaver 文件，库项目是可以在多个页面中重复使用的对象元素，每当更改某个库项目的内容时，都可以同时更新所有使用了该项目的页面。在库中，用户可以存储各种各样的页面元素，如图像、表格、声音和 Flash 影片等。例如，如果想让页面中具有相同的标题或版权信息，可以把这些元素制作成库项目，使用时可以随时引用，更新时也比较方便，有利于统一管理。

Note

库项目可以使用的对象元素包括很多，如文本、表格、表单、插件、导航条以及图像等。对于诸如图像之类的链接项目，库中仅保存该项目的引用，原文件仍保存在指定位置。库项目中可以包含行为，但不能包含 CSS 样式表，因为库项目要求创建对象元素的代码必须位于 HTML 代码的<body>和</body>之间，而样式表代码位于<head>和</head>之间。

库项目的扩展名为.lbi，同时所有库项目都存储在站点根目录下的 Library 文件夹中，如果本地站点没有这个子文件夹，Dreamweaver CC 将自动生成。

视频讲解

13.5.2 实战演练：创建库项目

创建库项目的方法有两种：新建空白库项目和创建基于选定内容库项目。

1．新建空白库项目

【操作步骤】

第 1 步，启动 Dreamweaver CC，选择【窗口】|【资源】命令，打开【资源】面板。

第 2 步，单击【资源】面板左侧的【库】按钮，切换到库视图。

第 3 步，执行下面任一操作。

（1）单击【资源】面板底部的【新建库项目】按钮。

（2）单击【资源】面板右上角的面板菜单按钮，在打开的菜单中选择【新建库项】命令。

（3）在【资源】面板列表框中右击，在弹出的快捷菜单中选择【新建库项】命令。

第 4 步，这时一个新的库项目被添加到库列表中，并要求用户为该库项目命名，如图 13.26 所示。

第 5 步，双击新建的库项目，打开库项目编辑窗口，如图 13.27 所示。库项目实际上是要插入在网页中的一段代码，库项目的编辑窗口除不可以设置页面属性外，其他内容与普通网页的编辑方式相同。

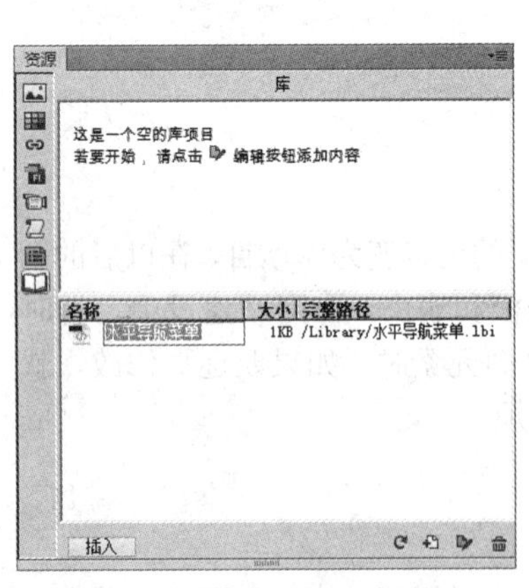

图 13.26 【资源】面板

图 13.27 库项目编辑窗口

2．创建基于选定内容库项目

用户也可以直接将网页中现有的对象元素转换为库文件。

【操作步骤】

第 1 步，启动 Dreamweaver CC，打开设计好的页面。

第 2 步，选中要转换的内容，例如，在本例中选中置顶导航，如图 13.28 所示。

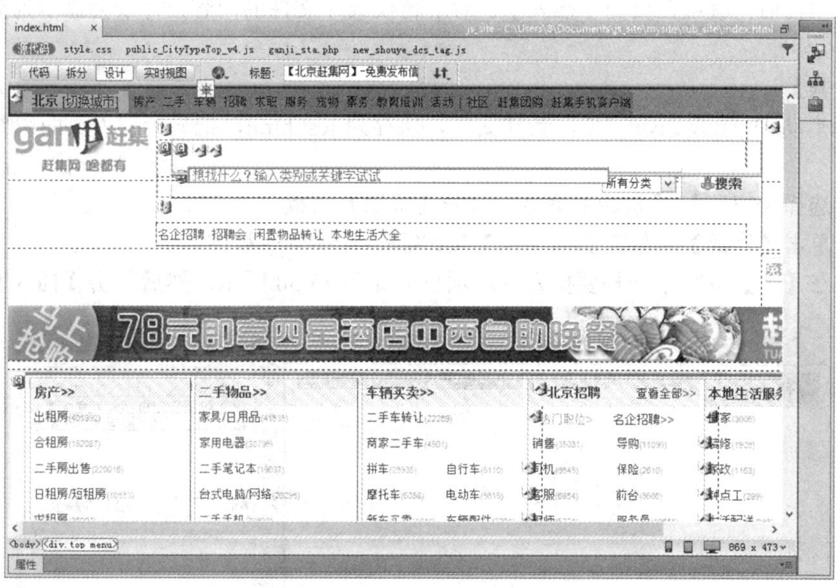

图 13.28 选定置顶导航对象

第 3 步，选择【修改】|【库】|【增加对象到库】命令，将选中的登录内容转换为库项目，库项目内容出现在【库】列表中，给新建的库文件命名，如图 13.29 所示。Dreamweaver 将每个库项目作为一个单独的文件（文件扩展名为.lbi）保存在站点本地根文件夹下的 Library 文件夹中。

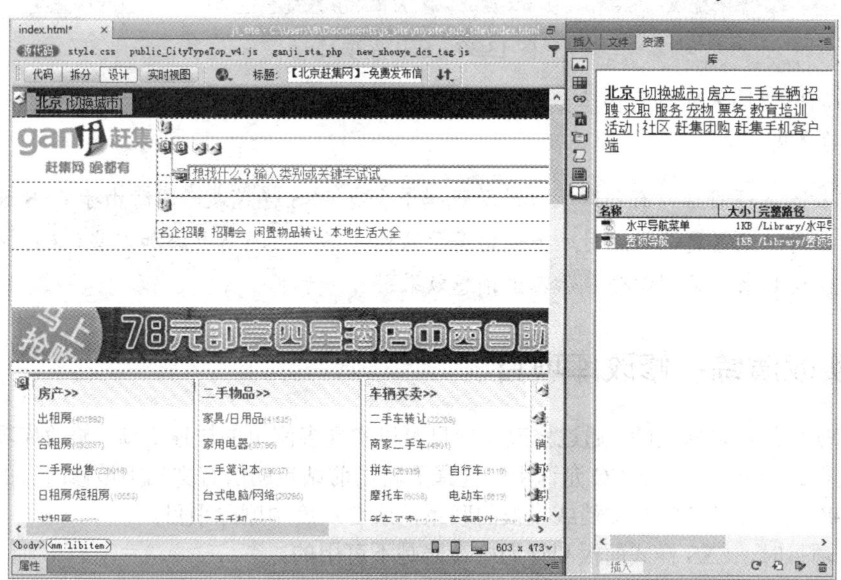

图 13.29 创建的库项目

提示：如果所选区域被放入其他文档时，效果可能不同，因为样式表信息没有被同时复制，这时用户应该手动调整图片、样式表等资源文件的路径。

Note

视频讲解

13.5.3 实战演练：插入库项目

创建好库项目后，就可在页面中插入了。对于转换成库文件的内容，背景会显示为淡黄色，不可编辑。

【操作步骤】

第 1 步，启动 Dreamweaver CC，新建文档，保存为 test.html，把光标置入页面中要插入库项目的位置。

第 2 步，选择【窗口】|【资源】命令，打开【资源】面板。

第 3 步，单击【资源】面板左侧的【库】按钮，切换到库视图。

第 4 步，在【库】列表中选择要插入的库项目，如图 13.30 所示，然后单击【插入】按钮即可。

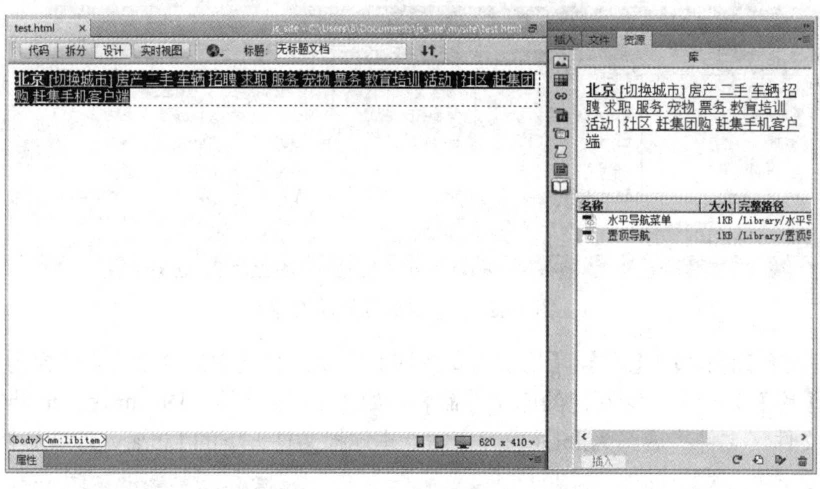

图 13.30　应用库项目

第 5 步，如果要插入库项目内容到页面中，但又不想在页面中创建该库项目的实例，可以按住 Ctrl 键把项目拖入即可。

提示：在插入库项目后，有些库项目的源代码中含有 CSS 样式表，同时由于 CSS 选择器构成不同，所以还需要调整应用库项目的页面结构，插入后还需要添加这些代码，把 CSS 样式表链接起来，否则就会显示不出预想效果。

视频讲解

13.5.4 实战演练：修改库项目

创建的库项目是可以修改的，通过修改库项目可以实现多网页的快速更新。修改库项目会改变库项目的原始文件。Dreamweaver CC 允许用户选择更新当前站点的所有文档中被修改过的库项目，也允许重新命名库项目以切断它与文档或模板的联系，或者从库中删除项目。

在编辑库项目时，CSS 样式面板和行为检查器是不可用的。

【操作步骤】

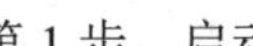

第 1 步，启动 Dreamweaver CC，选择【窗口】|【资源】命令，打开【资源】面板，然后单击面

板左侧的【库】按钮，切换到库视图。

第 2 步，在库视图中选择要修改的库项目，单击底部的【编辑】按钮，或者双击库项目。

第 3 步，Dreamweaver CC 为编辑库项目打开一个新的窗口，如图 13.31 所示。修改项目，然后保存即可。

Note

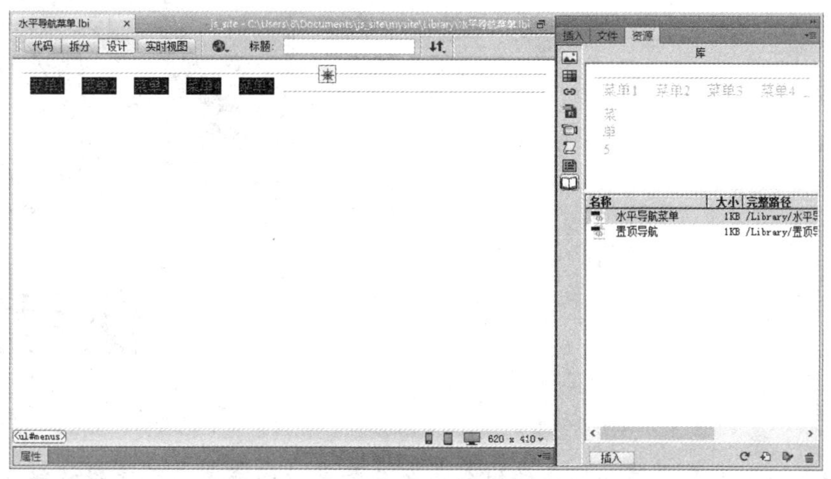

图 13.31　修改库项目

13.5.5　实战演练：更新和分离库项目

视频讲解

1．更新修改过库项目的网页

【操作步骤】

第 1 步，启动 Dreamweaver CC，选择【修改】|【库】|【更新页面】命令。

第 2 步，在打开的【更新页面】对话框中选择要更新的站点或文件，如图 13.32 所示。

第 3 步，选择【整个站点】选项，更新指定站点上所有的文档，或者选择【文件使用】选项，更新所有使用了指定库项目的文档。

第 4 步，单击【开始】按钮即可。修改过的库项目的内容将更新指定的文档，像模板更新一样，库的更新页会产生状态报告，告诉所更新的文件。

图 13.32　【更新页面】对话框

2．将库项目从库中分离

【操作步骤】

第 1 步，在当前文档中选择库项目。

第 2 步，执行以下操作之一。

（1）单击【属性】面板上的【从源文件中分离】按钮。

（2）在鼠标右键快捷菜单上选择【从源文件中分离】命令。

第 3 步，一旦使某个库项目的实例（页面上的库项目）成为可编辑的，这个实例就再也不能用库项目来更新了。

使用行为

行为（Behavior）是事件和动作的组合，是在特定时间或者某个事件被触发时所产生的动作，如鼠标单击、网页加载完毕、浏览器解析出现错误等。本章将讲解 Dreamweaver 所定义的一套行为功能，使用行为可以完成很多复杂的 JavaScript 代码才能实现的动作。借助 Dreamweaver 的行为，用户只需要简单的可视化操作，即可快速设计超炫动态页面效果。

【学习重点】

- 了解行为和事件。
- 熟练操作【行为】面板。
- 在网页中插入常用行为。
- 使用 Dreamweaver 行为解决开发中的交互问题。

Note

14.1　Dreamweaver 行为概述

在 Dreamweaver 中，行为实际上是插入到网页内的一段 JavaScript 代码，利用这些代码实现一些动态效果，允许浏览者与网页进行交互，以实现网页根据浏览者的操作而进行智能响应。下面辨析一下对象、事件、动作和行为这 4 个概念之间的关系。

（1）对象：是产生行为的主体，大部分网页元素都可以成为对象，如图片、文本、多媒体等，甚至整个页面。

（2）事件：是触发动作的原因，它可以被附加到各种页面元素上，也可以被附加到 HTML 标记中。一个事件总是针对页面元素或标记而言的。例如，将鼠标指针移到图片上，把鼠标指针放在图片之外，单击鼠标左键。不同类型的浏览器可能支持的事件种类和数量是不一样的，通常高版本的浏览器支持更多的事件。

（3）动作：通过动作来完成动态效果，如交换图像、弹出信息、打开浏览器、播放声音等都是动作。动作通常就是一段 JavaScript 代码，在 Dreamweaver 中内置了很多系统行为，运用这些代码会自动往页面中添加 JavaScript 代码，免除用户编写代码的麻烦。

（4）行为：将事件和动作组合起来就构成了行为。例如，将 onClick 事件与一段 JavaScript 代码相关联，当在对象上单击时就可以执行这段关联代码。一个事件可以同多个动作相关联，即触发一个事件时可以执行多个动作。为了实现需要的效果，用户还可以指定和修改动作发生的顺序。动作的执行按照在【行为】面板列表中的顺序进行执行。

Dreamweaver 预置了很多行为，除了这些内置行为之外，用户也可以链接到 Adobe 官方网站以获取更多的行为库，下载并在 Dreamweaver 中安装行为库中的文件，可以获得更多的行为。

视频讲解

14.2　使用【行为】面板

在网页中添加行为和对行为进行控制主要是通过 Dreamweaver 的【行为】面板来实现的。选择【窗口】|【行为】命令，即可打开如图 14.1 所示的【行为】面板。如果打开的网页中已经附加了行为，那么这些行为将显示在列表框中。

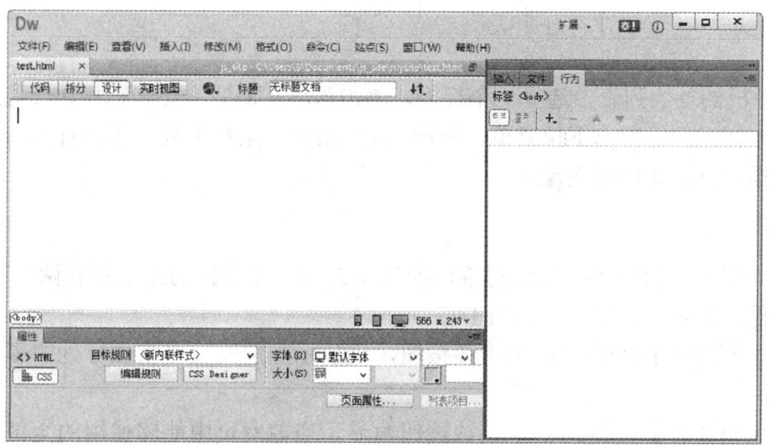

图 14.1　【行为】面板

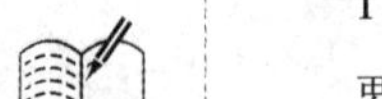

不管是系统内置行为，还是用户自定义行为，都可以在【行为】面板中进行集中管理，它包括增加、删除和更新行为，以及对行为进行排序等。

1．增加行为

要在网页中增加行为，单击【行为】面板列表框上面的按钮，在打开的下拉菜单中选择系统内置的行为，如图 14.2 所示。

2．删除行为

要删除网页中正在使用的某个行为，在【行为】面板的列表框中选中该行为，然后单击列表框上面的按钮，或按 Delete 键即可实现删除操作。

3．调整行为顺序

调整行为顺序只能在同一事件的行为之间实现，也就是说调整同一事件下不同动作的执行顺序。

如果同一个事件有多个动作则以执行的顺序显示这些动作。若要更改给定事件的多个动作的顺序，用户可以选择某个动作后，单击或按钮进行排序，单击按钮可以向上移动行为，单击按钮可以向下移动行为，如图 14.3 所示。

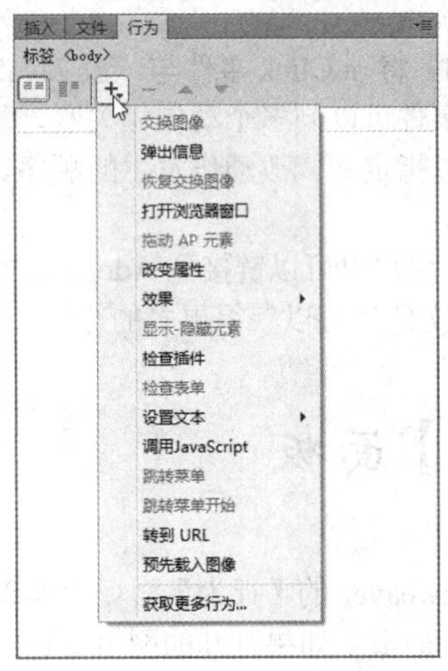

图 14.2　系统内置行为菜单

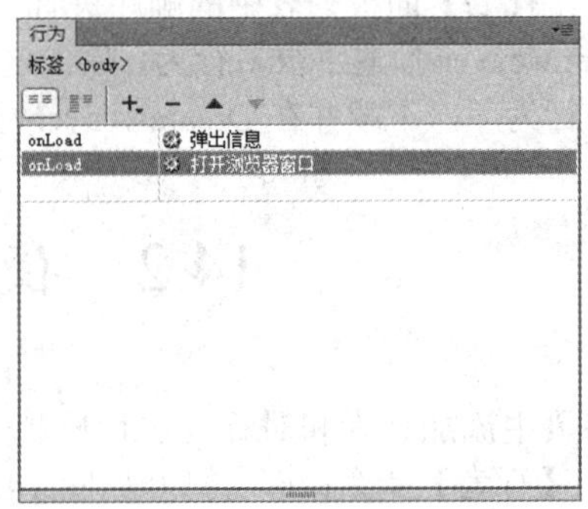

图 14.3　调整行为顺序

4．设置事件

在【行为】面板的行为列表中选择一个行为，单击该项左侧的事件名称栏，会显示一个下拉菜单箭头，单击箭头按钮，即可弹出下拉菜单，如图 14.4 所示，菜单中列出了该行为所有可以使用的事件，用户可以根据实际需要进行设置。

5．切换面板视图

在【行为】面板中，用户还可以设置事件的显示方式。在面板的左上角有两个按钮，分别表示显示设置事件和显示所有事件，如图 14.5 所示。

（1）【显示设置事件】按钮：单击该按钮，仅显示当前网页中增加行为的事件，这种视图方便查看设置事件。

（2）【显示所有事件】按钮：单击该按钮，显示当前网页中能够使用的全部事件，这种视图能够快速浏览全部可使用事件。

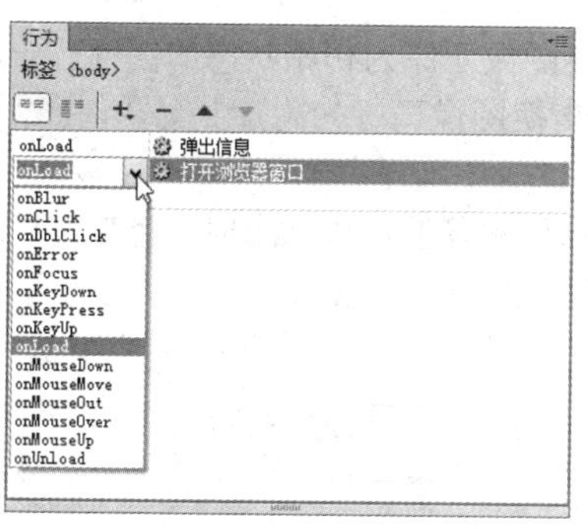

图 14.4　设置事件

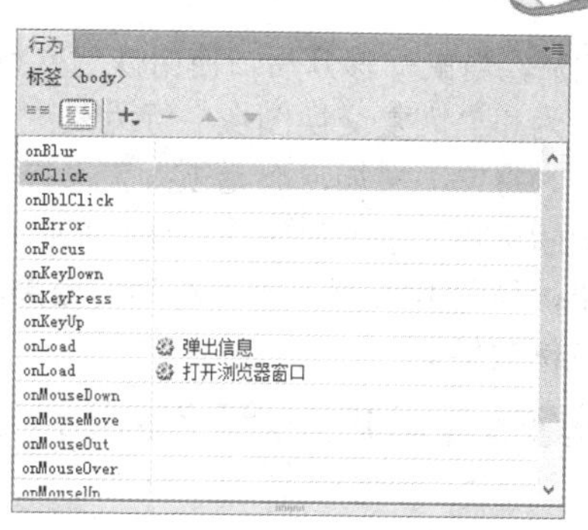

图 14.5　显示所有事件

6．更新行为

在【行为】面板中，用户可以更新行为。

【操作步骤】

第 1 步，选中一个附加有行为的对象，打开【行为】面板。

第 2 步，双击要更改的动作，打开带有预先设置参数的对话框。

第 3 步，在对话框中对已有的设置进行修改。

第 4 步，设置完毕，单击【确定】按钮即可。

7．获取第三方行为

Dreamweaver 行为可以扩展，在【行为】面板中单击+按钮，并从弹出的下拉菜单中选择【获取更多行为】选项，随后打开一个浏览器窗口，如果连在网上可以进入 Exchange 站点，在该站点中可以浏览、搜索、下载并且安装更多更新的行为。如果用户需要更多的行为，还可以到第三方开发人员的站点上进行搜索并下载。

在 Dreamweaver CC 中，可以为整个页面、表格、链接、图像、表单或其他任何 HTML 元素增加行为，最后由浏览器决定是否执行这些行为。

【操作步骤】

第 1 步，在编辑窗口中，选择要增加行为的对象元素。在编辑窗口中选择元素，或者在编辑窗口底部的标签选择器中单击相应的页面元素标签。例如，选中<body>标记。

第 2 步，单击【行为】面板中的+按钮，在打开的行为菜单中选择一种行为。

第 3 步，选择行为后，一般会打开一个参数设置对话框，根据需要设置完成。

第 4 步，单击【确定】按钮，这时在【行为】面板的列表中将显示添加的事件及对应的动作。

第 5 步，如果要设置其他触发事件，可单击事件列表右边的下拉箭头，打开事件下拉菜单，从中选择一个需要的事件。

提示： 在 Dreamweaver CC 中纯文本是不能被增加行为的，所以它们无法触发动作，但可以为包含文本的标签增加行为。

14.3　交换图像

视频讲解

交换图像就是图像轮换或切换，当设置事件发生后，如鼠标移到图像上方时，图像变为另外一幅

图像。然后，当鼠标移开后，使用恢复交换图像行为将变换图像还原为初始状态的图像。一般“交换图像”行为和“恢复交换图像”行为是配套使用的，当“交换图像”行为附加到对象时，“恢复交换图像”行为将自动增加，而无须人工选择。

Note

下面示例将演示如何快速设计交换式导航效果。当鼠标移到导航菜单项上时，会交换显示为高亮显示效果，如图 14.6 所示。该行为的效果与图像轮换功能相似。

【案例效果】

初始效果

设计效果

图 14.6　案例效果

【操作步骤】

第 1 步，启动 Dreamweaver CC，打开本节示例中的 orig.html 文件，另存为 effect.html。该页面是一个工具导航模块，栏目中包含 6 个工具，鼠标经过时会高亮导航项目。

第 2 步，将原始图片插入栏目中，并选中每幅图片，在【属性】面板中为它们定义 ID 编号，如图 14.7 所示。

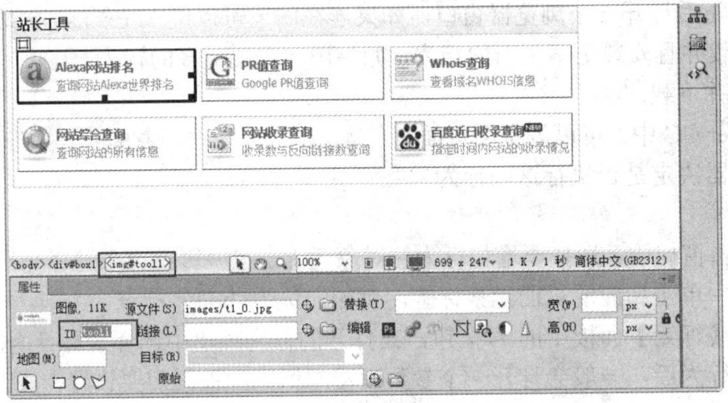

图 14.7　设置【交换图像】对话框

提示：当页面中需要为多幅图片应用“交换图像”行为时，应该在【属性】面板中为每幅图片定义 ID 编号，以便脚本识别控制。

第 3 步，选中第一幅图像，在【行为】面板中单击  按钮，在弹出的下拉菜单中选择【交换图像】命令，打开【交换图像】对话框。

提示：在【图像】列表框中列出了网页上的所有图像，这些图像通过 ID 编号进行识别和相互区分。因此，图像的命名不能与网页上其他对象重名。

第 4 步，在【设定原始档为】文本框中设置替换图像的路径。单击【浏览】按钮，打开【选择图像源文件】对话框，选择对应的另外一张图像，作为鼠标放置于按钮上的替换图像。

第 5 步，选中【预先载入图像】复选框，设置预先载入图像，以便及时响应浏览者的鼠标动作。因为替换图像在正常状态下不显示，浏览器默认情况下不会下载该图像。

第 6 步，选中【鼠标滑开时恢复图像】复选框，设置鼠标离开按钮时恢复为原图像。如果不选中该复选框，要想恢复原始状态，用户还需要增加“恢复交换图像”行为恢复图像原始状态。

对话框设置效果如图 14.8 所示。

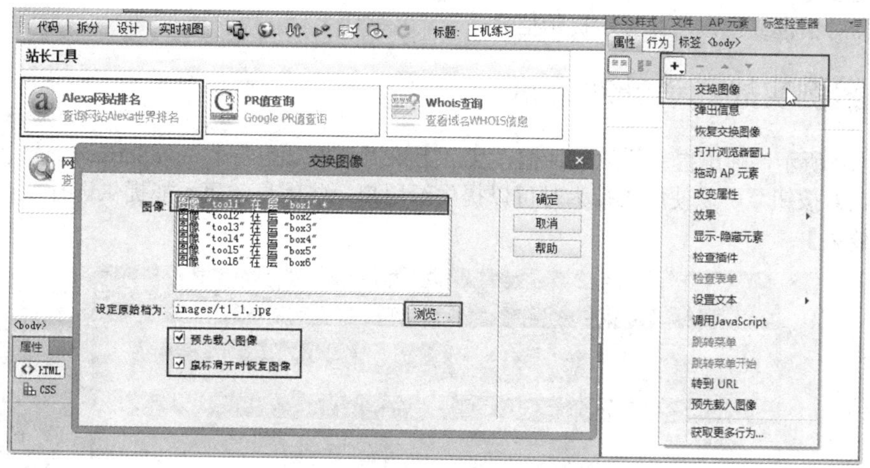

图 14.8　设置【交换图像】对话框

第 7 步，逐一选中每幅图片，然后模仿上面操作，为每幅图片绑定“交换图像”行为。完成交换图像制作，按 F12 键预览效果。当鼠标放置在图像上时，会出现另一张图像，鼠标移开，恢复为原来的图像，演示效果参阅操作步骤之前的设计图。

【拓展】

设置完毕，选中图像，在【行为】面板中会出现两个行为，如图 14.9 所示。【动作】栏会显示一个为“恢复交换图像”，其事件为 onMouseOut（鼠标移出图像）。另一个为“交换图像”，事件为 onMouseOver（鼠标在图像上方）。单击该栏目，可以重设事件类型，设计不同的响应类型。

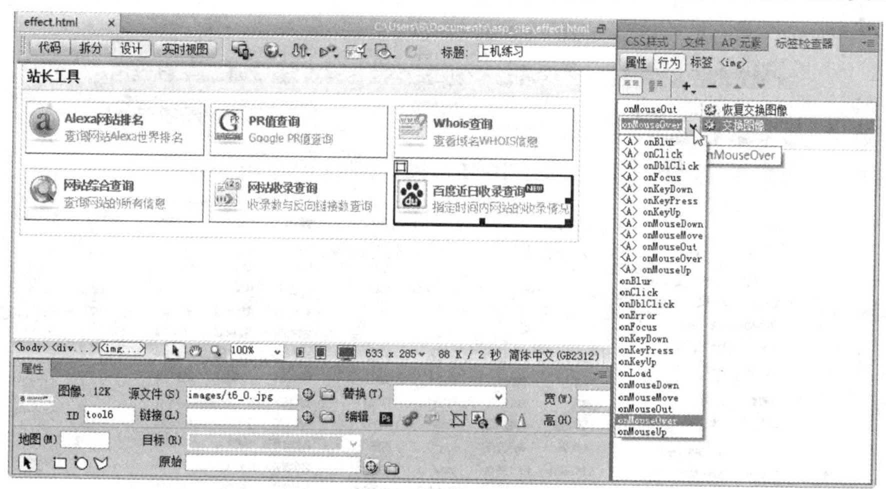

图 14.9　增加的行为

添加之后的行为还是可以编辑的，双击【交换图像】选项，会打开【交换图像】对话框，可以对交换图像的效果进行重新设置。选中一个行为之后，可以单击面板上的 - 按钮删除行为。

14.4 弹出行为

Note

视频讲解

弹出式交互是一种信息提示方式，当用户单击或者移动鼠标时，页面对象能够自动感知并做出反应，快速打开对话框或窗口，并显示提示信息。

14.4.1 案例实战：设计对话框

如图 14.10 所示，弹出提示信息对话框，实际上该对话框只是一个 JavaScript 默认的提示框，只有一个【确定】按钮，所以使用该行为时可以提供给用户一些信息，而不能提供选择。

【案例效果】

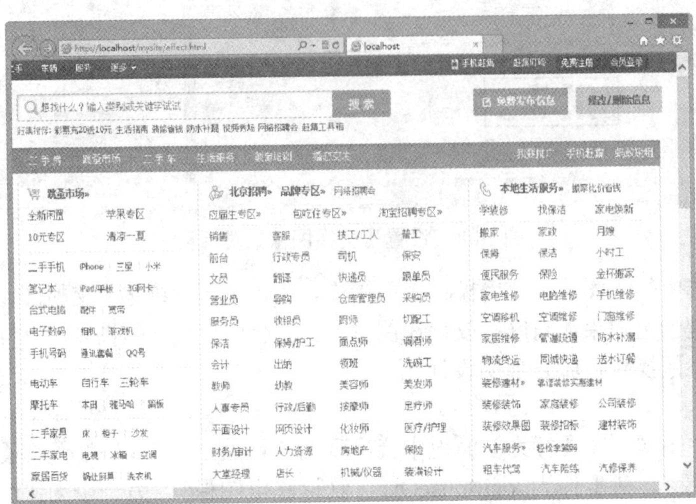

初始效果

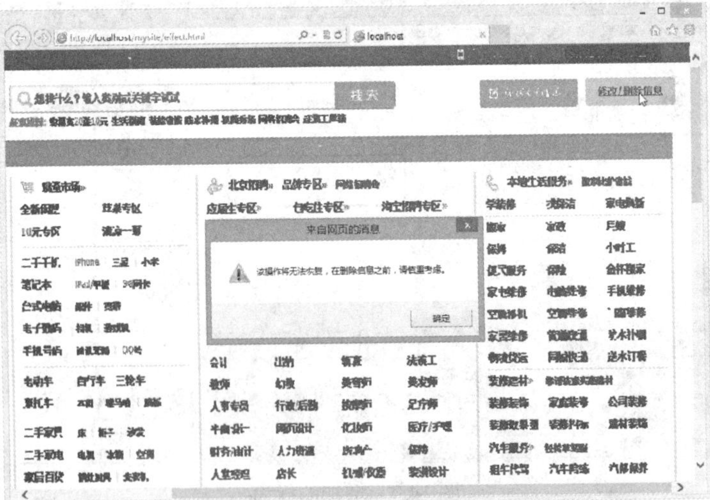

交互效果

图 14.10 案例效果

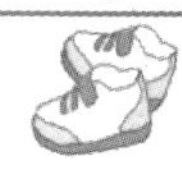

Note

【操作步骤】

第 1 步，启动 Dreamweaver CC，打开本节示例中的 orig.html 文件，另存为 effect.html。该页面是一个招聘网站主页，版式设计单一，主要以文字信息列表为主。

第 2 步，在页面中选择一个对象，如<img>标签，然后单击【行为】面板中的+按钮，从中选择【弹出信息】命令。

第 3 步，打开【弹出信息】对话框，输入要显示的信息。例如，输入“该操作将无法恢复，在删除信息之前，请慎重考虑。”，如图 14.11 所示。

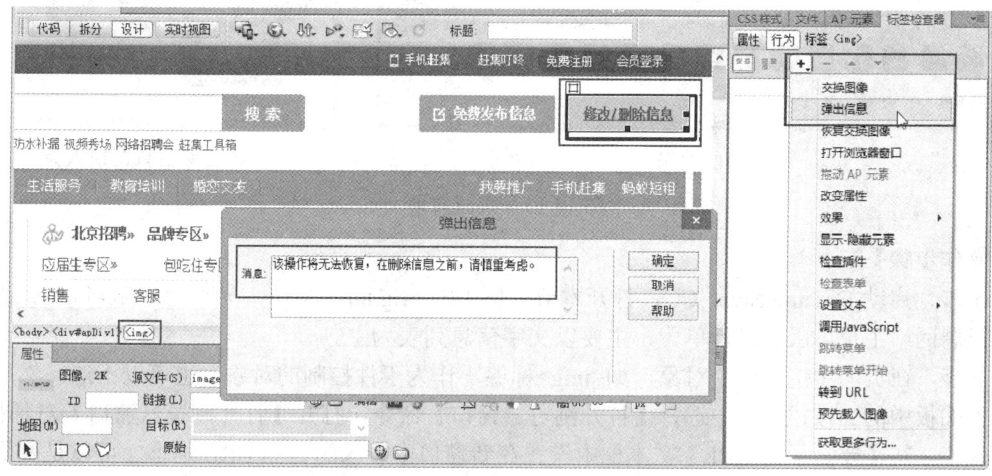

图 14.11　设置【弹出信息】对话框

第 4 步，单击【确定】按钮完成设置。在【行为】面板列表中会显示刚加入的动作，根据需要可以设置事件响应类型，这里设置鼠标单击事件，如图 14.12 所示。

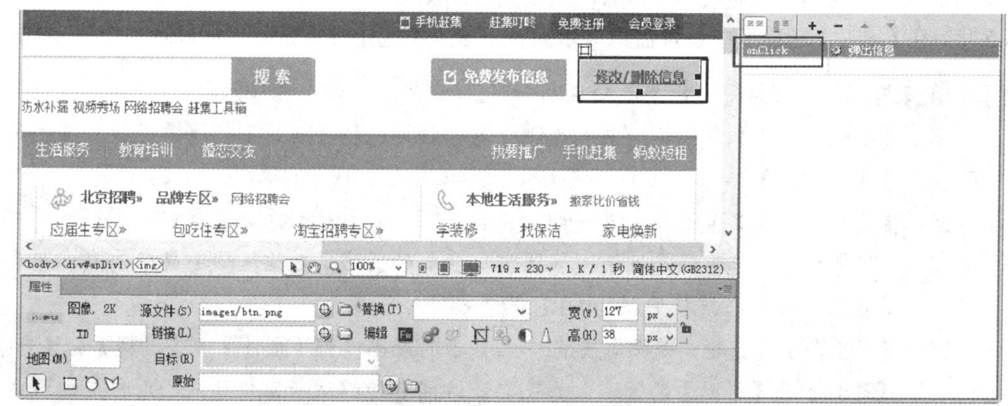

图 14.12　设置响应事件类型

第 5 步，保存并预览网页，在页面中单击【修改/删除信息】按钮，则会自动弹出提示对话框。

14.4.2　案例实战：设计弹窗

视频讲解

如图 14.13 所示，使用“打开浏览器窗口”行为可以在新窗口中打开一个 URL。用户可以指定新窗口的属性（包括其大小）、特性（它是否可以调整大小、是否具有菜单栏等）和名称。

Note

【案例效果】

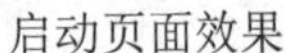
启动页面效果

自动弹出新窗口效果

图 14.13　案例效果

【操作步骤】

第 1 步，启动 Dreamweaver CC，打开本节示例中的 orig.html 文件，另存为 effect.html。该页面是一个招聘网站主页，版式设计单一，主要以文字信息列表为主。

第 2 步，在页面中选择一个对象，如<img>标签，作为事件控制的对象。也可以不选，然后单击【行为】面板中的+按钮，从中选择【打开浏览器窗口】命令，打开【打开浏览器窗口】对话框。

第 3 步，在【要显示的 URL】文本框中设置在新窗口中载入的目标 URL 地址（可以是网页也可以是本地文件，如图像或者多媒体等），或者单击【浏览】按钮，用浏览的方式选择。这里选择了一个图像 images/adv.png。

第 4 步，在【窗口宽度】文本框中设置窗口的宽度（以像素为单位），在【窗口高度】文本框中指定新窗口的高度。这里设置宽度为 314px，高度为 233px。

第 5 步，在【属性】选项组中设置窗口显示属性。这里不选中任何选项，仅显示一个简单的窗口。

提示：在【属性】选项组中，各个选项说明如下。

- ☑　【导航工具栏】复选框：是一组浏览器按钮，包括【后退】、【前进】、【主页】和【重新载入】。
- ☑　【地址工具栏】复选框：是一组浏览器选项，包括地址文本框等。
- ☑　【状态栏】复选框：是位于浏览器窗口底部的区域，在该区域中显示消息，如剩余的载入时间以及与链接关联的 URL 等。
- ☑　【菜单条】复选框：是浏览器窗口上显示的菜单，如【文件】、【编辑】、【查看】、【转到】和【帮助】的区域。如果要让访问者能够从新窗口导航，用户应该显式设置此选项。如果不设置此选项，则在新窗口中，用户只能关闭或最小化窗口。
- ☑　【需要时使用滚动条】复选框：指定如果内容超出可视区域应该显示滚动条。如果不显式设置此选项，则不显示滚动条。如果【调整大小手柄】选项也关闭，则访问者将很难看到超出窗口原始大小以外的内容。
- ☑　【调整大小手柄】复选框：指定用户应该能够调整窗口的大小，方法是拖动窗口的右下角或单击右上角的最大化按钮。如果未显式设置此选项，则调整大小控件将不可用，右下角也不能拖动。

第 6 步，在【窗口名称】文本框中设置新窗口的名称。如果用户希望通过 JavaScript 使用链接指向新窗口或控制新窗口，则应该对新窗口进行命名。此名称不能包含空格和特殊字符。设置完毕后的对话框如图 14.14 所示。

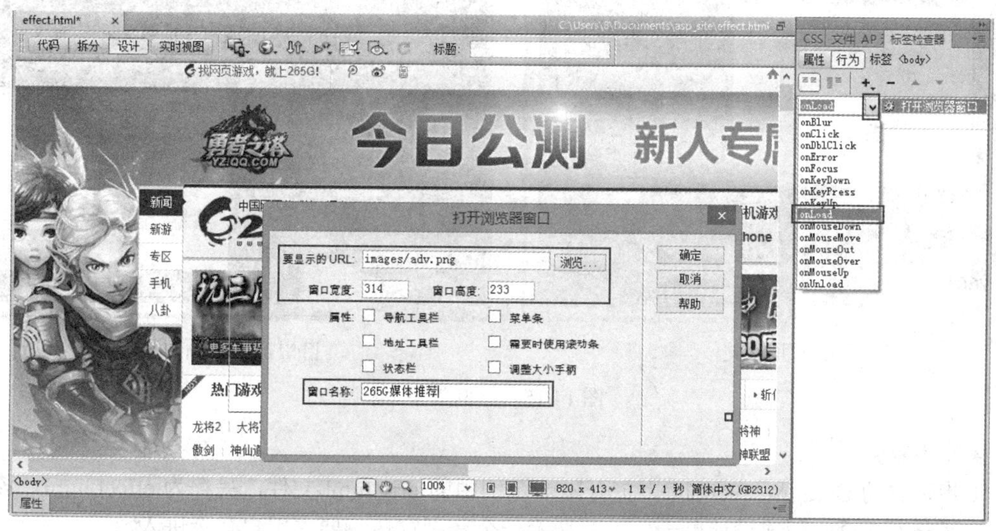

图 14.14　设置【打开浏览器窗口】对话框

第 7 步，单击【确定】按钮，则在【行为】面板中增加一个动作。然后在【行为】面板中调整事件为 onLoad。设置完毕，保存并预览网页，会自动打开新窗口，在窗口中显示提示信息，演示效果参阅操作步骤之前的设计图。

提示：如果不指定浏览器窗口的任何属性，在打开时图像的大小与打开它的窗口相同。如果指定窗口的任何属性，都将自动关闭所有其他未显式打开的属性。例如，如果不为窗口设置任何属性，它将以 640px×480px 大小打开并具有导航条、地址工具栏、状态栏和菜单栏。如果将宽度显式设置为 640、将高度设置为 480，并不设置其他属性，则该窗口将以 640px×480px 大小打开，并且不具有导航条、地址工具栏、状态栏、菜单栏、调整大小手柄和滚动条。

14.5　拖放操作

拖放是网页中非常重要的一个交互行为，在网页上实现拖放操作方法：第一，实时捕获鼠标坐标；第二，侦测用户鼠标单击一个网页元素并实现拖放；最后，实现移动这个元素，并知道何时能够停止拖放操作。

14.5.1　案例实战：简单拖动

视频讲解

“拖动 AP 元素”行为就是在页面中应用拖放技术，该行为可以允许用户拖动绝对定位元素。如图 14.15 所示，通过实例介绍“拖动 AP 元素”行为的具体应用。在本实例中，将制作一个简单的可拖动 AP 元素，在这个区域中按下鼠标并移动时，该绝对定位元素将跟随鼠标指针移动。

【案例效果】

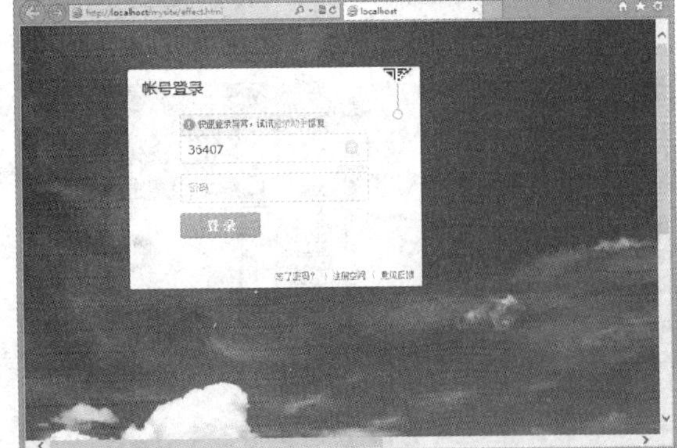

启动页面效果

自由拖动页面对话框

图 14.15　案例效果

【操作步骤】

第 1 步，启动 Dreamweaver CC，打开本节示例中的 orig.html 文件，另存为 effect.html。该页面是一个社区分享主页，版式设计单一，主要显示一个登录窗口，要求用户登录进入。

第 2 步，定义一个绝对定位的 Div 元素。选择【插入】|【结构】|【Div】命令，在页面中插入一个 div 元素，新建 CSS 规则，定义该元素为绝对定位显示。选中该元素，在【属性】面板的【CSS—P 元素】文本框中设置该绝对定位元素的名字为 apDiv1。同时定义元素的宽度和高度，最后在绝对定位元素中插入一个对话框，如图 14.16 所示。

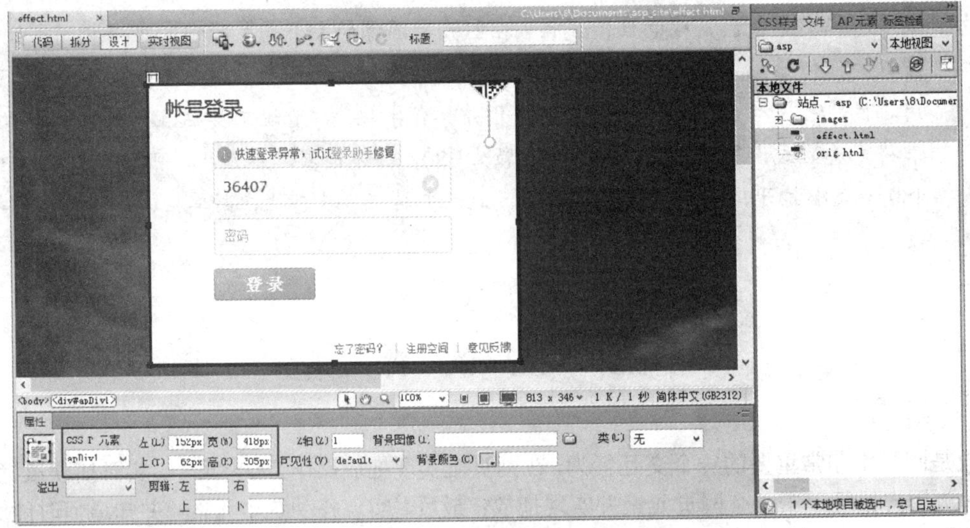

图 14.16　插入绝对定位的 Div 元素

第 3 步，在编辑窗口空白区域单击，不选择<body>标记，即不选中页面内任何内容。打开【行为】面板，单击 按钮，从中选择【拖动 AP 元素】命令，打开【拖动 AP 元素】对话框，如图 14.17 所示。

第 4 步，在【AP 元素】下拉列表框中设置要拖动的绝对定位元素。在此选择【div "apDiv1"】选项。

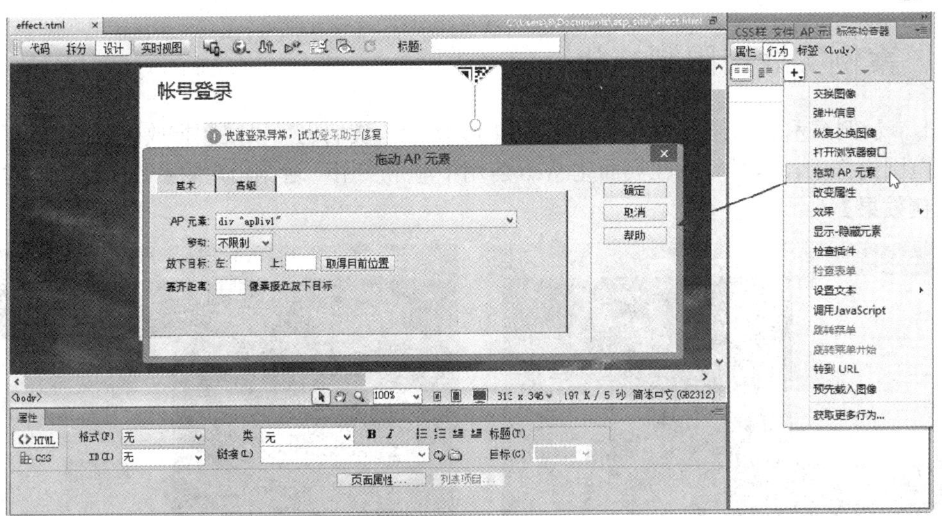

图 14.17 打开【拖动 AP 元素】对话框

第 5 步，在【移动】下拉列表框中设置移动区域。从中选择【不限制】选项，允许浏览者在网页中自由拖动绝对定位元素。其他选项保持默认设置。

第 6 步，设置完成后单击【确定】按钮。返回【行为】面板，在行为列表中多了一条行为。在事件项下选中 onLoad，动作项下保持默认值为“拖动 AP 元素”，如图 14.18 所示，这就是刚才为绝对定位元素添加“拖动 AP 元素”行为。

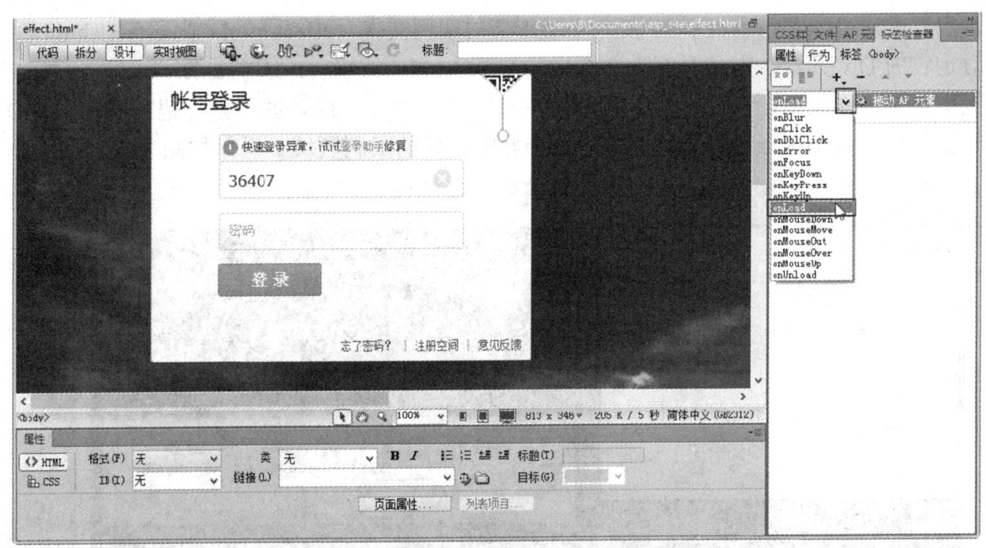

图 14.18 设置拖放激活事件

第 7 步，至此操作完毕，保存并预览网页，在网页中可以任意地拖动插入的对话框，演示效果参阅操作步骤之前的设计图。

> **提示：** Dreamweaver 仅支持绝对定位元素的拖放操作，因此当为普通元素应用拖放行为时，建议先把该对象转换为定位元素，或者把它包含在定位元素中，通过拖动定位元素，间接实现拖放行为。

视频讲解

Note

14.5.2 案例实战：限制拖放

14.5.1 节示例演示了如何拖动元素，如图 14.19 所示，我们也可以限制拖放区域，定义元素只能够在指定范围内拖动，这种行为在桌面化 Web 应用中非常实用，避免用户随意性操作页面对象。

【案例效果】

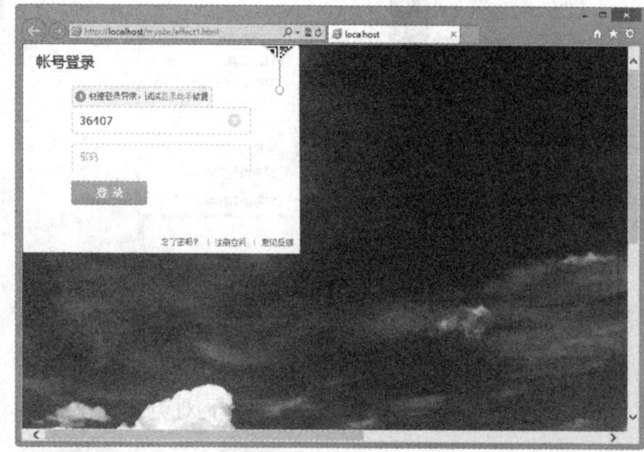

启动页面效果

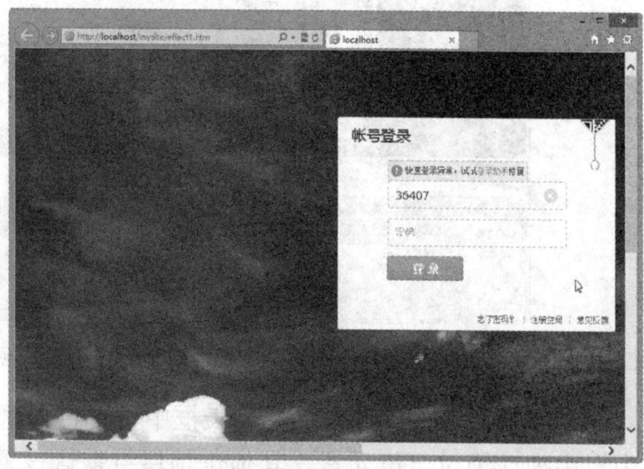

限制在红色边框区域拖动元素

图 14.19 案例效果

【操作步骤】

第 1 步，启动 Dreamweaver CC，复制 14.5.1 节的实例文件（effect.html）为 effect1.html，插入第二个绝对定位的 Div 元素，定义宽度为 900px，高度为 400px。然后，选中 apDiv1 定位元素，在【属性】面板中重置偏移坐标，设置“左”值为 0，设置“右”值也为 0，并用鼠标把它拖放到 apDiv2 元素内部，当然也可以不用嵌套，该嵌套关系不会影响拖放的限制区域。操作如图 14.20 所示。

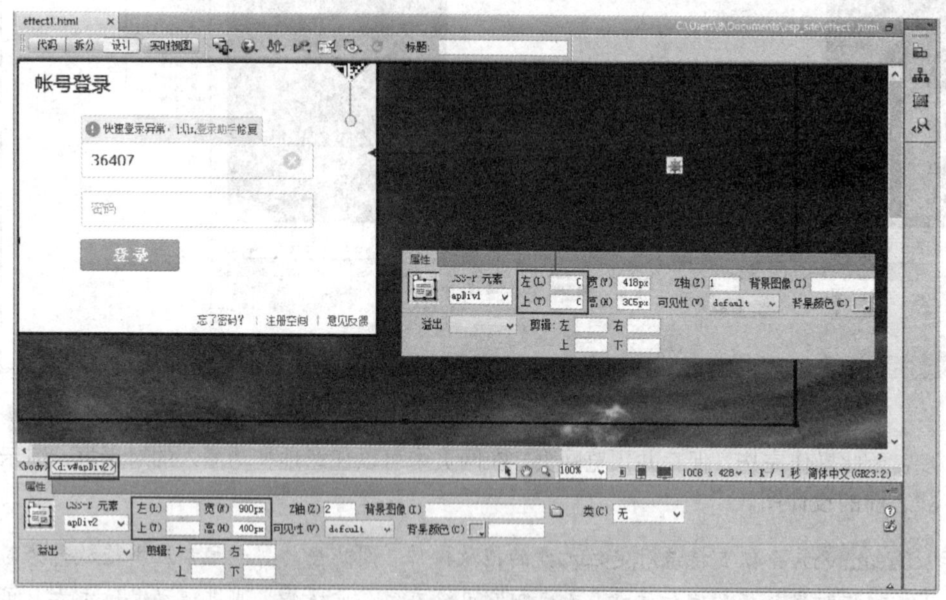

图 14.20 设置绝对定位的 Div 元素属性

第 2 步，在【属性】面板的【目标规则】列表中选中 apDiv2，单击【编辑规则】按钮，打开【#apDiv2

的 CSS 规则定义】对话框，在左侧【分类】列表框中选择【边框】选项，然后为 apDiv2 元素定义一个红色边框，如图 14.21 所示。

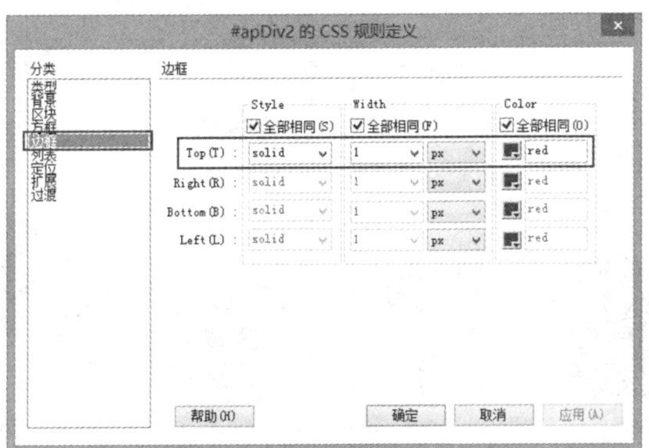

图 14.21　设置绝对定位的 Div 元素样式

第 3 步，在页面空白区域单击，不选中任何元素，在【行为】面板中将会显示 14.5.1 节示例中定义的“拖放 AP 元素”行为。双击该行为，打开【拖放 AP 元素】对话框。

第 4 步，选择【限制】选项，【拖动 AP 元素】对话框会多出设置限制区域大小的选项，如图 14.22 所示，这些设置用来选定拖动绝对定位元素的区域，区域为矩形。计算方法是以绝对定位元素当前所在的位置算起，向上、向下、向左、向右可以偏移多少像素的距离。这里只需要填写数字，单位默认为像素，设置如图 14.22 所示。

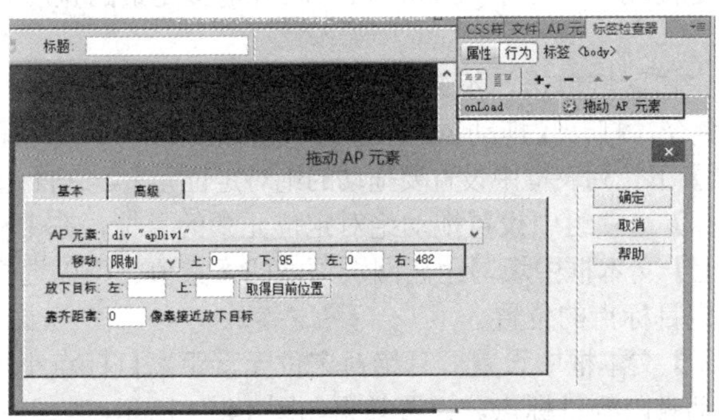

图 14.22　设置绝对定位的 Div 元素样式

> **提示：** 这些值是相对于绝对定位元素的起始位置的。如果限制在矩形区域中的移动，则在所有 4 个框中都输入正值。若要只允许垂直移动，则在【上】和【下】文本框中输入正值，在【左】和【右】文本框中输入 0。若要只允许水平移动，则在【左】和【右】文本框中输入正值，在【上】和【下】文本框中输入 0。

第 5 步，单击【确定】按钮，完成对话框的修改设置。然后在浏览器中预览，就可以发现被拖动的 AP Div1 元素只能够在 AP Div2 包含框中移动，演示效果参阅操作步骤之前的设计图。

14.5.3　案例实战：投放停靠

视频讲解

如图 14.23 所示，拖动的对象在接近目标位置时，能够自动吸附，并准确停靠，这是 Web 开发中经常用到的一种行为。下面介绍如何利用 Dreamweaver 拖放行为来实现这个任务。

Note

【案例效果】

启动页面效果

让拖放对象自动停靠目标

图 14.23　案例效果

【操作步骤】

第 1 步，启动 Dreamweaver CC，打开本节示例中的 orig.html 文件，另存为 effect.html。该页面是一个网络商店主页中的一个栏目，版式设计单一，主要显示商品列表，要求用户执行选购操作。

第 2 步，定义一个绝对定位的 Div 元素。选择【插入】|【结构】|【Div】命令，在页面中插入一个 div 元素，新建 CSS 规则，定义该元素为绝对定位显示。选中该元素，在【属性】面板的【CSS—P 元素】文本框中设置该绝对定位元素的名字为 apDiv1。同时定义元素的宽度和高度，最后在绝对定位元素中插入一个实物图片。

第 3 步，在编辑窗口空白区域单击，不选择<body>标记。打开【行为】面板，单击+按钮，从中选择【拖动 AP 元素】命令，打开【拖动 AP 元素】对话框，如图 14.22 所示。

第 4 步，在【AP 元素】下拉列表框中设置要拖动的绝对定位元素。在此选择【div "apDiv1"】选项。

第 5 步，在【放下目标】选项组中设置拖动绝对定位元素的目标，在【左】文本框中填写距离网页左边界的像素值，在【上】文本框中填写距离网页顶端的像素值。可以选择【查看】|【标尺】|【显示】命令，显示标尺来确定目标点的位置。

第 6 步，在【靠齐距离】文本框中设置一旦绝对定位元素距离目标点小于规定的像素值时，释放鼠标后绝对定位元素会自动吸附到目标点。设置效果如图 14.24 所示。

图 14.24　设置【拖动 AP 元素】对话框

第 7 步，单击【确定】按钮，完成对话框的设置。然后在浏览器中预览，就可以发现被拖动的衣服靠近目标位置时，会自动停靠在其中，演示效果参阅操作步骤之前的设计图。

提示：如果希望拖动对象能够自动恢复到默认的位置，则可以单击【取得目前位置】按钮，将绝对定位元素当前所在的点作为目标点，并自动将对应的值填写在【左】和【上】两个文本框中。

【拓展】

【左】和【上】两个文本框中为拖放目标输入值（以像素为单位）。拖放目标是希望访问者将绝对定位元素拖动到的点。当绝对定位元素的左坐标和上坐标与在【左】和【上】文本框中输入的值匹配时，便认为绝对定位元素已经到达拖放目标。这些值是与浏览器窗口左上角的相对值。单击【取得目前位置】按钮可使用绝对定位元素的当前位置自动填充这些文本框。

在【靠齐距离】文本框中输入一个值（以像素为单位）以确定访问者必须将绝对定位元素拖到距离拖放目标多近时，才能使绝对定位元素靠齐到目标。较大的值可以使访问者较容易找到拖放目标。例如，在下面对话框中，如果设置【靠齐距离】为 2000 像素，如图 14.25 所示。那么就可以设计在窗口内任意拖动对象，当松开鼠标之后，会快速返回默认位置。利用这种方法可以设计拖动对象归位操作。

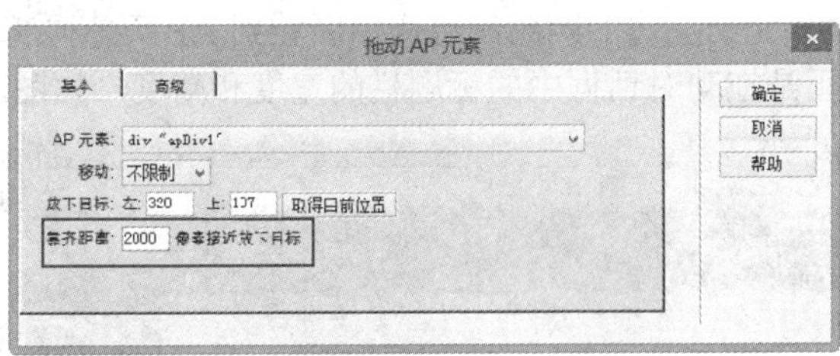

图 14.25　设置拖动对象快速归位行为

14.5.4　案例实战：拖放区域

视频讲解

如图 14.26 所示，对于简单的拼板游戏和布景处理，使用基本设置即可。如果要定义 AP 元素的拖动控制点、在拖动绝对定位元素时跟踪其移动，以及在放下 AP 元素时触发一个动作，则可以使用“高级”设置。

【案例效果】

启动页面效果

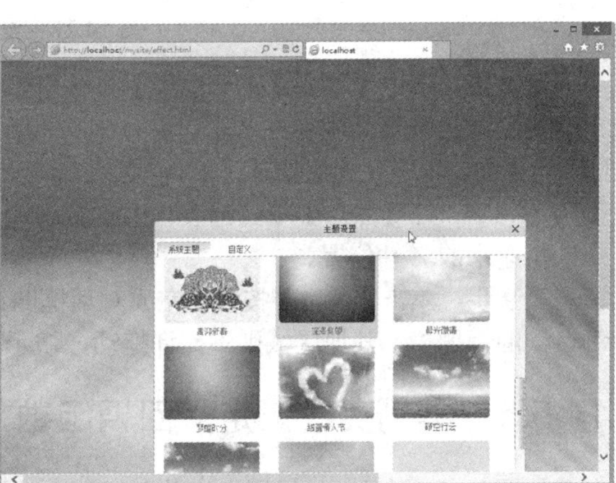

通过标题栏拖动对话框

图 14.26　案例效果

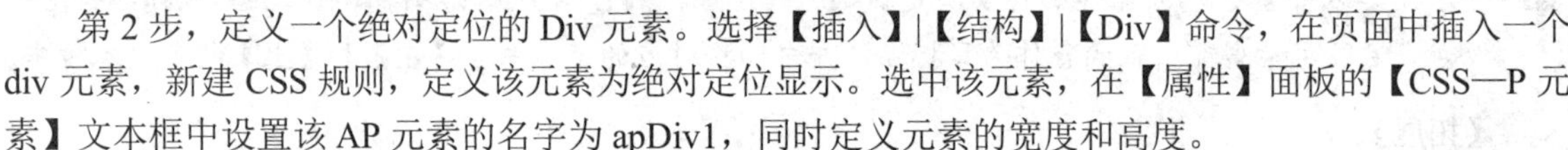

【操作步骤】

第 1 步，启动 Dreamweaver CC，打开本节示例中的 orig.html 文件，另存为 effect.html。该页面是一个 Web 应用的桌面，在桌面中可以执行各种设置，使用各种应用。

第 2 步，定义一个绝对定位的 Div 元素。选择【插入】|【结构】|【Div】命令，在页面中插入一个 div 元素，新建 CSS 规则，定义该元素为绝对定位显示。选中该元素，在【属性】面板的【CSS—P 元素】文本框中设置该 AP 元素的名字为 apDiv1，同时定义元素的宽度和高度。

Note

第 3 步，在编辑窗口空白区域单击，不选择<body>标记。打开【行为】面板，单击+按钮，从中选择【拖动 AP 元素】命令，打开【拖动 AP 元素】对话框。

第 4 步，在【AP 元素】下拉列表框中设置要拖动的 AP 元素。在此选择【div "apDiv1"】选项。

第 5 步，在【移动】下拉列表框中设置移动区域。从中选择【不限制】选项，允许浏览者在网页中自由拖动 AP 元素。其他选项保持默认设置。

第 6 步，在【拖动 AP 元素】对话框中选择【高级】选项卡，切换到高级设置选项。

在【拖动控制点】下拉列表框中选择【AP 元素内区域】选项，确定 AP 元素上的固定区域为拖动区域。然后在后面出现的【左】【上】【宽】【高】文本框中分别输入为 0、0、582、26，它们是设置 AP 元素可作用区域到 AP 元素左边的距离、可作用区域到 AP 元素顶部的距离、作用区域的宽度和高度。582 和 26 两个值正是拖动对话框中的标题栏的宽度和高度，如图 14.27 所示。

图 14.27　设置可拖动的区域

第 7 步，选中【将元素置于顶层】复选框，使 AP 元素在被拖动的过程中，总是位于所有 AP 元素的最上方。当页面中存在多个可拖动对象时，选中该复选框就非常必要，避免拖动的绝对定位的 Div 元素被其他定位元素覆盖。

第 8 步，在【然后】下拉列表框中设置拖动结束后 AP 元素是依旧留在各个 AP 元素的最上面还是恢复原来的 Z 轴位置。

第 9 步，单击【确定】按钮，完成对话框的设置。然后在浏览器中预览，就可以发现只能够拖动对话框的标题栏，其他区域则不允许拖动，演示效果参阅操作步骤之前的设计图。

视频讲解

14.5.5　案例实战：定义回调函数

如图 14.28 所示，如果用户简单了解脚本的编写，可以定义更复杂的拖放操作。例如，可以编写一个函数，用于监视绝对定位元素的坐标，并在页面中显示提示等，也可以通过回调函数动态改变拖放元素的样式，实现更富交互性的拖放操作效果。

【案例效果】

启动页面效果　　　　实时跟踪拖动对象，并显示提示信息和动态样式

图 14.28　案例效果

【操作步骤】

第 1 步，启动 Dreamweaver CC，打开本节示例中的 orig.html 文件，另存为 effect.html。该页面是 14.5.3 节的投放停靠效果页面。

第 2 步，定义一个绝对定位的 Div 元素。选择【插入】|【结构】|【Div】命令，在页面中插入一个 div 元素，新建 CSS 规则，定义该元素为绝对定位显示。选中该元素，在【属性】面板的【CSS—P 元素】文本框中设置该 AP 元素的名字为 apDiv2。同时定义元素的坐标，让其显示在移动对象的右上角，如图 14.29 所示。

图 14.29　插入 AP 元素

第 3 步，在编辑窗口空白区域单击，不选择<body>标记。打开【行为】面板，单击+按钮，从中选择【拖动 AP 元素】命令，打开【拖动 AP 元素】对话框。

第 4 步，在【AP 元素】下拉列表框中设置要拖动的 AP 元素。在此选择【div "apDiv1"】选项。其他选项保持默认设置。

第 5 步，在【拖动 AP 元素】对话框中选择【高级】选项卡，切换到高级设置选项。

第 6 步，在【呼叫 JavaScript】文本框中设置浏览者在拖动 AP 元素的过程中执行的 JavaScript 代码，这里输入“a()”，表示当拖动对象移动时，连续执行函数 a。

第 7 步，在【放下时，呼叫 JavaScript】文本框中设置浏览者释放鼠标后执行的 JavaScript 代码。如果只有在绝对定位元素到达拖放目标时才执行 JavaScript，则应该选中【只有在靠齐时】复选框。

Note

这里输入“b()”，并选中【只有在靠齐时】复选框，表示当放下鼠标拖动，且让拖动对象归位时，执行函数 b，设置如图 14.30 所示。

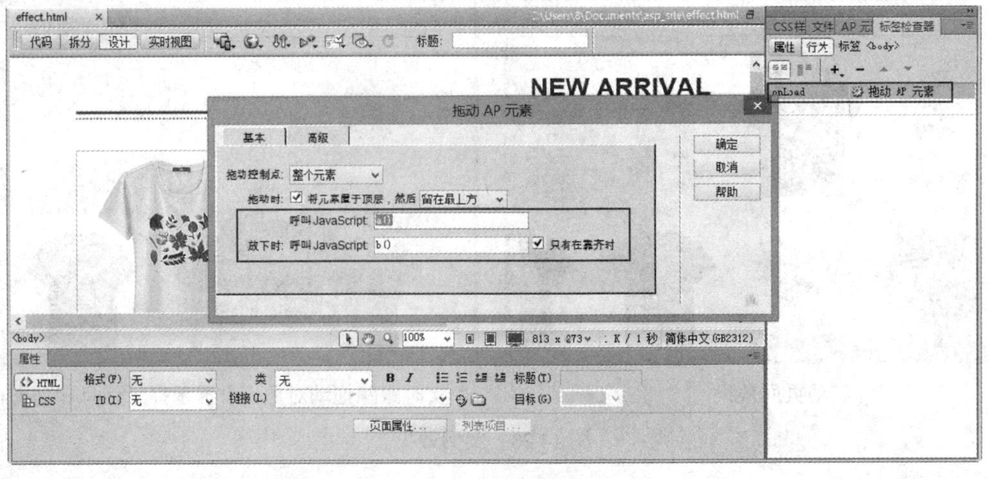

图 14.30　设置回调函数

第 8 步，切换到【代码】视图，在 JavaScript 脚本中定义函数 a 和 b，代码如下：

```
<script>
function a(){
    var e1 = document.getElementById("apDiv1");
    var e2 = document.getElementById("apDiv2");
    e14.innerHTML = "Left:" + e1.offsetLeft + "<br>Top:" +    e1.offsetTop;
    e1.style.border = "solid 1px red";
}
function b(){
    var e1 = document.getElementById("apDiv1");
    var e2 = document.getElementById("apDiv2");
    e14.innerHTML = "";
    e1.style.border = "none";
}
</script>
```

在函数 a 和 b 中，首先使用 document.getElementById 方法获取 apDiv1 和 apDiv2 两个元素。然后在函数 a 中，获取 apDiv1 元素的偏移坐标，并通过 innerHTML 属性，把坐标移动信息显示在 apDiv2 元素中，并为拖动的对象添加一个红色边框。

在函数 b 中，清除 apDiv2 元素包含的任何文本信息，同时清除 apDiv1 元素的边框线。

第 9 步，单击【确定】按钮，完成对话框的设置。然后在浏览器中预览，就可以发现当拖动对象时，该对象会显示红色边框线，同时实时显示坐标位置，演示效果参阅操作步骤之前的设计图。

14.6　CSS 脚本化

通过 JavaScript 可以脚本化控制 CSS 样式显示和变化。为了简化操作，Dreamweaver 把这些代码打包成行为，通过可视化操作快速完成复杂的动态样式设计。

视频讲解

Note

14.6.1　案例实战：定义动态属性

如图 14.31 所示，使用“改变属性”行为可以动态改变对象的属性值。例如，当某个鼠标事件触发之后，可以改变表格的背景颜色或是改变图像的大小等。以获取相对动态的页面效果。这些改变实际上是改变对象对应标记的相应属性值。

【案例效果】

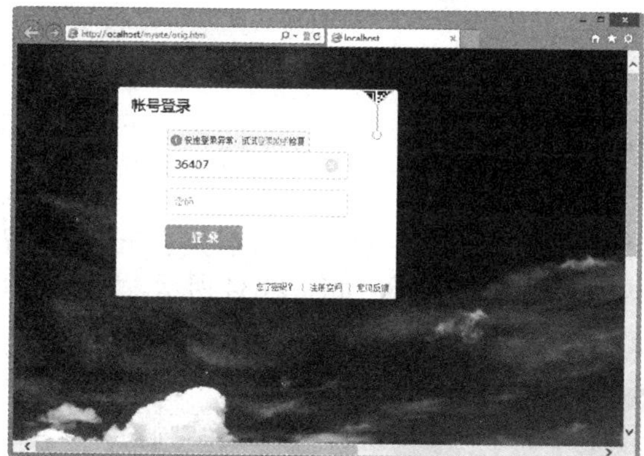

启动页面效果

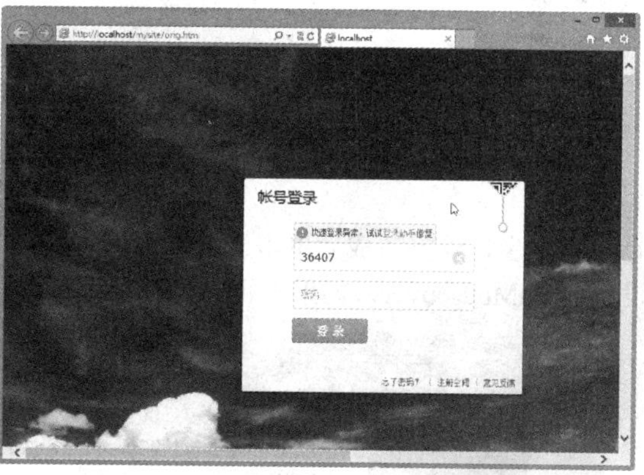

自由拖动页面对话框会显示红色边框

图 14.31　案例效果

【操作步骤】

第 1 步，启动 Dreamweaver CC，打开本节示例中的 orig.html 文件，另存为 effect.html。本例设计当鼠标经过对话框时，高亮显示对话框的边框线。

第 2 步，选中<div id="apDiv1">标签，单击【行为】面板中的+按钮，从弹出的行为菜单中选择【改变属性】命令，打开【改变属性】对话框，如图 14.32 所示。

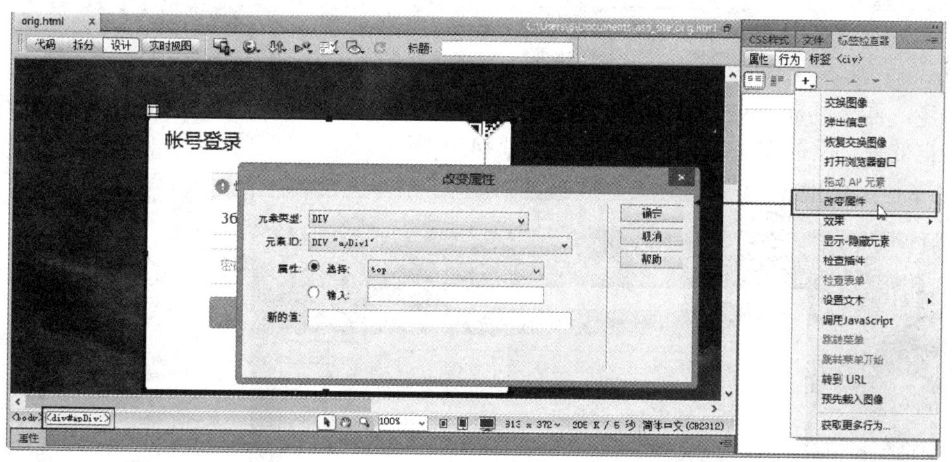

图 14.32　打开【改变属性】对话框

第 3 步，在【元素类型】下拉列表框中设置要更改其属性的对象的类型。实例中要改变 AP 元素的属性，因此选择 DIV。

第 4 步，在【元素 ID】下拉列表框中显示网页中所有该类对象的名称，如图 14.32 中会列出网页中所有的 AP 元素的名称。在其中选择要更改属性的 AP 元素的名称，如 DIV "apDiv1"。

第 5 步，在【属性】选项组中选择要更改的属性，因为要设置背景，所以选择 border。如果要更改的属性没有出现在下拉菜单中，可以在【输入】文本框中手动输入属性。

第 6 步，在【新的值】文本框中设置选择属性新值。这里要定义 AP 元素的边框线，设置为“solid 2px red”。设置如图 14.33 所示。

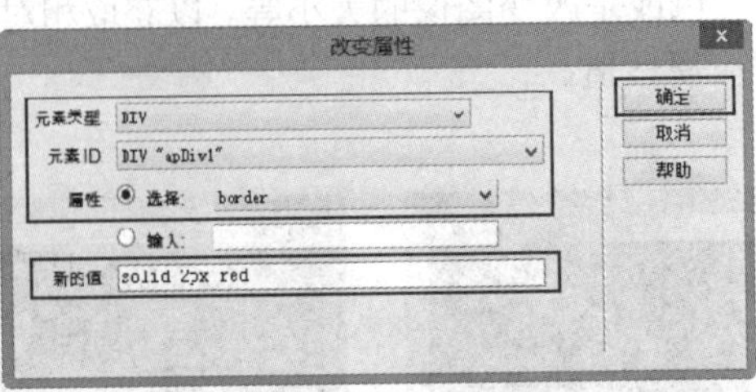

图 14.33　设置【改变属性】对话框

第 7 步，设置完成后单击【确定】按钮。在【行为】面板中确认触发动作的事件是否正确，这里设置为 onMouseover，如果不正确，需要在事件菜单中选择正确的事件，如图 14.34 所示。

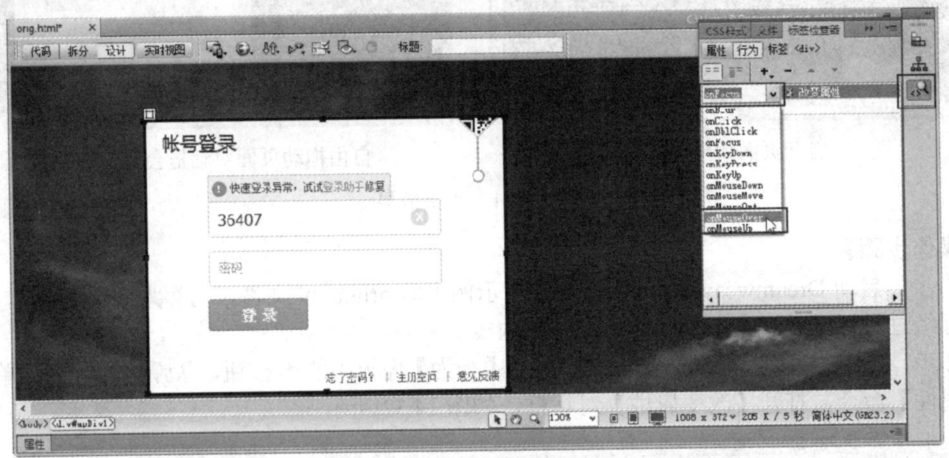

图 14.34　修改事件类型

第 8 步，再选中 ap Div1 元素，继续添加一个“改变属性”行为，设计鼠标移出该元素后恢复默认的无边框效果，设置【改变属性】对话框如图 14.35 所示。

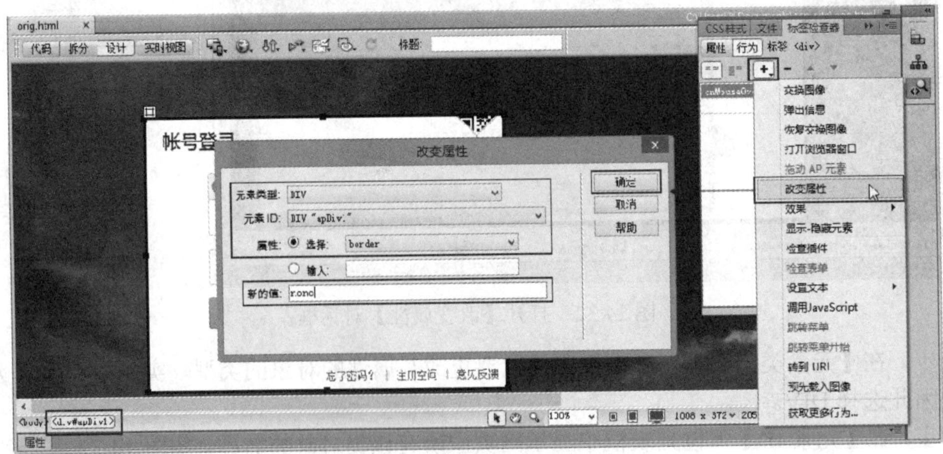

图 14.35　设置【改变属性】对话框

第 9 步，设置完成后单击【确定】按钮。在【行为】面板中确认触发动作的事件是否正确，这里设置为 onMouseout，即设计当鼠标离开对话框时，恢复默认的无边框状态，如图 14.36 所示。

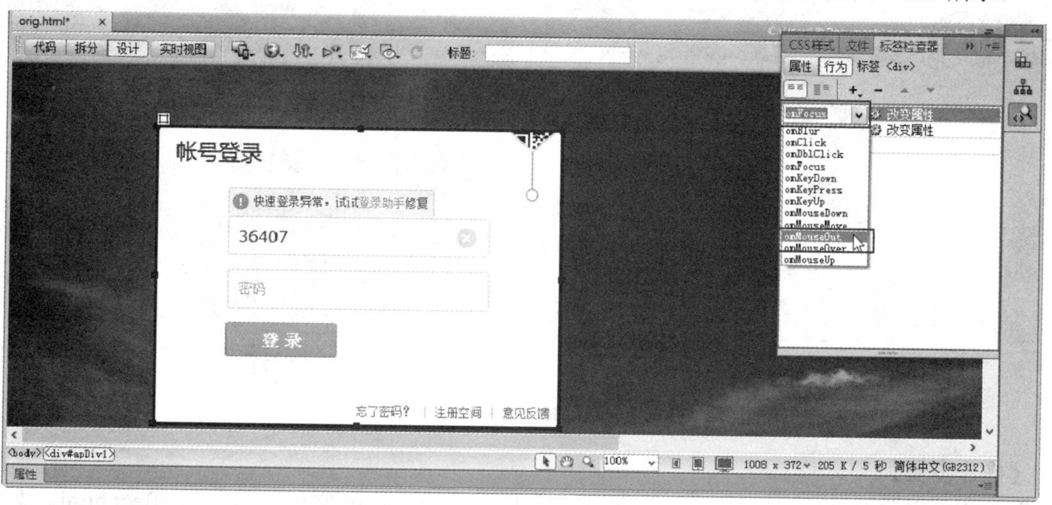

图 14.36　修改事件类型

第 10 步，保存并预览网页。当鼠标移到对话框上时会显示红色边框线，以提示用户注意，当鼠标移出对话框时则隐藏边框线，恢复默认的效果，演示效果参阅操作步骤之前的设计图。

【拓展】

在上面示例中，当鼠标经过和移出对话框时，会有轻微地晃动，这是因为鼠标经过时显示边框，而移出对话框时边框被清理了，导致出现两个像素的错位。纠错的方法是：重设鼠标移出时，动态修改 CSS 属性值，把 none 改为灰色边框线，如图 14.37 所示。此时保存并预览网页。当鼠标移到对话框上时会显示红色边框线，移出对话框后，不再出现错位现象。

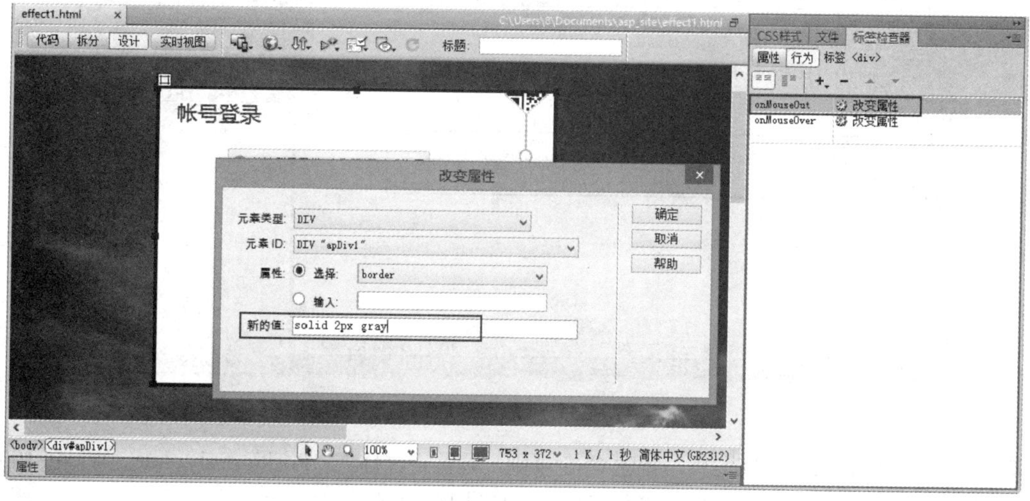

图 14.37　修改 CSS 样式属性

14.6.2　案例实战：设计显隐控制按钮

如图 14.38 所示，使用“显示-隐藏元素”行为可以显示、隐藏或恢复一个或多个元素的可见性。

视频讲解

Note

【案例效果】

启动页面效果

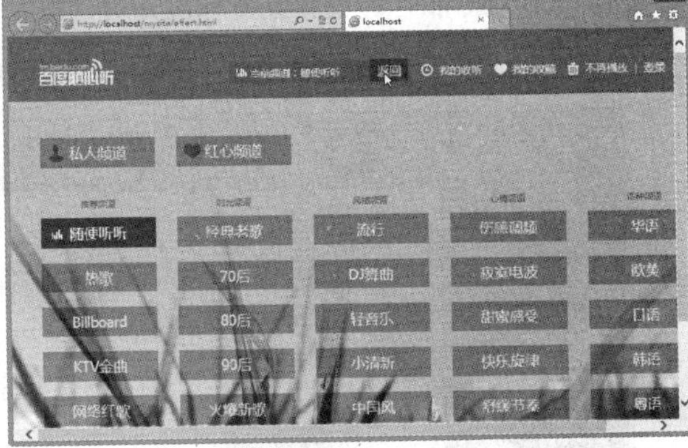

切换页面显示

图 14.38　案例效果

【操作步骤】

第 1 步，启动 Dreamweaver CC，打开本节示例中的 orig.html 文件，另存为 effect.html。本例将利用“显示-隐藏元素”行为制作切换面板。

第 2 步，单击【代码】视图，切换到代码编辑窗口下，在<body>标签中添加如下 4 行代码，如图 14.39 所示。

```
<div id="apDiv1"><img src="images/e1.png" width="56" height="31" /></div>
<div id="apDiv2"><img src="images/e14.png" width="56" height="31" /></div>
<div id="apDiv3"><img src="images/e11.JPG" width="1003" height="580" /></div>
<div id="apDiv4"><img src="images/e214.JPG" width="1003" height="580" /></div>
```

图 14.39　设计标签结构

第 3 步，选中<div id="apDiv3">，新建 CSS 规则，设置定位样式：Position: absolute、Width: 1003px、Height: 580px、Z-Index: 4、Left: 0px、Top: 89px，如图 14.40 所示。

第 4 步，选中<div id="apDiv4">，在【CSS 样式】面板中单击【新建 CSS 规则】按钮，设置定位样式，设置参数与 apDiv3 相同，不同点是 Z-Index: 3，即让 apDiv3 显示在上面。

第 5 步，选中<div id="apDiv1">，新建 CSS 规则，设置定位样式：Position: Absolute、Width: 56px、Height: 31px、Z-Index: 2、Left: 500px、Top: 37px，如图 14.41 所示。

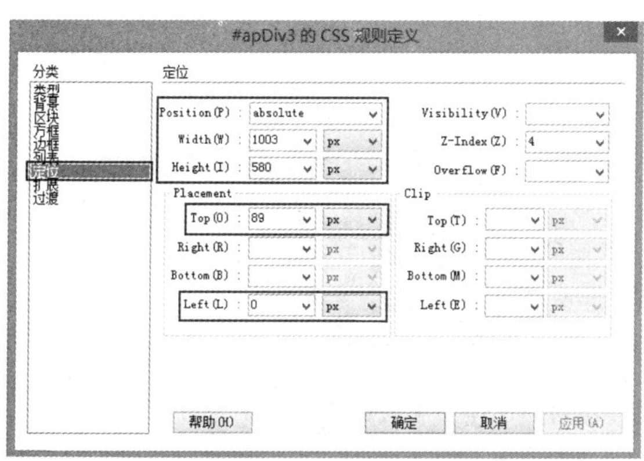

图 14.40　设计<div id="apDiv3">标签样式

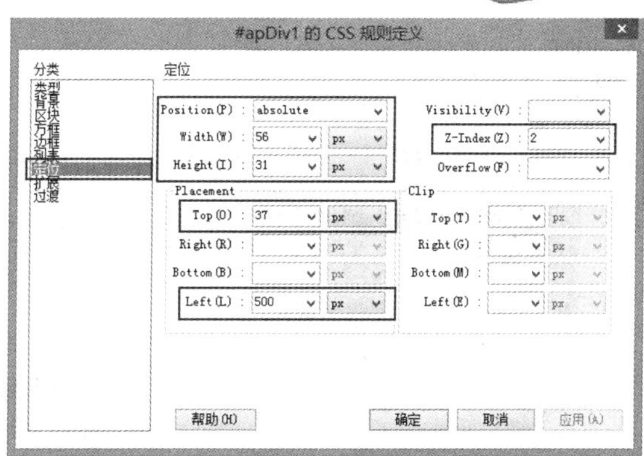

图 14.41　设计<div id="apDiv1">标签样式

第 6 步，选中<div id="apDiv1">，然后在【行为】面板中单击+按钮，在弹出的下拉菜单中选择【显示-隐藏元素】命令，打开【显示-隐藏元素】对话框，如图 14.42 所示。

图 14.42　打开【显示-隐藏元素】对话框

第 7 步，在元素列表中选中相应的 AP 元素并设置元素的显示或隐藏属性，例如，选中“div " apDiv1"”元素，然后单击【隐藏】按钮，表示隐藏该 AP 元素；选中“div " apDiv 2"”元素，单击【显示】按钮，表示显示该 AP 元素。而【默认】按钮表示使用【属性】面板上设置的 AP 元素的显示或隐藏属性。最后，设置<div id="apDiv3">隐藏，而<div id="apDiv4">显示，详细设置如图 14.43 所示。

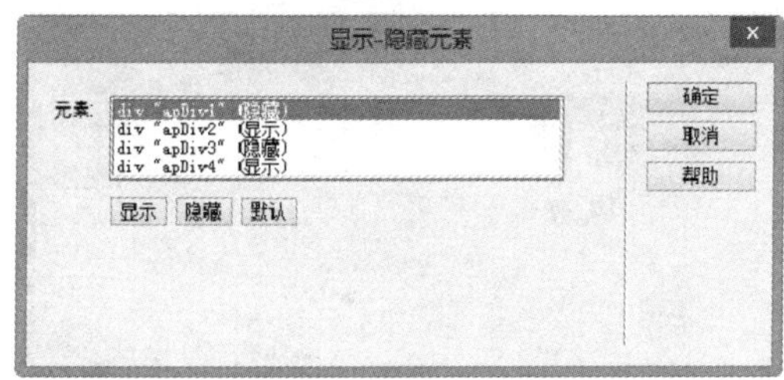

图 14.43　设置【显示-隐藏元素】对话框

第 8 步，设置完成后单击【确定】按钮。在【行为】面板上查看行为的事件是否正确。如果不正

Note

确，单击事件旁的向下按钮，在弹出的菜单中选择相应的事件。在本例中设置鼠标事件为 onClick，如图 14.44 所示。

图 14.44 设置事件响应类型

第 9 步，选中<div id="apDiv2">，由于<div id="apDiv2">被<div id="apDiv1">标签覆盖住，在【设计】视图下看不到该标签，因此单击【代码】视图，在【代码】视图下拖选<div id="apDiv2">标签的完整结构，如图 14.45 所示。

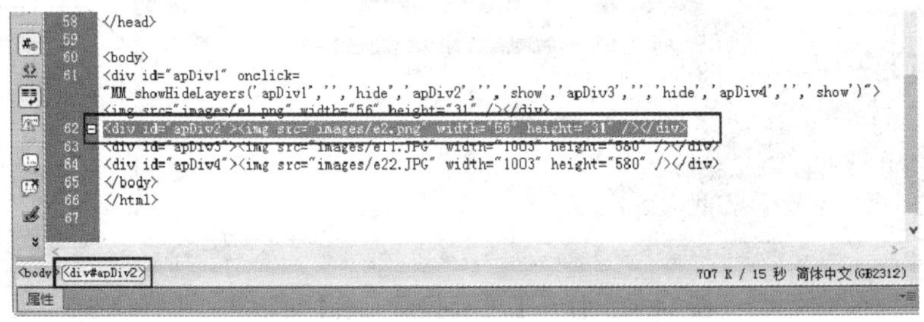

图 14.45 拖选<div id="apDiv2">标签

第 10 步，单击【行为】面板中的+按钮，从中选择【显示-隐藏元素】命令。在打开的【显示-隐藏元素】对话框中选中相应的绝对定位元素并设置元素的显示或隐藏属性，具体设置如图 14.46 所示。

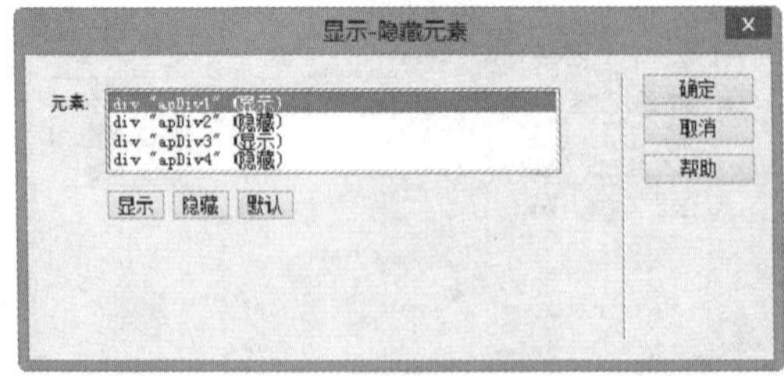

图 14.46 设置【显示-隐藏元素】对话框

第 11 步，单击【确定】按钮后，在【行为】面板中将鼠标事件更改为 onClick，如图 14.47 所示。

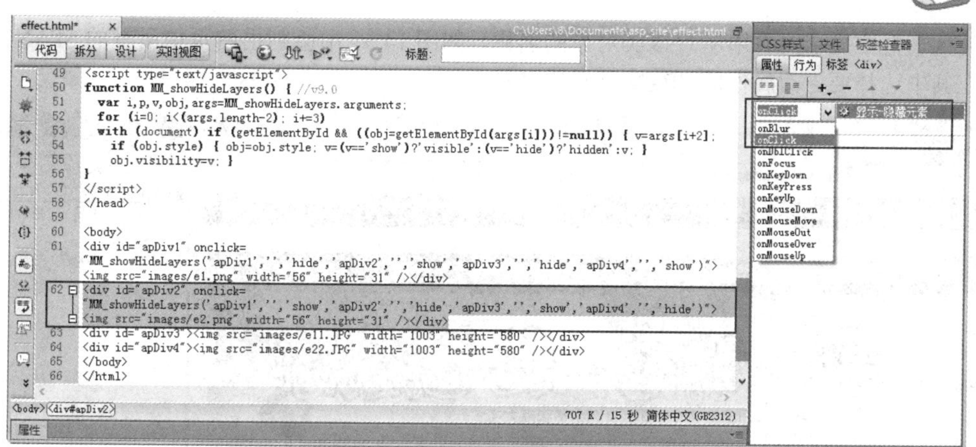

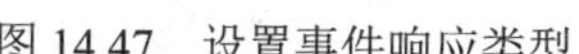

图 14.47　设置事件响应类型

第 12 步，设置完成后保存为页面，按 F12 键浏览页面，当单击【换台】按钮，则会切换到选台页面，此时按钮显示为“返回”，如果单击【返回】按钮，则返回到前面页面，演示效果参阅操作步骤之前的设计图。

14.6.3　案例实战：设计宽幅广告

视频讲解

使用“改变属性”行为可以动态改变对象的属性值。例如，当某个鼠标事件触发之后，可以改变表格的背景颜色或是改变图像的大小等，以获取相对动态的页面效果。这些改变实际上是改变对象对应标记的相应属性值。如图 14.48 所示的示例演示当鼠标经过小幅广告条时，会自动伸展广告条，显示宽幅广告条。

【案例效果】

启动页面效果

鼠标经过时弹出的宽幅广告

图 14.48　案例效果

【操作步骤】

第 1 步，启动 Dreamweaver CC，打开本节示例中的 orig.html 文件，另存为 effect.html。首先在 Dreamweaver 中设计好页面初步效果，如图 14.49 所示。

第 2 步，通过 CSS 样式“display:none;”隐藏宽幅广告条，仅显示窄幅广告条。选中<span id="big">标签，新建 CSS 规则，设置区块样式：Display: none，如图 14.50 所示。

第 3 步，选中<span id="small">，单击【行为】面板中的+按钮，从弹出的行为菜单中选择【改变属性】命令，打开【改变属性】对话框，在【元素类型】下拉列表框中选择 SPAN 类型。在【元素

Note

ID】下拉列表框中显示网页中所有该类对象的名称，如图 14.51 中会列出网页中所有的 SPAN 元素的名称。在其中选择要更改属性的 SPAN 元素的名称。

图 14.49　页面初步设计效果

第 4 步，在【属性】选项组中选择要更改的属性，因为要显示被隐藏的宽幅广告条，所以选择 display。如果要更改的属性没有出现在下拉菜单中，可以在【输入】文本框中手动输入属性。

第 5 步，在【新的值】文本框中设置选择属性新值。这里要改变 SPAN 元素的显示属性值，输入新值为 inline，设置如图 14.51 所示。

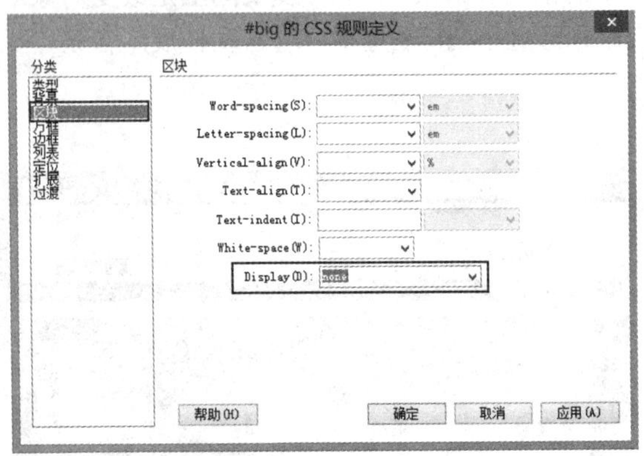

图 14.50　设计<span id="big">标签样式

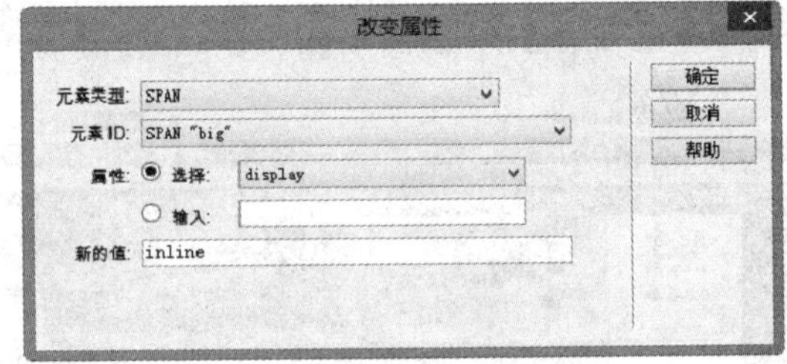

图 14.51　【改变属性】对话框

第 6 步，设置完成后单击【确定】按钮。在【行为】面板中确认触发动作的事件是否正确，这里设置为 onMouseover。

第 7 步，再次选中<span id="small">标签，单击【行为】面板中的+按钮，从弹出的行为菜单中选择【改变属性】命令，打开【改变属性】对话框，设置如图 14.52 所示。

第 8 步，设置完成后单击【确定】按钮。在【行为】面板中确认触发动作的事件是否正确，这里设置为 onMouseover。

第 9 步，单击【代码】按钮，切换到【代码】视图，使用鼠标拖选<span id="big">标签，由于该标签被隐藏显示，所以在【设计】视图下是看不到的，如图 14.53 所示。

第 10 步，在【行为】面板中单击+按钮，在弹出的下拉菜单中选择【改变属性】命令，打开【改变属性】对话框，设置如图 14.54 所示。

图 14.52　设置隐藏窄幅广告条

```
<body>
<div><img src="images/1.jpg" /></div>
<div id="box">
    <div><span id="small" onmouseover=
"MM_changeProp('big','','display','inline','SPAN');MM_changeProp('small','','display','none','SPAN')"><img src=
"images/2.jpg" /></span><span id="big"> <img src="images/3.jpg" /></span></div>
    <div class="left"> <img src="images/4.jpg" /> <img src="images/5.jpg" /> <img src="images/6.jpg" /> </div>
    <div class="right"> <img src="images/7.jpg" /> <img src="images/8.jpg" /> </div>
</div>
</body>
</html>
```

图 14.53　在【代码】视图下拖选<span id="big">标签

在【元素类型】下拉列表框中选择 SPAN 类型。在【元素 ID】下拉列表框中选择【SPAN "small "】选项。在【属性】选项组中选择 display 选项。如果要更改的属性没有出现在下拉菜单中，可以在【输入】文本框中手动输入属性。在【新的值】文本框中设置选择属性新值。这里要改变 SPAN 元素的显示属性值，输入新值为 inline。

第 11 步，在【行为】面板中单击+按钮，在弹出的下拉菜单中选择【改变属性】命令，打开【改变属性】对话框，在【元素类型】下拉列表框中选择 SPAN 类型。在【元素 ID】下拉列表框中选择【SPAN "big "】选项。在【属性】选项组中选择 display 选项。在【新的值】文本框中输入新值为 none，设置如图 14.55 所示。

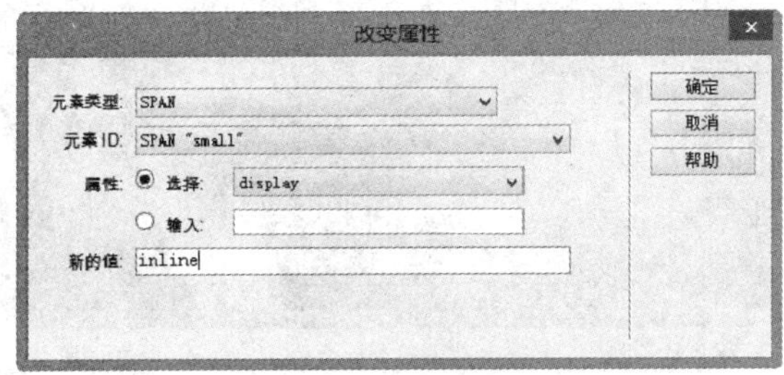

图 14.54　设置【改变属性】对话框 1

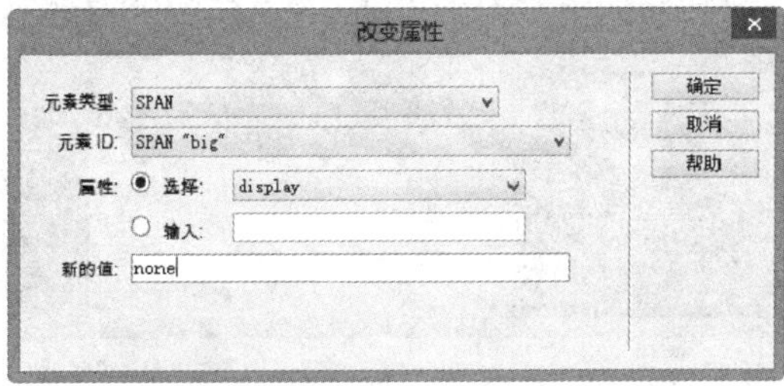

图 14.55　设置【改变属性】对话框 2

第 12 步，设置完成后单击【确定】按钮。在【行为】面板上单击事件旁的向下按钮，在弹出的菜单中选择相应的事件。在本例中设置鼠标事件为 onMouseOut，如图 14.56 所示。注意，添加的两个行为都必须改为 onMouseOut 事件类型。

第 13 步，保存并预览网页。当鼠标移到窄幅广告条上时，将会显示宽幅广告条，同时隐藏窄幅广告条，而离开鼠标之后，则又恢复默认状态，演示效果参阅操作步骤之前的设计图。

Note

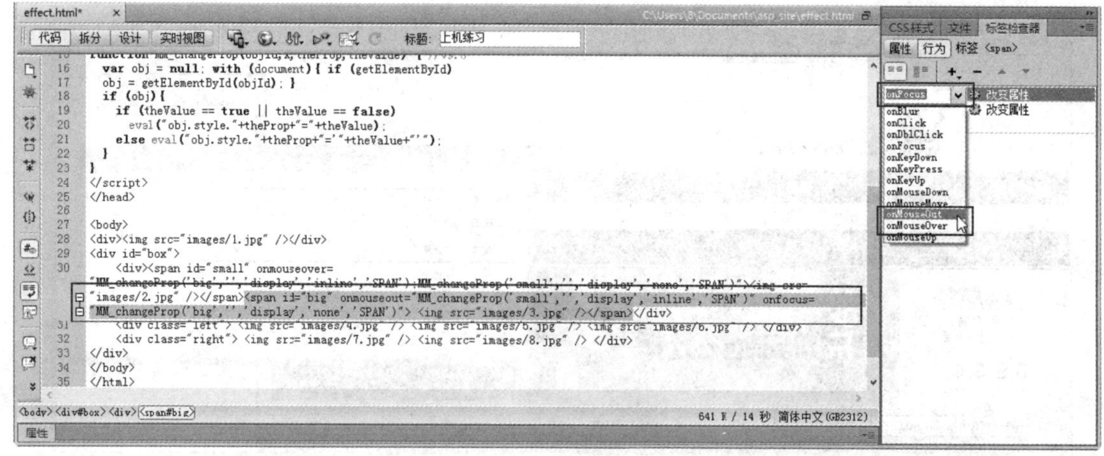

图 14.56　设置事件响应类型

14.7　HTML 脚本化

设置文本就是动态改变指定标签包含的文本信息或 HTML 源代码。在“设置文本”行为组中包含了 4 项针对不同类型文本的动作，包括设置容器的文本、设置文本域文字、设置框架文本和设置状态栏文本。由于状态栏文本和框架文本不是很常用，本节重点介绍容器文本和文本域文字这两个行为的应用。

视频讲解

14.7.1　案例实战：插入 HTML 文本

如图 14.57 所示，使用“设置容器的文本”行为可以将指定网页容器内的内容替换为特定的内容，该内容可以包括任何有效的 HTML 源代码。

【案例效果】

向右滑动效果

向左滑动效果

图 14.57　案例效果

【操作步骤】

第 1 步，启动 Dreamweaver CC，打开本节示例中的 orig.html 文件，另存为 effect.html。在本示例中我们将借助“设置容器的文本”行为来设计宽幅广告的图片动态切换效果。

第 2 步，在编辑窗口中选择左侧按钮图标。打开【行为】面板，单击 + 按钮，在弹出的菜单中选择【设置文本】|【设置容器的文本】命令，打开【设置容器的文本】对话框，如图 14.58 所示。

图 14.58　打开【设置容器的文本】对话框

第 3 步，在【容器】下拉列表框中列出了页面中所有具备容器的对象，在其中选择要进行操作的层。本例中为 div "apDiv1"。

第 4 步，在【新建 HTML】文本框中输入要替换的内容的 HTML 代码，如“<img src="images/f1.jpg" width="801" height="385" />”。设置如图 14.59 所示。

第 5 步，单击【确定】按钮，关闭【设置容器的文本】对话框。然后在【行为】面板中将事件设置为 onClick，如图 14.60 所示。

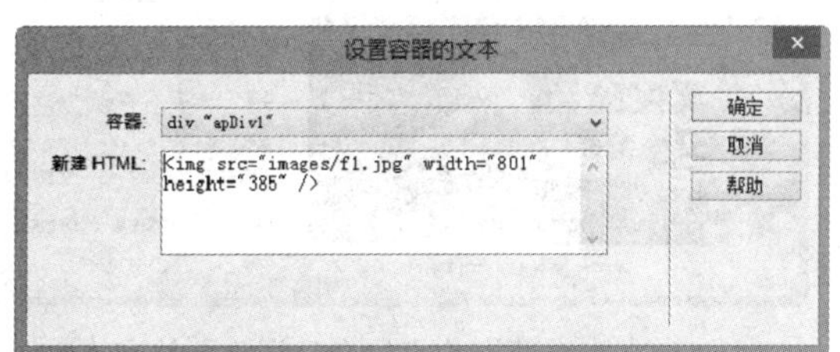

图 14.59　设置【设置容器的文本】对话框

图 14.60　设置事件类型

第 6 步，选中右侧的导航按钮，单击 + 按钮，在弹出的菜单中选择【设置文本】|【设置容器的文本】命令，打开【设置容器的文本】对话框。在【容器】下拉列表框中列出了页面中所有具备容器的对象，在其中选择要进行操作的层。本例中为 div "apDiv1"。

第 7 步，在【新建 HTML】文本框中输入要替换的内容的 HTML 代码，如“<img src="images/f14.jpg" width="801" height="385" />”。设置如图 14.61 所示。

第 8 步，单击【确定】按钮，关闭【设置容器的文本】对话框。然后在【行为】面板中将事件设置为 onClick，如图 14.61 所示。

Note

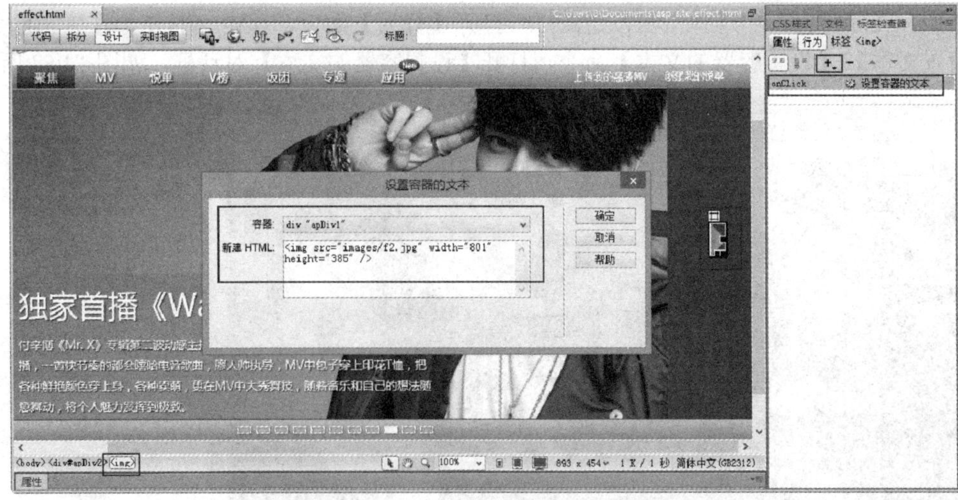

图 14.61　设置【设置容器的文本】对话框

第 9 步，保存并在浏览器中预览，当单击段落文本，则该文本会自动替换为指定的图像，演示效果参阅操作步骤之前的设计图。

视 频 讲 解

14.7.2　案例实战：设置文本域文本

如图 14.62 所示，使用“设置文本域文字”行为动态设置文本域内的输入文本信息。

【案例效果】

文本框默认显示效果

当文本框获取焦点后自动清除默认文本

图 14.62　案例效果

【操作步骤】

第 1 步，启动 Dreamweaver CC，打开本节示例中的 orig.html 文件，另存为 effect.html。在本示例中我们设计当用户单击搜索文本框，则默认的提示性文本自动会消失。

第 2 步，打开 effect.html 文件，插入一个简单的文本域，在【属性】面板中设置默认值为“输入您想搜索的关键词，如‘围巾’”，以提示用户在此输入关键词，如图 14.63 所示。

第 3 步，选择 search 文本域，然后单击【行为】面板中的+按钮，从中选择【设置文本】|【设置文本域文字】命令，打开【设置文本域文字】对话框，如图 14.64 所示。

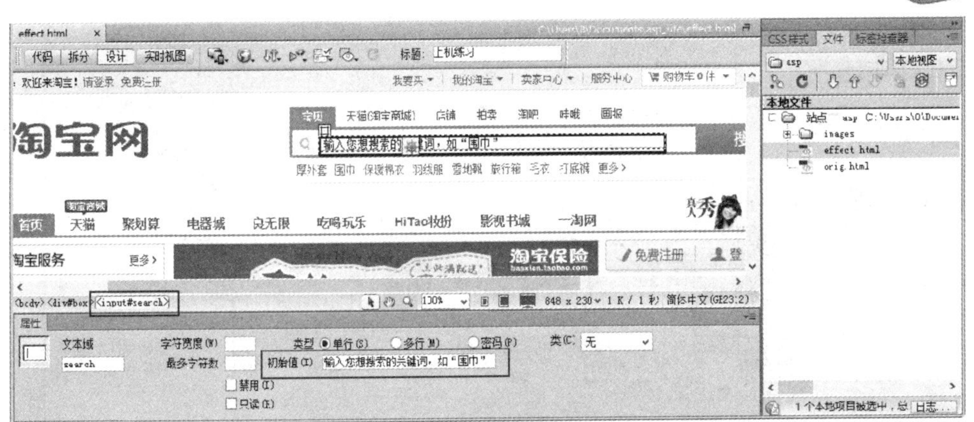

图 14.63　设置文本域的默认值

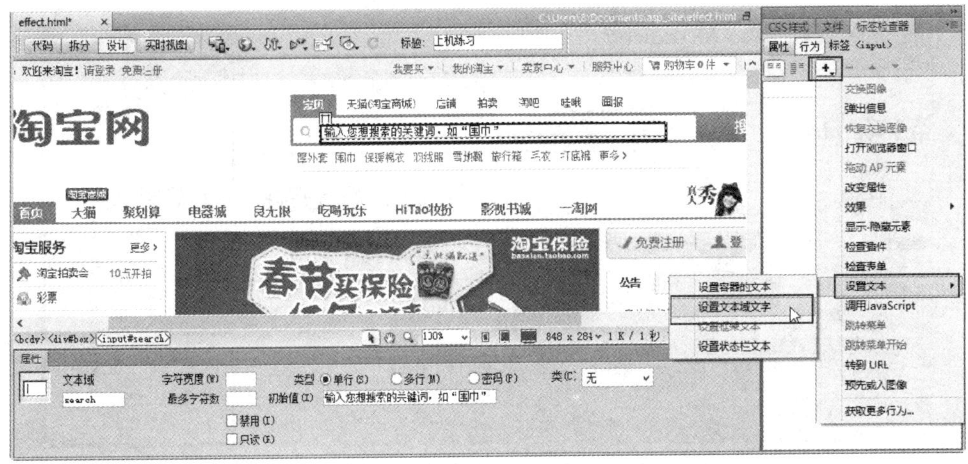

图 14.64　打开【设置文本域文字】对话框

第 4 步，在【文本域】下拉列表框中选择 search 文本域，然后在【新建文本】文本框中不输入信息，表示清除文本域内的默认值，设置如图 14.65 所示。

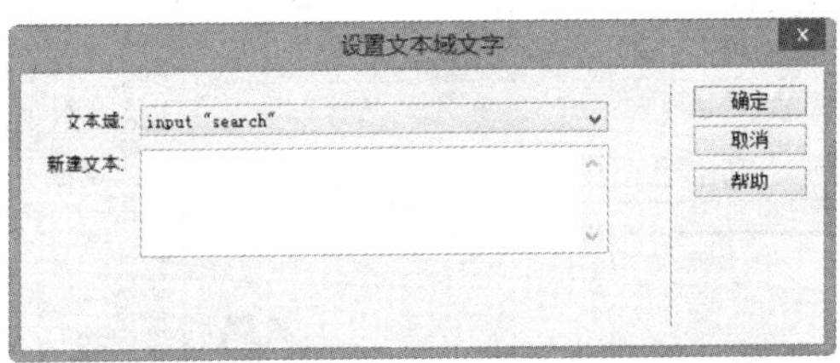

图 14.65　设置【设置文本域文字】对话框

第 5 步，单击【确定】按钮后，在【行为】面板中将触发动作的事件改为 onFocus，表示当该文本域获得焦点时，清除默认的提示文本，避免浏览者手动删除这些文本，然后再输入关键词，这样会影响用户的操作体验，如图 14.66 所示。

第 6 步，继续选择文本域，然后单击【行为】面板中的+按钮，从中选择【设置文本】|【设置文本域文字】命令，打开【设置文本域文字】对话框。在【文本域】下拉列表框中选择 search 文本域，然后在【新建文本】文本框中输入“输入您想搜索的关键词，如“围巾””信息，表示为文本域设置显示的默认值，设置如图 14.67 所示。

Note

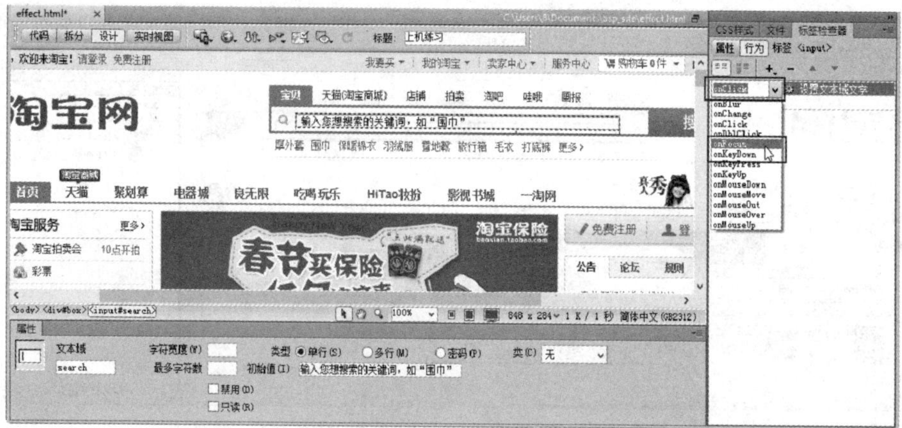

图 14.66　设置事件类型

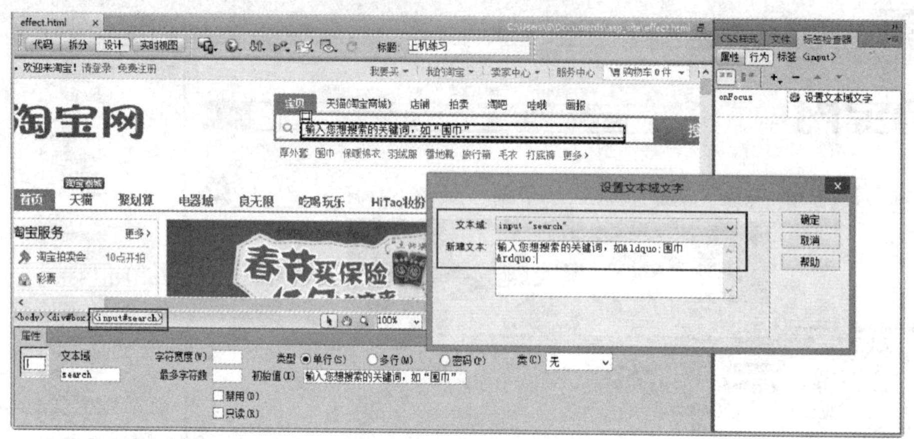

图 14.67　再次添加设置文本域文字行为

第 7 步，单击【确定】按钮后，在【行为】面板中将触发动作的事件改为 onBlur，表示当该文本域失去焦点时，恢复默认的提示文本，如图 14.68 所示。

图 14.68　设置事件类型

第 8 步，保存页面，在浏览器中浏览时，如果单击文本域，则文本域中显示文本会立即消失，当文本框失去焦点后，将会恢复默认的文本，演示效果参阅操作步骤之前的设计图。

【拓展】

在运行上面示例中，用户可能会发现一个问题：当用户输入文本之后，一旦离开，即文本框失去焦点之后，框内输入的值重新被默认值所覆盖。这是为什么？

原来，当文本框失去焦点后，将触发 onBlur 事件，并调用上面定义的“设置文本域文字”行为，

使用默认的文本重写了用户输入的文本。

解决方法如下：

单击【代码】按钮，切换到【代码】视图，找到文本框标签，在 onBlur 属性中添加代码 if(! this.value.replace(/(^\s*)|(\s*$)/g,'').length>0)，如图 14.69 所示。

```
<input name="search" type="text" id="search" onfocus="MM_setTextOfTextfield('search','','')" onblur="if(! this.value.replace(/(^\s*)|(\s*$)/g,'').length>0) MM_setTextOfTextfield('search','','输入您想搜索的关键词，如&ldquo;围巾&rdquo;')" value="输入您想搜索的关键词，如&ldquo;围巾&rdquo;" />
```

图 14.69　修改脚本中的代码

在上面代码中，为 onblur 事件处理函数添加一个条件，该条件使用 this.value 获取文本框的值，然后使用字符串方法 replace()把文本框值的首尾空格清除掉，这里主要使用正则表达式(^\s*)|(\s*$)/g 进行匹配，避免用户没有输入字符，但是误输入了空格。

然后使用字符串的 length 属性读取文本框值的字符串长度，如果其长度大于 0，则表明文本框中输入了值，则就不再调用系统行为函数，使用默认值替换用户输入的值。

需要注意的是，一旦修改系统默认的行为代码，在【行为】面板中就不能够可视化编辑该行为了，如图 14.70 所示。

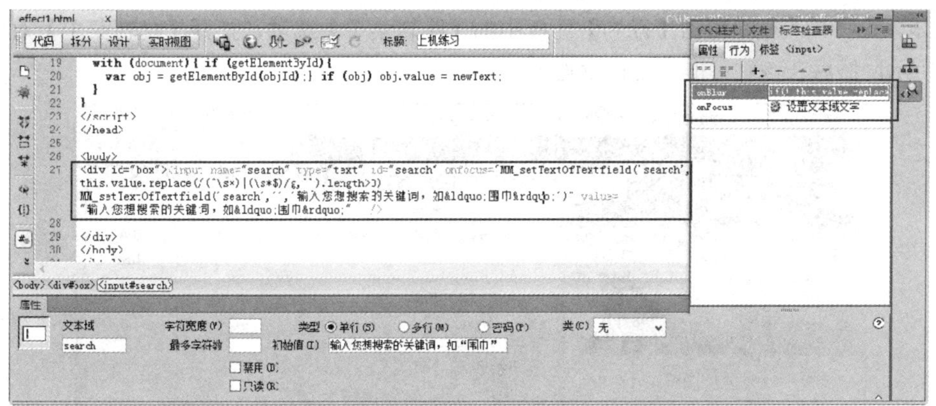

图 14.70　不再可视化编辑的行为列表

14.8　自动跳转

跳转控制是一种特殊形式的超链接应用，包括跳转菜单、定位 URL 等，主要借助 JavaScript 脚

视频讲解

Note

本完成不便应用超链接的对象上面。

14.8.1 案例实战：插入跳转菜单

使用【行为】面板中的【跳转菜单】动作，可以编辑和重新排列菜单项、更改要跳转到的文件以及编辑打开这些文件的窗口、设置触发事件等，如图 14.71 所示。

【案例效果】

页面初始化效果

通过跳转菜单选择城市

图 14.71 案例效果

【操作步骤】

第 1 步，启动 Dreamweaver CC，打开本节示例中的 orig.html 文件，另存为 effect.html。在本示例中我们将在页面中添加一个跳转菜单，实现不同城市主页面快速切换。

第 2 步，在页面中创建一个下拉列表对象。操作方法是，把光标置于要插入菜单的位置，选择【插入】|【表单】|【选择】命令，在页面中插入一个列表框。

第 3 步，选择列表框，单击【行为】面板中的【跳转菜单】选项，打开【跳转菜单】对话框，如图 14.72 所示，然后在该对话框中进行设置。

图 14.72 打开【跳转菜单】对话框

第 4 步，在【文本】文本框中设置项目的标题。在【选择时，转到 URL】文本框中设置链接网页的地址，或者直接单击【浏览】按钮找到链接的网页。

第 5 步，在【打开 URL 于】下拉列表框中设置打开链接的窗口。如果选中【更改 URL 后选择第一个项目】复选框，可以设置在跳转菜单链接文件的地址发生错误时，自动转到菜单中第一个项目的网址，如图 14.73 所示。

第 6 步，设置完成后，单击面板上方的+按钮，可以添加新的链接项目，然后按第 5 步介绍的方法进行设置，最后设置的结果如图 14.74 所示。当选择【菜单项】列表框中的项目，然后单击面板上方的−按钮，可以删除项目。

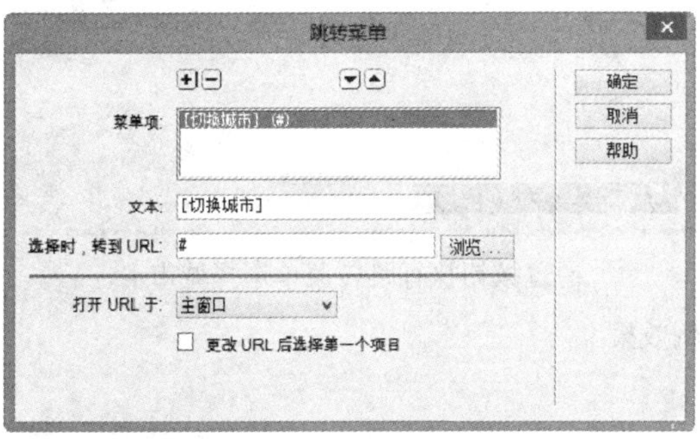

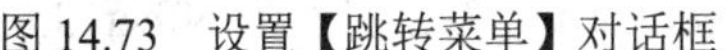
图 14.73　设置【跳转菜单】对话框

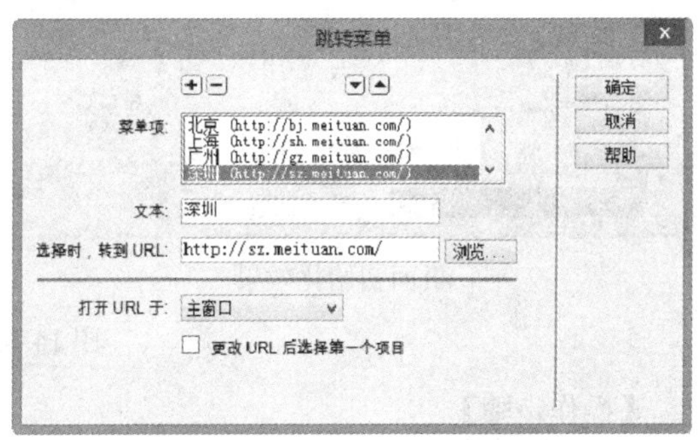

图 14.74　设置【跳转菜单】对话框

提示： 选择已经添加的项目，然后单击面板上方的▲或者▼按钮调整项目在跳转菜单中的位置。

第 7 步，设置完毕，这时可以看到在【行为】面板中自动定义了“跳转菜单”行为，根据需要设置事件类型，这里设置为 onChange，即当跳转菜单的值发生变化时，将触发跳转行为，如图 14.75 所示。

图 14.75　定义事件类型

第 8 步，保存页面后，在浏览器中可以看到一个跳转下拉菜单，当选择不同的城市时，会自动跳转到该城市主页，演示效果参阅操作步骤之前的设计图。

14.8.2　案例实战：插入跳转菜单开始

视频讲解

如图 14.76 所示，“跳转菜单开始”行为使用一个按钮和一个跳转菜单关联在一起，这个按钮可以是各种形式，如图片等。在一般的商业网站中，这种技术被广泛使用。当单击这个按钮时则打开在跳转菜单中选择的链接。

Note

【案例效果】

页面初始化效果　　　　通过按钮执行跳转菜单选择城市

图 14.76　案例效果

【操作步骤】

第 1 步，启动 Dreamweaver CC，打开本节示例中的 effect.html 文件，另存为 effect1.html。在本示例中将利用 14.8.1 节案例为基础，介绍如何添加"跳转菜单开始"行为，因为在应用该行为时，首先应该插入"跳转菜单"行为，否则该行为无效。

第 2 步，在插入的"跳转菜单"行为之后插入一个控制按钮图标，然后选中作为跳转按钮对象，单击【行为】面板中的+按钮，选择【跳转菜单开始】命令，如图 14.77 所示。

图 14.77　选择【跳转菜单开始】命令

第 3 步，打开【跳转菜单开始】对话框，选定页面中存在的将被跳转按钮激活的下拉菜单，设置如图 14.78 所示。

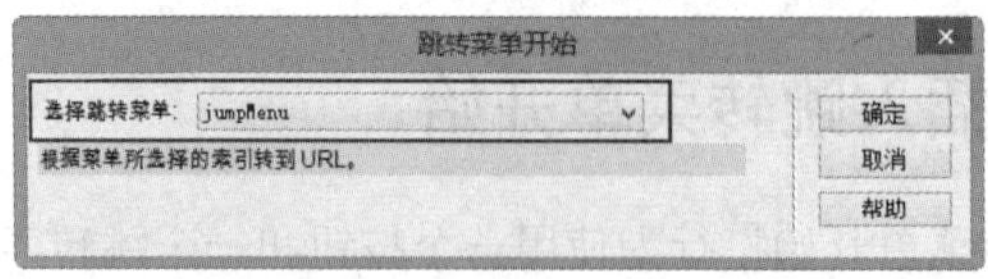

图 14.78　设置【跳转菜单开始】对话框

第 4 步，单击【确定】按钮完成设置，然后在【行为】面板中修改事件类型即可，一般设置事件

类型为 onClick。

第 5 步，保存页面后在浏览器中预览，可以看到一个跳转下拉菜单，当选择不同的城市时，原来的自动跳转行为失效，只有当单击【去看看】按钮，才可跳到该城市主页，演示效果参阅操作步骤之前的设计图。

Note

视 频 讲 解

14.8.3 案例实战：转到 URL

如图 14.79 所示，使用“转到 URL”行为可以从当前页面跳转到其他页面中去。使用超链接也可以实现 URL 跳转，但是超链接只能够设计为鼠标单击，如果需要响应其他事件类型，只有使用“转到 URL”行为。

【案例效果】

页面初始化效果

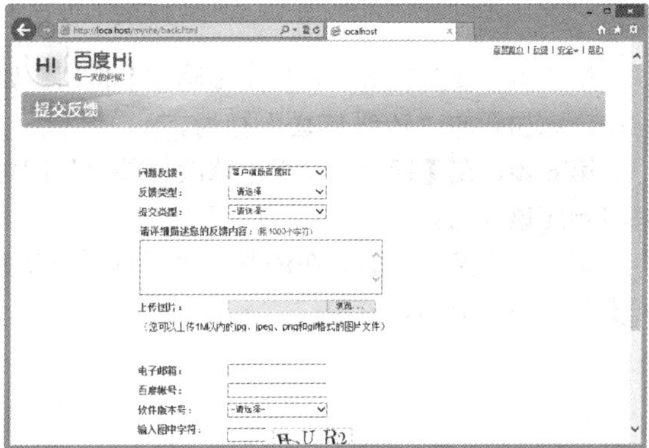

跳转页面效果

图 14.79 案例效果

【操作步骤】

第 1 步，启动 Dreamweaver CC，打开本节示例中的 orig.html 文件，另存为 effect.html。我们将在页面中添加一个跳转行为，当用户双击页面时会自动跳转到 back.html。

第 2 步，选择一个对象，如果仅为页面添加行为，可以在编辑窗口中单击一下，然后单击【行为】面板中的+按钮，选择【转到 URL】命令，如图 14.80 所示。

图 14.80 选择【转到 URL】命令

Note

第 3 步，打开【转到 URL】对话框，在【打开在】列表框中选择打开链接的窗口，如果是框架网页，选择打开链接的框架，对于普通页面来说，仅显示“主窗口”选项。

第 4 步，在【URL】文本框中设置链接的地址，单击【浏览】按钮在本地硬盘中查找链接的文件，设置如图 14.81 所示。

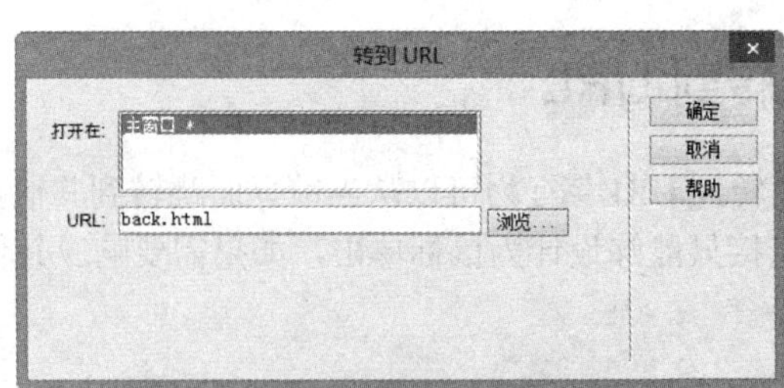

图 14.81　设置【转到 URL】对话框

第 5 步，设置完成后，单击【确定】按钮。如果想在同一对象上打开多个链接，可以重复上面的操作，添加新的“转到 URL”行为。

第 6 步，在【行为】面板中修改事件类型即可，这里设置事件类型为 onDblClick，即当双击页面时将响应该行为。

第 7 步，保存页面后在浏览器中预览，当双击页面之后，页面会自动跳转到反馈页，演示效果参阅操作步骤之前的设计图。

第15章

定义站点

动态网页涉及知识面广，需要用户掌握网页制作、数据库设计、服务器环境搭配、服务器行为设计等。Dreamweaver 提供了强大的动态网站开发、测试、上传和维护等功能，降低了用户学习和设计门槛。本章及后面各章将以 ASP+Access 技术为基础介绍如何使用 Dreamweaver 设计动态网站。

【学习重点】

- 认识动态网页。
- 配置虚拟服务器
- 定义本地站点和动态站点。
- 连接到数据库。
- 查询数据库。

视频讲解

15.1 认识动态网页

网页包括静态网页和动态网页两种类型，它们都使用 ASCll 字符进行编码，能够用记事本打开和编辑。不同点如下。

☑ 两者扩展名不同。静态网页扩展名一般为.htm 或.html，而动态网页扩展名可以为.php 或.aspx 等。

☑ 解析方式不同。静态网页可以直接在浏览器中打开和浏览，动态网页必须在服务器上被执行，生成静态网页后，在客户端浏览器中显示。

动态网页执行原理示意图如图 15.1 所示。

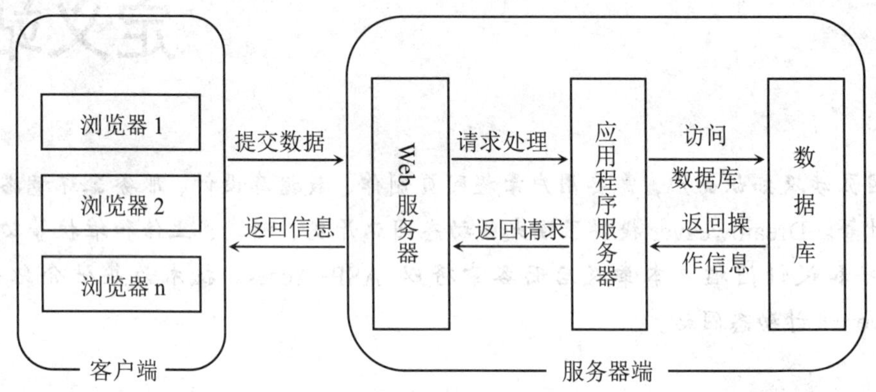

图 15.1 动态网页工作原理示意图

在上面示意图中，客户端浏览器首先向服务器提交表单或 URL 地址参数，提出服务请求。Web 服务器接到用户请求后进行处理。如果需要访问数据库，查询或操作数据，则需要提交 SQL 查询或操作字符串给数据库管理系统。然后从数据库中获取查询记录或操作信息。最后服务器把处理的结果生成静态网页响应给客户端浏览器。

常用的服务器技术包括 ASP、ASPX 或 PHP 等，在服务器上运行的代码被称为服务器端脚本。在 Dreamweaver 中，服务器端脚本被称作服务器行为。

15.2 搭建服务器环境

下面介绍如何在 Windows 操作系统下配置 ASP 服务器环境，操作版本为 Windows 8。

视频讲解

15.2.1 重点演练：安装 IIS

IIS 是互联网信息服务英文首字母缩写，作为附属的 Web 服务组件，Windows 操作系统提供了 IIS 组件，但是部分 Windows 版本需要手动安装。下面以 Windows 8 版本为例介绍 IIS 组件的安装方法。

【操作步骤】

第 1 步，在桌面右下角右击【开始】图标，从弹出的快捷菜单中选择【控制面板】命令，打开【控

制面板】窗口，如图 15.2 所示。

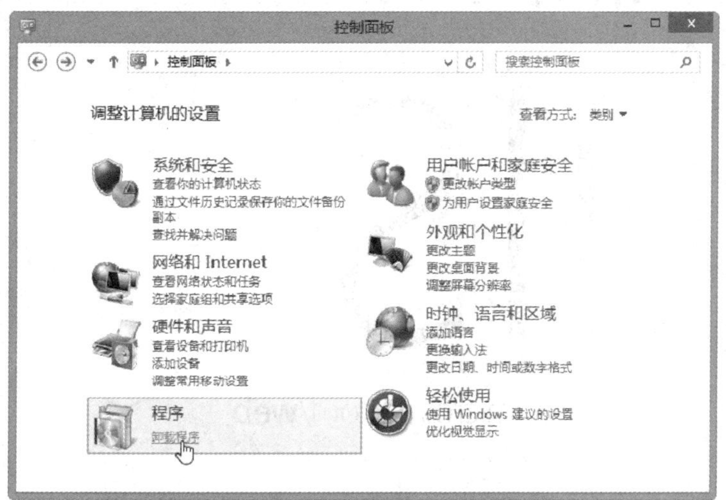

图 15.2 【控制面板】窗口

第 2 步，单击【卸载程序】超链接，打开【程序和功能】窗口，如图 15.3 所示，然后在左侧单击【启用或关闭 Windows 功能】超链接，打开【Windows 功能】窗口。

第 3 步，在【Windows 功能】窗口中选中【Internet 信息服务】复选框，可以单击展开下拉列表，查看并选择 IIS 所有包含的组件，如图 15.4 所示。在图中可以选中主要服务组件。

图 15.3 【程序和功能】窗口

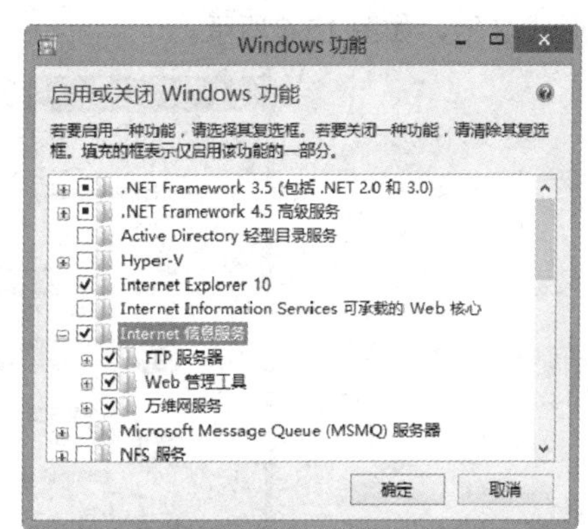

图 15.4 设置【Windows 功能】窗口

第 4 步，单击【确定】按钮，则系统会自动安装，整个安装过程可能等待几分钟时间，然后就可以完成 Internet 信息服务的安装。

第 5 步，安装完毕，启动 IE 浏览器，在地址栏中输入"http://localhost/"，如果能够显示 IIS 欢迎字样，表示安装成功，如图 15.5 所示。

提示： 不同版本的 Windows 操作系统在安装成功后所显示的信息是不同的，但结果是一样的，即 IIS 已经安装成功。

Note

图 15.5　IIS8 欢迎界面

视频讲解

15.2.2　重点演练：配置 IIS

IIS 安装成功之后，就可以在本地设置服务器。IIS 的配置操作主要在【Internet 信息服务（IIS）管理器】窗口中实现。

【操作步骤】

第 1 步，打开【控制面板】窗口，在【查看方式】下拉列表框中选择【大图标】选项，以大图标形式显示，如图 15.6 所示。

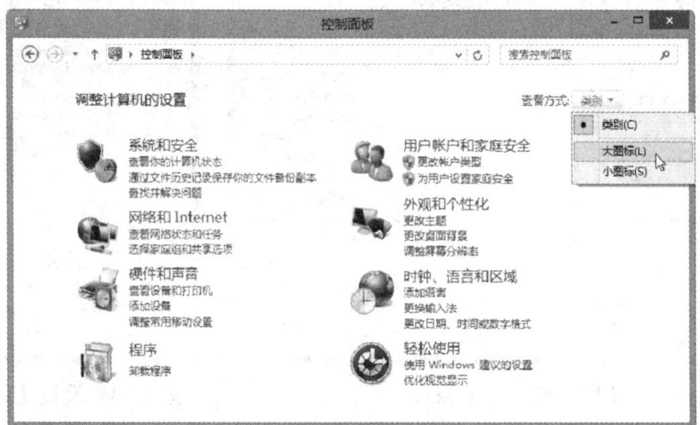

图 15.6　以大图标形式显示

第 2 步，在窗口列表中选择【管理工具】选项，如图 15.7 所示。

第 3 步，进入【管理工具】窗口，然后在其中选择【Internet 信息服务（IIS）管理器】选项，如图 15.8 所示。

第 4 步，打开【Internet 信息服务（IIS）管理器】窗口，在窗口左侧展开折叠菜单，选择【Default Web Site】选项，右边显示的是 Default Web Site 主页内容，在其中可以配置各种服务器信息，如图 15.9 所示。

图 15.7　选择【管理工具】选项

图 15.8　选择【Internet 信息服务（IIS）管理器】选项

图 15.9　选择 Default Web Site 主页内容

Note

第 5 步，在窗口左侧选择【Default Web Site】选项，然后在右侧选项中单击【绑定】超链接，打开【网站绑定】对话框，在该对话框中可以设置网站的 IP 地址和端口。用户只需要单击【编辑】按钮，在打开的【编辑网站绑定】对话框中设置 IP 地址和端口号，如图 15.10 所示。默认状态下，本地 IP 地址为 http://localhost/，端口号为 80，如果本地仅有创建一个网站，建议不要改动设置。

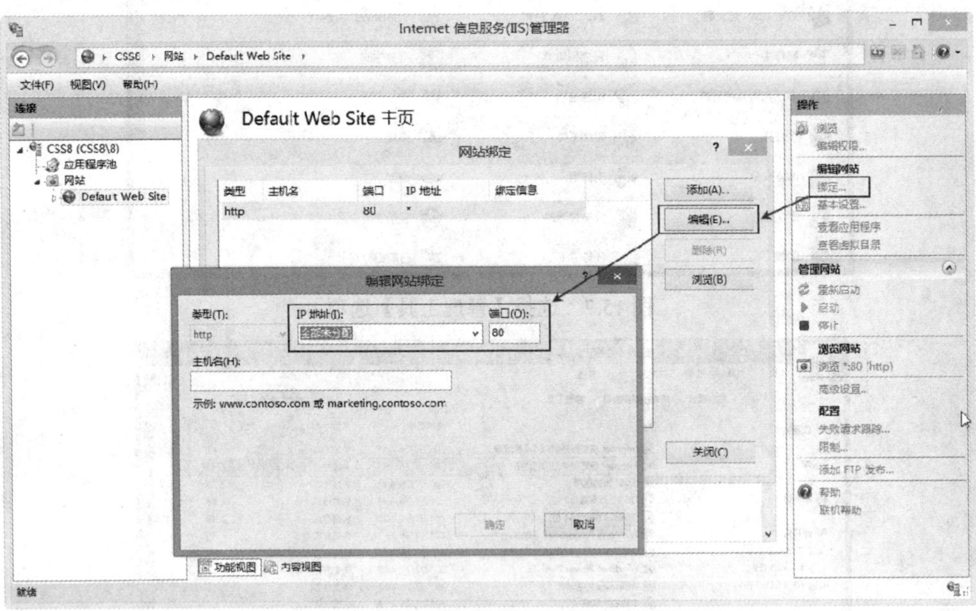

图 15.10　设置网站 IP 地址和端口号

第 6 步，单击右侧的【基本设置】选项，打开【编辑网站】对话框，在其中设置网站名称，以及网站在本地的物理路径，如图 15.11 所示。默认情况下，网站名称为 Default Web Site，网站的物理路径为 C:\inetpub\wwwroot，把网页存储在该目录下，服务器能够自动识别并运行。

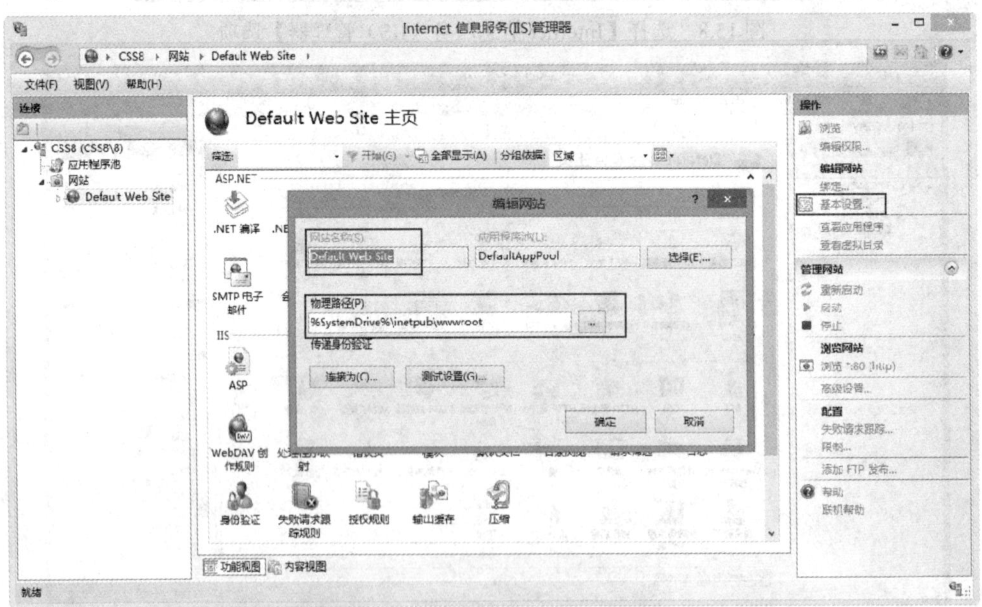

图 15.11　定义网站名称和物理路径

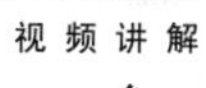

Note

15.2.3　重点演练：定义虚拟目录

安装 IIS 组件之后，Windows 自动在系统盘根目录下创建\Inetpub\wwwroot 主目录。用户把网站文件复制到 wwwroot 主目录下，就可以在浏览器中进行访问。但是这样不便于管理，也不安全，一般都要定义虚拟目录。虚拟目录就是把网站映射到本地系统其他目录下，而访问地址不变。

【操作步骤】

第 1 步，在 15.2.2 节操作基础上，右击窗口左侧的【Default Web Site】选项，从弹出的快捷菜单中选择【添加虚拟目录】命令，如图 15.12 所示，创建一个虚拟网站目录。

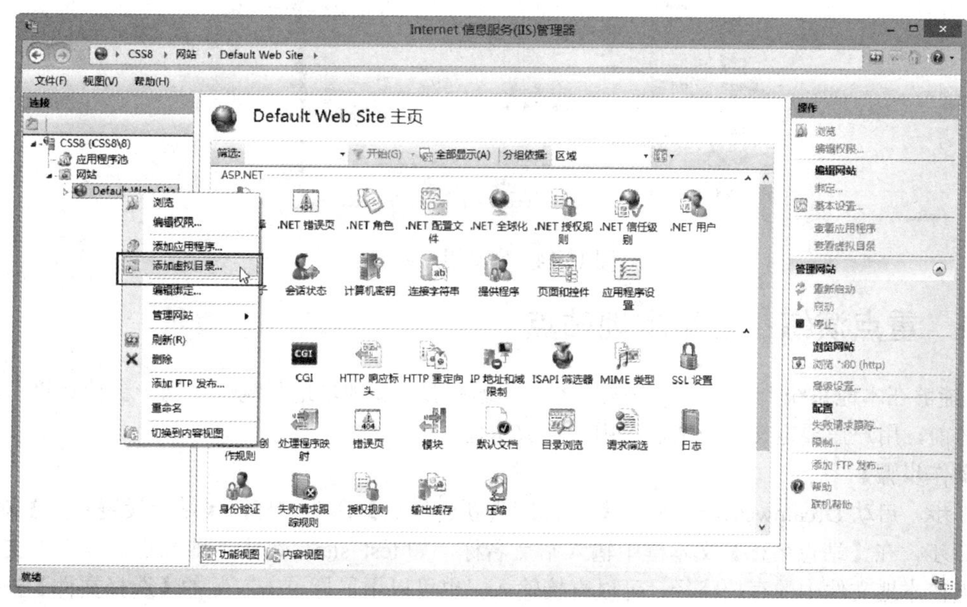

图 15.12　创建虚拟目录

第 2 步，在打开的【添加虚拟目录】对话框中设置虚拟网站的名称和本地路径，设置如图 15.13 所示。然后单击【确定】按钮完成本地虚拟服务器的设置操作。

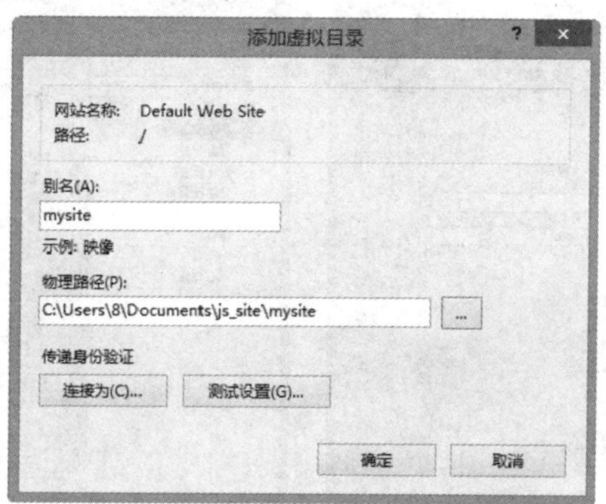

图 15.13　定义虚拟目录名称和路径

第 3 步，单击右侧的【编辑权限】超链接，打开【mysite 属性】对话框，选择【安全】选项卡，在其中添加 Everyone 用户身份，在【Everyone 的权限】列表中选中所有选项，允许任何访问用户都可以对网站进行读写操作，如图 15.14 所示。

Note

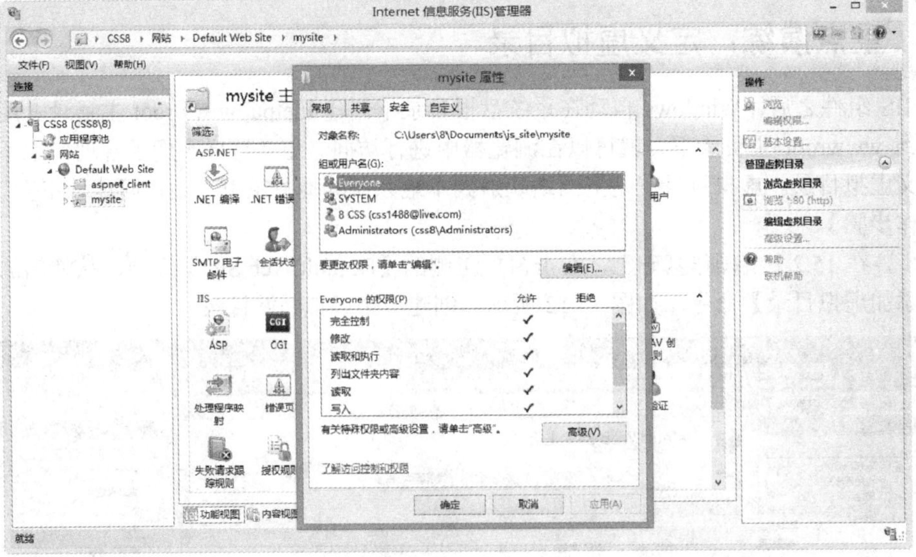

图 15.14　定义用户权限

视频讲解

15.2.4　重点演练：定义本地站点

IIS 能够在本地系统上构建一个虚拟服务器。远程服务器和本地系统位于同一台计算机中，在正式开发之前，用户需要定义本地站点，用于存放本地文件。

【操作步骤】

第 1 步，启动 Dreamweaver，选择【站点】|【新建站点】命令，打开【站点设置对象】对话框。

第 2 步，在【站点名称】文本框中输入站点名称，如 test_site，在【本地站点文件夹】文本框中设置站点在本地文件中的存放路径，可以直接输入，也可以用鼠标单击右侧的【选择文件】按钮选择相应的文件夹，设置如图 15.15 所示。

第 3 步，选择【高级设置】选项卡，展开高级设置选项，在左侧的选项列表中选择【本地信息】选项。然后在【本地信息】对话框中设置本地信息，如图 15.16 所示。

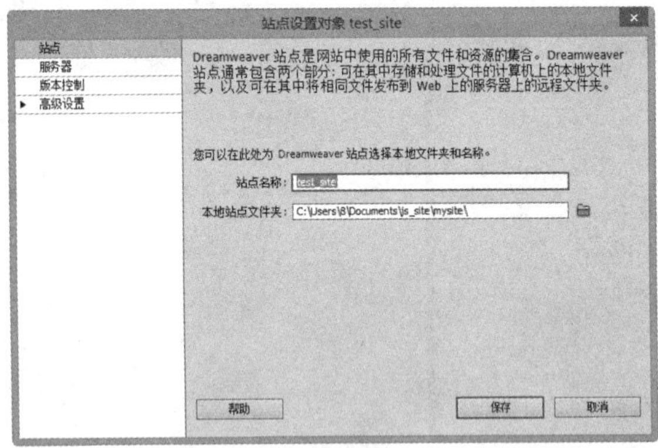

图 15.15　定义本地信息（一）

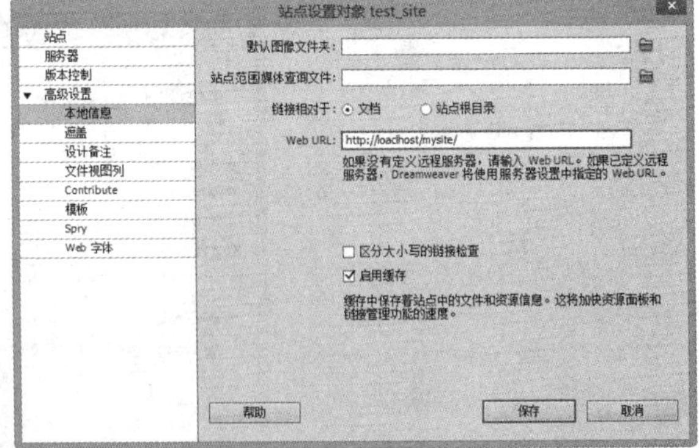

图 15.16　定义本地信息（二）

☑　【默认图像文件夹】文本框：设置默认的存放站点图片的文件夹。但是对于比较复杂的网站，图片往往不仅仅只存放在一个文件夹中，因此可以不输入。

☑　【链接相对于】选项组：定义当在 Dreamweaver 为站点内所有网页插入超链接时是采用相对

路径，还是绝对路径。如果希望是相对路径，则可以选中【文档】单选按钮；如果希望以绝对路径的形式定义超链接，则可以选中【站点根目录】单选按钮。

☑ 【Web URL】文本框：输入网站的网址，该网址能够供链接检查器验证使用绝对地址的链接。在输入网址时需要输入完全网址，如 http://localhost/msite/。该选项只有在定义动态站点后有效。

☑ 【区分大小写的链接检查】复选框：选中该复选框可以对链接的文件名称大小进行区分。

☑ 【启用缓存】复选框：选中该复选框可以创建缓存，以加快链接和站点管理任务的速度，建议用户要选中。

视频讲解

15.2.5　重点演练：定义动态站点

下面介绍如何建立一个 ASP 技术、VBScript 脚本的动态网站，本章及后面章节实例都是在这样的动态网站上测试、运行。

【操作步骤】

第 1 步，用户应先定义一个虚拟目录，用来作为服务器端应用程序的根目录，然后在本地计算机的其他硬盘中建立一个文件夹作为本地站点目录。建议两个文件夹名称最好相同。

第 2 步，在 Dreamweaver 中，选择【站点】|【新建站点】命令，打开【站点设置对象】对话框，选择【服务器】选项，切换到服务器设置面板。

第 3 步，在【服务器】面板中单击 **+** 按钮，如图 15.17 所示。显示增加服务器技术面板，在该面板中定义服务器技术，如图 15.18 所示。

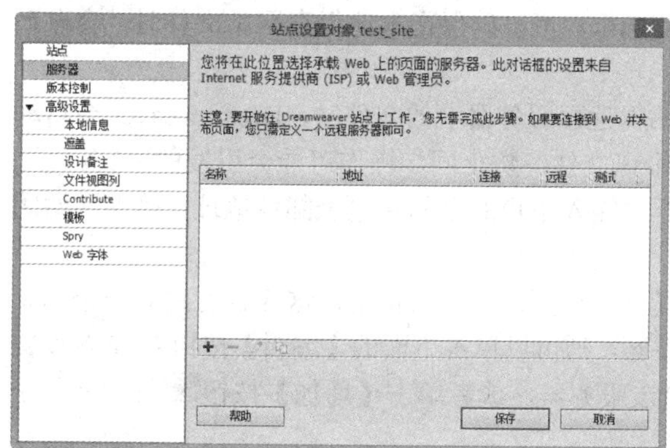

图 15.17　增加服务器技术

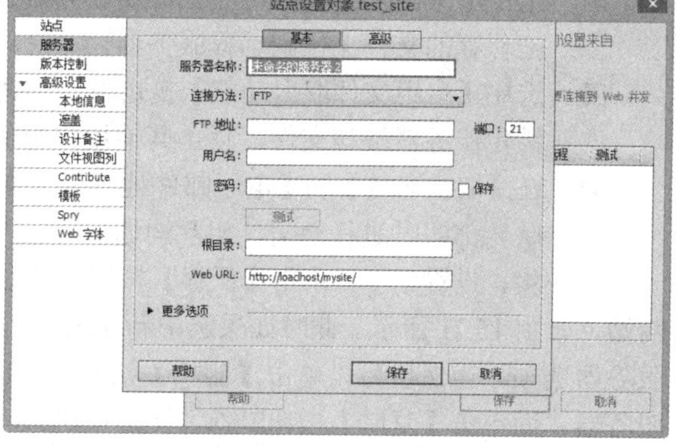

图 15.18　定义服务器技术

第 4 步，在【基本】选项卡中设置服务器基本信息，如图 15.19 所示。

（1）在【服务器名称】文本框中输入站点名称，如 test_site。

（2）在【连接方法】下拉列表框中选择【本地/网络】选项。实现在本地虚拟服务器中建立远程连接，也就是说设置远程服务器类型为在本地计算机上运行网页服务器。

（3）在【服务器文件夹】文本框中设置站点在服务器端的存放路径，可以直接输入，也可以用鼠标单击右侧的【选择文件】按钮选择相应的文件夹。为了方便管理，可以把本地文件夹和远程文件夹设置相同的路径。

（4）在【Web URL】文本框中输入 HTTP 前缀地址，该选项必须准确设置，因为 Dreamweaver 将使用这个地址确保根目录被上传到远程服务器上是有效的。

例如，本地目录为 D:\mysite\，本地虚拟目录为 mysite，在本地站点中根目录就是 mysite；如果

网站本地测试成功之后，准备使用 Dreamweaver 把站点上传到 http://www.mysite.com/news/目录中，此时远程目录中的根目录就为 news，如果此时在【HTTP 地址】地址中输入“http://www.mysite.com/news/”，则 Dreamweaver 会自动把本地根目录 mysite 转换为远程根目录 news。

第 5 步，在【站点设置对象】对话框中选择【高级】选项卡，设置服务器的其他信息，如图 15.20 所示。

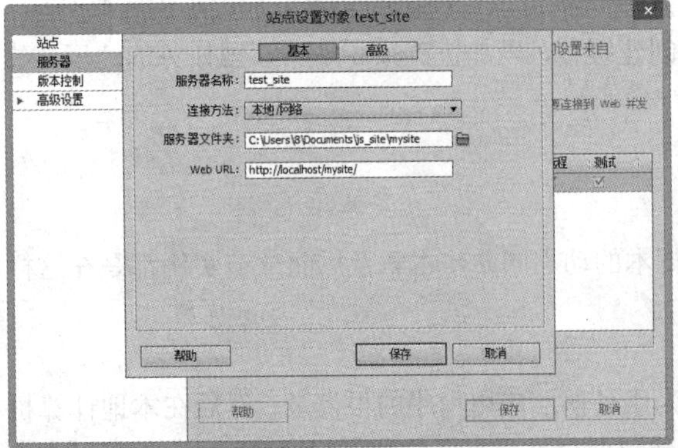

图 15.19　定义基本信息

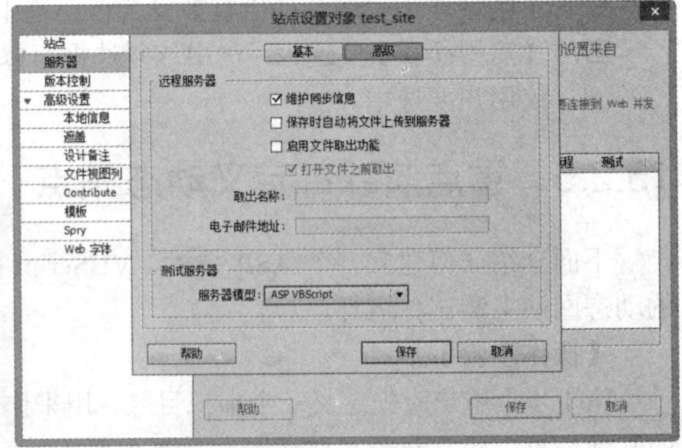

图 15.20　定义高级信息

在【服务器模型】下拉列表框中选择 ASP VBScript 技术。

在【远程服务器】选项组中，还可以设置各种协助功能，详细说明如下。

☑ 选中【维护同步信息】复选框，可以确保本地信息与远程信息同步更新。

☑ 选中【保存时自动将文件上传到服务器】复选框，可以确保在本地保存网站文件时，会自动把保存的文件上传到远程服务器。

☑ 选中【启用文件取出功能】复选框，则在编辑远程服务器上的文件时，Dreamweaver 会自动锁定服务器端该文件，禁止其他用户再编辑该文件，防止同步操作可能会引发的冲突。

☑ 在【取出名称】和【电子邮件地址】文本框中输入用户的名称和电子邮件地址，确保网站团队内部即时进行通信，相互沟通。

第 6 步，设置完毕，单击【保存】按钮，返回【站点设置对象】对话框，这样就可建立一个动态网站，如图 15.21 所示。此时如果选中新定义的服务器，则可以单击下面的【编辑】按钮✎重新设置服务器选项。当然也可以单击【删除】按钮−删除该服务器，或者单击【增加】按钮+再定义一个服务器。而单击【复制】按钮⧉复制选中的服务器。

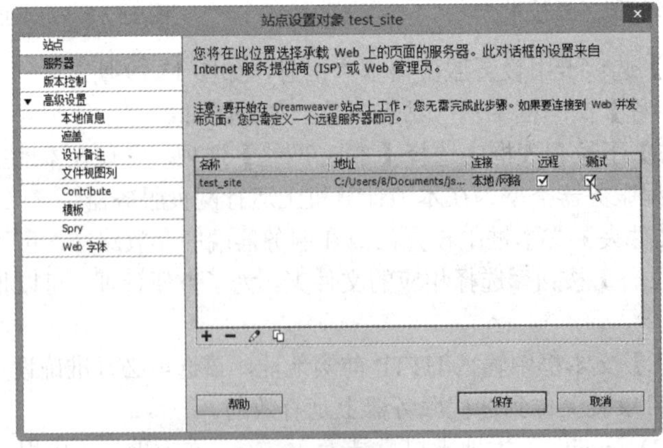

图 15.21　定义用户权限

第 7 步，选择【站点】|【管理站点】命令，打开【管理站点】对话框，用户就可以看见刚刚建立的动态站点，如图 15.22 所示。

第 8 步，选择【窗口】|【文件】命令，或者按 F8 键，打开【文件】面板。单击【文件】下拉列表右侧的向下三角按钮，在打开的下拉列表中选择刚建立的 test_site 动态网站，这时就可以打开 test_site 站点，如图 15.23 所示。

Note

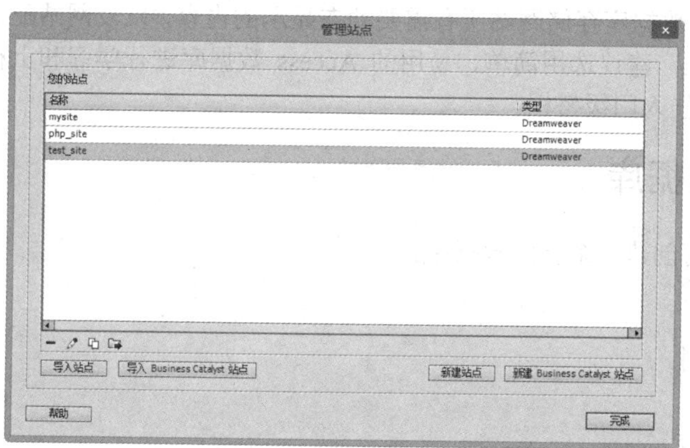

图 15.22　定义的站点

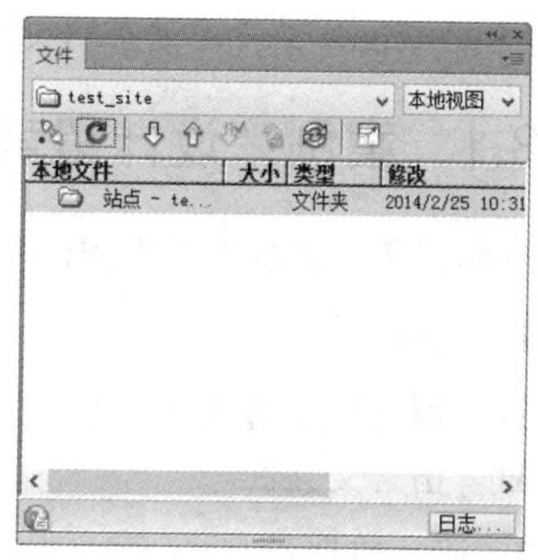

图 15.23　启动站点

注意：ASP 动态网页的扩展名为.asp，不正确的扩展名会导致服务器无法正确解析。

15.2.6　重点演练：测试本地站点

视频讲解

下面来测试一下服务器是否正常运行。

【操作步骤】

第 1 步，选择【窗口】|【文件】命令，打开【文件】面板。

第 2 步，在面板中单击鼠标右键，从弹出的快捷菜单中选择【新建文件】命令，即可在当前站点的根目录下新建一个 untitled.asp，重命名为 index.asp。

第 3 步，双击打开该文件，切换到【代码】视图。

第 4 步，输入下面一行代码，该代码表示输出显示一行字符串。

```
<%="<h2>Hello world!</h2>"%>
```

第 5 步，按 F12 键预览文件，则 Dreamweaver 提示是否要保存并上传文件。单击【是】按钮，如果远程目录中已存在该文件，则 Dreamweaver 还会提示是否覆盖该文件。

第 6 步，Dreamweaver 将打开默认的浏览器（如 IE）显示预览效果，如图 15.24 所示。实际上在浏览器地址栏中直接输入 http://localhost/mysite/index.asp 或 http://localhost/mysite，按 Enter 键确认，这时在浏览器窗口中也会打开该页面。这时说明本地站点测试成功，服务器运转正常。

图 15.24　测试网页

提示：如果无法正确访问，注意服务器的端口号，默认为 80，可以省略，为了避免与其他服务器发生冲突，IIS 可能使用其他端口号，这个可以在【Internet 信息服务（IIS）管理器】窗口进行配置，这时就不能够省略端口号，如 http://localhost:8080/mysite/。

15.3 连接到数据库

动态网站一般都需要数据库的支持，数据库存储网站所有需要动态显示的内容，以及网站配置信息等。数据库种类繁多，对于初学者来说，建议选用简单、易用的 Access 数据库进行学习和上机练习，ASP+Access 是学习动态网页设计最佳入门级搭档。

视频讲解

15.3.1 案例：设计留言板数据库

下面以留言板数据库为例，介绍如何创建一个新的数据库。

1．明确目的

☑ 留言板是否建立管理和审核机制。

☑ 留言交互性。

2．确定数据表

☑ 管理表。存储管理登录信息。

☑ 留言表。存储留言信息。

3．确定字段信息

在上述相关的表中，可以初步确定如下必要的字段信息。习惯上，每个表都可人为设定一个关键字段。在留言表中，它的主关键字段是由多个字段组成的，如留言编号、标题、留言内容等，如图 15.25 所示。

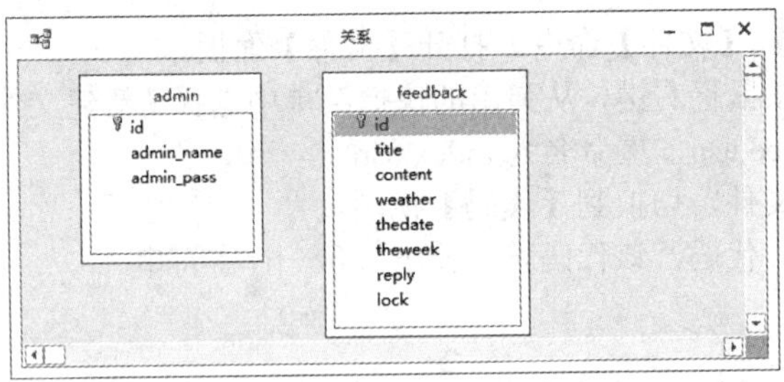

图 15.25 设计数据表结构

4．确定表间关系

要建立两个表之间的关系，可以把其中一个表的主关键字段添加到另一个表中，使两个表都有该字段。但是在本示例中不需要确定表间关系，可以省略。

5．改进设计

图 15.26 中每一个表中的字段设置可以进一步完善和改进，甚至可以建立不同于初步设计时的新表来完成。如有需要，为了进行留言优化、交互等字段，还可以设计用户表等。

下面就在 Access 2013 中完成留言板的数据库设计操作。

【操作步骤】

第 1 步，新建数据库，保存为 feedback.mdb。建立数据库的方法有多种，可以利用 Access 2013 现有的模板，也可以建立空白数据库。选择建立空数据库，其中的各类对象暂时没有数据，而是在以

后的操作过程中，根据需要逐步建立起来。

第 2 步，建立了空的数据库之后，即可向数据库中添加对象，其中最基本的是表。简单表的创建有多种方法：使用向导、设计器、通过输入数据都可以建立表。最简单的方法是使用表向导，它提供了一些模板。

Note

第 3 步，在本示例数据库 feedback.mdb 中包含两个数据表：admin 和 feedback。admin 表用来记录用户登录信息，包括用户名和密码。该表数据结构设计如表 15.1 所示。

表 15.1　admin 表字段列表

字　段	类　型	字段大小	必填字段	允许空字符串	说　明
id	自动编号	—	—	—	自动编号
admin_name	文本	100	是	否	用户名
admin_pass	文本	200	是	否	密码

第 4 步，admin 表在 Access 中实现如图 15.26 所示。

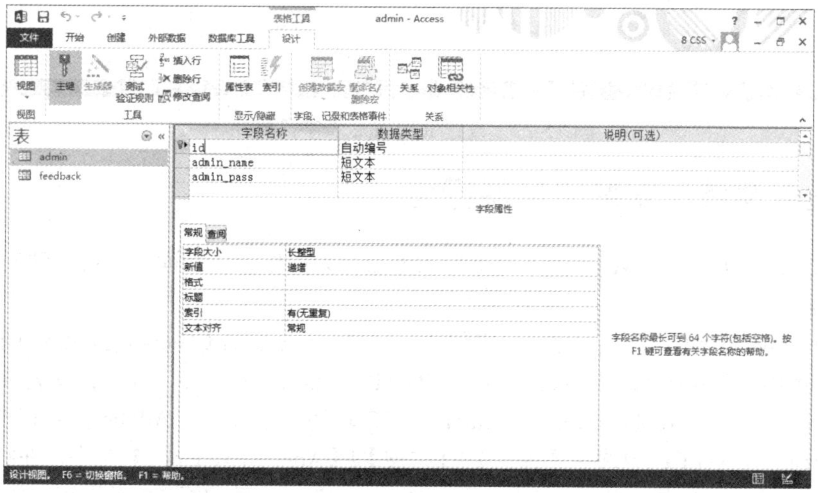

图 15.26　设置 admin 表字段属性

设置 id 字段为主键，方法是，右击 id 字段左侧的边框，在弹出的快捷菜单中选择【主键】命令即可。最后，在 admin 表中输入用户名为 admin，密码为 admin。

第 5 步，feedback 表主要存储用户留言内容，该表数据结构设计如表 15.2 所示。

表 15.2　feedback 表字段列表

字　段	类　型	字段大小	必填字段	允许空字符串	说　明
id	自动编号	—	—	—	自动编号
title	文本	200	是	否	留言标题
content	备注	—	是	否	留言内容
weather	文本	50	是	否	当天天气
date	日期/时间	—	是	否	发表日期
week	文本	50	是	否	星期

第 6 步，feedback 表在 Access 中实现如图 15.27 所示。由于 date 字段是日期/时间类型数据，可以在【默认值】中输入内置函数 Date()。实现当增加一条记录时，如果不明确指明该字段的日期，则

系统就会自动以当前日期填写该字段。

Note

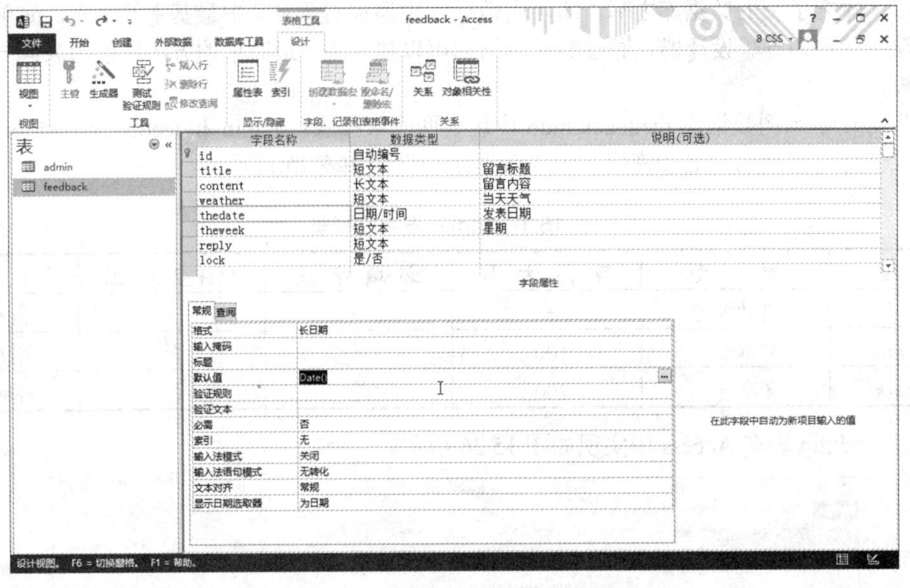

图 15.27　设置 feedback 表字段属性

视频讲解

15.3.2　重点演练：安装服务器行为

在默认状态下，Dreamweaver CC 不再支持服务器行为操作模块，读者需要手动安装。安装的方法有以下两种。

- ☑ 在 Dreamweaver CC 安装目录下，找到 Adobe Dreamweaver CC\configuration\DisabledFeatures 子目录中的 Deprecated_ServerBehaviorsPanel_Support.zxp 文件，双击并安装该模块。安装该模块前需要安装 Adobe Extension Manager CC 软件，该软件是 Adobe 扩展管理中心。
- ☑ 在 Dreamweaver CC 中选择【窗口】|【扩展】|【Adobe Exchange】命令，在打开的【Adobe Exchange】面板中找到 Server Behavior & Database 选项，并按要求安装即可，如图 15.28 所示。

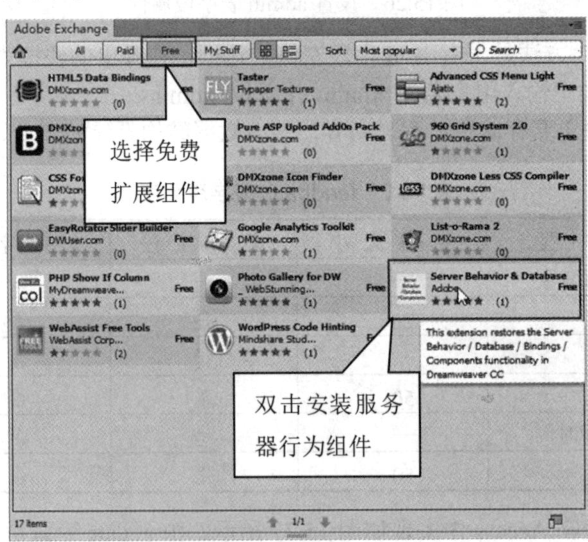

图 15.28　安装服务器行为组件

提示：Dreamweaver CS6 版本对服务器行为的支持是较完善的，如果有条件，建议读者在本地系统中同时安装 Dreamweaver CS6 和 Dreamweaver CC。在 Dreamweaver CS6 下设计动态网页会更稳定，本章及第 16 章将以 Dreamweaver CS6 为操作工具进行介绍。

视频讲解

15.3.3　认识连接字符串

连接数据库的方法有两种：使用 DSN、自定义连接字符串。自定义连接字符串是最常用的数据库连接方式，与 DSN 方式连接数据源相比，自定义连接字符串建立与数据库连接的适应性和灵活性更强。

自定义连接字符串是一组包含参数信息的普通文本字符串，该字符串提供了 Web 应用程序连接到数据库所需要的全部信息，如数据库驱动程序或提供程序、数据库的物理路径、用户名和密码等。参数由属性和属性值成对组成，参数之间通过分号分割。例如：

```
Provider=SQLOLEDB;Server=zhu;Database=Northwind;UID=zhu;PWD=2008
```

这个自定义连接字符串将创建与位于主服务器上名为 Northwind 的 SQL Server 数据库的连接，连接提供程序由 OLE DB 负责。注意属性对中等号（=）的左右并不包含空格。

上面自定义连接字符串由 5 组属性对（即 5 个参数）组成，这些参数提供了连接 SQL Server 数据库所需要的全部信息。其中 Provider 参数设置 OLE DB 提供程序，Server 参数设置服务器的名称，Database 参数用来设置具体连接的数据库名称，UID 参数设置数据库访问的用户名，PWD 参数用来设置数据库访问的用户密码。

【示例】自定义连接字符串本身不能自动工作，它需要传递给 ADO 组件中的数据库操作对象。例如，把自定义连接字符串传递给 ADO 组件的 Connection 对象以实现定义数据库连接：

```
<%
'创建 Connection 对象
Set cnn = Server.CreateObject("ADODB.Connection")
'使用 OLE DB 自定义连接字符串打开数据库连接
cnn.Open "Provider=SQLOLEDB;Server=zhu;Database=Northwind;UID=zhu;PWD=2000"
%>
```

ADO 组件提供了 Connection 对象，该对象可以打开和关闭数据库连接，并发布对更新信息的查询。要建立数据库连接，首先必须创建 Connection 对象实例，接着使用该对象的 Open 方法引用自定义连接字符串直接打开指定数据库的连接。

视频讲解

15.3.4　重点演练：连接到数据库

留言板数据库存放在站点 database 目录下（database/feedback.mdb），下面介绍如何使用 Dreamweaver 快速连接到留言数据库。

本示例主要通过【数据库】面板定义自定义连接字符串，以实现与 Access 类型数据库建立连接。

【操作步骤】

第 1 步，启动 Dreamweaver，在【文件】面板中切换到已定义的动态站点，打开一个 ASP 动态页面，选择【窗口】|【数据库】命令，打开【数据库】面板。

第 2 步，在【数据库】面板顶部单击⊞按钮，在弹出的下拉菜单中选择【自定义连接字符串】命

Note

令，打开【自定义连接字符串】对话框，如图 15.29 所示。

第 3 步，在【连接名称】文本框中输入数据库连接的名称，如 conn。再在【连接字符串】文本框中输入自定义连接字符串。例如，数据库 feedback.mdb 位于 mysite 站点根目录下的 database 文件夹中。

☑ 如果使用 OLE DB 提供程序进行连接，则自定义连接字符串如下：

```
"Provider=Microsoft.Jet.OLEDB.4.0;Data Source="&Server.MapPath("database/feedback.mdb")
```

☑ 如果使用 ODBC 驱动程序进行连接，则自定义连接字符串如下：

```
"Driver={Microsoft Access Driver (*.mdb)};DBQ="&Server.MapPath("database/feedback.mdb")
```

第 4 步，确保在【Dreamweaver 应连接】选项组中选中【使用测试服务器上的驱动程序】单选按钮。

第 5 步，单击【测试】按钮测试数据库连接是否成功，如果弹出如图 15.30 所示的对话框，则说明连接成功。

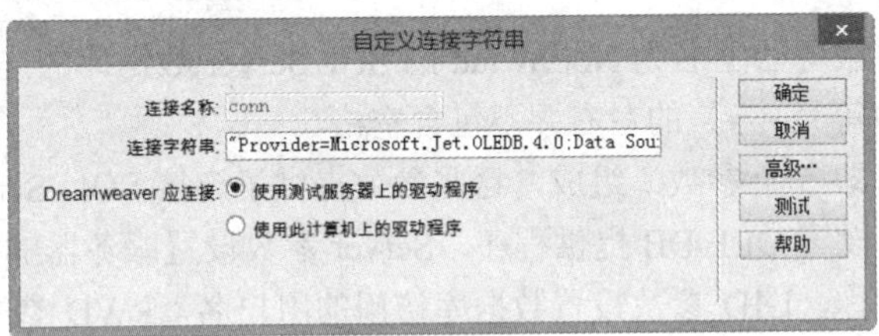

图 15.29 【自定义连接字符串】对话框

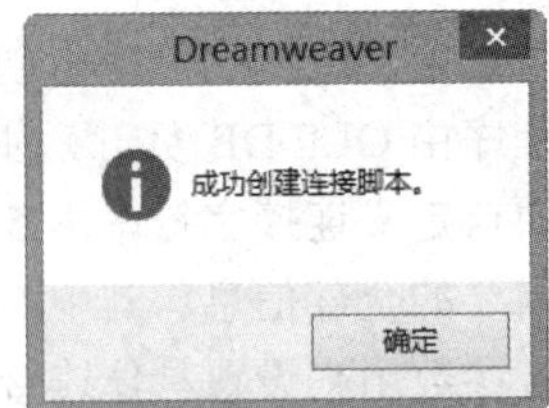

图 15.30 测试成功

提示：按上述方法进行操作，如果单击【测试】按钮测试失败，说明数据库连接是正确的，但 Dreamweaver 不会支持可视化定义服务器行为。

如果能够可视化定义 Dreamweaver 服务器行为，用户可以把数据库的相对地址复制到临时文件夹_mmServerScripts 中，如 Database/northwind.mdb。_mmServerScripts 文件夹是由 Dreamweaver 自动生成，上传到远程服务器上时可以删除，不会影响到应用程序的执行。

第 6 步，如果在【Dreamweaver 应连接】选项组中选中【使用此计算机上的驱动程序】单选按钮，则必须保证在【连接字符串】文本框中输入完整的物理路径，而不能使用 Server.MapPath 方法进行转换。例如，可以输入下面代码：

```
"Provider=Microsoft.Jet.OLEDB.4.0;Data Source=C:\Documents and Settings\zhu\My Documents\mysite\database\feedback.mdb"
```

或者

```
"Driver={Microsoft Access Driver (*.mdb)};DBQ= C:\Documents and Settings\zhu\My Documents\mysite\database\feedback.mdb"
```

第 7 步，确保测试成功，然后单击【确定】按钮完成设置，这时就会在【数据库】面板中显示刚定义的数据库连接名称 conn。

视频讲解

15.3.5 重点演练：编辑数据库连接

在同一个动态站点内可以定义多个数据库连接，如图 15.31 所示。这样可以方便用户在页面中有

选择地进行数据库连接操作，或者在同一个页面内与多个数据库建立连接关系。

选中一个已定义的数据库连接，单击【数据库】面板顶部的⊟按钮，可以删除这个数据库连接。

双击【数据库】面板中某个数据库连接，会打开【数据源名称（DSN）】对话框（使用数据源名称定义的数据库连接）或者【自定义连接字符串】对话框（使用自定义连接字符串定义的数据库连接）。在打开的对话框中修改已经定义的数据库连接的数据源、用户名和密码，以及数据库连接的位置。

Note

在【数据库】面板中拖动某个数据库连接到打开的动态页面中，Dreamweaver 会自动将当前数据库连接文件包含进文档页面中。例如，拖动 conn 数据库连接到页面中，则会自动生成下面代码。

```
<!--#include file="Connections/conn.asp"-->
```

定义数据库连接之后，可以在【数据库】面板中查看当前连接的数据库结构。

- ☑ 单击数据库连接前面的折叠图标（⊞），Dreamweaver 会展开数据库连接，显示当前连接下的表、视图和预存过程，如图 15.32 所示。
- ☑ 单击表右侧的折叠图标（⊞），Dreamweaver 会展开数据库中定义的全部数据表名称。
- ☑ 单击某个具体的表右侧的折叠图标（⊞），Dreamweaver 会展开该表，显示表中定义的所有字段的名称、数据类型和字段大小等数据结构的核心信息，如图 15.33 所示。

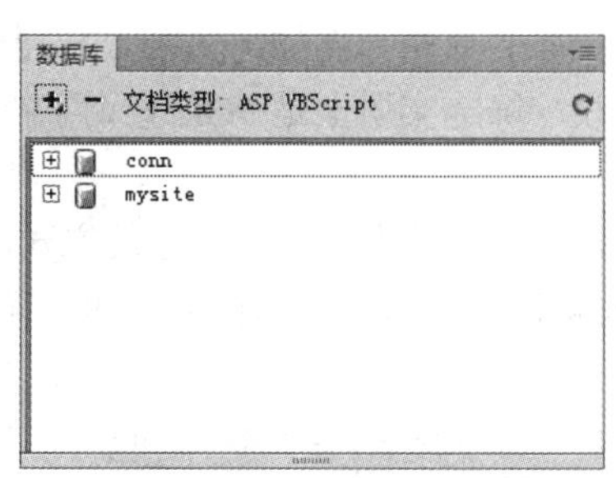

图 15.31 定义多个数据库连接

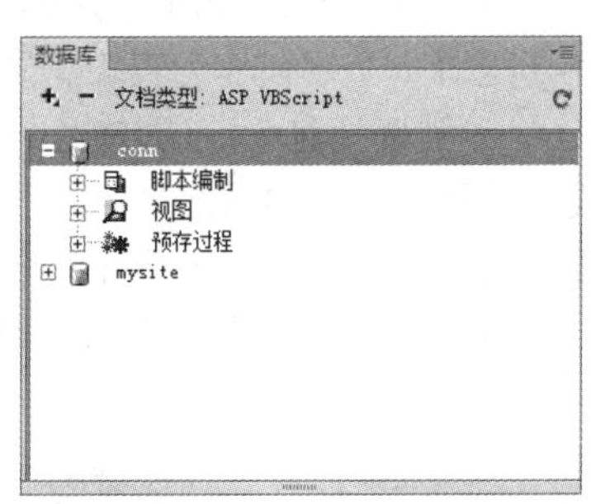

图 15.32 数据库连接信息

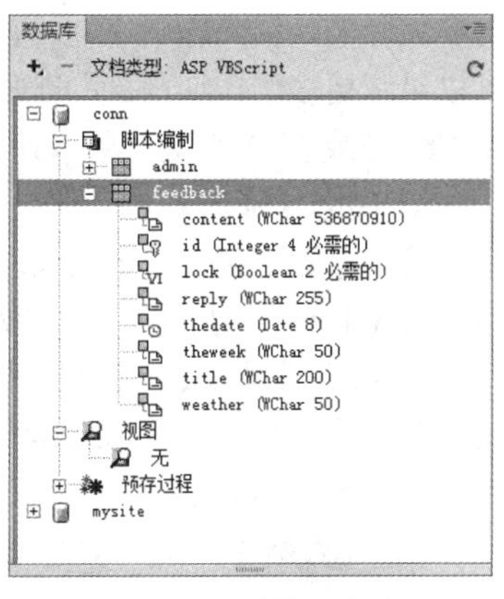

图 15.33 查看数据表字段

在展开的表的字段列表中，左侧图标可以显示字段的数据类型。例如，在以 DSN 方式连接的 Access 类型的数据库 NorthWind.mdb 中，图标表示日期/时间类型，图标表示数值类型，图标表示文本类型（字符串数据类型）。其中，自动编号、数字和货币数据类型都属于数值类型。在字段名称右侧的括号内详细显示该字段的数据类型和大小。

15.4 实战：在数据库中查询最新留言

视频讲解

使用 Dreamweaver 设计动态网页的一般流程如下。

第 1 步，建立页面与数据库的连接。

第 2 步，查询需要显示的数据，生成记录集。

第 3 步，把记录集中的字段绑定到页面中。

Note

第 4 步，使用服务器行为控制记录集的显示。

这个过程被 Dreamweaver 分解为连接数据库、定义记录集、绑定记录集、控制记录集的显示和管理记录集等几个主要操作步骤。

下面结合留言板定义记录集，查询用户最新留言。

【操作步骤】

第 1 步，在 Dreamweaver 中，新建 index.asp 文档。在【数据库】面板中如果没有任何数据源显示，要先定义数据源。

第 2 步，选择【窗口】|【绑定】命令，打开【绑定】面板。单击面板左上角的⊞按钮，在弹出的下拉菜单中选择【记录集（查询）】命令。

第 3 步，打开【记录集】对话框，如图 15.34 所示。如果显示的是高级【记录集】对话框，单击【简单】按钮可以切换到简单的【记录集】对话框。

第 4 步，在【名称】文本框中输入记录集的名称，如 read，该名称可以方便在其他地方引用记录集，实际上它就是 Recordset 对象的实例变量名。然后在【连接】下拉列表框中选择一个连接（该连接将向记录集提供数据的数据源），如 conn。

第 5 步，在【表格】下拉列表框中选择数据源，即数据库中要查询的表，如 feedback。

第 6 步，在【列】选项组中，选择要包括在记录集中的表格字段，由于本例比较小，不会对内存有多大影响，因此选中【全部】单选按钮，选择 feedback 表中全部字段。通常，记录集的字段越多，可以显示更多的详细信息。若要使记录集中只包括某些表字段，请选中【选定的】单选按钮，然后按住 Ctrl 键或者 Shift 键并单击列表中的字段名，以选择所需字段。

第 7 步，【筛选】下拉列表框用于选择一个字段作为查找和显示的条件字段。例如，如果 URL 查询字符串参数中包含一个记录的 ID 号，则选择包含记录 ID 号的字段。筛选实质上是 SQL 查询字符串中的 Where 子句的设置。本例没有涉及条件查询。

第 8 步，【排序】下拉列表框用于选择一个字段作为排序的依据，然后在其右边选择排序的方式，是升序还是降序。本页记录集设置 thedate 字段进行降序排序，这样就把最新留言显示在最前面，详细设置如图 15.35 所示。

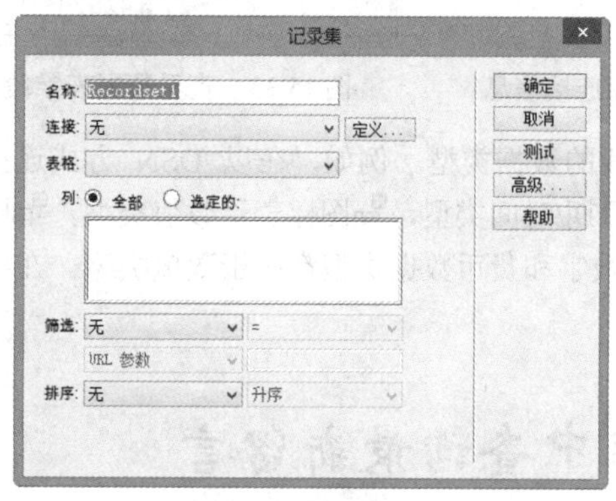

图 15.34 【记录集】对话框

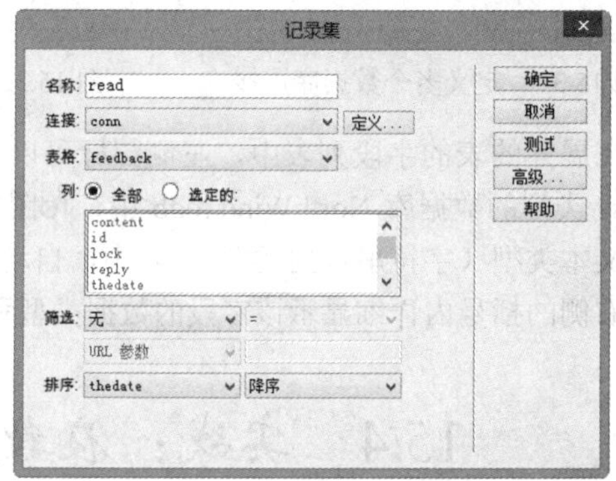

图 15.35 查询记录集

第 9 步，如果单击【记录集】对话框右边的【测试】按钮，可以测试记录集是否查询成功，并可查看结果，如图 15.36 所示。

第 10 步，设置完毕，单击【确定】按钮，记录集随即出现在【服务器行为】面板中，如图 15.37 所示。

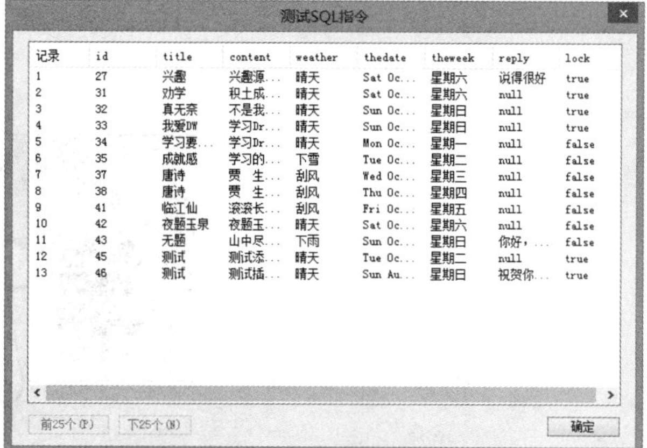

图 15.36　测试查询结果

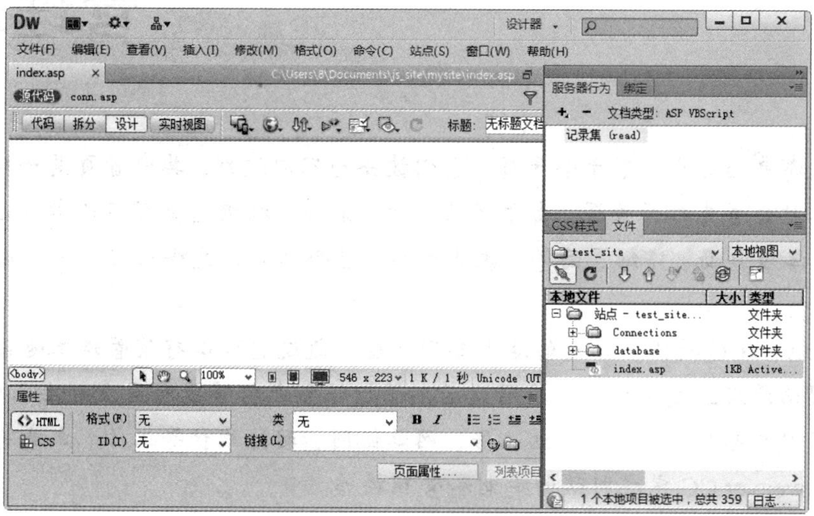

图 15.37　定义的记录集

第16章

管理站点

网站一般都包括首页和若干个子页。它们被分为不同级别，其中首页是一级页面，当访问者访问网站时会首先打开首页。由于网站内网页众多，根据内容可能还需要进行分类，形成二级页面、三级页面、详细页面等，依此类推，整个网站就这样形成了金字塔状的网链接结构。

Dreamweaver CC 提供了强大的站点管理功能，通过它可以有效管理本地站点或者远程站点，提升网站开发速度和效率，在网站后期管理服务中能够帮助用户解决各种实际难题，极大地满足了用户各种需求，如网站上传、网站协同、网站维护等工作。本章将详细讲解如何使用 Dreamweaver CC 完成网站的定制和管理操作。

【学习重点】

- 站点规划。
- 管理和编辑站点。
- 上传站点。
- 远程管理。
- 合作开发。
- 网站测试和维护。

16.1　站点规划

Note

网站建设是一个系统工程，涉及多方面的知识。特别是商业网站，由于内容丰富，结构复杂。在创建之初进行规划是必需的，下面简单讲解一般网站的规划和创建流程。

16.1.1　设计规划

除非只设计一两个网页，否则网页制作应从网站的角度来考虑，首先对内容进行规划设计。创建新网站的最佳方法是先建立草图，再进行详细设计，最后正式实施。草图开发过程中要解决网站建设的一些基本问题，例如：

（1）网站的结构。

（2）文件的组织与管理。

（3）存储信息的物理方法，采用数据库还是文件系统。

（4）结构的完整性和一致性的维护方法。

详细设计包括页面布局、网站系统的内部结构、实现方法和维护方法等。这些对于以后的系统开发和投资都有着极其重要的意义。进行详细设计时，最重要的是确定网站的运行模式。对于商业网站，必须充分考虑财力、人力、计算机数目、网络连接方式、系统的经济效益、网站验证和用户反馈等诸多问题。从长远角度考虑，必须准确地知道网站的目标和系统的资金投入。

16.1.2　准备素材

影响网站成功的因素主要包括网站结构的合理性、直观性以及多媒体信息的实效性和开销等。成功网站的最大秘诀就在于让用户感到网站非常有用。因此，网站内容开发对于网站建设至关重要。进行网站内容开发时要注意以下几点。

（1）由于浏览器存在兼容性问题，在网页设计时要充分考虑让所有的浏览器都能够正常浏览。

（2）网站总体结构的层次要分明。应该尽量避免复杂的网状结构。网状结构不仅不利于用户查找感兴趣的内容，而且在信息不断增多后还会使维护工作非常困难。

（3）图像、声音和视频信息比普通文本提供更丰富和更直接的信息，产生更大的吸引力，但文本字符可提供较快的浏览速度。因此，图像和多媒体信息的使用要适中。

（4）网页的文本内容应简明、通俗易懂。

16.1.3　设计风格

简洁明快、独具特色、保持统一的网站风格能让用户产生深刻印象，不断前来访问。优秀的网页画面少不了漂亮的图像，但更主要的是布局效果。网页布局采用的主要技术是 HTML 的表格和框架功能。同时要考虑以下几点。

（1）色调：是活泼还是庄重，是朴素还是艳丽，这些要根据具体的网站内容来确定。

（2）画面：需要考虑画面是写实还是写意，是专业性还是大众化，要根据不同对象进行设计。

（3）简繁：是追求简洁还是花哨，不同性质的网站在这方面会有所不同。如艺术网站，会不厌其烦地用各种手法来展示其创意。而商业网站的设计则应追求简洁。

（4）动静：用 Flash 动画的动和静，体现活泼或严肃、动感或凝固等。但要特别注意，网站中

Note

动的元素不要太多，避免杂乱。

16.1.4 规划结构

在规划站点结构时，一般应遵循下面一些规则。

1．用文件夹进行分类存储

用文件夹来合理构建站点的结构。首先为站点创建一个根文件夹（根目录），然后在其中创建多个子文件夹，再将网页文件分门别类存储到相应的文件夹内，可以创建多级子文件夹。

2．文件命名要合理

使用合理的文件名非常重要，特别是在网站的规模很大时。文件名应该简洁易懂，让人看了就能够知道网页表述的内容。如果不考虑那些不支持长文件名的操作系统，那么就可以使用长文件名来命名文件，以充分表述文件的含义和内容。

尽管中文文件名对于中国人来说清晰易懂，但是应该避免使用中文文件名，因为很多 Internet 服务器使用的是 UNIX 系统或者其他操作系统，不能对中文文件名提供很好的支持，而且浏览网站的用户也可能使用英文操作系统，中文的文件名称同样可能导致浏览错误或访问失败。如果实在对英文不熟悉，可以用汉语拼音作为文件名。

同时，有些操作系统是区分文件大小写的，如 UNIX 操作系统。因此，建议在构建的站点中，全部使用小写的文件名称。

3．资源分配要合理

网页中不仅仅包含文字，还可能包含其他任何类型的资源，这些网页资源通常不能直接存储在 HTML 文档中。可以在站点中创建不同门类的文件夹，然后将相应的资源保存到相应的文件夹中。

4．设置本地站点和远端站点为相同的结构

为了便于维护和管理，应该将远端站点的结构设计成同本地站点相同。这样在本地站点上相应文件夹和文件上的操作，都可以同远端站点上的文件夹和文件一一对应。当编辑完本地站点后，利用 Dreamweaver CS6 将本地站点上传到 Internet 服务器上，可以保证远端站点是本地站点的完整复制，避免发生错误。

16.2 管 理 站 点

Dreamweaver 支持多站点的管理，用户可以在 Dreamweaver 中同时定义多个不同服务器类型的站点，然后再利用 Dreamweaver 提供的【管理站点】对话框进行管理。

16.2.1 编辑站点

管理多个已定义的站点可以在【管理站点】对话框中完成。选择【站点】|【管理站点】命令，打开【管理站点】对话框，如图 16.1 所示。

在【管理站点】对话框的列表框中显示已定义的站点。从列表框中选择一个站点，然后单击对话框底部的【编辑】按钮，将会打开【站点定义为】对话框，重新修改站点的相关设置，包括本地、远程和测试服务器信息等。

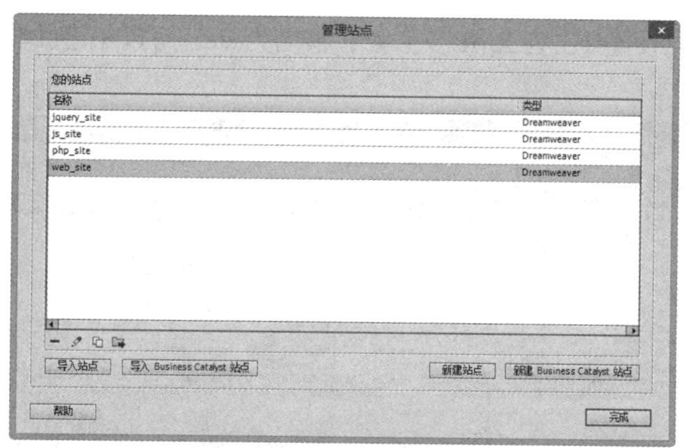

图 16.1 【管理站点】对话框

选中站点之后，单击【复制】按钮可以快速复制一个站点。复制站点的目的是能够帮助用户快速引用已定义站点的设置信息，这样能够加快站点定义的速度，方便在团队内部共享定义站点的设置，避免重复操作。

提示： 虽然复制站点没有复制站点内部结构和信息，但是复制与被复制的站点设置信息是重复的。例如，本地目录和远程目录都是相同的，所以当读者复制站点后，还需要修改其中的站点设置，特别要修改复制站点的本地目录和远程目录。避免在不同站点内进行操作时可能会发生的冲突。

如果已定义的站点不再需要，建议选择该站点，然后单击【删除】按钮删除该站点，但是站点所对应的本地目录和远程目录没有被删除，目录中包含的文件和文件夹没有受到影响。如果希望同时也删除目录中包含的内容，则先在【文件】面板中进行删除，或者在本地系统的资源管理器中删除。

16.2.2 备份站点

考虑到系统的安全性和站点移植，用户应备份已定义的站点，避免系统出现问题后，可以恢复丢失的设置信息，也可以实现与团队内其他成员共享站点设置。备份站点的方法如下：在【管理站点】对话框中选中需要备份的站点，然后单击【导出】按钮，则 Dreamweaver 会自动打开【导出站点】对话框，然后在该对话框中设置备份文件要保存的位置和名称即可，如图 16.2 所示。

图 16.2 导出站点

Dreamweaver 将站点设置导出为 XML 文件，扩展名为.ste。可以在记事本中打开查看设置信息，如图 16.3 所示。

Note

php_site.ste - 记事本

文件(F) 编辑(E) 格式(O) 查看(V) 帮助(H)

```
<?xml version="1.0" encoding="utf-8" ?>
<site SitePrefVersionMajor="12" SitePrefVersionMinor="0">
    <localinfo sitename="php_site" ftporrdsserver="FALSE" mediaqueryfile="" localroot="E:%5Cwww%5C" assetfolder="E:%5Cwww
%5CjQueryAssets%5C" webfontsfolder="E:%5Cwww%5Cwebfonts%5C" edgeassetsfolder="E:%5Cwww%5Cedgeanimate_assets%5C" imagefolder=""
spacerfilepath="" refreshlocal="TRUE" rewritedocrellinks="FALSE" cache="TRUE" httpaddress="http://localhost:81/"
relativeTo="DOCUMENT" caseSensitiveLinks="FALSE" curserver="webserver"/>
    <designnotes usedesignnotes="TRUE" sharedesignnotes="FALSE"/>
    <sitemap homepage="" pagesperrow="200" columnwidth="125" showdependentfiles="FALSE" showpagetitles="FALSE"
showhiddenfiles="FALSE"/>
    <bcinfo siteid="0" sitename="" secureURL=""/>
    <fileviewcolumns sharecolumns="FALSE">
        <column name="Local%20Files" align="left" show="TRUE" share="FALSE" builtin="TRUE" localwidth="80" remotewidth="180"/>
        <column name="Notes" align="center" show="FALSE" share="FALSE" builtin="TRUE" localwidth="36" remotewidth="36"/>
        <column name="Size" align="right" show="TRUE" share="FALSE" builtin="TRUE" localwidth="-2" remotewidth="-2"/>
        <column name="Type" align="left" show="TRUE" share="FALSE" builtin="TRUE" localwidth="60" remotewidth="60"/>
        <column name="Modified" align="left" show="TRUE" share="FALSE" builtin="TRUE" localwidth="102" remotewidth="102"/>
        <column name="Checked%20Out%20By" align="left" show="TRUE" share="FALSE" builtin="TRUE" localwidth="-1" remotewidth="-1"/>
</fileviewcolumns>
    <serverlist>
        <server servermodel="PHP%20MySQL" servertype="remoteAndTestingServer" weburl="http://localhost:81/"
connectionsmigrated="FALSE" serverobjectsversion="1" defaultdoctype="HTML" accesstype="lan" remoteroot="E:/www" name="php_site"
maintainSyncInfo="TRUE" autoUpload="FALSE" enablecheckin="FALSE" checkoutname="" checkoutwhenopen="TRUE" emailaddress=""
refreshremote="FALSE" testsvrbinaccesstype="none"/>
</serverlist>
    <cloaking enabled="TRUE" patterns="FALSE">
        <cloakedfolder folder="dw_php_codehinting.config"/>
```

图 16.3　查看站点设置信息

恢复站点是备份站点的逆过程。在【管理站点】对话框中单击【导入站点】按钮，打开【导入站点】对话框，这时可以选择以前备份的文件（.ste 文件），然后单击【确定】按钮即可。

16.3　编辑站点

定义站点之后，Dreamweaver 会自动把该站点设置为当前站点，此时可以在【文件】面板中查看和管理网站结构和文件。使用它来访问站点，管理服务器，或者浏览本地驱动器，查看和管理文件和文件夹。

16.3.1　切换站点

在【管理站点】对话框中选中需要编辑的站点，然后单击【完成】按钮，则 Dreamweaver 会自动把该站点设置为当前站点，并保存这种状态。这样每次启动 Dreamweaver 之后都会自动进入此站点的编辑环境中。此时，在【文件】面板中会默认显示该站点的本地目录内容。

考虑到每一次切换站点时，Dreamweaver 都要重构站点缓存，如果站点内容很多的话，这个过程是很慢的，不建议频繁在多个站点之间来回切换。除非站点内容很小，或者必须在站点之间进行切换。用户可以在【文件】面板的站点下拉列表框中快速进行切换，如图 16.4 所示。

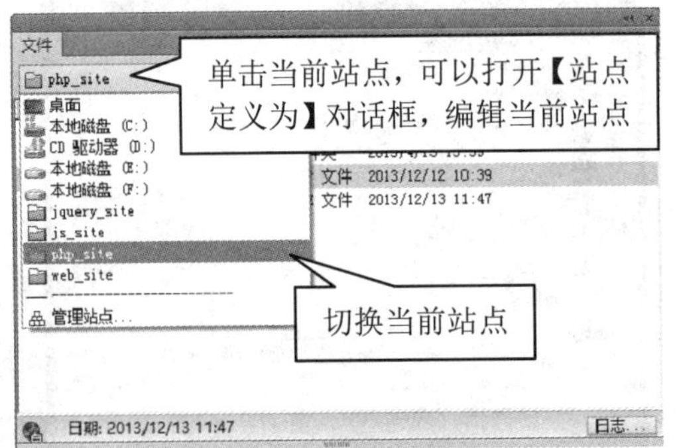

图 16.4　切换站点

16.3.2　编辑文件

Note

选择【窗口】|【文件】命令，可以打开或关闭【文件】面板，如图 16.5 所示。【文件】面板的操作与在本地资源管理器中操作相似。

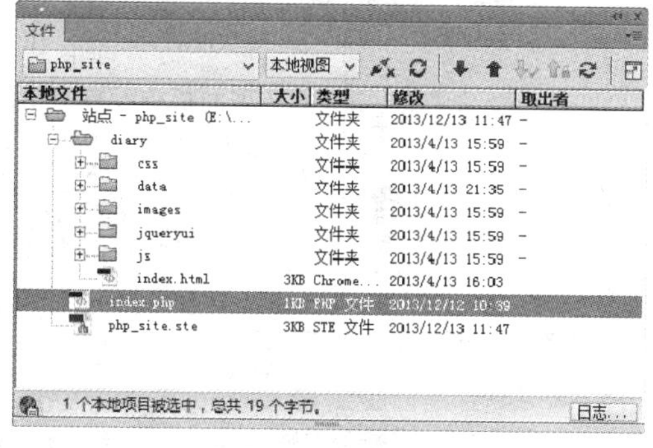

图 16.5　【文件】面板

网站结构一般通过文件夹来实现，不同板块、不同栏目以及不同类型的文件都可以通过文件夹来进行组织。右击某个文件夹或者文件夹内的文件，在弹出的快捷菜单中选择【新建文件夹】命令，即可在当前文件夹内新建一个子文件夹。

文件夹可以多层嵌套，形成多层结构关系，但是不要把这个层次结构设计得太深，2～4 级结构层次基本上够用了。文件的建立与文件夹的操作方法相同，在 PHP 服务器类型的动态网站中新建的文件扩展名为.php。也可以在重命名时修改文件的类型。

☑　会用快捷键。例如，Ctrl+A（全选）、Ctrl+X（剪切文件夹或文件）、Ctrl +C（拷贝）、Ctrl+D（复制）、Ctrl+V（粘贴）、Delete（删除）、F2（重命名）、F5（刷新站点）等。

☑　巧用鼠标左右键。例如，鼠标单击文件或文件夹可以重命名，鼠标双击可以在编辑窗口中打开文件，鼠标双击文件夹名称可以展开文件夹，鼠标右击可以弹出快捷菜单，拖动文件和文件夹可以移动位置，按住 Ctrl 键拖动鼠标可以快速复制文件夹或文件等。

☑　使用快捷菜单。选中操作的文件夹或文件，右击，然后在弹出的快捷菜单可以找到需要的所有操作功能。

☑　使用面板菜单。单击【文件】面板右上角的按钮，从弹出的菜单中选择相应的命令即可。

提示：在【文件】面板中所有操作都是不能恢复的，因此在【文件】面板中操作时要特别谨慎。

16.3.3　查看文件

在网站创建与维护的过程中经常需要查看文件和文件夹，当网站内容越来越多时，是非常麻烦的。

在【文件】面板中查看文件，如果文件名太长，可以通过拖曳改变【文件】面板的宽度来实现，把光标移到面板的左右边框，当光标变成双向箭头时，按住鼠标左键拖曳即可快速改动面板的宽度。以同样的方法可以改变面板的高度，以便在列表框中看到更多的文件，方便浏览和操作。

另外，通过隐藏或调整面板中的详细列可以加快浏览速度。例如，在【站点定义为】对话框的【文件视图列】分类中设置默认列的显示或隐藏，以及排列顺序。这对于经常查看文件的相关属性时非常重要。例如，如果经常关注文件的修改时间，则可以把【修改】列调整到前面（选中该项，然后单击

▲和▼按钮来调整排列顺序）。如果觉得文件大小信息没有多大参考价值，则可以双击【大小】选项，在打开的选项中取消选中【显示】复选框，如图 16.6 所示。这样可以集中精力浏览文件或参考关注的文件信息，避免其他无用的文件影响。

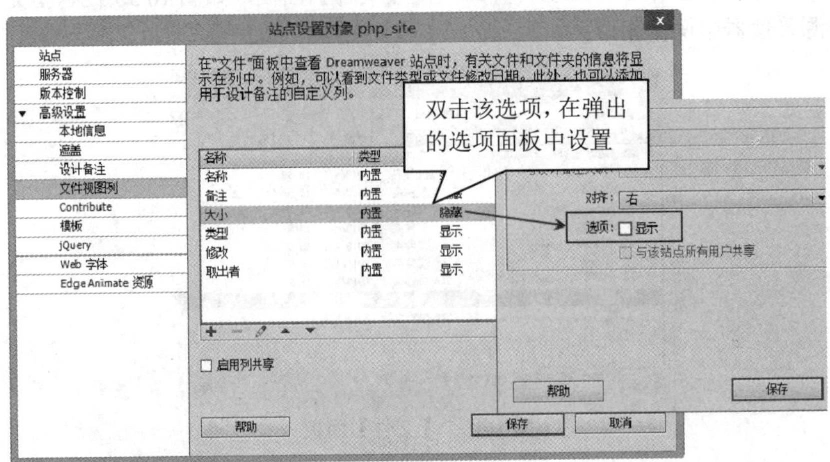

图 16.6　设置文件视图列

【拓展】

在【文件】面板右上角单击☰按钮，从弹出的下拉菜单中选择【查看】|【显示隐藏文件】命令，可以浏览网站中所有隐藏文件。这些隐藏文件多半由系统自动产生，用来辅助完成某些功能。例如，存回和取出文件（.lck 文件）、设计备注文件（.mno 文件）等。这样信息对于网站管理至关重要，一般不要轻易删除。通过开启显示隐藏文件，但是不要觉得这些文件无用而全部删除。

16.3.4　快速定位

在庞杂的站点内定位文件不是件很容易的事情，但是 Dreamweaver 提供了很多支持功能，使得在站点中查找选定、打开、取出或最近修改过的文件非常容易。也可以在本地站点或远程站点中查找较新的文件。

1．在站点内定位打开的文件

在 Dreamweaver 主窗口的菜单栏中选择【站点】|【在站点定位】命令，Dreamweaver 会自动在【文件】面板中帮读者找到打开的文件，并使其处于选中状态。

2．选择取出的文件

取出的文件一般都会在文件图标后面显示一个“√”符号。如果网站结构比较复杂，在不同文件夹中进行操作，这样被取出的文件会很多。但是在工作时，由于忙可能会忘记很多被取出的文件，因此会妨碍其他成员的编辑操作。这时，读者不妨在【文件】面板菜单中选择【选择】|【选择取出的文件】命令，则 Dreamweaver 会自动把所有取出的文件选中显示，这样读者就可以一目了然地知道站点内被取出的文件情况。

3．选择修改的文件

如何确定站点内最近修改的文件？在【文件】面板菜单中选择【选择】|【选择最近修改日期】命令，Dreamweaver 会打开【选择最近修改日期】对话框，如图 16.7 所示。在该对话框中读者可以设

置时间段来查找最近修改的文件，或者指定某个时间段的文件，然后单击【确定】按钮，Dreamweaver 会自动高亮显示所有符合条件的文件。

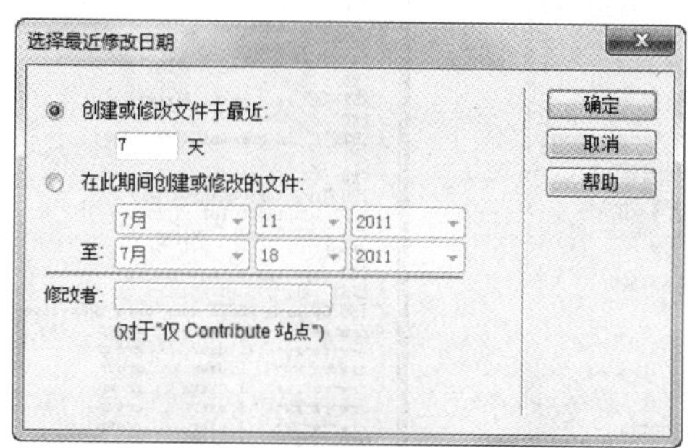

图 16.7　选择最近修改日期

16.4　上 传 网 站

在网站开发期一般都在本地/网络中进行，当开发和测试完毕，就需要把整个网站上传到远程服务器上，当然在上传之前，用户应该定义远程 FTP 站点。下面介绍如何快速把网站上传到远程服务器上。

16.4.1　快速上传

上传之前，应确定网站是团队开发，还是个人建设。如果是在协作环境中工作，建议在上传之前，先利用存回和取出功能把需要上传的文件取出来，避免别人同时操作。当然，如果只有一个人在远程站点上工作，就不需要考虑这些问题了。

上传之前，可以在【文件】面板的工具栏中单击【连接到远端主机】按钮先建立本地与远程服务器的连接。如果连接成功，则该按钮会显示为，再次单击可以挂断连接。连接之后，建议单击【刷新】按钮刷新本地目录，以保证本地目录为最新内容。

如果是第一次上传，不妨选中本地站点根目录，然后单击【上传文件】按钮，此时 Dreamweaver 会询问是否上传整个站点，单击【确定】按钮，则系统自动把本地目录中所有文件上传到远程服务器上。此时如果单击【文件】面板底部的【日志】按钮，则可以查看上传日志，如图 16.8 所示。

在这个后台文件活动日志中，读者可以查看哪些文件上传成功，哪些文件上传失败，以便即时采取措施，继续上传失败的文件。

当网站内容很多时，网站上传会持续很长时间，这时读者可以隐藏【后台文件活动】对话框，让文件上传在后台继续操作，这样就可以继续执行其他任务。

如果不是初次上传，建议读者在【文件】面板中选择部分文件夹或文件进行上传，这样能够加快上传速度，对于上网速度比较慢的用户，更是应该如此。

当远程服务器为 FTP 服务器时，读者可以开启【FTP 记录】面板，实时跟踪信息的传输情况。方法是在【结果】面板组中选择【FTP 记录】面板，当连接到 FTP 服务器之后，该面板会不断滚动显示实时传输信息，如图 16.9 所示，如果了解 FTP 传输协议，则可以从中洞察到文件上传的更多信息。

图 16.8　上传日志

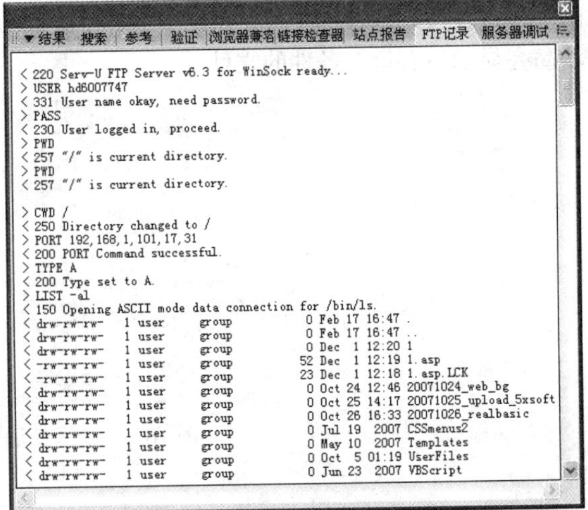

图 16.9　FTP 记录

16.4.2　同步上传

文件同步就是 Dreamweaver 能够保持本地目录或远程目录中的文件都是最新修改的内容。这对于文件反复被上传而不知本地哪些文件是最新的读者来说，使用文件同步操作或许能够解决读者的困扰。实现站点文件同步的方法如下：在本地站点选中部分文件或者整个站点，然后单击【文件】面板中的【同步】按钮。此时，Dreamweaver 会打开【同步文件】对话框，如图 16.10 所示。

在【同步】下拉列表框中选择要同步的范围，有两种选择：同步选中的文件或者整个站点。然后在【方向】下拉列表框中选择同步的方法，有以下 3 种。

- ☑ 放置较新的文件到远程：上传到远程服务器上不存在或自从上次上传以来已更改的所有本地文件。
- ☑ 从远程获得较新的文件：下载本地不存在或自从上次下载以来已更改的所有远程文件。
- ☑ 获得和放置较新的文件：将所有文件的最新版本放置在本地和远程站点上。

如果在上传的同时，希望清除远程服务器上多余的文件（相对于本地目录），则可以选中【从远程获得较新的文件】复选框。如果在【方向】下拉列表框中选择【获得和放置较新的文件】选项，则该复选框不可用。如果在【方向】下拉列表框中选择【放置较新的文件到远程】选项，则该复选框显示为【删除本地驱动器上没有的远端文件】，此时选中该复选框，则将删除远程站点中没有相应本地文件的所有文件。如果在【方向】下拉列表框中选择【从远程获得较新的文件】选项，则该复选框显示为【删除远端服务器没有的本地文件】，此时选中该复选框，则将删除本地站点中没有相应远程文件的所有文件。

然后单击【预览】按钮，此时 Dreamweaver 会自动检查本地和远程文件中哪个属于最新，并根据用户在【同步文件】对话框中设置进行反应。

如果每个选定文件的最新版本都已位于本地和远程站点并且不需要删除任何文件，则将显示提示对话框，提示无须进行任何同步。否则将显示【同步】对话框，允许读者是否把最新的文件上传到远程服务器，如图 16.11 所示。此时，读者可以在该对话框中选择是否上传、获取、删除和忽略。

若要更改特定文件的操作，请选择该文件，然后单击对话框底部的动作图标之一进行操作。读者也可以直接单击【确定】按钮同步所有文件，此时 Dreamweaver 将最新的本地文件自动上传到远程服

务器上。

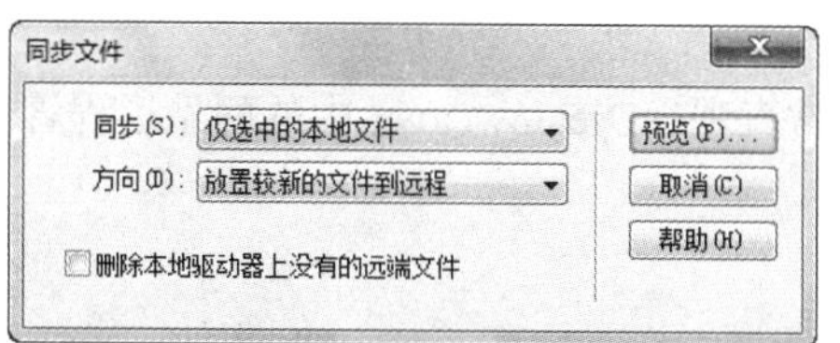

图 16.10　【同步文件】对话框

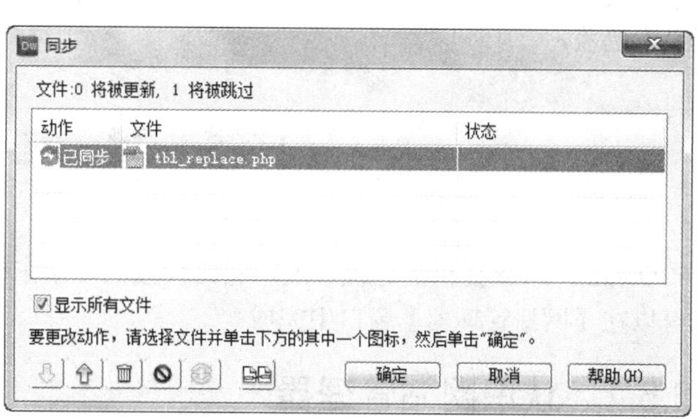

图 16.11　【同步】对话框

16.4.3　遮盖上传

遮盖就是排除某些文件夹或某类文件的操作。使用遮盖有什么好处呢？举一个简单的例子，在网站上传中，读者可能希望所有多媒体文件暂时先不上传，等待上网宽松时再继续上传，这时读者可以利用遮盖功能，把所有多媒体文件遮盖住，不允许其上传，这样能够加快网站上传的速度。当然遮盖功能不仅影响文件上传，还会影响获取、存回、取出和声称报告等操作。

默认状态下，站点遮盖功能是被启动的。当然读者也可以关闭遮盖功能，如图 16.12 所示，当禁用站点遮盖功能之后，所有遮盖文件都会取消遮盖。当再次启用站点遮盖功能时，所有先前遮盖的文件将恢复遮盖。同时，在【站点定义为】对话框的【遮盖】分类选项中，读者还可以设置要遮盖的文件类型，选中【遮盖具有以下扩展名的文件】复选框，然后在下面的文本框中输入要遮盖的文件类型，以扩展名来表示，例如，.png 就表示遮盖站点中名称以.png 结尾的所有文件。如果遮盖多个类型的文件，则应该使用空格分隔多个文件类型，不要使用逗号或分号。

启动遮盖功能之后，在本地或远程目录中选择一个或多个文件夹，然后在右键快捷菜单中选择【遮盖】|【遮盖】命令，即可对选中文件夹执行遮盖功能。此时一条红线将穿过受影响的文件夹以及内部文件，如图 16.13 所示，指示它们已被遮盖。注意，遮盖功能只能够作用于文件夹或某一类文件上面，不能作用于单个文件。

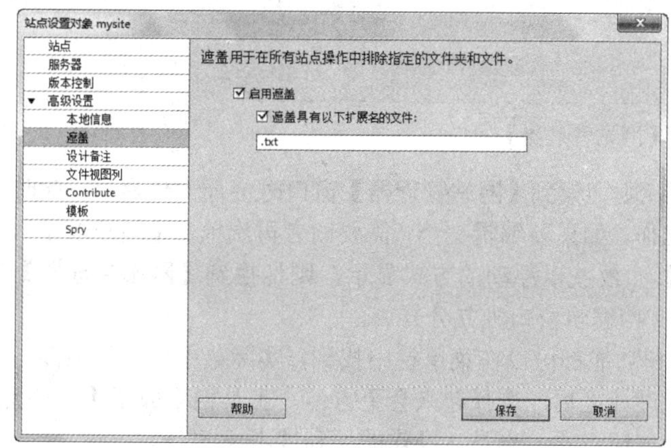

图 16.12　设置遮盖

图 16.13　遮盖的文件

当然读者也可以在右键快捷菜单中选择【全部取消遮盖】命令来取消所有文件的遮盖，但这不会

禁用遮盖，而且无法重新遮盖所有先前被遮盖的文件夹和文件，除非对各个文件夹和文件类型逐个重新设置遮盖。

Note

16.5 远 程 管 理

Dreamweaver 提供的远程管理功能比较强大，操作也非常直观。Dreamweaver 中的网站远程管理都可以在【网站管理器】窗口中完成。

16.5.1 认识网站管理器

在【文件】面板的工具栏中单击【展开以显示本地和远程站点】按钮，把【文件】面板切换到【网站管理器】窗口，如图 16.14 所示。【网站管理器】窗口实际上就是【文件】面板的扩展视图，在新版本中统称为【文件】扩展面板，实际上更多的设计师还是习惯于老版本的称呼，因为它确实是一个独立的网站管理工具，具有独立的窗口。不过，从功能上讲【网站管理器】窗口与【文件】面板完全相同，但【网站管理器】窗口提供了更便于管理的视图和操作环境。

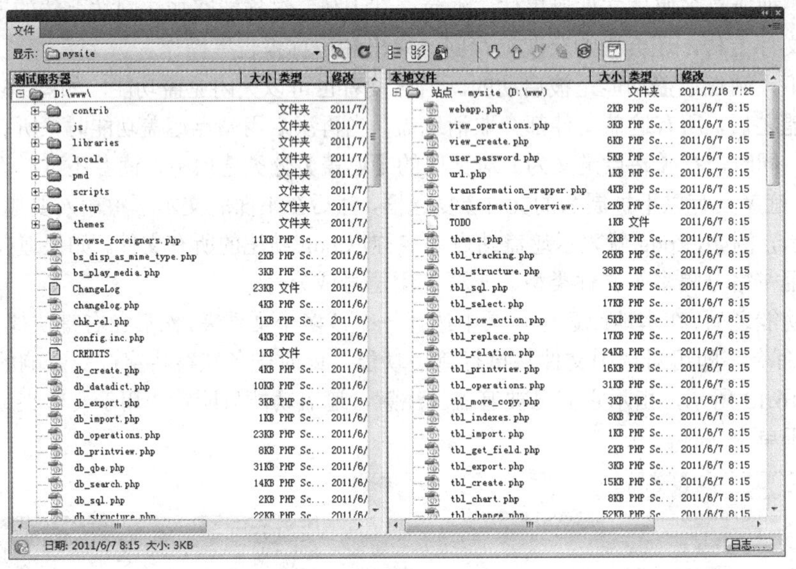

图 16.14 【网站管理器】窗口

如果【文件】面板显示为吸附的停靠面板，则切换到【网站管理器】窗口时会最大化显示，此时读者就无法在 Dreamweaver 文档编辑窗口中工作，如果要编辑文档，需要读者再次单击【展开以显示本地和远程站点】按钮返回。如果【文件】面板被以浮动的方式显示，则切换到【网站管理器】窗口时，【网站管理器】窗口与 Dreamweaver 文档编辑窗口独立分开。

在【网站管理器】窗口中，所有操作命令和功能都可以在菜单栏中找到，实际菜单栏中每项都与【文件】面板的面板菜单是对应的。不过这样设计之后，选择起来会更方便。工具栏集成了【文件】面板中的工具栏，但是把视图下拉选项设计为按钮形式，也是从操作的便利性考虑的。

单击窗口工具栏中的【测试服务器】按钮，读者还可以查看测试服务器中的文件，如果单击【站点文件】按钮可以返回远程视图。

16.5.2 操作远程目录

【网站管理器】窗口提供了可视化操作方式允许用户快速进行远程文件操作。在窗口左侧的【远程目录】列表框中，读者可以直观地查看远程服务器上的文件，并借助在本地操作方式来操作远程文件，如复制、粘贴、删除、拖动。如果是宽带网的话，读者基本上感觉不到操作的延迟，犹如在本地自由地操作文件。

使用【网站管理器】窗口可以方便备份远程站点内容。在远程目录中选中指定文件或整个站点，单击工具栏中的【获取文件】按钮，从远程服务器下载文件（获取文件是与上传文件的反操作）。读者可以利用这个功能随时备份远程站点或部分文件，防止远程服务器因意外事故，而丢失网站数据。虽然一般服务商都会定期备份服务器，但是如果自己能够随时下载备份，这样会更放心。而对于团队协作开发中，这种做法更值得提倡。

在【网站管理器】窗口中准确定义远程文件。读者也许正在右侧列表框的本地目录中查看一些文件，想确知远程目录是否存在该文件，以及这些文件所在的位置。这时读者可以在本地选中文件，然后在窗口菜单栏中选择【编辑】|【远端站点中定位】命令，则 Dreamweaver 会自动帮助读者在左侧列表框中选中显示对应的文件。反之，读者可以在远程目录中选中文件，然后在窗口菜单栏中选择【编辑】|【本地站点中定位】命令会自动在本地目录中选中对应文件。这个功能对于网站结构复杂、内容繁多的站点来说，是一个不错的小功能。

另外，读者还可以在【选择】菜单中选择【较新的本地文件】和【较新的远端文件】命令，可以分别在本地和远程目录中选中最新修改的文件。这在多人协作开发中是一个很重要的功能，这样读者可以快速地知道远程服务器上哪些文件被同事修改过。

16.6 合作开发

大型或商业网站一般都是团队合作的结晶，依靠个人的力量是远远不够的。例如，在一个团队中美工负责图样，设计师负责网页布局和前台效果设计，网页编辑负责内容的编排，开发人员负责后台逻辑开发，规模比较大的网站甚至还有网站策划、数据库开发和维护、网站测试评估等人员。多人共同操作一个网站，不可避免地会发生操作冲突问题，在这种情况下，如果一时疏忽或协调不好，很容易出现两个（或更多）人同时修改同一页面的情况，更新时相互覆盖，造成页面的混乱，甚至可能使得某人长时间的工作付之东流。因此，Dreamweaver 提供了一套技术来保证团队开发中的协作问题。

16.6.1 存回和取出

存回和取出是 Dreamweaver 提供的一项技术，它可以保证一个文档在某个时间内只能够由一个人进行操作，其他人不允许进行操作。要启动存回和取出功能，必须在定义站点时在【远程信息】中先选中【启动存回和取出】功能。

当团队成员需要编辑某个公共文件时，在【文件】面板的本地视图中选中该文件，然后单击面板顶部的【取出文件】按钮，该文件图标后面会显示一个灰色的锁状标识，表示该文件处于只读状态，此时文件处于被锁定状态。这时其他成员的站点内将会看到一个红色的√，表示该文件已经被他人编辑，同时可以查看到编辑者的姓名。原则上 Dreamweaver 会禁止他人操作，如果真要操作，则给出一个提示对话框，提示是否覆盖取出者的操作。

当然，如果取出者双击打开文件，则 Dreamweaver 会提示是否取出，如果单击【取出】按钮，则该文件就处于取出状态，此时该成员编辑的【文件】面板远程视图和本地视图中，取出文件图标后面会跟随一个绿色的√，表示该文件已经被取出，在【取出者】列中会显示该成员的姓名。

当【远程信息】选项中选中【打开文件之前取出】选项，则每当用户打开一个文件，Dreamweaver 都会把该文件转换为取出状态，这样其他成员就无法打开该文件，能够防止用户在操作文件时忘记单击【取出文件】按钮。当然如果某个文件已经被其他成员取出，则读者就无法操作该文件，Dreamweaver 会禁止操作。

Note

当然团队成员之间可以在【取出者】列单击取出者名称自动发送电子邮件以实现相互联系。当编辑完毕之后，请不要忘记把取出的文件存回，方法是选中存回的文件，单击【存回文件】按钮，存回操作实际上就是解锁该文件，以便其他成员能够继续操作。此时在该文件图标后面出现一个灰色的锁状标识，表示该文件处于只读状态。如果要取消只读属性，可以右击该文件，在弹出的快捷菜单中选择【取消只读属性】命令即可。

16.6.2 使用设计备注

设计备注相当于开发日志，是设计人员在设计过程中随手记录的心得和体会，以方便日后阅读程序，发现问题后便于维护。更重要的是团队成员之间通过设计备注可以交流心得、沟通信息。Dreamweaver 支持设计备注功能。

1．启动站点设计备注

如果要启动站点设计备注功能，可以选择【站点】|【管理站点】命令，在打开的【管理站点】对话框中选择要启动设计备注的站点，然后单击【编辑】按钮，打开【站点设置对象】对话框，在【高级设置】选项中选择【设计备注】子选项，然后在右侧选中对应的选项，如图 16.15 所示。

- ☑ 如果选中【维护设计备注】复选框，可以在本地启动设计备注，Dreamweaver 仅在本地维护设计备注，但不将这些备注与站点文件一起上传。
- ☑ 如果选中【启用上传并共享设计备注】复选框，则 Dreamweaver 会自动将与站点关联的设计备注与其余的文档一起上传，以便与其他成员共享设计备注。当下载文件时，Dreamweaver 也会自动获取相关的设计备注文件，以便了解其他成员的设计心得或开发信息。当然如果网站由自己独立开发，就没有必要选择该选项了，这样能够提高文件传输的性能。
- ☑ 如果要删除所有设计备注文件，只需要单击【清理】按钮即可，Dreamweaver 会自动删除站点的所有本地设计备注文件。

2．为文件创建设计备注

读者可以为任何文件创建设计备注，如模板文件、图像、Flash 等，甚至还可以为网页中的 Applet、ActiveX 控件、图像、Shockwave 对象等创建设计备注。为文件创建设计备注的具体方法如下。

在【文件】面板中打开一个文件，然后在菜单栏中选择【文件】|【设计备注】命令，或者在右键快捷菜单中选择【设计备注】命令，打开【设计备注】对话框，如图 16.16 所示。

在【基本信息】选项卡的【状态】下拉菜单中选择一种文档的状态（如草稿、保留 1、保留 2、保留 3、alpha、beta、最终版和特别注意）。

单击日期图标为备注添加当前本地日期。然后在【信息】文本框中输入备注信息。选中【文件打开时显示】复选框，则在每次打开文件时显示设计备注文件。

切换到【所有信息】选项卡中，可以增加多条消息，以便其他会员补加信息。单击按钮可以添加新的名/值对，如图 16.16 所示。

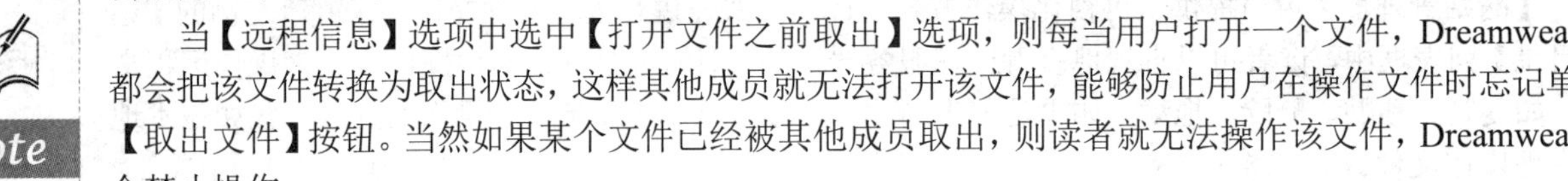

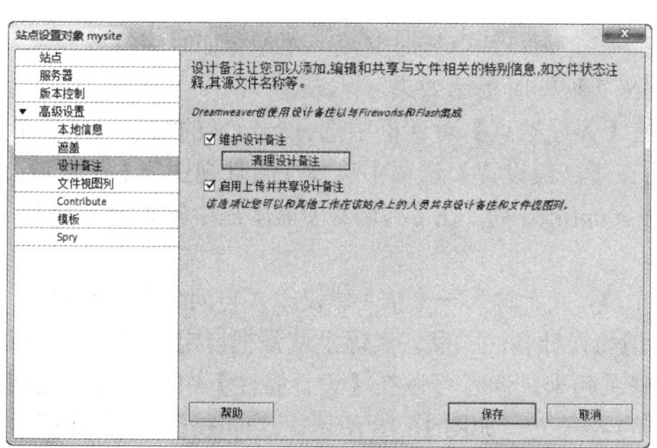

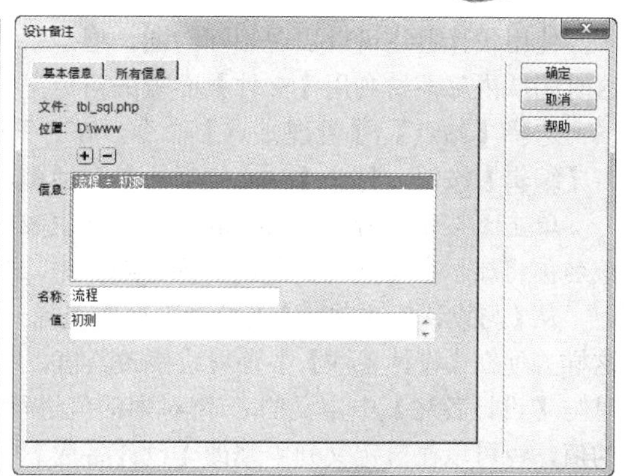

图 16.15　设计备注　　图 16.16　添加备注

最后单击【确定】按钮即可。Dreamweaver 将创建的备注保存到名为_notes 的文件夹中（隐藏状态），与当前文件处在相同的位置。文件名是文档的文件名加上.mno 扩展名。例如，如果文件名是 index.html，则创建的设计备注文件名为 index.html.mno。

3．阅读设计备注

如果在创建设计备注时选中【文件打开时显示】复选框，则当该文件被打开时，会自动打开【设计备注】对话框。如果没有则可以选择【文件】|【设计备注】命令，打开【设计备注】对话框。

为了方便用户快速了解哪些文件附带有设计备注，读者可以在【文件】面板中显示【备注】列，附带有备注的文件还显示提示图标，双击该图标即可快速打开【设计备注】对话框，如图 16.17 所示。

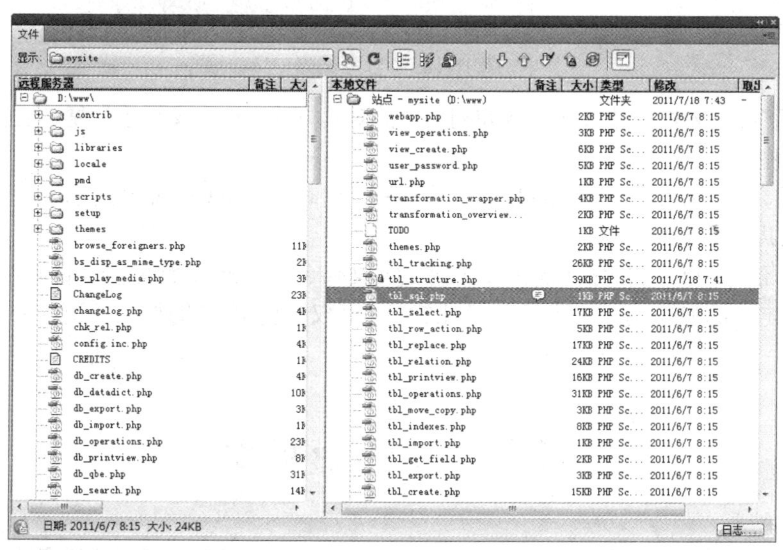

图 16.17　显示备注提示信息

16.6.3　自定义信息列

团队开发中的信息交互和沟通是件很重要的事情。毕竟在多人组成的开发小组中，各自独处一隅，甚至身在天涯海边，虽说各种通信工具发达（如电话、Email、QQ、MSN、传真等），相互之间的联系也比较快速，但是比较麻烦。

使用设计备注可以实现相互沟通，但是它还不够直观，适合慢时交流，不适合即时应答或提示。这时团队内部不妨利用【文件】面板的自定义列来实现即时提示效果。

Note

选择【站点】|【管理站点】命令，在打开的【管理站点】对话框中选择预定义的站点，然后单击【编辑】按钮，打开【站点定义为】对话框，在【高级设置】选项中选择【文件视图列】子选项。

单击⊞按钮，则 Dreamweaver 会自动生成一个 untitled 列，在【列名称】文本框中输入列的标题，该名称将显示在【文件】面板的列标题栏中。

从【与设计备注关联】下拉列表框中选择一个值，或者输入一个值（建议输入与列名称一致的值，这样方便在【设计备注】中查看或修改其值。所谓与设计备注关联，实际上就是把自定义列的显示信息与【设计备注】中定义的名/值对中的值进行联系起来，读者可以在【设计备注】中修改自定义列的值，也可以在自定义列中修改【设计备注】中的名/值对，如图 16.18 所示。这样在【文件】面板中查看 Dreamweaver 站点时，有关文件和文件夹的信息将在列中显示。

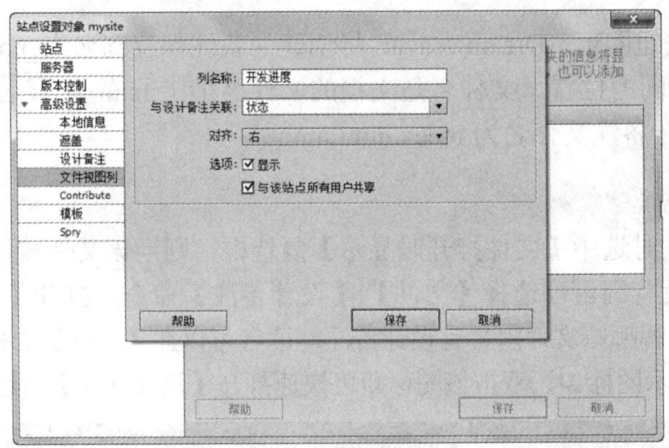

图 16.18　自定义列

在【对齐】下拉列表框中选择列标题和列信息的对其方式。选中【显示】复选框保证该列被显示在【文件】面板中。

当然一定要选中【与该站点所有用户共享】复选框，这时 Dreamweaver 会提示读者开启站点设计备注功能，并保证共享设计备注。

另外，读者还可以更改列的排列顺序、隐藏列（文件名列除外）、删除列（仅限自定义的列）、重命名列（仅限自定义的列）、建立列与设计备注的关联（仅限自定义的列）。增加自定义列时最多允许增加 10 列。

16.7　测试和维护

站点测试和维护是网站开发中一项不可或缺的环节，很多情况下大型网站的测试和维护成本会大于前期代码编写的成本。本节将讲解如何使用 Dreamweaver 快速完成这个烦琐的测试和维护工作。

16.7.1　检查断开链接

网站开发的过程就是不断重新设计、重新组织的过程，修修补补、涂涂改改是经常的事情，也许某个链接的页面已被移动或删除，但是链接还存在。因此读者应该使用【链接检查器】面板对站内所有链接进行测试。

选择【窗口】|【结果】命令，在 Dreamweaver 主窗口底部将打开【结果】面板组，从中选择【链接检查器】面板，如图 16.19 所示。然后按图中的提示进行操作即可快速检查站点内所有断开的链接。读者也可以在菜单中选择【站点】|【检查站点范围的链接】命令快速进行操作，检测的结果将显示在【链接检查器】面板中。

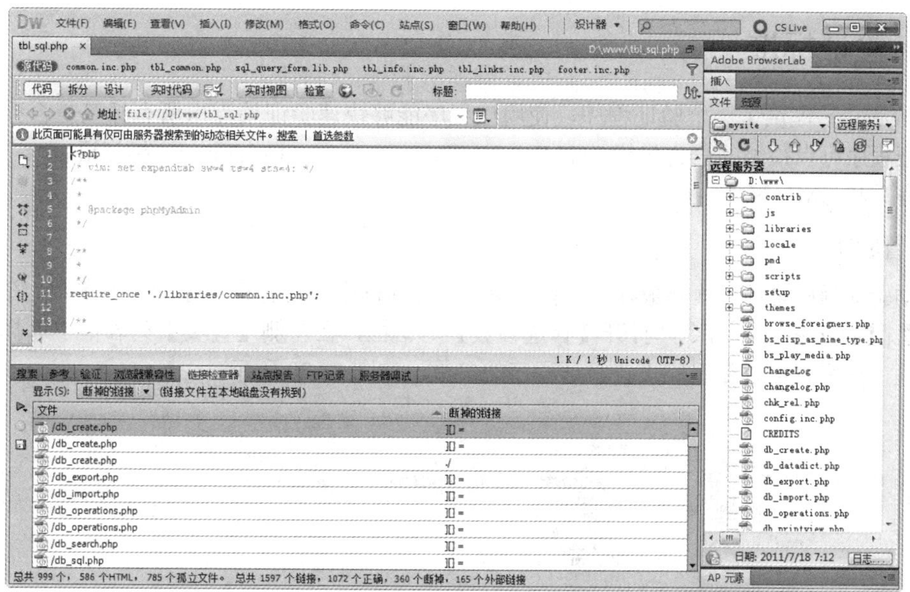

图 16.19　链接检查器

发现问题之后，就应该赶紧修复，这里有两种方法可以实现。

（1）直接在【链接检查器】面板中修复断开的链接和图像引用。方法是在【断掉的链接】列中（而不是【文件】列）单击断开的链接，此时链接处于可编辑状态，然后在其中设置正确的链接路径即可。

（2）在【属性】面板中修复的链接和图像引用。方法是先在【文件】列中双击打开文件，在编辑窗口中会以【代码】视图自动选中显示断开的链接，此时读者在【属性】面板中修复链接即可。这种方法的优势是可以单击【属性】面板中的【链接】文本框右侧的文件夹图标，进行快速选择修复。

如果在同一文件中还有其他断开的链接，Dreamweaver 会提示修复其他文件中的这些引用。单击【是】按钮，Dreamweaver 将更新列表中引用此文件的所有文档。

如果网站开启了【启用存回和取出】功能，Dreamweaver 将尝试取出需要更改的文件。如果不能取出文件，Dreamweaver 将提示不能更改断开的引用。

16.7.2　删除孤立文件

孤立的文件就是那些文件本身还在站内，但是站内没有任何文件链接到该文件。孤立的文件很多时候是在操作中遗忘的废的文件，对于这些无用的垃圾一定要清理出去，否则会占用空间和带宽，不利于网站的维护和管理。

孤立的文件是不会被访问的，除非读者直接访问该文件，如新闻的目录页。但是并不是所有孤立的文件都是废文件，有些文件虽然自己没有被别的文件链接，但是它却链接着别的文件。此种情况下，操作时就应该小心了，最好是打开文件看看页面内容，避免误删文件。

查找孤立的文件可以在【链接检查器】面板中实现。首先，在【链接检查器】面板中单击【检查

链接】按钮 ，然后在检查类型下拉菜单中选择【孤立的文件】选项，Dreamweaver 将显示没有孤立的文件。

选中要删除的文件，然后按 Delete 键即可快速删除。对于孤立的图像文件来说，可以大胆地删除，因为图像不会链接别人，但是对于网页文件，建议最好打开看看所包含的内容，再决定是否删除。

Note

16.7.3 验证标准

Dreamweaver 提供了一个验证程序，使用该程序能够快速验证站点内所有标签是否存在语法错误。该验证程序可以检测的语言包括 HTML、XHTML、CFML（ColdFusion 标记语言）、WML（无线标记语言）和 XML 等。

1．设置验证程序

在启动验证程序之前，读者最好在【首选参数】对话框中设置验证程序的首选参数。在菜单中选择【编辑】|【首选参数】命令，打开【首选参数】对话框，在左侧【分类】列表框中选择【验证程序】分类项，然后就可以在右侧设置验证程序的参数，如图 16.20 所示。

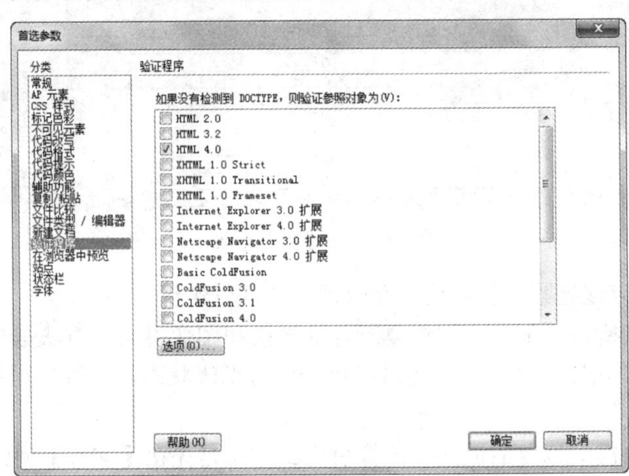

图 16.20　设置要验证参照的标签库

可以设置要验证参照的标签库，同一标签库或语言只能选择一个版本。单击【选项】按钮可以在打开的对话框中选中要在验证程序报告中包含的错误和警告类型，然后选择验证程序应该检查的项目，如下所示。

- ☑ 文本中的引用：选中该选项后，Dreamweaver 会认为文档文本中的引号是非法的，并给出警告，而应该使用“"”实体来表示引号。
- ☑ 文本中的实体：选中该选项后，则文档内所有特定字符都应该使用等效的 HTML 实体来表示，例如，“<”字符应该使用“<”实体表示，“>”字符应该使用“>”实体表示等，否则 Dreamweaver 会认为是非法的，并给出警告。

2．验证站点标签

在【结果】面板组中选择【验证】面板，然后单击面板左侧的【验证】按钮，从弹出的下拉菜单中选择【验证整个当前本地站点】选项，Dreamweaver 会自动对当前本地站点进行标签的语法验证，如图 16.21 所示。

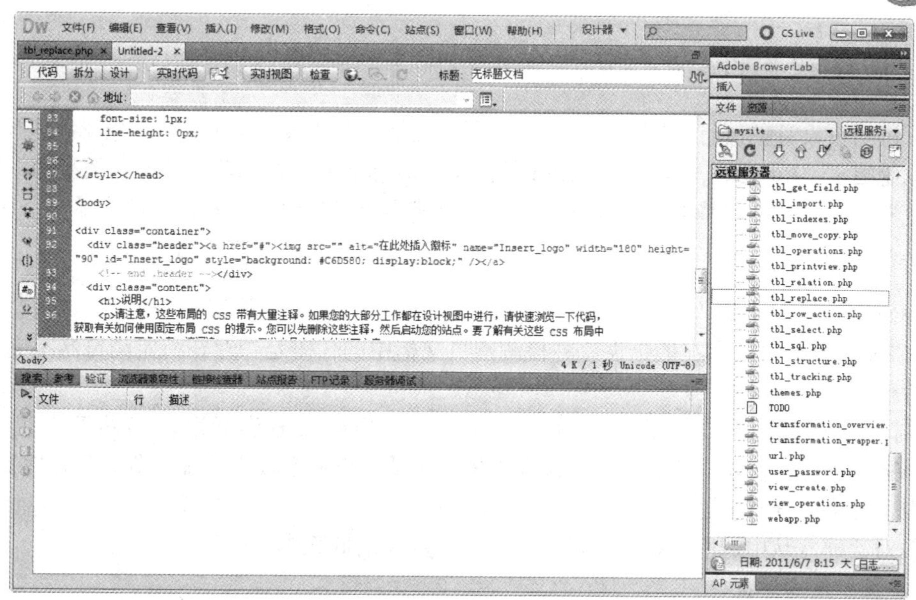

图 16.21　验证整个当前本地站点

所有检测到的记录分类说明如下。

☑　如果前面标识图标显示为❶，则表示该记录是一条语法错误，读者可以根据指示的文件名、所在的行，以及错误描述进行修复。Dreamweaver 暂时还没有提供自动修复功能，所以还需要读者手动逐条修改。有些错误可能是因为读者设置的验证版本较低（参阅 16.7.2 节介绍），而该版本还支持这种语法功能，所以应根据实际需要酌情选择修改。修改时，直接双击【文件】列的文件名，Dreamweaver 会自动打开该文件，在【拆分】视图下选中显示错误的标签或属性。

☑　如果前面标识图标显示为⚠，则表示该记录是一条非标准的用法，Dreamweaver 提出警告，建议不要使用，最好能够修复。

☑　如果前面标识图标显示为💬，则表示该记录是一条消息，Dreamweaver 提示该用法已经过时，或将被淘汰，建议避免使用。

☑　如果前面标识图标显示为📄，则表示该记录是一条嵌套错误，Dreamweaver 会提示读者在使用时标签嵌套出现错误，例如，缺少封闭标签，或者嵌套的层次不正确。因此读者应该及时修复过来。对于 IE 浏览器来说，它会很智能地帮助读者进行纠错显示，但是对于其他标准浏览器来说，就会认为这是一个错误而不予解析。

如果在【验证】面板左侧单击【浏览报告】按钮🌐，Dreamweaver 会自动生成报告，以网页的形式把所有记录列表出来，这样读者可以在放大的窗口中预览所有验证信息。

3．清理标签

选择【命令】|【清理 XHTML】命令，将打开【清理 HTML/XHTML】对话框，使用该对话框则可以快速清除当前文档中的指定标签或者错误、不规范的标签，如图 16.22 所示。

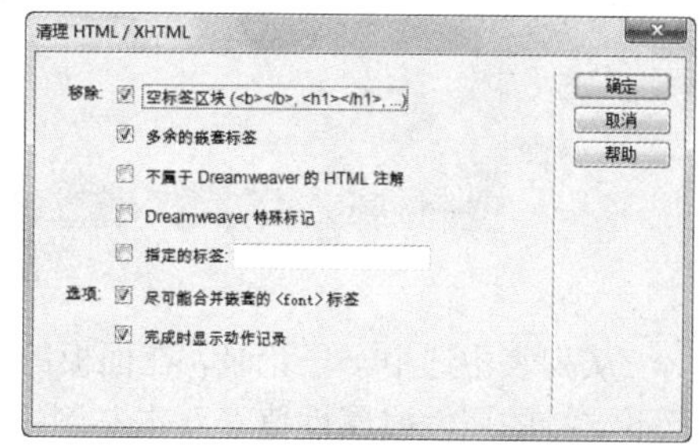

图 16.22　清理 HTML/XHTML

Note

16.7.4 检查兼容性

随着标准网页设计的流行，网页兼容性问题日益受到用户的重视。目前，浏览器市场已不是 IE 浏览器独家绝唱了，Firefox、Opera 和 Safari 等浏览器对标准的支持程度高。不同类型的浏览器，以及同一浏览器不同版本所支持的标准会存在差异，也就形成了当前浏览器兼容性这样一个话题。

1．设置浏览器兼容标准

Dreamweaver 所提供的“浏览器兼容性检查”功能可以准确定位不同类型和版本浏览器在解析 HTML 和 CSS 组合时可能存在的错误，并检测网页文档中的代码是否存在特定浏览器不支持的 CSS 属性或属性值。

使用浏览器兼容性检查之前，应该先设置浏览器的最低兼容标准，当然读者也可以采用 Dreamweaver 帮助读者设置的默认值。具体方法是：在【结果】面板组的【浏览器兼容性】面板中，单击面板左侧的【检查浏览器兼容性】按钮，从弹出的下拉菜单中选择【设置】选项，将打开【目标浏览器】对话框，从中选中要检查的浏览器类型，以及最低版本。

2．检查浏览器兼容性

目前，Dreamweaver 还没有提供自动检查整个站点的所有文件的浏览器兼容性，仅能够就当前打开文件进行检查，所以对于大型站点来说，如果一页一页地去检查是非常麻烦的。唯一的可行之道就是建议读者在设计每一个网页时，随手检查一下，免得最后逐页检查的麻烦。

打开要检查的网页，在【浏览器兼容性】面板中，单击面板左侧的【检查浏览器兼容性】按钮，从弹出的下拉菜单中选择【检查浏览器兼容性】选项，Dreamweaver 会自动检查，并在面板列表框中显示所有可能存在的问题，如图 16.23 所示。

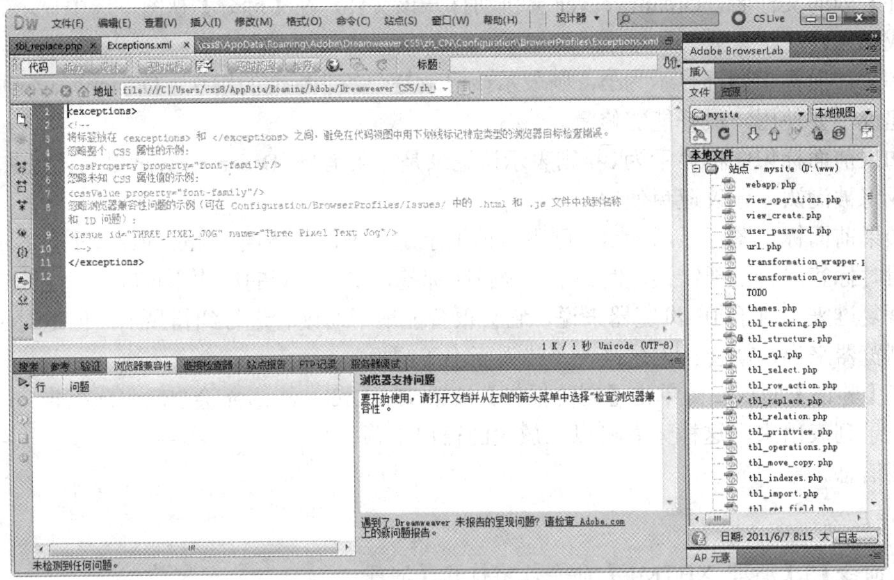

图 16.23　检查浏览器兼容性

从列表中选中一条记录，在面板的右侧会显示该记录存在问题：受影响的浏览器类型和版本，以及不支持的属性或属性值。双击左侧的记录，Dreamweaver 会自动定位到网页文档中的指定源代码，并在【浏览器兼容性】面板右侧显示提示信息和在线帮助。

使用服务器行为

在Dreamweaver中，设计动态网页一般需要3步：第一步，定义数据连接；第二步，定义记录集；第三步，绑定记录集。绑定记录集能够实现网页内容的动态显示，但如何更好地控制这些动态页面，还需要增加服务器行为。本章将重点学习Dreamweaver内置服务器行为的使用，包括重复显示多条数据记录，实现数据分页显示，操作数据库等。

【学习重点】

- 绑定记录集。
- 实现记录集重复显示、分页显示。
- 实现记录集跨页跳转。
- 能够操作数据库，如更新、删除和添加记录。

视频讲解

Note

17.1 服务器行为概括

服务器行为就是在动态页中插入的脚本（如 VBScript、JavaScript），这些脚本运行在服务器端。服务器行为与第 14 章介绍的行为是两个不同的概念，行为主要在浏览器中被执行。

服务器行为可以直接在 HTML 代码视图中进行编写。当插入一个服务器行为，在【代码】视图下会发现新增加的控制代码。如果熟悉 VBScript、JavaScript 脚本，使用代码进行控制会更加方便快捷，但对于初学者来说，学习使用服务器行为可以快速控制动态数据的显示。

Dreamweaver 内置了很多服务器行为，如重复区域、显示区域、记录集分页、转到详细页面、转到相关页面、插入记录、更新记录、删除记录和用户验证等，灵活使用这些服务器行为可以提高 Web 开发效率和增强网页功能。

选择【窗口】|【服务器行为】命令，打开【服务器行为】面板，如图 17.1 所示。在【服务器行为】面板中显示并控制着所有创建、绑定的数据源以及各种特定功能的服务器行为。在【服务器行为】面板中可以执行增加、删除、修改服务器行为等操作。

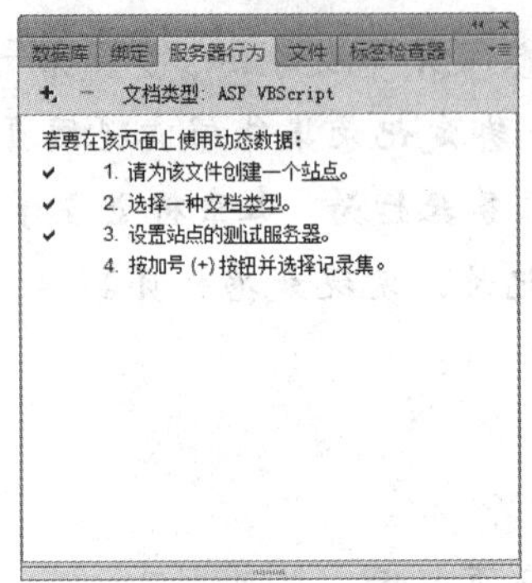

图 17.1 【服务器行为】面板

在默认状态下，Dreamweaver CC 不再支持服务器行为操作模块，读者需要手动安装。安装的方法请参考 15.3.2 节说明。

> **注意：** Dreamweaver CS6 版本对服务器行为的支持是较完善的，建议读者在本地系统中同时安装 Dreamweaver CS6 和 Dreamweaver CC。在 Dreamweaver CS6 下设计动态网页会更稳定，本章及第 18 章将以 Dreamweaver CS6 为操作工具进行介绍。

为了让读者有更真实的练习环境，本章主要通过一个综合实例为基础进行演示，介绍常用服务器行为的使用。

本例是一个功能基本完备的留言板系统，主要功能包括书写留言、存储留言、显示留言和管理留言等多个模块，管理留言包括留言回复、留言审核、删除留言、修改留言和退出留言等功能。整个示例设计流程如图 17.1 所示。

本例使用的 Dreamweaver 服务器行为说明如下。

☑ 书写留言，利用“插入记录”服务器行为来实现。

☑ 显示留言，可以先创建记录集，然后用“重复区域”“记录集分页”“显示区域”服务器行为来实现留言显示功能。

☑　删除留言，需要把删除记录信息传递给删除文件，然后利用该文件中的删除代码删除记录。

☑　修改留言，需要把修改的记录信息传递给修改表单，在表单中显示出来，修改之后再用“更新记录”服务器行为来更新数据库。

☑　利用服务器行为“用户登录”和“注销用户”来实现用户登录与退出功能。

本网站预览效果如图 17.2 所示。

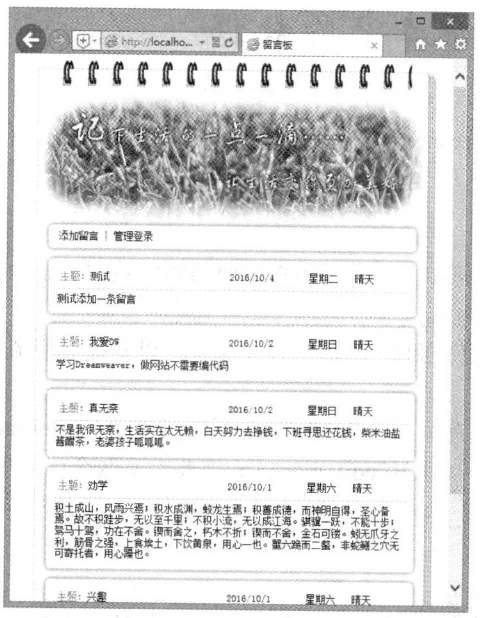

首页

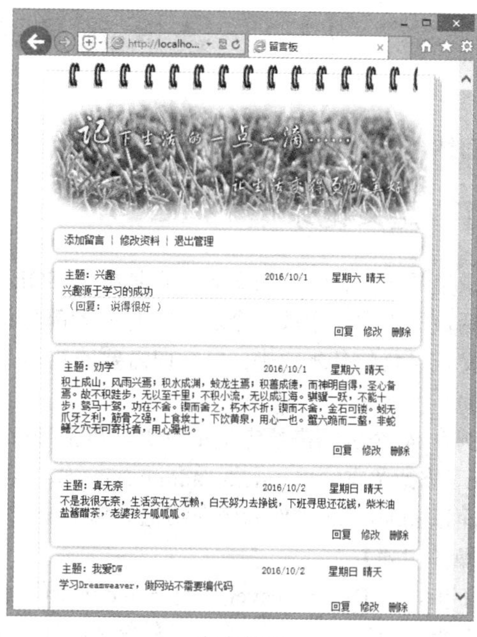

留言管理

添加留言

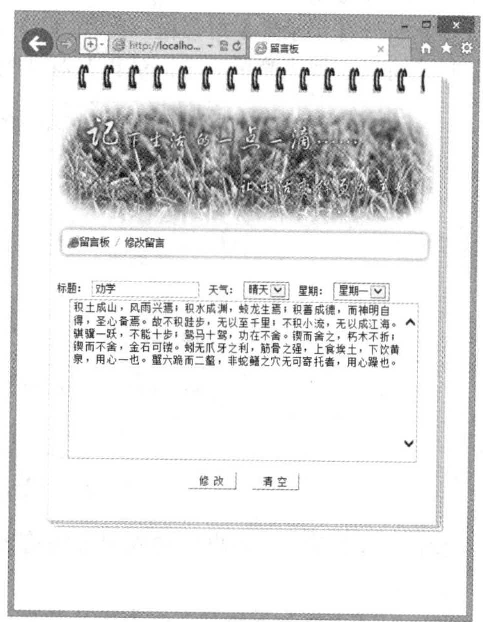

修改留言

图 17.2　留言板浏览效果

【学习准备】

在本地系统中定义一个虚拟目录，如 mysite。启动 Dreamweaver 创建一个动态站点，动态站点的【服务器类型】为“ASP VBScript”，【访问】类型为“本地/网络”。把光盘中本章实例源代码全部复制到本地站点根目录下。

Note

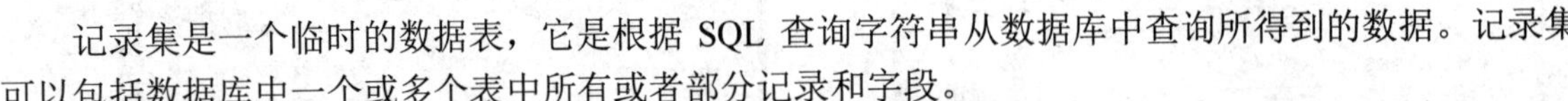

17.2 读取并显示数据库中的数据

下面结合留言板主页（index.asp）的设计过程介绍 Dreamweaver 服务器行为的基本用法。

视频讲解

17.2.1 定义记录集

记录集是一个临时的数据表，它是根据 SQL 查询字符串从数据库中查询所得到的数据。记录集可以包括数据库中一个或多个表中所有或者部分记录和字段。

定义记录集的基本原则：仅查询需要的数据；当不再使用时应立即释放记录集，以便提高服务器的性能。

本例有 4 个页面需要定义记录集，包括 index.asp（首页）、edit_diary.asp（管理首页）、rewrite_diary.asp（修改留言）和 rewrite_admin.asp（修改登录信息）。其中 edit_diary.asp 需要定义两个记录集。

下面以 index.asp 文件为例介绍记录集的定义方法。

【操作步骤】

第 1 步，在 Dreamweaver 中打开 index.asp 页面。

第 2 步，选择【窗口】|【绑定】命令，打开【绑定】面板。单击面板左上角的⊞按钮，在弹出的下拉菜单中选择【记录集（查询）】命令。

第 3 步，打开【记录集】对话框，如图 17.3 所示。如果显示的是高级【记录集】对话框，单击【简单】按钮可以切换到简单的【记录集】对话框。

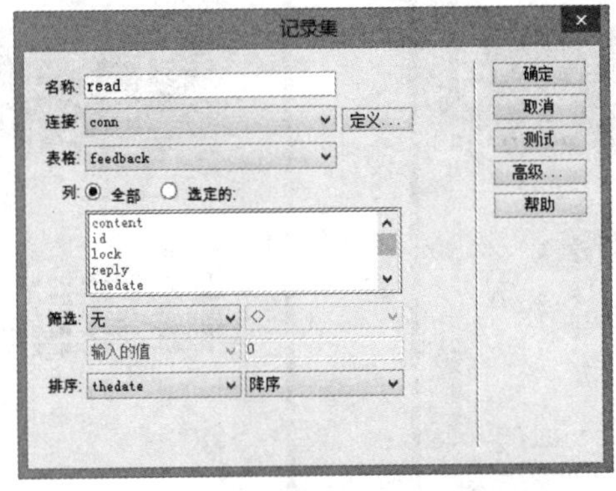

图 17.3 【记录集】对话框

第 4 步，在【名称】文本框中输入记录集的名称，如 read。然后在【连接】下拉列表框中选择一个连接，如 conn。

第 5 步，在【表格】下拉列表框中选择数据库中要查询的数据表，如 feedback。

第 6 步，在【列】选项组中，选择要包括在记录集中的字段。这里选中【全部】单选按钮，选择 feedback 表中全部字段。

提示：记录集的字段越多，可以显示更详细的信息。如果仅需要显示部分字段，选中【选定的】单选按钮，然后按住 Ctrl 键或者 Shift 键并单击列表中的字段名，选择所需字段。

第 7 步，【筛选】下拉列表框用于选择一个字段作为查找和显示的条件字段。例如，如果 URL 查询字符串参数中包含一个记录的 ID 号，则选择包含记录 ID 号的字段。这里先暂时不设置。

第 8 步，【排序】下拉列表框用于选择一个字段作为排序的依据，然后在其右边选择排序的方式，是升序还是降序。本页记录集设置 thedate 字段进行降序排序，这样就把最新留言显示在最前面。

第 9 步， 如果单击【记录集】对话框右边的【测试】按钮，可以测试记录集是否查询成功，并可查看结果。

第 10 步，设置完毕，单击【确定】按钮，记录集即可显示在【绑定】面板中。

【拓展】

有关其他几个页面记录集的定义方法相同，下面列出各个页面记录集的设置。

☑ edit_diary.asp 页面记录集设置如图 17.4 所示。

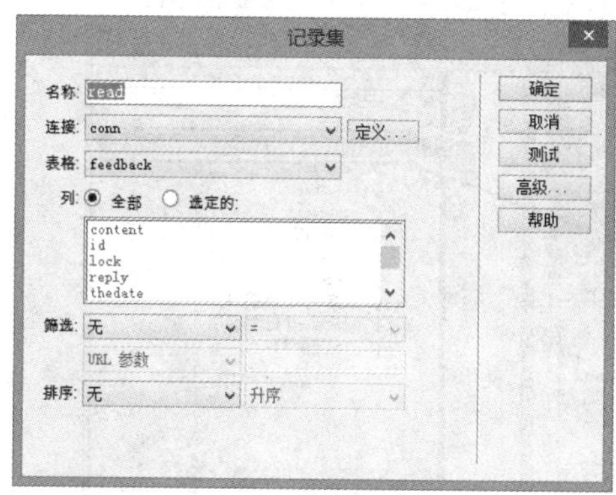

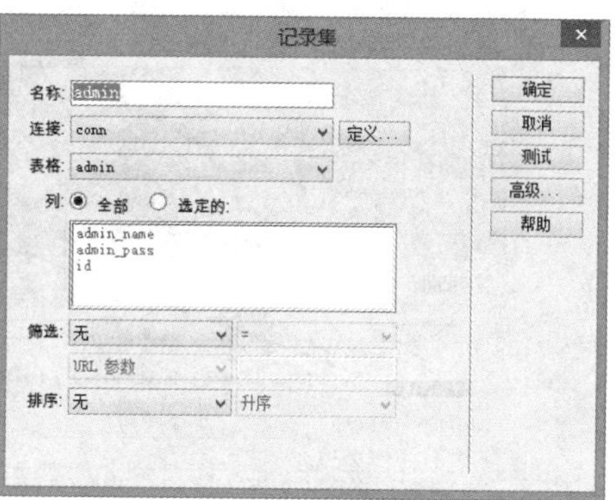

图 17.4　edit_diary.asp 页面记录集定义

☑ rewrite_admin.asp 页面记录集设置如图 17.5 所示。在 rewrite_admin.asp 页面记录集中用到了条件筛选，它是根据用户登录时保存在阶段变量 MM_Username 中的用户名。

☑ rewrite_diary.asp 页面记录集定义结果如图 17.6 所示。在 rewrite_diary.asp 页面记录集中用到了条件筛选，它是根据用户单击编辑留言（edit_diary.asp）页面中的【修改】超链接文本传送的查询字符串参数来确定要修改记录的 id 字段值。

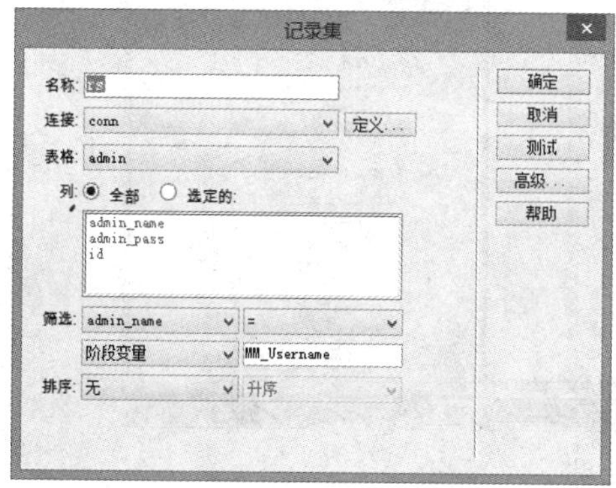

图 17.5　rewrite_admin asp 页面记录集定义

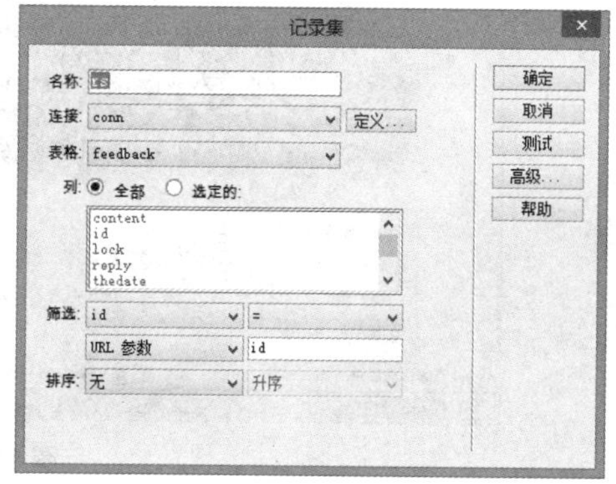

图 17.6　rewrite_diary asp 页面记录集定义

视频讲解

Note

17.2.2 绑定记录集

绑定记录集就是把记录集中的字段插入页面中，或者赋值给 HTML 属性，以实现页面的动态显示。

1．把记录集直接插入页面

下面仍然以 index.asp 文件为例进行介绍。

【操作步骤】

第 1 步，在 Dreamweaver 中，打开 index.asp 文件。在菜单中选择【窗口】|【绑定】命令，打开【绑定】面板。单击 read 记录集左边的加号展开记录集。

第 2 步，把光标定位到要插入标题的单元格，然后在【绑定】面板中选定 read 记录集中的 title 字段，单击面板底部的【插入】按钮，即可把 title 字段插入页面中。

以同样的方式把日期、天气、星期和内容绑定到页面中，如图 17.7 所示。

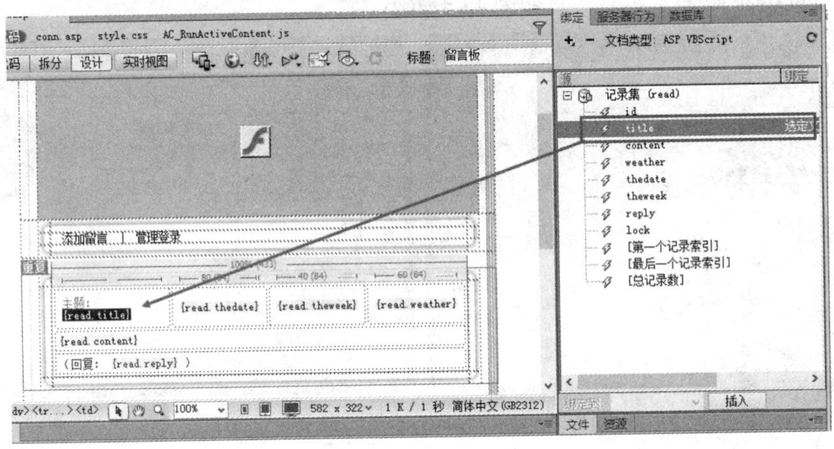

图 17.7 绑定字段

第 3 步，单击【文档】工具栏中的【实时视图】按钮，就可以查看结果，如图 17.8 所示。

图 17.8 查看结果

第 4 步，在 edit_diary.asp 网页中插入记录集到页面的方法与 index.asp 网页基本相同，如图 17.9 所示。

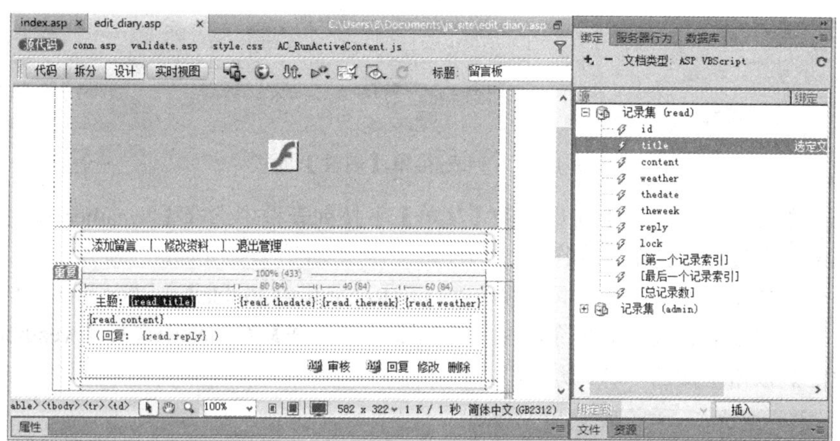

图 17.9　edit_diary.asp 网页记录集绑定

2．把记录集绑定到文本框

rewrite_diary.asp 和 rewrite_admin.asp 网页的记录集不是直接插入页面上，而是绑定到表单对象的属性上。

【操作步骤】

第 1 步，在 Dreamweaver 中，打开 rewrite_diary.asp 文件。在菜单中选择【窗口】|【绑定】命令，打开【绑定】面板。单击 rs 记录集左侧的加号展开记录集。

第 2 步，在页面中选中标题文本框，然后在【绑定】面板底部的【绑定到】下拉列表框中选择输入值属性 input value。在 rs 记录集中选择 title 字段，单击【绑定】按钮，如图 17.10 所示。

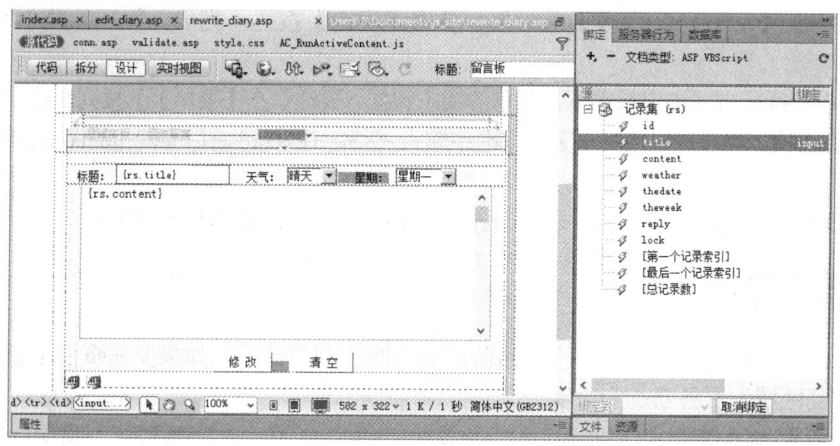

图 17.10　绑定动态数据

第 3 步，以同样的方式把 rs 记录集中的 content 字段绑定到 textarea 文本域。

3．把记录集绑定到列表/菜单

【操作步骤】

第 1 步，在 Dreamweaver 中，打开 rewrite_diary.asp 文件。在菜单中选择【窗口】|【绑定】命令，打开【绑定】面板。单击 rs 记录集左边的加号展开记录集。

第 2 步，在页面中选中天气下拉菜单，如图 17.11 所示，然后在【属性】面板中单击【动态】按钮，打开【动态列表/菜单】对话框。

图 17.11　列表/菜单【属性】面板

Note

第 3 步，在【动态列表/菜单】对话框的【菜单】下拉列表框中选择【"weather"在表单"form"】选项，设置要绑定动态数据的菜单，如图 17.12 所示。

第 4 步，在【选取值等于】文本框中输入“<%=(Recordset1.Fields.Item("weather").Value)%>”，也可以单击文本框右边【动态数据】按钮，在打开的【动态数据】对话框中选择【weather】字段选项，然后单击【确定】按钮，如图 17.13 所示。

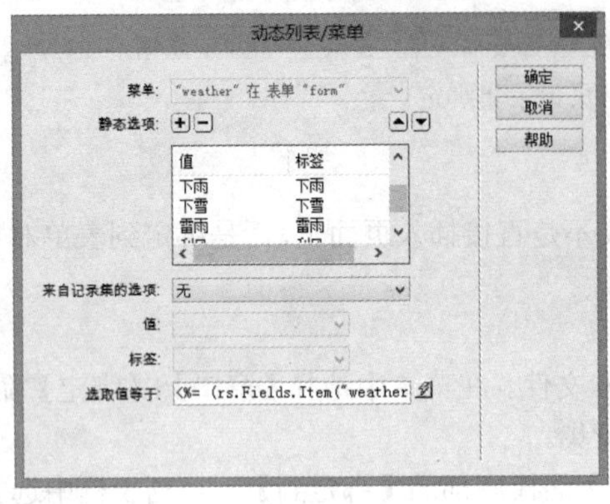

图 17.12　【动态列表/菜单】对话框

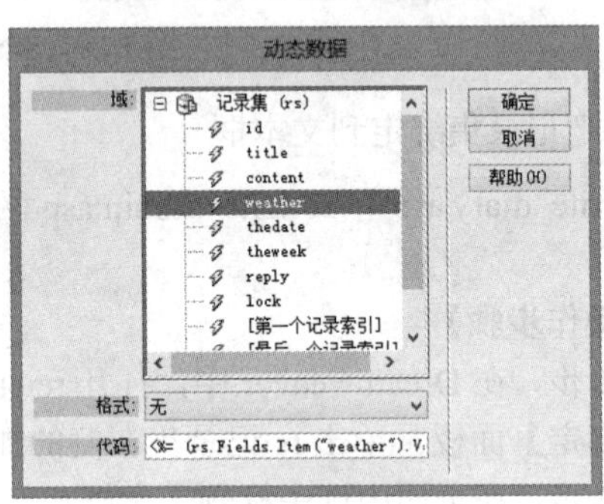

图 17.13　【动态数据】对话框

第 5 步，回到【动态列表/菜单】对话框，单击【确定】按钮，完成天气下拉菜单的动态数据绑定工作。

第 6 步，以同样的方式绑定星期下拉菜单的动态数据。要注意在【菜单】下拉列表框中选择【"week"在表单"form"】选项，在【选取值等于】文本框中输入“<%= (Recordset1.Fields.Item ("week").Value) %>”选项。

rewrite_admin.asp 网页的记录集绑定和 rewrite_diary.asp 文件操作基本相同。

视频讲解

17.2.3　重复显示

在默认状态下，记录集只能显示一条当前记录，即第一条记录。如果要在页面中显示多条记录，需要利用“重复区域”服务器行为来实现。

【操作步骤】

第 1 步，在 Dreamweaver 中，打开 index.asp 文件。在页面中选中动态记录所处的独立表格。在选择表格时要注意完整性，不能只选中表格的几行或跨表格选取，这样在显示时就会造成页面的错乱，建议在【代码】视图下进行选择会更精确。

第 2 步，选择【窗口】|【服务器行为】命令，打开【服务器行为】面板。单击【服务器行为】面板左上角的 + 按钮，在弹出的下拉菜单中选择【重复区域】命令。

第 3 步，打开【重复区域】对话框，在【记录集】下拉列表框中选择所要显示的记录集，如 read；在【显示】区域设置每页只显示 5 条记录。

第 4 步，单击【确定】按钮，即可在页面中插入“重复区域”服务器行为，如图 17.14 所示。

Note

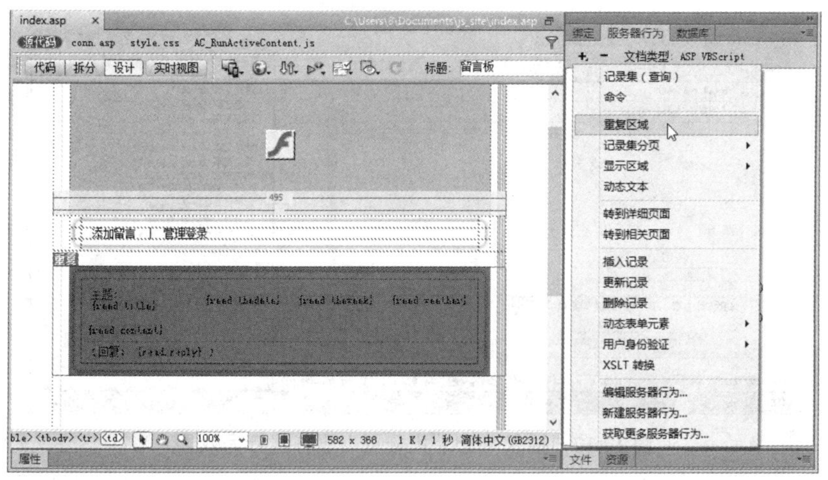

图 17.14　插入重复区域服务器行为

在 edit_diary.asp 页面中也需要显示多条记录，方法与上面操作步骤相同，读者可以自己动手试一试。

17.2.4　记录集分页

视 频 讲 解

如果按每页 5 条的记录显示记录集中的数据，还有很多条记录无法显示，这时可以通过插入“记录集分页”服务器行为来实现记录集多页显示。

【操作步骤】

第 1 步，在 Dreamweaver 中，打开 index.asp 文件，把光标置于要显示导航条的区域。在本例中，选择第 1 个导航文本“首页”，如图 17.15 所示。

图 17.15　选中导航文本

其中导航文本“首页”前边的 9 是 webdings 字体符号，源代码是<FONT face=webdings>9</FONT>，显示效果是⏮。

第 2 步，选择【窗口】|【服务器行为】命令，打开【服务器行为】面板。单击【服务器行为】面板左上角的⊞按钮，在弹出的下拉菜单中选择【记录集分页】|【移至第一条记录】命令。

第 3 步，打开【移至第一条记录】对话框，在【链接】下拉列表框中自动显示所选择的文本；在【记录集】下拉列表框中选择要读取的记录集，如 read，如图 17.16 所示。

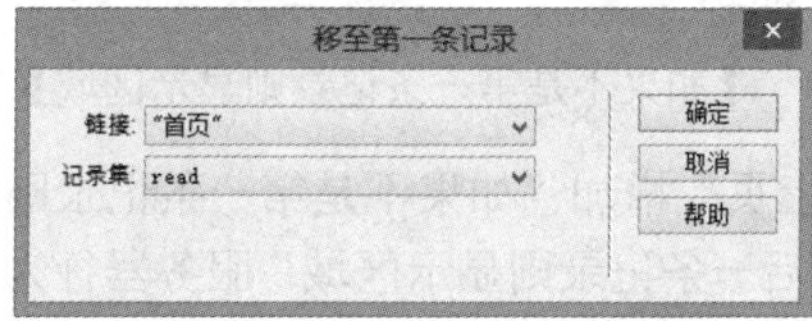

图 17.16　【移至第一条记录】对话框

第 4 步，以同样的方式把【记录集分页】子菜单中的其他 3 个导航命令增加到相应的导航文本上，效果如图 17.17 所示。

在 edit_diary.asp 页面中也需要插入“记录集分页”服务器行为，读者可以自己模仿练习。

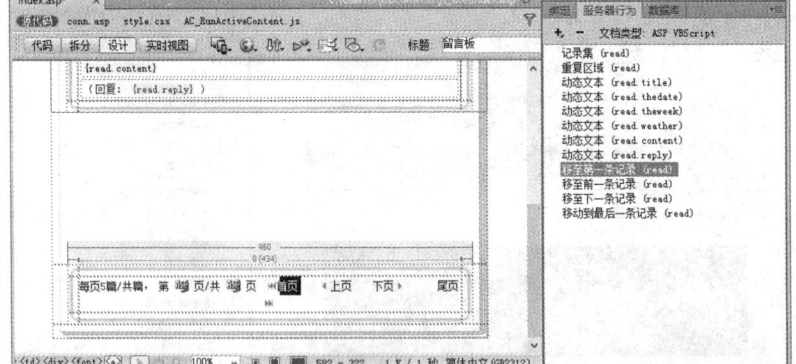

图 17.17　插入“记录集分页”服务器行为效果

视频讲解

17.2.5　条件显示

下面利用“显示区域”服务器行为来控制导航条的显示，实现当记录集显示到第 1 页时，使“首页”和“上页”超链接文本及相关提示符号不显示；而当记录集显示到最后 1 页时，使“下页”和“尾页”超链接文本及相关提示符号不显示。

【操作步骤】

第 1 步，在 Dreamweaver 中，打开 index.asp 文件。选择第 1 个导航文本“首页”，同时要把前边的提示符号选中，要注意选取完整。

提示：建议在【代码】视图下选取会比较保险，被选择的代码如下：<FONT color=#808040><FONT face=webdings>9</FONT><A HREF="<%=MM_moveFirst%>">首页</A> </FONT>。如果在【设计】视图下用光标选取，有时存在误差。

第 2 步，选择【窗口】|【服务器行为】命令，打开【服务器行为】面板。单击【服务器行为】面板左上角的+按钮，在弹出的下拉菜单中选择【显示区域】|【如果不是第一条记录则显示区域】命令。

第 3 步，打开【如果不是第一条记录则显示区域】对话框，在【记录集】下拉列表框中选择记录集，如 read，如图 17.18 所示。单击【确定】按钮，即可增加一条显示区域服务器行为。

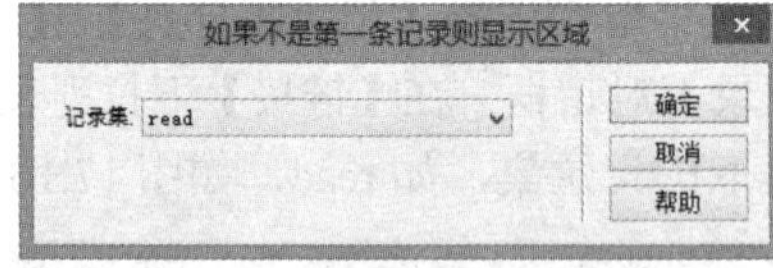

图 17.18　【如果不是第一条记录则显示区域】对话框

第 4 步，以同样的方式为“上页”增加“如果不是第一条记录则显示区域”服务器行为，为“下页”和“尾页”增加“如果不是最后一条记录则显示区域”服务器行为。增加后的效果如图 17.19 所示。

第 5 步，选中整个导航条表格，如图 17.20 所示。单击【服务器行为】面板左上角的+按钮，在弹出的下拉菜单中选择【显示区域】|【如果记录集不为空则显示区域】命令，设置当没有数据显示时，就不显示导航条。

第 6 步，切换到【服务器行为】面板，可以看到本页面全部增加的服务器行为，如图 17.21 所示。单击其中任意一条服务器行为可以重新打开相应的对话框，修改参数。

图 17.19　增加的显示区域服务器行为

图 17.20　选取整个导航条表格

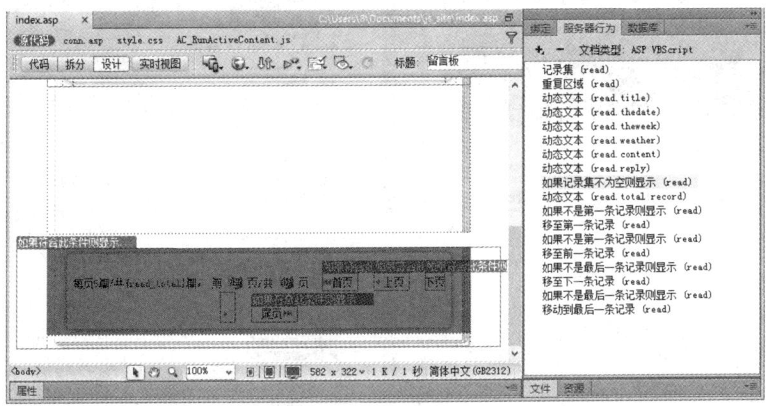

图 17.21　增加行为后的【服务器行为】面板

在 edit_diary.asp 网页也需要对记录集分页导航条进行控制，读者可以自己模仿练习。

17.3　向数据库写入数据

视频讲解

下面介绍如何把用户留言插入数据库。

【操作步骤】

第 1 步，在 Dreamweaver 中，打开 add_diary.asp 页面，在菜单中选择【窗口】|【服务器行为】命令，打开【服务器行为】面板。单击面板左上角的 + 按钮，在弹出的下拉菜单中选择【插入记录】命令。

第 2 步，打开【插入记录】对话框，具体设置如图 17.22 所示。

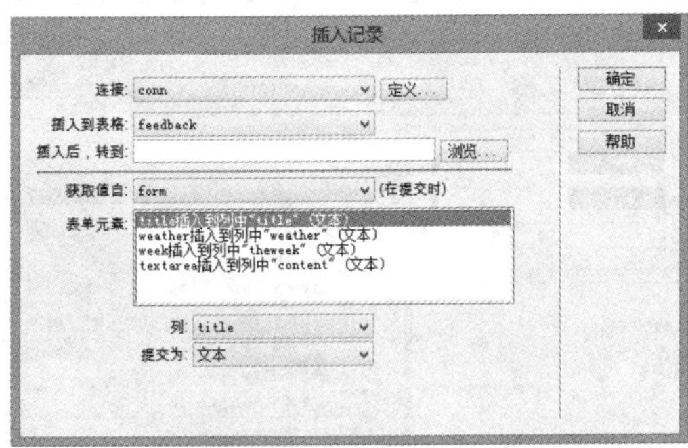

图 17.22　设置【插入记录】对话框

在【连接】下拉列表框中选择数据源，如 conn；在【插入到表格】下拉列表框中选择要插入的数据表，如 feedback；在【插入后，转到】文本框中设置插入记录成功后要跳转页面，可以空着，不设置该项表示插入成功之后依然显示 add_diary.asp 页面。

第 3 步，在【表单元素】列表框中分别设置每个表单对象中要插入数据库中 feedback 表的字段。

Note

第 4 步，设置完毕，单击【确定】按钮，即可实现插入记录功能，运行效果如图 17.23 所示。在左图中写入留言，提交之后，如果管理员审核通过，在首页可以看到插入的记录。

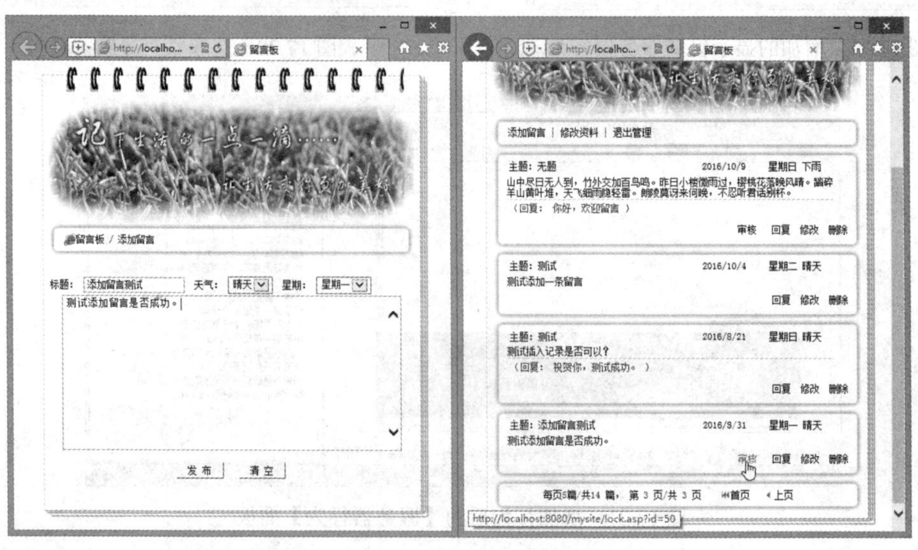

图 17.23　增加留言效果

17.4　数 据 管 理

对于普通访问者来说，在留言板中只能浏览和发表留言，只有网站管理人员登录后台之后才可以对所有留言进行修改、删除、审核或者回复等操作，这些功能都属于网站后台管理模块。

视频讲解

17.4.1　管理登录

本例用户登录页面设计比较简单，仅需要添加登录成功与失败后跳转的页面，打开 admin.asp 文件，在页面中增加“登录用户”服务器行为。【登录用户】对话框设置如图 17.24 所示。

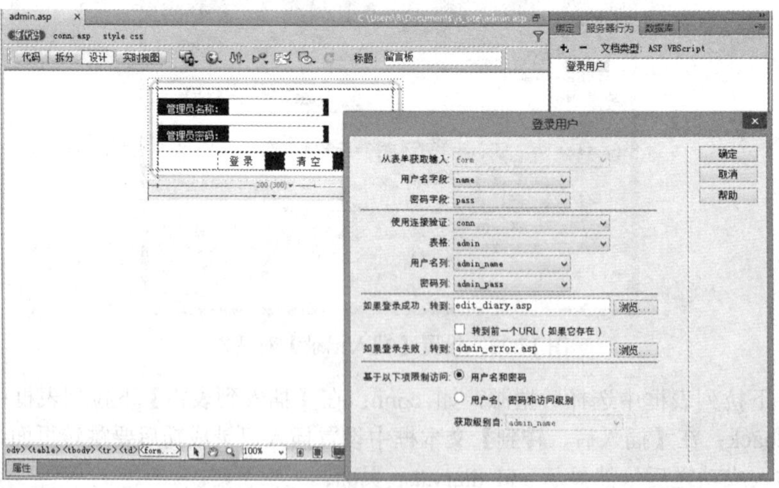

图 17.24　【登录用户】对话框

视频讲解

Note

17.4.2　限制访问

留言板管理页面只允许后台登录成功的用户访问，为了禁止没有权限的用户访问后台页面，需要使用“限制对页的访问”服务器行为监视每位后台访问者。

【操作步骤】

第 1 步，新建一个 validate.asp 文件。打开该文件，切换到【代码】视图，清除该文档中的所有 HTML 代码。

第 2 步，单击【服务器行为】面板左上角的按钮，在弹出的下拉菜单中选择【用户身份验证】|【限制对页的访问】命令，为该页面增加“限制对页的访问”服务器行为。【限制对页的访问】对话框设置如图 17.25 所示。

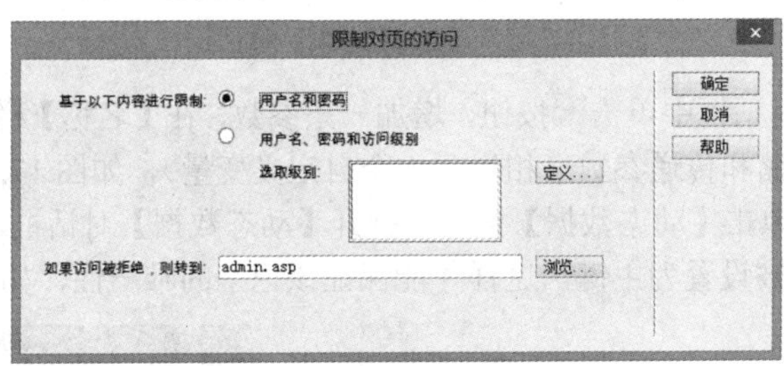

图 17.25　【限制对页的访问】对话框

第 3 步，切换到【代码】视图，删除第 1 行代码：

```
<%@LANGUAGE="VBSCRIPT"%>
```

第 4 步，使用下面一句代码把该文件包含到所有后台文件代码行的顶部，如 edit_diary.asp、rewrite_admin.asp 和 rewrite_diary.asp。

```
<!--#include file="validate.asp" -->
```

17.4.3　修改留言

视频讲解

修改留言的设计思路如下。

第 1 步，在编辑页面（edit_diary.asp）中单击留言底部的【修改】超链接，获取该留言的 id 字段信息，并把该信息传递给修改页面（rewrite_diary.asp）。

第 2 步，在修改页面（rewrite_diary.asp）中定义一个记录集，该记录集根据传递过来的 ID 参数信息筛选出数据表中的记录。当然只有一条记录，该记录正是前面浏览要修改的记录。

第 3 步，把这条记录绑定到修改表单（rewrite_diary.asp）中，允许用户进行修改。

第 4 步，修改完毕，提交表单，利用“更新记录”服务器行为实现对数据库中对应记录的数据进行更新。

【操作步骤】

第 1 步，在 Dreamweaver 中，打开 edit_diary.asp 页面，单击【修改】超链接，在【属性】面板中单击【链接】文本框后边的【浏览文件】按钮，打开【选择文件】对话框。

第 2 步，选择要跳转到的文件，这里选择 rewrite_diary.asp 文件，如图 17.26 所示。然后单击【URL】文本框右边的【参数】按钮，打开【参数】对话框。

Note

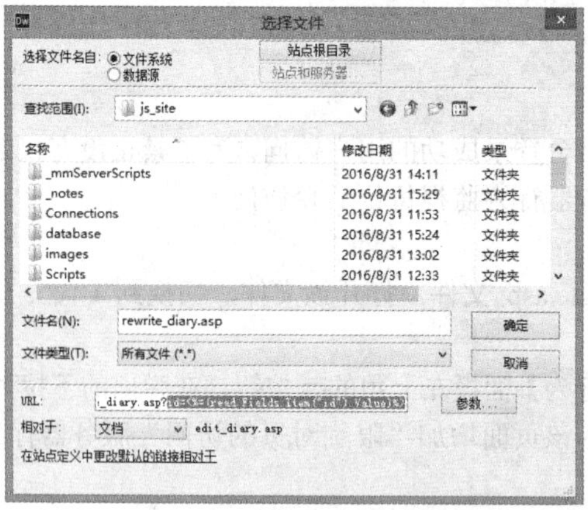

图 17.26　【选择文件】对话框

第 3 步，在【参数】对话框中单击按钮，增加一条参数，在【名称】栏中输入一个名称，如 id，该查询字符串变量用来存储和传递参数（相当于一个自定义变量），如图 17.27 所示。

然后在【值】栏右边单击【动态数据】按钮，打开【动态数据】对话框，在【域】列表框中选择 id 字段，注意该字段必须被设置为主键，这样才能保证该记录的唯一性，如图 17.28 所示。

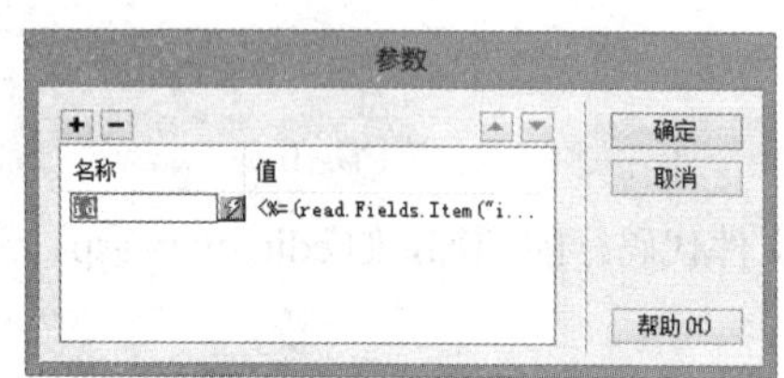

图 17.27　【参数】对话框

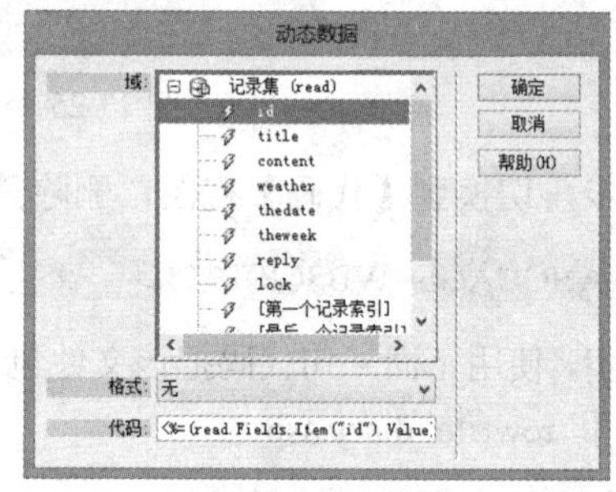

图 17.28　【动态数据】对话框

第 4 步，单击【确定】按钮返回，在【参数】对话框中单击【确定】按钮返回到【选择文件】对话框。这时会发现【URL】文本框中变成了“rewrite_diary.asp?id= <%=(read.Fields.Item ("id").Value)%>”，实现的功能就是把单击的记录 id 字段参数附加到 URL 后面，以便传递给 rewrite_diary.asp 文件。

第 5 步，打开 rewrite_diary.asp 文件，在新建的记录集中根据传递过来的参数变量 id 来筛选数据，如图 17.29 所示。

第 6 步，把筛选出的记录集（只有一条记录）绑定到表单对象上。

第 7 步，打开【服务器行为】面板。单击面板左上角的按钮，在弹出的下拉菜单中选择【更新记录】命令。

第 8 步，打开【更新记录】对话框，具体设置如图 17.30 所示。在【连接】下拉列表框中选择前面定义好的数据源 conn；在【要更新的表格】下拉列表框中选择要更新的数据表 feedback；在【选取记录自】下拉列表框中选择定义的记录集 rs；在【唯一键列】下拉列表框中选择被定义为主键的字段 id；在【在更新后，转到】文本框中设置更新记录成功后要跳转到 edit_diary.asp，即更新后在编辑页面中可以立即查看结果；在【获取值自】下拉列表框中选择表单 form；在【表单元素】列表框中设置每个表单对象所要对应的数据表中的字段。

第 9 步，单击【确定】按钮，即增加“更新记录”服务器行为到页面中，这样就可以在该页面中修改指定留言的内容，当单击【修改】按钮，提交表单后会把修改后的数据写入数据库中。

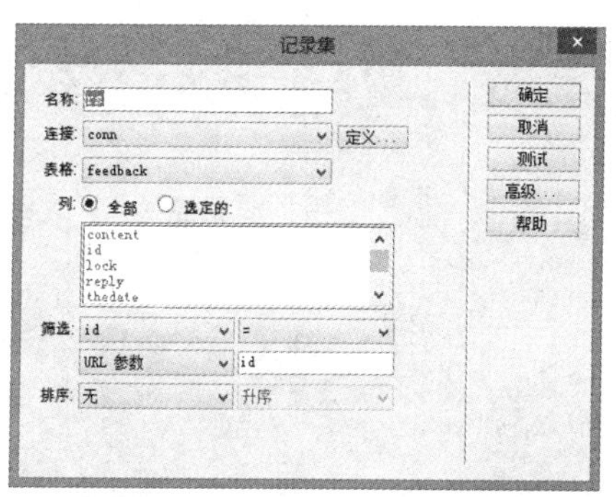

图 17.29　利用传递参数筛选数据

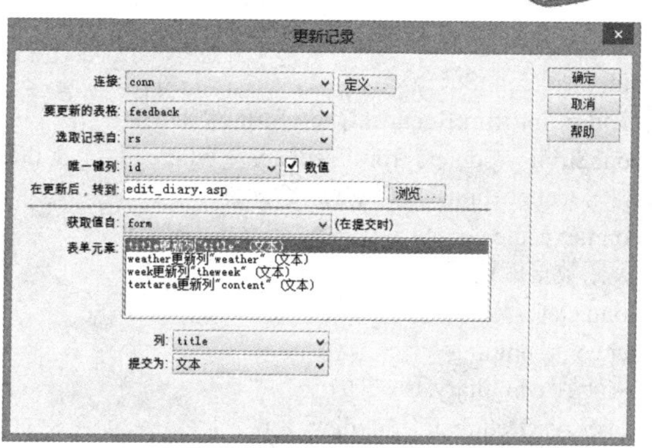

图 17.30　设置【更新记录】对话框

视频讲解

17.4.4　删除留言

删除记录的实现方法和修改记录的思路相同。

【操作步骤】

第 1 步，在 Dreamweaver 中，打开 edit_diary.asp 页面，单击【删除】超链接，在【属性】面板中单击【链接】文本框后边的【浏览文件】按钮，打开【选择文件】对话框。

第 2 步，选择要跳转到的文件，这里选择 del_diary.asp 文件，然后模仿 17.4.3 节介绍方法设置【URL】文本框要传递的参数，代码为“del_diary.asp?id=<%=(read.Fields.Item("id"). Value)%>”，如图 17.31 所示。

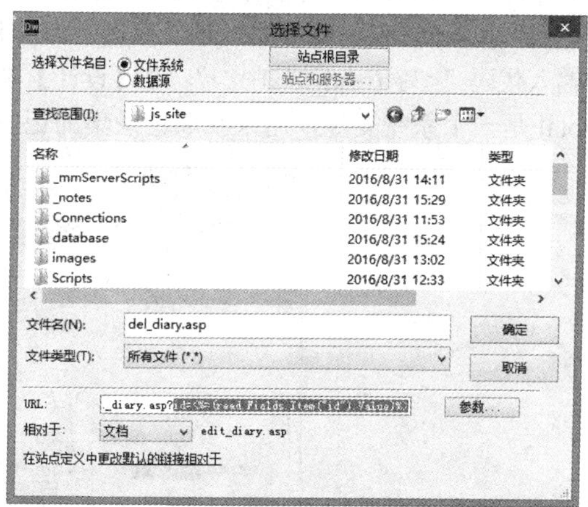

图 17.31　【选择文件】对话框

第 3 步，在 del_diary.asp 文件中输入下面代码，实现对指定记录执行删除操作，删除之后跳转到 edit_diary.asp。

```
<%@LANGUAGE="VBSCRIPT"%>
<!--#include file="Connections/conn.asp"-->
<!--#include file="validate.asp"-->
<%'定义数据库连接实例
Dim conn
Set conn=Server.CreateObject("ADODB.Connection")
conn.Open MM_conn_STRING
```

```
'定义 SQL 字符串
dim theid,connString
theid =Cint(trim(Request.QueryString("id")))
connString = "delete from feedback    where id = " & theid
'利用 Connection 对象执行删除操作
conn.Execute connString
'关闭数据库连接
conn.close
set conn=nothing
'跳转到 edit_diary.asp 页面
Response.Redirect("edit_diary.asp")
%>
```

Note

提示：也可以使用“删除记录”服务器行为来删除留言记录，但是要使用该服务器行为，必须要定义一个记录集，同时要在页面中增加一个表单，把记录集绑定到表单中。虽然不用手工编写代码，但操作起来比较麻烦，不如上面方法简洁。

视频讲解

17.4.5 定义分页提示信息

为了方便用户了解当前浏览状态，在首页（index.asp）和编辑留言（edit_diary.asp）页面的底部添加提示信息，如当前页、总页数、分页数。

【操作步骤】

第 1 步，打开 index.asp 文件，在页面底部的导航条中设计一栏提示信息，如图 17.32 所示。

第 2 步，在“每页”文本后面输入 5，表示每页要显示 5 篇留言，并设为红色显示。

在“共篇”两个文字之间输入代码“<%=(read_total)%>”，在【设计】视图下显示为“{read_total}”，如图 17.33 所示，其中 read_total 是一个系统变量，用来获取记录集的记录总数。

图 17.32　设计动态提示牌版面

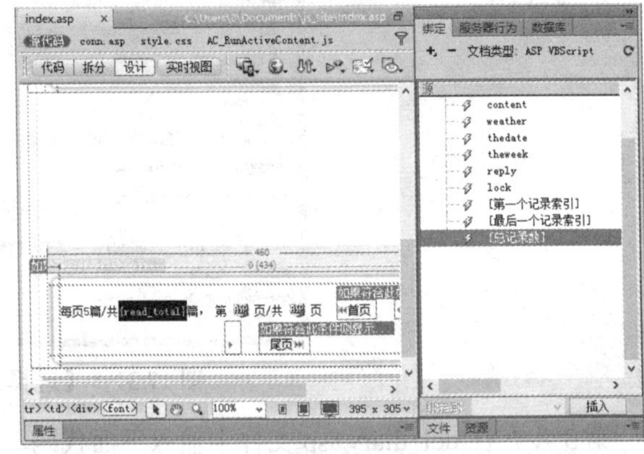

图 17.33　绑定记录集总数

第 3 步，在【设计】视图下，把光标置于“第页”两字之间，然后切换到【代码】视图，在光标处输入下面代码：

```
<%'利用每页最后一条记录数变量 read_last 和每页记录数，计算当前页数
if read_last > 0 then
 page =    read_last / 5
 if page <> Int(page) then
```

```
        page = Int(page) + 1
    end if
    Response.Write(page)
  Else
    Response.Write( "?")
  end if
  %>
```

在上面代码中，read_last 是系统变量，记录当前页最后一条记录在数据集中是第几条记录，然后根据每页记录数来计算当前页数。

第 4 步，在【设计】视图下，把光标置于“共页”两文字之间，然后切换到【代码】视图，在光标处输入下面代码：

```
<%'利用总记录数变量 read_total 和每页记录数，计算分页数
if read_total > 0 then
  page = read_total / 5
  if page <> Int(page) then
        page = Int(page) + 1
  end if
  Response.Write(page)
Else
  Response.Write( "?")
end if
%>
```

在上面代码中，read_total 是系统变量，记录当前记录集总记录数，然后根据每页记录数来计算记录集总页数。

第 5 步，按 F12 键，在浏览器中的浏览效果如图 17.34 所示。

图 17.34　记录集分页信息效果

在 edit_diary.asp 网页中也需要插入记录集分页提示信息，读者可以自己模仿练习。

17.4.6　修改管理信息

修改管理信息在 rewrite_admin.asp 文件中实现，修改信息的操作与修改留言的操作相同。

【操作步骤】

第 1 步，在 Dreamweaver 中，打开 rewrite_admin.asp 文件，新建记录集，并根据阶段变量 Session ("MM_Username")筛选用户记录，记录集设置如图 17.35 所示。

第 2 步，把筛选出的记录集（只有一条记录）绑定到表单对象上。

第 3 步，打开【服务器行为】面板。单击面板左上角的按钮，在弹出的下拉菜单中选择【更新记录】命令。

第 4 步，打开【更新记录】对话框，具体设置如图 17.36 所示。在【连接】下拉列表框中选择前面定义好的数据源 conn；在【要更新的表格】下拉列表框中选择要更新的数据表 admin；在【选取记录自】下拉列表框中选择定义的记录集 rs；在【唯一键列】下拉列表框中选择被定义为主键的字段 admin_pass；在【在更新后，转到】文本框中设置更新记录成功后要跳转到 edit_diary.asp；在【获取

值自】下拉列表框中选择表单 form；在【表单元素】列表框中设置每个表单对象所要对应的数据表中的字段。

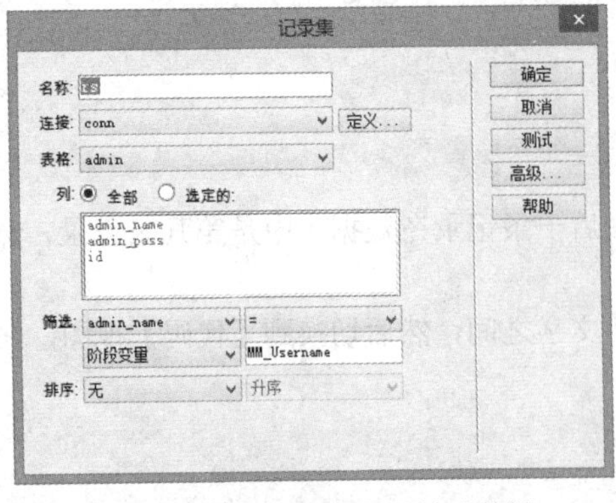

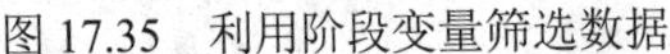
图 17.35　利用阶段变量筛选数据

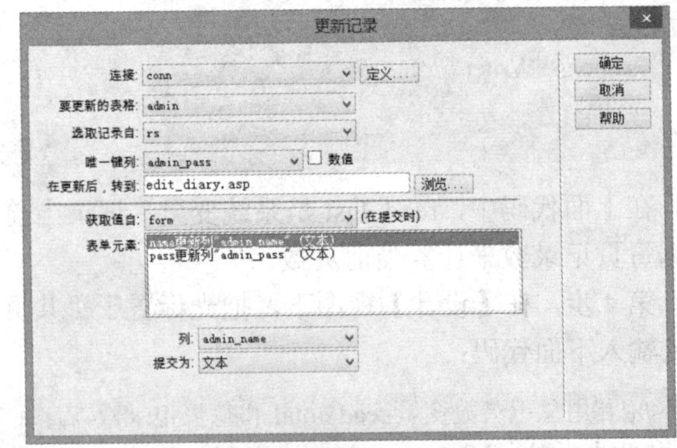

图 17.36　设置【更新记录】对话框

第 5 步，单击【确定】按钮，即增加“更新记录”服务器行为到页面中，这样就可以在该页面中修改用户信息了，当单击【修改】按钮，提交表单后会把修改后的数据写入数据库中。

第 6 步，读者应该切换到【代码】视图，找到“更新记录”服务器行为代码段，在更新成功并准备跳转页面之前（即“Response.Redirect(MM_editRedirectUrl)”语句前面）插入下面代码，用来同时更新阶段变量 MM_Username 的值。

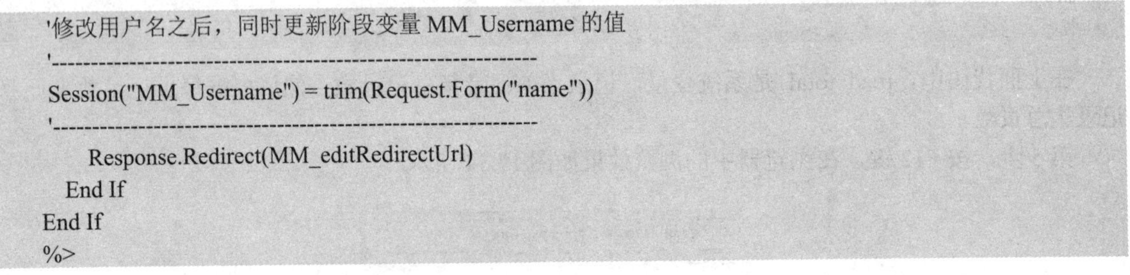

```
'修改用户名之后，同时更新阶段变量 MM_Username 的值
'-----------------------------------------------------------
Session("MM_Username") = trim(Request.Form("name"))
'-----------------------------------------------------------
    Response.Redirect(MM_editRedirectUrl)
  End If
End If
%>
```

17.4.7　注销用户

视 频 讲 解

当用户登录之后，单击导航菜单中的“退出管理”，可以注销用户，防止被其他浏览者利用登录信息进入后台进行操作。

【操作步骤】

第 1 步，打开 edit_diary.asp 文件，选中导航菜单中的“退出管理”文本。打开【服务器行为】面板，单击面板左上角的+按钮，在弹出的下拉菜单中选择【用户身份验证】|【注销用户】命令。

第 2 步，在打开的【注销用户】对话框中进行简单设置，如图 17.37 所示。最后，单击【确定】按钮即可。

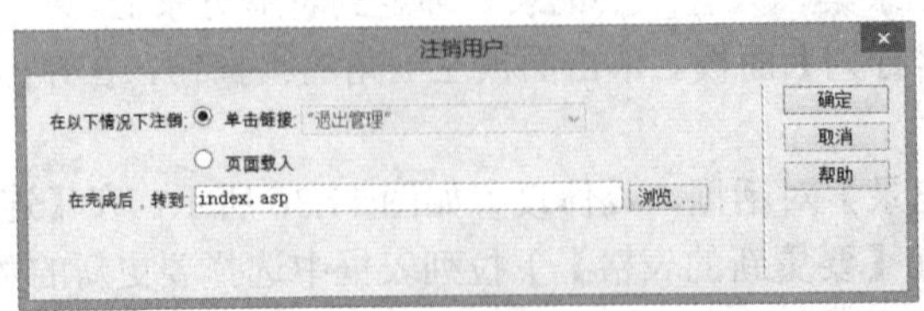

图 17.37　设置【注销用户】对话框

Note

视频讲解

17.5　设计复杂功能

本例留言板功能单一，但是用户可以通过扩展的方式增强留言板。下面将介绍如何实现留言板的审核和回复功能。

17.5.1　留言回复

留言回复是管理员的权限，该功能设计在后台页面（edit_diary.asp）中。

留言回复的设计思路是：在 feedback 数据表中增加 reply 字段，用来保存留言信息，然后新建 reply 文件，用来写回复或者更新回复，然后把留言回复显示在页面中即可。

【操作步骤】

第 1 步，在数据库 feedback.mdb 的 feedback 数据表中增加一个字段，字段名为 reply，数据类型为“文本”，字段大小可以设置为 255。

第 2 步，在 edit_diary.asp 文件中“修改”文本前面添加一个“回复”超链接，定义超链接 URL 为 reply.asp 文件，传递参数为 id（与“修改”超链接的设置完全相同），具体代码如下：

```
<a href="reply.asp?id=<%=(read.Fields.Item("id").Value)%>">回复</a>
```

第 3 步，新建 reply.asp 文件，也可以复制 rewrite_diary.asp 文件，然后改名为 reply.asp，并简单修改表单页面和服务器行为设置。

第 4 步，在该文件中定义一个记录集，查询符合参数变量 id 值的记录，然后把该记录集字段绑定到表单中，用来显示数据库中已经存在的留言回复信息。

第 5 步，增加“更新记录”服务器行为，实现把新写或者修改的回复信息保存到数据库中。定义的“更新记录”服务器行为如图 17.38 所示。

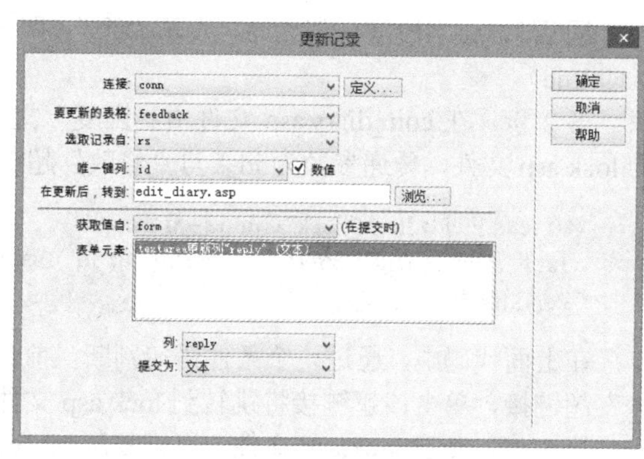

图 17.38　设置【更新记录】对话框

第 6 步，打开 index.asp 和 edit_diary.asp 文件，在留言正文底部增加下面代码。注意，在增加代码时，一定要准确确定代码插入点，即应该在留言正文所在表格行<tr>和</tr>标记的后面输入下面代码，否则就会造成页面结构的混乱。

```
<%=(read.Fields.Item("content").Value)%>
<%If read.Fields.Item("reply").Value <> "" then %>
<TR><TD style="PADDING: 4px; margin-top:6px;line-hieght: 120%;color:red; border-top:solid #ddd 1px;"
colSpan=4>（回复： <%=(read.Fields.Item("reply").Value)%> ）
</TD></TR>
<% end if %>
```

上面代码首先判断记录中是否存在留言回复，如果有则显示回复内容。

第 7 步，用户登录后台后，单击【回复】超链接文本，将打开 reply.asp 文件，如图 17.39 所示。在其中写入新留言回复或者修改已经存在的留言回复，然户单击【回复】按钮，即可在 index.asp 和 edit_diary.asp 文件中看到新留言回复信息，如图 17.40 所示。

Note

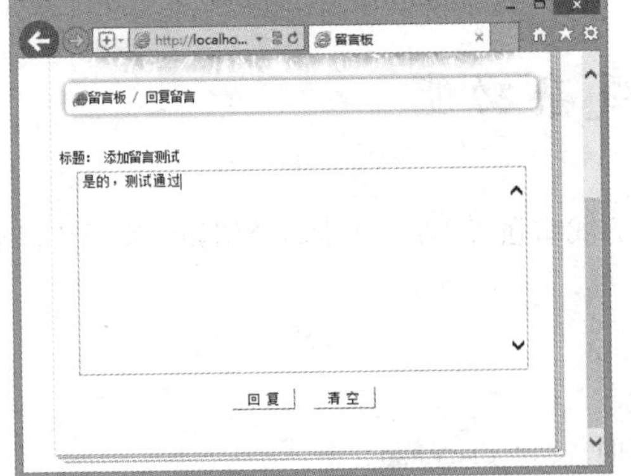

图 17.39　回复留言

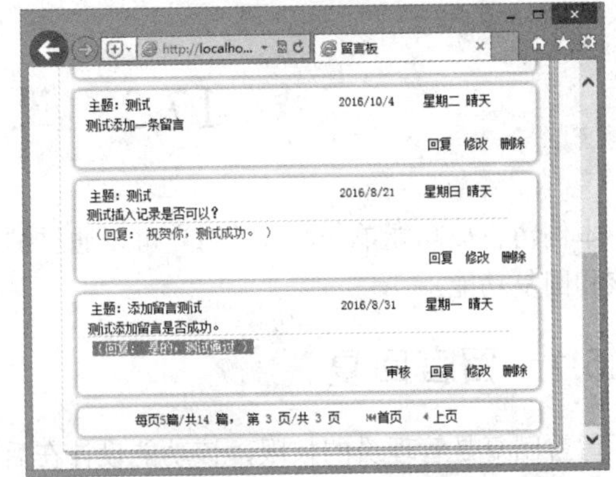

图 17.40　显示留言回复

17.5.2　留言审核

视频讲解

管理员可以删除不良留言信息，但有时当发现时，有些不良信息已经显示出来。审核具有预防功能，只有审核通过，才能允许留言公开显示。

留言审核的设计思路是：在 feedback 数据表中增加 lock 字段，用来保存审核信息，然后新建 lock 文件，用来对留言信息进行审核操作，审核之后把审核结果写入数据库。在 index.asp 文件中根据 lock 字段的信息决定是否显示每条留言信息。

【操作步骤】

第 1 步，在数据库 feedback.mdb 的 feedback 数据表中增加一个字段，字段名为 lock，数据类型为“是/否”，该字段默认值为 0，表示“否”（即 false），如果取值为非 0（默认为 1），则表示“是”（即 true）。

第 2 步，在 edit_diary.asp 文件中“回复”文本前面添加一个“审核”超链接，定义超链接 URL 为 lock.asp 文件，传递参数为 id（与“修改”超链接的设置完全相同），具体代码如下：

```
<%if read.Fields.Item("lock").Value = 0 then %>
<a href="lock.asp?id=<%=(read.Fields.Item("id").Value)%>">审核</a> 
<% end if %>
```

在上面代码中，通过一个条件语句判断当前记录是否通过审核，如果没有通过审核，则显示“审核”超链接，单击该超链接将跳转到 lock.asp 文件，并传递 id 参数值。

第 3 步，新建 lock.asp 文件，可以复制 reply.asp 文件，然后改名为 lock.asp，并简单修改表单页面和服务器行为设置。

第 4 步，在该文件中定义一个记录集，查询符合参数变量 id 值的记录，然后把该记录集字段绑定到表单中，用来显示数据库中该记录的审核信息。代码如下：

```
<h3 align="center">审　核</h3>
<% if rs.Fields.Item("lock").Value <> 0 then %>
      <input name="ok" type="radio" value="true" checked>通　过<br>
      <input name="ok" type="radio" value="false">没通过
<% else %>
      <input name="ok" type="radio" value="true" >通　过<br>
      <input name="ok" type="radio" value="false" checked>没通过
<% end if %>
```

在上面代码中，利用一个条件语句判断该记录是否通过审核，如果通过审核，则显示【通过】单

选按钮为选中状态，否则则显示【没通过】单选按钮为选中状态。页面中表单设计效果如图 17.41 所示。

第 5 步，增加“更新记录”服务器行为，定义的“更新记录”服务器行为如图 17.42 所示。在【更新记录】对话框中，要设置【提交为】为“复选框 1，0”。

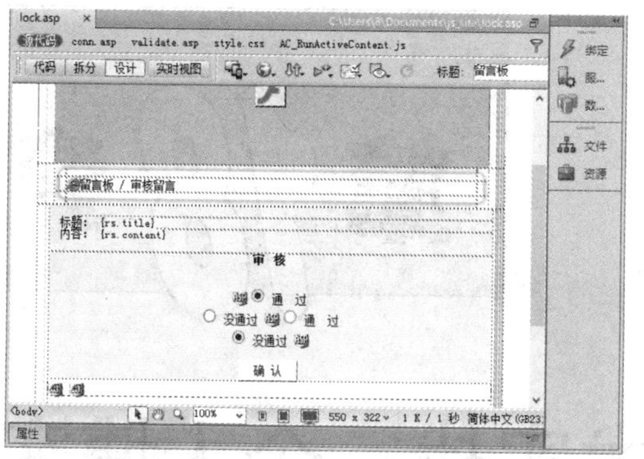

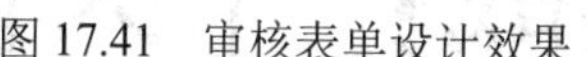

图 17.41　审核表单设计效果

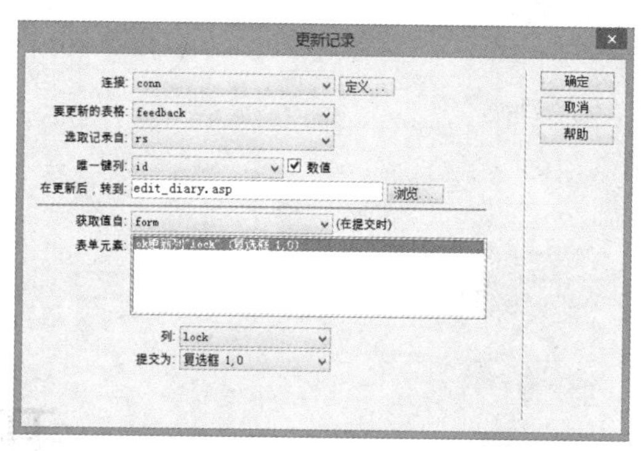

图 17.42　设置【更新记录】对话框

第 6 步，打开 index.asp 文件，修改记录集 read 的筛选条件为字段 lock 不等于 0。方法是：在【绑定】面板中双击 read 记录集，打开【记录集】对话框，修改其中的【筛选】选项，如图 17.43 所示。

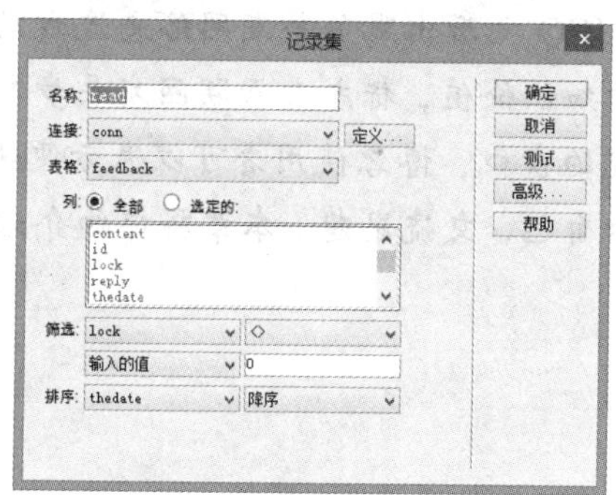

图 17.43　修改【记录集】对话框

第 7 步，设计完毕，如果用户登录后台后，单击【审核】超链接文本，将打开 lock.asp 文件，如图 17.44 所示。在其中选择是否通过审核，然后单击【确认】按钮，即可在 index.asp 文件中看到该留言信息，如图 17.45 所示。

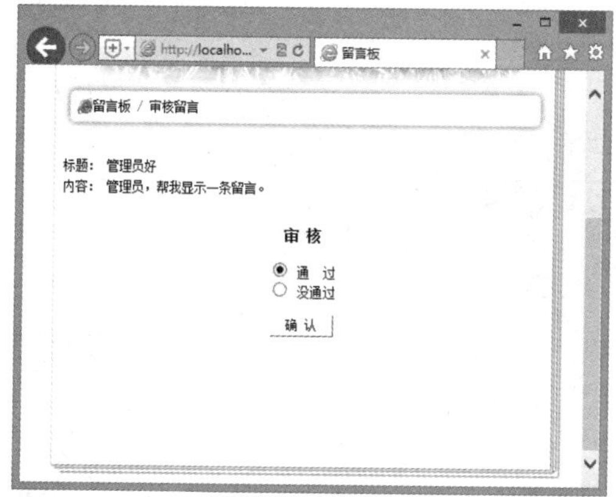

图 17.44　留言审核

图 17.45　显示审核通过的留言

第18章

开发实战：个人博客

博客是继E-mail、BBS、ICQ之后出现的早期网络交流方式。作为一种网络应用，博客的出现和繁荣，凸现了网络的知识价值，标志着互联网发展步入更高的阶段。博客为个人提供了一个信息发布、知识交流的窗口，博客使用者可以很方便地用文字、链接、影音、图片建立起自己的网络世界，展示自己，交流思想。本章将详细介绍一款个人博客的设计和开发过程。

视频讲解

Note

18.1　案例概述

本案例是针对个人用户打造的功能强大的博客应用系统，用户只需要申请一个域名和购买一个虚拟空间，上传本案例代码即可建立自己的博客网站。本实例适应 ASP 型虚拟服务器技术，在购买空间时应该注意虚拟服务器的类型。本博客流程设计如图 18.1 所示。本博客网站预览效果如图 18.2 所示。

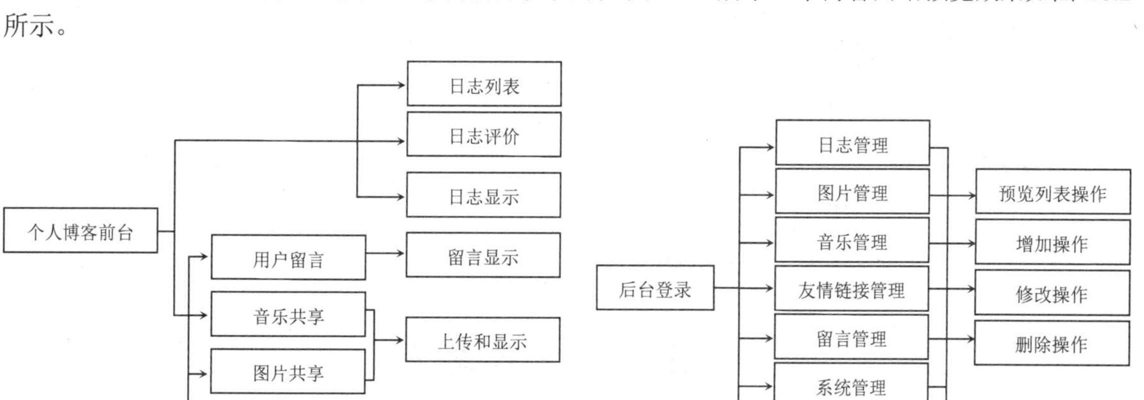

图 18.1　博客设计流程图

学习准备：

建立虚拟目录，如 mysite。启动 Dreamweaver 创建一个动态站点，设置远程文件夹为虚拟目录所对应的本地目录。动态站点的【服务器类型】为“ASP VBScript”，【访问】类型为“本地/网络”。把本书光盘中的“24”→“实例模板”文件夹中的文件全部复制到本地和远程文件夹中。实例模板提供了本实例的基本页面结构，数据库结构，并建立了数据库连接。

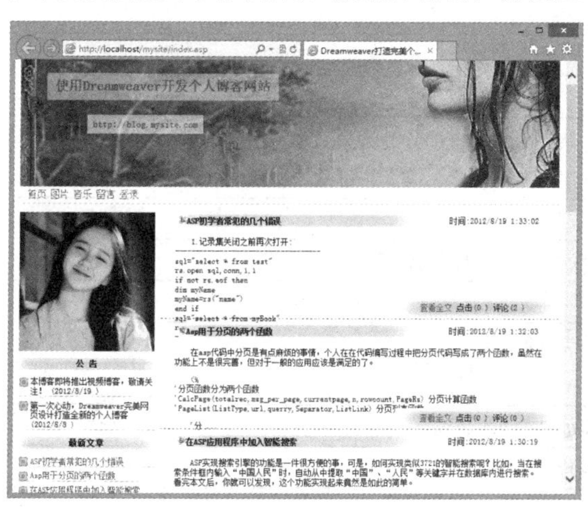

博客首页皮肤 1

博客首页皮肤 2

图 18.2　个人博客浏览效果

Note

共享图片

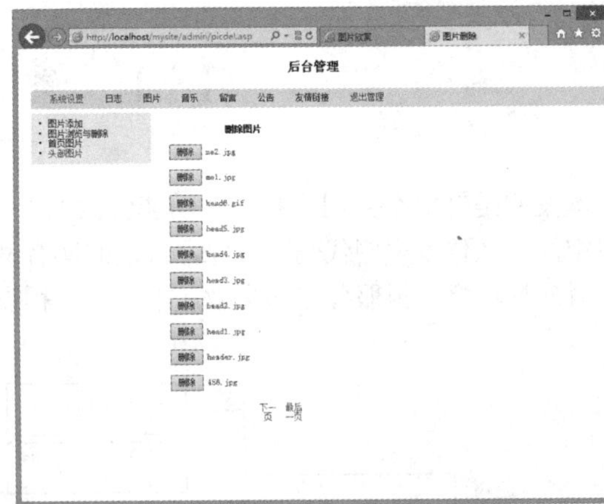
后台管理功能

图 18.2　个人博客浏览效果（续）

视频讲解

18.2　定义数据库

在网络应用开发中，数据库设计是一项重要的基础性工作，为了便于管理，设计师常会把前台数据与后台数据分离开来，根据系统的规模决定是否把前台、后台数据分别存储于不同数据库或数据表中。前台数据库专职于信息的存储和显示，而后台数据库专职于系统管理中各种配置参数的设置和存储。本例 Blog 应用程序是一个功能相对完整和独立的系统，而不是一个孤立的模块，因此对于数据库的设计也相对复杂些。它涉及博客信息的存储和系统配置的管理。

本例数据库 blog.mdb 共包括 13 个数据表，这些数据表的功能说明如表 18.1 所示。

表 18.1　blog.mdb 数据库中数据表列表

数　据　表	说　　明
ad	该表负责存储 Blog 的名称和 URL 信息
admin	该表负责存储用户的名称和密码
cont	该表负责存储日志内容，本表结构相对复杂些，详细说明参阅表 18.2 所示。该表结构设计是否合理和完善对整个博客功能的扩展具有重要影响
gg	该表负责博客系统的公告信息的存储和管理
img	该表负责存储用户上传的图片信息，本表结构如表 18.3 所示
link	该表负责存储博客站点的友情链接
liuyan	该表负责存储用户留言信息，本表结构如表 18.4 所示
muc	该表负责存储博客首页的背景音乐
music	该表负责存储用户上传的音乐，本表结构如表 18.5 所示
pichead	该表负责存储页面顶部导航区域的背景图片信息
picmy	该表负责存储首页个人照片信息
re	该表负责存储网友对具体日志的评价，本表结构如表 18.6 所示
sty	该表负责存储博客分类信息

表 18.2　cont 表字段列表

字　段	类　型	字段大小	必填字段	说　明
id	自动编号	—	—	自动编号
title	文本	50	否	日志标题
content	备注	—	—	日志内容
re	备注	—	—	日志回复信息
time	日期/时间	—	—	发布时间，【默认值】设置为“Now()”
sty	文本	50	否	日志分类
hitnum	数字	长整型	否	日志被单击的次数
renum	数字	长整型	否	日志被回复评价的次数

表 18.3　img 表字段列表

字　段	类　型	字段大小	必填字段	说　明
id	自动编号	—	—	自动编号
name	文本	50	否	图片的名称（或者 URL 的名称）
title	文本	50	否	图片提示信息
text	备注	—	—	图片说明内容
sty	文本	50	否	图片分类

表 18.4　liuyan 表字段列表

字　段	类　型	字段大小	必填字段	说　明
id	自动编号	—	—	自动编号
name	文本	50	否	留言名称
liuyan	备注	—	—	留言信息
time	日期/时间	—	—	留言时间，【默认值】设置为“Now()”
web	文本	50	否	留言者的个人站点

表 18.5　music 表字段列表

字　段	类　型	字段大小	必填字段	说　明
id	自动编号	—	—	自动编号
url	备注	—	—	音乐的 URL 地址（绝对路径）
name	文本	50	否	音乐名称
sty	文本	50	否	音乐分类

表 18.6　re 表字段列表

字　段	类　型	字段大小	必填字段	说　明
idd	自动编号	—	—	自动编号
re	备注	—	—	评价内容
id	数字	长整型	否	评价的日志编号
tmie	日期/时间	—	—	评价时间，【默认值】设置为“Now()”
name	文本	50	否	评价者的姓名
qq	文本	50	否	评价者的 QQ 号码

限于篇幅，本节将不再对每个数据表的结构都进行详细说明，可以参阅本书提供的实例模板。下面就几个重要的数据表结构进行列表说明。

Note

18.3 设计基本模块

本例由很多模块组成，它们之中有专用模块，如显示评价和留言等，也有很多共同模块，如页面顶部的导航区域、底部的版权信息区域和左侧的公共功能模块。下面就来详细介绍这些公共模块的实现方法。

视频讲解

18.3.1 设计站点导航

由于每个页面都需要顶部导航区域，所以把它作为一个单独的模块来设计是非常必要的，这样能够提高开发速度，充分利用现有代码，避免重复劳动。本例导航模块主要功能包括顶部背景图像的动态设计，以及导航条设计。

【操作步骤】

第 1 步，启动 Dreamweaver，打开 header.asp 文件，在【绑定】面板中定义两个记录集 rs 和 rs1。其中，记录集 rs 查询数据表 ad 中的信息，以获取博客站点的名称和链接地址；记录集 rs1 查询数据表 pichead 中的顶部区域背景图像的 URL 信息，以实现背景图像的动态控制效果。设置如图 18.3 和 18.4 所示。

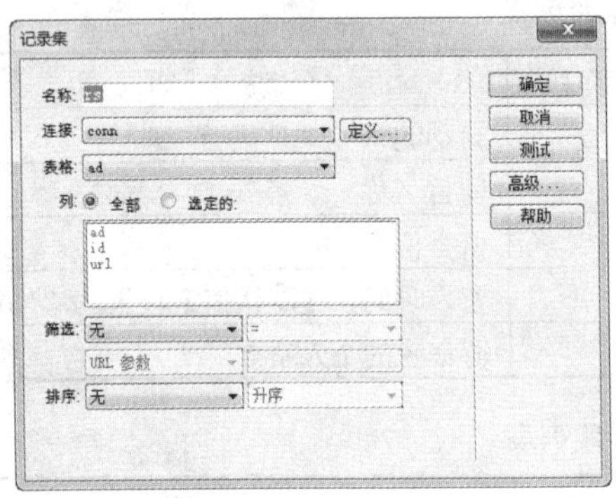

图 18.3 定义 rs 记录集

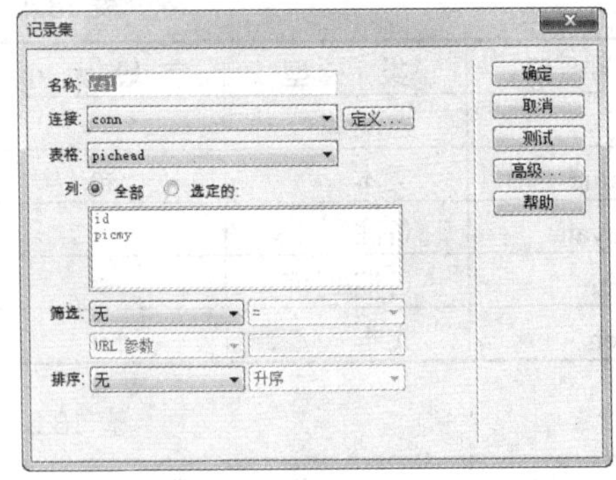

图 18.4 定义 rs1 记录集

第 2 步，把这两个记录集中的字段绑定到页面中，可以切换到【代码】视图，准确绑定字段到页面内绝对定位的标签内，以及绑定到<img>标签的 src 属性上，显示代码如下：

```
<div id="header">
  <div id="header1"><img src="photo/<%=(rs1.Fields.Item("picmy").Value)%>" width="800" height="183" />
    <ul>
      <li><a href="index.asp" target="_parent">首页</a>
      <li><a href="pic.asp" target="_blank">图片</a>
      <li><a href="muc.asp" target="_blank">音乐</a>
      <li><a href="liuyan.asp" target="_blank">留言</a>
      <li><a href="admin/index.asp" target="_blank">登录</a></li>
    </ul>
    <div class="h-title"><%=(rs.Fields.Item("ad").Value)%></div>
    <div class="h-url"><%=(rs.Fields.Item("url").Value)%></div>
```

```
    </div>
</div>
```

第 3 步，使用 CSS 绝对定位博客名称和 URL 信息在页面中的显示位置，代码如下：

```
.h-title {/*定义标题样式*/
        font-size:20px;                     /*标题字体大小*/
        font-weight:bold;                   /*标题加粗*/
        color:#D52E8A;                      /*字体颜色*/
        position:absolute;                  /*绝对定位，这样就可以不受其他元素位置的影响*/
        top:20px;                           /*距离最近包含块（<div id="header">元素）的顶部距离*/
        left:40px;                          /*距离最近包含块（<div id="header">元素）的左侧距离*/
        padding:0.4em 0.6em;                /*调整标题的显示位置*/
        background:#DBF789;                 /*定义背景色*/
        filter:alpha(opacity=50);           /*设置在 IE 浏览器中的透明度*/
        opacity:.5;                         /*设置在其他浏览器中的透明度*/
}
.h-url {/*定义 URL 样式，具体规则与上面类似，这里就不再说明*/
        font-size:14px;
        color:red;
        position:absolute;
        top:80px;
        left:100px;
        padding:0.4em 0.6em;
        background:#F5FCDB;
        filter:alpha(opacity=60);
        opacity:.6;
}
```

第 4 步，按 F12 键在浏览器中预览，则顶部导航区域的设计效果如图 18.5 所示。

图 18.5　顶部导航区域设计效果

18.3.2　设计版权

脚部版权模块设计比较简单，都是一些简单的静态信息显示，打开 footer.asp 文件，设计如图 18.6 所示。可以根据需要不断增加其他帮助信息或者辅助信息。

图 18.6　脚部版权区域设计效果

视频讲解

Note

18.3.3 设计通用导航

在博客站点内，常把一些重要信息或者最新信息按功能简单罗列在一侧，以方便网友快速浏览，如最新日志、最新评价、最新留言、日志分类等。在本实例中，通用功能模块被放置在页面的左侧（当然也可以放置在页面的右侧），主要功能包括博客照片、博客公告、最新文章、博文分类、日历、最新评论、最新留言、友情链接、博客统计、背景音乐控制等功能模块。

为了方便开发，我们根据功能不同分别在不同页面中进行设计，最后组合在一起，实现一个完整的通用模块。打开 left.asp 文件，输入下面代码可以实现功能的组合：

```
<!DOCTYPE html PUBLIC "-//W3C//DTD XHTML 1.0 Transitional//EN" "http://www.w3.org/TR/xhtml1/DTD/xhtml1-transitional.dtd">
<html xmlns="http://www.w3.org/1999/xhtml">
<head>
<meta http-equiv="Content-Type" content="text/html; charset=gb2312" />
<title>左侧通栏</title>
<link href="images/style.css" rel="stylesheet" type="text/css" />
</head>
<body>
<!--#include file="left_photo.asp" --><!--博客照片-->
<!--#include file="left_gg.asp" --><!--博客公告-->
<!--#include file="left_doc.asp" --><!--最新文章-->
<!--#include file="left_class.asp" --><!--日志分类-->
<!--#include file="left_diary.asp" --><!--日历-->
<!--#include file="left_talk.asp" --><!--最新评论-->
<!--#include file="left_message.asp" --><!--最新留言-->
<!--#include file="left_link.asp" --><!--友情链接-->
<!--#include file="left_count.asp" --><!--博客统计-->
<!--#include file="left_music.asp" --><!--背景音乐控制-->
</body>
</html>
```

可以根据需要增加或者减少通用模块内的小模块显示数目，也可以设计一个模块动态显示功能，把通用模块的具体显示权力交给网友自己。下面将逐节介绍这些功能模块的实现方法。

视频讲解

18.3.4 设计博客图标

博客图标一般位于站点首页的第一屏的某个重要位置，以方便网友相互认识。为了方便用户管理，本例把博客照片显示设计为动态控制，用户可以在后台随时更换个人照片。为了实现这个功能，需要后台数据库的支持，在数据库中设计一个表专门用于存储博客照片的 URL 信息，这样用户可以在后台随时更新该 URL，以更换照片，在前台就可以实现动态显示效果，预览效果如图 18.7 所示。

图 18.7　博客照片

【操作步骤】

第 1 步，打开 left_photo.asp 文件，在该页面中定义一个记录集，来查询 picmy 数据表中的照片 URL 信息。定义记录集的代码如下（可视化操作方法可以参阅前面介绍的方法）。

```
<%
Dim rs
Dim rs_cmd
Dim rs_numRows

Set rs_cmd = Server.CreateObject ("ADODB.Command")
rs_cmd.ActiveConnection = MM_conn_STRING
rs_cmd.CommandText = "SELECT * FROM picmy ORDER   BY id DESC"
rs_cmd.Prepared = true

Set rs = rs_cmd.Execute
rs_numRows = 0
%>
```

第 2 步，在【绑定】面板中，把 picmy 字段绑定到<img>标签的 src 属性上，具体代码如下：

```
<dl class="left">
  <dt class="nodiplay">首页头片</dt>
  <dd   class="bg_none">
    <img src="photo/<%=(rs.Fields.Item("picmy").Value)%>" width="200" />
  </dd>
</dl>
```

第 3 步，为了防止照片过大而撑破栏目的宽度，可以定义 width="200"属性限制照片的显示宽度，该宽度为左侧栏目的宽度，高度可以随系统按比例自由伸展。本模块以及后面其他模块都使用<dl>、<dt>和<dd>这 3 个配套标签来控制页面的结构，然后利用 CSS 来控制模块的显示样式，具体布局代码可以参阅模板实例中的 style.css 样式表文件。显示效果如图 18.7 所示。

第 4 步，删除 ASP 中冲突代码。为了避免在模块组合中发生代码冲突，最后应该删除下面这些代码（可以参阅“实例效果”→“第 2 步-模块组合”文件夹中的该文件代码）：

```
<%@LANGUAGE="VBSCRIPT" CODEPAGE="936"%>
<!--#include file="Connections/conn.asp"-->
<%
Dim rs
Dim rs_cmd
Dim rs_numRows
%>
```

删除上面代码之后，就无法直接预览该页面了，也无法在【绑定】面板中操作已定义的记录集，如果要修改记录集或者预览页面效果，应该补加上面被删除的代码。

第 5 步，删除 HTML 代码。为了优化 HTML 代码，还需要删除 HTML 的页面结构代码（可以参阅“实例效果”→“第 3 步-优化代码”文件夹中的该文件代码），例如：

```
<!DOCTYPE html PUBLIC "-//W3C//DTD XHTML 1.0 Transitional//EN" "http://www.w3.org/TR/xhtml1/DTD/xhtml1-transitional.dtd">
<html xmlns="http://www.w3.org/1999/xhtml">
<head>
<meta http-equiv="Content-Type" content="text/html; charset=gb2312" />
<title>首页头片</title>
<link href="images/style.css" rel="stylesheet" type="text/css" />
</head>
```

```
<body>
…
</body>
</html>
```

Note

第 6 步，因为多个文件组合后，会在同一个文件中产生多个相同而又重复的页面结构标签，这些重复标签虽然对于预览没有太大影响，但容易造成代码冗余，甚至可能产生错误。

18.3.5 设计公告

视频讲解

博客公告功能与博客照片功能实现方法基本相同。

【操作步骤】

第 1 步，打开 left_gg.asp 文件，在【绑定】面板中定义一个记录集，查询 gg 数据表中的所有字段信息，设置记录集按 id 字段降序排列，这样就可以保证最新发布的公告能够排列在前面。该记录集核心代码如下：

```
<%
Set rs_cmd = Server.CreateObject ("ADODB.Command")
rs_cmd.ActiveConnection = MM_conn_STRING
rs_cmd.CommandText = "SELECT * FROM gg ORDER BY id DESC"
rs_cmd.Prepared = true

Set rs = rs_cmd.Execute
%>
```

第 2 步，把字段 gonggao 和 time 绑定到页面<dd>标签中，代码如下：

```
<dl class="left">
  <dt>公 告</dt>
  <dd><%=(rs.Fields.Item("gonggao").Value)%>(<%=(rs.Fields.Item("time").Value)%>)</dd>
</dl>
```

第 3 步，选中<dd>和</dd>标签，以及其内部绑定的字段，在【服务器行为】面板中添加“重复区域”服务器行为，在【重复区域】对话框中设置重复记录为 5 条，如图 18.8 所示。

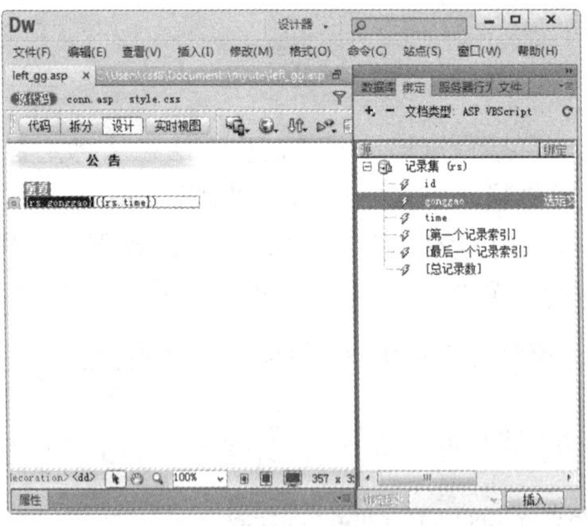

图 18.8　定义并绑定记录集

第 4 步，删除文件组合后可能发生冲突的 ASP 代码（具体被删除的 ASP 代码请参阅 18.3.4 节介

绍）。同时优化清理 HTML 页面结构代码（具体被删除的 HTML 代码可以参阅 18.3.4 节介绍）。

18.3.6　设计最新日志

视频讲解

最新日志列表显示用户最新发布的日志，该模块能够方便网友了解本博客最新动态。

【操作步骤】

第 1 步，打开 left_doc.asp 文件，在【绑定】面板中定义一个记录集，查询 cont 数据表中的所有字段信息，设置记录集按 id 字段降序排列，这样就可以保证最新发布的日志能够排列在前面。该记录集核心代码如下：

```
<%
Set rs_cmd = Server.CreateObject ("ADODB.Command")
rs_cmd.ActiveConnection = MM_conn_STRING
rs_cmd.CommandText = "SELECT id, title FROM cont ORDER   BY id DESC"
rs_cmd.Prepared = true

Set rs = rs_cmd.Execute
%>
```

第 2 步，把字段 title 绑定到页面<dd>标签中，同时为该绑定字段定义一个超链接，单击该链接将会跳转到 show.asp 文件，并把该日志的 id 编号利用查询字符串的方式传递给 show.asp 文件，然后利用该 id 编号在该页面中显示日志详细内容，代码如下：

```
<dl class="left">
    <dt>公 告</dt>
    <dd><A HREF="show.asp?id=<%=(rs.Fields.Item("id").Value)%>" target="_blank"><%=(rs.Fields.Item("title").
Value)%></A></dd>
</dl>
```

第 3 步，选中<dd>和</dd>标签，以及其内部绑定的字段，在【服务器行为】面板中添加“重复区域”服务器行为，在【重复区域】对话框中设置重复记录为 5 条。

第 4 步，删除文件组合后可能发生冲突的 ASP 代码（具体被删除的 ASP 代码请参阅 18.3.4 节介绍）。同时优化清理 HTML 页面结构代码（具体被删除的 HTML 代码可以参阅 18.3.4 节介绍）。

第 5 步，按 F12 键预览该文件，显示效果如图 18.9 所示。

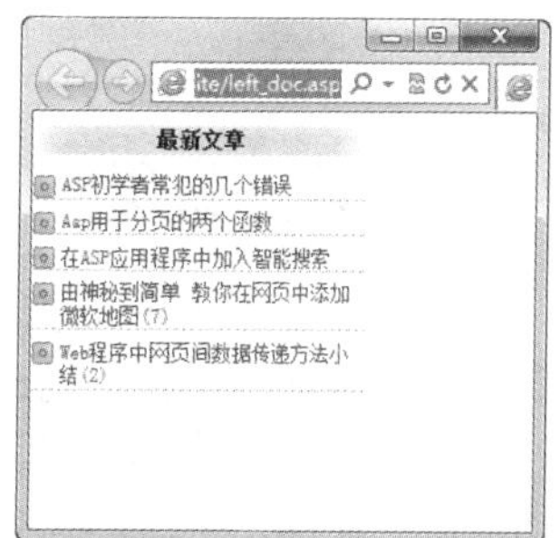

图 18.9　最新文件效果

18.3.7　设计日志分类

视频讲解

日志分类是博客站点内一个重要的功能模块，通过分类可以方便日志的管理与浏览。

【操作步骤】

第 1 步，打开 left_class.asp 文件，在【绑定】面板中定义一个记录集，查询 sty 数据表中的所有字段信息，设置记录集按 id 字段降序排列，这样可以保证新增加的分类显示在上面。该记录集核心代码如下：

```
<%
Set rs_cmd = Server.CreateObject ("ADODB.Command")
rs_cmd.ActiveConnection = MM_conn_STRING
```

```
rs_cmd.CommandText = "SELECT * FROM sty ORDER BY id DESC"
rs_cmd.Prepared = true

Set rs = rs_cmd.Execute
%>
```

Note

第 2 步，把字段 sty 绑定到页面<dd>标签中，同时为该绑定字段定义一个超链接，单击该链接将跳转到 title.asp 文件，并把该分类的 id 编号传递过去，然后在 title.asp 文件中详细显示该分类的所有日志，代码如下：

```
<dl class="left">
  <dt>公  告</dt>
  <dd><A  HREF="title.asp?id=<%=(rs.Fields.Item("id").Value)%>"  target="_blank"><%=(rs.Fields.Item("sty").
Value)%></A></dd>
</dl>
```

第 3 步，选中<dd>和</dd>标签，以及其内部绑定的字段，在【服务器行为】面板中添加“重复区域”服务器行为，在【重复区域】对话框中设置重复记录为所有，即重复显示所有分类。

第 4 步，删除文件组合后可能发生冲突的 ASP 代码（具体被删除的 ASP 代码请参阅 18.3.4 节介绍）。同时优化清理 HTML 页面结构代码（具体被删除的 HTML 代码可以参阅 18.3.4 节介绍）。

第 5 步，按 F12 键预览该文件，显示效果如图 18.10 所示。

图 18.10　日志分类

视 频 讲 解

18.3.8　设计日历

在博客网站中一般都会设计一个日历，这样便于网友查看时间。有些博客网站还能够在日历中智能显示日志信息，即当用户在某天写过日志后，会在日历中的具体日期上显示一个超链接，单击该日期，可以快速跳转到当日所写的具体日志所在的页面，这样能够方便网友按日历查看日志（在后面扩展功能中会详细介绍）。

打开 left_diary.asp 文件，切换到【代码】视图，在<dd>和</dd>标签之间添加下面代码，显示效果如图 18.11 所示。

```
<table width="180" cellpadding="0" cellspacing="1" align=center>
<%'获取当前日期
If Trim(Request("ReqDate"))="" or ( not IsDate(Trim(Request("ReqDate"))) ) then
 CurrentDate=Date
else
 CurrentDate=Trim(Request("ReqDate"))
```

```
end if
PreviousMonthDate=DateAdd("m",-1,CurrentDate) '获取上一个月前的时间
NextMonthDate=DateAdd("m",1,CurrentDate) '获取下一个月前的时间
%>
        <tr align="LEFT">
          <td width="14%" height="19" align="center"></td>
          <td colspan="5" align="center"><%=year(CurrentDate) & "年" & month(CurrentDate) & "月"%></td>
          <td width="14%" align="center"></td>
        </tr>
        <tr align="LEFT">
          <td width="14%" height="19"> 日</td>
          <td width="14%"> 一</td>
          <td width="14%"> 二</td>
          <td width="14%"> 三</td>
          <td width="14%"> 四</td>
          <td width="14%"> 五</td>
          <td width="14%"> 六</td>
        </tr>
<%
ym=year(CurrentDate)&"-"&month(CurrentDate)&"-" '组合当前年、月时间
i=1
do while i<33 '从 1 开始循环判断一个月中所有日期，逐个判断每个数字属于星期几并进行排列显示
 j=1
 response.write("<tr height=19>")
 do while j<8  '循环判断一周内日期显示，即单元格所在行的显示日期
      If IsDate(ym&i) then
            CurrentWeekDay=weekday(ym&i)
            if j=CurrentWeekDay then
                  If Datediff("d",ym&i,now)>-1 then
                        LinkText=""&i&"</a>"
                  else
                        LinkText=i
                  end if
                  if i<>Day(now) then '如果不是今天，则按普通格式显示，否则为今日添加背景色
                        response.write("<td> "&LinkText&"</td>")
                  else
                        response.write("<td bgcolor=#e0e594> "&LinkText&"</td>")
                  end if
                  i=i+1
            else '如果循环日期的星期数与循环数不相等，则显示空白单元格
                  response.write("<td></td>")
            end if
      else  '如果不是日期则显示空白单元格
            response.write("<td></td>")
            i=i+1
            'exit do
      end if
      j=j+1
loop
response.write("</tr>")
```

```
loop
%>
</table>
```

图 18.11　日历设计效果

视 频 讲 解

18.3.9　设计最新评论

最新评论列表显示网友最新的对日志的评论。

【操作步骤】

第 1 步，打开 left_talk.asp 文件，在【绑定】面板中定义一个记录集，查询 re 数据表中的 id、idd、re 字段信息，设置记录集按 id 字段降序排列，这样就可以保证最新评论能够排列在前面。该记录集核心代码如下：

```
<%
Set rs_cmd = Server.CreateObject ("ADODB.Command")
rs_cmd.ActiveConnection = MM_conn_STRING
rs_cmd.CommandText = "SELECT id, idd, re FROM re ORDER BY idd DESC "
rs_cmd.Prepared = true

Set rs = rs_cmd.Execute
%>
```

第 2 步，把字段 re 绑定到页面<dd>标签中，同时为该绑定字段定义一个超链接，单击该链接将会跳转到 show.asp 文件，并把该日志的 id 编号利用查询字符串的方式传递给 show.asp 文件，然后利用该 id 编号在该页面中显示日志详细内容以及网友对该日志的评论。代码如下：

```
<dl class="left">
    <dt>公 告</dt>
    <dd><A HREF="show.asp?id=<%=(rs.Fields.Item("id").Value)%>" target="_blank"><%=(rs.Fields.Item("re").
Value)%></A></dd>
</dl>
```

第 3 步，选中<dd>和</dd>标签，以及其内部绑定的字段，在【服务器行为】面板中添加“重复区域”服务器行为，在【重复区域】对话框中设置重复记录为 8 条。

第 4 步，删除文件组合后可能发生冲突的 ASP 代码（具体被删除的 ASP 代码请参阅 18.3.4 节介绍）。同时优化清理 HTML 页面结构代码（具体被删除的 HTML 代码可以参阅 18.3.4 节介绍）。

第 5 步，按 F12 键预览该文件，显示效果如图 18.12 所示。

图 18.12　最新评论列表

18.3.10　设计最新留言

【操作步骤】

第 1 步，打开 left_message.asp 文件，在【绑定】面板中定义一个记录集，查询 liuyan 数据表中的所有字段信息，设置记录集按 id 字段降序排列，这样就可以保证最新留言能够排列在前面。其中的 SQL 字符串代码如下，其他与上面定义的记录集操作和代码都相同：

```
<%
rs_cmd.CommandText = "SELECT * FROM liuyan ORDER BY id DESC"
%>
```

第 2 步，把字段 liuyan 绑定到页面<dd>标签中，同时为该绑定字段定义一个超链接，单击该链接将会跳转到 liuyan.asp 文件，并把该留言的 id 编号利用查询字符串的方式传递给 liuyan.asp 文件，然后利用该 id 编号在该页面中显示留言的详细内容，代码如下：

```
<dl class="left">
  <dt>公 告</dt>
  <dd> <a href="liuyan.asp?id=<%=(rs.Fields.Item("id").Value)%>" target="_blank"><%=(left(rs.Fields.Item ("liuyan").Value,25))%>...</a> </dd>
</dl>
```

第 3 步，选中<dd>和</dd>标签，以及其内部绑定的字段，在【服务器行为】面板中添加“重复区域”服务器行为，在【重复区域】对话框中设置重复记录为 8 条。

第 4 步，删除文件组合后可能发生冲突的 ASP 代码（具体被删除的 ASP 代码请参阅 18.3.4 节介绍）。同时优化清理 HTML 页面结构代码（具体被删除的 HTML 代码可以参阅 18.3.4 节介绍）。

第 5 步，按 F12 键预览该文件，显示效果如图 18.13 所示。

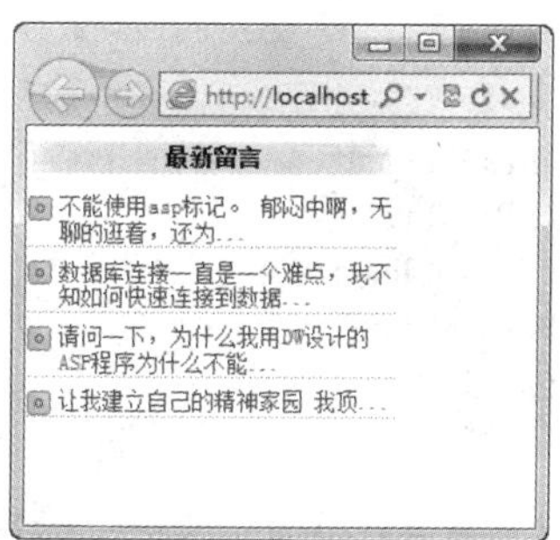

图 18.13　最新留言列表

视频讲解

Note

18.3.11　设计友情链接

【操作步骤】

第 1 步，打开 left_link.asp 文件，在【绑定】面板中定义一个记录集，查询 link 数据表中的所有字段信息，设置记录集按 id 字段降序排列，其中的 SQL 字符串代码如下，其他与上面定义的记录集操作和代码都相同：

```
<%
rs_cmd.CommandText = "SELECT * FROM link ORDER BY id DESC"
%>
```

第 2 步，把字段 link 绑定到页面<dd>标签中，同时为该绑定字段定义一个超链接，单击该链接将会跳转到相应的站点中，代码如下：

```
<dl class="left">
    <dt>公 告</dt>
    <dd> <a href="<%=(rs.Fields.Item("url").Value)%>" target="_blank"><%=(rs.Fields.Item("link").Value)%></a>
</dd>
</dl>
```

第 3 步，选中<dd>和</dd>标签，以及其内部绑定的字段，在【服务器行为】面板中添加“重复区域”服务器行为，在【重复区域】对话框中设置重复记录为 8 条。

第 4 步，删除文件组合后可能发生冲突的 ASP 代码（具体被删除的 ASP 代码请参阅 18.3.4 节介绍）。同时优化清理 HTML 页面结构代码（具体被删除的 HTML 代码可以参阅 18.3.4 节介绍）。

第 5 步，按 F12 键预览该文件，显示效果如图 18.14 所示。

图 18.14　友情链接列表

视频讲解

18.3.12　设计博客统计

博客统计功能也是一个常用模块，它主要针对数据库中的数据进行统计分析。

【操作步骤】

第 1 步，打开 left_count.asp 文件，在【绑定】面板中定义 5 个记录集，分别查询 5 个数据表中的 id 字段。记录集不需要特殊设置，只需要指定相应的数据表即可，如图 18.15 所示。5 个记录集所用的 SQL 代码如下：

```
<%
rs1_cmd.CommandText = "SELECT id FROM cont"
rs2_cmd.CommandText = "SELECT id FROM re"
rs3_cmd.CommandText = "SELECT id FROM liuyan"
rs4_cmd.CommandText = "SELECT id FROM img"
rs5_cmd.CommandText = "SELECT id FROM music"
%>
```

第 2 步，把每个记录集的 total 字段绑定到页面相应提示标签内，如图 18.16 所示。

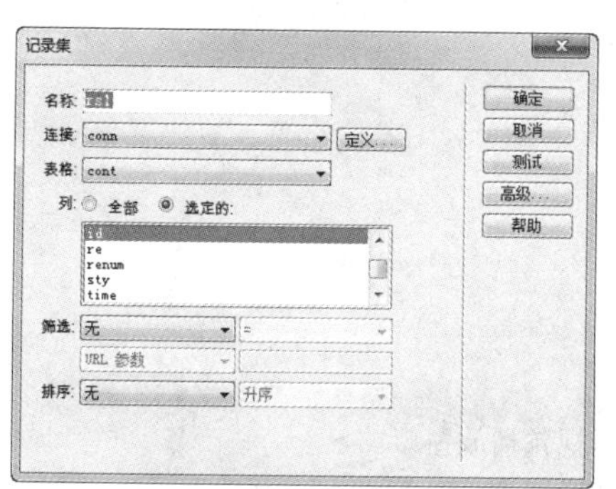

图 18.15　定义记录集

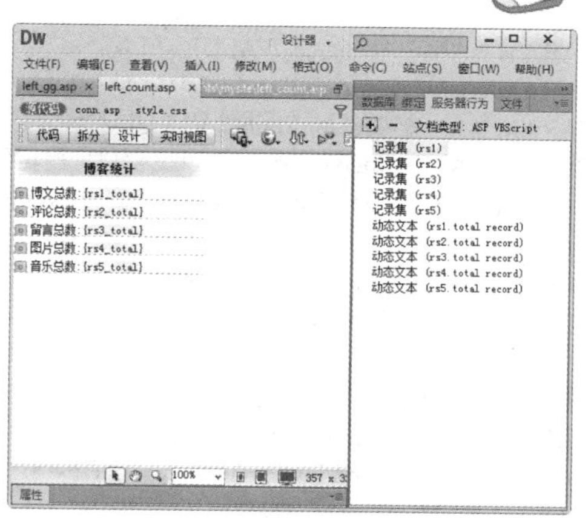

图 18.16　绑定记录集的总数

第 3 步，删除文件组合后可能发生冲突的 ASP 代码（具体被删除的 ASP 代码请参阅 18.3.4 节介绍）。同时优化清理 HTML 页面结构代码（具体被删除的 HTML 代码可以参阅 18.3.4 节介绍）。

18.3.13　设计背景音乐

博客作为个人在网上公开的私人日记本，用户都喜欢把自己博客装扮得更酷、更个性些。背景音乐是博客扮酷的一种选择方式。本实例设计的首页背景音乐是动态背景音乐，用户可以随时在后台进行更新，这样就能够避免长期听单一背景音乐的枯燥感。

【操作步骤】

第 1 步，打开 left_music.asp 文件，在【绑定】面板中定义一个记录集，查询 muc 数据表中的所有字段信息。其中的 SQL 字符串代码如下：

```
<%
rs_cmd.CommandText = "SELECT * FROM muc"
%>
```

第 2 步，在页面<dd>标签中插入一个音乐播放控件。方法是：在 Dreamweaver 中选择【插入】|【媒体】|【插件】命令，插入一个 ActiveX 控件，然后在【属性】面板中简单设置播放参数，如图 18.17 所示。

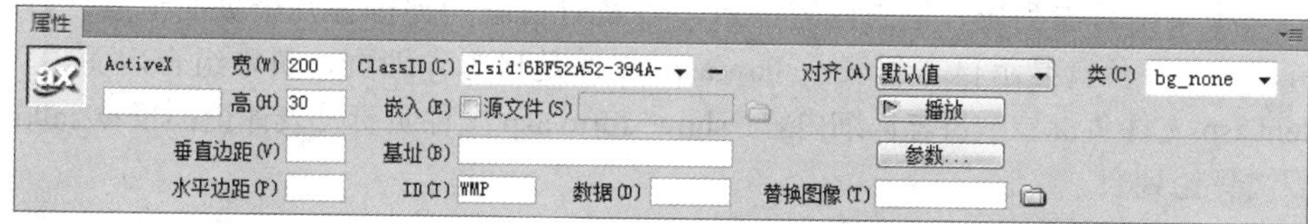

图 18.17　ActiveX【属性】面板

第 3 步，单击【参数】按钮，在打开的【参数】对话框中设置音乐播放参数，其中【URL】属性被绑定为前面定义的记录集的 url 字段，如图 18.18 所示。可以切换到【代码】视图简单播放参数（即【参数】对话框中设置的参数）。

```
<OBJECT id="WMP" height="30" width="200" classid="clsid:6BF52A52-394A-11D3-B153-00C04F79FAA6"
VIEWASTEXT>
    <PARAM NAME="URL" VALUE="<%=(rs.Fields.Item("url").Value)%>">
    <PARAM NAME="rate" VALUE="1">
```

```
<PARAM NAME="balance" VALUE="0">
<PARAM NAME="currentPosition" VALUE="0">
<PARAM NAME="defaultFrame" VALUE="">
<PARAM NAME="playCount" VALUE="1" > <!--播放一次 -->
<PARAM NAME="autoStart" VALUE="-1"> <!--自动播放 -->
<PARAM NAME="currentMarker" VALUE="0">
<PARAM NAME="invokeURLs" VALUE="-1">
<PARAM NAME="volume" VALUE="50"> <!--控制音量 -->
<PARAM NAME="mute" VALUE="0">
<PARAM NAME="uiMode" VALUE="full">
<PARAM NAME="stretchToFit" VALUE="0">
<PARAM NAME="windowlessVideo" VALUE="0"> <!--不显示视频播放窗口 -->
<PARAM NAME="enabled" VALUE="-1"> <!--播放控件可用状态 -->
<PARAM NAME="enableContextMenu" VALUE="-1"> <!--显示控制菜单 -->
</OBJECT>
```

Note

第 4 步，删除文件组合后可能发生冲突的 ASP 代码（具体被删除的 ASP 代码请参阅 18.3.4 节介绍）。同时优化清理 HTML 页面结构代码（具体被删除的 HTML 代码可以参阅 18.3.4 节介绍）。

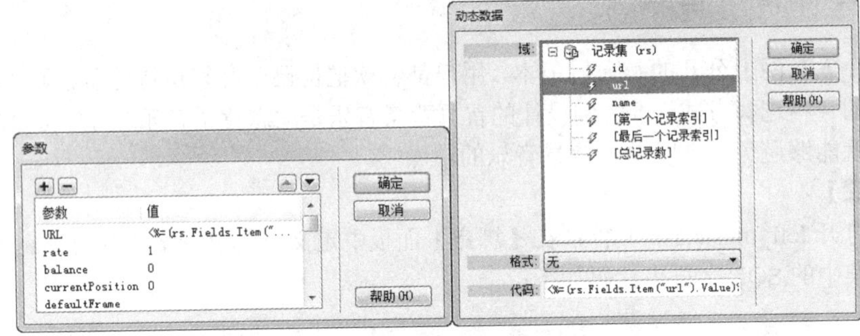

图 18.18　高级定义记录集

18.4　设计前台页面

前台日志模块由日志列表、日志内容显示，以及对日志的评价等几个页面组成。具体地说，index_main.asp 文件负责显示日志列表；show.asp 文件是日志详细页，负责组合后面 3 个文件；show_content.asp 文件负责显示日志详细内容；show_form.asp 文件负责发表评论；show_talks.asp 文件负责显示日志评论列表。

视频讲解

18.4.1　设计日志列表

index_main.asp 文件负责显示日志列表，在该页面中按发布时间先后排列日志标题、日志部分内容，以及相关信息。

【操作步骤】

第 1 步，打开 index_main.asp 文件，在【绑定】面板中定义一个记录集，查询 cont 数据表中的所有字段信息，设置记录集按 id 字段降序排列，这样就可以保证最新发布的日志能够排列在前面。其中记录集所用 SQL 字符串代码如下：

```
<%
rs_cmd.CommandText = "SELECT * FROM cont ORDER BY id DESC"
%>
```

第 2 步，把该记录集相关字段绑定到页面<dd>标签中，同时为该绑定字段定义一个超链接，单击该链接将会跳转到 show.asp 文件，并把该日志的 id 编号利用查询字符串的方式传递给 show.asp 文件，然后利用该 id 编号在该页面中显示日志详细内容，代码如下：

```
<dl class="main">
    <dt> <img src="images/icon_ctb.gif" width="11" height="11"><%=(rs.Fields.Item("title").Value)%> <span
class="titl2">时间:<%=(rs.Fields.Item("time").Value)%></span> </dt>
    <dd class="sub1"> <%=left(rs.Fields.Item("content").Value,240)%>... </dd>
    <dd class="sub2"> <A HREF="show.asp?id=<%=rs.Fields.Item("id").Value %>" target="_blank">查看全
文</A>  点击(<%=(rs.Fields.Item("hitnum").Value)%>)
        评论(<%=(rs.Fields.Item("renum").Value)%>) </dd>
</dl>
```

第 3 步，选中整个<dl>和</dl>标签，以及其内部嵌套标签和绑定的字段，在【服务器行为】面板中添加“重复区域”服务器行为，在【重复区域】对话框中设置重复记录为 10 条，即设置每页显示 10 条记录。

第 4 步，为了防止当没有找到要查询的记录时而产生的错误，可以增加“显示区域”服务器行为。选中整个<dl>和</dl>标签以及内部包含的所有内容，然后在【服务器行为】面板中增加“如果记录集不为空则显示区域”服务器行为。然后在文档的后面增加“暂无文章!”文本，选中该文本，为其增加“如果记录集为空则显示区域”服务器行为。

第 5 步，删除文件组合后可能发生冲突的 ASP 代码（具体被删除的 ASP 代码请参阅 18.3.4 节介绍）。同时优化清理 HTML 页面结构代码（具体被删除的 HTML 代码可以参阅 18.3.4 节介绍）。

第 6 步，按 F12 键预览该文件，显示效果如图 18.19 所示。

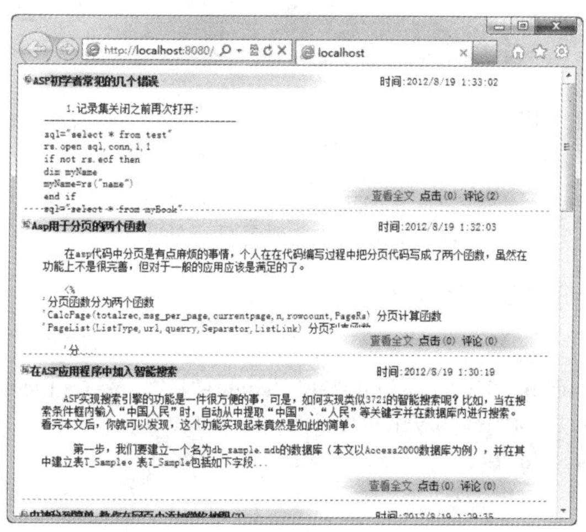

图 18.19　日志列表显示效果

18.4.2　设计详细页

视频讲解

show.asp 文件是日志详细页，它包含了 show_content.asp、show_form.asp 和 show_talks.asp 这 3 个文件。详细代码如下：

Note

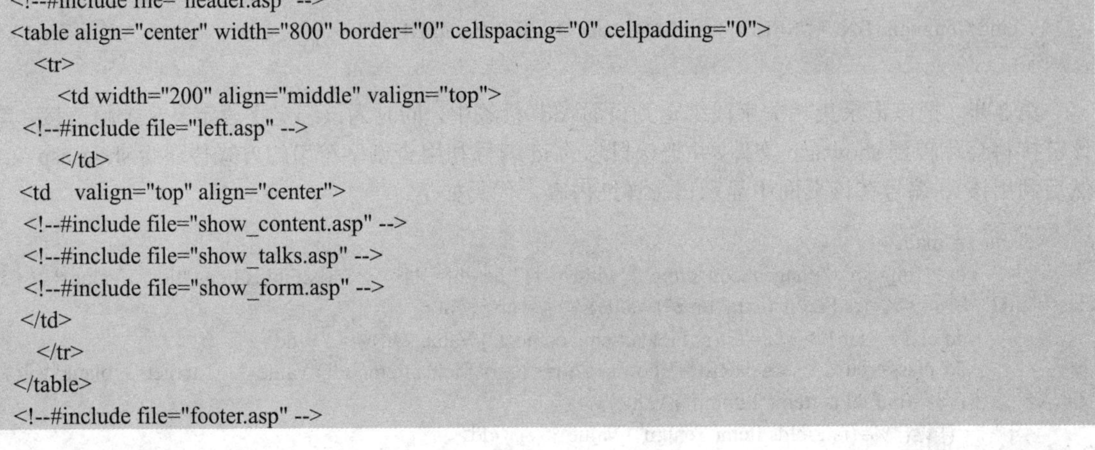

```
<!--#include file="header.asp" -->
<table align="center" width="800" border="0" cellspacing="0" cellpadding="0">
  <tr>
    <td width="200" align="middle" valign="top">
 <!--#include file="left.asp" -->
    </td>
 <td   valign="top" align="center">
 <!--#include file="show_content.asp" -->
 <!--#include file="show_talks.asp" -->
 <!--#include file="show_form.asp" -->
 </td>
  </tr>
</table>
<!--#include file="footer.asp" -->
```

视频讲解

18.4.3　设计内容页

show_content.asp 文件专门负责显示日志内容，在该页面中主要定义一个记录集，记录集将根据查询字符串中传递的 id 参数来查询指定的日志记录，【记录集】对话框设置如图 18.20 所示。

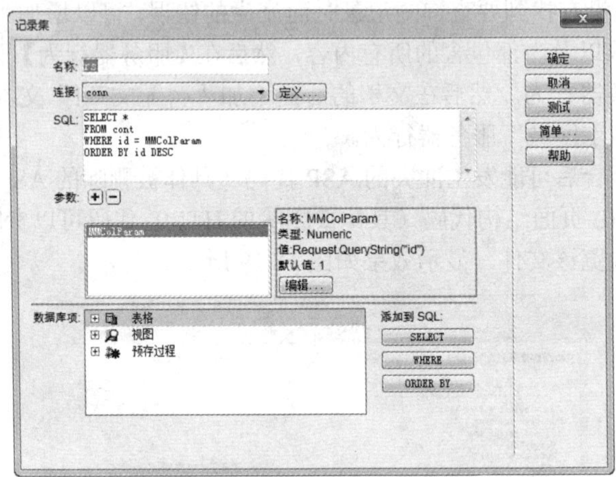

图 18.20　日志列表显示效果

最后把记录集中的字段分别绑定到页面中，代码如下：

```
<dl class="main">
   <dt> <img src="images/icon_ctb.gif" width="11" height="11"><%=(rs.Fields.Item("title").Value)%> <span class="titl2">时间:<%=(rs.Fields.Item("time").Value)%></span> </dt>
   <dd class="sub1"><%=rs.Fields.Item("content").Value%></dd>
</dl>
```

视频讲解

18.4.4　发表评论

发表评论涉及两个文件，在 show_form.asp 文件中提供一个表单域，为用户发表评论提供一个交互接口，如图 18.20 所示。然后表单信息被提交到 reaction.asp 文件，该文件将对信息进行验证，如果验证通过把信息插入 re 数据表中，同时更新 cont 数据表中的 renum 字段的值。

Note

【操作步骤】

第 1 步，打开 reaction.asp 文件，切换到【代码】视图，首先在代码顶部输入下面代码用来验证用户输入的验证码是否正确。

```
<%@LANGUAGE="VBSCRIPT"%>
<!--#include file="Connections/conn.asp" -->
<%'验证用户输入的验证码是否正确
If Trim(Request.Form("validatecode"))=Empty Or Trim(Session("cnbruce.com_ValidateCode"))<>Trim( Request.
Form("validatecode")) Then
  response.write"<script language='javascript'>" & chr(13)
  response.write "alert('验证码错误,单击确定后再次输入验证码');" & Chr(13)
  response.write "history.go (-1);"&Chr(13)
  response.write "</script>" & Chr(13)
  Response.End
end if
%>
```

第 2 步，在【服务器行为】面板中增加一条命令，用来把表单中输入的信息插入数据库中，详细代码如下：

```
<%'获取表单值
if(Request("id") <> "") then Command1__newid = Request("id")
if(Request("re") <> "") then Command1__newre = Request("re")
if(request("name") <> "") then Command1__newname = request("name")
%>
<%'判断表单输入值是否为空
if(Request("id") <> "") then Command2__newnum = Request("id")
%>
<%'执行向数据库中插入命令
set Command1 = Server.CreateObject("ADODB.Command")
Command1.ActiveConnection = MM_conn_STRING
Command1.CommandText = "INSERT INTO re (id, re, name)   VALUES ( '" + Replace(Command1__newid, "'", "''")
+ "','" + Replace(Command1__newre, "'", "''") + "','" + Replace(Command1__newname, "'", "''") + "') "
Command1.CommandType = 1
Command1.CommandTimeout = 0
Command1.Prepared = true
Command1.Execute()
%>
```

第 3 步，在【服务器行为】面板中增加一条命令，更新 cont 数据表中的 renum 字段的值，详细代码如下：

```
<%
set Command2 = Server.CreateObject("ADODB.Command")
Command2.ActiveConnection = MM_conn_STRING
Command2.CommandText = "UPDATE cont   SET renum =renum+1 WHERE " + Replace(Command2__newnum, "'", "''")
+ "=id"
Command2.CommandType = 1
Command2.CommandTimeout = 0
Command2.Prepared = true
Command2.Execute()
%>
```

视频讲解

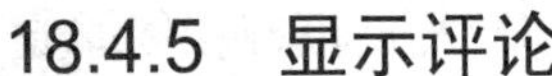

Note

18.4.5 显示评论

评论在 show_talks.asp 文件中显示。

【操作步骤】

第 1 步，打开 show_talks.asp 文件，在【绑定】面板中定义一个记录集，查询 re 数据表中的字段信息，并根据日志 id 编号筛选属于指定日志的评论，【记录集】设置如图 18.21 所示。

第 2 步，把记录集相应字段绑定到页面中。代码如下：

```
<dd> 网友:<strong><%=(rs.Fields.Item("name").Value)%></strong>发表于<%=(rs.Fields.Item("tmie").Value)%>
        <p><%=HTML(rs.Fields.Item("re").Value)%> </p>
</dd>
```

第 3 步，选中<dd>和</dd>标签，以及其内部绑定的字段，在【服务器行为】面板中添加“重复区域”服务器行为，在【重复区域】对话框中设置重复记录为所有。

第 4 步，增加“显示区域”服务器行为。选中整个<dl>和</dl>标签以及内部包含的所有内容，在【服务器行为】面板中增加“如果记录集不为空则显示区域”服务器行为。然后在文档的后面增加“暂无评论!”文本，选中该文本，为其增加“如果记录集为空则显示区域”服务器行为。

第 5 步，删除文件组合后可能发生冲突的 ASP 代码（具体被删除的 ASP 代码请参阅 18.3.4 节介绍）。同时优化清理 HTML 页面结构代码（具体被删除的 HTML 代码可以参阅 18.3.4 节介绍）。

第 6 步，按 F12 键预览 index.asp 首页文件，然后在日志列表中单击【查看全文】超链接，会打开 show.asp 文件，显示效果如图 18.22 所示。

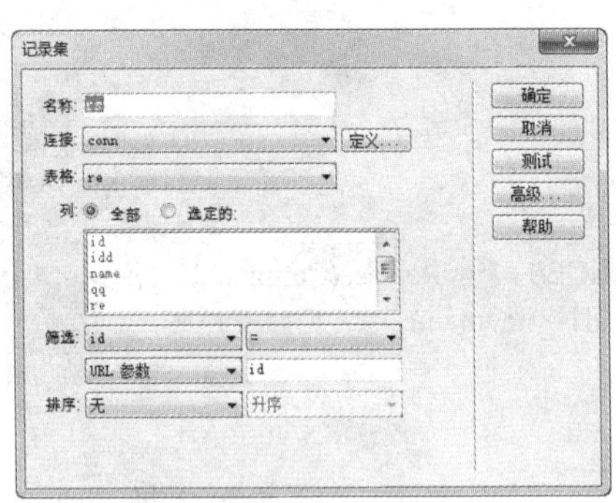

图 18.21　设置【记录集】对话框

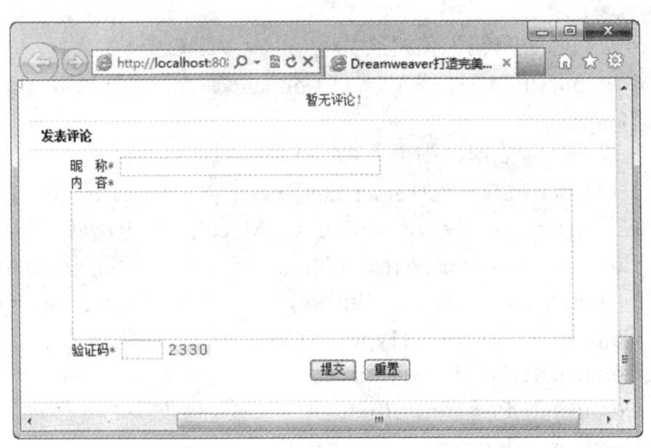

图 18.22　日志评论及列表显示效果

18.5　设计图片分享

图片分享是博客功能的扩展，它允许用户把个人喜爱的图片上传到博客网站中供网友共同欣赏。本实例图片分享功能主要由 pic.asp 和 showpic.asp 文件实现。其中，pic.asp 文件负责显示图片列表，showpic.asp 文件负责图片的欣赏。

视频讲解

18.5.1　图片列表

pic.asp 文件负责显示图片列表，主要操作包括定义一个记录集显示图片列表，利用“重复区域”

服务器行为显示所有的记录，并利用“显示区域”服务器行为控制记录集没有找到记录 i 时如何进行处理，最后还需要增加“记录集导航条”服务器行为。

Note

【操作步骤】

第 1 步，打开 pic.asp 文件，在【绑定】面板中定义一个记录集，查询 img 数据表中的所有字段信息，设置记录集按 id 字段降序排列，这样就可以保证最新发布的图片能够排列在前面。其中 SQL 查询字符串代码如下：

```
<%
r3.Source = "SELECT * FROM img ORDER BY id DESC"
%>
```

第 2 步，把该记录集相关字段绑定到页面中，同时为该绑定字段定义一个超链接，单击该链接将会跳转到 showpic.asp 文件，并把该图片的 id 编号利用查询字符串的方式传递给 showpic.asp 文件，然后利用该 id 编号在该页面中显示大图，代码如下：

```
<A class="box1" HREF="showpic.asp?<%= Server.HTMLEncode(MM_keepNone) & MM_joinChar(MM_keepNone) & "id=" & r3.Fields.Item("id").Value %>" target="_blank"><img src="photo/<%=(r3.Fields.Item("name").Value)%>" height="120" border="0"></A>
```

第 3 步，选中上面代码，在【服务器行为】面板中添加“重复区域”服务器行为，在【重复区域】对话框中设置重复记录为所有。

第 4 步，增加“显示区域”服务器行为。选中整个重复区域代码，然后在【服务器行为】面板中增加“如果记录集不为空则显示区域”服务器行为。然后在文档的后面增加“暂无图片!”文本，选中该文本，为其增加“如果记录集为空则显示区域”服务器行为。

第 5 步，把光标置于页面底部，增加一个完整的记录集导航条，在打开的【记录集导航条】对话框中进行设置，如图 18.23 所示。

第 6 步，同时把记录集 rs3 的 r3_first、r3_last 和 r3_total 这 3 个特殊的字段绑定到页面底部，分别表示记录集分页中当前的第一条记录、最后一条记录以及整个记录集的所有记录数，代码如下：

```
<div align="center">记录 <%=(r3_first)%>到<%=(r3_last)%>总共<%=(r3_total)%></div>
```

第 7 步，按 F12 键预览该文件，显示效果如图 18.24 所示。

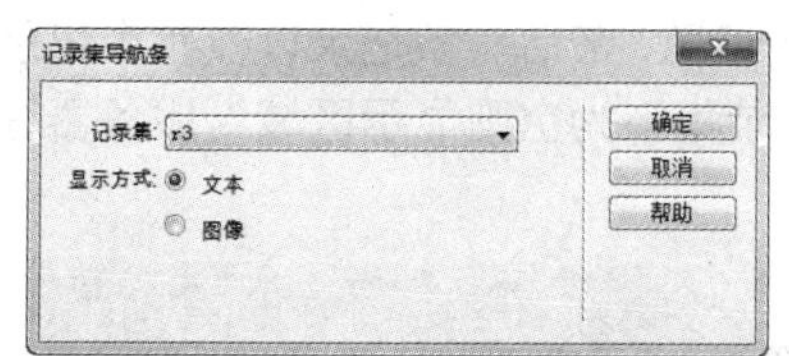

图 18.23　设置【记录集导航条】对话框

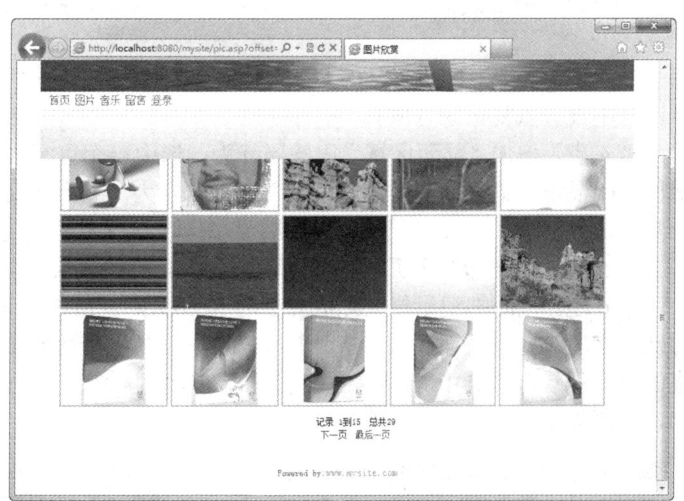

图 18.24　图片列表显示效果

视频讲解

Note

视频讲解

18.5.2 显示图片

showpic.asp 文件是指定图片放大页面，它主要根据 pic.asp 文件传递过来的 id 编号来查询数据库表 img 中的记录，并把字段 name 绑定到<img>标签的 src 属性上。详细代码如下：

```
<img src="photo/<%=(Recordset2.Fields.Item("name").Value)%>">
```

18.6 设计音乐分享

音乐分享主要在 muc.asp 文件中实现。

【操作步骤】

第 1 步，打开 muc.asp 文件，在【绑定】面板中定义一个记录集，查询 music 数据表中的所有字段信息，设置记录集按 id 字段降序排列，这样就可以把最新发布的音乐排列在前面。其中 SQL 查询字符串代码如下：

```
<%
Recordset2.Source = "SELECT * FROM music ORDER BY id DESC"
%>
```

第 2 步，把该记录集相关字段绑定到页面中单元格所在的行中，其中把 id 字段绑定到 JavaScript 脚本中，当单击【播放】超链接时，将打开一个新窗口，播放指定 id 编号的音乐。而当单击【下载】超链接时，则根据绑定的 url 字段所记录的 URL 详细信息下载音乐。具体代码如下：

```
<tr>
        <td width="67%" align="left"><%=(Recordset2.Fields.Item("name").Value)%></td>
        <td width="16%"align="center"><A HREF="#" target="_parent" onClick="MM_openBrWindow
('play.asp?id=<%=Recordset2.Fields.Item("id").Value %>','','width=300,height=50')">播放</A></td>
        <td width="17%" align="center"><a href="<%=(Recordset2.Fields.Item("url").Value)%>" target="_blank">
下载</a></td>
    </tr>>
```

第 3 步，选中上面代码，在【服务器行为】面板中添加“重复区域”服务器行为，在【重复区域】对话框中设置重复记录为所有。

第 4 步，增加“显示区域”服务器行为。选中整个重复区域代码，然后在【服务器行为】面板中增加“如果记录集不为空则显示区域”服务器行为。然后在文档的后面增加“暂无音乐”文本，选中该文本，为其增加“如果记录集为空则显示区域”服务器行为。

第 5 步，把光标置于页面底部，增加一个完整的记录集导航条。

第 6 步，同时把记录集 Recordset2 的 Recordset2_first、Recordset2_last 和 Recordset2_total 这 3 个特殊的字段绑定到页面底部，分别表示记录集分页中当前的第一条记录、最后一条记录以及整个记录集的所有记录数，选中<p>和</p>标签内所有代码，增加“如果记录集不为空则显示区域”服务器行为，代码如下：

```
<% If Not Recordset2.EOF Or Not Recordset2.BOF Then %>
    <p align="center">记录 <%=(Recordset2_first)%>到<%=(Recordset2_last)%>   总共<%=(Recordset2_total)%></p>
    <% End If ' end Not Recordset2.EOF Or NOT Recordset2.BOF %>
```

第 7 步，按 F12 键预览该文件，显示效果如图 18.25 所示。

图 18.25　音乐列表显示效果

视频讲解

18.7　设计留言板

留言功能模块实际上就是一个简单的留言板系统，为了方便网友快速留言。本博客中留言模块主要包含发布留言和显示留言两个基本功能，共包括 4 个文件，其中 liuyan.asp 文件是一个容器文件，负责包含其他 3 个文件：liuyan_form.asp 文件显示一个表单，当提交表单时，将跳转到 liuyanaction.asp 文件；liuyanaction.asp 文件主要负责表单的后台处理，例如，验证验证码是否正确，以及把表单数据插入到数据库中；liuyan_main.asp 文件负责留言的列表显示。

【操作步骤】

第 1 步，在 liuyan_form.asp 文件中设计一个表单，该表单包含 3 个文本框，并为表单增加“验证表单”行为，设置表单的 action 属性为"liuyanaction.asp"，即提交表单后将跳转到 liuyanaction.asp 文件，设置 method 方法为"post"。

第 2 步，打开 liuyanaction.asp 文件，切换到【代码】视图，在代码的顶部添加验证代码并插入记录命令（详细说明可以参阅 18.4.4 节介绍）。注意，在本页面中插入记录命令所使用的 SQL 代码如下：

```
Command1.CommandText = "INSERT INTO liuyan (name, liuyan, web)   VALUES ( '" + Replace(Command1__newname, "'", "''") + "','" + Replace(Command1__newliuyan, "'", "''") + "','" + Replace(Command1__newweb, "'", "''") + "') "
```

第 3 步，在 liuyan_main.asp 文件中，专门用来显示用户留言。主要操作包括定义一个记录集显示图片列表，利用“重复区域”服务器行为显示所有的记录，并利用“显示区域”服务器行为控制记录集没有找到记录 i 时如何进行处理，整个留言模块的显示效果如图 18.26 所示。

Note

图 18.26　留言功能模块显示效果

18.8　设计后台页面

一个功能强大的应用系统，其后台功能也一定是非常完善的。甚至在一些大型 Web 应用中，后台管理体系要远远比前台庞杂得多。在本例博客系统中，后台管理主要包括系统管理、日志管理、图片管理、音乐管理、留言管理、公告管理、友情链接管理，如图 18.27 所示。所有后台管理文件全部存放在根目录下的 admin 文件夹中。

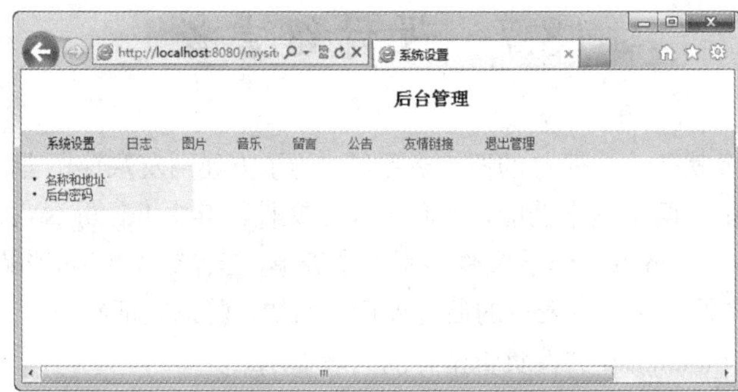

图 18.27　博客后台管理体系

18.8.1　设计基本模块

视频讲解

由于后台管理涉及的内容和文件比较多，因此不妨把公共功能给抽取出来进行单独设计，这样可以简化程序开发的难度。例如，后台控制台的导航条完全可以提取出来，在一个单独文件中进行设计，然后使用#include 命令包含到所有后台管理文件中。

设计后台控制台导航条。打开 admin_nav.asp，在其中输入下面代码即可：

```
<h2 class="admin_title">后台管理</h2>
<ul class="admin_nav">
  <li><a href="blog.asp">系统设置</a>
  <li><a href="rizhi.asp">日志</a>
  <li><a href="pic.asp">图片</a>
  <li><a href="music.asp">音乐</a>
```

```
<li><a href="liuyan.asp">留言</a>
<li><a href="gonggao.asp">公告</a>
<li><a href="link.asp">友情链接</a>
<li><a href="exit.asp">退出管理</a>
  </li>
</ul>
```

用户身份验证。新建 validate.asp 文件，打开该文件，清除所有代码，然后增加“限制对页的访问”服务器行为，再删除<%@LANGUAGE="VBSCRIPT"%>语句。最后把该文件包含到其他后台管理文件的代码顶部。

为了避免与前台数据库连接文件发生冲突，可以在 admin 中新建一个数据库连接文件 Connections/conn.asp，然后输入下面代码，这样就可以在 Dreamweaver 中使用各种服务器行为了，否则系统会无法实现可视化添加服务器行为。请注意路径设置，应该根据个人电脑中虚拟服务器的实际物理路径进行设置，或者根据虚拟站点的相对位置进行设置。

```
<%
Dim MM_conn_STRING
MM_conn_STRING = "Provider=Microsoft.Jet.OLEDB.4.0;Data Source="&Server.MapPath("/mysite/database/blog.mdb")
%>
```

在上面代码的 URL 字符串中，第一个反斜杠表示站点根目录，mysite 表示默认服务器的虚拟站点 mysite。

在后台页面定义记录集，或者添加各种服务器行为时，系统会自动把包含文件的路径进行修改，完成页面设计之后，不要忘记把包含路径修改为正确的路径，代码如下。因为 Dreamweaver 只认可一个数据库连接文件，默认为根目录下的 Connections/conn.asp 文件，所以在子目录中进行引用数据库连接文件时，就会自动修改路径。

正确路径如下：

```
<!--#include file="Connections/conn.asp"-->
```

错误路径如下：

```
<!--#include file="../Connections/conn.asp"-->
```

18.8.2　系统管理

视频讲解

系统管理主要包括博客站点的名称、URL 管理，以及后台用户名和密码管理。

【操作步骤】

第 1 步，打开 index.asp 文件，该文件是后台登录的窗口。该页面包含一个登录表单，然后添加一个“用户登录”服务器行为即可，如图 18.28 所示。

第 2 步，站点名称和 URL 更新。打开 name.asp 文件，先定义一个记录集，查询数据表 ad 中的记录，并把该记录中的 ad 和 url 字段绑定到文本框中，同时定义一个隐藏域，用来传递该记录的 id 信息。最后插入一个“更新记录”服务器行为，实现用户修改数据表 ad 中记录的目的，设置如图 18.29 所示。

第 3 步，后台管理登录用户名和密码管理。打开 pwd.asp 文件，该文件的设计步骤和方法与 name.asp 文件的操作步骤相同，设计效果如图 18.30 所示。

Note

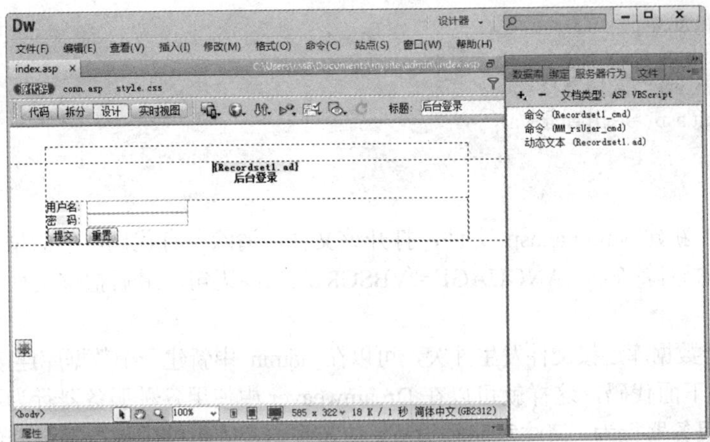

图 18.28　后台管理登录

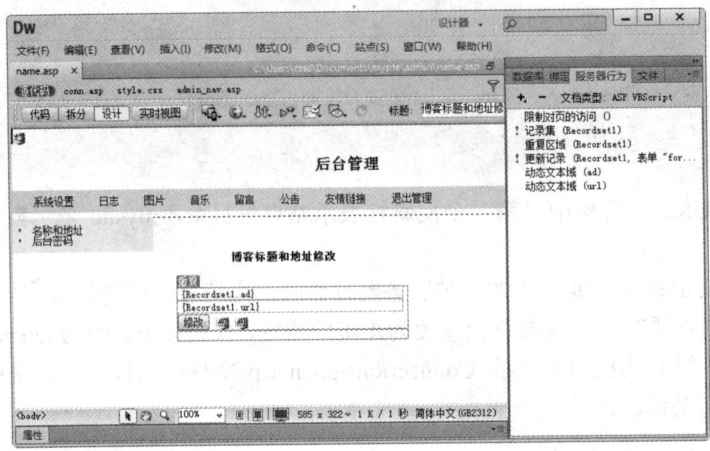

图 18.29　站点名称和 URL 管理设计

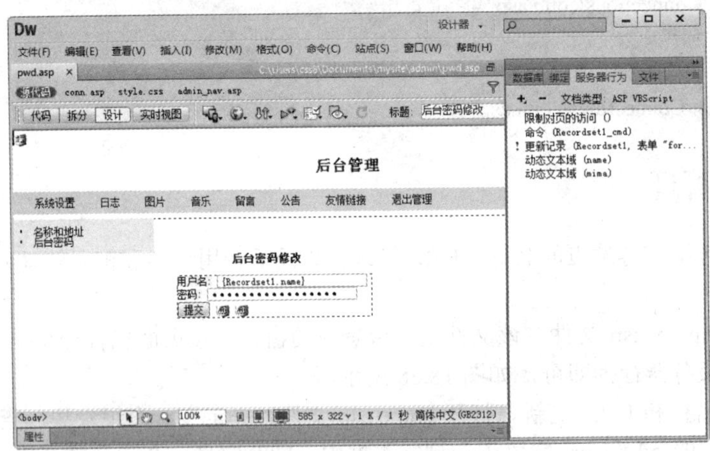

图 18.30　后台登录管理设计

视频讲解

18.8.3　日志管理

日志管理主要包括日志的增加、修改和删除，评论的查看和删除，以及后台用户名和密码管理。

Note

【操作步骤】

第 1 步，增加日志。打开 rizhiadd.asp 文件，在该文件中先定义一个记录集，查询数据表 sty 中的数据，然后把 sty 字段绑定到下拉菜单中。接着用“插入记录”服务器行为实现把用户输入的日志内容保存到数据库中。在本页中为方便用户输入不同格式的内容，这里使用了一个文本编辑扩展插件，其中导入插件的代码如下，设计效果如图 18.31 所示。

```
<IFRAME ID="eWebEditor1" SRC="editor/ewebeditor.asp?id=content&style=zyweb" FRAMEBORDER="0" SCROLLING="no" WIDTH="550" HEIGHT="350"></IFRAME>
```

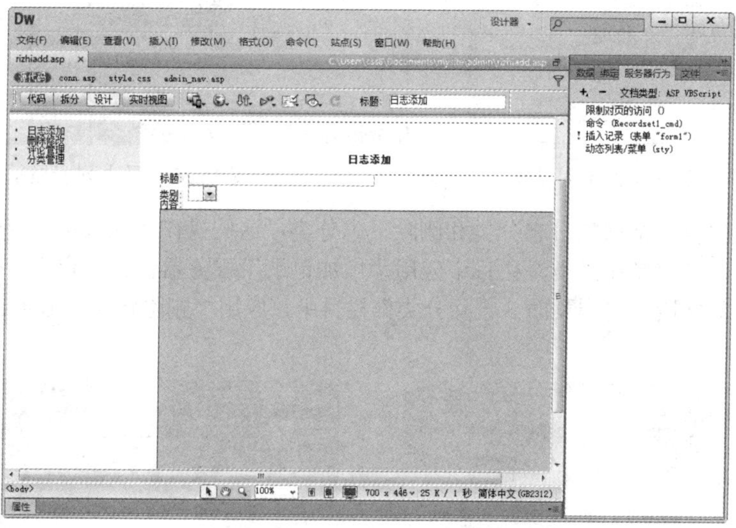

图 18.31　添加日志页面设计效果

第 2 步，删除和修改日志。打开 rizhidel.asp 文件，定义一个记录集，查询 cont 数据表中所有记录，并根据 id 进行降序排列。把该记录集绑定到页面中，应用“重复区域”和“记录集导航条”服务器行为，实现记录集分页显示。

第 3 步，同时在 rizhidel.asp 文件中增加【删除】按钮，应用“删除记录”服务器行为，实现单击【删除】按钮则提交表单，并删除指定 id 编号的日志记录。

第 4 步，再在 rizhidel.asp 文件中增加“修改”超链接文本，超链接代码如下：

```
<A HREF="rizhixg.asp?<%= Server.HTMLEncode(MM_keepNone) & MM_joinChar(MM_keepNone) & "id=" & Recordset1.Fields.Item("id").Value %>">修改</A>
```

第 5 步，打开 rizhixg.asp 文件，在该文件中设计一个表单，表单结构与 rizhiadd.asp 文件相同，然后根据 rizhidel.asp 文件传递过来的日志 id 编号，查询指定的日志记录，并把该记录绑定到表单对象中，最后应用“更新记录”服务器行为即可实现日志的更新功能。

第 6 步，日志评论管理。打开 rizhipl.asp 文件，定义记录集查询 cont 数据表中所有日志记录，然后绑定到页面中，应用“重复区域”和“记录集导航条”服务器行为，实现记录集分页显示。增加“转到详细页面”服务器行为。在【服务器行为】面板中单击面板左上角的+按钮，在弹出的下拉菜单中选择【转到详细页面】命令。为该页面增加“转到详细页面”服务器行为，具体设置如图 18.32 所示。整个 rizhipl.asp 页面设计效果如图 18.33 所示。

第 7 步，打开 pldel.asp 文件，利用 rizhipl.asp 文件传递过来的日志 id 编号，查询数据表 re 中所有属于该日志的评论，然后把记录集绑定到页面中，应用“重复区域”和“记录集导航条”服务器行为，实现记录集分页显示，并增加“删除记录”服务器行为，页面设计效果如图 18.34 所示。

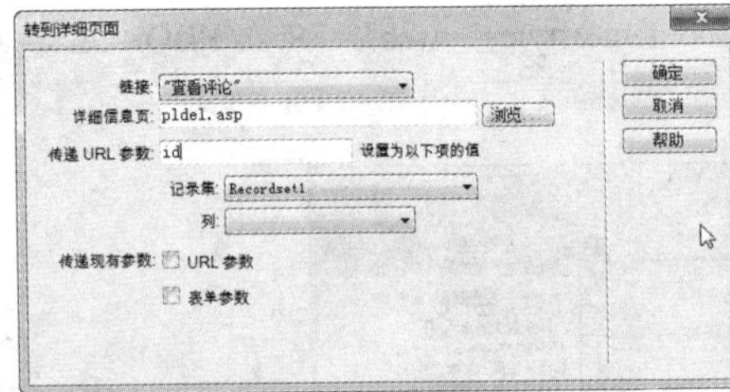

图 18.32 【转到详细页面】对话框

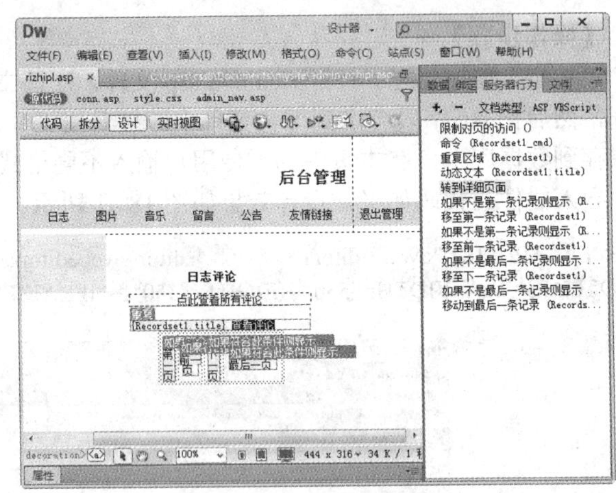

图 18.33 日志列表显示

第 8 步，分类管理包括增加日志分类和删除日志分类，这些操作都在 rizhifl.asp 文件中实现。打开 rizhifl.asp 文件，在“增加分类”栏目中应用“增加记录”服务器行为。定义一个记录集查询 sty 数据表，并把记录集字段绑定到页面“删除分类”栏目中，应用“删除记录”服务器行为即可。设计如图 18.35 所示。

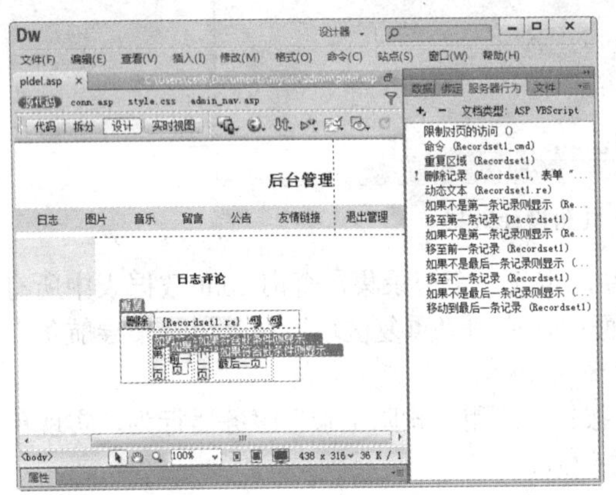

图 18.34 评论删除设计

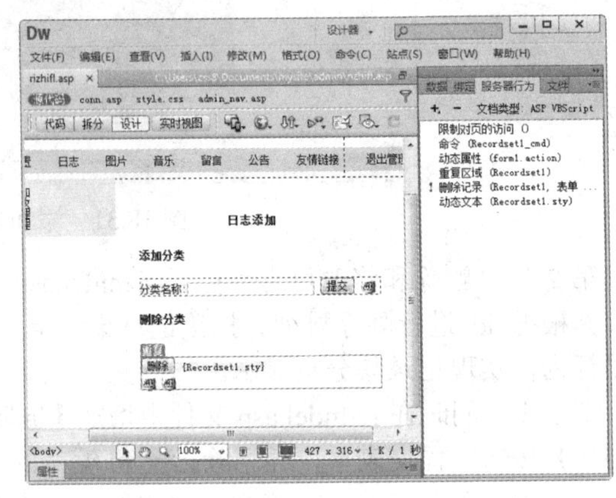

图 18.35 日志分类管理页面设计

18.8.4 图片管理

图片管理主要包括图片的增加、列表和删除，以及博客照片和页面顶部导航条背景图片的管理。

【操作步骤】

第 1 步，图片增加。图片增加涉及图片上传技术实现。在根目录下打开 upimg.asp 文件，设计一个表单，代码如下。该表单允许用户在本地计算机中查找图片文件，然后应用“插入记录”服务器行为，把用户选择的图片文件存储到 img 数据表中。同时当用户打开 fupload.asp 文件选择要上传的图片后，会自动调用 fupaction.asp 文件把图片的详细数据上传到站点根目录下的 photo 文件夹中。

```
<form name="form1" class="margin24 center"    method="POST" action="<%=MM_editAction%>">
        <input type="button" name="Submit" value="打开图片" onClick="window.open('fupload.asp?useForm=form1&amp;prevImg=showImg&amp;upUrl=photo&amp;ImgS=&amp;ImgW=&amp;ImgH=&amp;reItem=rePic','fileUpload','width=320,height=80')">
```

```
        <br>
        <img src="icon_prev.gif" alt="这是显示上传预览图片的位置" name="showImg" id="showImg" onClick=
'javascript:alert("这是显示上传预览图片的位置");'><br>
        <input type="submit" name="Submit2" value="上传图片">
        <br>
        <input name="rePic" type="hidden" id="rePic" size="4">
        <input type="hidden" name="MM_insert" value="form1">
    </form>
```

第 2 步，图片删除。打开 picdel.asp 文件，在该文件中定义一个记录集查询 img 数据表中所有记录。然后绑定到页面中，应用"重复区域"和"记录集导航条"服务器行为实现分页显示。应用"显示区域"服务器行为实现记录集显示控制。最后插入"删除记录"服务器行为，实现照片的删除操作，页面设计如图 18.36 所示。

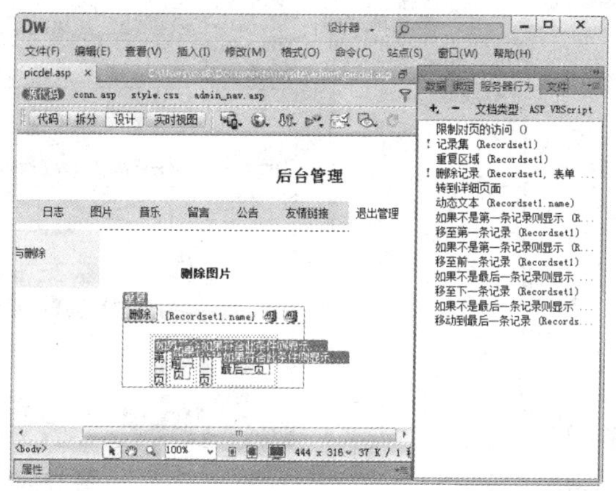

图 18.36　删除图片信息页面设计效果

需要注意的是，该删除操作只是针对数据库中保存的图片信息，但图片文件依然保存在服务器端站点根目录下的 photo 文件夹中。

第 3 步，博客照片和导航条背景图片管理。分别打开 picmy.asp 和 pichead.asp 文件，先定义一个记录集分别查询 picmy 和 pichead 数据表中的记录，把这些字段绑定到页面表单中，然后应用"更新记录"服务器行为即可，如图 18.37 和图 18.38 所示。

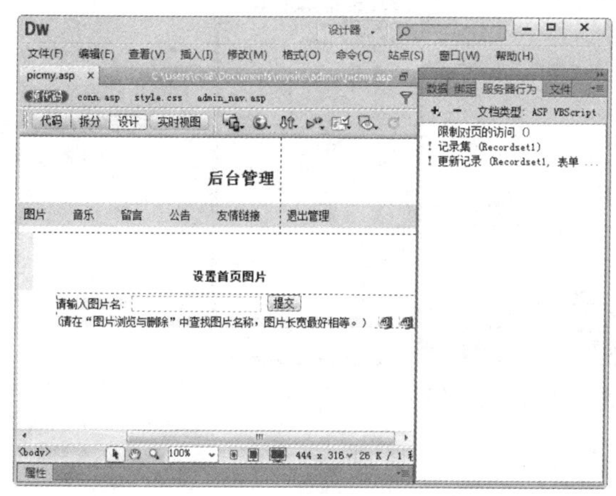

图 18.37　更新博客照片

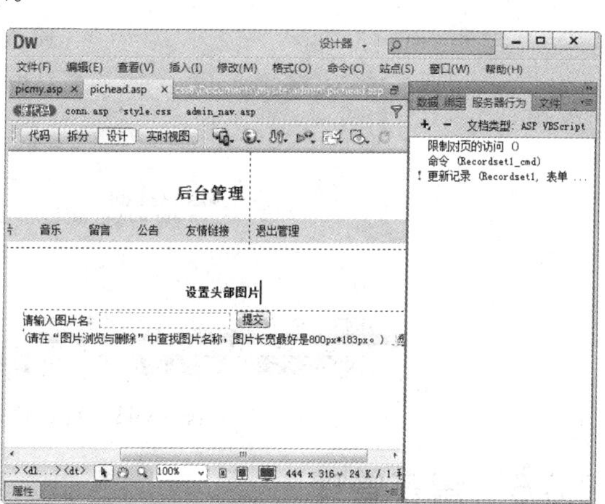

图 18.38　更新导航条背景图片

视频讲解

Note

18.8.5　音乐管理

音乐管理主要包括音乐的增加和删除，以及首页背景音乐的管理。

【操作步骤】

第 1 步，增加音乐。打开 mucadd.asp 文件，然后在该页面增加一个“增加记录”服务器行为即可，如图 18.39 所示。

第 2 步，删除音乐。打开 mucdel.asp 文件，在该文件中定义一个记录集，查询数据表 music 中的所有记录，然后把该记录集绑定到页面中，应用“重复区域”和“记录集导航条”服务器行为，再插入“删除记录”服务器行为即可，如图 18.40 所示。

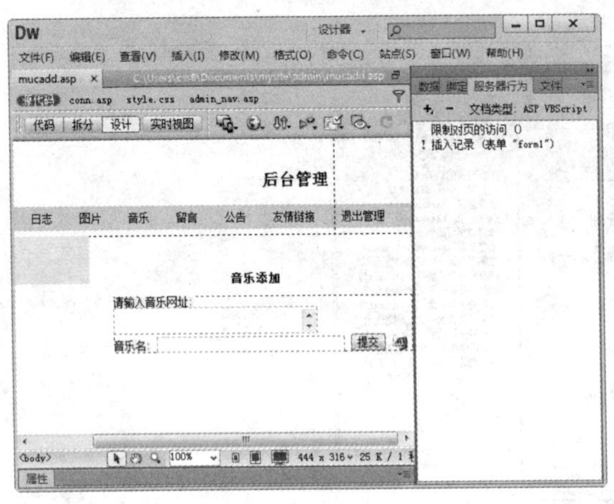

图 18.39　增加音乐

图 18.40　删除音乐

第 3 步，管理首页背景音乐。打开 mucmy.asp 文件，在该文件中定义一个记录集，查询 muc 数据表中的记录，然后绑定到页面文本框中，应用“更新记录”服务器行为即可，如图 18.41 所示。

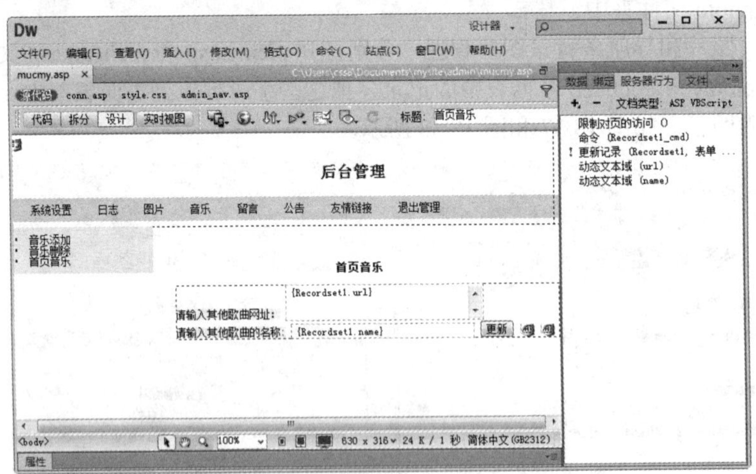

图 18.41　首页背景音乐页面设计效果

视频讲解

18.8.6　留言管理

留言管理主要包括留言显示和删除，打开 liuyan.asp 文件，在页面中定义一个记录集，查询 liuyan

数据表中的所有记录。然后把记录集中的字段绑定到页面中，应用“重复区域”和“记录集导航条”服务器行为实现分页显示。最后增加“删除记录”服务器行为即可，整个页面设计效果如图 18.42 所示。

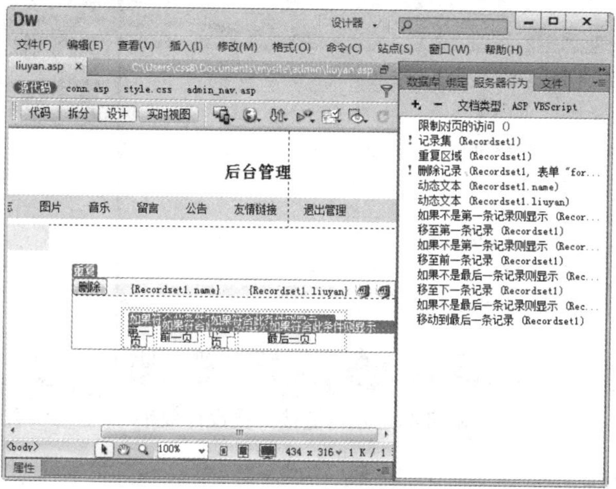

图 18.42　留言管理页面设计效果

18.8.7　公告管理

视频讲解

公告管理包括公告的增加和删除操作。打开 gonggao.asp 文件，定义一个记录集查询 gg 数据表中的所有记录，并绑定到页面中重复显示出来，然后应用“删除记录”服务器行为。同时在增加公告表单中应用“插入记录”服务器行为，整个页面设计效果如图 18.43 所示。

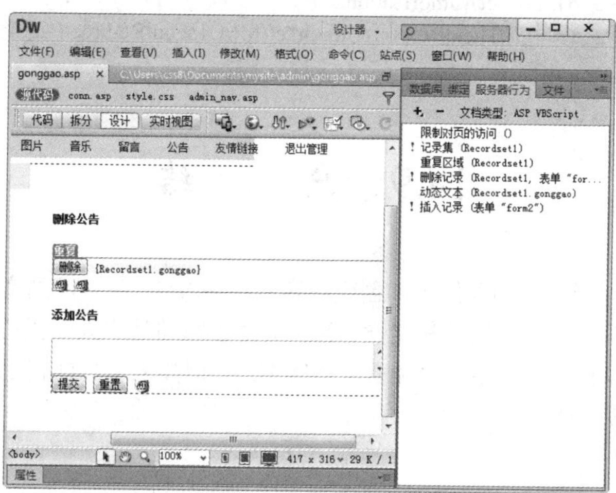

图 18.43　公告管理页面设计效果

18.8.8　友情链接

视频讲解

友情链接管理包括友情链接的增加和删除操作。打开 link.asp 文件，定义一个记录集查询 link 数据表中的所有记录，并绑定到页面中重复显示出来，然后应用“删除记录”服务器行为。同时在增加

友情链接表单中应用“插入记录”服务器行为，整个页面设计效果如图 18.44 所示。

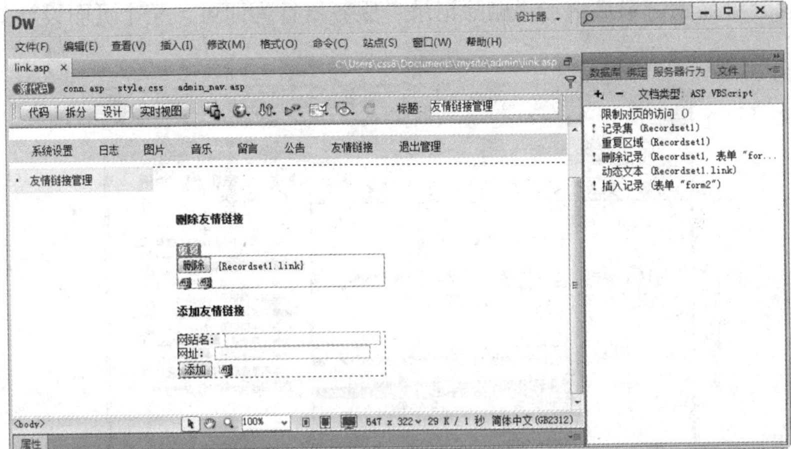

图 18.44　友情链接页面设计效果

视频讲解

18.8.9　退出管理

打开 exit.asp 文件，增加“注销用户”服务器行为即可，系统增加的服务器行为代码如下：

```
@LANGUAGE="VBSCRIPT" CODEPAGE="936"%>
<%
' *** Logout the current user.
MM_logoutRedirectPage = "../index.asp"
Session.Contents.Remove("MM_Username")
Session.Contents.Remove("MM_UserAuthorization")
If (MM_logoutRedirectPage <> "") Then Response.Redirect(MM_logoutRedirectPage)
%>
```

18.9　总　　结

本章重点介绍了博客网站的相关知识和创建博客网站的方法。博客网站实质上是一种复杂的日记本，相对于个人网页而言，它又比较容易建设和维护。博客网站是广大网民心灵的栖息地，自然被广大用户所欢迎。用户可以在网上申请一个免费的博客网站，但如果用户能自己构建一个简单的个人博客发布到网上，会感到更加兴奋和珍惜。